Aktive und passive Filter

Grundlagen und Simulationen mit Multisim

Herbert Bernstein

1. Auflage 2024

ISBN 978-3-89576-620-6 (Print)
978-3-89576-621-3 (E-book)

Korrekturat: Markus Freund

Umschlaggestaltung: Elektor, Aachen
Satz und Aufmachung: Gulnara Insanbayeva, Saarbrücken
Druck: Ipskamp Printing, Niederlande

Inhalt

Vorwort 9

1 • Einführung in die aktive und passive Filtertechnik 11
1.1 • Klassifizierung von Filtern 12
1.1.1 • Filterklassen 12
1.1.2 • Analoge Filterschaltungen 14
1.1.3 • Passive Filterschaltungen 16
1.1.4 • Aktive Filterschaltungen 18
1.1.5 • Kontinuierliche IC-Filter 19
1.2 • Analoge Abtastfilter 20
1.2.1 • Aufbau eines analogen Abtastfilters 20
1.2.2 • Geschaltete IC-Filter 22
1.3 • Digitale Filterschaltungen 27
1.3.1 • Aufbau eines digitalen Abtastsystems 28
1.3.2 • Erfassung, Verarbeitung und Auswertung von Signalen 30
1.3.3 • Digitaler Signalprozessor 33
1.3.4 • Subsysteme für DSP-Bausteine 36
1.3.5 • DSP-Software 38
1.3.6 • Fließkomma- oder Festkommaverarbeitung 39
1.4 • Mechanische Filter 44
1.4.1 • Filter nach dem Piezoeffekt 44
1.4.2 • Quarz- und Keramikfilter 45

2 • Frequenzabhängige und komplexe Widerstände 47
2.1 • Realisierung von passiven Filterschaltungen 49
2.1.1 • Widerstand im Wechselstromkreis 49
2.1.2 • Kondensator im Wechselstromkreis 51
2.1.3 • Spule im Wechselstromkreis 53
2.1.4 • Reihenschaltung von Widerstand und Kondensator 58
2.1.5 • Reihenschaltung von Widerstand und Spule 61
2.1.6 • Parallelschaltung von Widerstand und Kondensator 63
2.1.7 • Parallelschaltung von Widerstand und Spule 66
2.2 • Schwingkreise 68
2.2.1 • Reihenschaltung von Widerstand, Kondensator und Spule 69
2.2.2 • Parallelschaltung von Widerstand, Kondensator und Spule 72
2.3 • Komplexe Darstellung des Wechselstroms 75
2.4 • Ortskurven 78
2.4.1 • Ortskurven mit Widerstand, Kondensator und Spule 79
2.5 • Smith-Diagramm 81
2.5.1 • Funktionen des Smith-Kreisdiagramms 82
2.5.2 • Maßstab und Normierung im Smith-Kreisdiagramm 85
2.5.3 • Verhalten von Bauelementen in der Wechselstromtechnik 87
2.5.4 • Grafische Methode für die Umwandlung von Parallel- in Reihenwiderstände und umgekehrt 88

2.5.5 • Graphische Transformation von komplexen Reihenwiderständen in äquivalente Parallelwiderstände und umgekehrt 92
2.5.6 • Graphische Darstellung einer Parallelschaltung mit veränderlichem Blindwiderstand bei variabler Frequenz 95
2.5.7 • Graphische Darstellung der Parallelschaltung mit veränderlichem Wirkwiderstand bei konstanter Frequenz 97
2.5.8 • Graphische Darstellung der Reihenschaltung mit einem veränderbaren Blindwiderstand durch die Frequenz 98
2.5.9 • Graphische Darstellung der Serienschaltung eines Blindwiderstands mit veränderbarem Wirkwiderstand bei konstanter Frequenz 98
2.5.10 • Reflexionsfaktorebene 99
2.5.11 • Ablesen der Faktoren im Smith-Diagramm 101

3 • Passive Filterschaltungen 105
3.1 • RC-Tiefpass. 105
3.1.1 • Bode-Plotter 105
3.1.2 Berechnungen und Simulation eines RC-Tiefpasses 109
3.1.3 • LR-Tiefpass 111
3.1.4 • CR-Hochpass 112
3.1.5 • RL-Hochpass 113
3.1.6 • LC-Glied 115
3.1.7 • CL-Glied 116
3.1.8 • T- und п-Tiefpass 118
3.1.9 • T- und п-Hochpass 119
3.2 • Impedanzanpassung 121
3.2.1 • Reihenwiderstand 121
3.3 • Frequenzabhängiges Übertragungsverhalten von passiven Frequenzfiltern 132
3.3.1 • Tiefpass-Doppelglied 133
3.3.2 • Hochpass-Doppelglied 134
3.3.3 • LC-Bandpass 136
3.3.4 • LC-Bandsperre 138
3.3.5 • RC-Bandpass (Wienbrücke) 140
3.3.6 • Doppel-T-Filter 142
3.4 • Passive Filter für Klangbeeinflussung 145
3.5 • Möglichkeiten der Klangeinstellung mit RC-Filtern 150
3.5.1 • Höhenanhebung und -absenkung 150
3.5.2 • Tiefenanhebung und -absenkung. 152
3.5.3 • Einstellmöglichkeiten für Tiefen und Höhen 153
3.6 • Spannungsteiler mit Blindwiderständen 156
3.7 • Kriterien für Filter 159
3.8• Vierpole und Filter 161
3.8.2 • Komplexe Spannungs- und Stromteiler 163
3.8.3 • Passiver Tief- und Hochpass der höheren Ordnung 166
3.8.4 • RC-Filter nach Gauß 168
3.8.5 • T- und π-Filter 169
3.8.6 • Filter nach Gauß, Bessel, Butterworth, Cauer und Tschebyscheff 171
3.8.7 • Amplitudengang von Filtern 173

3.8.8 • Bandpass- und Bandsperrfilter . . . 174
3.8.9 • Induktive und kapazitive Kopplung . . . 176

4 • Arbeitsweise und Hauptphasen eines Simulators . . . 179
4.1 • Arbeiten mit dem Simulator . . . 179
4.1.1 • Arbeitspunktanalyse . . . 180
4.1.2 • AC-Sweep . . . 182
4.1.3 • Zeitverhalten und Transientenanalyse . . . 185
4.1.4 • DC-Sweep . . . 188
4.1.5 • AC-Analyse für Einzelfrequenzen . . . 190
4.1.6 • Parameter-Sweep . . . 197
4.1.7 • Monte-Carlo-Analyse . . . 199
4.1.8 • Fourier-Analyse . . . 202
4.1.9 • Temperatur-Sweep . . . 205
4.1.10 • Worst Case . . . 206
4.1.11 • Rauschzahl . . . 210
4.2 • Konvergenzprobleme und Analysefehler . . . 216
4.3 • Simulation und Analyse . . . 221
4.3.1 • Analysemethoden mittels Oszilloskop . . . 221
4.3.2 • Analysefenster . . . 224

5 • Lautsprecher und Frequenzfilter . . . 227
5.1 • Dynamischer Tieftonlautsprecher . . . 229
5.1.1 • Übertragungskurve des dynamischen Lautsprechers . . . 231
5.1.2 • Lautsprecherchassis und Boxen . . . 233
5.1.3 • Tieftonlautsprecher . . . 235
5.1.4 • Mittel- und Hochtonlautsprecher . . . 236
5.1.5 • Koaxiallautsprecher . . . 239
5.2 • Elektrisches und mechanisches Verhalten von Lautsprechern . . . 240
5.2.1 • Frequenzgang . . . 241
5.2.2 • Lautsprecherimpedanz . . . 245
5.2.3 • Lautsprecherbox . . . 248
5.2.4 • Akustischer Kurzschluss . . . 249
5.2.5 • Geschlossene Lautsprecherboxen (Kompaktboxen) . . . 252
5.2.6 • Bassreflexbox oder Phasenumkehrbox . . . 253
5.3 • Frequenzfilter . . . 255
5.3.1 • Frequenzweiche 1.Ordnung mit 6 dB/Oktave . . . 256
5.3.2 • Frequenzweiche 2.Ordnung mit 12 dB/Oktave . . . 257
5.3.3 • Frequenzweiche 2.Ordnung für Mitteltonlautsprecher . . . 258
5.3.4 • Frequenzweiche 3.Ordnung mit einem Spannungsfall/Oktave von 18 dB . . . 259
5.3.5 • Frequenzweiche 4.Ordnung mit einem Spannungsfall/Oktave von 24 dB . . . 260

6 • Aktive Filterschaltungen . . . 263
6.1 • Grundschaltungen von aktiven Filtern . . . 263
6.1.1 • Integrierer und Tiefpass . . . 264
6.1.2 • Differenzierer und Hochpass . . . 267
6.1.3 • Aktiver Tiefpass . . . 269

6.1.4 • Aktiver Hochpass . . . 270
6.1.5 • Aktiver Bandpass . . . 271
6.1.6 • Aktive Bandsperre . . . 272
6.2 • Aktive RC-Tiefpassfilter . . . 273
6.3 • Aktive Tiefpass- und Hochpassfilter höherer Ordnung . . . 285
6.3.1 • Aktives Tiefpassfilter 2. Ordnung . . . 285
6.3.2 • Aktives Tief- und Hochpassfilter 2. Ordnung durch Mitkopplung . . . 285
6.3.3 • Berechnungsbeispiele für aktive Tiefpassfilter . . . 287
6.3.4 • Umwandlung eines aktiven Tiefpassfilters in ein aktives Hochpassfilter . . . 289
6.3.5 • Tiefpass 3. Ordnung . . . 291
6.3.6 • Hochpass 3. Ordnung . . . 293
6.3.7 • Tiefpass 4. Ordnung . . . 294
6.3.8 • Übertragungsfunktionen eines Filters . . . 295
6.4 • Aktive Bandpass- und Bandsperrfilter . . . 302
6.4.1 • Bandpässe und Bandsperren 1. Ordnung . . . 304
6.4.2 • Selektives Filter zweiter Ordnung . . . 305
6.4.3 • Aktive Bandsperre mit T-Filter . . . 306
6.4.4 • Bandfilter mit Wienbrücke . . . 307
6.4.5 • Kombinierter Hoch-, Tief- und Bandpass . . . 312
6.4.6 • Allpassfilter . . . 313

7 • Zeitkontinuierliche IC-Filter . . . 315
7.1 • Filtergenauigkeit und Filterentwurf . . . 315
7.1.1 • Vergleich zwischen geschalteten und kontinuierlichen Filtern . . . 316
7.1.2 • Ein-Verstärker-Filter nach „Sallen-Key“ . . . 319
7.1.3 • Multiverstärker-Filter nach „Tow-Thomas“ . . . 320
7.1.4 • Realisierung eines Tow-Universalfilters . . . 323
7.1.5 • Programmierung eines Filters . . . 324
7.2 • Digital einstellbare IC-Filter . . . 326
7.2.1 • Universalfilter-Baustein UAF42 . . . 328
7.2.2 • Filterbetriebsarten . . . 329
7.2.3 • Multiplizierender D/A-Wandler . . . 331
7.3 • Universalfilter (State Variable Filter) . . . 334
7.3.1 • Filterstruktur . . . 335
7.3.2 • Übertragungsfunktion eines Universalfilters . . . 336
7.3.3 • Praktische Ausführung eines Universalfilters . . . 338
7.3.4 • Arbeiten mit „FILTER42“ . . . 340
7.4 • Aktive IC-Filter . . . 342
7.4.1 • Interner Filteraufbau . . . 342
7.4.2 • Berechnung eines Filterbeispiels . . . 345
7.4.3 • Realisierung eines Bandsperrfilters . . . 348
7.5 • Entstehung und Vermeidung von Alias-Signalen . . . 349
7.5.1 • Nyquist-Frequenz . . . 350
7.5.2 • Shannonsches Abtasttheorem . . . 351
7.5.3 • Aliasing bei A/D-Wandlern . . . 353
7.5.4 • Eigenschaften eines Anti-Aliasing-Tiefpassfilters . . . 355

8 • Geschaltete IC-Filter 359
8.1 • Grundlagen der „Switched Capacitor Filter“ 359
8.1.1 • SC-Filter 1. Ordnung 360
8.1.2 • SC-Integrator 361
8.1.3 • Schalter-Kondensator-Konfigurationen 363
8.1.4 • Analogschalter 364
8.1.5 • SC-Tiefpassfilter 2. Ordnung 366
8.2 • Geschaltete Kapazitätsfilter mit Mikroprozessorschnittstelle 366
8.2.1 • Filtereigenschaften 367
8.2.2 • Filterentwurf 368
8.2.3 • Programme zum Filterentwurf 372
8.2.4 • Innenschaltung des MAX260/1/2 373
8.2.5 • Schnittstelle zum Mikroprozessor 377
8.2.6 • Betriebsarten des Filters 378
8.2.7 • Beschreibung der Filterfunktionen 381
8.2.8 • Praktischer Filterentwurf 384
8.2.9 • Kaskadierung von Filtern 384
8.2.10 • Ausgangsamplitude und Amplitudenbegrenzung 386
8.2.11 • Grenzfrequenz und Güte bei niedrigen Abtastraten 388
8.2.12 • Entwurfsbeispiele 389
8.3 • Anschlussprogrammierbare geschaltete Kapazitätsfilter 394
8.3.1 • Innenschaltung 395
8.3.2 • Filterentwurf mittels Software 396
8.3.3 • Programmierung des Filters 397
8.3.4 • Betriebsarten der Filterfunktionen 398
8.3.5 • Bandpassfilter mit mehrfacher Rückkopplung 400
8.3.6 • Kaskadierung von Filtern 402
8.3.7 • Anschluss eines geschalteten Kapazitätsfilters 403
8.3.8 • Geschalteter Tschebyscheff-Bandpass 4.Ordnung 405
8.3.9 • Bandpass 4. Ordnung ohne Rückkopplung 407
8.4 • IC-Tiefpassfilter 5. Ordnung 409
8.4.1 • Funktionsweise und Innenschaltung des MAX280/LTC1062 409
8.4.2 • Interne und externe Taktsteuerung 410
8.4.3 • Anwendungshinweise 412
8.4.4 • Kaskadierung von Filterbausteinen 414

Literatur 415

Index 417

Vorwort

In der gesamten Elektronik, einschließlich Nachrichtentechnik, Computer-, Mess-, Steuerungs- und Regelungstechnik, findet man zahlreiche Filtertypen zur Trennung von Signalen, zur Begrenzung der Bandbreite und zur Entzerrung. Wenn man sich die Praxis betrachtet, unterscheidet man zwischen zahlreichen Klassen wie dem analogen Filter (aktiv oder passiv), dem geschalteten bzw. kontinuierlichen IC-Filter und dem analogen Abtastfilter. Außerdem gibt es noch mechanische und optische Filter.

Dieses Fachbuch ist durch eine Überarbeitung meines Skriptums zum Unterricht entstanden. Zahlreiche Publikationen in den Fachzeitschriften Elektor, Elektronik, Design & Elektronik, Elektronik-Industrie ergänzten das Skriptum, wobei mehrere Firmen wie Intersil, Maxim, Burr-Brown, Analog-Devices, Linear-Technology direkt zu diesem Buch beitrugen. Der Autor dankt an dieser Stelle den Firmen für die reibungslose und großzügige Zusammenarbeit und für die zahlreichen Anregungen.

Das vorliegende Fachbuch ist gedacht für technisch-naturwissenschaftliche Fachkräfte aus Entwicklungs-, Forschungs-, Fertigungs- und Servicebereichen für die Hard- bzw. Software sowie für Lehrer und Dozenten aller Fachrichtungen, die sich über den aktuellen Stand der Filtertechnik informieren müssen. Auf Basis der in diesem Buch vermittelten Kenntnisse sollte es dem Leser möglich sein, für eine gegebene Aufgabenstellung abzuschätzen, wann am besten welches Filter zum Einsatz kommt.

Durch die Simulation in der Filtertechnik lassen sich die wichtigsten Merkmale usw. einer Audioanlage untersuchen und realisieren. Da das Programm zahlreiche Messgeräte und Analyseverfahren bietet, kann man eine Anlage virtuell aufbauen, ohne Mühen des Lötens und ohne kostspielige Bauelemente. Auch der Abgleich und die Messungen führen zu einem optimalen Ergebnis. Die virtuellen Messgeräte umfassen praktisch alle Messgeräte, die man in der Filtertechnik benötigt, um alle Messungen durchführen zu können. Würde man alle Messgeräte kaufen, müsste man ca. 50.000 € investieren und die Messgeräte würden nur einmal vorhanden sein. Mit den zahlreichen Analyseverfahren können die Schaltungen entsprechend aufwendig untersucht werden. Was nützt einem Elektroniker eine elektronische Schaltung, wenn er die einzelnen Schaltungskomponenten nicht untersuchen kann.

Dieses Buch basiert auf dem bekannten Programm Multisim und damit lassen sich alle Versuche simulieren. Wer hat einen hochwertigen Funktionsgenerator oder ein 2- bzw. 4-Kanal-Oszilloskop für die Überprüfung der einzelnen Spannungsamplituden? Wie kann man die Frequenzabhängigkeit eines Filters in einer Schaltung messen, ohne über einen Bode-Plotter zu verfügen? Mit einem Analysator lassen sich Messungen der Intermodulations- und den nicht linearen Verzerrungen von Signalen durchführen. Mit einem Spektrumanalysator können Messungen der Signalamplitude von der Frequenz mit einstellbarem Frequenz- und Amplitudenbereich ausgeführt werden. Dieses Programm bietet alle Möglichkeiten für die moderne und einfache Simulation ohne große Vorkenntnisse.

Das Fachbuch entstand aus meinen Manuskripten (1. bis 4. Semester) an der Technikerschule in München und ist geeignet für Berufsschulen, Berufsakademien, Meisterschulen, Technikerschulen und Fachhochschulen.

Meiner Frau Brigitte danke ich für die Erstellung der Zeichnungen und der Ausarbeitung des Manuskripts.

Bei Fragen können Sie mich kontaktieren unter „Bernstein-Herbert@t-online.de“.

Herbert Bernstein
München
im Frühjahr 2023

1 • Einführung in die aktive und passive Filtertechnik

Elektrische und elektronische Filterschaltungen findet man praktisch in allen Bereichen der Systemtechnik, in Anlagen und Geräten der Computertechnik, Nachrichtentechnik, Messanlagen, Regelungstechnik, Stromversorgungen, usw. In der Praxis kennt man eine Vielzahl unterschiedlicher Prinzipien bei der Realisierung von aktiven und passiven Filterschaltungen. Hauptaufgabe eines Filters ist es, Signale in bestimmten Frequenzbereichen möglichst gering und in anderen Frequenzbereichen stark zu bedämpfen. Das bedeutet, die einzelnen Filterschaltungen sollen aus einem Frequenzspektrum die gewünschten Frequenzen herausfiltern oder unterdrücken. Die selektierten Frequenzen passieren fast ungehindert die Schaltung, während die anderen Frequenzen möglichst vollständig unterdrückt werden. Je nach Lage der Durchlass- und Sperrbereiche unterscheidet man zwischen „Pässen" und „Sperren".

Aus diesem Grunde weisen Filterschaltungen zumindest einen Durchlass- und einen Sperrbereich auf, wie das Tief- oder das Hochpassfilter. Ein Bandpassfilter hat dagegen einen Durchlassbereich, aber zwei Sperrbereiche, während ein Bandsperrfilter zwei Durchlassbereiche aufweist, jedoch nur einen Sperrbereich. Eine Sonderstellung übernimmt in dieser Technik das Allpassfilter, das keinen Sperrbereich besitzt. Es tritt jedoch eine Phasenverzögerung auf,die man in der Praxis auswertet. Abb. 1.1 zeigt die Unterschiede im Frequenzverhalten von unterschiedlichen Filtern.

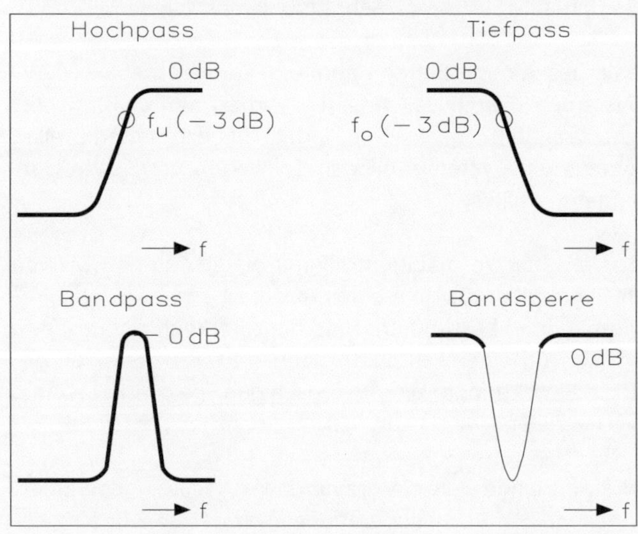

Abb. 1.1 • Unterschiede im Frequenzverhalten unterschiedlicher Filterarten.

- Hochpass (HP): Die hohen Frequenzen passieren den Hochpass und die niedrigen Frequenzen werden unterdrückt.
- Tiefpass (TP): Die niedrigen Frequenzen passieren den Tiefpass und die hohen Frequenzen werden unterdrückt.
- Bandpass (BP): Die niedrigen und hohen Frequenzen werden im Bandpass unterdrückt.
- Bandsperre (BS): Die niedrigen und hohen Frequenzen können die Bandsperre passieren.

1.1 • Klassifizierung von Filtern

Die Vorteile der digitalen Signalverarbeitung gegenüber der analogen Signalverarbeitung sind vielfältig und sollen hier kurz vorgestellt werden. Da bei digitalen Systemen nur mit den definierten Schaltzuständen von 0 und 1 gearbeitet wird, treten bei diesen Systemen keine Probleme in Zusammenhang mit Schwankungen der Betriebsspannung, Temperaturänderungen oder Alterungserscheinungen auf. Im Gegensatz zu analogen Systemen können auch Toleranzen der Bauteile, besonders bei passiven Komponenten (Widerstand, Kondensator und Spule), keinen Einfluss auf die Genauigkeit der gewünschten Funktion nehmen. Die erforderliche und gewünschte Genauigkeit kann durch die geeignete Wahl des Datenformats bzw. der Wortbreite des digitalen Systems gewährleistet werden.

Eine exakte Reproduzierbarkeit von Ergebnissen ist nur mit digitalen Verfahren zu erzielen, da die gesamte Verarbeitung letztendlich auf arithmetischen Operationen beruht, d.h., Abgleichvorgänge sind nicht mehr nötig. Bei den arithmetischen Operationen kommen Addierer und Multiplizierer zum Einsatz. Ein weiterer Vorteil ist, dass digitale Systeme entweder direkt an einen PC mit Mikroprozessor oder an Steuerungs- bzw. Regelungssysteme mit Mikrocontroller angeschlossen werden können. Die heutigen DSP-Systeme (Digital Signal Processing) sind direkt Bus-kompatibel von der Hardwareseite aus, während man eine API-Schnittstelle (Application Programming Interface) für die Software hat. Durch das API lassen sich auch andere hardware-unabhängige Systeme ohne aufwendige Umprogrammierung direkt an eine Hardware-Schnittstelle anschließen.

Auch bei der Fehlersuche und Fehlerbeseitigung bieten digitale Systeme erhebliche Vorteile gegenüber den analogen Systemen. Durch das Anlegen vorbestimmter Bitmuster am Systemeingang lassen sich Fehler schneller lokalisieren, indem an bestimmten Stellen die auftretenden Bitmuster der getesteten Systeme mit den Sollwerten verglichen werden. Man spricht hier von der „Signatur-Analyse“.

Ebenfalls ein wichtiger Vorteil sind die software-mäßigen Hilfsmittel, die den Entwurf von DSP-Systemen erleichtern. Durch Simulation mit Hilfe eines PCs lässt sich z. B. das Frequenzverhalten eines digitalen Filters genau bestimmen. Sind die Filterkoeffizienten, d.h. die frequenzbestimmenden Parameter auf einer Festplatte oder in ROM-Bausteinen gespeichert, so genügt ein Nachladen der Werte oder ein Austausch der Speicherbausteine, um ein neues Frequenzverhalten zu erzielen.

Den Vorteilen von DSP-Systemen stand lange Zeit ein gravierender Nachteil gegenüber: Aufgrund der großen Anzahl von notwendigen Rechenoperationen war es nur sehr aufwendigen und teuren Systemen möglich, in Echtzeit die anfallenden Daten zu verarbeiten. Seit 1982 sind integrierte DSP-Prozessoren auf dem Markt, die in Bezug auf Verarbeitungsgeschwindigkeit und Komplexität jedoch eine erhebliche Steigerung der Rechenleistung erlauben. Dies gilt gleichermaßen auch für die Weiterentwicklung der DSP-Software.

1.1.1 • Filterklassen

In der Praxis unterscheidet man zwischen mehreren Filterklassen, die sich aber noch weiter unterteilen lassen:

- analoge Filter (aktiv oder passiv),
- geschaltete oder kontinuierliche IC-Filter,
- analoge Abtastfilter aus der computerunterstützten PC-Messtechnik mit einer nachfolgenden Umsetzung mittels AD-Wandler, Speicherung des Messergebnisses auf einer Festplatte mit anschließender Berechnung und Ausgabe auf einem Bildschirm oder Drucker,
- digitaler Filter in Verbindung mit den Funktionen der Computertechnik bzw. der Signalprozessoren,
- mechanische Filter, bei denen man einen elektromechanischen Energiewandler in die einzelnen Baugruppen einsetzt.

Bei der Klassifizierung von Filtern muss man zunächst zwischen den zeitkontinuierlichen und den zeitdiskreten Schaltungen unterscheiden. Setzt man RC-, LC-oder RCL-Filter mit passiven Bauelementen ein, spricht man von zeitkontinuierlichen Filtern, denn diese Schaltungen arbeiten ohne zeitliche Einschränkungen. Die Wirkungsweise dieser passiven Filter lässt sich mittels Operationsverstärker wesentlich verbessern, trotzdem hat man die Funktion eines zeitkontinuierlichen Filters.

Tastet man das Eingangssignal mittels eines integrierten Schaltkreises in Verbindung mit einem Mikroprozessor oder Mikrocontroller ab, befindet man sich bei den zeitdiskreten Filterschaltungen. Bei diesen Abtastfiltern muss man zwischen den analogen Abtastfiltern und den digitalen Filtern unterscheiden. Analoge Abtastfilter lassen sich durch die Halbleitertechnik sehr einfach realisieren, denn die Hersteller liefern fertige Schaltkreise, die man extern nur entsprechend beschalten muss. Die abgetastete Eingangsspannung wird in Form von „Ladungspaketen" in einem Kondensator gespeichert, weshalb sich eine Beeinflussung des Frequenzverhaltens ergibt.

Bei den digitalen Filtern unterscheidet man, wie bei den analogen Filtern, zwischen rekursiven und nichtrekursiven Systemen. Während bei den rekursiven Filtern die Impulsantwort erst nach unendlich langer Zeit abklingt, muss diese bei den nichtrekursiven nach einem definierten Zeitraum abgeklungen sein. Deswegen bezeichnet man diese entsprechend als IIR-Filter (Infinite Impulse Response) und FIR-Filter (Finite Impulse Response). Ein FIR-Filter arbeitet nach der Systemtheorie immer stabil, wogegen das IIR-Filter bedingt durch die Impulsantwort – dagegen auch instabil sein kann. IIR-Filter lassen sich, im Gegensatz zu den FIR-Filtern, relativ einfach realisieren.

Ein digitales System ist aus mathematischer Sicht eine Rechenvorschrift, die einer Eingangsfolge x(n) auf eindeutige Weise eine Ausgangsfolge y(n) zuordnet:

$$x(n) \rightarrow y(n)$$

Der Systembegriff ist ein Sonderfall des in der Funktionalanalysis üblichen Begriffs der Transformation. Daher läßt sich ein System auch in folgender Form darstellen:

$$y(n) \rightarrow T[x(n)]$$

Der Wert „T' kennzeichnet die Vorschrift zur Transformation. Als Blockschaltbild stellt es auch ein digitales System dar:

$$x(n) \rightarrow T[x(n)] \rightarrow y(n)$$

In Praxis wird die Transformationsvorschrift T auch als „Operator" bezeichnet. Wirkt T[x(n)] frequenzselektiv auf die Eingangsfolge x(n), so stellt das System ein digitales Filter dar.

Eine besondere Klasse von Systemen, die einer einfachen analytischen Behandlung zugängig sind, ist die Klasse der linearen, zeitinvarianten Systeme (LZI). Ein solches System wird als linear bezeichnet, wenn aus:

$$y_1(n) = T[x_1(n)] \text{ und } y_2(n) = T[x_2(n)]$$

stets die Beziehung folgt (Superposition):

$$y_3(n) = T[a_1 \cdot x_1(n) + x_2(n)] = a_1 \cdot y_1(n) + y_2(n)$$

Die Werte a_1 und a_2 sind dabei beliebige Konstanten. Ein System bezeichnet man als „zeitinvariant", wenn für jede beliebige feste Verschiebung um m („m" muss eine ganze Zahl sein) folgende Beziehung gilt:

$$x(n - m) \rightarrow y(n - m)$$

1.1.2 • Analoge Filterschaltungen

Betrachtet man die technische Realisierung von Filterschaltungen, hat man als einfachste Variante den Hoch- und Tiefpass erster Ordnung. Diese Schaltungen lassen sich mittels Widerstand und Kondensator oder Widerstand und Spule aufbauen, wobei die Filtercharakteristik von der Anordnung der Bauelemente abhängig ist. Arbeitet man mit Schwingkreisen, also einer Reihen- bzw. Parallelschaltung von Kondensator und Spule in Verbindung mit einem Widerstand, ergibt sich ein Reaktanzfilter, ein passives RLC-Filter.

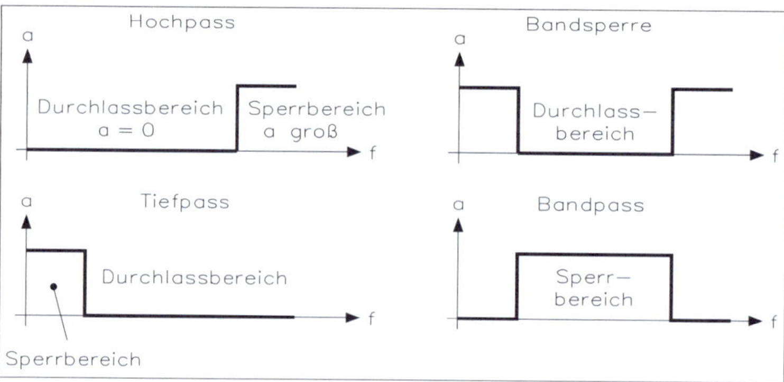

Abb. 1.2 • Arbeitsbereiche der einzelnen Filter.

In Abb. 1.2 sind die vier Arbeitsbereiche der einzelnen Filter gegenübergestellt. Ein Hochpass lässt die oberen Frequenzen ungehindert passieren, während die unteren Frequenzen gesperrt werden. Im Gegensatz hierzu steht der Tiefpass, denn dieser lässt die tiefen Frequenzen passieren und sperrt die oberen. Kombiniert man den Frequenzbereich des Tief- und Hochpassfilters, ergibt das die Bandsperre, d. h., man hat zwei Durchlassbereiche und einen Sperrbereich oder ein Bandpass. Dieser lässt einen bestimmten Frequenzbereich passieren und sperrt die Frequenzen ober- bzw. unterhalb dieses Frequenzbereichs.

Bei Filtern wird der ohmsche Widerstand mit R bezeichnet. Dieser ist bei Vernachlässigung des bei höheren Frequenzen auftretenden Skin-Effekts frequenzunabhängig. C ist die Kapazität des Kondensators. Der sich aus C ergebende kapazitive Blindwiderstand X_C ist dagegen frequenzabhängig. Mit zunehmender Frequenz verringert sich der kapazitive Blindwiderstand, bis dieser bei sehr hohen Frequenzen einen Wert von Null annimmt. Der Wert L ist die Induktivität der Spule. Der sich aus dem Wert L ergebende induktive Blindwiderstand X_L ist ebenfalls frequenzabhängig. Da eine Spule immer eine Reihenschaltung des induktiven Blindwiderstands X_L mit einem ohmschen Widerstands R ist, erhält man kein ideales Verhalten. Mit abnehmender Frequenz verringert sich der induktive Blindwiderstand, bis dieser bei Gleichstrom den Wert Null annimmt. In diesem Fall wirkt nur der ohmsche Widerstand des Spulendrahts.

Jede Leitung, auf der man Wechselspannungssignale überträgt, dämpft das Eingangssignal, d. h. jede Leitung hat eine bestimmte Dämpfung. Dies gilt auch für die gesamte Filtertechnik. Die Dämpfung einer Leitung oder eines Filters wird nicht als Differenz zwischen Eingangs- und Ausgangsspannung angegeben, sondern über das Verhältnis der beiden Spannungen berechnet. Eingangs- und Ausgangsspannung werden dabei als Eingangs- und Ausgangsspannungspegel bezeichnet. Als Bezugspegel wird häufig die Spannung von 0,775 V festgelegt, der sogenannte „Normalspannungspegel: 1 mW an 600 Ω ergibt 0,775 V. Die Pegel gibt man in Dezibel (dB) oder Neper (Np) an, wobei das Neper heute nur noch eine untergeordnete Rolle spielt. Die Pegel errechnen sich aus:

$$P_{dB} = 20 \cdot \lg \frac{U}{0{,}775}$$

oder:

$$P_{Np} = \ln \frac{U}{0{,}775}$$

Der Wert U ist jeweils die umzurechnende Spannung in Volt. Spannungen, die auf den Bezugspegel umgerechnet werden, bezeichnet man als „absolute Spannungspegel".

Rechnet man den Pegel von zwei Spannungen, z. B. die Eingangs- und die Ausgangsspannung einer Übertragungsstrecke oder eines Filters mit Hilfe der angegebenen Formeln in dB, so ergibt sich die Dämpfung a zwischen den beiden Messpunkten. Diese Dämpfung bezeichnet man auch als „relativen Spannungspegel":

$$\alpha_{dB} = 20 \cdot \lg \frac{U_e}{U_a}$$

Ist $U_e < U_a$, so ergibt sich für die Dämpfung ein negatives Vorzeichen, wobei eine negative Dämpfung einer Verstärkung entspricht. Umgekehrt für $U_e > U_a$ ergibt sich für die Dämpfung ein positives Vorzeichen. Bezogen auf U_a=0755 V bedeutet das, dass Pegel, deren Spannungswerte größer als 0,775 V sind, ein Plus als Vorzeichen erhalten und Pegel deren Spannungswerte niedriger als 0,775 V sind, erhalten dagegen ein Minus als Vorzeichen.

1.1.3 • Passive Filterschaltungen

Bis ca. 1970 wurden diese Filterschaltungen ausschließlich mittels Widerständen, Kondensatoren und Spulen realisiert. Normalerweise geht man bei der Berechnung von Filtern zunächst von einem idealen Widerstandsverhalten aus. Die Blindwiderstände des Kondensators und der Spule sind dagegen frequenzabhängig. Außerdem tritt eine Phasenverschiebung zwischen Spannung und Strom auf. Strom und Spannung am Kondensator sind um 90° zueinander phasenverschoben. Der Strom eilt der Spannung voraus. Bei einer idealen Spule eilt der Strom der Spannung um 90° nach. Besonders im niederfrequenten Bereich, wo die untere Grenzfrequenz bei 10 Hz oder weniger liegt, waren für diese passiven Filter jedoch Spulen mit großen Induktivitäten erforderlich, die nicht nur sehr teuer, sondern auch groß und schwer sind. Seit Einführung der Operationsverstärker konnte man Filterschaltungen einfacher realisieren, denn man kam ohne Induktivitäten aus.

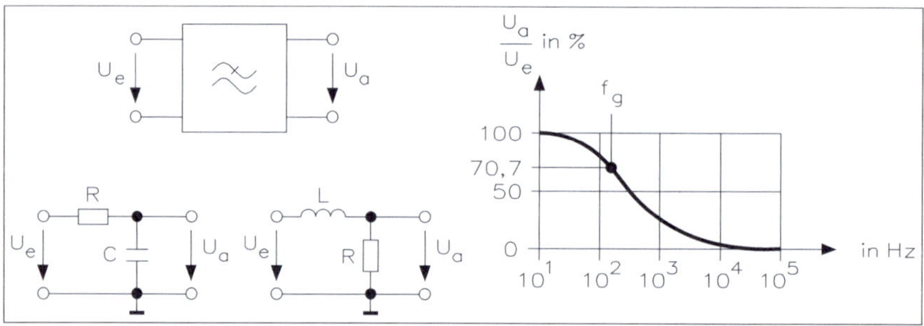

Abb.1.3 • Schaltsymbol, Schaltungen und Kennlinie eines passiven RC- bzw. RL-Tiefpassfilters.

Für den Aufbau eines passiven Tiefpassfilters verwendet man entweder eine RC- oder RL-Schaltung, wie Abb.1.3 zeigt. Die tiefen Frequenzen passieren nahezu ungehindert das Filter, bis die Grenzfrequenz f_g, f_o oder f_c (Corner) erreicht ist. Ab diesem Punkt verlässt man den Durchlassbereich und kommt in den Sperrbereich. Die Grenzfrequenz ist an dem Punkt definiert, an dem die Ausgangsspannung um den Faktor $1/\sqrt{2}$ = 0,707 oder der Leistungspegel um 3 dB gegenüber dem Durchlassbereich abgefallen ist.

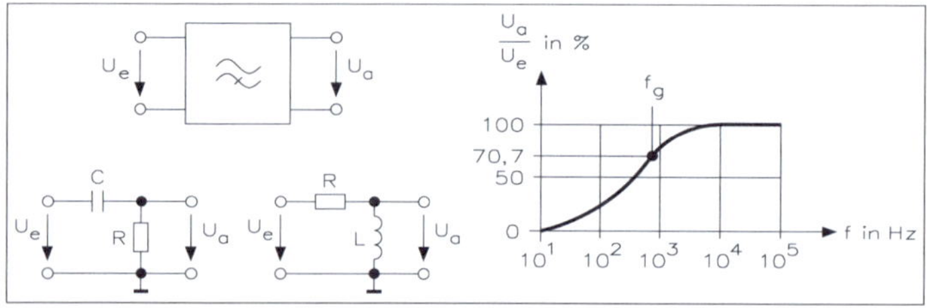

Abb.1.4 • Schaltsymbol, Schaltungen und Kennlinie eines passiven RC- bzw. RL-Hochpassfilters.

Kondensatoren und Spulen sind frequenzabhängige Bauelemente. Ändert man die Anordnung in Verbindung mit einem Widerstand, ergibt sich die Charakteristik eines Hochpassfilters, wie Abb.1.4 zeigt. Die Frequenzen oberhalb der Grenzfrequenz können das Filter nahezu ungehindert passieren, während Frequenzen unterhalb der Grenzfrequenz bedämpft werden.

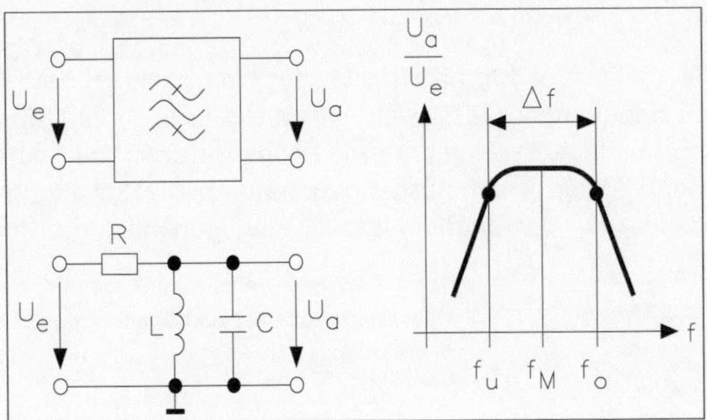

Abb.1.5 • Schaltsymbol, Schaltung und Kennlinie eines passiven Bandpassfilters.

Bei einem Tief- und Hochpassfilter ist die Grenzfrequenz f_g ein typisches Merkmal. Ein Bandpassfilter hat dagegen drei Frequenzpunkte, die Mittenfrequenz f_M oder f_0, die obere Grenzfrequenz f_o und die untere Grenzfrequenz f_u. Mit der Mittenfrequenz ist die Mitte des Übertragungsbands definiert. Bildet man die Differenz zwischen der oberen und der unteren Grenzfrequenz, kommt man zur Bandbreite Δf. Die beiden Punkte für die obere und untere Grenzfrequenz sind definiert, wenn die Ausgangsspannung um den Faktor $1/\sqrt{2}$ oder der Leistungspegel um 3 dB abgesunken ist. Passive Bandpassfilter weisen eine geringe Güte Q auf, denn der Übergang vom Durchlassbereich in den Sperrbereich verläuft sehr flach.Abb.1.6: Schaltsymbol, Schaltung und Kennlinie eines passiven Bandsperrfilters.

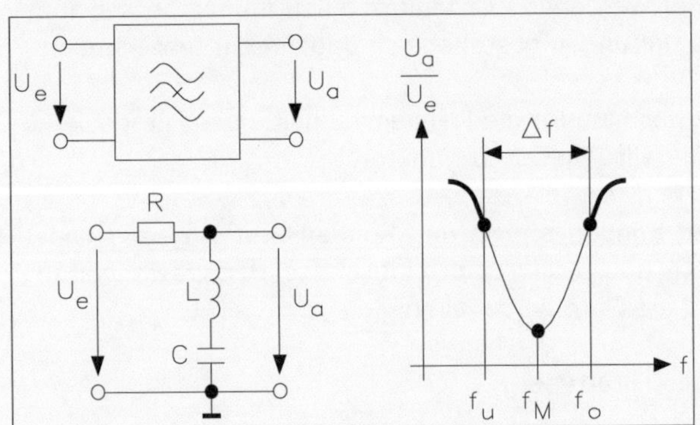

Abb.1.6 • Schaltsymbol, Schaltung und Kennlinie eines passiven Bandsperrfilters.

Die Mittenfrequenz f_M beim Bandsperrfilter von Abb.1.6 kennzeichnet den Sperrbereich in der Mitte des Übertragungsbands. Auch hier hat man eine obere und eine untere Grenzfrequenz. Verringert sich die Ausgangsspannung um den Faktor $1/\sqrt{2}$ im unteren Durchlassbereich des Filters, erreicht man die untere Grenzfrequenz f_C, im oberen Durchlassbereich dagegen die obere Grenzfrequenz f_o. Die Bandbreite b kennzeichnet den Sperrbereich dieses Filtertyps. Auch bei diesem Filter hat man nur eine geringe Güte Q, denn der Kurvenverlauf ist sehr flach.

1.1.4 • Aktive Filterschaltungen

Die Wirkungsweise einer Filterschaltung lässt sich durch einen Operationsverstärker erheblich verbessern. Mit Hilfe eines Standard-Operationsverstärkers und verschiedenen RC-Kombinationen erhält man aktive Filterschaltungen mit den gewünschten Bandbreiten und Flankensteilheiten.

Ein Operationsverstärker ist ein universeller Verstärkerbaustein, der eine hohe Leerlaufverstärkung aufweist. Durch externe Bauelemente lässt sich aber diese Leerlaufverstärkung begrenzen. Setzt man frequenzabhängige Bauelemente wie Kondensatoren und Spulen ein, ergibt sich eine Frequenzabhängigkeit in der Ausgangsspannung. Die Schaltung von Abb.1.7 zeigt ein aktives Tiefpassfilter der 2.Ordnung mit Zweifachgegenkopplung.

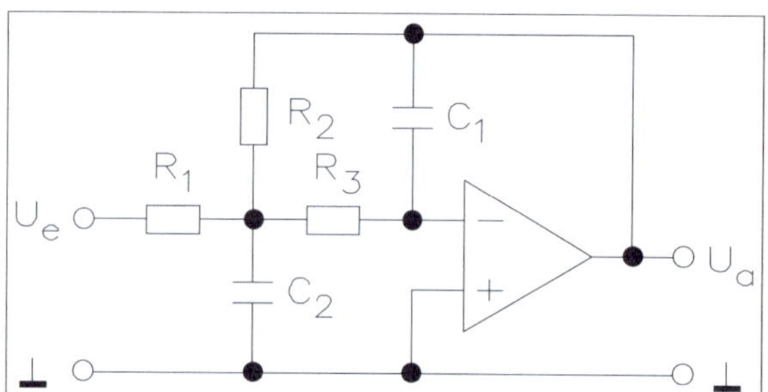

Abb.1.7 • Aktive Tiefpassschaltung mit Operationsverstärker und Zweifachgegenkopplung.

Die unteren Frequenzen können den aktiven Tiefpass fast ungehindert passieren. Erreicht die Frequenz aber die Grenzfrequenz, erfolgt jedoch eine wesentlich schnellere Abnahme der Ausgangsspannung. Die ideale Filterkennlinie hat die Form eines Rechtecks, d. h., bis 150 Hz lässt das Filter die Frequenzen passieren, und ab 151 Hz sperrt das Filter. In der Praxis lässt sich diese Form mit höher werdenden Ordnungszahlen immer besser annähern. Die Berechnung aktiver Filterschaltungen gestaltet sich dabei recht umfangreich

Der Formfaktor F bei einem Filter ist das Maß für die Flankensteilheit eines Filters. Je höher die Ordnungszahl ist, umso größer wird dieser Formfaktor.

Tauscht man die Widerstände gegen Kondensatoren und Kondensatoren gegen Widerstände in der Schaltung von Abb.1.6 aus, ergibt sich eine aktive Hochpassschaltung. Dabei werden die Grenzfrequenz und die Güte beibehalten.

Es gibt je nach Frequenzgang folgende Filtertypen:

- Das Gauß-Filter verläuft im Durchlass- und im Sperrbereich flach und zeigt kein Überschwingen in der Grenzfrequenz. Dieser Filtertyp wird in der Praxis kaum verwendet.
- Das Butterworth-Filter verläuft im Durchlassbereich sehr geradlinig und knickt kurz vor dem Erreichen der Grenzfrequenz steil ab. Der Übergang vom Durchlass- in den Sperrbereich ist wesentlich ausgeprägter als beim Gauß-Filter.
- Das Bessel-Filter verringert bereits vor Erreichen der Grenzfrequenz die Ausgangsspannung und knickt dann nicht so steil wie das Butterworth-Filter ab.

Dieses Filter ist in Bezug auf die Phasenlaufzeit optimiert. Die Phasenlaufzeit ist ein Maß für die Änderung des Übertragungswinkels in Abhängigkeit der Frequenz. Das Eingangssignal wird umso unverfälschter übertragen, je weniger sich die Phasenlaufzeit mit der Frequenz ändert. In der Grenzfrequenz tritt kein Überschwingen auf.

- Wenn das Tschebyscheff-Filter (auch Chebyshev, Tschebychev oder Tchevysheff) die Grenzfrequenz erreicht, entsteht eine gewisse Welligkeit – es tritt ein größeres Überschwingen auf, d. h., die Ausgangsspannung kann sich verkleinern oder vergrößern. Bei Filtern gerader Ordnung hat man eine Welligkeit in positiver Richtung, bei ungerader Ordnung dagegen eine in negativer Richtung. Der Übergang vom Durchlass- in den Sperrbereich ist bei diesem Filtertyp am steilsten.

1.1.5 • Kontinuierliche IC-Filter

Die kontinuierlichen Filter bestehen im Wesentlichen aus Standard-Operationsverstärkern mit Kondensatornetzwerken, die durch Beschaltung mit externen Bauteilen die gewünschte Filtercharakteristik annehmen. Eine Programmierung ohne zusätzlichen schaltungstechnischen Aufwand ist bei diesen Typen aber nicht möglich.

Die Halbleiterindustrie bietet verschiedene Typen von kontinuierlichen Filtern an, die über einen Mikroprozessor-Bus, eine feste Verdrahtung der Anschlüsse oder über externe Widerstände programmierbar sind. Einige Typen sind als Tiefpassfilter ausgelegt, andere wiederum können als Tief- oder Bandpässe mit Bessel-, Butterworth- oder Tschebyscheff-Charakteristik konfiguriert werden.

Die widerstandsprogrammierbaren Filter haben, ähnlich wie die geschalteten Kapazitätsfilter, eine oder mehrere voneinander unabhängige, kaskadierbare Filtereinheiten zweiter Ordnung in einem Gehäuse. Eine solche Einheit verfügt über eine zustandsvariable Struktur mit vier Verstärkern, wie Abb.1.8 zeigt. Jede Filtersektion ist über vier externe Widerstände R_1 bis R_4 einstellbar.

Die Genauigkeit der Filter ist von der Toleranz der externen Widerstände abhängig. Bei einprozentigen Widerständen wird eine Frequenzgenauigkeit von 2 % erreicht. Der Effektivwert der Rauschspannung ist kleiner als 60 µV. Die Gesamtverzerrungen liegen in den

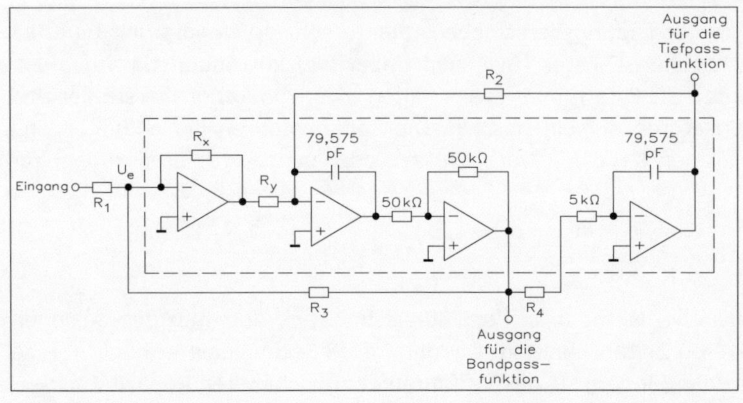

Abb.1.8 • Aufbau eines widerstandsprogrammierbaren Filters zweiter Ordnung mit Standard-Operationsverstärkern. Diese Schaltung befindet sich in einem IC-Gehäuse und lässt sich extern programmieren.

meisten Anwendungen unter -86 dB. Die Filterbausteine arbeiten sowohl mit einfachen als auch mit symmetrischen Betriebsspannungen.

Für eine schnelle und einfache Dimensionierung der widerstandsprogrammierbaren Filter bieten die Hersteller unterschiedliche Software-Pakete (Filter-Design-Software) an, die auf allen PC-Computern lauffähig sind. Dieses Programm ist in der Regel kostenlos von den Herstellern zu erhalten, wobei die Programme entweder selbsterklärend sind oder man wird mittels Menü durch das Programm geführt. Da viele Entwickler diese widerstandsprogrammierbaren Filterbausteine testen wollen, bieten einige Hersteller komplette Entwicklungskits an. Diese Kits enthalten alle erforderlichen Komponenten für eine schnelle Inbetriebnahme der Filtertechnik, einschließlich der Software.

1.2 • Analoge Abtastfilter

Konventionelle Aktivfilter, die aus Operationsverstärkern, Widerständen, Kondensatoren und Spulen aufgebaut sind, arbeiten zwar zuverlässig, lassen sich aber hinsichtlich der Filtereigenschaften nicht so einfach ändern. Die vielen einzelnen Komponenten belegen Platz auf einer Leiterplatte, und die externen Komponenten müssen manuell eingestellt werden, um die Eckfrequenz (obere und untere Grenzfrequenz) oder die Mittenfrequenz zu variieren. Außerdem erfordern Anwendungen im unteren Frequenzbereich recht große Kondensatoren.

Bei analogen Abtastfiltern muss man zwischen den Ladungsverschiebeelementen (Charge Transfer Devices) und den geschalteten Kondensator-Filtern unterscheiden, denn es werden unterschiedliche Technologien verwendet.

Bei den Ladungsverschiebeelementen kennt man:

- Eimerkettenschaltungen BBD (Bucket Brigade Devices),
- ladungsgekoppelte Strukturen CCD (Charge Coupled Devices),
- Ladungsinjektionsstrukturen CID (Charge Injection Devices).

Diese Strukturen verwendet man als Verzögerungsleitungen bei analogen Abtastfiltern und bei Bildsensoren, wobei die CCD-Struktur die wichtigste Technologie darstellt.

Während die Technologie der Ladungsverschiebeelemente sehr aufwendig und teuer zu realisieren ist, lassen sich die SC-Filter (Switched Capacitor) kostengünstig aufbauen. Im Prinzip hat man bei den SC-Filtern mehrere Schalter, einen Operationsverstärker und einen bzw. zwei Kondensatoren auf einem Chip. Die Zeitkonstanten der SC-Filter sind entweder proportional zu den Kapazitätsverhältnissen oder umgekehrt proportional zur Taktfrequenz.

1.2.1 • Aufbau eines analogen Abtastfilters

Seit 1970 ist eine alternative Methode in der Filtertechnik das Abtasten des analogen Eingangssignals in diskreten Zeitabschnitten. Die heutige IC-Technologie ermöglicht eine Integration dieser Filtertypen, indem sie das Verfahren der geschalteten Kapazitäten verwendet, um die analogen Werte abzutasten. Auf diese Weise lassen sich die Filter durch eine veränderbare Taktfrequenz einstellen.

Bei der Schaltung von Abb.1.9 befindet sich am Eingang ein passives Tiefpassfilter mit einer Grenzfrequenz, die kleiner ist als die halbe Abtastfrequenz zur Bandbegrenzung. Ohne Eingangsfilter kann es zu Fehlfunktionen kommen, denn höher liegende Frequenzen verursachen Störungen, d. h., mit diesem Tiefpass wird die Abtastvorschrift $f_s > 2 \cdot f_c$ im Wesentlichen eingehalten. Diese wird später noch erläutert. Danach folgen Abtast- und Haltekreis für die kontinuierliche Zwischenspeicherung der analogen Eingangsspannung. Auch hier bestimmt die Taktrate für den Schalter im Abtast- und Haltekreis das Verhalten des Filters.

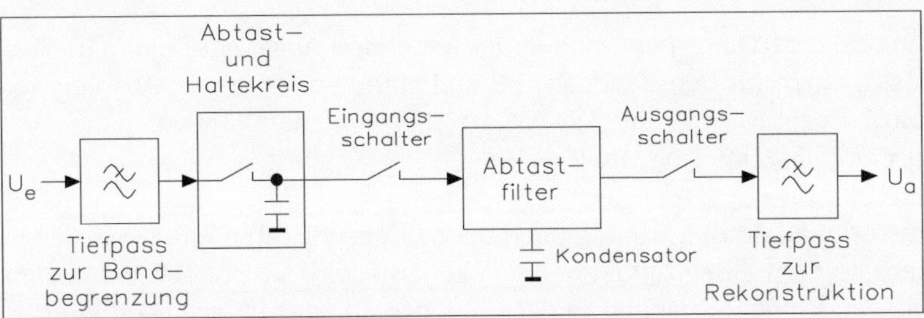

Abb.1.9 • Aufbau eines analogen Abtastfilters.

Über den Abtast- und Haltekreis erhält das Abtastfilter die geschaltete Eingangsspannung. Das Grundelement in einem Abtastfilter ist eine geschaltete Kapazität, und mit den beiden Schaltern wird die Kapazität einmal mit dem Eingang und einmal mit dem Ausgang verbunden. Damit lässt sich unter bestimmten Betriebsbedingungen der Kondensator als Widerstand betrachten, wie die folgende Überlegung zeigt: Die beiden Schalter verbinden während einer Taktperiodendauer die Kapazität nacheinander mit dem Eingang und mit dem Ausgang. Dabei entstehen im Kondensator jeweils Ladungsänderungen, die einen bestimmten Strom vom Eingang zum Ausgang zur Folge haben. Solange die Abtastrate (Taktfrequenz) viel höher ist als die maximale Signalfrequenz der analogen Eingangsspannung, wirkt die geschaltete Kapazität wie ein Widerstand. Am Ausgang der Schaltung findet man noch ein passives Tiefpassfilter für die Rekonstruktion der Ausgangsspannung.

In der Vergangenheit wurden geschaltete Kapazitätsfilter nur selten verwendet, da trotz des erheblichen externen Schaltungsaufwands, die Notwendigkeit eines Taktgenerators und einer Hilfsschaltung für die digitale Schnittstelle oft nur ein unzureichendes Schaltverhalten (hoher Störpegel, unerwünschte Schwankungen von Grenz- bzw. Mittenfrequenz und Güte Q) sowie einen begrenzten Eck-/Mittenfrequenzbereich (maximal 20 kHz) zur Folge hatten. In der Praxis war es nur für sehr erfahrene Entwickler möglich, zufriedenstellende Schalter-Kondensator-Filter zu realisieren.

Ein großer Vorteil der geschalteten Kapazitätsfilter ist, dass diese durch Verändern der Taktrate problemlos zu programmieren sind. Sie arbeiten mit hoher Genauigkeit und benötigen keine externen Komponenten. Als nachteilig erweisen sich jedoch ein Taktrauschen und Faltungseffekte (Aliasing). Das Taktrauschen lässt sich herausfiltern, zumal es nur bei Frequenzen auftritt, die wesentlich höher als die Polfrequenzen sind. Allerdings muss die Frequenz der Eingangssignale auf die Hälfte der Taktfrequenz begrenzt werden

(Abtasttheorem), um Faltungseffekte zu vermeiden. Auch Aliasing wird später noch erläutert.

Für die Ansteuerung durch einen Rechner sind die geschalteten Kapazitätsfilter mit einer entsprechenden Schnittstelle ausgerüstet. Die Programmierung erfolgt über drei Eingänge, damit eine unabhängige Einstellung der Eck-/Mittenfrequenz und der Güte möglich ist. Die aktuelle Eck-/Mittenfrequenz ist eine Funktion der Taktfrequenz, des Steuerworts für die beiden Koeffizienteneingänge und des Steuerworts an den M-Eingängen. Diese Werte werden in internen Speichern abgelegt. Diese Inhalte lassen sich bei jedem Schreiben über die Adresseingänge verändern. Die Speicherung der Filterinformationen erfolgt über die Daten-, Adress- und Steuereingänge des Bausteins.

Bei den geschalteten Kapazitätsfiltern hat man in der Regel drei Ausgänge: einen für den Tiefpass LP (Low Pass), einen für den Bandpass BP und einen kombinierten Ausgang für Bandsperre N (Notch), Hochpass HP und Allpass AP. Dieser kombinierte Ausgang wird über die Betriebsart des Bausteins eingestellt.

Wie bei allen abgetasteten Systemen werden auch bei den geschalteten Kapazitätsfiltern Frequenzen, die oberhalb der halben Abtastfrequenz liegen, „zurückgefaltet". Wenn zum Beispiel die Frequenz eines Eingangssignals in der Nähe der Abtastfrequenz liegt, werden Signale gebildet, deren Frequenz der Differenz zwischen Signalfrequenz und Abtastfrequenz entspricht. Derartige Signale fallen in den Durchlassbereich des Filters und sind von den echten Eingangssignalen nicht mehr zu unterscheiden. Wird z.B. ein Filter, das eine Abtastfrequenz von 100 kHz aufweist und dessen Taktfrequenz 200 kHz beträgt, mit einem Eingangssignal von 99 kHz angesteuert, kommt es zu einem Ausgangssignal von 1 kHz. Die Ausgangsspannung sieht dann genauso aus wie die abgeschwächte Version eines Signals mit der Frequenz von 1 kHz am Eingang. Zu beachten ist, dass bei den IC-Filtern die Nyquist-Rate (normalerweise die halbe Abtastfrequenz) dem Wert $f_{CLK}/4$ entspricht, da die Frequenz des externen Taktsignals intern durch zwei geteilt wird, damit ein symmetrisches Taktverhältnis vorhanden ist.

1.2.2 • Geschaltete IC-Filter

Seit mehreren Jahren findet man in der Praxis spezielle IC-Filter-Bausteine, die für diese Funktionen konzipiert wurden und den Schaltungsaufwand für den Entwickler erheblich reduzieren. Mit Ausnahme der Glättungskondensatoren für die Stromversorgung befinden sich alle Filterkomponenten in einem Baustein. Mittels einer PC-Software kann man seine entsprechenden Filterkurven mit den entsprechenden Werten eingeben. Dann berechnet der Computer alle externen Bauelemente der Filterschaltung nach den vorgegebenen Werten des Anwenders.

In der Regel enthält jeder IC-Filterbaustein zwei oder mehrere unabhängige Filter-einheiten zweiter Ordnung, die bei den Universalfiltern als Tiefpass, Hochpass, Bandpass, Bandsperre oder Allpass konfigurierbar sind. Für Filter höherer Ordnung schaltet man mehrere Filtereinheiten in Reihe und kaskadiert so die Filter auf die entsprechende Ordnung.

In Abb.1.10 ist die Struktur eines geschalteten Filters mit zwei Integrationen und einem Summierverstärker dargestellt. Integrierte Schalter und Kondensatoren im Rückkopplungspfad steuern die Einstellung der Eck-/Mittenfrequenz und die Güte Q. Die Verhältnisse der internen Kondensatorwerte sind für die Genauigkeit dieser Parameter maßgebend. Obwohl diese geschalteten Kondensatornetzwerke in der Tat geschaltete Systeme sind, ist ihr Verhalten der kontinuierlichen Filter, wie beispielsweise aktiven RC-Filtern, sehr ähnlich.

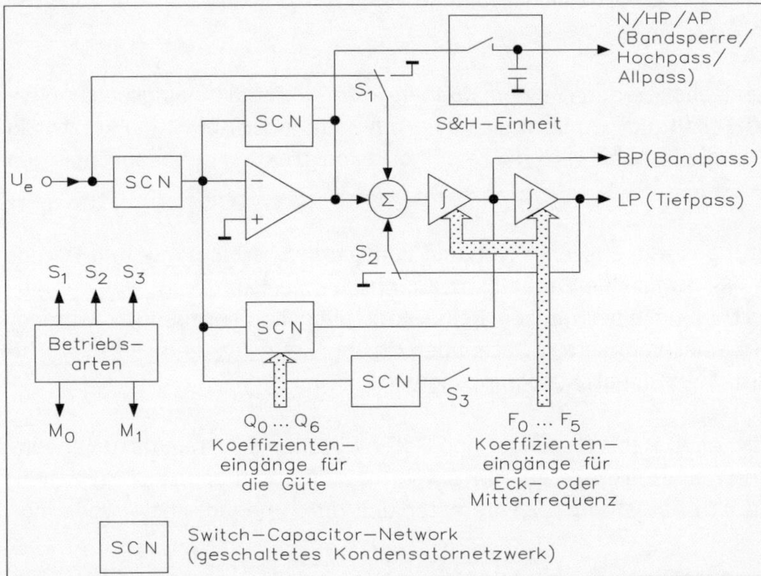

Abb.1.10 • Blockschaltung eines geschalteten IC-Filters.

Das Verhältnis zwischen Taktfrequenz und charakteristischer Filterfrequenz ist so groß, dass das angenäherte Verhalten eines statusvariablen Filters der zweiten Ordnung erhalten bleibt.

In Datenerfassungs- und Datenverteilungssystemen werden, wie auch in anderen Abtastsystemen, auf periodischer Basis die analogen Eingangssignale abgetastet. Dabei entstehen mehrere Fehlerquellen. In Abb.1.11 sind die einzelnen Vorgänge für digitale Abtastsysteme gezeigt.

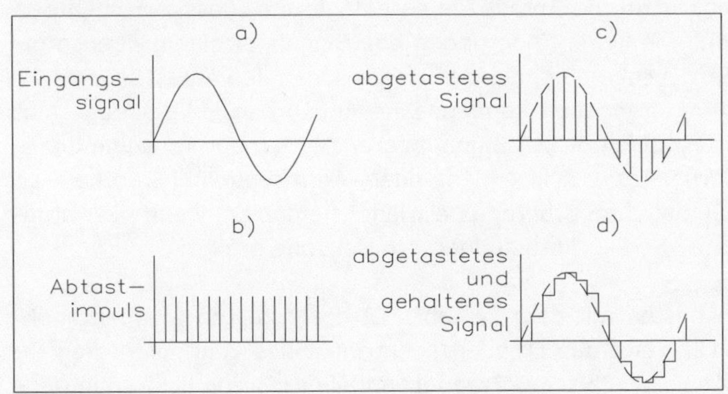

Abb.1.11 • Funktionen einer Signal-Abtastung.

In diesem Beispiel liegt eine sinusförmige Eingangsspannung am Abtastfilter an. Die Folge der Abtastimpulse in Abb.1.11 stellt einen schnell arbeitenden Schalter dar, der sich für eine sehr kurze Zeitspanne auf das analoge Eingangssignal aufschaltet und für den Rest der Abtastperiode abgeschaltet bleibt.

Das Resultat dieser schnellen Abtastung ist mit der Multiplikation der Amplitude des Analogsignals mit einer Impulszeit identisch und ergibt die in Abb.1.11b gezeigte modulierte Pulsfolge. Die Amplitude des ursprünglichen Signals ist in der Hüllkurve des modulierten Impulszugs enthalten.

Wird nun dieser Abtastschalter durch einen Kondensator in einem Analogspeicher ergänzt (Sample & Hold-Schaltung), so lässt sich die Amplitude jeder Abtastung kurzfristig speichern. Die Folge ist die in Abb.1.11d dargestellte Rekonstruktion des ursprünglichen Analogsignals.

Der Zweck der Abtastung ist die effiziente Nutzung von Datenverarbeitungs- und Datenübertragungsanlagen. Eine einzelne Datenübertragungsstrecke kann z. B. auf der Abtastbasis für die Übertragung einer ganzen Reihe von Analogkanälen genutzt werden, während die Belegung einer kompletten Datenübertragungskette für die kontinuierliche Übertragung eines einzelnen Signals sehr unökonomisch ist.

Auf ähnliche Weise wird ein Datenerfassungs- und Datenverteitungssystem dazu verwendet, die vielen Parameter eines Prozeßsteuerungssystems zu messen und zu überwachen. Auch dies geschieht durch Abtastung der Parameter und durch periodisches „Updating" der Kontrolleingänge.

Bei Datenwandlungssystemen ist es üblich, einen einzelnen Analog-Digital-Wandler hoher Geschwindigkeit und Genauigkeit zu verwenden und von ihm eine Reihe von Analogkanälen im Multiplexbetrieb bearbeiten zu lassen.

Dabei stellt sich die wichtige und fundamentale Frage zum Abtastsystem: Wie oft muss ein Analogsignal abgetastet werden, um bei der Rekonstruktion keine Informationen zu verlieren?

Es ist offensichtlich, dass man aus einem sich langsam ändernden Signal alle nützlichen Informationen gewinnen kann, wenn die Abtastrate so gelegt wird, dass zwischen den Abtastungen keine oder so gut wie keine Änderungen des Signals erfolgen. Ebenso offensichtlich ist es, dass bei einer raschen Signaländerung zwischen den Abtastungen sehr wohl wichtige Informationen verlorengehen können. Eine Antwort auf diese Frage gibt das Abtasttheorem: Wenn ein kontinuierliches Signal begrenzter Bandbreite keine höheren Frequenzanteile als f_c (Corner- bzw. Eckfrequenz oder Grenzfrequenz f_g) enthält, so lässt sich das ursprüngliche Signal ohne Störverluste wieder herstellen, wenn die Abtastung mindestens mit einer Rate von $2 \times f_c$ Abtastungen pro Sekunde erfolgt.

Das Abtasttheorem kann am besten mit dem in Abb.1.12 dargestellten Frequenzspektrum erklärt werden. Abb.1.12a zeigt das Frequenzspektrum eines kontinuierlichen, in der Bandbreite begrenzten Analogsignals mit Frequenzanteilen bis zur Eckfrequenz f_c.

Wenn dieses Signal mit der Rate f_s (Sample-Frequency) abgetastet wird, so verschiebt der Modulationsprozeß das ursprüngliche Spektrum an die Punkte f_s, $2f_s$, $3f_s$ usw. über das Originalspektrum hinaus. Ein Teil dieses resultierenden Spektrums ist in Abb.1.12b gezeigt.

Falls man nun die Abtastfrequenz f_s nicht hoch genug wählt, überlappt ein Teil des zugehörenden Spektrums das ursprüngliche Spektrum. Dieser unerwünschte Effekt ist als Frequenzüberlappung (frequency folding) oder Aliasing bekannt. Beim Wiederherstellungsprozeß des Originalsignals wird der überlappende Teil des Spektrums erhebliche Störungen im rekonstruierten Ausgangssignal verursachen, die auch durch nachträgliche Filterung nicht mehr zu eliminieren sind.

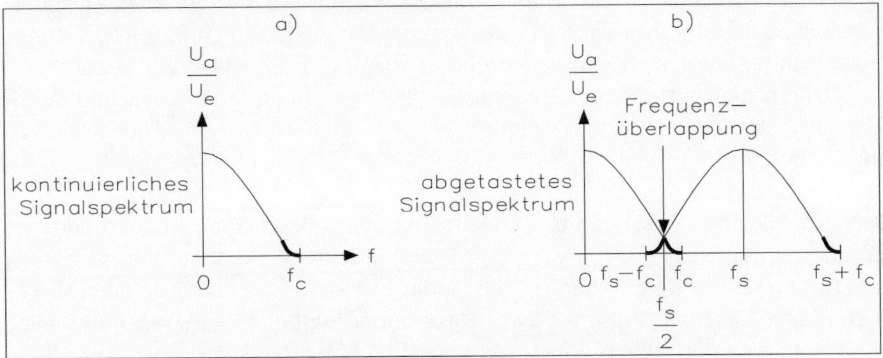

Abb.1.12 • Erläuterung des Abtasttheorems durch das Frequenzspektrum.

Aus dem Abb.1.12 ist ersichtlich, dass das Originalsignal nur dann störungsfrei wiederhergestellt werden kann, wenn die Abtastrate so gewählt wird, dass $f_s - f_c > f_c$ ist und die beiden Spektren eindeutig nebeneinander liegen. Dies beweist nochmals die Behauptung des Abtasttheorems, nach dem $f_s > 2\ f_c$ sein muss. Die Frequenzüberlappung kann auf zweierlei Weise verhindert werden: Erstens durch eine ausreichend hohe Abtastrate und zweitens durch Filterung des Signals vor der Abtastung, um dessen Bandbreite auf $f_s/2$ zu begrenzen.

In der Praxis muss davon ausgegangen werden, dass abhängig von den Hochfrequenzanteilen des Signals, dem Rauschen und der nicht idealen Filterung immer eine geringe Frequenzüberlappung auftreten wird. Diesen Effekt muss man auf einen für die spezielle Anwendung vernachlässigbar kleinen Betrag reduzieren, indem die Abtastrate hoch genug angesetzt wird. Die notwendige Abtastrate kann in praktischen Anwendungen unter Umständen weit höher liegen als beim durch das Abtasttheorem vorgegebenen Minimum. Abb.1.13: Durch unpassende Abtastrate wird eine Scheinfrequenz erzeugt, die keine Ahnlichkeit mit dem Eingangssignal hat

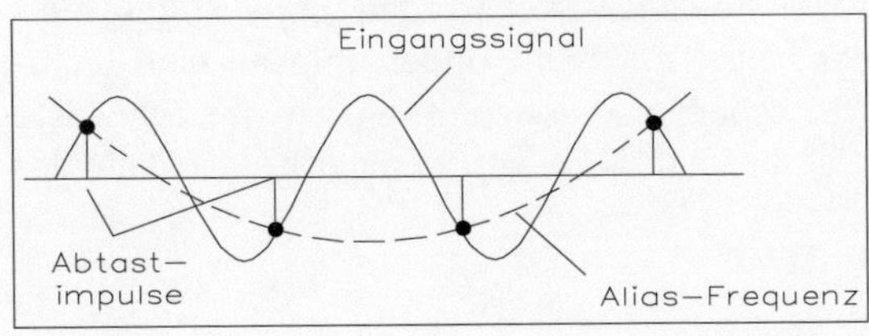

Abb.1.13 • Durch unpassende Abtastrate wird eine Scheinfrequenz erzeugt, die keine Ahnlichkeit mit dem Eingangssignal hat.

Der Effekt einer unpassenden Abtastrate an einer Sinusschwingung zeigt Abb.1.13. Eine Scheinfrequenz (Alias Frequency) ist hier das Resultat beim Versuch der Rekonstruktion des Eingangssignals. In diesem Falle ergibt eine Abtastrate von geringfügig weniger als zweimal pro Kurvenzug die niederfrequente Sinusschwingung, die im Abb. 1.13 als gestrichelte Linie dargestellt ist. Diese Scheinfrequenz kann sich deutlich von der Originalfrequenz unterscheiden. An dem Bild ist ferner zu erkennen, dass sich mit einer Abtastrate von mindestens zweimal pro Kurvenzug - wie vom Abtasttheorem gefordert - die Originalfrequenz relativ einfach wiederherstellen lässt.

Das Nyquist-Theorem (Abtastvorschrift) besagt, dass ein Abtastfilter oder ein A/D-Wandler die höchste zu messende Frequenz mindestens zweimal pro Zyklus abtasten muss. „Undersampling“ oder Unterabtastung ist eine absichtliche Verletzung dieser Regel. Diese Methode lässt sich jedoch nur in einigen sorgfältig ausgesuchten Fällen zur Datenerfassung nutzen. Durch dieses Verfahren ist man in der Lage, einen langsamen und damit preiswerteren A/D-Wandler für die Umsetzung hoher Signalfrequenzen in der Praxis zu verwenden.

„Undersampling“ folgt den Aussagen des erweiterten oder allgemeinen Abtasttheorems, das besagt, dass ein abgetasteter Eingang aus Signalen rekonstruiert werden kann, falls die Frequenzkomponenten des Eingangs vollständig in einem bestimmten Intervall liegen. Das kann jeder Abschnitt zwischen zwei aufeinander folgenden ganzzahligen Vielfachen von $f_S/2$ sein, also der halben Abtastfrequenz.

Die Bedingungen des allgemeinen Abtasttheorems werden verletzt, wenn eine oder mehrere Frequenzkomponenten eine der Grenzen berühren. Die resultierenden, durch Frequenzüberlappung entstehenden Frequenzen verzerren dann normalerweise das Ausgangssignal. So verhindern sie eine eindeutige Interpretation, außer in einigen Sonderfällen, bei denen das Eingangsspektrum eine gewisse Struktur aufweist.

Zwei solcher Fälle sind die doppelten Seitenbänder einer linearen Modulation und die erweiterten Spektren, denn diese entstehen beim Undersampling eines periodischen Signals. Um unerwünschte Faltungsprodukte zu vermeiden, ist daher immer eine vorherige Analyse des Spektrums im Hinblick auf die Wandlungsrate notwendig.

Wenn man breitbandige Signale mittels Undersampling umwandelt, liegen die Anforderungen an die Schaltung nicht mehr im eigentlichen Wandler, sondern vorrangig in der vorgeschalteten S&H-Stufe. Diese Stufe muss hier sehr schnelle Signale in präzisen gleichen Zeitabständen erfassen, die sie dem Wandler als konstante Spannung präsentiert.

Um das zu erreichen, ist eine ausreichende Bandbreite und Einschwingzeit erforderlich. Erst dann kann das abgetastete Eingangssignal ausgewertet werden, ohne weitere Verzerrungen hinzuzufügen. Der A/D-Wandler selbst hat beim Undersampling eine unkritische Rolle. Er braucht die Wandlung nicht schneller durchzuführen, als das schnellste Signal für eine Taktperiode benötigt. Hier ist dies eine Rate von weniger als die Hälfe des Eingangssignals.

1.3 • Digitale Filterschaltungen

Seit etwa 1970 kennt man Mikroprozessoren und seit Mitte der siebziger Jahre Mikrocontroller, die für digitale Filterschaltungen geeignet sind. Anfang der achtziger Jahre die ersten digitalen Signalprozessoren (DSPs) auf den Markt. Über einen Analog-Digital-Wandler wird ein analoges Eingangssignal abgetastet und in einen digitalen Wert umgesetzt. Dieser Wert lässt sich durch die Software in Verbindung mit dem Mikroprozessor oder Mikrocontroller verarbeiten und dann über einen Digital-Analog-Wandler ausgeben. Der Vorteil der digitalen Lösung ist die Programmierbarkeit und die hohe Präzision, die praktisch nur vom Auflösungsvermögen des Analog-Digital-Wandlers und der Wortbreite des Digital-Analog-Wandlers abhängig ist. Während die analoge Filtertechnik, auch wenn man Operationsverstärker verwendet, einer großen Abhängigkeit von Alterungs-, Temperatur- und Betriebsspannungseinflüssen unterworfen ist, entfallen diese bei digitalen Filterschaltungen.

Die digitale Signalverarbeitung oder DSP (Digital Signal Processing) ist eine hochentwickelte Technik, die in vielfältigen Gebieten zum Einsatz kommt. Ständig steigende Ansprüche in der gesamten Messtechnik und in der Kommunikation erfordern eine ebenso ständig steigende Rechnerleistung zur Erfassung, Verarbeitung und Darstellung der Messdaten. Neu entwickelte Signalprozessoren implementieren Funktionseinheiten, die vorher nur extern zur Verfügung standen. Mit Hilfe von Multiprozessorsystemen und speziellen PC-Bussystemen werden auf PC-Basis höchste Rechenleistungen für den Online-Bereich erzielt. Eine modulare Bauweise mit einem Rechner als Basisgerät, verschiedenen Erweiterungskarten und eine eigens für diese Systeme konzipierte Software garantierten den flexiblen Einsatz solcher Messsysteme. Die leicht zu bedienende Software einschließlich der Dokumentation erlaubt damit den Einsatz in einem breiten Anwenderspektrum.

Die digitale Signalverarbeitung mit dem PC-Rechner fasst mehrere Einzelsysteme zu einem funktionsfähigen Gesamtsystem zusammen. Die einzelnen Komponenten sind sowohl in der Hardware als auch in der Software aufeinander abgestimmt. Dabei ist nicht nur die hohe Rechenleistung der Signalprozessoren oder die Übertragungsleistung des Bussystems zu berücksichtigen, sondern das Zusammenspiel dieser einzelnen Komponenten.

Die DSP-Hardware umfasst eine PC-Einsteckkarte, die als Hardware-Erweiterung in einen PC gesteckt werden. Die Karten enthalten meist eigene Prozessoren oder umfangreiche Hardware-Funktionen wie A/D-Wandler und/oder D/A-Wandler, so dass der Hauptrechner bereits vorverarbeitete Daten erhält oder diese nur noch verwalten muss. Durch diesen Aufbau ist eine hohe Verarbeitungsleistung für den Online-Betrieb möglich. Die einzelnen Vorgänge laufen entkoppelt voneinander auf den Karten ab. Die Philosophie, die hierbei angewendet wird, bezeichnet man als „Multiprocessing" im PC-Rechner. Multitaskprozessoren, die beispielsweise eine Million und mehr Daten pro Sekunde erfassen müssen, sind hierbei überfordert.

Die Software für DSP-Systeme teilt sich auf in anwenderorientierte und in OEM-Software. Unter einer anwenderorientierten Software werden fertige Software-Pakete verstanden, die ohne große Einarbeitung zu bedienen sind. Unter der OEM-Software versteht man

Software-Entwicklungswerkzeuge, die sich zur Entwicklung von Anwendersoftware nutzen lässt. Es werden insbesondere ausgetestete Routinen im Source-Code angeboten. Wertvolle Hilfsmittel zur Entwicklung sind Simulator und Realtime-Debugger. Die Arbeit mit der Programmiersprache C ermöglicht der C-Compiler. Dieser entspricht mit wenigen Ausnahmen, die insbesondere die Erweiterung der Adressierungsarten betreffen, dem ANSI-Standard.

1.3.1 • Aufbau eines digitalen Abtastsystems

Beim Entwurf herkömmlicher analoger Systeme stoßen die Entwickler immer wieder an die gleichen Grenzen: Es ist nicht einfach, ein analoges System zu entwickeln, das einen dynamischen Bereich aufweist. Genauigkeit und Stabilität eines Systems hängen überdies von der Betriebs- und Umgebungstemperatur sowie vom unweigerlichen Alterungsprozeß der Bauelemente und von der Betriebsspannung ab. Vor allem die Realisierung von steilflankigen Filtern erfordert erheblichen Entwicklungsaufwand und zahlreiche Bauteile, insbesondere, wenn noch ein linearer Phasengang gefordert wird.

Mit der digitalen Signalverarbeitung reduzieren sich diese Probleme auf ein Minimum. Während ein dynamischer Bereich von 50 dB bei den analogen Systemen kaum erreichbar ist, lassen sich in Verbindung mit der DSP-Technik über 100 dB ohne weiteres erreichen. Außerdem vereinfacht sich der Filterentwurf, da sich der Entwickler nicht mehr um Nebeneffekte wie parasitäre Kapazitäten, Einfügungsdämpfungen und Empfindlichkeitsanalyse kümmern muss, die eine Realisierung analoger Filter so schwierig macht. Darüber hinaus lassen sich mit der digitalen Signalverarbeitung auch Filterstrukturen mit linearer Phase entwerfen, die strukturell stabil sind. Von der Anwendung her gesehen erlaubt die digitale Signalverarbeitung auch die Automatisierung von Abläufen und Prozessoren, zu denen bisher immer noch ein Mensch notwendig war.

Um ein analoges Signal digital verarbeiten zu können, muss es zunächst in gleichmäßigen Abständen abgetastet und dann digitalisiert werden. Durch das Abtasten entsteht ohne vorherige Filterung ein Fehler (Aliasing), denn die Frequenzen oberhalb der halben Abtastrate lassen sich nicht mehr als Satz diskreter Abtastwerte darstellen. Wenn das abgetastete Signal mit einem Spektrumanalysator betrachtet wird erscheinen Abbilder der Signalfrequenz symmetrisch zu Vielfachen der Abtastfrequenz.

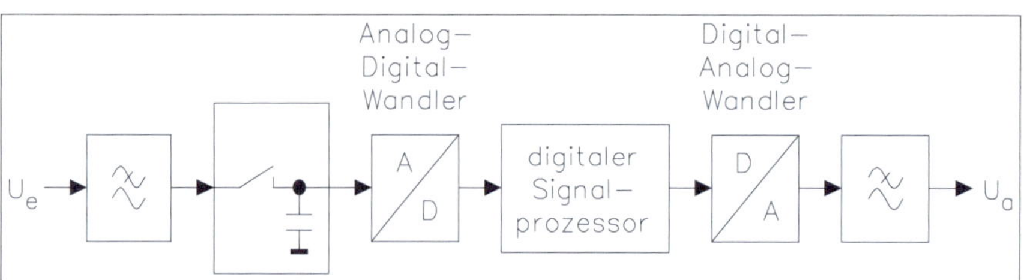

Abb.1.14 • Elemente eines Abtastsystems mit digitaler Signalverarbeitung.

Die Blockschaltung von Abb.1.14 zeigt die Elemente des Abtastsystems mit digitaler Signalverarbeitung. Am Eingang befindet sich ein Tiefpassfilter (Anti-Aliasing-Filter) zur Bandbegrenzung des Eingangssignals vor der Abtastung..

Nach der Abtastung, die eine zeitliche Quantisierung darstellt, muss das Signal noch in der Amplitude digitalisiert werden: Die Höhe jedes Abtastwerts wird in eine digitale Zahl gewandelt. Dabei hängt die mögliche Auflösung von der Länge des digitalen Worts ab, das diesen Analogwert repräsentieren soll.

Da die Auflösung mit jedem Bit verdoppelt wird, sinkt der Quantisierungsfehler für jedes zusätzliche Bit um ca. 6 dB, denn $20 \times \log 2 = 6{,}02$. Wenn der Quantisierungsfehler –60 dB betragen soll, dann ist ein 10-Bit-Analog-Digital-Wandler notwendig. Heute sind 16- und 18-Bit-Wandler erhältlich, und damit erreicht man eine entsprechend hohe Auflösung.

Nun kann man das Signal entweder im Zeit- oder im Frequenzbereich bearbeiten. Dabei entspricht die Verarbeitung im Zeitbereich dem gewohnten Vorgehen in analogen Systemen mit Filtern, Abstimmkreisen und Komparatoren. Für die Verarbeitung im Frequenzbereich wird das Frequenzspektrum in N gleiche Bereiche unterteilt, den „Bins“, und das Signal danach bewertet, wieviel Leistung in jeden Frequenzbereich fällt. Der wichtigste im Frequenzbereich gebräuchliche Algorithmus ist die schnelle Fourier-Transformation (FFT).

Im Prinzip führt die FFT eine Korrelation des unbekannten Signals mit einem Satz bekannter Frequenzen durch: Ein reines Sinussignal wird in dem passenden Frequenzbereich einen hohen Korrelationskoeffizienten aufweisen, während sie in den anderen Frequenzbereichen niedrig ausfällt. Damit auch Signale bewertet werden können, die eine Phasenverschiebung mit dem für die Korrelation verwendeten Sinus aufweisen, wird das Signal auch noch mit dem um 90° verschobenen Sinus, einem Cosinus, korreliert. Die Summe der Quadrate beider Korrelationen kennzeichnet den Betrag der FFT (praktisch die Leistung des Signals in einem Frequenzbereich), während der Arkustangens den Phasenwinkel bezogen auf die Referenz angibt.

Für die Durchführung der FFT wird angenommen, dass sich das Signal über den Abtastzeitraum der FFT periodisch fortsetzt: Damit müssten sich mehrfache Kopien eines Signals nahtlos aneinanderfügen lassen. Genau diese Forderung wird von praktisch vorkommenden Signalen nicht erfüllt, so dass es an den Stoßstellen fast immer zu einer Diskontinuität kommt. Dies hat zur Folge, dass die FFT hochfrequente Anteile aufweist, die im ursprünglichen Signal nicht vorkommen. Um diesen Effekt zu vermindern, wird das Signal mit einer Funktion multipliziert, die für eine Abschwächung des Signals an den Analysegrenzen sorgt und damit die Sprunghöhe verringert (Fensterung).

Ein System zur digitalen Signalverarbeitung lässt sich auf zwei Arten realisieren: Für niedrige Geschwindigkeiten – hier liegen die Abtastraten unter 1 MHz – ist ein Prozessor die beste Wahl. Höherfrequente Systeme müssen aus speziellen ICs aufgebaut sein, die als funktionsspezifische Bauteile nur besondere Aufgaben übernehmen, diese dafür aber erheblich schneller abarbeiten.

Für den unteren Geschwindigkeitsbereich sind mehrere Signalprozessoren verfügbar. Solange die Abtastrate unter 1 MHz liegt, eignet sich diese zur Realisierung nichtrekursiver Filter mit endlicher Impulsantwort (FIR) durch schnelle Fourier-Transformation (FFT), Echoentzerrung und Sprachcodierung. Die Programme dazu werden in der DSP-Prozessorsprache oder in C erstellt. Für Anwendungen, die großen Durchsatz fordern, muss der Entwickler unter Umständen noch Aufwand in die Optimierung des Assembler-Codes stecken.

Verglichen mit den Standard-Mikroprozessoren verfügen die DSP-Prozessoren über zusätzliche Funktionen auf dem Chip. Dazu gehören Multiplizierer-Akkumulator-Kombinationen (MAC), Barrel-Shifter und Daten-RAM-Einheiten. Mit der MAC-Einheit können in einem Befehlszyklus zwei Wörter multipliziert und das Ergebnis zum bestehenden Inhalt des Akkumulators addiert werden. Mit dem „Barrel Shifter" erfolgt die Skalierung von Werten zur Berechnung, während das Daten-RAM schließlich Daten und Koeffizienten für spezielle Bearbeitungsvorschriften enthält.

1.3.2 • Erfassung, Verarbeitung und Auswertung von Signalen

Die Einsatzgebiete der digitalen Signalverarbeitung reichen von digitaler Simulation, schneller Prozeßregelung, adaptiver Regelung, digitale Filter und bis zur Sprach- und Bildverarbeitung. Alle mechanischen Maschinen und deren Maschinenteile weisen beispielsweise ein typisches Geräusch auf. Je nach Zustand der Maschine ändert sich die Schwingungsenergie, die für das menschliche Ohr subjektiv durch Lautstärke oder Tonhöhe erfassbar ist. Durch die computergestützte Analyse akustischer Signale lassen sich objektive Aussagen über die Qualität der untersuchten Teile machen. Abb.1.15 zeigt eine digitale Filterung zur Untersuchung von Geräusch- und Schwingungsunstimmigkeiten, wenn es gilt, die Form digitaler Signale zu messen, zu analysieren und die Ergebnisse darzustellen.

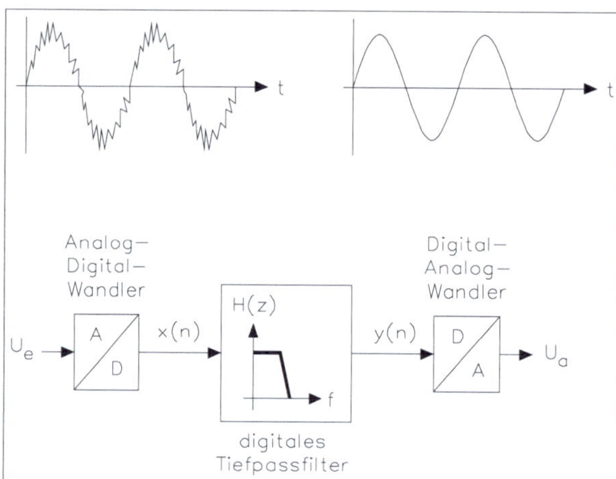

Abb.1.15 • Arbeitsweise eines digitalen Tiefpassfilters mittels eines Signalprozessors.

Die Auswahl der Sensorik spielt hierbei die entscheidende Rolle. Zur Auswahl der geeigneten Sensorik ist meist eine Untersuchung durchzuführen, da die verschiedensten Faktoren wie Masse, Größe, Material und sonstige Größen in das Gütekriterium des Prüflings eingehen. Sehr oft muss auch in den Produktionsumgebungen gemessen werden. Im Fall der Lagerprüfung lässt sich ein Beschleunigungs-Sensor oder ein Schnelle-Sensor einsetzen.

Hiermit erfasst das Prüfsystem die verschiedensten Größen im Zeit- und Frequenzbereich. Beispielsweise lässt sich die Schnelle durch Integration der Beschleunigung nach t abbilden. Es können somit Sensoren eingespart werden, wenn man eine geeignete Software für die Messwertverarbeitung hat.

Mit den über die Sensorik erfassten und digitalisierten Werten kann man z.B. bestimmte Gütekriterien in der Fertigung berechnen. Ein einfacher Fall ist beispielsweise das Ermitteln der auftretenden Minimal- und Maximalwerte aus 1024 digitalisierten Messpunkten. Diese beiden Werte werden gemeinsam mit der Prüflingsnummer, dem Prüfer, der Prüfzeit und dem Prüfdatum in einer Datenbank abgelegt. Ein weiterer Bestandteil dieser Datenbank sind die vom Qualitätsingenieur vorgegebenen Toleranzgrenzen. Die erfassten Größen werden während des Prüfens mit den Toleranzgrenzen verglichen und das Ergebnis dem Prüfer mitgeteilt. Das Prüfpersonal bekommt nur eine Gut-Schlecht-Nacharbeit-Aussage und wird mit den gesamten Vorgängen, die im Hintergrund ablaufen, nicht konfrontiert.

Mit den erfassten Größen lassen sich verschiedene Analysen durchführen. Im Beispiel der Lagerprüfung sind periodische Geräusche von großem Interesse. Diese sind durch spezielle Signalanalyseverfahren zu detektieren. Die Analyseverfahren sind sehr rechenintensiv und können in Echtzeit nur mit Signalprozessor-Karten, die eine spezielle Hardware-Architektur verwenden, gelöst werden. Mit der Software lassen sich dann beispielsweise eine Ordnungsanalyse, Frequenzanalyse, Mittelungsverfahren zur Erhöhung der Messgenauigkeit, Min-Max-Analyse, statistische Auswertungen und weitere Untersuchungen durchführen.

Die Erfassung der einzelnen Messwerte erfolgt über einen entsprechenden Analog-Digital-Wandler mit mehreren Eingangskanälen. Hierbei lässt sich in unserem Beispiel die Abtastzeit jeweils an die Umdrehungszahl des Motors anpassen. Es wird also immer ein Abtastwert in Abhängigkeit von einer bestimmten Kolben- bzw. Drehwinkelstellung erfasst. Durch das Arbeiten mit mehreren Messkanälen ergibt sich ein sehr breits Anwendungsspektrum. Die hohe Abtastfrequenz bis zu 100 kHz und die dabei vorhandene Auflösung von 12 Bit im Analog-Digital-Wandler ermöglichen Messungen mit höchster Präzision. Die mögliche Mittelung über beispielsweise 1024 Umdrehungen pro Minute mit jeweils 1024 Abtastpunkten pro Umdrehung erlaubt eine weitere Verbesserung der Aussagefähigkeit des Messergebnisses.

Parallel können dazu verschiedene Prozeßparameter wie Öltemperatur, Druckverlauf im Brennraum, Wassertemperatur, Spritverbrauch und andere Werte erfasst werden. Die Vorgabe von Belastungszuständen oder Drehzahl ist über digitale bzw. analoge Schnittstellen möglich.

Im Bereich der Analyse kann man die aufgenommenen Signale in zahlreiche arithmetische Beziehungen und logische Funktionen unterteilen. Signale lassen sich miteinander oder mit beliebig wählbaren Konstanten verrechnen. Integral- und Differentialrechnungen der Signale bzw. der berechneten Signale sind ebenfalls möglich, ebenso wie Logarithmus, Absolutwertbildung usw. Auch elektrotechnische Funktionen wie Tiefpass oder Hochpass mit wählbarer Grenzfrequenz und Ordnung kann man ebenso zur Berechnung der Signale verwenden.

In der FFT-Analyse kann man zwischen verschiedenen Betriebsarten (Variable, Konstante, Mittelwertbildung) für die Frequenzanalyse auswählen. Die Auflösung liegt zwischen 64 bis 1024 Punkten. Das Amplitudenspektrum lässt sich im Bildschirm genau darstellen. Verschiedene Darstellungsarten (Amplituden/Leistungsspektrum, Betrag/Phase, Real-/Imaginärteil) und Skalierung (linear, logarithmisch, Zoom) sind durch den Anwender wählbar.

In der Systemanalyse sind Auto-/Kreuzkorrelation und Transfer-Funktionen (Übertragungsfunktionen) möglich. Als statistische Funktionen sind Mittelwert/Standardabweichung, Häufigkeitsverteilung und Regression/Korrelation eingebunden.

Die Messwertverarbeitung bzw. deren Auswertung erfolgt in zwei Teilen. Zuerst werden die einzelnen Eingangssignale aufbereitet und dann folgt die Berechnung, die zur Auswertung der erfassten Messdaten im Hinblick auf eine Fehlerbeurteilung (Fehler ja/nein) führen. Zur Erfassung der Messsignale lassen sich 8, 16, 32, 64, 128 bis 256 Eingangssignale heranziehen. Für jeden Kanal werden Minimalwert, Maximalwert, Effektivwert sowie die relative Überschreitung ermittelt. Beim Minimalwert wird über den gesamten Zeitbereich z. B. der größte negative Wert gesucht, während beim Maximalwert der größere positive Wert in einem Eingangssignal interessiert. Der quadratische Mittelwert aus allen Daten errechnet sich nach der Gleichung:

$$EW = \sqrt{\frac{\sum x_i^2}{n}}$$

Zur Berechnung der relativen Überschreitung ist ein Grenzwert nötig. Im Verlauf der Auswertung wird der aktuelle Messwert mit dem gespeicherten Grenzwert verglichen. Liegt der Messwert über dem Grenzwert, wird diese Differenz zu einem internen Zähler addiert. Nach der Bearbeitung des gesamten Datensatzes enthält dieser Zähler die Summe aller Abweichungen vom Grenzwert. Zur besseren Deutung dieses Zahlenwerts wird dieser noch durch die Anzahl der Messwerte dividiert:

$$r.ü. = \frac{\sum (x_i - x_g)}{n}$$

r.ü. relative Überschreitung
x_i vorgegebener Grenzwert
x_g aktueller Messwert
n Anzahl der Messwerte.

Für die Messwertdarstellung werden Zoomfunktion und Ablesehilfe für Messdaten zu einem bestimmten Zeitpunkt angeboten. Die Ablesehilfe tritt in Form eines Cursors auf, der sich an eine beliebige Stelle der Messung setzen lässt. Die zugehörigen Daten können danach direkt am unteren Bildschirmrand abgelesen werden. Für die Messwertdarstellung gibt es verschiedene Möglichkeiten:

- x/y-Darstellung mit:
  variablem Ortsausschnitt,

variablem Zeitausschnitt
variabler Darstellungsgeschwindigkeit

- x(t)/y(t)-Darstellung mit:
  Zoomfunktion
  Cursorfunktion
- x(f)/y(f)-Darstellung:
  Für den in x(t)/y(t) gewählten Darstellungsausschnitt lässt sich die FFT berechnen und darstellen

Die Messwertdarstellung ist sowohl auf dem Bildschirm als auch auf dem Drucker möglich. Für die Messwertdarstellung stehen Zoomfunktionen und eine Ablesehilfe für die Messdaten zu einem bestimmten Zeitpunkt zur Verfügung. Die Ablesehilfe tritt in Form eines Cursors auf, der sich dann an einer beliebigen Stelle in der Messung einsetzen lässt. Die zugehörigen Daten kann man dann am unteren Bildschirmrand ablesen.

1.3.3 • Digitaler Signalprozessor

Mehrere Firmen bieten Signalprozessoren an. Die Schaltung von Abb.1.16 zeigt eine komplette DSP-Platine für PC-Systeme an.

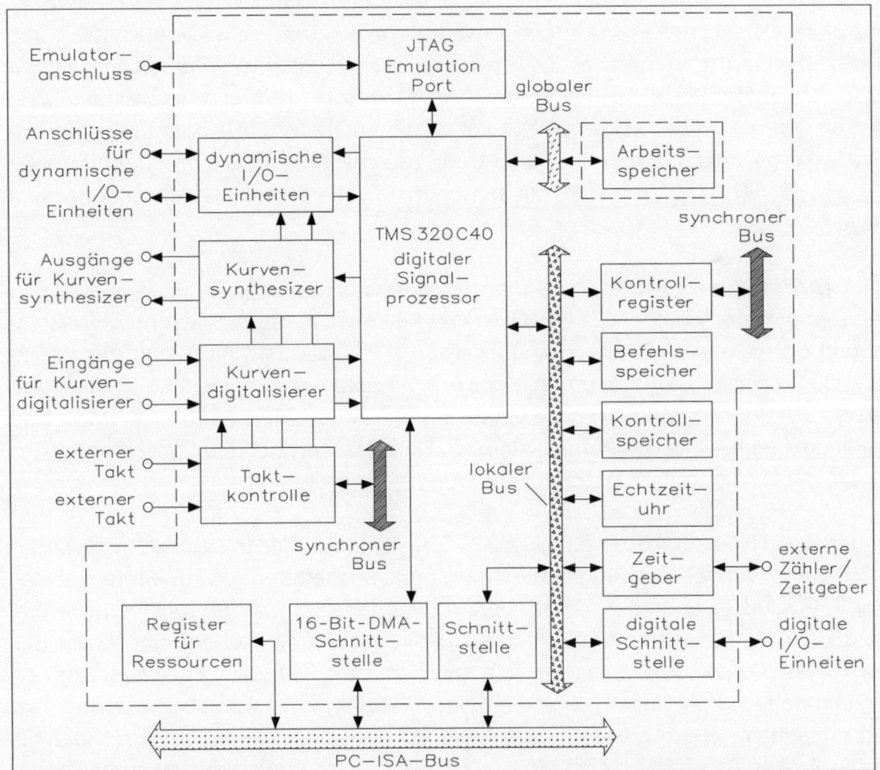

Abb.1.16 • PC-Multifunktionskarte mit digitalem Signalprozessor und peripheren Einheiten.

Für die Effizienz eines solchen DSP-Multiprozessorsystems benötigt man zahlreiche periphere Einheiten, die eine parallele Erfassung, Verarbeitung der Informationen und Ausgabe von Analog- bzw. Digitalsignalen auf einer PC-Einsteckkarte ermöglichen.

Ein Signalprozessor ist in der Lage, die voneinander unabhängigen I/O-Subsysteme parallel zur eigentlichen Verarbeitung zu betreiben. Insgesamt stehen auf der Einsteckkarte vier solcher I/O-Subsysteme zur Erfassung und Ausgabe von Analog- und Digitalsignalen zur Verfügung. Es können je nach Karten- bzw. Typenmodell bis zu 16 Analogkanäle erfasst und maximale Abtastraten von 1 MHz erreicht werden. Verschiedene Versionen bieten 12- oder 16-Bit-Auflösung, Sample & Hold-Eingänge für die gleichzeitige Erfassung oder programmierbare Antialiasing-Filter. Für die Ausgabe von Analogsignalen sind zwei D/A-Wandler mit jeweils einer Wandlerrate von 100 kHz vorhanden. Digitale Ein-/Ausgabemöglichkeiten werden über zwei 8-Bit-Ports mit je einer Transferrate von 2 MHz geboten. Externe Trigger- und Takteingänge sowie Zähler-/Zeitgeber-Kanäle ergänzen den Funktionsumfang der Karten.

Der hier verwendete Signalprozessor TMS320C40 zeichnet sich gegenüber anderen Prozessortypen nicht nur durch seinen schnellen, mit 50 MHz getakteten CPU-Kern aus. Das Besondere an diesem Prozessor sind die parallel arbeitenden Kommunikationsschnittstellen (COMM-Ports). Der TMS320C40 besitzt einen DMA-Coprozessor (Direct Memory Access, eine direkte Speicherverwaltungseinheit) mit insgesamt sechs DMA-Kanälen, die den direkten Zugriff auf das interne, 32 Bit breite Bussystem und somit auch auf den Speicher und die COMM-Ports gewährleisten. Der Prozessor verfügt entsprechend den sechs DMA-Kanälen auch über sechs COMM-Ports, die entweder zur Kommunikation mit weiteren Prozessoren oder für den Parallelbetrieb verschiedener I/O-Komponenten verwendet werden können. Im Vergleich mit heutigen DSP Systemen ist das kaum noch bemerkenswert.

Bei den digitalen Signalprozessoren muss man zwischen den einfachen und den parallelen Prozessorsystemen unterscheiden. Die klassischen DSP-Probleme, die sich mit Filterung, Korrelation und der schnellen Fouriertransformation (FFT) beschäftigen, sind einfach zu parallelisierende Prozesse. Hat man einen einfachen Signalprozessor, lässt sich kaum eine Parallelisierung zu einem Multiprozessorsystem durchführen. Die neuen DSP-Bausteine ermöglichen jedoch eine einfache Parallelisierung. Damit lassen sich Multiprozessorsysteme realisieren, die eine parallele Datenverarbeitung ermöglichen.

Der Vorgänger des TMS320C40 ist der TMS320C30. Anhand dieser beiden Prozessoren kann der Übergang von einem langsamen zu einem schnelleren DSP-System gezeigt werden. Der TMS320C30-Baustein findet seine Anwendung in rechenintensiven Anwendungen wie 3D-Grafik, neuronale Netzwerke für Bildverarbeitung, Robotik und Array-Berechnungen. Diese Applikationen lassen sich mathematisch bzw. in Flussdiagrammen parallelisiert darstellen. Aus diesem Grund ist eine Verteilung der Aufgaben auf mehrere Prozessoren notwendig, wenn die geforderten Abtastraten bzw. der Datendurchsatz für einen einzigen Prozessor nicht erreichbar sind. Trotz schnell steigender Leistungsfähigkeit von Prozessoren und aufgrund der Ausnutzung neuer Halbleitertechnologien neigen immer mehr Anwender zu Multiprozessorlösungen, um dem wachsenden Leistungsbedarf der Systeme nachzukommen. In vielen Anwendungen kommen zwei oder vier TM-

S320C30 zum Einsatz, es wurden aber auch Systeme mit 80 und mehr DSP-Prozessoren aufgebaut.

Die Bearbeitung eines Algorithmus mit n Prozessoren reduziert die Verarbeitungszeit auf 1/n-tel der Zeit, die ein Prozessor benötigt. Voraussetzung ist die Durchführung der Datentransfers ohne zusätzlichen Zeitverlust, z. B. im Ein-/Ausgabe-Betrieb. Liegen die Abtastraten für einen 100 Taps umfassenden FIR-Filter für einen TMS320C40 bei über 200 kHz, sind für das gleiche Filter mit zehn parallelen TMS320C40 bereits Abtastraten über 2 MHz erreichbar.

Bis zu diesem Zeitpunkt fehlten wichtige Komponenten, beispielsweise Module, für den Datentransfer zwischen den einzelnen DSP-Prozessoren, um leistungsstarke Multiprozessorsysteme realisieren zu können. Dieser Flaschenhals war nur mit einem großen externen Aufwand überbrückbar.

Anwender von DSP-Systemen benötigen für die optimale Parallelisierung einen Building-Block-Prozessor, ausgestattet mit Hardware-Eigenschaften für effiziente Parallelverarbeitung, den man gemäß seinen Systemanforderungen konfigurieren kann. Aufgrund der Kommunikationsports des TMS320C40 stehen nun solche Eigenschaften zur Verfügung.

Der TMS320C40 ist in der Lage, bei 40 ns Zykluszeit bis zu 50 MGLOPS (Millionen Gleitkomma-Operationen pro Sekunde) bzw. 275 MOPS (Millionen Operationen pro Sekunde) auszuführen. Die CPU selbst kann bis zu acht parallelen Operationen, der DMA-Coprozessor bis zu drei Operationen je Zyklus ausführen. Über die zwei Speicherbusse und den sechs Kommunikationsports sind bis zu 320 Mbyte/s transferierbar. Tabelle 1.1 zeigt den Datendurchsatz im Bereich der FFT-Berechnungen.

Tabelle 1.1 • Datendurchsatz im Bereich der FFT-Berechnungen

Anzahl Punkte	Complex Radix-2	Real Radix-2
64	0,06060	0,04000
128	0,13316	0,09156
256	0,30580	0,20712
512	0,69298	0,45988
1024	1,54516	1,01984

Tabelle 1.1 zeigt einige Angaben über den Datendurchsatz im Bereich der schnellen Fourier-Transformation (FFT). Nichtrekursive Filter werden in einem Zyklus/Punkt abgearbeitet, Lattice-Filter in drei Zyklen/Punkt im Kern des Algorithmus.

Heutige Systeme sind erheblich leistungsfähiger, da sie höhere Taktraten besitzen, mehr DMA-Kanäle und entsprechend mehr Operationen pro Sekunde durchführen können. So z.B. der TMS320C6747 C674x Fließkomma-DSP der mit einer Taktrate von 456 MHz arbeitet, 32 DMA-Kanäle besitzt und 2736 MGLOPS und 3648 MOPS kann.

1.3.4 • Subsysteme für DSP-Bausteine

Die COMM-Ports bei den DSP-Prozessoren bieten eine ideale Möglichkeit über mehrere Kanäle, die Daten schnell und unabhängig von dem Mikroprozessor in und aus dem Speicher zu übertragen. Aus diesem Grund werden auf den neuen PC-DSP-Karten alle I/O-Funktionen über diese Schnittstellen abgewickelt. Diese PC-Einsteckkarten besitzen insgesamt vier unabhängige I/O-Subsysteme. Da man für die analoge Signalerfassung zwei COMM-Ports benötigt, sind fünf der Schnittstellen für den I/O-Bereich belegt. Der sechste COMM-Port dient der Kommunikation mit dem PC. Jedes der vier Subsysteme besitzt einen eigenen Taktgeber. Wahlweise lassen sich die Subsysteme auch über externe Takteingänge betreiben. Die Daten, die über diese Schnittstelle zu erfassen sind oder über diese ausgegeben werden, lassen sich beliebig im Speicher ablegen. Dort stehen den Daten bis zu 256 Mbyte an Speicherplätzen und für die Programmdaten bis zu 1 Mbyte zur Verfügung.

Die PC-Karte mit dem digitalen Signalprozessor kann völlig unabhängig vom eigentlichen PC-System arbeiten, so dass dieser frei für andere Aufgaben ist. Die Schnittstelle zwischen Signalprozessor und Mikroprozessor arbeitet als COMM-Port. Damit ist es möglich, sowohl auf der PC-Seite als auch auf der Signalprozessorseite mit den DMA-Kanälen zu arbeiten. Dadurch kann ein direkter Datentransfer zwischen den beiden Systemen ablaufen, der prozessor-unabhängig per DMA-Bausteine durchgeführt wird. Die Kommunikation zwischen PC und DSP erfolgt über ein Multifunktionsregister, in dem für beide Übertragungsrichtungen jeweils eine sogenannte „Message-Queue“ (Nachrichtenschlange) vorhanden ist, mit der sich die Kommandos asynchron zwischen beiden Systemen übertragen lassen. Diese Schnittstelle ist auch für die bidirektionale Interrupt-Generierung und die Interrupt-Verwaltung zuständig.

Änderungen der Konfiguration sowie die Kalibrierung des Systems sind heute ohne Hardware-Eingriffe durchführbar. Alle Subsysteme sind über Software-Befehle konfigurierbar. Eine Änderung der Konfiguration ist auch während des Betriebs möglich. Die Kalibrierung der analogen Bereiche erfolgt ebenfalls per Software. Die Einstellungen und Kalibrierungsfaktoren werden auf der Festplatte des PC-Rechners gespeichert, so dass die Konfiguration beim Abschalten des Systems nicht verloren geht.

Die verschiedenen DSP-Karten verfügen über unterschiedliche analoge Eingangsteile, die zur Gewährleistung der hohen Präzision und Störsicherheit in einem abgeschirmten Metallgehäuse untergebracht sind. Je nach Modell sind Abtastraten bis 1 MHz bei Auflösungen von 12 Bit oder 16 Bit, programmierbare Anti-Aliasing-Filter und Sample & Hold-Eingänge für die simultane Erfassung mehrerer Kanäle verfügbar.

Die Takt- und Triggerquellen sowie die Eingangsparameter wie Eingangsbereich, Kanal, Verstärkung und Filter-Eckfrequenzen lassen sich per Software auswählen bzw. einstellen.

Für die analoge Signalerfassung werden verschiedene Betriebsarten angeboten. Die Kanäle sind einzeln ansprechbar, oder es lassen sich über eine Kanal-Verstärkerliste mit 512 möglichen Einträgen mehrere Kanäle zu jeder möglichen Verstärkung wandeln. Die in der

Kanal-Verstärkungsliste vordefinierte Kanal-Sequenz kann man einmal, mehrmals oder kontinuierlich abarbeiten lassen.

Zusätzlich zur herkömmlichen Post-Triggerung und zur zeitlich verzögerten (delayed) Triggerung ermöglichen die PC-Karten die Pre-Triggerung, die eine Erfassung und Verarbeitung einer beliebigen Anzahl von Werten vor einem Trigger-Ereignis erlaubt. Realisiert wird dieses Trigger-Verfahren durch zwei getrennte Datenpfade mit je einem DMA-Kanal, die auf unterschiedliche Speichersegmente mit beliebiger Größe der Pre-Triggerung-Werte und der Post-Trigger-Daten zugreifen. Bei Erscheinen des Trigger-Signals wird nach dem Durchlauf der Kanal-Verstärkerliste per Hardware ohne Datenverlust auf den zweiten DMA-Kanal umgeschaltet. Ein software-maskierbarer Interrupt am DSP-Prozessor teilt dem Anwenderprogramm das Erscheinen des Trigger-Signals mit.

Einige DSP-Einsteckkarten besitzen zwei schnelle hochauflösende Digital-Analog-Wandler, die unabhängig voneinander oder simultan betrieben werden können. Diese Ausgangskreise ermöglichen die schnelle Signalerzeugung mit Wandlerraten von 100 kHz pro Kanal. Der Glitch-Anteil (Störimpulse) der Ausgänge ist sehr gering, so dass eine sehr hohe Dynamik mit den Wandlem erreicht wird. Speziell für Audio-Anwendungen sind über die Software entsprechende Ausgangsfilter zur Reduzierung des Quantisierungsrauschens zuschaltbar.

Für die Erfassung und Erzeugung digitaler Signale stehen 16 schnelle, bis zu 3,3 MHz getaktete Kanäle zur Verfügung. Die digitalen Leitungen sind in zwei 8-Bit-Ports gruppiert, die entweder als Eingang (I-Port) oder als Ausgang (O-Port) programmierbar sind. Ein optionales Zusammenfassen der Daten von zwei 8-Bit- zu einem 16-Bit-Format und eine Erweiterung auf ein 32-Bit-Datenwort reduziert den Speicherbedarf und beschleunigen den Datentransfer. Zusätzlich zu den dynamischen Leitungen ist ein statischer 4-Bit-Port vorhanden.

Alle I/O-Subsysteme kann man entweder völlig unabhängig voneinander betreiben oder in beliebiger Kombination miteinander synchronisieren. Jedes Subsystem lässt sich wahlweise über eine externe oder über eine Taktquelle auf der Karte steuern. Die Taktsignale auf der Karte werden über einen gemeinsamen 10-MHz-Oszillator und getrennten 16-Bit-Frequenzteilern erzeugt, über die jeweils die gewünschte Taktfrequenz in mehr als 65000 Schritten einstellbar ist. Ist eine feinere Einstellung gewünscht oder soll mit aperiodischen Steuersignalen gearbeitet werden, so verfügt jedes Subsystem über einen eigenen Takteingang. Zur Synchronisierung externer Ereignisse mit den Kartenfunktionen ist das Taktsignal für den Analog-Digital-Wandler auch als Ausgangssignal herausgeführt.

Zum Start oder Stopp der Abläufe kann man jedes Subsystem unabhängig voneinander über einen Software-Trigger ansprechen. Alternativ dazu lassen sich ein- oder zwei Hardware-Trigger-Eingänge zur Steuerung der I/O-Subsysteme verwenden. Post-Triggerung und eine zeitlich verzögerte Triggerung ist auf alle Subsysteme anwendbar. Zur einmaligen Erfassung von Signalen ist zusätzlich die Pre-Triggerung möglich.

1.3.5 • DSP-Software

Der Befehlssatz des digitalen Signalprozessors TMS320C40 ist kompatibel zu seinem Vorgänger, wurde aber aufgrund neuer Funktionen und Anforderungen erheblich erweitert. Weiterhin wurden neue Adressierungsarten implementiert, die auch in Parallelbefehlen die Effizienz steigern können. Aus diesem Grunde sind die Befehle quellen- und nicht objektkompatibel zu den Vorgängern. Alle Befehle sind Einwortbefehle.

Hochsprachen wie der C-Compiler sind stack-orientiert, d. h., sie übergeben bei Funktionsaufrufen im Allgemeinen einige Parameter bzw. müssen lokale Variablen in Funktionen und Blöcken des Stacks initialisieren. Zur Adressierung der Parameter und Variablen genügt für fast alle Fälle ein „Displacement" von ±32, implementiert in zusätzlichen Adressierungsarten. Programmstrukturen, die mehr als 32 Parameter übergeben bzw. 32 lokale Variablen je Funktion installieren, sollte der Anwender unbedingt für diesen Prozessor neu formulieren.

Für eine schnelle und flexible Signalverarbeitung wurde das auf diese PC-Einsteckkarten angepasste SPOX-Betriebssystem integriert. SPOX enthält mehrere Bibliotheken mit einer Vielzahl von leistungsfähigen C-Routinen für mathematische Funktionen, Filter, DSP-Routinen, Speicherverwaltung und I/O-Funktionen. Zusätzlich enthält SPOX die hardware-unabhängigen API-Funktionen wie Datenstrom-, Array- und Error-Manager sowie C-Standard-I/O-, Vektor-, Matrix- und Filter-Bibliotheken. Damit erhält der C-Programmierer alle wichtigen Funktionen, um auf komfortabler Ebene die ganze Leistungsfähigkeit des digitalen Signalprozessors auszunutzen.

Zur Vereinfachung des Datentransfers zwischen den einzelnen Komponenten verwendet SPOX sogenannte Datenströme (data streams) und behandelt damit alle I/O-Subsysteme sowie den Speicher und das PC-System gleich. Ein ähnliches Konzept verwendet SPOX für die Speicherverwaltung. Während sich die Datenfelder oder „Arrays" im physikalischen Speicher befinden, werden die Vektoren und Matrizen, mit denen in SPOX gearbeitet wird, durch ein- oder zweidimensionale „Views" repräsentiert. Über diese Views kann durch Angabe von Beginn, Länge und Sprungweite des Vektors gezielt auf die Daten eines Arrays zugegriffen werden. Somit können auch mehrere Vektoren oder Matrizen auf unterschiedliche Weise auf die Daten eines Arrays zugreifen. Dies geschieht ohne zeitaufwendiges Kopieren oder Verschieben der Daten im Speicher. Zusätzlich wird durch die Softwaretechnik der Programmieraufwand erheblich reduziert.

SPOX erlaubt auch die Verwaltung des Speichers, so dass z. B. zeitkritische Programmteile im SRAM (sehr schneller, aber auch entsprechend teurer Schreib-Lese-Speicher) oder direkt im Speicher des digitalen Signalprozessors ausgeführt werden, während das DRAM (relativ langsamer, aber sehr kostengünstiger Schreib-Lese-Speicher) für unkritische Teile oder zur Datenablage genutzt wird. Aufgrund des hardware-unabhängigen API (Application Programming Interface) lassen sich die SPOX-Programme auch für andere Systeme ohne aufwendige Umprogrammierung für diese PC-DSP-Karten verwenden.

Das SPOX-Betriebssystem ermöglicht es Microsoft Windows-Anwendungen zusammen mit einer Windows-API, Peripheriegeräte mit DSP-Chips zu verwenden, ohne zu wissen, welcher Chip verwendet wird. Damit können Multimedia-Hardware und -Software einen gemeinsamen Standard aufweisen, wenn alle mit der Vision von Microsoft übereinstimmen. Es dient für mehrere DSP-Chips und es wurde ein Application Binary Interface (API) für DSP-Chips entwickelt, die in Multimedia-PC3 eingebettet sind. Die API ermöglicht es mehreren Microsoft Windows-Anwendungen, gleichzeitig und transparent DSP-Funktionen aufzurufen.

Microsoft wird die API, die als Resource Manager-Schnittstelle bezeichnet wird, als Treiberentwicklungskit verteilen, dass die API, SPOX DSP-Ressourcen-Manager und Gerätetreiber enthält. Diese Software umfasst das SPOX-Echtzeitbetriebssystem, den SPOX-Monitor und Multimedia-Gerätetreiber. Die Schnittstellenregeln sind Microsoft veröffentlicht.

Windows-Anwendungen können Multimediadienste durch Aufrufe von Microsoft-APIs wie WAVE, TAPI für Telefonie und MIDI (digitale Schnittstelle für Musikinstrumente) verwenden. Wenn es keine Windows-API gibt, wie bei der Sprachsynthese, führt die Anwendung Aufrufe direkt an die Ressourcen-Manager-Schnittstelle durch.

Der DSP-Ressourcenmanager, der als Dynamic Link Library implementiert ist, übersetzt Windows-API-Funktionen in SPOX-Systemaufrufe. Der Manager weist auch DSP-Ressourcen wie Zyklen, Arbeitsspeicher und EIA zu. Es enthält Bestimmungen für Überlastung oder Anrufe, die über die verfügbaren Ressourcen hinausgehen. Der SPOX-Kernel plant DSP-Tasks, verwaltet Nachrichtenwarteschlangen zwischen Prozessen, Semaphoren und Postfächern.

1.3.6 • Fließkomma- oder Festkommaverarbeitung

Bei numerischen Coprozessoren in PC-Systemen und bei digitalen Signalprozessoren stellt sich noch die Frage nach der Gleitkomma- oder Festkomma-Verarbeitung Es gibt in der Praxis drei Arten der Zahlendarstellung: Fließkomma-, Festkomma- und ein dezimales Format.

Wenn man in seinem Rechnersystem eine hohe Rechenleistung benötigt, setzt man neben den ganzen Zahlen auch viele reelle Zahlen ein. Unter einer ganzen Zahl versteht man eine Zahl ohne Kommastellen, wie z. B. die Zahl 7 oder 127. Reelle Zahlen sind gekennzeichnet durch das Vorhandensein einer Kommastelle, wie z. B. 1,7 oder 0,00018. Die Rechnersysteme weisen durch ihr Datenformat von 8, 16, 32 oder 64 Bit eine begrenzte Anzahl von Stellen zur Zahlendarstellung auf. Nimmt man an, dass acht Dezimalstellen verfügbar sind, so ist die größte darstellbare ganze Zahl 99999999 und die kleinste Null, wobei die negativen Zahlen nicht berücksichtigt sind. Diese Art der Darstellung wirft keine Probleme auf.

Wenn man die acht Stellen zur Darstellung von reellen Zahlen verwendet, muss man sich jedoch entscheiden, was man mit dem Dezimalkomma bzw. dem Dezimalpunkt erreichen will. Setzt man das Festkomma ein, z. B. sollte das Komma nach der fünften Ziffer eingefügt werden, so ist die größte darstellbare Zahl 99 999,999. Eine Zahl wie 0,00186 muss nun entweder zu 0,001 abgerundet oder auf 0,002 aufgerundet werden. Auch Zahlen über 100000 lassen sich nicht mehr erfassen.

Wünschenswert ist daher die Möglichkeit, das Komma je nach Bedarf „gleiten" zu lassen, so dass man sowohl die Zahl 99999999 (größte) als auch die Zahl 0,0000000 (kleinste) darstellen kann. Man gewinnt nicht nur eine höhere Genauigkeit, sondern erhält auch einen größeren Wertebereich. Man spricht hier vom Fließkomma oder Gleitkomma.

Bei den DSP-Bausteinen gibt es Begriffe wie „Floating Point Unit" für die Fließkomma-Einheit, die im IEEE-754-Standard genormt sind. Bevor man sich mit diesem Thema beschäftigt, ist eine kurze Erklärung angebracht, wie ganze Zahlen und reelle Zahlen als Binärzahlen dargestellt werden. Anhand der folgenden Beispiele lässt sich das erläutern.

Ganze Zahl:

$$157 = 100\ 1111$$
$$= 1 \cdot 2^7 + 0 \cdot 2^6 + 0 \cdot 2^5 + 1 \cdot 2^4 + 1 \cdot 2^3 + 1 \cdot 2^2 + 1 \cdot 2^1 + 1 \cdot 2^0$$

Reelle Zahl mit drei Nachkommastellen:

$$7{,}25 = 111{,}010$$
$$= 1 \cdot 2^2 + 1 \cdot 2^1 + 1 \cdot 2^0 + 0 \cdot 2^{-1} + 1 \cdot 2^{-2} + 0 \cdot 2^{-3}$$

Man kann erkennen, dass das Berechnungsschema gleich dem des dezimalen Zahlensystems ist. Nur ist, statt der Basis 10 mit der Basis 2 zu rechnen. Wenn man nun mit den Begriffen „Exponent" und „Mantisse" arbeitet, wie dies im IEEE-754-Standard der Fall ist, lässt sich z. B. die Zahl 8123,45 folgendermaßen schreiben:

$8123{,}45 \cdot 10^0$ oder $8{,}12345 \cdot 10^3$ oder $812345 \cdot 10^{-2}$.

Die Zahl vor den Zehnerpotenzen bezeichnet man als Mantisse, und die Zehnerpotenz ist der Exponent. Dies gilt nicht nur für die Zahlen im Dezimalsystem, sondern auch für Binärzahlen. Um zu vermeiden, dass verschiedene Fließkomma-Prozessoren verschiedene Datenformate verwenden und damit die Software „inkompatibel" ist, wurde vom „Institute for Electrical and Electronic Engineers" der Standard IEEE 754 über Fließkomma-Arithmetik geschaffen.

Der IEEE-Standard definiert drei Formate für Gleitkommazahlen. Das Format einfache Länge oder einfache Genauigkeit verwendet 32 Bitstellen, bestehend aus einem Vorzeichen-Bit, einem Exponenten im 8-Bit-Format und einer Mantisse im 23-Bit-Format. Bei doppelter Genauigkeit ist das 64-Bit-Format vorgesehen, einem Bit für das Vorzeichen, für den Exponenten ein 11-Bit-Format und für die Mantisse das 52-Bit-Format. Im Falle der erweiterten Genauigkeit hat man das 80-Bit-Format, ein Bit für das Vorzeichen, für den Exponenten ein 15-Bit-Format und für die Mantisse das 64-Bit-Format.

Durch den Standard IEEE 754 steht der Entwickler von digitalen Echtzeit-Signalverarbeitungssystemen nicht mehr länger vor dem Zwang, wählen zu müssen zwischen dem begrenzten Dynamikbereich der Festkommadarstellung oder einem großen Aufwand, verbunden mit sehr hohen Kosten. Das einfache Datenformat von 32 Bit ist ideal für Anwendungen, die bei mittlerer Auflösung eine hohe Geschwindigkeit erfordern. Diese Datenformate ermöglichen bei komplexen digitalen Filtern und bei schnellen Fourier-Transformationen mit einem immer noch sehr großen Dynamikbereich einfachere und preiswertere Lösungen. Während eine Festkomma-Lösung bei Anwendungen mit hohem Signal-Rausch-Abstand und niedrigem Dynamikbereich noch ausreichend erscheint, ergeben sich aber in der Praxis schwerwiegende Nachteile im umgekehrten Fall, also wenn der Rauschabstand niedrig ist und der Dynamikbereich dagegen groß sein soll.

Die durch den begrenzten Dynamikbereich entstehenden Überläufe bei den Festkomma-Additionen werden üblicherweise durch periodische Skalierung (d. h. Dividieren durch 2) der Zwischenwerte verhindert. Die hierbei und bei der anschließenden Reskalierung entstehenden Rundungsfehler können, insbesondere, wenn mit sehr kleinen Signalen gearbeitet wird, dazu führen, dass das ursprüngliche Signal im Rundungsrauschen völlig untergeht. Hier bringt eine Gleitkomma-Arithmetik mit ihrem größeren Dynamikbereich wesentliche Vorteile, z. B. wird mit der Verdopplung der Punktezahl bei der schnellen Fourier-Transformation auch das Signal-Rausch-Verhältnis um den Faktor 2 verbessert. Die Erklärung dafür ist, dass sich das Rauschen entlang der Frequenzachse gleichmäßig verteilt, ein bestimmtes Signal sich dagegen auf eine oder wenige Frequenzstellen konzentriert und sich linear addiert.

Eine 6-Bit-Zahl in der Mantisse entspricht der Genauigkeit eines Signal-Rausch-Abstands von $20 \cdot \lg 2^{16} = 96$ dB. Diese Genauigkeit bleibt dem vom Exponenten bestimmten Bereich von $20 \cdot \lg 2^{64} = 385$ dB erhalten, entspricht also dem Dynamikumfang einer Festkommazahl im 64-Bit-Format. Der gesamte Dynamikbereich ist die Summe der Bereiche von Mantisse und Exponent, also 481 dB bzw. $1{,}2 \cdot 10^{24}$. Damit sind die Anforderungen für fast alle Anwendungsfälle in der digitalen Echtzeit-Signalverarbeitung mittlerer Auflösung und hoher Geschwindigkeit erfüllt. Reicht dies nicht aus, kann man das 64-Bit-Format für die doppelte Genauigkeit einsetzen.

In der Festkomma-Schreibweise werden die Daten so dargestellt, dass der Dezimalpunkt auf einer Position in einer Zahl liegt. Die Festkommadaten lassen sich dagegen in zwei Kategorien einteilen: ganze Zahlen oder Dezimalbrüche. Eine ganze Zahl verfügt über einen implizierten Dezimalpunkt rechts von der Zahl. Wenn der Dezimalpunkt links von der Zahl steht, handelt es sich um einen Festkomma-Dezimalbruch. Abb. 1.17 zeigt das Festkomma-Format.

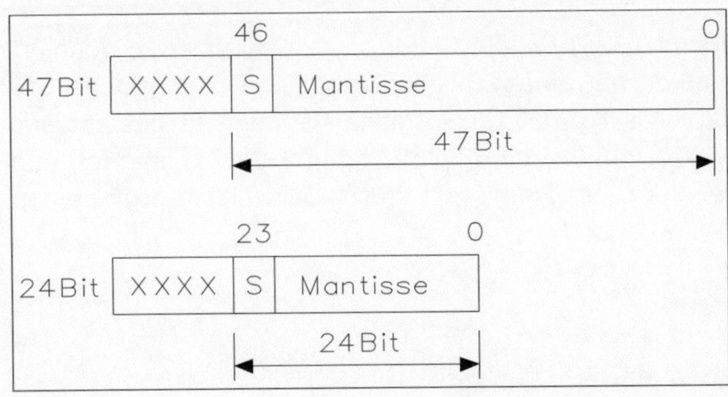

Abb. 1.17 • Darstellung des Festkomma-Formats für einfache und doppelte Genauigkeit; die dem Exponententeil entsprechenden höheren 8 Bit entfallen bei einigen Signalprozessoren.

Anwender von Festkomma-Prozessoren müssen die Lage des Dezimalpunktes immer genau einhalten, wodurch sich Skalierungsprobleme ergeben, z. B. wenn die Zahl in die eine oder andere Richtung zur Vermeidung von Überlauf oder Verlust von Genauigkeit verschoben werden muss. Eine 32-Bit-Festkomma-Zahl kann alle ganzen Zahlen darstellen zwischen:

$$-2 \cdot 10^9 \ldots +2 \cdot 10^9 - 1.$$

Überlauf oder Unterlauf treten dann auf, wenn die Zahl größer oder kleiner als dieser Bereich ist. Ein Dezimalbruch, z. B. 4,25, lässt sich als ganze Zahl darstellen, wenn man ihn um 0,25 abrundet. Diese Skalierung oder Rundung erfolgt normalerweise mit arithmetischen Operationen. Deshalb ist die Anzahl der Datenbits des Festkomma-Prozessors entscheidend für die Größenordnung, also für den Wertebereich, und die Genauigkeit, wie exakt man eine Zahl darstellen kann. Für dieses Problem der Skalierung hat man den Befehl FSCALE.Arbeitet man mit Gleitkomma-Prozessoren, entfällt das Problem mit der Skalierung automatisch, denn diese Prozessoren arbeiten mit wesentlich größeren Wertebereichen. Eine 32-Bit-Gleitkomma-Zahl im IEEE-Format enthält alle Zahlen von:

$$1{,}2 \cdot 10^{-38} \ldots 1{,}7 \cdot 10^{38}$$

Eine Gleitkomma-Zahl besteht jedoch aus zwei Teilen, einem Dezimalbruch und einem Exponenten. Die Dezimalbruch und Exponenten-Teile in einer Gleitkomma-Zahl bezeichnet man als Mantisse und Exponent, wie Abb. 1.18 zeigt.

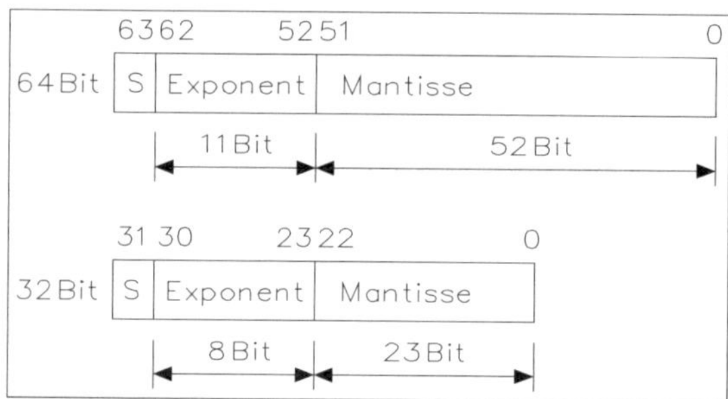

Abb. 1.18 • Aufbau des Gleitkomma-Formats für einfache und doppelte Genauigkeit; Exponent und Mantisse werden vorzeichenbehaftet im sign-Bit S dargestellt.

Der ANSI/IEEE-Standard 754 (Version 1985) für die Gleitkomma-Schreibweise definiert zwei Formate, die einfache Genauigkeit mit einem 32-Bit-Format und die doppelte Genauigkeit mit einem 64-Bit-Format. Das Format für einfache Genauigkeit besteht aus drei Feldern, einem Feld für das VorzeichenBit, dem Feld für den 8-Bit-Exponenten und einem Feld für die 23-Bit-Mantisse. Der Gleitkommawert dieser Darstellung ergibt einen Wertebereich von:

$$2^{-128} = 1{,}7 \cdot 10^{-38} \ldots 2^{128} = 1{,}2 \cdot 10^{38}$$

Die Genauigkeit, d. h, die maximale Auflösung, beträgt:

$$2^{-23} = 7 \cdot 10^{-7}$$

Tabelle 1.2 • Spezifizierung besonderer Zahlen im IEEE-Format				
E	**F**	**Wertebereich**	**Name**	**Mnemonic**
255	Not All Zero	-	Not a Number	NaN
256	All Zero	$(-1)^S$ (Infinity)	Infinity	INF
1 – 254	Any	$(-1)^S (1.F)2^{E-127}$	Normalized Number	NOR
0	Not All Zero	$(-1)^S (0.F)2^{-128}$	Denormalized Number	DNRM
0	Zero	$(-1)^S$ 0.0	Zero	ZERO

Aus der Tabelle 1.2 kann man die Werte E = 0 und E = 255 zur Spezifizierung besonderer Zahlen im IEEE-Format reservieren. Wenn der Exponent E den Wert 255 annimmt und der Dezimalbruch F ungleich Null ist, ergibt sich eine Zahl mit der Bezeichnung NaN (Not a Number, keine Zahl). NaN stellt keinen numerischen Wert dar, sondern ein Symbol im IEEE-Format. Dieses wird als Flag für die Datenflusssteuerung, für nicht initialisierte Variable oder zur Anzeige einer ungültigen Operation $0 \cdot \infty$ (Null multipliziert mit Unendlich), benutzt.

Sind der Exponent E = 255 und der Dezimalbruch F = 0 sind, ist damit die Zahl als Unendlich definiert. Wenn der Exponent E = 0 und der Dezimalbruch F = 0 sind, handelt es sich um den Wert 0 im IEEE-Format. Eine Gleitkommazahl wird als „normiert" bezeichnet, wenn das verborgene Bit den Wert 1 hat. Wenn das vorhandene Bit einer Gleitkomma-Zahl und der Dezimalbruch F ungleich Null sind, handelt es sich um eine nicht normierte Zahl.

Es gibt zwei zusätzliche Begriffe beim Gleitkomma-Format einfacher Genauigkeit. Die angenommene Zahl 1, die vor der Mantisse steht, trägt die Bezeichnung „verborgenes Bit" (Hidden Bit), durch die die Genauigkeit des Dezimalbruchs von 23 Bit auf 24 Bit erhöht wird. Die Darstellung mit verschobenem Exponent $e = E^{-127}$ sorgt dafür, dass alle Exponenten größer null sind und vereinfacht so die Hardware-Logikimplementierung für Gleitkomma-Zahlen.

Für Anwendungen, die einen höheren Grad an Genauigkeit erfordern, ist das IEEE-Format doppelter Genauigkeit vorzuziehen. Der Wertebereich ist in Tabelle 1.3 definiert. Die wichtigsten Unterschiede zwischen einfacher und doppelter Genauigkeit sind die Anzahl der Bits für den Exponenten und für die Mantisse. Bei doppelter Genauigkeit hat das Feld mit dem Exponenten einen Umfang von 11 Bit und die Mantisse ein Feld von 52 Bit, wodurch sich ein größerer Dynamikbereich und höhere Genauigkeit ergeben. Der Wertebereich liegt bei einer Genauigkeit oder Auflösung von $2^{-52} = 10^{-15}$ zwischen:

$$2^{-1022} = 2{,}2 \cdot 10^{-308} \ldots\ 2^{1024} = 9 \cdot 10^{307}$$

Tabelle 1.3 • Definition der Wertebereiche nach dem IEEE-Format im 64-Bit-Format				
E	**F**	**Wertebereich**	**Name**	**Mnemonic**
2047	Not All Zero	-	Not a Number	NaN
2047	All Zero	$(-1)^S$ (Infinity)	Infinity	INF
1 – 2046	Any	$(-1)^S (1.F)2^{E-1023}$	Normalized Number	NOR
0	Not All Zero	$(-1)^S (0.F)2^{-1023}$	Denormalized Number	DNRM
0	Zero	$(-1)^S$ 0.0	Zero	ZERO

Bei den numerischen Coprozessoren wird in der PC-Technik noch das 80-Bit-Format verwendet.

1.4 • Mechanische Filter

Bei den mechanischen Filtern befindet sich zwischen Ein- und Ausgang ein elektromechanischer Energiewandler, der die Spannungs- bzw. Stromschwankungen am Eingang in eine mechanische Kraft-Schnelle-Änderung umsetzt. Am Ausgang hat man einen Verstärker, der diese mechanischen Änderungen wieder in eine elektrische Größe zurückgewandelt. Abb. 1.19 zeigt das Prinzip eines mechanischen Filters.

Abb. 1.19 • Prinzipieller Aufbau eines mechanischen Filters.

Verwendet man ein Metallresonanzfilter, arbeitet man entweder mit einem piezoelektrischen oder mit einem magnetostriktiven Wandler. Die keramischen Filter findet man in der Radio- und Fernsehtechnik als ZF-Filter. Bei den monolithischen Filtern unterscheidet man zwischen den Volumenwellenfiltern und den akustischen Oberflächenwellenfiltern.

1.4.1 • Filter nach dem Piezoeffekt

Der Eingangswandler setzt beispielsweise mittels eines piezoelektrischen Systems die elektrische Eingangsspannung in eine mechanische Schwingung um. Das aktive Element im Eingangswandler ist eine Scheibe aus piezoelektrischem Material. In der Regel handelt es sich um einen keramischen Werkstoff. Der piezoelektrische Effekt ruft eine elastische Formänderung der Scheibe unter der Wirkung eines elektrischen Feldes hervor. Dieses Phänomen ist für die verschiedenen technischen Anwendungen in den Bereichen der Ultraschallsensorik und Ultraschallaktorik nutzbar. Piezoelektrische Ultraschallwandler schwingen aufgrund von Resonanzphänomenen. Zu jeder Resonanzfrequenz gehört eine ganz bestimmte Schwingungsform. In der Praxis wird die Scheibe mit einer hochfrequenten elektrischen Spannung bei der gewünschten Resonanzfrequenz angeregt, um zumeist eine große Schwingungsamplitude zu erzielen. Dabei gilt es, einerseits diejenigen Schwingungsformen auszuwählen, die für den gewünschten Einsatzfall optimale Verformungen liefern, und andererseits den Betrieb mit einer bestimmten Frequenz sicherzustellen.

Erheblich komplexer sind die Zusammenhänge beim Koppeln des piezoelektrischen Elements über ein Koppelmedium an das Gehäuse und von diesem an das äußere Schallfeld in Gasen bzw. Fluiden. Beide Kopplungen verursachen neben einer Verschiebung der Resonanzfrequenzen der piezoelektrischen Scheibe eine Dämpfung des Gesamtsystems. Um die Systemkomponenten zu entwickeln, ist neben diesen Kopplungseffekten die Rückwirkung durch das Schallfeld und auf das Gesamtsystem zu berücksichtigen. Darüber hinaus beeinflussen Material- und Geometrieparameter die Resonanzfrequenzen und Verformungen und damit die abgegebene Schalleistung. Ein mögliches Optimierungsziel könnte z. B. sein, das abgestrahlte Schallfeld bei optimalem Wirkungsgrad zu bündeln.

Die alleinige Optimierung eines so komplexen Systems ist sehr zeit-, material- und kostenaufwendig. Aus diesem Grunde findet man heute bereits Programme für PC, die diese Arbeit weitgehend übernehmen. Zum Modellieren eines Piezosystems, des Koppelmediums und des Gehäuses wird wegen der begrenzten Volumina die Finite-Element-Methode (FEM) verwendet. Für das offene Schallfeld bietet sich die Boundary-Element-Methode (BEM) an, da diese nur Randbedingungen auf der Gehäuseoberfläche benötigt. Die Rückgewinnung des Schallfelds auf die anregende Geometrie wird durch eine „echte Kopplung" erreicht. Unter echter Kopplung versteht man das Lösen der FEM- und BEM-Matrizen in einer Systemmatrix. In allen Fällen werden wegen ihrer besonderen Eigenschaften kubische Ansatzfunktionen verwendet. Gegenüber den üblicherweise verwendeten maximal quadratischen Ansätzen bieten sie den Vorteil, dass – wenigstens in den Knoten – die von der Physik geforderte Stetigkeit der partiellen Ableitung auch im Modell gegeben ist. Erfahrung und Vergleiche mit quadratischen Ansätzen zeigen, dass kubische Funktionen bei gleicher Zahl von Unbekannten eine Steigerung der Genauigkeiten mit weniger FEM-Elementen erlauben. Damit wird der Einsatz von PC-Software zur Berechnung erst sinnvoll.

Die Geometriedaten lassen sich über einen handelsüblichen FEM-Pre-Prozessor erstellen, und die Materialparameter enthält eine Materialdatenbank. Dabei sind beliebige Geometrien (2D, 2 1/2D und 3D) und Anregungsformen (Zeitfunktion, Impulse, Strom- und Spannungsanregung) möglich. Nach Anregung und Vernetzung berechnet das Programm die folgenden Größen und bildet diese grafisch ab:

- Abstrahlungscharakteristik des Schallfelds,
- Systemantwort (mechanische Schwingungsamplituden),
- Resonanzfrequenzen und Resonanzverformungen,
- Impedanzverlauf (Betrag und Phase),
- Verteilung der abgegebenen Gesamtleitung (in W),
- Druckverlauf (Betrag und Phase),
- Modul- und Transientenanalyse,
- mechanische Spannungen,
- Berücksichtigung des nichtlinearen Verhaltens der Materialparameter, d. h. Einfluss von Temperatur und Hysterese.

1.4.2 • Quarz- und Keramikfilter

Benötigt man besonders hochwertige, aber preiswerte Filterschaltungen in der Konsumelektronik, verwendet man Quarz- und Keramikfilter. Diese Filter besitzen Güten zwischen Q = 60 bis 200000 und sind außerdem temperaturstabil, platzsparend und streufest.

Ein Quarz- und Keramikfilter verhält sich wie ein Resonanzkreis mit einem besonders frequenzstabilen und schmalen Resonanzpunkt sowie sehr steilen Flanken. In Abb. 1.20 ist eine Brückenschaltung mit zwei einzelnen Quarzen und deren Charakteristik gezeigt. Aus den einzelnen Selektionskurven entsteht dann die Bandfiltercharakteristik. Dadurch lässt sich eine sehr hohe Selektion der Filter erreichen. Erwünscht sind aber auch Selektionskurven mit steilen Flanken und gleichzeitig geradem Verlauf des Durchlassbereichs, wobei in diesem Fall die Selektionskurve eine fast rechteckförmige Form hat. Um dieses Ziel zu erreichen, setzt man Quarzbrückenfilter ein.

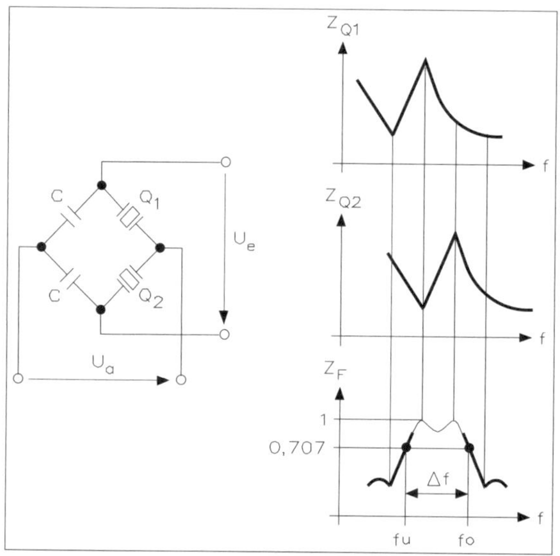

Abb. 1.20 • Brückenschaltung eines Quarzfilters und Entstehung der Bandfiltercharakteristik.

Die beiden Kondensatoren im Quarzbrückenfilter von Abb. 1.20 weisen gleiche Werte auf. Die Resonanzfrequenz f_{Q1} und f_{Q2} der beiden Quarze bestimmen die beiden Eckpunkte für die Durchlasskurve des Bandfilters. Außerdem sind in diesem Frequenzbereich die Scheinwiderstände so groß, dass keine Spannung das Filter passieren kann.

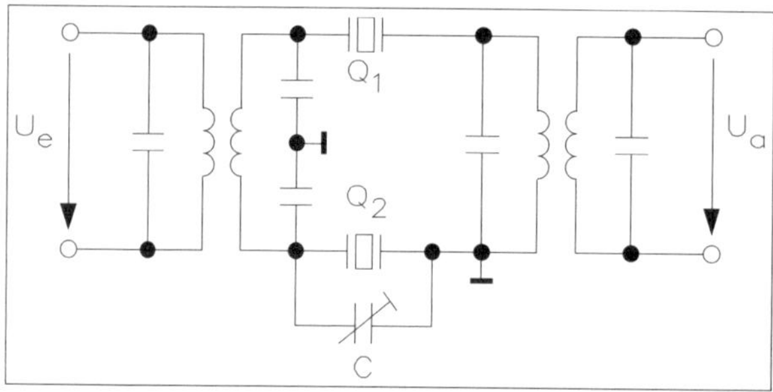

Abb. 1.21 • Bandfilterfunktion, realisiert mit Quarz-Halbbrücke.

Das Problem bei der Herstellung einer Brückenschaltung ist das Fehlen einer Einstellmöglichkeit. Aus diesem Grunde setzt man häufig die Halbbrückenfilter von Abb. 1.21 ein. Mittels eines Trimmers C der Kapazität 1 pF bis 3 pF lassen sich die Antiresonanzpunkte links und rechts zur Mittenfrequenz etwas beeinflussen. Dadurch verbessert sich die Flankensteilheit der Durchlasskurve.,

2 • Frequenzabhängige und komplexe Widerstände

Filterschaltungen sind Vierpole, die überwiegend aus frequenzabhängigen bzw. komplexen Widerständen bestehen, wobei man im Wesentlichen fünf Filterarten kennt:

- Tiefpassfilter,
- Hochpassfilter,
- Bandpassfilter,
- Bandsperrfilter,
- Allpassfilter.

Die vier ersten Filterarten sollen die Signale in bestimmten Frequenzbereichen möglichst wenig bedämpfen (entspricht dem Durchlassbereich der Filterkurve) oder bestimmte Frequenzbereiche möglichst stark bedämpfen (entspricht dem Sperrbereich der Filterkurve). Durch ein Filter hat man die Möglichkeit, aus dem vorhandenen Frequenzspektrum die gewünschten Frequenzen herauszufiltern. Ein Allpassfilter ist dagegen nicht frequenzabhängig, da das gesamte Frequenzspektrum diese Schaltung passiert. Wichtig bei diesem Filtertyp ist nur die Signallaufzeit bzw. die Verzögerungszeit zwischen Ein- und Ausgangssignal.

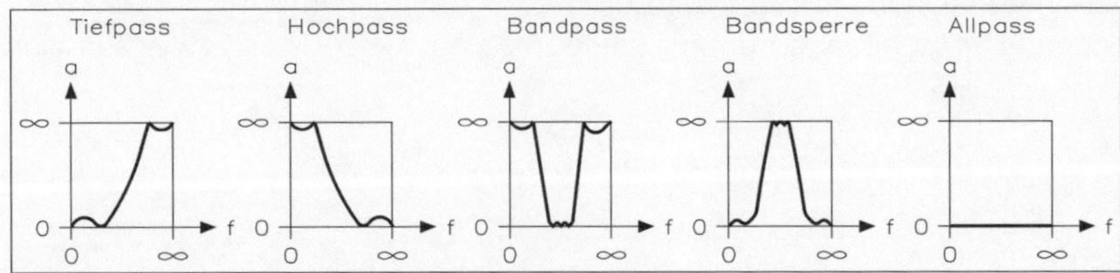

Abb. 2.1 • Dämpfungsverlauf verschiedener Filter.

Nicht nur die Filterkurven werden häufig nach ihrem Dämpfungsverlauf klassifiziert, wie Abb. 2.1 zeigt, sondern auch die linearen Netzwerke. Je nachdem, in welchem Frequenzbereich ein Filter oder ein Netzwerk ein sinusförmiges Eingangssignal überträgt, bzw. unterdrückt, spricht man von Tiefpässen, Hochpässen, Bandpässen, Bandsperren und Allpässen. Mit dieser Klassifizierung nach ihrem Übertragungsverhalten sind keineswegs alle denkbaren Filter und linearen Netzwerke erfasst. Trotzdem erweist sich diese Einteilung als sehr zweckmäßig. Die Aufgabenstellung, eine passive Schaltung zu finden und zu dimensionieren, die einen vorgeschriebenen Dämpfungsverlauf hat, soll in diesem Kapitel weitgehend geklärt werden.

Der Sperrbereich eines Filters ist vom Vorhandensein einer Dämpfung (Dämpfungsmaß $\alpha > 0$) gekennzeichnet, und diese bezeichnet man als Sperrdämpfung. Im Durchlassbereich hat die Dämpfung des Filters für den Idealfall den Wert Null ($a = 0$). In der Praxis ergibt sich jedoch auch im Durchlassbereich eine Dämpfung, die Durchlassdämpfung.

Die Übergänge zwischen den Durchlass- und Sperrbereichen mit den zugeordneten Frequenzen bezeichnet man als Grenzfrequenzen. Vielfach werden die Kreisfrequenzen ω anstelle der Frequenzen f selbst verwendet. Nicht immer ist darauf hingewiesen, ob sich das Diagramm auf die Frequenz oder Kreisfrequenz bezieht.

Die Frequenzen, für die die Dämpfung im Idealfall (Reaktanz-Vierpol) den Wert Unendlich erreicht, bezeichnet man als „Dämpfungspol-Frequenzen“. Man kennzeichnet diese mit einem Formelzeichen der Dämpfungspol-Frequenzen und die hierzu gehörende Kreisfrequenz mit dem Index ∞.

Wenn man mit einem passiven Hoch- und Tiefpassfilter arbeitet, lassen sich drei Kenngrößen beschreiben:

- durch die Grenzfrequenz f_g oder f_o bzw. f_u, dem 3-dB-Abfall des Amplitudengangs in der Übertragungsfunktion,
- durch die Ordnungszahl,
- durch den Filtertyp.

Die Ordnungszahl des Filters wird vom Filtertyp des Spannungsfalls im Amplitudengang des Sperrbereichs der Grenzfrequenz bestimmt. Es gilt: (n · 20 dB/Dekade). Der Filtertyp dagegen bestimmt den Verlauf des Amplitudengangs in der Umgebung der Grenzfrequenz und im Durchlassbereich. Durch diesen lässt sich der Frequenzgang nach verschiedenen Gesichtspunkten optimieren. Die Schaltung aller Filtertypen ist identisch. Der gewünschte Filtertyp wird lediglich durch eine unterschiedliche Dimensionierung der einzelnen RC-Werte eingestellt. Bei den Filterschaltungen unterscheidet man im Wesentlichen zwischen vier Typen:

- Gauß-Filter,
- Bessel-Filter,
- Butterworth-Filter,
- Tschebyscheff-Filter.

Filter sind hinsichtlich der Kennfunktionen des Frequenzbereichs zu unterscheiden, die zur vollständigen Beschreibung eines linearen Systems benötigt werden:

- Übertragungsfunktion,
- Amplitudengang,
- Phasengang,
- Darstellung des komplexen Frequenzgangs als Ortskurve.

Die Übertragungsfunktion $\underline{U}_2/\underline{U}_1$ ist das komplexe Verhältnis der abgegriffenen Spannung $\underline{U}_2$ (der Ausgangsspannung U_a im Leerlauf), zur angelegten Spannung $\underline{U}_1$ (der Eingangsspannung U_e). Die Übertragungsfunktion aller Blindwiderstände in Vierpolen hängt in charakteristischer Weise von der Frequenz ab, so dass bestimmte Frequenzbereiche ungehindert passieren können, während die anderen Frequenzbereiche weitgehend unterdrückt werden.

Als Amplitudengang bezeichnet man die Abhängigkeit der Übertragungsfunktion von der Frequenz. Die Berechnung erfolgt nach:

$$\left|\frac{\underline{U}_2}{\underline{U}_1}\right| = f(\omega)$$

Der Phasengang definiert die Phasenverschiebung zwischen Spannung und Strom in Abhängigkeit von der Frequenz. Die Berechnung erfolgt mit:

$$\tan \alpha = f(\omega)$$

Eine Ortskurve in der Gaußschen Zahlenebene ist der geometrische Ort der Endpunkte eines im Anfangspunkt festgehaltenen Widerstands- oder Leitwertzeigers, wenn sich der Wert eines einzelnen Schaltelements oder die Frequenz der Schaltung stetig ändert.

2.1 • Realisierung von passiven Filterschaltungen

Für die Realisierung von passiven Filterschaltungen benötigt man einen Widerstand, einen Kondensator und/oder eine Spule. In der Theorie arbeitet man mit idealen Bauelementen, während man in der Praxis die Besonderheiten der verwendeten Bauelemente kennen muss.

Der Widerstandswert ist nicht nur von der Temperatur abhängig, sondern auch von der Frequenz. Widerstände gelten eigentlich nur für Gleichstrom. Fließt dagegen ein Wechselstrom durch einen Drahtwiderstand, vergrößert sich mit zunehmender Frequenz der Widerstandswert, wobei die Widerstandserhöhung nicht nur von der Form abhängig ist, sondern auch von der Form des Leiterquerschnitts. Die Widerstandszunahme hat ihre Ursache in der mit ansteigender Frequenz zunehmenden Verdrängung des Stroms vom Innern des Leiters nach seiner Oberfläche. Deshalb spricht man vom Haut- oder Skineffekt.

Bei Widerständen unter 1 kΩ steigt der Scheinwiderstand bei hohen Frequenzen durch die Induktivität an. Bei Widerständen oberhalb 1 kΩ überwiegt dagegen der Einfluss der Parallelkapazität, und der Scheinwiderstand nimmt bei hohen Frequenzen ab.

Kondensatoren sind Bauelemente, die im Prinzip aus zwei gegenüberliegenden, leitfähigen Platten bestehen. Die Platten sind durch eine Isolierschicht, dem Dielektrikum, getrennt. Bei Verwendung von Kondensatoren in der Elektrotechnik wird die Wirkung des elektrischen Felds zwischen diesen Platten ausgenutzt.

Beim Einsatz von Spulen wird die Wirkung des magnetischen Felds in Gleich- und Wechselstromkreisen ausgenutzt. Spulen sind Bauelemente, die aus einer Kupferwicklung bestehen, die auf einem Spulenkörper aufgebracht sind. Um die Wirkung der Spulen zu verbessern, werden zur Verstärkung des magnetischen Flusses und damit zur Vergrößerung der Induktivität auch ferromagnetische Kerne verwendet.

2.1.1 • Widerstand im Wechselstromkreis

Beschäftigt man sich mit der Filtertechnik, gelangt man unweigerlich zu den Wechselstromwiderständen. Liegt ein ohmscher Widerstand an einem Wechselstrom, tritt zwischen Spannung U und Strom keine Phasenverschiebung auf.

Abb 2.2 zeigt einen ohmschen Widerstand an einer sinusförmigen Wechselspannung mit Zeigerdiagramm.

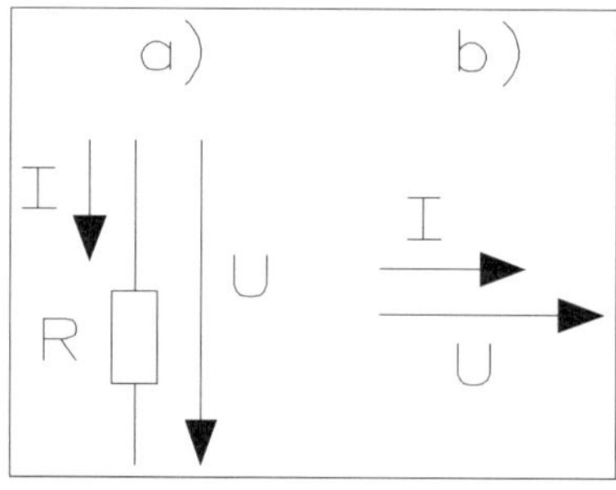

Abb 2.2 • Spannung, Stromverlauf und Zeigerdiagramm eines ohmschen Widerstands.

Einen elektrischen Verbraucher, bei dem Spannung und Strom stets in Phase sind bezeichnet man als Wirkwiderstand R oder als reellen Widerstand. Der Strom durch den Widerstand folgt sowohl mit seinen Augenblickswerten i als auch mit seinem Effektivwert I der Spannung U.

Stromstärke und Spannung	Widerstand und Leitwert	Leistung
$I = \frac{U}{R}$	$R = \frac{U}{I}$	$P = U \cdot I$
$\varphi = 0°$ (rein ohmsch)	$G = \frac{I}{U} = \frac{1}{R}$	$P = \frac{U^2}{R}$
		$P = I^2 \cdot R$

Zur Beschreibung der Eigenschaften ohmscher Widerstände gibt es eine Reihe von Begriffen wie Widerstandsnennwert, Widerstandstoleranz, Belastbarkeit in Watt, Widerstandsänderung durch Erwärmung, Widerstandsänderung durch Alterung, Eigenkapazität und Eigeninduktivität.

In der Filtertechnik geht man von idealen ohmschen Widerständen aus, d. h., die Eigenkapazität und Eigeninduktivität sind nicht vorhanden. Betreibt man den Widerstand an einer sinusförmigen Wechselspannung, tritt zwischen Spannung und Strom keine Phasenverschiebung auf.

Fast alle Festwiderstände in der Elektronik sind Schichtwiderstände. Diese bestehen aus einer Keramik, auf dem eine dünne Kohleschicht (Kohleschichtwiderstände), eine Metallschicht (Metallschichtwiderstände) oder eine Metalloxidschicht (Metalloxidschichtwiderstände) aufgebracht sind. Den gewünschten Widerstandswert erreicht man durch entsprechende Wahl der Schichtdicke und durch Einschleifen von Wendeln bzw. Mäandern.

Für die Leistungselektronik benötigt man Drahtwiderstände. Diese bestehen aus einer Wicklung Widerstandsdraht, der auf einen keramischen Isolierkörper gewickelt ist. Hat man einen Drahtwiderstand mit einer einfachen Wicklung, spricht man von einer „unifilaren" Wicklung, und diese weist nicht nur einen Widerstand, sondern auch eine Induktivität auf. Der Bereich der Induktivität reicht von einigen Nanohenry (nH) bis zu einigen Millihenry (mH), und es tritt eine unerwünschte Phasenverschiebung zwischen Spannung und Strom auf.

Verwendet man eine „bifilare“ Wicklung, weist der Widerstand zwar eine geringe Induktivität auf, hat aber eine große Kapazität. Der Bereich der Kapazität reicht von einigen Picofarad (pF) bis zu einem Nanofarad (nF). Diese störenden Kapazitäten sind nicht nur bei Drahtwiderständen vorhanden, sondern auch bei Schichtwiderständen, bei denen sie aber wesentlich geringer sind, meistens < 1 pF.

2.1.2 • Kondensator im Wechselstromkreis

Zur Beschreibung der Eigenschaften eines Kondensators gibt es eine Reihe von Begriffen wie Nennkapazität, Toleranz, Betriebsspannung, Isolationswiderstand, Temperaturkoeffizient der Kapazität, Verlustfaktor, Kapazitätsänderung durch Alterung, Induktivität, Eigenresonanz und Zuverlässigkeit.

Bei einem idealen Kondensator tritt zwischen Spannung und Strom eine Phasenverschiebung von $\varphi = 90°$ auf. Kein Kondensator ist verlustfrei, und daher hat man in der Realität immer eine Phasenverschiebung $\varphi < 90°$. Das Dielektrikum besitzt eine gewisse Leitfähigkeit. Diese tritt beim Umpolarisieren der Moleküldipole an Wechselspannung auf, besonders jedoch bei hohen Frequenzen. Außerdem bilden die Widerstände der Dielektrika und der Zuleitungen geringe Verlustquellen. Abb 2.3 zeigt einen Kondensator mit Zeigerdiagramm.

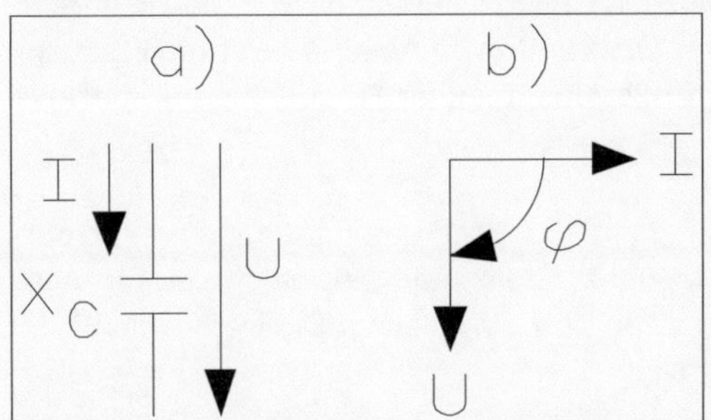

Abb 2.3 • Spannung, Stromverlauf und Zeigerdiagramm eines idealen Kondensators.

Die Kondensatorverluste sind hauptsächlich Spannungsverluste, d. h., diese werden weniger vom Strom, der in den Kondensator fließt, als vielmehr von der angelegten Spannung verursacht. So sind die Isolationsverluste nicht dem Ladestrom, sondern der Spannung proportional. Die Erwärmungsverluste beim Umrichten der Dipole steigen mit der Spannung an, da der Grad der Ausrichtung von der Spannung abhängt. Aus diesem Grunde werden die Verluste eines Kondensators sinnvollerweise durch einen Parallelwiderstand zur Kapazität angegeben.

Stromstärke und Spannung	Widerstand und Leitwert	Leistung
$I = \frac{U}{X_C}$	$X_C = \frac{1}{2 \cdot \pi \cdot f \cdot C}$	$Q_C = U \cdot I$
$\varphi = 90°$ (kapazitiv)	$X_C = \frac{1}{\omega \cdot C}$	

Besteht zwischen Spannung und Strom eine Phasenverschiebung von $\varphi = +90°$, ist dies ein Zeichen dafür, dass der Verbraucher die in einem gewissen Zeitraum aufgenommene Leistung anschließend wieder an den Erzeuger zurücksendet. Das Produkt $Q = U \cdot I$ (var = volt ampere reaktiv) bezeichnet man in diesem Fall als Blindleistung.

Schaltet man einen Kondensator an eine sinusförmige Wechselspannungsquelle, so ergibt sich eine kontinuierliche Ladung und Entladung des Kondensators. Mit zunehmender Frequenz erhöht sich die Stromaufnahme, denn der Widerstand des Kondensators verkleinert sich entsprechend.

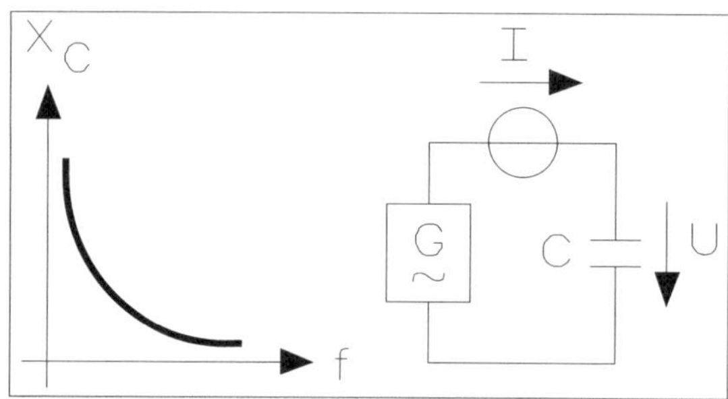

Abb 2.4 • Kapazitiver Blindwiderstand über der Frequenz f.

Diesen Widerstand bezeichnet man als „kapazitiven Blindwiderstand" X_C. Dieser verhält sich umgekehrt proportional zur Frequenz f. Das Diagramm von Abb 2.4 zeigt die Frequenzabhängigkeit des Kondensators und dass sich mit zunehmender Frequenz der kapazitive Blindwiderstand X_C verringert.

Die einfachste Methode zur Kapazitätsmessung ist die Bestimmung über eine Strom- und Spannungsmessung bei vorgegebener Frequenz. Stellt man beispielsweise die Ausgangsspannung eines Funktionsgenerators auf z. B. 12 V ein, fließt z. B. ein Strom von 50 mA bei einer Frequenz von 1 kHz. Dann ergibt sich:

$$X_c = \frac{U}{I} = \frac{12V}{50mA} = 240\Omega$$

$$C = \frac{1}{2 \cdot \pi \cdot f \cdot X_c} = \frac{1}{2 \cdot 3{,}14 \cdot 1kHz \cdot 240\Omega} = 663nF$$

Der durch den Kondensator fließende Strom eilt der Spannung um 90° voraus, wie Abb 2.5 zeigt.

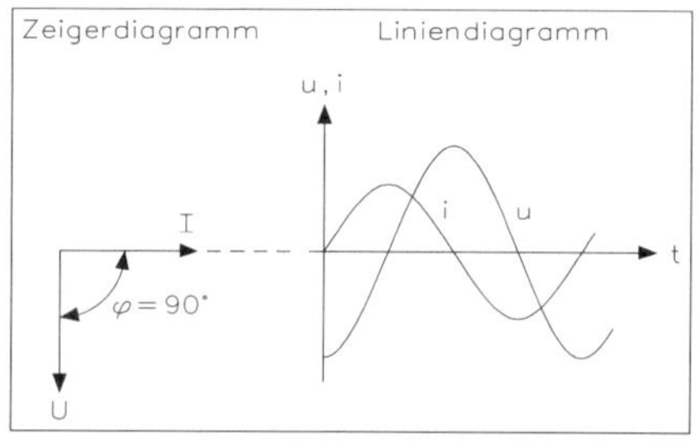

Abb 2.5 • Zeiger- und Liniendiagramm für Spannung und Strom am Kondensator.

Bei einem idealen Kondensator eilt der Strom der Spannung um genau 90° voraus. Dieser Wert wird aber wegen der Verluste im Kondensator nicht erreicht. Unter dem Verlustfaktor tan δ versteht man das Verhältnis von Wirk- zu Blindanteil des Scheinwiderstands oder des Scheinleitwerts. Außer bei Elektrolytkondensatoren entstehen die Verluste hauptsächlich im Dielektrikum durch den Isolationswiderstand R_{isol}. Im Ersatzschaltbild stellt man dies als Widerstand R parallel zu der verlustlos gedachten Kapazität C dar, wie Abb 2.6 zeigt.

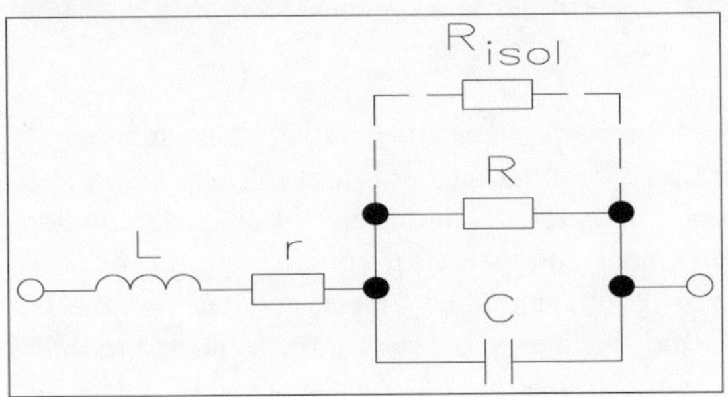

Abb 2.6 • Ersatzschaltbild eines realen Kondensators.

Zusätzlich zum Widerstand R_{isol} gibt es noch den Anschlusswiderstand R_{ser}, der aber nur bei sehr niedrigen Frequenzen Einfluss auf den Verlustfaktor nehmen kann. Durch die endliche Leitfähigkeit der Kondensatorbeläge und vor allem durch mangelhafte Kontaktanschlüsse zwischen den einzelnen Belägen und den Anschlussdrähten entstehen noch weitere Verluste, die im Ersatzschaltbild durch den Reihenwiderstand R angegeben sind. Dieser Einfluss ist jedoch gering im Vergleich zu den anderen Dielektrikumsverlusten, da diese proportional mit der Frequenz steigen. Eine Ausnahme von dieser Regel sind die Elektrolytkondensatoren, deren Verluste vornehmlich durch den Widerstand des Elektrolyten bedingt sind, der gleichfalls wie ein Serienwiderstand wirkt.

Ein durch einen Kondensator und seine Zuleitungen fließender Wechselstrom erzeugt je nach konstruktiver Ausführung ein mehr oder weniger ausgeprägtes Magnetfeld, das sich in einer durchaus messbaren Induktivität äußert. Im Ersatzschaltbild ist diese Induktivität mit L gekennzeichnet. Berechnet man den Verlauf des Scheinwiderstands für diese Ersatzschaltung, zeigt sich, dass bei Frequenzen unter 50 Hz und kleineren Kapazitätswerten vorwiegend der Isolationswiderstand wirkt. Die Kapazität C und die unvermeidliche Serieninduktivität L bilden einen Reihenschwingkreis. Bei einer bestimmten Frequenz kommt es zur Resonanz, die unerwünschte Einflüsse auf die elektronische Schaltung haben kann. Bei Resonanz hat der Kondensator den geringsten Scheinwiderstand. Oberhalb der Eigenresonanz verhält sich der Kondensator nicht mehr wie ein kapazitiver Blindwiderstand, sondern wie eine Spule mit der Induktivität L.

2.1.3 • Spule im Wechselstromkreis

Bei den Spulen muss man zwischen den einzelnen magnetischen Kernwerkstoffen für Netzfrequenz von 50 Hz bzw. für den Niederfrequenz- und den Hochfrequenzbereich unterscheiden. Kerne für die Netzfrequenz und den Niederfrequenzbereich werden aus Blechen zusammengesetzt, deren Dicke zwischen 10 µm und 0,5 mm wählbar ist. Je dünner das Blech gewählt wird, umso höher kann die Frequenz sein. Zur gegenseitigen Isolation genügt eine dünne Oxidschicht oder aufgeklebtes Papier. Durch die Aufteilung in Lamellen werden die Wirbelströme unterbrochen und in ihrer Wirkung stark reduziert.

Zur Beurteilung des Verhaltens eines Kernwerkstoffs bei höheren Frequenzen misst man den Frequenzgang der Permeabilität $\mu_{\sim}$. Diejenige Frequenz, bei der $\mu_{\sim}$ auf den 2 -ten Teil des bei tiefen Frequenzen gemessenen Werts abgesunken ist, bezeichnet man als die magnetische Grenzfrequenz f_g des Eisens. Ein großer Gütefaktor Q lässt sich nur weit unterhalb der Grenzfrequenz f_g erreichen. Für Breitbandübertrager kann man jedoch auch weit über die Grenzfrequenz hinausgehen.

In der Praxis kommen hauptsächlich zwei Blecharten zur Anwendung: Der sogenannte M-Schnitt (Mantel) und der E/I-Kern. Die Spule befindet sich auf dem mittleren Schenkel. Bei Mantelkernen ist die Mittelzunge einseitig losgestanzt, damit diese sich in den Spulenkörper einführen lässt. Ein vielleicht notwendiger Luftspalt wird ebenfalls an dieser Stelle ausgeschnitten. Spaltbreiten von 0,3 mm bis 2 mm sind üblich. Meist benutzt man Bleche, die bereits mit einem Luftspalt versehen sind. Ist dieser unerwünscht, schichtet man die Bleche „wechselseitig", d. h., man ordnet den Luftspalt einmal auf der einen und dann auf der anderen Seite an, so dass der Luftspalt praktisch überbrückt wird. Benötigt man dagegen den Luftspalt, schichtet man den Transformator „einseitig".

Bei den E/I-Schnitten besteht der Hauptteil des Kerns aus einem großen „E". Der noch fehlende Schenkel hat eine „I"-Form und wird lose auf das „E" gesetzt. Bei dieser Ausführung kann sich an den drei Auflagestellen ein kleiner Luftspalt ergeben, der nicht genau definierbar ist. Da man den E/I-Schnitt aber nur bei größeren Kernen anwendet, stört dieser zusätzliche Spalt kaum.

M-Schnitt-Bleche fertigt man in Stärken von 0,05 mm bis 1 mm an. Noch dünnere Metallfolien lassen sich nur als Bandkern herstellen. Hierbei sind Stärken bis zu wenigen µm realisierbar. Mitunter werden Bandkerne und Blechpakete mit Kunstharz verklebt. Zum einfacheren Bewickeln schneidet man die Bandkerne in zwei Hälften, und danach werden die Schnittflächen eben geschliffen, damit beim Zusammenbau kein Luftspalt entsteht. Diese Art bezeichnet man als Schnittbandkern.

Für HF-Spulen größerer Güte sind Bleche wegen ihrer Verluste nicht verwendbar. Bis zum Erscheinen der Ferrite stellte man für diese Anwendungen Kerne aus pulverisiertem Eisen her, die mit Kunstharz gepresst wurden. Es entstanden hauptsächlich die Topf- oder Schalenkerne. Die winzigen Eisenteilchen waren durch Kunstharz gegeneinander isoliert, so dass keine Wirbelströme entstehen konnten. Wegen des relativ geringen Eisengehalts solcher Kerne hatten diese auch nur geringe Permeabilitätswerte µ zwischen 4 und 12. Diese Kerne findet man heute nicht mehr, denn man setzt die wesentlich besseren Ferrite ein.

Magnetische Ferrite sind Verbindungen aus Eisenoxid (Fe_2O_3) mit einem oder mehreren Oxiden anderer Metalle, z. B. Nickel, Mangan, Zink, Magnesium oder Kupfer. Die feingemahlenen Oxide werden beim Herstellungsprozess zunächst in Formen gepresst und dann wie Keramik in Ofen gebrannt, weshalb man diese auch als Metallkeramiken bezeichnet. Ferrite unterscheiden sich von den rein metallischen Kernen durch ihre um 7 bis 10 Zehnerpotenzen geringere elektrische Leitfähigkeit, die das Entstehen von Wirbelströmen und der damit verbundenen Verluste unterbindet. Die Ferritsorten sind nach dem Nennwert der Anfangspermeabilität μ in Haupt- und Untergruppen eingeteilt, ähnlich wie die Blechkernsorten. Neben der Anfangspermeabilität μ die vom Hersteller mit Toleranzen zwischen 20% bis 25% eingehalten wird, müssen noch weitere Kernverluste berücksichtigt werden, ebenso die magnetische Grenzfrequenz.

Ferrite lassen sich praktisch in allen Frequenzbereichen einsetzen. Für NF-Anwendungen werden diese u. a. auch mit den Formen und Maßen der M-Kerne hergestellt. Diese bestehen dann aus zwei gleichen E-förmigen Hälften, deren Stirnseiten exakt bearbeitet sind, damit sich beim Zusammensetzen kein unerwünschter Luftspalt bildet. Gewollte Luftspalte schleift man am Mittelschenkel ein. Ferrite gibt es ferner als Stabkerne und als Schalenkerne. Die Schalenkerne gewährleisten einen völlig geschlossenen Kraftlinienverlauf ohne Streufelder. Erforderliche Luftspalte erhält man durch Abschleifen des mittleren Kernteils. Zum Abgleich der Induktivität dient meist ein Schraubkern, der den Luftspalt mehr oder weniger überbrückt und dadurch die aufgeteilte Permeabilität μ_e in gewissen Grenzen verändert. Die plangeschliffenen, ringförmigen Stirnflächen lassen sich später verkleben, damit die Induktivität konstant bleibt. Die eigentliche Spule steckt über dem mittleren Kernteil, und die Anschlüsse gelangen durch vorgefertigte Schlitze nach außen.

Ein Kondensator weist im Gegensatz zu einer Spule nur sehr geringe Verluste auf. Die Wicklung einer Spule hat einen Kupferwiderstand, der mit zunehmender Frequenz wegen des Skin- bzw. Hauteffekts zunimmt. Abb 2.7 zeigt eine Spule mit Zeigerdiagramm. Enthält die Spule einen Eisen- oder Ferritkern, treten im Material diverse Wirbelstrom- und Hystereseverluste auf. Die Widerstandserhöhung durch den Skineffekt ist proportional umso größer, je dicker der Draht ist. Bei einem Kupferdraht von 1 mm Durchmesser tritt dieser Effekt bei 100 kHz auf. Hat der Draht einen Durchmesser von 0,1 mm oder 0,01 mm, wird die Widerstandserhöhung erst bei 10 MHz bzw. 1 GHz wahrnehmbar. Aus diesem Grunde findet man bei sehr hohen Frequenzen auch Litzendrähte.

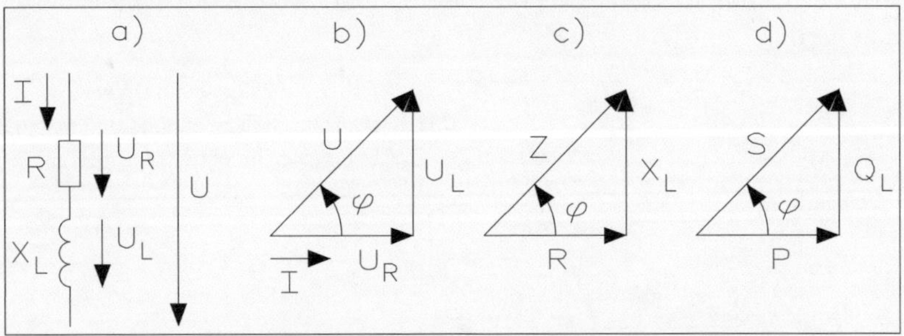

Abb 2.7 • Spannung, Stromverlauf und Zeigerdiagramm einer idealen Spule.

Das Vorhandensein der Verluste bedeutet widerstandsmäßig, dass der Scheinwiderstand Z einer Spule kein reiner Blindwiderstand ist. Der Zeiger des komplexen Spulenwiderstands steht nicht mehr wie bei idealer Verlustlosigkeit senkrecht, sondern bildet einen kleinen Winkel, den Verlustwinkel δ. Geringere Verluste in einer Spule verursachen einen kleinen Winkel φ. Fasst man alle Verluste einer Spule zusammen, erhält man einen Widerstand, der in Reihe mit der Spule liegt.

Betreibt man eine Spule an einer Wechselspannung, wird innerhalb der Spule ein Magnetfeld auf- und abgebaut. Dadurch setzt sich dem Wechselstrom ein relativ hoher Widerstand entgegen, denn die Selbstinduktion in der Spule wirkt kontinuierlich, und daher lässt sich der Stromanstieg entsprechend begrenzen.

Je größer der Selbstinduktionskoeffizient ist, desto höher wird der Widerstand, der sich dem Wechselstrom entgegensetzt. Diesen Widerstand bezeichnet man als induktiven Blindwiderstand. Die Abhängigkeit des induktiven Blindwiderstands X_L von der Frequenz f ist in Abb 2.8 gezeigt.

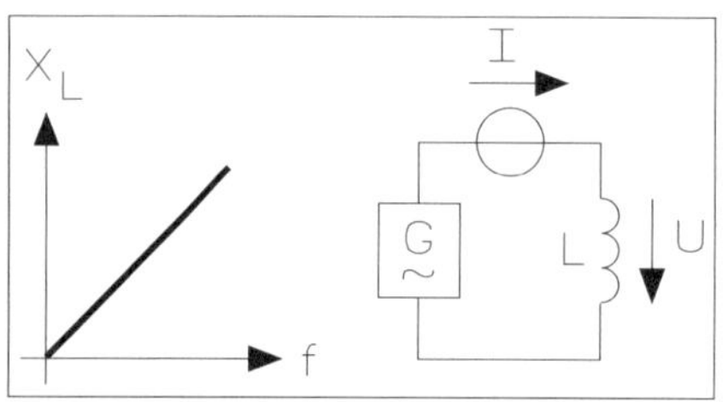

Abb 2.8 • Abhängigkeit des induktiven Blindwiderstands X_L von der Frequenz f.

Die Berechnung erfolgt nach:

Stromstärke und Spannung	Widerstand und Leitwert	Leistung
$I = \frac{U}{X_L}$	$X_L = 2 \cdot \pi \cdot f \cdot L$	$Q_L = U \cdot I$
φ = 90° (induktiv)	$X_L = \omega \cdot L$	

Man erkennt aus dem Diagramm, dass mit zunehmender Frequenz der induktive Blindwiderstand immer größer wird.

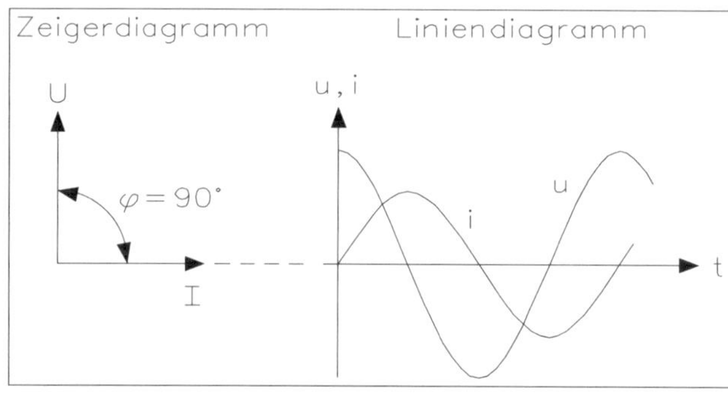

Abb 2.9 • Zeiger- und Liniendiagramm für Spannung und Strom bei idealer Induktivität.

Das Zeiger- und Liniendiagramm von Abb 2.9 zeigt, dass auch bei einer Spule eine Phasenverschiebung zwischen Spannung und Strom besteht. In diesem Fall eilt die Spannung u dem Strom i um φ = 90° voraus. Dieses Verhalten steht im Gegensatz zum Kondensator im Wechselstromkreis.

Bei Messungen einer Kapazität spielt der Verlustanteil im Allgemeinen keine Rolle. Anders bei der Messung einer Induktivität. Der Gleichstromwiderstand der Spule fällt erheblich ins Gewicht und muss getrennt bestimmt werden. Bei einer Strom-Spannungs-Messung wird daher zuerst mit einer Gleichspannung der rein ohmsche Widerstand bestimmt. Danach bestimmt man mit einer Wechselspannungsquelle den Scheinwiderstand Z und berechnet aus dem Wirk- und Scheinwiderstand den induktiven Blindwiderstand und daraus dann die Induktivität.

Beispiel: An einer Spule wurden gemessen: Bei einer Gleichspannung von 10 V fließt ein Gleichstrom von 250 mA und bei einer Wechselspannung von 12 V/50 Hz ein Strom von 80 A. Welchen Wert hat die Induktivität?

$$R = \frac{U_{-}}{I_{-}} = \frac{10V}{250mA} = 40\Omega$$

$$Z = \frac{U_{\sim}}{I_{\sim}} = \frac{12V}{80mA} = 150\Omega$$

$$X_L = \sqrt{Z^2 - R^2} = \sqrt{(150\Omega)^2 - (40\Omega)^2} = 144\Omega$$

$$L = \frac{X_L}{2 \cdot \pi \cdot f} = \frac{144\Omega}{2 \cdot 3{,}14 \cdot 50Hz} = 460mH$$

Die Verluste entstehen in einer Spule sowohl in der Wicklung als auch im Kern. Im Abb 2.10 ist das Ersatzschaltbild einer verlustbehafteten Spule gezeigt.

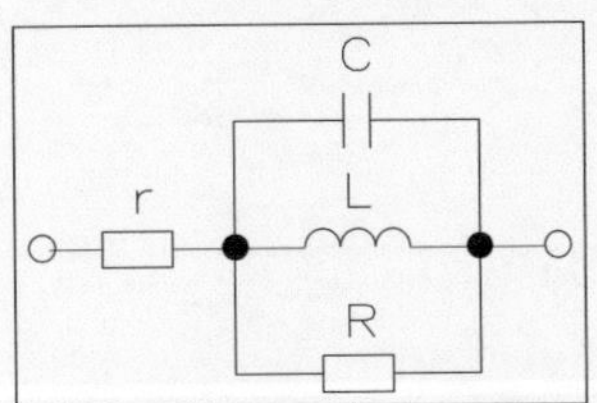

Abb 2.10 • Ersatzschaltbild einer verlustbehafteten Spule.

Die einzelnen Verlustanteile, wie etwa der Wirbelstromverlust, sind durch den Parallelwiderstand R gekennzeichnet. Dieser Widerstand besteht aber aus einer Reihenschaltung von mehreren Widerstandswerten, den Wicklungswiderstand bei niedrigen Frequenzen, einer Wicklungswiderstandszunahme durch Wirbelströme, dem Verlustwiderstand durch dielektrische Verluste in der Spulenkapazität, dem Kernverlustwiderstand durch Ummagnetisierung (Hysterese), durch Wirbelströme bzw. durch Rest- oder Nachwirkungsverluste. Jeder dieser Verluste ist verantwortlich für einen Anteil am Gesamtverlustwinkel δ, der vom Widerstand R mitbestimmt wird.

Besteht zwischen zwei elektrischen Leitern ein Spannungsunterschied, dann wird zwischen diesen auch eine Kapazität wirksam. Diese tritt auch in Erscheinung, wenn diese Bestandteile eines Widerstands oder einer Spule sind. Die Kapazität ist in einem solchen Leitersystem nicht nur von der Größe der sich gegenüberstehenden Flächen abhängig, wie bei einem

Kondensator, sondern auch noch von dem Mittelwert der dort auftretenden Potentialunterschiede. Gelingt es nun, die Potentialunterschiede innerhalb einer Spule klein zu halten, dann ist die daraus resultierende Wicklungskapazität ebenfalls gering. Diese ist dagegen fast unabhängig von der Windungszahl. Im Ersatzschaltbild stellt man die an sich verteilte Wicklungskapazität durch eine konzentrierte Kapazität C parallel zur Wicklung dar.

2.1.4 • Reihenschaltung von Widerstand und Kondensator

Bei der Berechnung einer Reihenschaltung, bestehend aus einem Widerstand R und aus einem Kondensator C, ist die Phasenlage des Wirkwiderstands R und des kapazitiven Blindwiderstands X_C zu berücksichtigen. Abb. 2.11 zeigt die Reihenschaltung mit dem Spannungs- und Widerstandsdreieck.

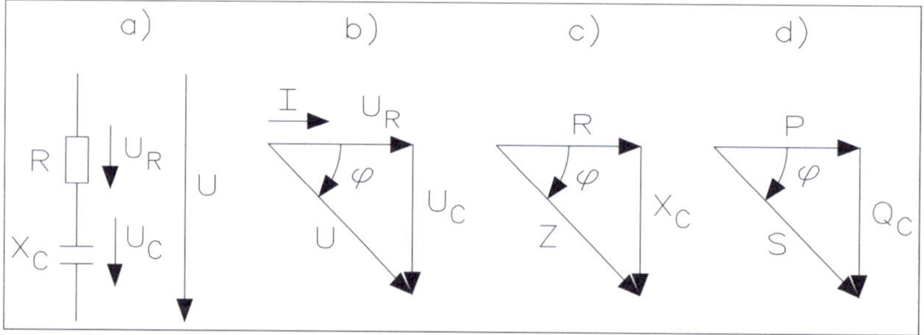

Abb 2.11 • Reihenschaltung von Widerstand und Kondensator.

Der Scheinwiderstand Z errechnet sich aus:

$$Z = \sqrt{R^2 + X_C^2} = \sqrt{R^2 + \frac{1}{(2 \cdot \pi \cdot f \cdot C)^2}}$$

Die Gesamtspannung U errechnet sich aus den beiden Teilspannungen nach:

$$U = \sqrt{U_R^2 + U_C^2} \qquad \text{oder} \qquad U = \frac{U_R}{\cos\phi} = \frac{U_S}{\sin\phi}$$

Die Werte für die Spannungen am Wirkwiderstand und am kapazitiven Blindwiderstand dürfen aufgrund ihrer unterschiedlichen Phasenlage nicht algebraisch, sondern müssen geometrisch addiert werden. Da Spannungen und Widerstände bei einer Reihenschaltung direkt proportional sind, ergibt sich auch für die Spannungen und Widerstände dieselbe Phasenverschiebung. Der sich aus der geometrischen Addition von R und X_C ergebende Gesamtwiderstand heißt Scheinwiderstand und wird mit Z bezeichnet.

Den Phasenwinkel φ erhält man aus:

$$\cos\phi = \frac{R}{Z} = \frac{U_R}{U} \qquad \sin\phi = \frac{X_C}{R} = \frac{U_C}{U_R} \qquad \tan\phi = \frac{X_C}{R} = \frac{U_C}{U_R}$$

Der Verlustwinkel δ ergibt sich aus:

$$\tan\delta = \frac{R}{X_C} = 2 \cdot \pi \cdot f \cdot R \cdot C = \omega \cdot R \cdot C$$

Für die Berechnung der Leistung gilt:

$S = U \cdot I$ S = Scheinwiderstand

$P = U_R \cdot I$ P = Wirkleistung

$Q_C = U_C \cdot I$ Q_C = kapazitive Scheinleistung

$$S = \sqrt{P^2 + Q_C^2} \qquad \tan\phi = \frac{Q_C}{P} \qquad \sin\phi = \frac{Q_C}{S} \qquad \cos\phi = \frac{P}{S}$$

Schaltet man einen Wirkwiderstand R in Reihe mit einem kapazitiven Blindwiderstand X_C, tritt zwischen dem Strom I und dem Wirkwiderstand R eine Phasenverschiebung auf. Die Spannung ist entsprechend dem Phasenwinkel nacheilend.

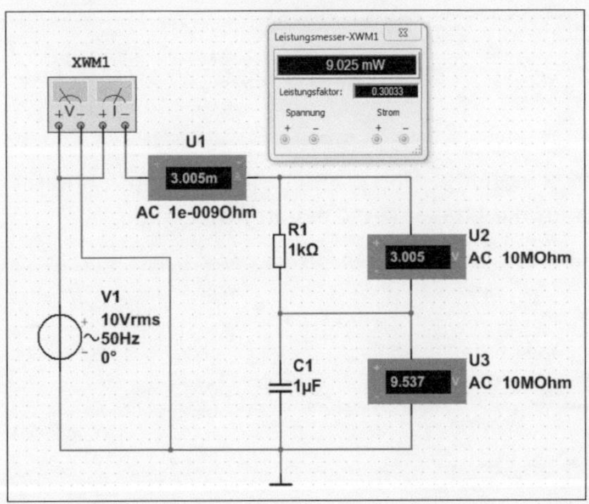

Abb. 2.12 • Simulierte Schaltung für eine RC-Reihenschaltung.

Abb. 2.12 zeigt eine simulierte Schaltung für eine RC-Reihenschaltung mit zwei Voltmetern mit den Einstellungen von 10 MΩ und AC, ein Amperemeter mit 9 nΩ und ein Wattmeter. Die Wechselspannung hat 10 V_{rms} (root mean square) und eine Frequenz von f = 50 Hz. Die Messgeräte sind auf AC zu stellen.

$$U = \sqrt{U_R^2 + U_C^2} = \sqrt{(3V)^2 + (9,54V)^2} = 10V$$

$$Z = \sqrt{R^2 + \frac{1}{(2 \cdot \pi \cdot f \cdot C)^2}} = \sqrt{(1k\Omega)^2 + \frac{1}{(2 \cdot 3,14 \cdot 50Hz \cdot 1\mu F)^2}} = 3,33k\Omega$$

$$\cos\phi = \frac{R}{Z} = \frac{1k\Omega}{3,33k\Omega} = 0,3 \;\Rightarrow\; \phi = 72,5°$$

$S = U \cdot I = 10V \cdot 3mA = 30mVA$ VA = Volt Ampere

$P = U_R \cdot I = 3V \cdot 3mA = 9mW$

$Q_C = U_C \cdot I = 9{,}53V \cdot 3mA = 28{,}6m\,\mathrm{var}$ var = volt-ampere reaktiv

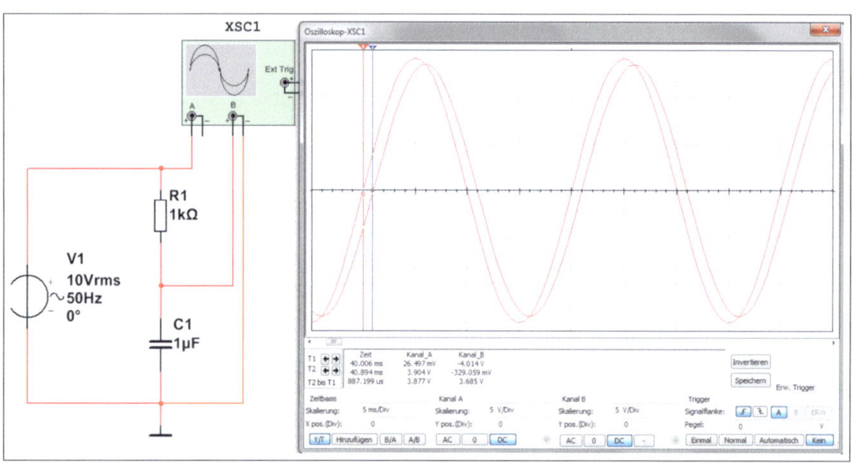

Abb 2.13 • Messung der Phasenverschiebung.

Abb 2.13 zeigt eine Messung der Phasenverschiebung. Man erkennt die Eingangs- und die Ausgangsspannung. Mit der Formel kann man die Phasenverschiebung berechnen.

$$\phi = \frac{X_0 \cdot 360^\circ}{X} = \frac{0{,}2Div \cdot 360^\circ}{4Div} = 18^\circ$$

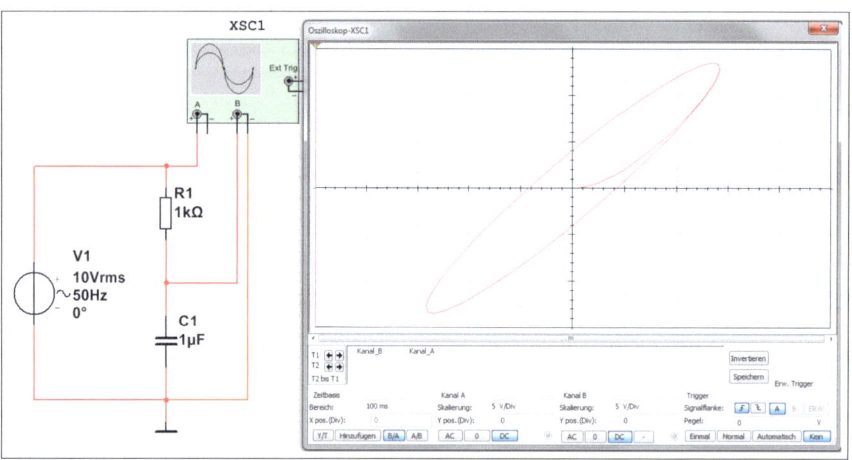

Abb 2.14 • Messung der Phasenverschiebung durch die Lissajous-Figur.

Abb 2.14 zeigt die Messung der Phasenverschiebung durch die Lissajous-Figur. Mit der Formel kann man die Phasenverschiebung berechnen.

$$\sin\phi = \frac{Y_0}{Y} = \frac{0{,}8Div}{2{,}8Div} = 0{,}28 \;\Rightarrow\; \phi = 16{,}6°$$

2.1.5 • Reihenschaltung von Widerstand und Spule

Bei einer realen Spule beträgt die Phasenverschiebung weniger als 90°, da immer ein Wirkwiderstand vorhanden ist. Man kann eine Spule als Reihenschaltung aus einem Wirkwiderstand und einem induktiven Blindwiderstand auffassen. Abb 2.15 zeigt die Reihenschaltung mit dem Spannungs- und Widerstandsdiagramm.

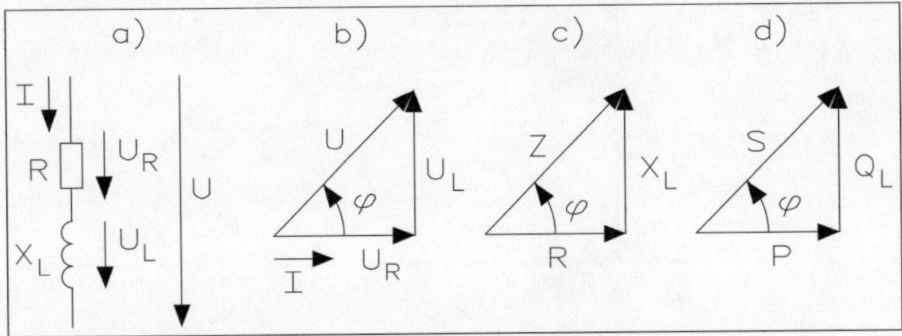

Abb 2.15 • Reihenschaltung von Widerstand und Spule.

Der Scheinwiderstand Z errechnet sich aus:

$$Z = \sqrt{R^2 + X_L^2} = \sqrt{R^2 + (2 \cdot \pi \cdot f \cdot L)^2} = \sqrt{R^2 + (\omega \cdot L)^2}$$

und die Gesamtspannung aus:

$$U = \sqrt{U_R^2 + U_L^2} = \frac{U_R}{\cos\phi} = \frac{U_L}{\sin\phi}$$

Den Phasenwinkel φ zwischen Spannung und Strom erhält man mit:

$$\cos\phi = \frac{R}{Z} \qquad \sin\phi = \frac{X_L}{Z} \qquad \tan\phi = \frac{X_L}{R}$$

während sich der Verlustwinkel berechnet aus:

$$\tan\delta = \frac{R}{X_L} = \frac{R}{2 \cdot \pi \cdot f \cdot L} = \frac{R}{\omega \cdot L}$$

Aus dem Strom durch die Reihenschaltung lassen sich die Spannungen am Widerstand und an der Spule berechnen:

$$I = \frac{U}{Z} \qquad U = I \cdot R \qquad U_L = I \cdot X_L$$

Abb. 2.16 zeigt eine simulierte Schaltung für eine RL-Reihenschaltung mit zwei Voltmetern mit den Einstellungen von 10 MΩ und AC, ein Amperemeter mit 9 nΩ und ein Wattmeter.

Die Wechselspannung hat 15 V und eine Frequenz von f = 50 Hz. Die Messgeräte sind auf AC zu stellen.

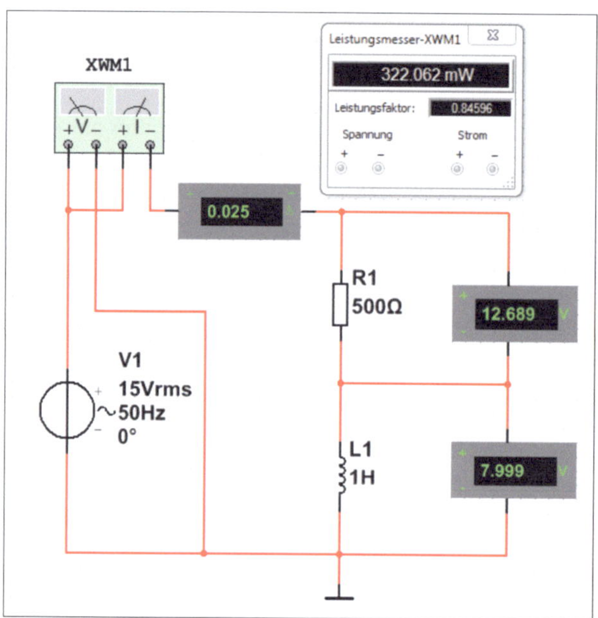

Abb. 2.16 • Simulierte Schaltung für eine RL-Reihenschaltung.

$$I = \frac{U_R}{R} = \frac{12{,}68V}{500\Omega} = 25{,}3mA$$

$$I = \frac{U_L}{X_L} = \frac{8V}{314\Omega} = 25{,}4mA$$

$$U = \sqrt{U_R^2 + U_L^2} = \sqrt{(12{,}68V)^2 + (8V)^2} = 15V$$

$$\sin\phi = \frac{U_L}{U} = \frac{8V}{15V} = 0{,}533 \quad \Rightarrow \quad \phi = 32°$$

$$P = U_R \cdot I = 12{,}68V \cdot 25{,}4mA = 317mW$$

$$Q_L = U_L \cdot I = 8V \cdot 25mA = 200m\,\text{var}$$

$$S = \sqrt{P^2 + Q_L^2} = \sqrt{(317mW)^2 + (200m\,\text{var})^2} = 374VA$$

$$\sin\phi = \frac{U_L}{U} = \frac{8V}{15V} = 0{,}533 \quad \Rightarrow \quad \phi = 32{,}2°$$

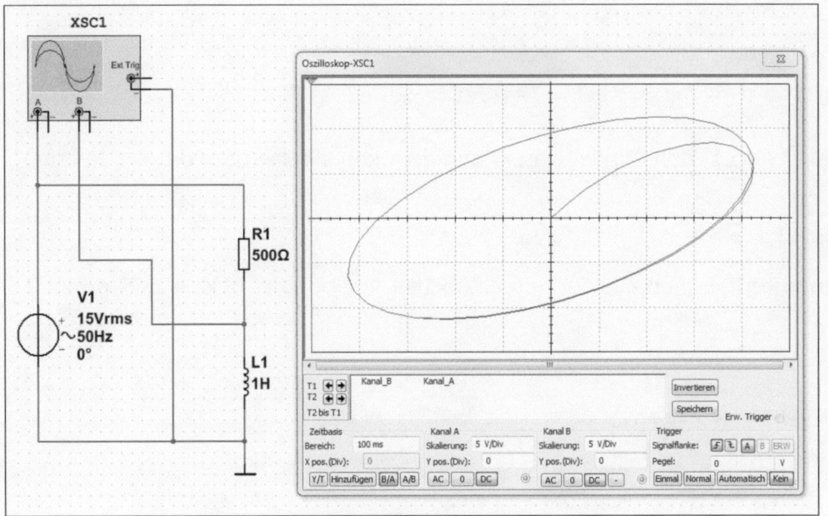

Abb 2.17 • Messung der Phasenverschiebung durch die Lissajous-Figur.

Abb 2.17 zeigt die Messung der Phasenverschiebung durch die Lissajous-Figur. Mit der Formel kann man die Phasenverschiebung messen

$$\sin\phi = \frac{Y_0}{Y} = \frac{1{,}8Div}{2{,}4Div} = 0{,}79 \quad \Rightarrow \quad \phi = 48°$$

2.1.6 • Parallelschaltung von Widerstand und Kondensator.

Bei der Parallelschaltung dient die Spannung als gemeinsame Ausgangsgröße für die Konstruktion des Stroms und des Leitwertdreiecks. Zur Berechnung der einzelnen Werte betrachtet man die Ströme, da dies übersichtlicher ist. Abb 2.18 zeigt die Parallelschaltung anhand des Strom- und Leitwertdiagramms.

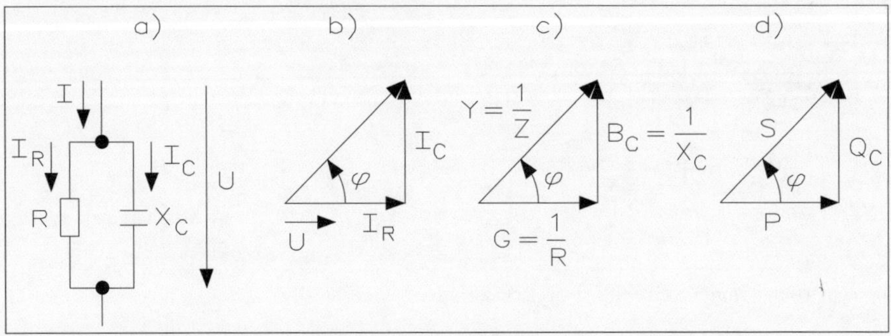

Abb 2.18 • Parallelschaltung von Widerstand und Kondensator.

Der Gesamtstrom I der Parallelschaltung und die beiden Teilströme I_R und I_C berechnen sich aus:

$$I = U \cdot Y \qquad I_R = U \cdot G \qquad I_C = U \cdot B_C$$

mit:

$$Y = \frac{1}{Z} \qquad G = \frac{1}{R} \qquad B_C = 2 \cdot \pi \cdot f \cdot C = \omega \cdot C$$

über den Scheinleitwert Y, den Wirkleitwert G und dem kapazitiven Leitwert B_C oder aus:

$$I = \frac{U}{Z} \qquad I_R = \frac{U}{R} \qquad I_C = \frac{U}{X_C}$$

Den Gesamtstrom I erhält man aus der geometrischen Addition der beiden Teilströme:

$$I = \sqrt{I_R^2 + I_C^2} \qquad I = \frac{I_R}{\cos\phi} \qquad I_C = \frac{I_C}{\sin\phi}$$

Die Leitwerte ergeben sich zu:

$$Y = \sqrt{G^2 + B_C^2} = \sqrt{\frac{1}{R^2} + (2 \cdot \pi \cdot f \cdot C)^2} = \sqrt{\frac{1}{R^2} + (\omega \cdot C)^2} \qquad Z = \frac{1}{Y}$$

Die Phasenverschiebung φ errechnet sich aus:

$$\cos\phi = \frac{G}{Y} = \frac{I_R}{I} \qquad \sin\phi = \frac{B_C}{Y} = \frac{I_C}{I} \qquad \tan\phi = \frac{B_C}{G} = \frac{I_C}{I_R}$$

und für den Verlustfaktor δ:

$$\tan\delta = \frac{G}{B_C} = \frac{1}{\omega \cdot R \cdot C}$$

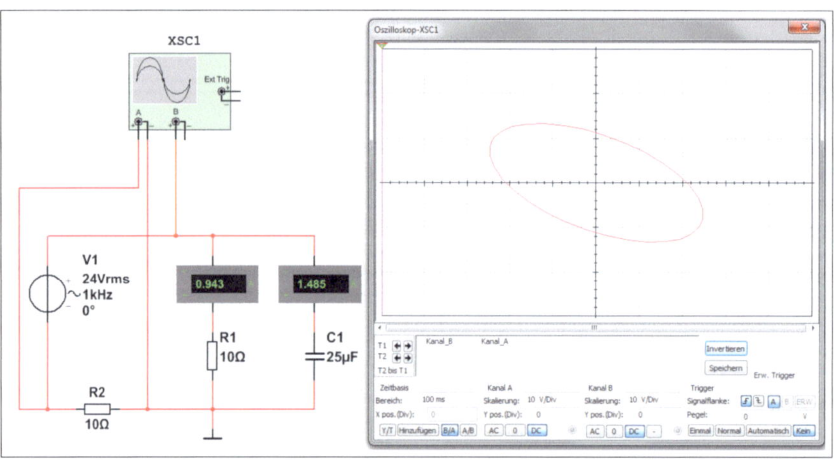

Abb. 2.19 • Simulierte Schaltung für eine RC-Parallelschaltung.

Abb. 2.19 zeigt eine simulierte Schaltung für eine RC- Parallelschaltung mit drei Amperemetern mit den Einstellungen von 1 nΩ, AC und ein Wattmeter. Die Wechselspannung hat 15 $_{rms}$ und eine Frequenz von f = 1 kHz. Wenn das Amperemeter keinen vernünftigen Wert anzeigt, wird in der Stellung DC gemessen.

$$Z = \frac{U}{I} = \frac{24V}{4{,}479A} = 5{,}35\Omega$$

$$I_R = \frac{U}{R} = \frac{24V}{10\Omega} = 2{,}4A$$

$$I_C = \frac{U}{X_C} = \frac{24V}{6{,}34\Omega} = 3{,}78A$$

$$X_C = \frac{U}{I_C} = \frac{24V}{3{,}785A} = 6{,}34\Omega$$

$$C = \frac{1}{2 \cdot \pi \cdot f \cdot X_C} = \frac{1}{2 \cdot 3{,}14 \cdot 1kHz \cdot 6{,}34\Omega} = 25\mu F$$

$$I = \sqrt{I_R^2 + I_C^2} = \sqrt{(2{,}4A)^2 + (3{,}78A)^2} = 4{,}48A$$

$$G = \frac{1}{R} = \frac{1}{10\Omega} = 0{,}1S$$

$$Y = \sqrt{G^2 + B_C^2} = \sqrt{(0{,}1S)^2 + (0{,}157S)^2} = 0{,}18S$$

$$Z = \frac{1}{Y} = \frac{1}{0{,}18S} = 5{,}55\Omega$$

Die Phasenverschiebung φ errechnet sich aus:

$$\cos\phi = \frac{G}{Y} = \frac{0{,}1S}{0{,}18S} = 0{,}55 \quad \Rightarrow \quad \phi = 56°$$

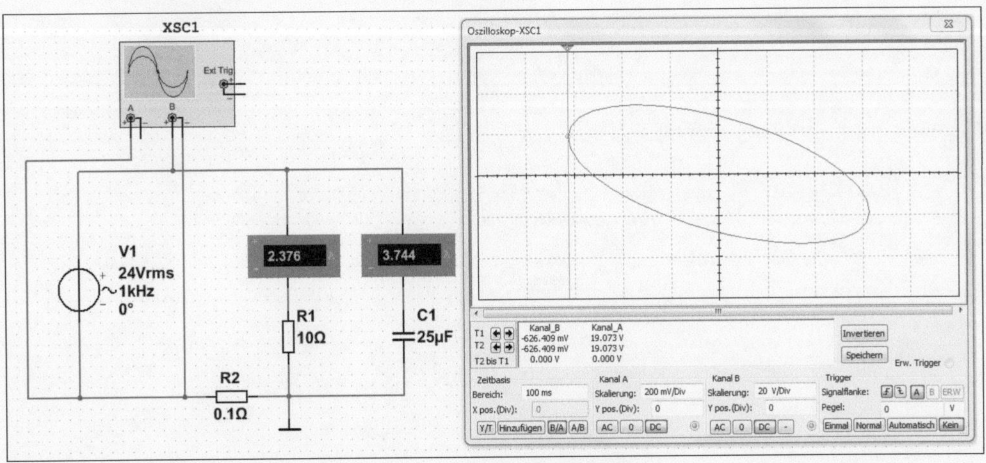

Abb. 2.20 • Messung der Phasenverschiebung durch die Lissajous-Figur.

Abb 2.20 zeigt die Messung der Phasenverschiebung durch die Lissajous-Figur. Mit der Formel kann man die Phasenverschiebung berechnen:

$$\sin\phi = \frac{Y_0}{Y} = \frac{1{,}4Div}{1{,}6Div} = 0{,}87 \quad \Rightarrow \quad \phi = 61°$$

2.1.7 • Parallelschaltung von Widerstand und Spule

Schaltet man einen Widerstand und eine Spule parallel, gilt die Spannung als gemeinsame Ausgangsgröße zur Konstruktion des Strom- und des Leitwertdreiecks. Abb 2.21 zeigt die Parallelschaltung und die Dreiecke.

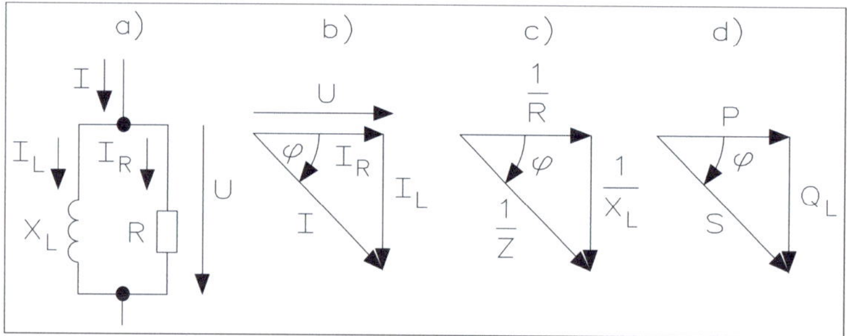

Abb 2.21 • Parallelschaltung von Widerstand und Spule.

$$I = U \cdot Y$$

mit:

$$Y = \frac{1}{Z} \qquad G = \frac{1}{R} \qquad B_L = \frac{1}{X_L} = \frac{1}{2 \cdot \pi \cdot f \cdot L} = \frac{1}{\omega \cdot L}$$

über den Scheinleitwert Y, dem Wirkleitwert G und dem induktiven Leitwert B_L. Die beiden Teilströme lassen sich berechnen nach:

$$I_R = \frac{U}{R} \qquad I_L = \frac{U}{X_L} = \frac{U}{2 \cdot \pi \cdot f \cdot L} = \frac{U}{\omega \cdot L}$$

Der Gesamtstrom I berechnet sich zu:

$$I = \sqrt{I_R^2 + I_L^2} \qquad I = \frac{I_R}{\cos\phi} = \frac{I_L}{\sin\phi}$$

Die Phasenverschiebung φ ist:

$$\cos\phi = \frac{G}{Y} = \frac{I_R}{I} \qquad \sin\phi = \frac{B_L}{Y} = \frac{I_L}{I} \qquad \tan\phi = \frac{B_L}{G} = \frac{I_L}{I_R}$$

und der Verlustfaktor:

$$\tan\delta = —$$

Die anderen Werte sind nachfolgend gezeigt:

$$U = I_R \cdot R \qquad P = U \cdot I_R$$
$$U = I_L \cdot X_L \qquad Q_L = U \cdot I_L$$
$$U = I \cdot Z \qquad S = U \cdot I$$

$$Y = \sqrt{G^2 + B_L^2}$$

$$I = \sqrt{I_R^2 + I_L^2} \qquad \frac{1}{Z} = \sqrt{\left(\frac{1}{R}\right)^2 + \left(\frac{1}{X_L}\right)^2} \qquad S = \sqrt{P^2 \cdot Q_L^2}$$

$$\tan\phi = \frac{I_L}{I_R} \qquad \tan\phi = \frac{R}{X_L} \qquad \tan\phi = \frac{Q_L}{P}$$

$$\sin\phi = \frac{I_L}{I} \qquad \sin\phi = \frac{Z}{X_L} \qquad \sin\phi = \frac{Q_L}{S}$$

$$\cos\phi = \frac{I_R}{I} \qquad \cos\phi = \frac{Z}{R} \qquad \cos\phi = \frac{P}{S}$$

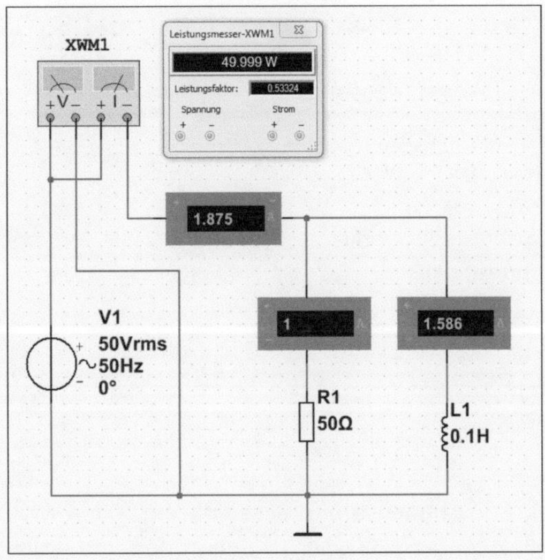

Abb. 2.22 • Simulierte Schaltung für eine RL-Parallelschaltung.

Abb. 2.22 zeigt eine simulierte Schaltung für eine RL-Parallelschaltung mit drei Amperemetern mit den Einstellungen von 1 nΩ, auf AC eingestellt und ein Wattmeter. Die Wechselspannung hat 50 V (root mean square) und eine Frequenz von f = 50 Hz. Wenn das Amperemeter keinen vernünftigen Wert anzeigt, wird in der Stellung DC gemessen.

$$I_R = \frac{U}{R} = \frac{50V}{50\Omega} = 1A$$

$$X_L = 2 \cdot \pi \cdot f \cdot L = 2 \cdot 3{,}14 \cdot 50Hz \cdot 0{,}1H = 31{,}4\Omega$$

$$I_L = \frac{U}{X_L} = \frac{50V}{31{,}4\Omega} = 1{,}59A$$

Die Phasenverschiebung errechnet sich aus

$$\tan\phi = \frac{I_L}{I_R} = \frac{1{,}59A}{1A} = 1{,}59 \quad \Rightarrow \quad \tan\phi = 57{,}8°$$

$$I = \sqrt{I_R^2 + I_L^2} = \sqrt{(1A)^2 + (1{,}59A)^2} = 1{,}87A$$

$$P = U \cdot I_R = 50V \cdot 1A = 50W$$

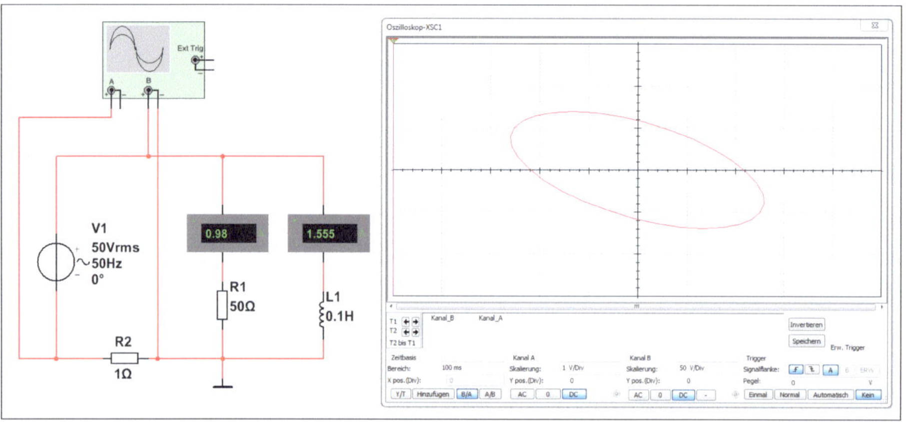

Abb. 2.23 • Messung der Phasenverschiebung durch die Lissajous-Figur.

Abb 2.23 zeigt die Messung der Phasenverschiebung durch die Lissajous-Figur. Mit der Formel kann man die Phasenverschiebung berechnen:

$$\sin\phi = \frac{Y_0}{Y} = \frac{1{,}2Div}{1{,}4Div} = 0{,}85 \quad \Rightarrow \quad \phi = 59°$$

2.2 • Schwingkreise

Bei der Reihenschaltung von Widerstand, Spule und Kondensator müssen die einzelnen Widerstände, Spannungen und Leistungen – in gleicher Weise – wie bei den in den vorhergehenden Kapiteln beschriebenen Reihenschaltungen angegeben grafisch addiert werden. Je nachdem, ob der kapazitive oder induktive Widerstand überwiegt, ist die Gesamtspannung zum Strom vorauseilend oder nacheilend phasenverschoben. Bei niedrigen Frequenzen überwiegt X_C, bei hohen Frequenzen überwiegt X_L. Im ersten Fall ist der Reihenkreis kapazitiv, im zweiten Fall induktiv.

Bei einer bestimmten Frequenz, der Resonanzfrequenz, sind X_L und X_C gleich. Die beiden Blindwiderstände heben sich aufgrund ihrer entgegengesetzten Phasenlage auf, es ist nur noch der ohmsche Widerstand R wirksam, d. h. der Scheinwiderstand hat den kleinsten Wert, er entspricht R. Der bei Resonanz fließende Strom hat den größten Wert, an X_L und an X_C wird eine sehr hohe Spannung vom Resonanzstrom erzeugt. Die beiden Spannungen heben sich jedoch gegenseitig auf und man spricht von der Spannungsresonanz.

Bei der Parallelschaltung von Widerstand, Spule und Kondensator muss in gleicher Weise von der Betrachtung der Teilströme ausgegangen werden. Die einzelnen Teilströme werden unter Berücksichtigung der Phasenlage zur Ermittlung des Gesamtstroms geometrisch addiert. Aus dem lässt sich der Gesamtstrom der Scheinwiderstand Z berechnen. Je nachdem ob der kapazitive oder induktive Widerstand geringer ist, ist der Gesamtstrom zur Spannung vorauseilend oder nacheilend, phasenverschoben, d. h. die Parallelschaltung ist somit kapazitiv oder induktiv. Bei niedrigen Frequenzen ist X_L niederohmiger (I_L groß), bei hohen Frequenzen ist X_C niederohmiger (I_C groß). Bei der Resonanzfrequenz pendelt der Strom zwischen der Spule und dem Kondensator hin und her. Der noch zufließende Gesamtstrom wird nur durch R_v bzw. R_{vp} bestimmt. Da die beiden Blindströme sich nach außen hin im Parallelschwingkreis aufheben, spricht man von Stromresonanz.

2.2.1 • Reihenschaltung von Widerstand, Kondensator und Spule

Der Widerstandswert X ist die Differenz zwischen dem kapazitiven und induktiven Blindwiderstand und berechnet sich aus:

$X = X_C - X_L$ (kapazitiv) $X = X_L - X_C$ (induktiv)

d. h., im ersten Fall überwiegt der kapazitive Wert X_C und im zweiten Fall der induktive Wert X_L. Der Scheinwiderstand Z errechnet sich zu:

$$Z = \sqrt{R^2 + X^2}$$

Der Übersichtlichkeit halber berechnet man zuerst immer die Differenz zwischen den beiden Blindwiderständen und danach den Scheinwiderstand Z.

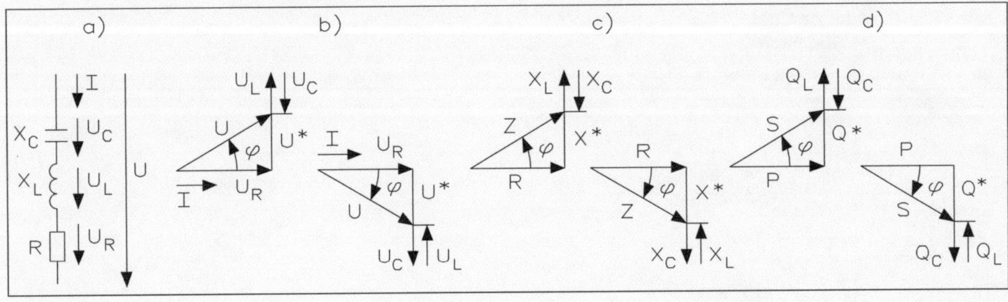

Abb.2.24.

Diese Zeigerdiagramme gelten auch für die Spannung U. Aus der angelegten Spannung U und dem Scheinwiderstand Z lassen sich Strom I und Teilspannungen berechnen aus:

$I = \frac{U}{Z}$ $U_R = I \cdot R$ $U_C = I ; X_C$ $U_L = I \cdot X_L$

Die Phasenverschiebung φ ist:

$$\cos\phi = \frac{R}{Z} = \frac{U_R}{U} \quad . \qquad \sin\phi = \frac{X}{Z} = \frac{U_X}{U} \qquad \tan\phi = \frac{X}{R} = \frac{U_X}{U_R}$$

Der Verlustfaktor δ beträgt:

$$\tan\delta = \frac{G}{B_L}$$

Spannung:

$U_L > U_C$	$U_L < U_C$
$U^* = U_L - U_C$	$U^* = U_C - U_L$

Widerstand und Leitwert:

$X_L > X_C$	$X_L < X_C$
$X^* = X_L - X_C$	$X^* = X_C - X_L$

Leistung

$Q_L > Q_C$	$Q_L < Q_C$
$Q^* = Q_L - Q_C$	$Q^* = Q_C - Q_L$

$$U = \sqrt{U_R^2 + U^{*2}} \qquad Z = \sqrt{R^2 + X^{*2}} \qquad S = \sqrt{P^2 + Q^{*2}}$$

$$\tan\phi = \frac{U^*}{U_R} \qquad \tan\phi = \frac{X^*}{R} \qquad \tan\phi = \frac{Q^*}{P}$$

$$\sin\phi = \frac{U^*}{U} \qquad \sin\phi = \frac{X^*}{Z} \qquad \sin\phi = \frac{Q^*}{S}$$

$$\cos\phi = \frac{U_R}{U} \qquad \cos\phi = \frac{R}{Z} \qquad \cos\phi = \frac{P}{S}$$

Abb. 2.25 zeigt die Simulation eines Reihenschwingkreises.

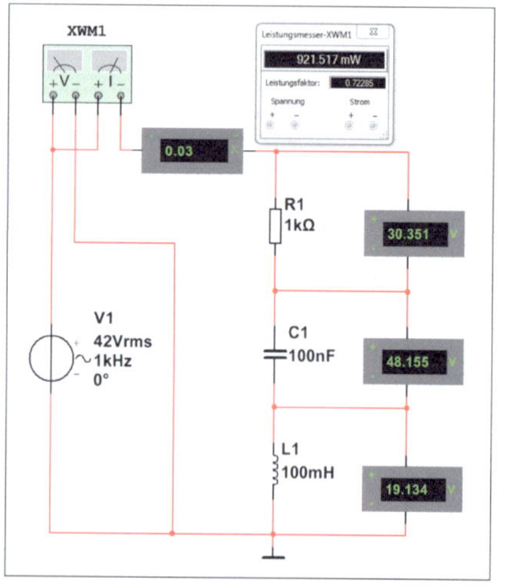

Abb. 2.25 • Simulation eines Reihenschwingkreises.

Der kapazitive Blindwiderstand X_C berechnet sich aus

$$X_C = \frac{1}{2 \cdot \pi \cdot f \cdot C} = \frac{1}{2 \cdot 3{,}14 \cdot 1kHz \cdot 100nF} = 1{,}59k\Omega$$

Der induktive Blindwiderstand X_L berechnet sich aus

$$X_L = 2 \cdot \pi \cdot f \cdot L = 2 \cdot 3{,}14 \cdot 1kHz \cdot 100mH = 620\Omega$$

Der Spannungsfall am Widerstand berechnet sich aus

$$U_R = I \cdot R = 30mA \cdot 1k\Omega = 30V$$

Der Spannungsfall am Kondensator ist

$$U_C = I \cdot X_C = 30mA \cdot 1{,}59k\Omega = 47{,}7V$$

Der Spannungsfall an der Induktivität ist

$$U_L = I \cdot X_L = 30mA \cdot 620\Omega = 18{,}6V$$

Der kapazitive Anteil überwiegt und damit kann die Phasenverschiebung errechnet werden:

$$U = \sqrt{U_R^2 + U^{*2}} = \sqrt{(30V)^2 + (47{,}7V - 18{,}6V)^{*2}} = \sqrt{(30V)^2 + (29{,}1V)^{*2}} = 42{,}79V$$

$$\cos\phi = \frac{U_R}{U} = \frac{30V}{42{,}79V} = 0{,}71 \quad \Rightarrow \quad \phi = 44°$$

$$\sin\phi = \frac{U^*}{U} = \frac{47{,}7V - 18{,}6V}{42{,}79V} = 0{,}69 \quad \Rightarrow \quad \phi = 44°$$

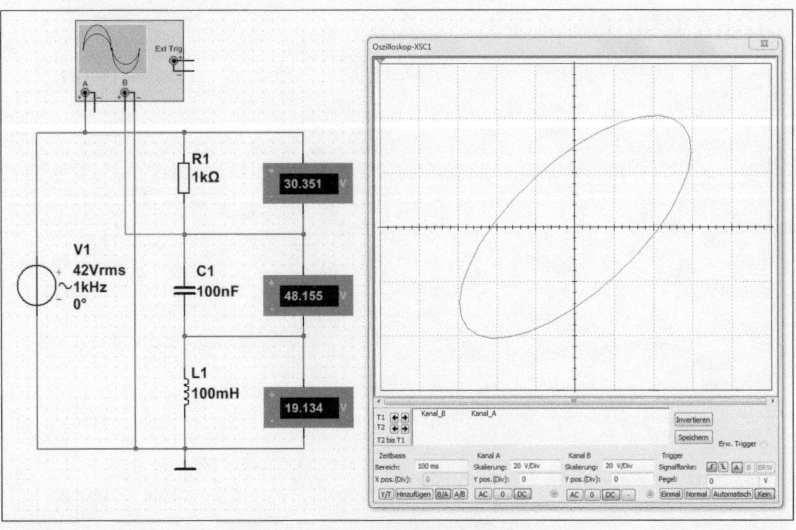

Abb. 2.26 • Phasenverschiebung eines Reihenschwingkreises.

Abb 2.26 zeigt die Messung der Phasenverschiebung durch die Lissajous-Figur eines Reihenschwingkreises. Mit der Formel kann man die Phasenverschiebung berechnen:

$$\sin\phi = \frac{Y_0}{Y} = \frac{1{,}5Div}{2Div} = 0{,}75 \quad \Rightarrow \quad \phi = 48°$$

2.2.2 • Parallelschaltung von Widerstand, Kondensator und Spule

In der Praxis ist jedoch der ohmsche Widerstand immer als ein in Reihe zur Induktivität liegender Drahtwiderstand in der Spule enthalten. Den durch die Spule fließenden Strom kann man dann in einen ohmschen und in einen induktiven Anteil zerlegen, bzw. man kann den in Reihe liegenden Verlustwiderstand R_v in einen entsprechenden Parallelwiderstand R umrechnen. Dabei muss durch den Widerstand R_{vp} der ohmsche Anteil des Spulenstroms fließen, wenn die Gesamtspannung anliegt.

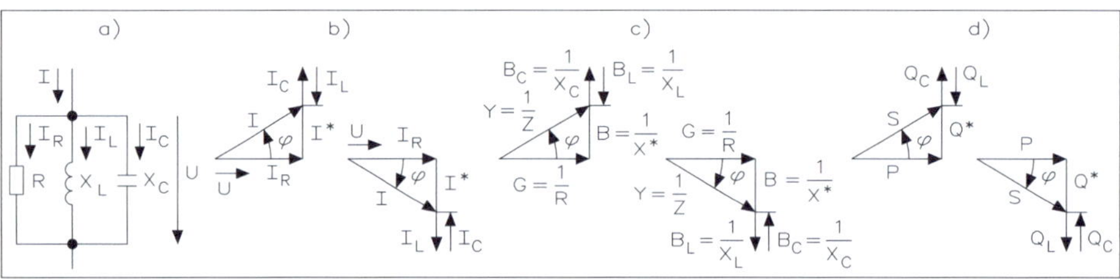

Abb. • 2.27.

Die drei Teilströme in der Parallelschaltung von Abb 2.27 errechnen sich entweder aus den einzelnen Leitwerten oder den Widerstandswerten:

$$I_R = U \cdot G = \frac{U}{R} \qquad I_C = U \cdot B_C = U \cdot \omega \cdot C \qquad I_L = U \cdot B_L \qquad I_L = U \cdot B_L = \frac{U}{\omega \cdot L}$$

Der Gesamtstrom ist:

$$I = \sqrt{I_R^2 + I_X^2}$$

wobei für I_X gilt:

$I_X = I_C - I_L$ (kapazitiv),
$I_X = I_L - I_C$ (induktiv),
$I_X = 0$, wenn $I_L = I_C$ ist.

Die Phasenverschiebung φ lässt sich berechnen aus:

$$\cos\phi = \frac{I_R}{I} = \frac{U_R}{U} \qquad \sin\phi = \frac{I_X}{I} \qquad \tan\phi = \frac{I_X}{I_R}$$

während man den Verlustfaktor δ errechnen kann über:

$$\tan\delta = \frac{I_R}{I_X}$$

Abb. 2.28 zeigt die Simulation eines Parallelschwingkreises.

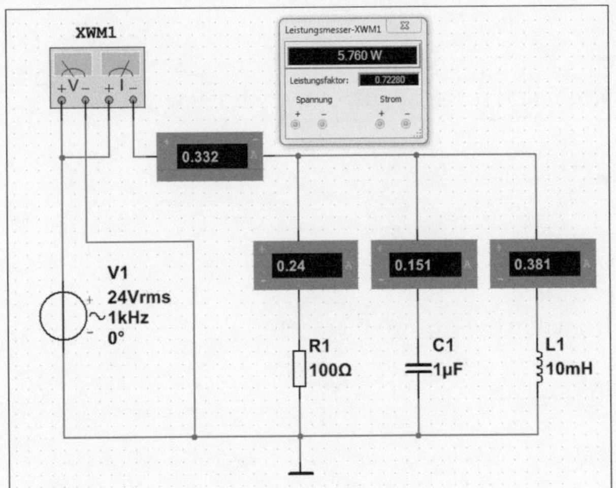

Abb. 2.28 • Simulation eines Parallelschwingkreises.

Für die Berechnungen gelten die Formeln

Stromstärke und Spannung

$I_C > I_L$	$I_C < I_L$
$I^* = I_C - I_L$	$I^* = I_L - I_C$

Widerstand und Leitwert

$X_C < X_L$	$X_C > X_L$
$\frac{1}{X^*} = \frac{1}{X_L} - \frac{1}{X_C}$	$\frac{1}{X^*} = \frac{1}{X_C} - \frac{1}{X_L}$

Leistung

$Q_C > Q_L$	$Q_C < Q_L$
$Q^* = Q_C - Q_L$	$Q^* = Q_L - Q_C$

$$Y = \sqrt{G^2 + B^{*2}}$$

$$I = \sqrt{I_R^2 \cdot I^{*2}} \qquad \frac{1}{Z} = \sqrt{\left(\frac{1}{R}\right)^2 + \left(\frac{1}{X^*}\right)^2} \qquad S = \sqrt{P^2 \cdot Q^{*2}}$$

$$\tan\phi = \frac{I^*}{I_R} \qquad \tan\phi = \frac{R}{X^*} \qquad \tan\phi = \frac{Q^*}{P}$$

$$\sin\phi = \frac{I^*}{I} \qquad \sin\phi = \frac{Z}{X^*} \qquad \sin\phi = \frac{}{}$$

$$\cos\phi = \frac{I_R}{I} \qquad \cos\phi = \frac{Z}{R} \qquad \cos\phi = \frac{P}{S}$$

Der Strom durch den Widerstand R_1 errechnet sich aus

$$I_{R1} = \frac{U}{R_1} = \frac{24V}{100\Omega} = 0{,}24A$$

Der kapazitive Widerstand und der Strom durch den Kondensator betragen

$$X_C = \frac{1}{2\cdot\pi\cdot f\cdot C} = \frac{1}{2\cdot 3{,}14\cdot 1kHz\cdot 1\mu F} = 160\Omega$$

$$I_C = \frac{U}{R_{X_C}} = \frac{24V}{160\Omega} = 0{,}15A$$

Der induktive Widerstand und der Strom durch die Spule betragen

$$X_L = 2\cdot\pi\cdot f\cdot L = 2\cdot 3{,}14\cdot 1kHz\cdot 10mH = 62{,}8\Omega$$

$$I_L = \frac{U}{X_L} = \frac{24V}{62{,}8\Omega} = 0{,}38A$$

Der Gesamtstrom I ist dann

$$I = \sqrt{I_R^2 + I^{*2}} = \sqrt{(0{,}24A)^2 + (0{,}38A - 0{,}15A)^2} = 0{,}33A$$

Die Phasenverschiebung errechnet sich aus

$$\cos\phi = \frac{I_R}{I} = \frac{0{,}24A}{0{,}33A} = 0{,}72 \quad\Rightarrow\quad \phi = 43{,}3°$$

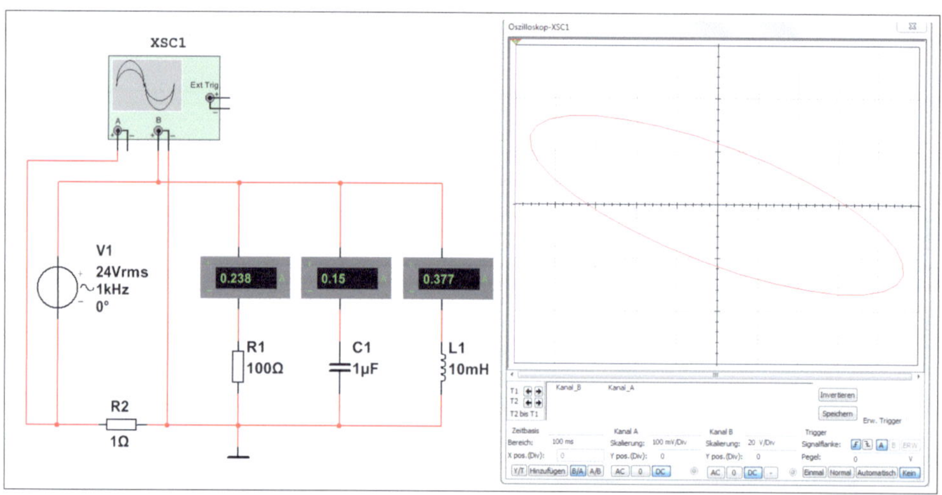

Abb. 2.29 • Phasenverschiebung eines Parallelschwingkreises.

Abb 2.29 zeigt die Messung der Parallelverschiebung durch die Lissajous-Figur eines Reihenschwingkreises. Mit der Formel kann man die Phasenverschiebung berechnen:

$$\sin\phi = \frac{Y_0}{Y} = \frac{1{,}2Div}{1{,}7Div} = 0{,}70 \quad\Rightarrow\quad \phi = 45°$$

2.3 • Komplexe Darstellung des Wechselstroms

Durch Verwendung komplexer Größen und deren mathematischen Gesetze lassen sich beliebig zusammengesetzte Wechselstromkreise auf die Gesetze des Gleichstromkreises zurückführen. Die komplexe Zahlenebene enthält ein rechtwinkliges Achsenkreuz mit einer reellen und einer imaginären Achse. Die Einheit auf der imaginären Achse ist i = $\sqrt{-1}$, aber in der Elektrotechnik verwendet man „j". Die reelle Achse enthält sämtliche reelle Zahlen von -∞ bis +∞, die imaginäre Achse dagegen die rein imaginären Zahlen. Eine komplexe Zahl Z stellt einen Punkt in der Zahlenebene dar, und die Zahl Z setzt sich entweder aus dem Real- und Imaginärteil oder aus dem Argument (Richtung) und Betrag zusammen.

Hat man Wirkwiderstände, so ordnet man diese auf der reellen Achse an. Blindwiderstände behandelt man dagegen als imaginäre Widerstände. Das Ohmsche Gesetz der Reihen- und Parallelschaltung gilt auch für komplexe und lineare Netzwerke, wenn die Bezeichnungen von Abb. 2.30 verwendet werden. Das Argument φ bedeutet beim Widerstand den Phasenverschiebungswinkel von Spannung zum Strom bzw. beim Leitwert den Winkel vom Strom zur Spannung.

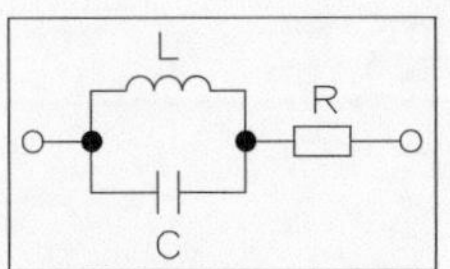

Abb. 2.30 • Widerstände und Leitwerte von Grundschaltungen der Elektrotechnik.

Impedanz $\underline{Z}$ **Admittanz $\underline{Y}$**	**Scheinwiderstand $\lvert\underline{Z}\rvert = Z$** **Scheinleitwert $\lvert\underline{Y}\rvert = Y$**	**Phasenverschiebungswinkel φ**
U, R, I $\underline{Z} = R$ $\underline{Y} = G = \frac{1}{R}$	$Z = R$ $Y = G = \frac{1}{R}$	φ = 0°
U, L, I $\underline{Z} = jX_L = j\omega \cdot L$ $\underline{Y} = -jB_L = \frac{1}{j\omega \cdot L} = -j\frac{1}{\omega \cdot L}$	$Z = \omega \cdot L$ $Y = \frac{1}{\omega \cdot L}$	φ_Z = +90° φ_Y = −90°
U, C, I $\underline{Z} = -jX_C = \frac{1}{j\omega \cdot C} = -j\frac{1}{\omega \cdot C}$ $\underline{Y} = jB_C = j\omega \cdot C$	$Z = \frac{1}{\omega \cdot C}$ $Y = \omega \cdot C$	φ_Z = −90° φ_Y = +90°

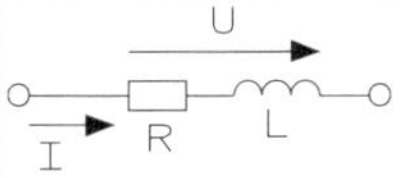 $\underline{Z} = R + j\omega \cdot L$ $\underline{Y} = \frac{1}{R^2 + (\omega \cdot L)^2} = +j\frac{\omega \cdot L}{R^2 + (\omega \cdot L)^2}$	$Z = \sqrt{R^2 + (j\omega \cdot L)^2}$ $Y = \sqrt{\frac{R + (\omega \cdot L)^2}{[R^2 + (\omega \cdot L)^2]^2}}$	$\phi_Z = +\arctan\frac{\omega \cdot L}{R}$ $\phi_Y = -\arctan\frac{\omega \cdot L}{R}$
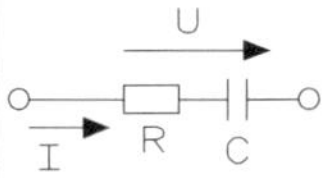 $\underline{Z} = R - j\frac{1}{\omega \cdot C}$ $\underline{Y} = \frac{R(\omega \cdot C)^2}{(\omega \cdot C \cdot R)^2 + 1} = +j\frac{\omega \cdot C}{(\omega \cdot C \cdot R)^2 + 1}$	$Z = \sqrt{R^2 + \left(\frac{1}{\omega \cdot C}\right)^2}$ $Y = \sqrt{\frac{[R(\omega \cdot C)^2]^2 + (\omega \cdot C)^2}{[(\omega \cdot C \cdot R)^2 + 1]^2}}$	$\phi_Z = -\arctan\frac{1}{\omega \cdot C \cdot R}$ $\phi_Y = +\arctan\frac{1}{\omega \cdot C \cdot R}$
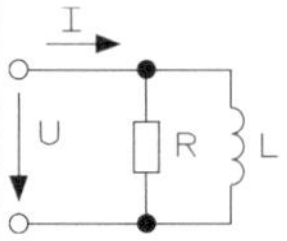 $\underline{Z} = \frac{R(\omega \cdot L)^2}{R^2 + (\omega \cdot L)^2} + j\frac{R^2 \cdot \omega \cdot L}{(R^2 + \omega \cdot L)^2}$ $\underline{Y} = \frac{1}{R} - j\frac{1}{\omega \cdot L}$	$Z = \sqrt{\frac{[R(\omega \cdot L)^2]^2 + (R^2 \cdot \omega \cdot L)^2}{[R^2 + (\omega \cdot L)^2]^2}}$ $Y = \sqrt{\left(\frac{1}{R}\right)^2 + \left(\frac{1}{\omega \cdot L}\right)^2}$	$\phi_Z = +\arctan\frac{R}{\omega \cdot L}$ $\phi_Y = -\arctan\frac{R}{\omega \cdot L}$
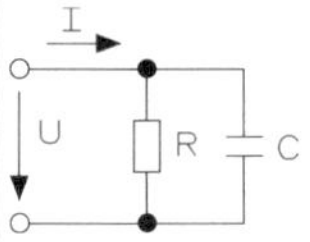 $\underline{Z} = \frac{R}{1 + (\omega \cdot C \cdot R)^2} - j\frac{\omega \cdot C \cdot R^2}{(1 + \omega \cdot C \cdot R)^2}$ $\underline{Y} = \frac{1}{R} + j\omega \cdot C$	$Z = \sqrt{\frac{R^2 + (\omega \cdot C \cdot R^2)^2}{[1 + (\omega \cdot C \cdot R)^2]^2}}$ $Y = \sqrt{\left(\frac{1}{R}\right)^2 + (\omega \cdot C)^2}$	$\phi_Z = -\arctan\omega \cdot C \cdot R$ $\phi_Y = +\arctan\omega \cdot C \cdot R$

Der komplexe Widerstand $\underline{Z}$ (Impedanz) ist eine komplexe Größe, die gleich dem Quotienten aus der komplexen Spannung $\underline{U}$ und dem komplexen Strom $\underline{I}$ also $\underline{Z} = \underline{U}/\underline{I}$ ist. Der Winkel φ des komplexen Widerstands errechnet sich aus dem Arkustangens von:

$$\tan\phi = \frac{\mathrm{Im}\,\underline{Z}}{\mathrm{Re}\,\underline{Z}}$$

Der Scheinwiderstand Z ist der Betrag des komplexen Widerstands mit $Z = |\underline{Z}|$. Der Wirkwiderstand R ist der Realteil des komplexen Widerstands mit $R = \mathrm{Re}\,\underline{Z}$. Im Wirkwiderstand sind Spannung und Strom in jedem Augenblick in Phase, d. h., die Phasenverschiebung beträgt $\varphi = 0°$. Die zugeführte elektrische Leistung des Wechselstroms wird ebenso in Wärme umgewandelt wie beim Gleichstrom. Der Blindwiderstand X (Reaktanz) ist der Imaginärteil des komplexen Widerstands mit $X = \mathrm{Im}\,\underline{Z}$. Für den induktiven Blindwiderstand X_L (Induktanz) gilt $X_L = \omega L$, und die Spannung eilt dem Strom um 90° voraus. Für den kapazitiven Blindwiderstand X_C (Kondensanz) gilt: $X_C = -1/(\omega C)$, und die Spannung eilt dem Strom um 90° nach.

Beispiel: Ein Reihenschwingkreis besteht aus einem Wirkwiderstand R = 3 kΩ, einem Kondensator mit X_C = - j6 kΩ und einer Spule mit X_L = j10 kΩ. Dieser Reihenschwingkreis liegt an einer sinusförmigen Wechselspannung. Welchen Wert haben der Scheinwiderstand $\underline{Z}$, der Betrag Z und das Argument φ?

$$\begin{aligned}\underline{Z} &= R + X_C + X_L \\ &= 3\text{ k}\Omega + (-j6\text{ k}\Omega) + j10\text{ k}\Omega \\ &= 3\text{ k}\Omega + -j4\text{ k}\Omega \\ &= R + jX\end{aligned}$$

$$\phi = \arctan\frac{X}{R} = \arctan\frac{4k\Omega}{3k\Omega} = 53{,}13°$$

$$\begin{aligned}Z &= \sqrt{R^2 + X^2} \\ &= \sqrt{(3k\Omega)^2 + (4k\Omega)^2} \\ &= 5k\Omega\end{aligned}$$

Bei einer Parallelschaltung ist es zweckmäßiger, mit den Leitwerten zu rechnen. Der komplexe Leitwert Y ist eine komplexe Größe, die gleich dem Quotienten aus dem komplexen Strom $\underline{I}$ und der komplexen Spannung $\underline{U}$ ist, also $\underline{Y} = \underline{I}/\underline{U} = 1/\underline{Z}$. Der Scheinleitwert Y ist der Betrag des komplexen Leitwerts, und es gilt: $Y = |\underline{Y}|$.

Der Wirkleitwert G (Konduktanz) ist der Realteil des komplexen Leitwerts mit $G = \mathrm{Re}\,\underline{Y}$ oder $G = 1/R$. Der Blindleitwert B ist der Imaginärteil des komplexen Leitwerts mit $B = \mathrm{Im}\,\underline{Y}$. Für den induktiven Blindleitwert B_L (Suszeptanz) gilt $B_L = \mathrm{Im}\,Y_L$. Für den kapazitiven Blindleitwert B_C (Kapazitanz) gilt $B_C = 1/X_C$.

Beispiel: Ein Parallelschwingkreis besteht aus einem Wirkleitwert mit G = 4 mS, einem Kondensator mit B_C = j 8 mS und einer Spule mit B_L = –j 5 mS. Wie groß ist der Betrag des Scheinleitwerts?

$$
\begin{aligned}
Y &= G + B_C + B_L \\
&= 4\ mS + j\ 8\ mS + (-j\ 5\ mS) \\
&= 4\ mS + j\ 3mS \\
&= G + jB
\end{aligned}
$$

$$
\begin{aligned}
Y &= \sqrt{G^2 + B^2} \\
&= \sqrt{(4mS)^2 + (3mS)^2} \\
&= 5mS
\end{aligned}
$$

Beim Spannungsteiler mit komplexen Widerständen verhalten sich die Spannungen wie die zugehörigen Widerstände. Der Betrag des Widerstandsverhältnisses ist gleich dem Betrag des Verhältnisses der Spannungen. Das Argument des Widerstandsverhältnisses ist der Phasenverschiebungswinkel zwischen den beiden Spannungen.

Beispiel: Ein RC-Hochpass liegt an einer sinusförmigen Wechselspannung von U_e = 10 V, einer Frequenz von f = 10 kHz und besteht aus einem Widerstand R = 1 kΩ und einem Kondensator C = 22 nF. Wie groß sind das komplexe Verhältnis U_1/U_2 im Real- und Imaginärteil, der Phasenverschiebungswinkel und der Betrag der Ausgangsspannung?

$$
\phi = \arctan\frac{b}{a} = \arctan\left(\frac{-0{,}7234}{1}\right) = -35{,}88^\circ
$$

$$
\frac{\underline{U}_1}{\underline{U}_2} = \frac{-j\cdot\frac{1}{\omega\cdot C} + R}{R} = 1 - j\cdot\frac{1}{\omega\cdot R\cdot C}
$$

$$
= 1 - j\frac{1}{2\cdot 3{,}14\cdot 10kHz\cdot 1k\Omega\cdot 22nF} = 1 - j0{,}7234
$$

$$
\frac{U_1}{U_2} = \sqrt{a^2 + b^2} = \sqrt{1 + (-j0{,}7234)^2} = 1{,}234
$$

$$
\frac{U_1}{U_2} = \frac{1}{1{,}234} = 0{,}81
$$

Die Ausgangsspannung U_e des RC-Hochpassfilters hat U_2 = 8,1 V. Es tritt eine Phasenverschiebung von φ = −35,88° auf, d. h., die Spannung eilt dem Strom nach.

2.4 • Ortskurven

Eine Ortskurve in der Gaußschen Zahlenebene ist der geometrische Ort der Endpunkte eines Impedanz- oder Admittanzzeigers, wenn sich die Frequenz stetig ändert. Wird der Wert eines einzelnen Schaltelements geändert, ergibt sich eine ähnliche Kurve, bzw. eine Kurvenschar.

2.4.1 • Ortskurven mit Widerstand, Kondensator und Spule

Konstruiert man in der Wechselstromtheorie die Widerstands- und Leitwertdiagramme, geschieht das immer für eine bestimmte Frequenz und damit für einen kontinuierlichen Widerstandswert. Abb. 2.31 zeigt die Ortskurven einfacher Grundschaltungen mit Widerstand, Kondensator und Spule.

Schaltung	Ortskurve der Widerstände	Ortskurve der Leitwerte
R C	R, Re, −j, Z, 1/(ωC) steigt, Im	Im, +j, Y, Re, 1/R
R C	−jX_C, Z, R steigt	+jB_C, Y
R L	+j, Z, 1/(ωL) steigt, R	1/R, −j, Y
R L	R steigt, +jX_L, Z	−jB_L, Y
R, C	R, −j, Z	+j, Y, 1/(ωC) steigt, 1/R
R, L	+j, Z, R	1/R, −j, Y, 1/(ωL) steigt
f = 0 … ∞; R L C	X_L > X_C, +j, Z, f, −j, R, f_0, X_C > X_L	X_C > X_L, f, +j, 0, 1/R, f_0, ∞, −j, Y, X_L > X_C
f = 0 … ∞; R, L, C	X_L > X_C, f, +j, 0, R, f_0, ∞, −j, Z, X_C > X_L	+j, Y, f, f_0, −j, 1/R

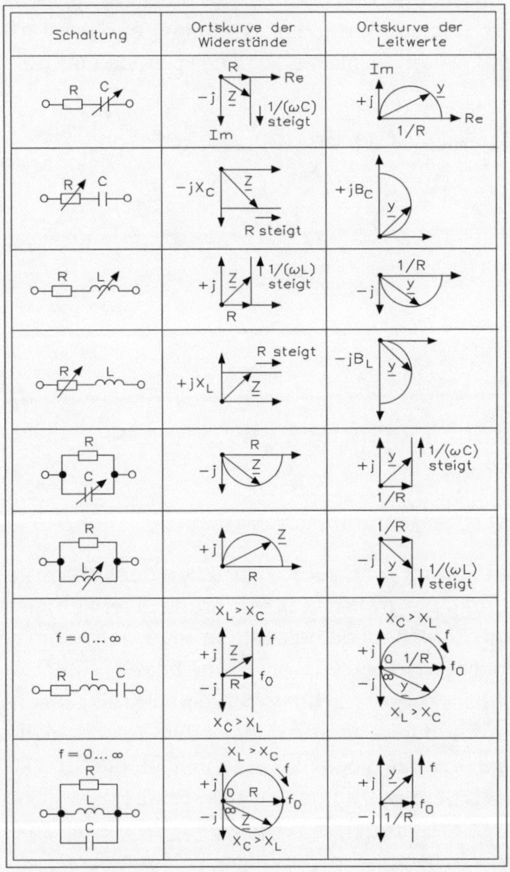

Abb. 2.31 • Ortskurven einfacher Grundschaltungen mit Widerstand, Kondensator und Spule.

Beispiel: Ein einstellbarer Widerstand R = 500 Ω … 5 kΩ ist mit einer Spule L = 0,5 H in Reihe geschaltet. Gesucht ist die Ortskurve des Scheinwiderstands Z und des Leitwerts Y für eine konstante Frequenz f = 1 kHz in Abhängigkeit vom Widerstand R.

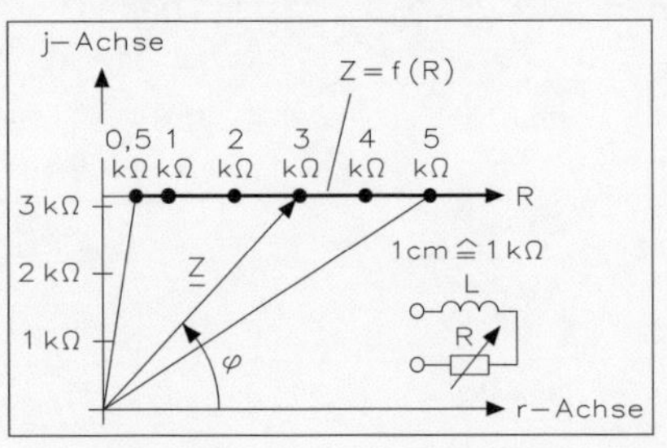

Abb. 2.32 • Konstruktion der Ortskurve-Geraden für den Scheinwiderstand Z = f(R) einer Reihenschaltung aus einstellbarem Widerstand und Spule.

Die Ortskurve lässt sich einfach konstruieren, wie Abb. 2.32 zeigt. Da Z = R + jωL ist, werden an den Blindwiderständen

$$j\,\omega\,L = j\,2 \cdot 3{,}14 \cdot 1000\ \text{Hz} \cdot 0{,}5\ \text{H} = j\,3140\ \Omega$$

in horizontaler Richtung die Grenzwerte des einstellbaren, reellen Widerstands R und einige Zwischenwerte aufgetragen. Der Zeiger vom Nullpunkt an diese Punkte stellt den jeweiligen Scheinwiderstand Z dar. Bei einer Veränderung von R wandert der Zeiger auf der stark ausgezogenen waagrechten Linie entsprechend weiter. Folglich stellt diese Gerade die Ortskurve des Scheinwiderstands Z dar.

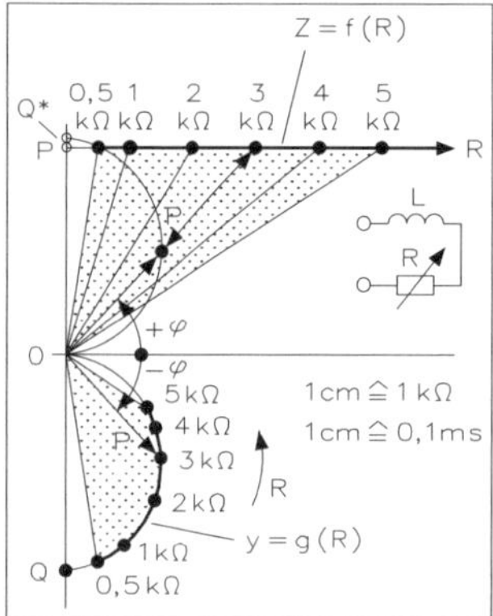

Abb. 2.33 • Konstruktion der Ortskurve des Leitwerts Y= g(R).

Durch die Inversion komplexer Wechselgrößen kommt man zur Konstruktion der Ortskurve von Abb. 2.33. Unter einer Inversion versteht man die grafische Überführung einer komplexen Größe in ihren Kehrwert. In der komplexen Zahlenebene besteht die Inversion in einer Spiegelung an der reellen Achse und nochmaliger Spiegelung am Einheitskreis (Inversionskreis). Beide Spiegelungen sind austauschbar. Zuerst zeichnet man einen Kreis (Inversionskreis) vom Radius r und zieht dann vom Endpunkt des zu spiegelnden Zeigers Z die Tangenten an den Kreis. Die Verbindungslinie der Berührungspunkte schneiden die Strecke in einem Punkt, und daher ist die Strecke gleich dem Betrag des invertierten Zeigers |Y*|. Der erhaltene Zeiger |Y*| ist nochmals an der reellen Achse zu spiegeln, da dieser zum gesuchten Zeiger $\underline{Y} = 1/\underline{Z}$ konjugiert komplex ist. Hierzu wird der Zeiger |Y*| mit derselben Länge, jedoch unter dem Winkel −φ an der reellen Achse angetragen.

Führt man die Inversion einer Ortskurve punktweise durch, ergibt sich der Kreisbogen in Abb. 2.33. Die einzelnen Werte müssen errechnet werden, wobei sich der Widerstand R ändert, der induktive Blindwiderstand aber konstant den Wert von X_L = 3,14 kΩ behält:

R =	0 Ω	Z = 3,14 kΩ	Y = 0,318 mS
R =	500 Ω	Z = 3,18 kΩ	Y = 0,315 mS
R =	1 kΩ	Z = 3,29 kΩ	Y = 0,303 mS
R =	2 kΩ	Z = 3,72 kΩ	Y = 0,268 mS
R =	3 kΩ	Z = 4,34 kΩ	Y = 0,230 mS
R =	4 kΩ	Z = 5,09 kΩ	Y = 0,197 mS
R =	5 kΩ	Z = 5,90 kΩ	Y = 0,169 mS

Eine Untersuchung des Inversionsproblems zeigt, dass bei der Inversion einer Ortskurven-Geraden, die parallel zu einer der beiden Koordinatenachsen verläuft, ein Ortskurven-Kreis entsteht. Der Kreis geht stets durch den Nullpunkt, und der Mittelpunkt befindet sich auf der Koordinatenachse, die senkrecht zur Ortskurven-Geraden verläuft.

In Abb. 2.33 stellt der Punkt P ein besonderes Merkmal dar, denn dieser hat von allen Punkten der Ortskurve den kürzesten Abstand zum Nullpunkt. Der Punkt P muss dabei nicht unbedingt zum Einstellbereich der veränderlichen Größe gehören.

2.5 • Smith-Diagramm

Ein Smith-Kreisdiagramm oder Smith-Diagramm besteht aus Kreisen und Kreisbögen. Zu den Kreisbögen gehört ebenfalls eine gerade Durchmesserlinie, welche als „Kreisbogen" mit einem unendlichen Radius angesehen werden muss. Abb. 2.34 zeigt den Aufbau des Smith-Diagramms. Einen Überblick über die einzelnen Kreise und Kreisbögen zeigt Abb. 2.35.

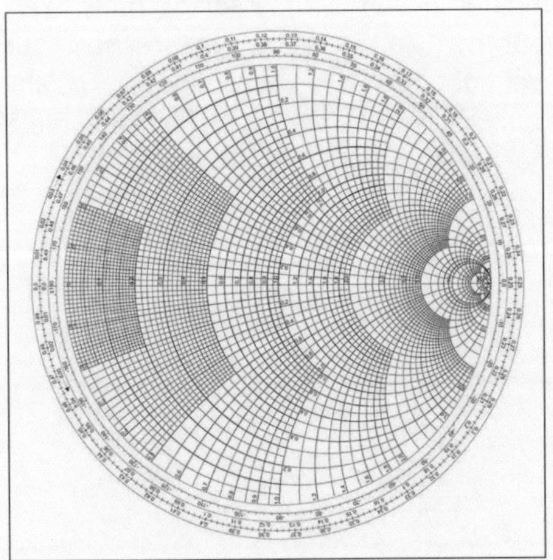

Abb. 2.34 • Aufbau des Smith-Diagramms.

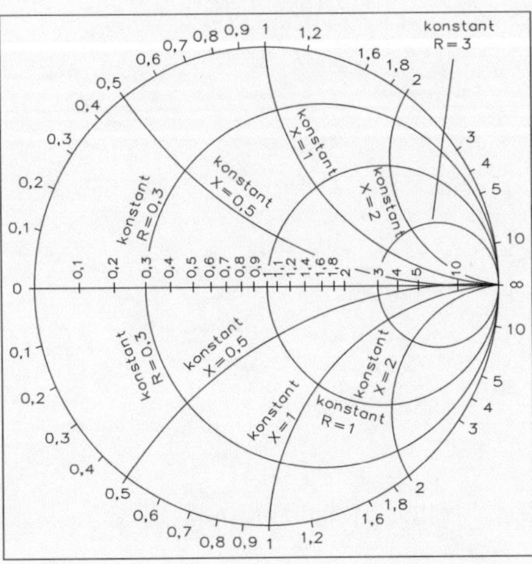

Abb. 2.35 • Skalierung des Smith-Diagramms.
Innere Kreise 0,3 - 1 - 3 für rein ohmsche Widerstandswerte: Skalierung auf der Geraden.
Äußere Kreise 0,5 - 1 - 2 für Blindwiderstände X_L oder X_C: Skalierung am äußeren Kreis.
Normierung für alle Skalen: a = 1.

Diese Kreisbögen weisen folgende Bedeutung auf: Die Kreise, deren Mittelpunkte auf der waagerechten Durchmesserlinie zu finden sind, sind Ortskurven von komplexen Größen mit jeweils konstantem Realteil. Der normierte Wert dieses Realteils ist an dem Schnittpunkt der Kreise mit der waagerechten Durchmesserlinie abzulesen. Dieser Zahlenwert gilt also entlang der gesamten Kreislinie.

Die Kreisbögen, welche sich einerseits im Punkt unendlich (□, rechts von der waagerechten Durchmesserlinie) treffen, und andererseits auf dem äußersten, dem Diagramm begrenzenden Kreis enden, sind Ortskurven von komplexen Größen mit jeweils konstantem Imaginärteil. Der normierte Wert des Imaginärteils ist auf dem Umfang des Diagramms durch den begrenzenden Kreis dort gezeichnet, wo der betreffende Kreisbogen endet und den äußeren Kreis trifft.

2.5.1 • Funktionen des Smith-Kreisdiagramms

Der äußere Begrenzungskreis des Kreisdiagramms und der waagerechte Durchmesser dieses Begrenzungskreises sind die beiden ausgezeichneten Linien des Kreisdiagramms, welche den Achsen des Koordinatenkreuzes der Gaußschen Zahlenebene entsprechen. Auf dem äußeren Begrenzungskreis des Diagramms befinden sich alle rein imaginären Zahlenwerte, wozu auch der reelle Wert Null gehört. Auf der waagerechten Durchmesserlinie befinden sich alle rein reellen Werte, dazu gehört auch der imaginäre Wert Null.

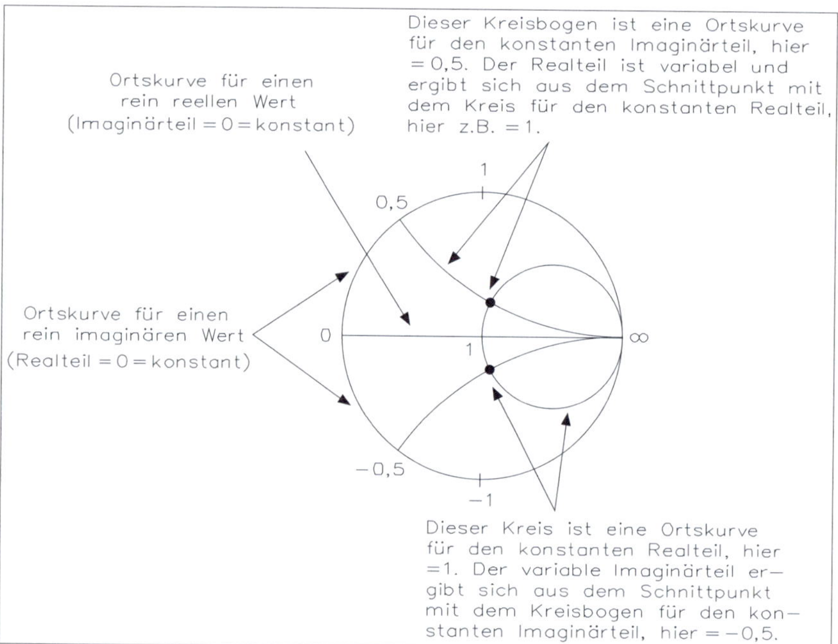

Abb. 2.36 • Funktionen des Smith-Kreisdiagramms.

Diese Kreisbögen weisen nach Abb. 2.36 eine weiterführende Skalierung auf.

Abb. 2.37 zeigt einen Vergleich des Smith-Kreisdiagramms mit dem Koordinatenkreuz der Gaußschen Zahlenebene. Die imaginäre Achse +jX bzw. —jX schließt sich zu einem Kreis. Die Linien des konstanten Realteils werden in Abb. 2.38 zu Kreisen des konstanten Realteils. Die Linien des konstanten Imaginärteils werden in Abb. 2.39 zu Kreisen des konstanten Imaginärteils.

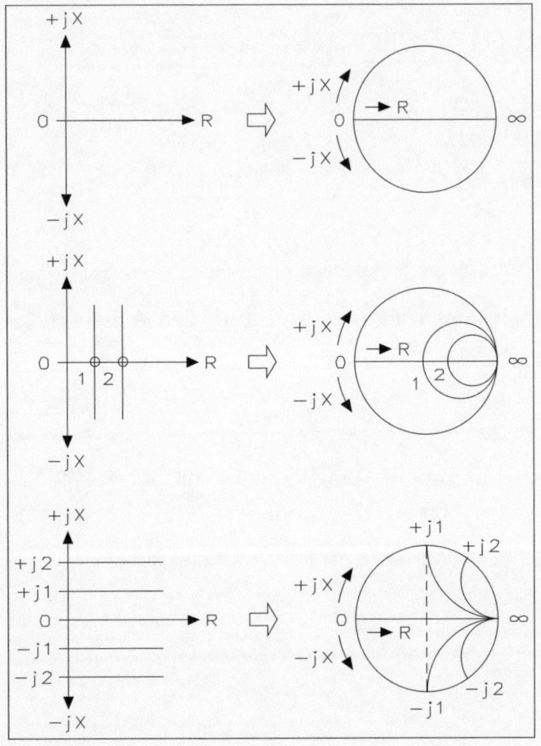

Abb. 2.37 • Vergleich der Smith-Chart mit dem Koordinatenkreuz der Gaußschen Zahlenebene.

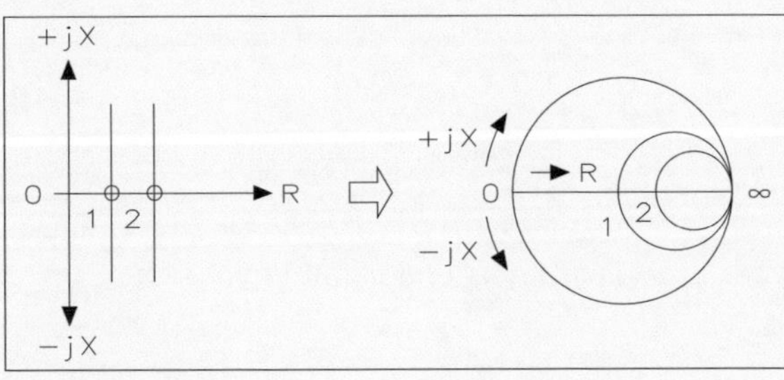

Abb. 2.38 • Die Linien des konstanten Realanteils werden zu Kreisen des konstanten Realteils.

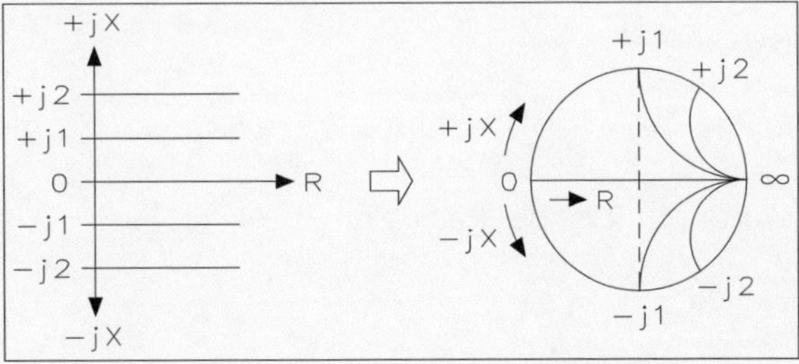

Abb. 2.39 • Die Linien des konstanten Imaginärteils werden zu Kreisen des konstanten Imaginärteils.

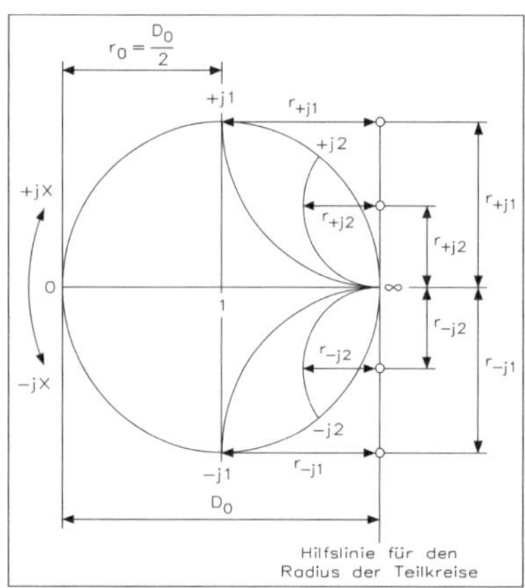

Abb. 2.40 • Smith-Kreisdiagramm kann konstruiert werden.

Das Smith-Kreisdiagramm lässt sich einfach konstruieren, wenn man den Außendurchmesser D_0 eines Kreises berücksichtigt, wie Abb. 2.40 zeigt. Es gilt:

$$r_{-j1} = r_0 = \frac{D_0}{2} \qquad r_{+j1} = r_0 = \frac{D_0}{2} \qquad r_{+j2} = \frac{r_0}{2} = \frac{D_0}{4} \qquad r_{-j2} = \frac{r_0}{2} = \frac{D_0}{4}$$

Die Konstruktion der Kreisbögen für passive und aktive Bauelemente mit den Realteilen zeigt Abb. 2.41.

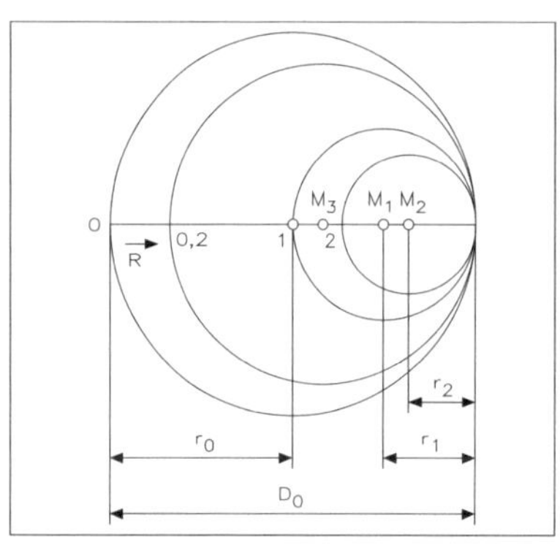

Abb. 2.41 • Konstruktion der Kreisbögen für konstante Realteile.

Der Wert D_0 ist der Außendurchmesser des Kreisdiagramms und damit ergibt sich

$$r_0 = \frac{D_0}{2}$$

Die Mittelpunkte der Kreise errechnen sich aus

M_1: $= \frac{r_0}{2} = \frac{D_0}{4}$ für R = 1 $\qquad$ M_2: $r_2 = \frac{r_0}{3} = \frac{D_0}{6}$ für R = 2 usw.

Für beliebige Kreisbögen gewünschter Werte von R ist der Radius r_a:

$$r_a = \frac{r_0}{a+1}$$ und das gilt für jede reelle Zahl.

Beispiel: R = 0,2 Ω und dann ist

$$r_{0,2} = \frac{r_0}{0,2+1}$$

Mit r_0 = 4 ist für M_3: r_3 = 3,33

2.5.2 • Maßstab und Normierung im Smith-Kreisdiagramm

Das Smith-Kreisdiagramm ist weder ein Widerstand- noch ein Leitwert-Diagramm, sondern ebenso wie die Gaußsche Zahlenebene ein Diagramm, welches sich auf reine Zahlenwerte bezieht. Der Bereich, der in der Praxis vorkommenden Zahlen ist in der Regel so groß, dass diese nicht für das Diagramm geeignet sind, wenn man in einem Bereich mit ausreichender Genauigkeit zeichnen, rechnen und arbeiten muss. Aus diesem Grunde werden die vorliegenden Wirk- oder Blindkomponenten durch eine passende Größe dividiert, so dass man eine Zahl erhält, die in den Diagrammbereich mit guter Ablesegenauigkeit passt. Nach Lösung der Aufgabe kann das Diagramm mit der gleichen Größe zurückgerechnet werden und man erhält die richtigen Werte.

Man kann für Wirk- und Blindkomponenten unterschiedliche Größen zur Normierung und die entsprechenden zur Rücknormierung benutzen. Der Einfachheit halber wählt man aber in der Regel die gleiche Normierungsgröße für die Wirk- und Blindkomponente.

In einem Smith-Kreisdiagramm lassen sich sowohl die Scheinwiderstände als auch die Scheinleitwerte eintragen. Bei den Reihenschaltungen werden die Scheinwiderstände addiert, bei der Parallelschaltung die Scheinleitwerte addiert. Abb. 2.42 zeigt ein Smith-Kreisdiagramm für ein Scheinwiderstandsnetz.

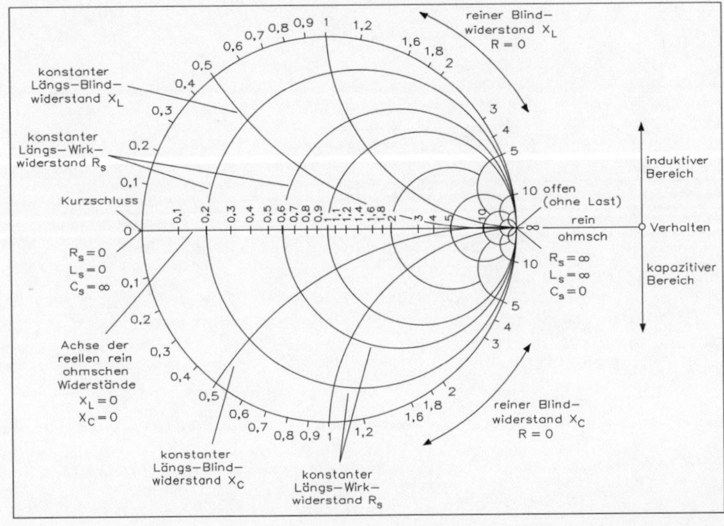

Abb. 2.42 • Smith-Kreisdiagramm für ein Scheinwiderstandsnetz.

Auf eine Besonderheit bei der Berechnung von und mit Leitwerten muss näher eingegangen werden. Es ist zu beachten, dass die Leitwerte aus den positiven Blindwiderständen

+jX bei der Umrechnung in Leitwerte mit negativen Vorzeichen, also –jB angegeben werden. Analog dazu die negativen Blindwiderstände –jX, welche einen positiven Leitwert +jB aufweisen. Dies hat eine mathematische Ursache:

+jX: Der Leitwert ist $\frac{1}{+jX}=\frac{1}{+jX}\cdot\frac{j}{j}=-j\frac{1}{X}=-jB$

–jX: Der Leitwert ist $\frac{1}{-jX}=\frac{1}{-jX}\cdot\frac{j}{j}=+j\frac{1}{X}=+jB$

Die Einheit für den Leitwert ist $\frac{1}{1\Omega}=1S$

Zahlenbeispiel: Gegeben ist ein induktiver Blindwiderstand von X_L = +j30 Ω.

$$B_L=\frac{1}{X_L}=\frac{1}{+j30\Omega}=\frac{j}{j}\cdot\frac{1}{j30\Omega}=+j\frac{1}{30\Omega}=-j0{,}033S$$

oder ein kapazitiver Blindwiderstand von X_C = -j2 Ω.

$$B_C=\frac{1}{X_C}=\frac{1}{-j2\Omega}=\frac{j}{j}\cdot\frac{1}{-j2\Omega}+j\frac{1}{2\Omega}=-j0{,}5S$$

Abb. 2.43 zeigt ein Smith-Kreisdiagramm für ein Scheinleitwertnetz.

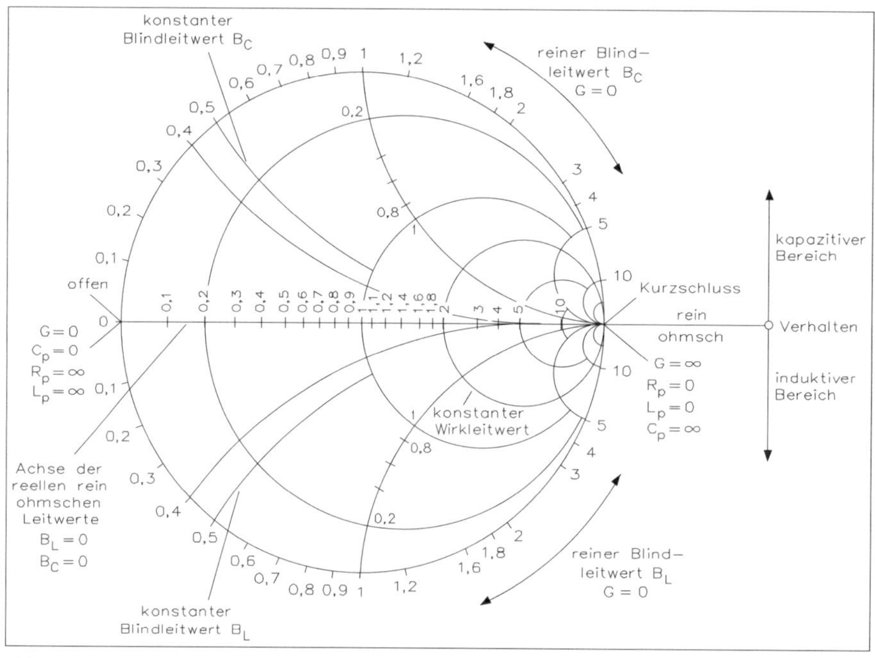

Abb. 2.43 • Smith-Kreisdiagramm für ein Scheinleitwertnetz.

2.5.3 • Verhalten von Bauelementen in der Wechselstromtechnik

Abb. 2.44 zeigt das Verhalten von Bauelementen in der Wechselstromtechnik, das Schaltzeichen, Vektorenbild und deren Berechnung.

Bezeichnung	Schaltzeichen	Vektorbild	Formelzeichen	Formel	Bemerkungen
induktiver Blindwiderstand		X_L	X_L	$X_L = j\cdot\omega\cdot L$	
induktiver Blindleitwert		B_L	B_L	$B_L = \frac{1}{X_L}$	
kapazitiver Blindwiderstand		X_C	X_C	$X_C = \frac{1}{j\cdot\omega\cdot C}$	
kapazitiver Blindleitwert		B_C	B_C	$B_C = j\cdot\omega\cdot C$	
ohmscher Widerstand, Wirkwiderstand		R	R		
Wirkleitwert		G	G	$G = \frac{1}{R}$	
komplexer Scheinwiderstand		R, φ, Z, X_C	Z	$Z = R + \frac{1}{j\cdot\omega\cdot C}$	$\lvert Z\rvert = \sqrt{R^2 + \left(\frac{1}{\omega\cdot C}\right)^2}$ [Hz, Ω, F] $\varphi = \arctan\left(-\frac{1}{R\cdot\omega\cdot C}\right)$
komplexer Scheinwiderstand		Z, φ, X_L, R	Z	$Z = R + j\cdot\omega\cdot L$	$\lvert Z\rvert = \sqrt{R^2 + (\omega\cdot L)^2}$ $\varphi = \arctan\frac{\omega\cdot L}{R}$ [Ω, Hz, H]
komplexer Scheinwiderstand		$Y = \frac{1}{Z}$, φ, B_C, G	Z	$Y = \frac{1}{Z} = G + j\cdot\omega\cdot C$ $Z = \frac{1}{G + j\cdot\omega\cdot C}$	$\lvert Z\rvert = \frac{1}{\sqrt{\left(\frac{1}{R}\right)^2 + (\omega\cdot C)^2}}$ $\varphi = \arctan(-R\cdot\omega\cdot C)$ [Hz, Ω, F]
komplexer Scheinwiderstand		G, B_L, $Y = \frac{1}{Z}$	Z	$Y = \frac{1}{Z} = G + \frac{1}{j\cdot\omega\cdot L}$ $Z = \frac{1}{G + \frac{1}{j\cdot\omega\cdot L}}$	$\lvert Z\rvert = \frac{1}{\sqrt{\left(\frac{1}{R}\right)^2 + (\omega\cdot L)^2}}$ $\tan\varphi = \frac{R}{\omega\cdot L}$ $\varphi = \arctan\left(\frac{R}{\omega\cdot L}\right)$ [Hz, Ω, H]
komplexer Scheinwiderstand			Y	$Y = \frac{1}{Z}$	
komplexer Scheinwiderstand		B_L, $Y = \frac{1}{Z}$, G, B_C Leitwerte addieren	Z	$Y = \frac{1}{Z} = G + \frac{1}{j\cdot\omega\cdot L} + j\cdot\omega\cdot C$ $Z = \frac{1}{G + \frac{1}{j\cdot\omega\cdot L} + j\cdot\omega\cdot C}$	$\lvert Z\rvert = \frac{1}{\sqrt{\left(\frac{1}{R}\right)^2 + (\omega\cdot L - \omega\cdot C)^2}}$ $\tan\varphi = R\cdot\left(\frac{1}{\omega\cdot L} - \omega\cdot C\right)$

Abb. 2.44 • Bauelemente in der Wechselstromtechnik.

Abb. 2.45 zeigt die Umrechnung von der äquivalenten Reihen- oder Parallelschaltung.

Umrechnung in die äquivalente Reihen– oder Parallelschaltung			
Schaltzeichen		Formel	Bemerkungen
R_S, X_S Reihe	R_P, X_P Parallel	$\lvert X_S\rvert = \frac{\lvert Z\rvert^2}{X_P}$ $\lvert X_P\rvert = \frac{\lvert Z\rvert^2}{X_S}$ $\lvert R_S\rvert = \frac{\lvert Z\rvert^2}{R_P}$ $\lvert R_P\rvert = \frac{\lvert Z\rvert^2}{R_S}$	IZI ist der Betrag des komplexen Scheinwiderstands der Reihen– bzw. Parallelschaltung. Wird für die Umrechnung graphisch im Smith–Diagramm verwendet.
X_S, R_S Reihe	X_P, R_P Parallel		

Abb. 2.45 • Umrechnung von der äquivalenten Reihen- oder Parallelschaltung.

Abb. 2.46 zeigt das Verhalten bei der Variation der Frequenz.

Schaltung	Vektorbild	Berechnung
	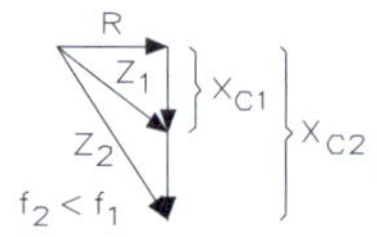 R, Z_1, Z_2, X_{C1}, X_{C2}, $f_2 < f_1$	$X_{C1} = \frac{1}{j \cdot \omega \cdot C}$ mit f_1: $X_{C1} = \frac{1}{j \cdot 2 \cdot \pi \cdot f_1 \cdot C}$ $X_{C2} = \frac{1}{j \cdot \omega \cdot C}$ mit f_2: $X_{C2} = \frac{1}{j \cdot 2 \cdot \pi \cdot f_2 \cdot C}$ $f_2 < f_1$ [Hz, F, Ω]
	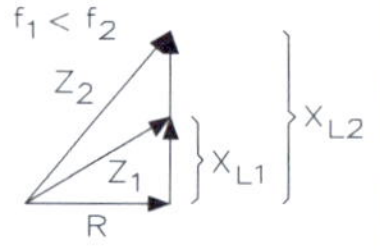 $f_1 < f_2$, Z_2, Z_1, X_{L1}, X_{L2}, R	$X_{L1} = j \cdot \omega \cdot L$ mit f_1: $X_{L1} = j \cdot 2 \cdot \pi \cdot f_1 \cdot L$ $X_{L2} = j \cdot \omega \cdot L$ mit f_2: $X_{L2} = j \cdot 2 \cdot \pi \cdot f_2 \cdot L$ $f_1 < f_2$ [Hz, H, Ω]
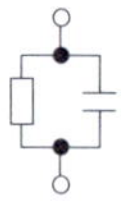	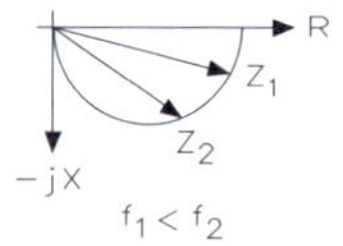 R, Z_1, Z_2, $-jX$, $f_1 < f_2$	$\lvert Z_1 \rvert = \frac{1}{\sqrt{\left(\frac{1}{R}\right)^2 + \left(2 \cdot \pi \cdot f_1 \cdot C\right)^2}}$ $f_1 < f_2$ [Hz, F, Ω] $\lvert Z_2 \rvert = \frac{1}{\sqrt{\left(\frac{1}{R}\right)^2 + \left(2 \cdot \pi \cdot f_2 \cdot C\right)^2}}$
	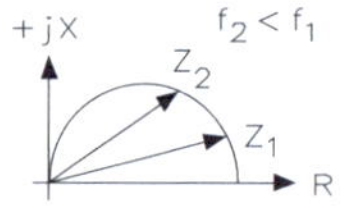 $+jX$, $f_2 < f_1$, Z_2, Z_1, R	$\lvert Z_1 \rvert = \frac{1}{\sqrt{\left(\frac{1}{R}\right)^2 + \left(\frac{1}{2 \cdot \pi \cdot f_1 \cdot L}\right)^2}}$ [H, Hz, Ω] $f_2 < f_1$ $\lvert Z_2 \rvert = \frac{1}{\sqrt{\left(\frac{1}{R}\right)^2 + \left(\frac{1}{2 \cdot \pi \cdot f_2 \cdot L}\right)^2}}$

Abb. 2.46 • Verhalten bei der Variation der Frequenz.

2.5.4 • Grafische Methode für die Umwandlung von Parallel- in Reihenwiderstände und umgekehrt

Heutzutage ist es nur noch schwer vorstellbar, wie man früher komplexere Berechnungen ohne Unterstützung durch Computer gemeistert hat. Dieser vermeintliche Nachteil alles per Hand oder höchstens mit Hilfe eines Taschenrechners ausrechnen zu müssen, hat auch eine nützliche Seite. Es wurden graphische Verfahren entwickelt, die die Berechnungen deutlich vereinfachen konnten und die einem zusätzlich eine Vorstellung vermitteln konnten, wie sich Ergebnisse bei Änderung der Eingangsgrößen verändern werden. Genau dieser letzte Punkt ist es, warum man diese graphischen Verfahren auch zu Zeiten der Unterstützung durch Rechner kennen sollte. Ein solches Verfahren ist die Anwendung des Smith-Diagramms.

In der Elektrotechnik sind komplexe Zahlen das Hilfsmittel schlechthin mit dem sich Vorgänge in Netzwerken beschreiben und berechnen lassen. Deshalb soll hier kurz nochmal auf die verschiedenen Darstellungsmöglichkeiten solcher Zahlen eingegangen werden.

Komplexe Zahlen bestehen aus zwei voneinander unabhängigen Komponenten – dem Realteil und dem Imaginärteil. Will man eine komplexe Zahl graphisch darstellen, so geht das in einer Ebene, die durch zwei Achsen gekennzeichnet wird – der realen und der imaginären Achse. In dem Beispiel wird die Zahl 4 + j3 dargestellt. Verbindet man den Koordinatenursprung mit dem Punkt 4 + j3, erhält man eine Linie der Länge 5 (dem sogenannten Betrag und einem Winkel von arctan(3/4) = 36,9°). Wie man hier erkennen kann, lässt sich eine komplexe Zahl durch einen Punkt in der komplexen Ebene darstellen und entweder durch Real- und Imaginärteil beschreiben oder durch Betrag und Phase. Das wird in Netzwerken, die aus Widerständen, Induktivitäten und Kapazitäten bestehen, benötigt.

Die Mathematiker verwenden für die Darstellung komplexer Zahlen zum einen die kartesische Darstellung a + jb zum anderen die polare Darstellung die häufig in der etwas gewöhnungsbedürftigen Form $r \cdot e^{j\varphi}$ geschrieben wird. In unserem Beispiel wäre das also $5 \cdot e^{j36,9°}$.

Eigentlich sind alle Rechenregeln exakt die gleichen, die wir von unseren „normalen" Zahlen, den reellen Zahlen kennen. Nur beim Umgang mit dem „j" gibt es eine Besonderheit: $j \cdot j = -1$; und daraus folgt der direkte Zusammenhang $1/j = -j$.

Wenn man versucht etwas graphisch zu lösen, dann ist ein Maßstab erforderlich. Man startet zuerst mit der Rechnung. Die Impedanz einer Spule mit induktiven Blindwiderstand berechnet sich aus:

$$X_L = j \cdot \omega \cdot L = j \cdot 2 \cdot \pi \cdot f \cdot L$$

Bei den Kondensatoren berechnet sich der kapazitiven Blindwiderstand aus:

$$X_C = \frac{1}{j \cdot \omega \cdot C} = \frac{1}{j \cdot 2 \cdot \pi \cdot f \cdot C}$$

Um die Blindwiderstände auszurechnen, benötigt man neben dem Wert für die Induktivität oder die Kapazität auch die Frequenz. Was man hier auch sieht, ist, dass vor der Impedanz von Kondensatoren ein Minuszeichen steht. Setzt man in die Formeln die Werte ein, kommt beispielsweise etwas wie j · 10 kΩ heraus. Wenn man so einen Wert in einer Graphik einzeichnen möchte, muss man vorher natürlich angeben welche Länge in der Zeichnung 1 kΩ entspricht. Man geht für das Beispiel von 1 cm/j kΩ aus. Generell macht es Sinn, für die andere Achse den gleichen Maßstab zu verwenden.

Schaltet man Impedanzen (Widerstände, Induktivitäten, Kapazitäten) in Serie, werden die Werte einfach addiert. Das lässt sich natürlich auch graphisch durchführen.

In Abb. 2.47 besteht die Parallelschaltung aus einem Widerstand mit R = 10 kΩ und einer Spule mit L = 10 mH. Der induktive Blindwiderstand errechnet sich aus

$$X_L = j \cdot 2 \cdot \pi \cdot f \cdot L = j \cdot 2 \cdot 3{,}14 \cdot 320kHz \cdot 10mH = j \cdot 20k\Omega$$

Zuerst soll eine Parallelschaltung von Widerstand und Spule in eine Reihenschaltung umgewandelt werden. In Abb. 2.47 bestimmt der Schnittpunkt der Kreise den komplexen Scheinwiderstand Z.

Für die Umrechnung einer Parallelschaltung von Widerstand und Spule in eine Reihenschaltung zeigt Abb. 2.48. Die Schaltung wird bei f = 320 kHz betrieben und damit wird

$$X_p = j \cdot 2 \cdot \pi \cdot 320 \cdot 10^3 \cdot 10 \cdot 10^{-3} \approx j \cdot 20k\Omega$$

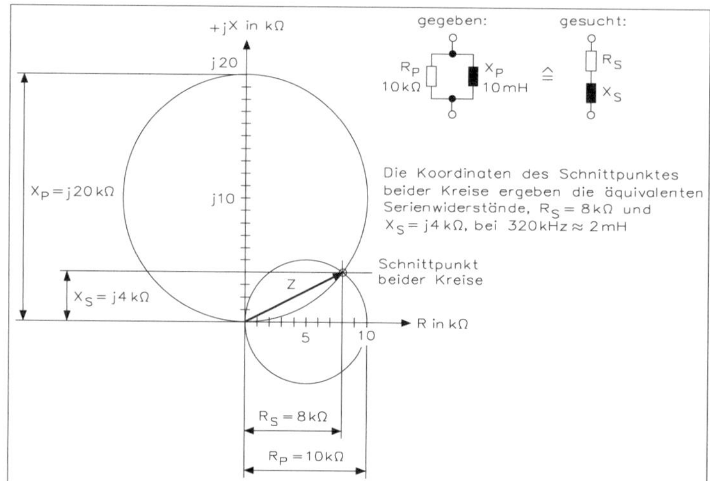

Abb. 2.47• Umwandlung einer Parallelschaltung von Widerstand und Spule in eine Reihenschaltung.

Aus dem Diagramm kann man die Werte der beiden Bauelemente entnehmen und erhält für den Reihenwiderstand von R_S = 8 kΩ und eine Induktivität X_S = j 4 kΩ.

Die Reihenschaltung eines RL-Gliedes besteht aus einem Widerstand von 10 kΩ und einer Spule mit 10 mH. Die Reihenschaltung von Abb. 2.48 zeigt den Zusammenhang.

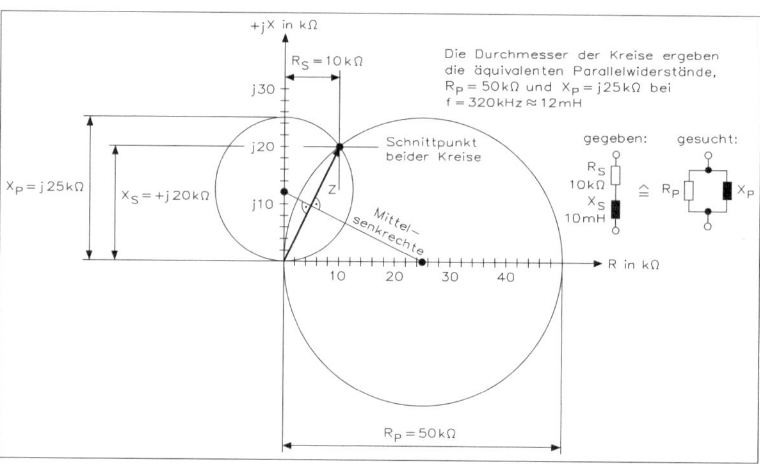

Abb. 2.48 • Reihenschaltung wird in eine Parallelschaltung mit dem Smith-Diagramm umgewandelt.

Die Widerstände R_X und X_S werden gemäß in die Schaltung eingetragen. Aus dem Reihenwiderstand mit R_S = 10 kΩ wird ein Parallelwiderstand mit R_P = 50 kΩ. Aus dem induktiven Blindwiderstand mit X_P = j 25 kΩ wird bei einer Frequenz von 320 kHz eine Induktivität von L = 12 mH.

Die Parallelschaltung von einem Widerstand mit R_P = 10 kΩ mit einem Kondensator von C_P = 100 pF soll in eine Reihenschaltung umgewandelt werden. Der Blindwiderstand beträgt bei einer Frequenz von f = 88,5 kHz:

$$X_P = \frac{1}{j \cdot \omega \cdot C} = \frac{1}{j \cdot 2 \cdot \pi \cdot f \cdot C} = \frac{1}{j \cdot 2 \cdot 3{,}14 \cdot 88{,}5 \cdot 10^3 \cdot 100 \cdot 10^{-12}} = -j18k\Omega$$

Die Werte der Widerstände R_P und X_P werden in das Diagramm von Abb. 2.49 eingetragen. Die Reihenschaltung von Abb. 2.49 zeigt den Zusammenhang in Verbindung mit der Parallelschaltung.

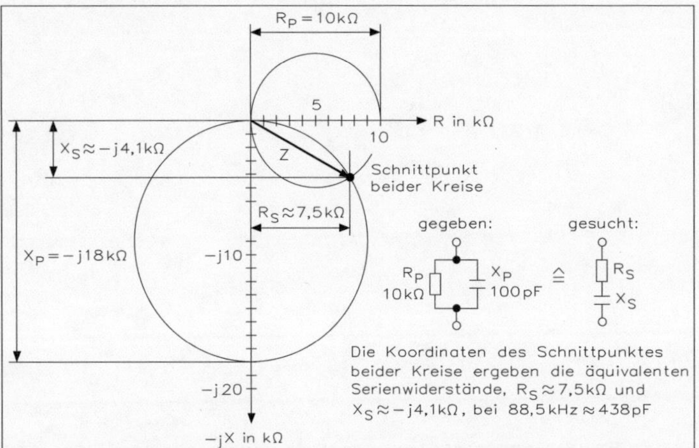

Abb. 2.49 • Graphisches Verfahren für die Umwandlung eine Reihen- in eine Parallelschaltung.

Die Reihenschaltung eines RC-Glieds bei einer Frequenz von f = 88,5 kHz ist in eine Parallelschaltung umzuwandeln.

$$X_S = \frac{1}{j \cdot \omega \cdot C} = \frac{1}{j \cdot 2 \cdot \pi \cdot f \cdot C} = \frac{1}{j \cdot 2 \cdot 3{,}14 \cdot 88{,}5 \cdot 10^3 \cdot 100 \cdot 10^{-12}} \approx -j18k\Omega$$

Die Reihenschaltung von Abb. 2.50 zeigt den Zusammenhang in Verbindung mit der Parallelschaltung.

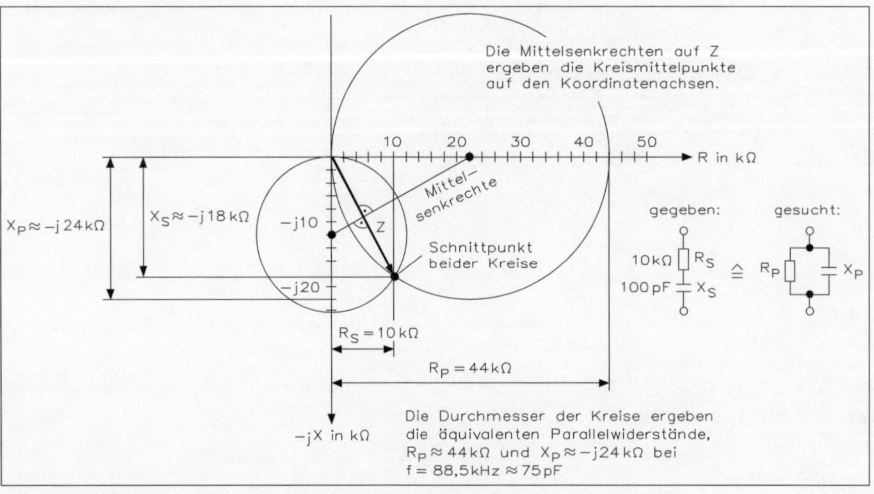

Abb. 2.50 • Reihenschaltung in eine Parallelschaltung umwandeln

2.5.5 • Graphische Transformation von komplexen Reihenwiderständen in äquivalente Parallelwiderstände und umgekehrt

Eine Parallelschaltung von Widerstand mit R_p = 10 kΩ und eine Spule mit X_p = 10 mH soll in eine Reihenschaltung bei einer Frequenz mit f = 320 kHz umgewandelt werden. Damit der Maßstab des Smith-Diagramms ausreicht, empfiehlt es sich, die Widerstände auf geeignete Größen zu transformieren. In diesem Beispiel werden alle Werte um den Faktor 1000 verkleinert, also

$$R_p^{'} = \frac{R_p}{1000} = 10\Omega \qquad und \qquad X_p^{'} = \frac{X_p}{1000} = j20\Omega$$

Die Leitwerte sind

$$G = \frac{1}{R_p^{'}} = \frac{1}{10\Omega} = 0{,}1S$$

$$B = \frac{1}{X_p^{'}} = \frac{1}{j20\Omega} = -j0{,}05S$$

Die Leitwerte werden jetzt in das Smith-Diagramm eingezeichnet, wodurch der Punkt a in Abb. 2.51 entsteht. Zieht man nun eine Linie von a zum Diagrammmittelpunkt b und dreht diese um den Punkt b um 180°, so erreicht man den Punkt x in Abb. 2.51 und der Punkt c hat die Koordinate R ≈ 8 Ω und X ≈ j8 Ω.

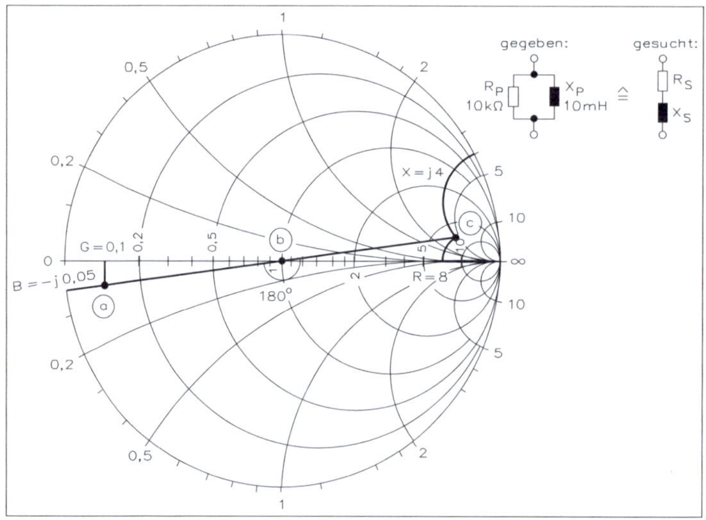

Abb. 2.51 • Smith-Diagramm für eine graphische Transformation.

Werden beide Werte mit dem Faktor 1000 multipliziert (Maßstabskorrektur), erhält man die äquivalenten Reihenwiderstände für die Parallelschaltung.

R_S = R · 1000 = 8 kΩ
X_S = X · 1000 = j4 kΩ bei f = 320 kHz ≈ 2 mH

Als nächstens soll eine Reihenschaltung eines Widerstands mit 10 kΩ und einer Spule mit 10 mH in eine Parallelschaltung umgewandelt werden. Die Frequenz beträgt f = 320 kHz, der Reihenwiderstand ist X_S = j20 kΩ und damit ist

R_S = 10 kΩ
X_S = j20 kΩ

Die passende Maßstabsänderung: Faktor $\frac{1}{5000}$, also

$$R_s^{'} = \frac{R_s}{5000} = 2\Omega \qquad X_s^{'} = \frac{R_s}{5000} = j4\Omega$$

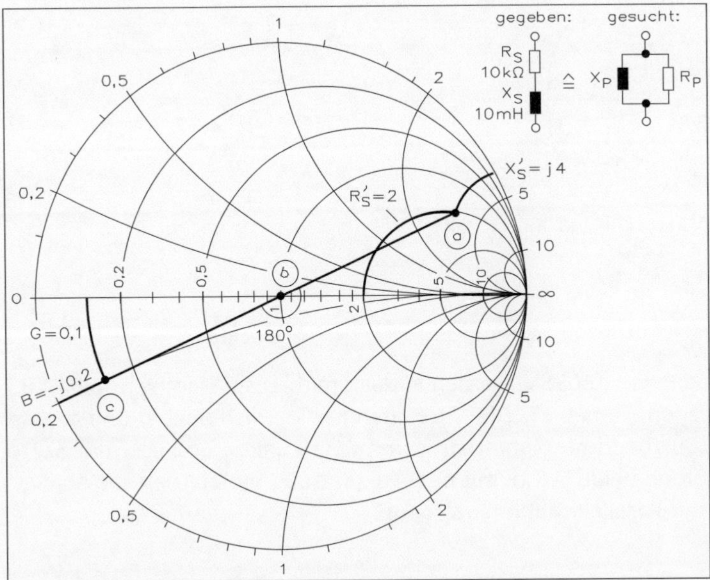

Abb. 2.52 • Smith-Diagramm für eine graphische Transformation.

In Abb. 2.52 werden die Werte R_s' = 2 Ω und X_s' = j4 Ω in das Smith-Diagramm unter Punkt a eingezeichnet. Die Verbindungslinie von Punkt a und Punkt b wird nun um 180° um den Punkt b gedreht. Man erhält somit den Punkt C und kann die Leitwerte der äquivalenten Parallelschaltung ablesen mit G ≈ 0,1 S und B ≈ -j0,2 S.

Damit ist $R_p^{'} = \frac{1}{G} = 10\Omega$ mit Maßstabskorrekturfaktor 5000 : R_P = 50 kΩ

sowie $X_p^{'} = \frac{1}{B} = j5\Omega$ mit Maßstabskorrekturfaktor 5000 : X_P = j25 kΩ

bei f = 320 kHz ≈ 12 mH.

Als nächstens soll eine Parallelschaltung eines Widerstands mit 10 kΩ und einem Kondensator mit 100 pF in eine Reihenschaltung umgewandelt werden. Bei f = 88,5 kHz wird X_P = j18 kΩ. Die passende Maßstabsveränderung ist: Faktor 1/1000 also: $R_p^{'} = \frac{R_p}{1000} = 10\Omega$ und einem Leitwert $G = \frac{1}{R_p^{'}} = 0{,}1S$

$X_p^{'} = \frac{X_p}{1000} = -29\Omega$ und einem Leitwert $B = \frac{1}{X_p^{'}} = j0{,}055S$

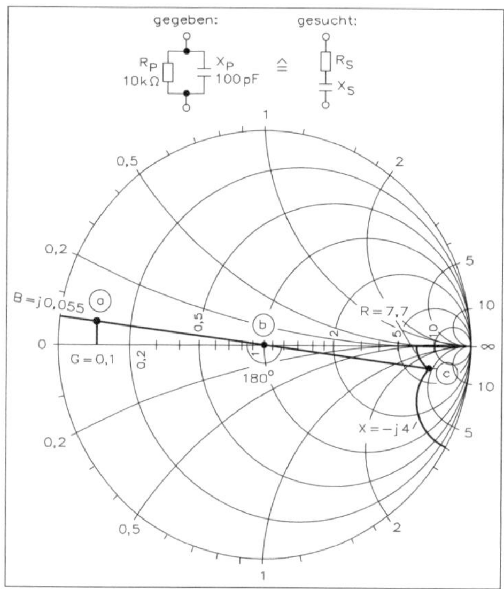

Abb. 2.53 • Smith-Diagramm für die Umwandlung von einer Parallelschaltung in eine Reihenschaltung mit Widerstand und Kondensator.

Die Leitwerte G = 0,1 S und B = +j0,055 S werden in das Smith-Diagramm von Abb. 2.53 eingezeichnet und eingetragen (Punkt a). Die Verbindungslinie von Punkt a und b wird nun um den Punkt b um 180° gedreht. Man erhält somit dem Punkt c und liest die Werte R ≈ 7,7 Ω und –j4 Ω ab. Werden beide Werte mit dem Faktor 1000 multipliziert die äquivalenten Serienwiderstände der Parallelschaltung, also

$R_S = R \cdot 1000 = 7{,}7\ k\Omega$
$X_S = X \cdot 1000 = -j4\ k\Omega$

bei einer Frequenz von f = 88,5 kHz und einer Kapazität mit ca. 450 pF.

Als nächstens soll eine Reihenschaltung eines Widerstands mit 10 kΩ und einem Kondensator mit 100 pF in eine Parallelschaltung umgewandelt werden. Bei der Frequenz f = 88,5 kHz gilt für den kapazitiven Blindwiderstand $X_p \approx j18\ k\Omega$. Für die passende Maßstabsveränderung wählt man den Faktor 1/5000.

Für die beiden Werte gilt: $R_s^{'} = \frac{R_s}{5000} = 2\Omega$

$X_s^{'} = \frac{X_s}{5000} = -j3{,}6\Omega$

Die Werte $R_s' = 2\ \Omega$ und $X_s' = -j3{,}6\ \Omega$ werden in das Smith-Diagramm der Abb. 2.54 eingetragen (Punkt a). Die Verbindungslinie von Punkt a zu b wird nun um 180° um den

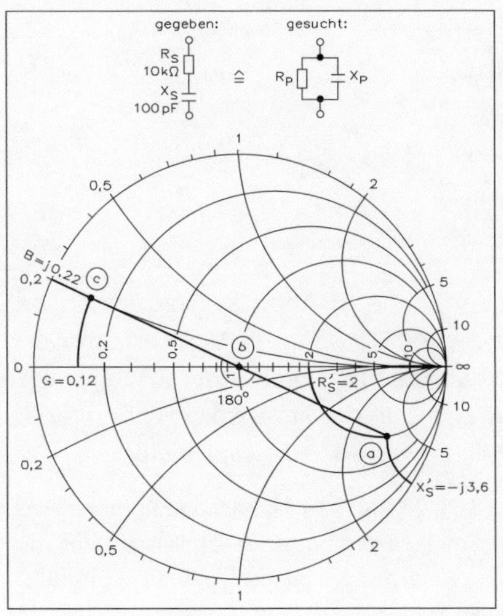

Abb. 2.54 • Smith-Diagramm für eine umgewandelte Parallelschaltung.

Punkt (b) gedreht. Man erhält so den Punkt c und liest die Leitwerte der äquivalenten Parallelschaltung ab mit G ≈ 0,12 S und B ≈ j0,22 S.

Damit ist $R_p^{'} = \frac{1}{G} = 8{,}33\Omega$ mit Maßstabskorrektur Faktor 5000: R_p = 4,17 kΩ

und $X_p^{'} = \frac{1}{B} = -j4{,}55\Omega$ mit Maßstabskorrektur Faktor 5000: X_p = -j22,7 kΩ

bei einer Frequenz von f = 88,5 kHz ist C ≈ 79 pF.

2.5.6 • Graphische Darstellung einer Parallelschaltung mit veränderlichem Blindwiderstand bei variabler Frequenz

Als nächstens soll eine Parallelschaltung eines Widerstands mit 10 kΩ und einem Kondensator mit 10 mH in eine Reihenschaltung umgewandelt werden.

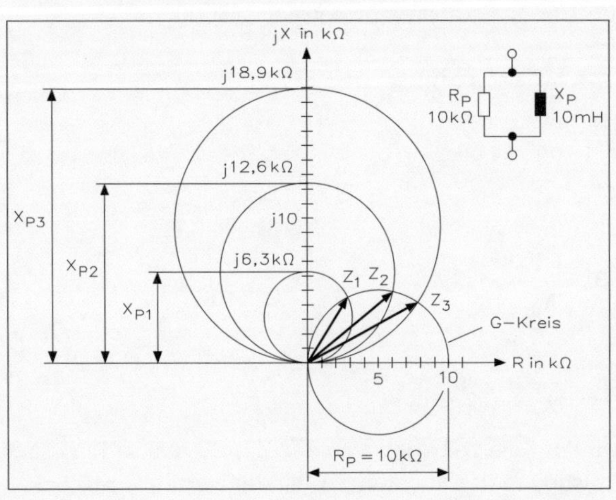

Abb. 2.55 • Konstruktion für das Smith-Diagramm einer Parallelschaltung mit veränderlichem Blindwiderstand bei variabler Frequenz.

Als Beispiel werden die Frequenzen f_1 = 100 kHz
f_2 = 200 kHz
f_3 = 300 kHz behandelt.

Damit wird $X_{p1} = j \cdot 2 \cdot \pi \cdot 100 \cdot 10^3 \cdot 10 \cdot 10^{-3} \approx j6{,}3\ k\Omega$
$X_{p2} = j \cdot 2 \cdot \pi \cdot 200 \cdot 10^3 \cdot 10 \cdot 10^{-3} \approx j12{,}6\ k\Omega$
$X_{p3} = j \cdot 2 \cdot \pi \cdot 300 \cdot 10^3 \cdot 10 \cdot 10^{-3} \approx j18{,}9\ k\Omega$

Diese Widerstände sind in der Gaußschen Zahlenebene, wie in Abb. 2.55 zu sehen ist, dargestellt. Die Pfeilspitzen der Scheinwiderstände Z_1, Z_2, Z_3 wandern bei Variation der Frequenz auf dem Kreisbogen des konstanten Wirkleitwertes und sind in Abb. 2.55 gezeigt. Diese werden als G-Kreis bezeichnet, weil bei der Umrechnung der komplexen Widerstände Z_1, Z_2 und Z_3 in Leitwerte der Wirkleitwert mit $G = 1/R_p' = 8{,}33\ \Omega$ konstant bleibt.

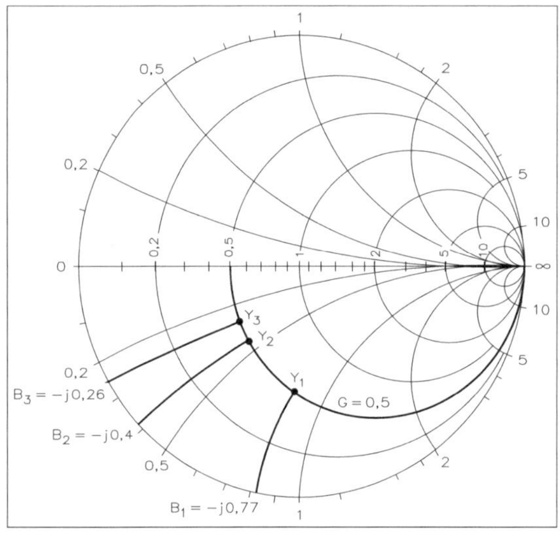

Abb. 2.56 • Parallelschaltung mit dem Smith-Diagramm einer Parallelschaltung mit veränderlichem Blindwiderstand bei variabler Frequenz.

Soll diese Parallelschaltung mit dem Smith-Diagramm analysiert werden, so werden die Leitwerte benötigt, wie Abb. 2.56 zeigt. Der Maßstabsfaktor beträgt 1/5000.

$$R_p' = \frac{R_p}{5000} = 2\Omega \qquad G = \frac{1}{R_p'} = \frac{1}{2\Omega} = 0{,}5S$$

$$X_{p1}' = \frac{X_{p1}}{5000} \approx j1{,}3\Omega \qquad B_1 = \frac{1}{X_{p1}'} \approx -j0{,}77S$$

$$X_{p2}' = \frac{X_{p2}}{5000} \approx j2{,}5\Omega \qquad B_2 = \frac{1}{X_{p2}'} \approx -j0{,}4S$$

$$X_{p3}' = \frac{X_{p3}}{5000} \approx j3{,}8\Omega \qquad B_3 = \frac{1}{X_{p3}'} \approx -j0{,}26S$$

Im Smith-Diagramm der Abb. 2.56 wandern die Leitwerte von Z1, Z2, Z3, also Y1, Y2, Y3 bei Variation der Frequenz auf dem Kreisbogen des konstanten Wirkleitwertes G = 0,5 S.

2.5.7 • Graphische Darstellung der Parallelschaltung mit veränderlichem Wirkwiderstand bei konstanter Frequenz

Als nächstens soll eine Parallelschaltung eines einstellbaren Widerstands (Potentiometer) mit 10 kΩ und einer Spule mit 10 mH in eine Reihenschaltung umgewandelt werden.

$R_{p1} = 10\ k\Omega$
$R_{p2} = 20\ k\Omega$
$R_{p3} = 30\ k\Omega$

Der Widerstand und die Spule wird an f = 200 kHz betrieben und dann ist X_p = +j12,56 kΩ. Soll diese Parallelschaltung mit dem Smith-Diagramm analysiert werden, so werden die Leitwerte benötigt, wie Abb. 2.57 zeigt.

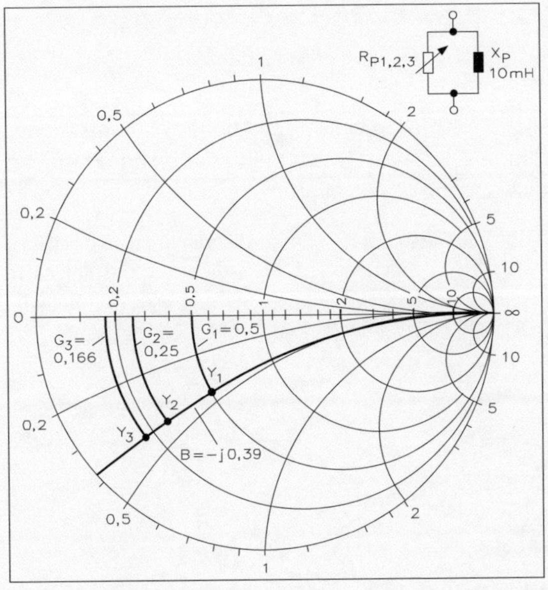

Abb. 2.57 • Parallelschaltung mit Smith-Diagramm eines Widerstands (Potentiometer) und einer Spule.

Der Maßstabsfaktor beträgt 1/5000 und damit ergeben sich folgende Werte für die Widerstände und Leitwerte:

$$R'_{p1} = \frac{R_{p1}}{5000} = 2\Omega \qquad G_1 = \frac{1}{R'_{p1}} = 0{,}5S$$

$$R'_{p2} = \frac{R_{p2}}{5000} = 4\Omega \qquad G_2 = \frac{1}{R'_{p2}} = 0{,}25S$$

$$R'_{p3} = \frac{R_{p3}}{5000} = 6\Omega \qquad G_3 = \frac{1}{R'_{p3}} \approx 0{,}166S$$

$$X'_p = \frac{X_p}{5000} = -j2{,}51\Omega \qquad B = \frac{1}{X'_p} \approx -j0{,}39S$$

Werden die Leitwerte in das Smith-Diagranim der Abb. 2.57 eingetragen, so ist zu erkennen, dass bei Variation des Wirkleitwertes die Leitwerte von Z_1, Z_2, Z_3, also Y_1, Y_2, Y_3 sich auf dem Kreisbogen des konstanten Blindleitwertes (B-Kreis) mit B = -j0,39 bewegen.

2.5.8 • Graphische Darstellung der Reihenschaltung mit einem veränderbaren Blindwiderstand durch die Frequenz

Als nächstes soll eine Reihenschaltung eines Widerstands mit 10 kΩ und einer Spule mit 10 mH in einen veränderbaren Blindwiderstand durch die Frequenz umgewandelt werden.

$f_1 = 100\ \text{kHz} \rightarrow X_{s1} = j6{,}28\text{k}\Omega$	$X'_{s1} = j1{,}26\ \Omega$
$f_2 = 200\ \text{kHz} \rightarrow X_{s2} = j12{,}6\ \text{k}\Omega$	$X'_{s2} = j2{,}51\ \Omega$
$f_3 = 300\ \text{kHz} \rightarrow X_{s3} = j18{,}8\ \text{k}\Omega$	$X'_{s3} = j3{,}76\ \Omega$
$R_s = 10\ \text{k}\Omega$	$R'_s = 2\ \Omega$

Der Maßstabsfaktor beträgt 1/5000.

Werden die Werte X_{s1}', X_{s2}' X_{s3}' und R' in das Smith-Diagramm der Abb. 2.58 eingetragen, so ist zu erkennen, dass die Scheinwiderstände Z_1, Z_2 und Z_3 sich bei Variation der Frequenz auf dem Kreisbogen des konstanten Wirkwiderstands (R-Kreis) bewegen.

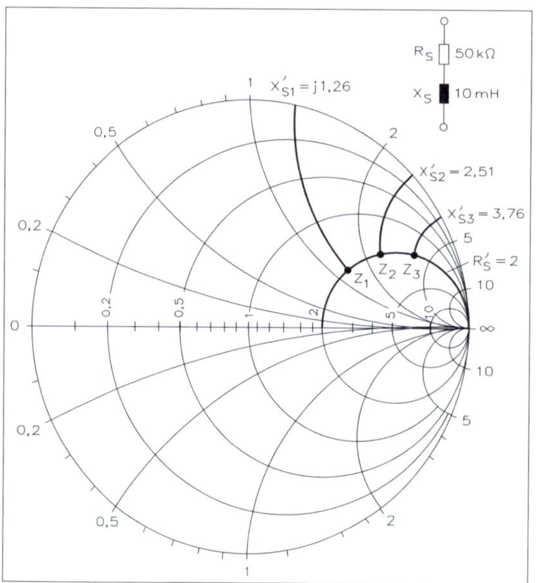

Abb. 2.58 • Smith-Diagramm und die Scheinwiderstände Z_1 bis Z_3 die sich bei Variation der Frequenz auf dem Kreisbogen des konstanten Wirkwiderstands (R-Kreis) bewegen.

2.5.9 • Graphische Darstellung der Serienschaltung eines Blindwiderstands mit veränderbarem Wirkwiderstand bei konstanter Frequenz

Als nächstens soll eine Reihenschaltung eines einstellbaren Widerstands (Potentiometer) mit 50 kΩ und einer Spule mit 10 mH in einen veränderbaren Blindwiderstand durch die Frequenz umgewandelt werden.

Bei f = 200 kHz → X_s = j12,6 kΩ
R_{s1} = 10 kΩ
R_{s2} = 20 kΩ
R_{s3} = 30 kΩ

Der Maßstabsfaktor beträgt 1/5000.

X_s' = j2,51 Ω
R_{s1}' = 2 Ω
R_{s2}' = 4 Ω
R_{s3}' = 6 Ω

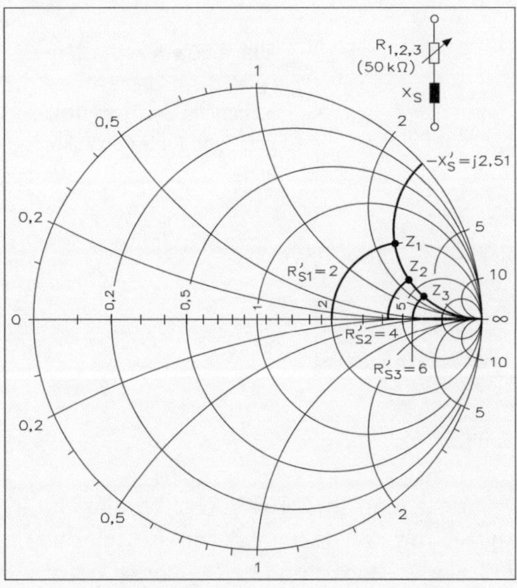

Abb. 2.59 • Smith-Diagramm für eine Serienschaltung eines Blindwiderstandes mit veränderbarem Wirkwiderstand bei konstanter Frequenz.

Werden die Werte X_s', R_{s1}', R_{s2}', R_{s1}' in das Smith-Diagramm der Abb. 2.59 eingetragen, so ist zu erkennen, dass die Scheinwiderstände Z_1, Z_2, Z_3 sich bei Variation des Wirkwiderstands auf dem Kreisbogen des konstanten Blindwiderstands X. = j2,51 Ω bewegen.

2.5.10 • Reflexionsfaktorebene

Das Smith-Diagramm stellt das Innere des Einheitskreises der Reflexionsfaktorebene dar. Als wichtigstes grafisches Hilfsmittel sind die transformierten Koordinatenlinien aus der Impedanz- bzw. Admittanzebene eingetragen. Zusätzlich befinden sich am Rand eine Winkelskala und eine Skala der zugehörigen normierten Leitungslänge l/λ. Der Reflexionsfaktor r ergibt sich aus der normierten Impedanz z = Z/Z_L durch die Beziehung

$$r(z) = \frac{z-1}{z+1}$$

Dabei ist der Bezugswiderstand Z_L gleich dem Leitungswellenwiderstand. Das konforme Diagramm transformiert jeden Punkt z aus der Impedanzebene eindeutig in den Punkt r der Reflexionsfaktorebene. Die Umkehrung der Transformation lautet

$$z(r) = \frac{1+r}{1-r}$$

Die Diagramme der geraden Koordinatenlinien Re{z} = konst. und Im{z} = konst. in der Reflexionsfaktorebene sind Kreise, die alle durch den Punkt r = 1 verlaufen. Die Transformation erfolgt in der rechten z-Halbebene, also alle passiven Impedanzen werden erfasst und danach sind sie vollständig auf das Innere des Einheitskreises in der r-Ebene abzubilden. Das Diagramm des Punktes $z \to \infty$ ist der Punkt r = 1. Die rechte z-Halbebene wird dadurch auf einen begrenzten Bereich abgebildet. Ein weiterer Vorteil dieser Transformation ist die besonders einfache Darstellung einer Leitungstransformation in der r-Ebene. In Abb. 2.60 sind die Diagramme einiger z-Koordinatenlinien in der r-Ebene dargestellt. Die Koordinatenlinien Re{z} = konst. und Im{z} = konst. schneiden sich sowohl in der z-Ebene als auch in der r-Ebene unter rechtem Winkel.

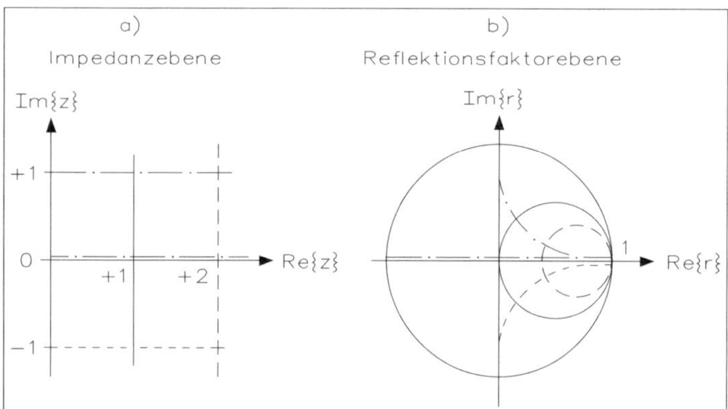

Abb. 2.60 • Koordinatenlinien der z-Ebene in der r-Ebene in der Impedanzebene und Reflexionsfaktorebene.

Im Smith-Diagramm sind einige Kreise Re{z} = konst. und Im{z} = konst. bereits eingetragen, sodass in der r-Ebene ein Koordinatengitter mit der dazugehörenden Impedanz z zur Verfügung steht. In Abb. 2.61 sind die Linien Re{z} = konst. und Im{z} konst. getrennt dargestellt.

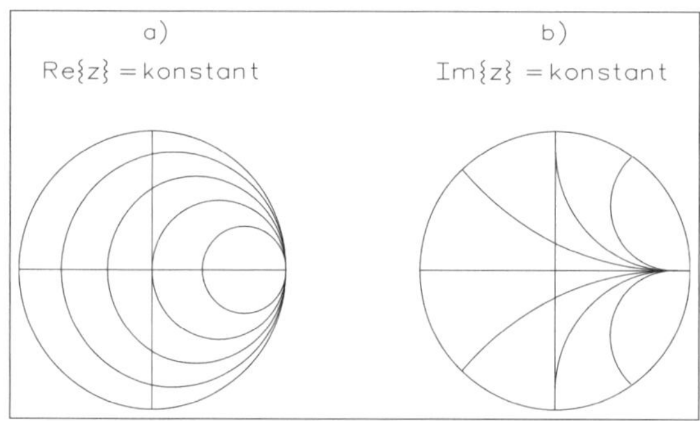

Abb. 2.61 • Koordinatengitter der Impedanz im Smith-Diagramm.

Im Smith-Diagramm sind beide Liniengruppen zusammen mit ihrer Beschriftung eingetragen. Entsprechend der Tatsache, dass nur der Bereich $|r| \leq 1$ dargestellt ist, befinden sich im Smith-Diagramm nur die Kreise für Re{z} ≥ 0 und $-\infty$ < Im{z} < $+\infty$. Das Innere des Einheitskreises in der r-Ebene ist die rechte z-Halbebene. Durch Einsetzen in die Gleichung findet man, dass

$$r\left(\frac{1}{z}\right)=r(y)=-r(z) \quad \text{und} \quad r(z)=r\left(\frac{1}{y}\right)=-\frac{y-1}{y+1} \text{ ergibt.}$$

Ein Vergleich der Gleichungen zeigt, dass bei Berechnung von r aus der normierten Admittanz $y = Y \cdot Z_L$ die gleiche Transformation (bis auf das Vorzeichen) stattfindet, wie bei Berechnung von r aus z. Zur Bestimmung von r(y) lässt sich daher das gleiche Koordinatengitter verwenden. Allerdings ist zu beachten, dass wegen der Gleichung das Koordinatensystem für r um 180° zu drehen ist. Andererseits bedeutet die Gleichung, dass die Punkte z und y = 1/z durch Spiegelung am Ursprung r = 0 hervorgehen. Der Übergang zwischen Impedanz und Admittanz erfolgt im Smith-Diagramm durch Spiegelung am Ursprung.

2.5.11 • Ablesen der Faktoren im Smith-Diagramm

Das Smith-Diagramm stellt das Innere des Einheitskreises in der Reflexionsfaktorebene dar. Durch Eintragen der normierten Impedanz z in das Koordinatennetz von Abb. 2.62 kann der nach der Gleichung zugehörige Reflexionsfaktor $r = |r| \cdot e^{j\varphi r}$ direkt nach Betrag und Phase abgelesen werden. Hierzu ist die Gerade durch den Punkt r und den Ursprung einzuzeichnen. Die Phase φ_r lässt sich an der Winkelskala am Rand des Diagramms ablesen. Zur Bestimmung des Betrags |r| ist der Abstand zum Ursprung abzumessen. Dieser muss dann auf den Radius des Diagramms bezogen sein, der dem Betrag |r| = 1 entspricht. Umgekehrt lässt sich natürlich auch die Umwandlung von r nach z grafisch durchführen, indem man zunächst r nach Betrag und Phase einzeichnet und dann die Lage des Punktes r in dem Koordinatennetz nach Abb. 2.62 abliest.

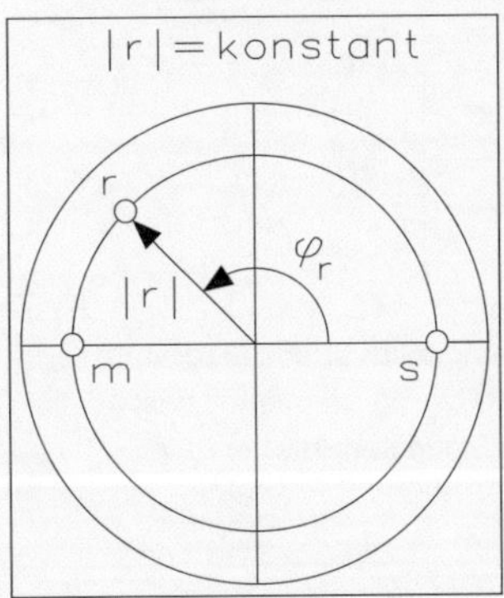

Abb. 2.62 • Ablesen der Werte r (Lage des Punktes), s (Stehwellenverhältnis) und m (Anpassungsfaktor).

Die Werte Re{z} und Im{z} ergeben unmittelbar den Wert der nach der Gleichung zugehörigen normierten Impedanz z = Re{z} + j Im{z}. Ebenso können aus dem Smith-Diagramm das Stehwellenverhältnis s und der Anpassungsfaktor m abgelesen werden, die mit dem Betrag des Reflexionsfaktors durch

$$s=\frac{1}{m}=\frac{1+|r|}{1-|r|}$$

verknüpft sind. Für den Sonderfall Im{r} = 0 ist auch Im{z} = 0 und für $z \geq 1$ ist r = |r|. Die rechte Seite ist dann identisch mit der rechten Seite der Gleichung. In diesem Fall besitzt s den gleichen Wert wie die zugehörige normierte Impedanz z. Ebenso besitzt m den gleichen Wert wie die zugehörige Admittanz y. Folglich können die Werte s und m an den Schnittpunkten des Kreises |r| = konst. mit der Realteilachse der n-Ebene in den z-Koordinaten abgelesen werden. Abb. 2.62 zeigt die Arbeitsweise für das Ablesen von r (Lage des Punktes), s (Stehwellenverhältnis) und m (Anpassungsfaktor).

Durch Hinzuschalten von konzentrierten Elementen R, L und C werden der Realteil bzw. der Imaginärteil der Impedanz (Admittanz) verändert. Es ergeben sich Verschiebungen entlang der z- bzw. y-Koordinaten. Handelt es sich dabei um eine Reihenschaltung, rechnet man vorteilhaft mit der normierten Impedanz z. Bei der Behandlung von Parallelschaltungen wird die Rechnung mit der normierten Admittanz y angewendet. Die Zusammenschaltung von Bauelementen ist jeweils durch einfache Addition der Impedanzen oder Admittanzen zu behandeln. Der Übergang zwischen beiden Darstellungsarten erfolgt durch Punktspiegelung am Ursprung.

Tabelle 2.1 zeigt die Veränderung von z und y durch das Hinzuschalten von Bauelementen und die Wirkungsweise von Vergrößerung / und Verkleinerung \ von Real- und Imaginärteil. So vergrößert die Reihenschaltung einer Induktivität beispielsweise den Imaginärteil der Impedanz, während er durch die Reihenschaltung einer Kapazität verkleinert wird. Es zeigt aber, dass sich der Realteil der Impedanz und auch der Admittanz durch Hinzuschalten von passiven Elementen nicht verkleinern lässt.

Tabelle 2.1 • Vergrößerung / und Verkleinerung \ von Real- und Imaginärteil von z und y durch Hinzuschalten von konzentrierten Bauelementen. Ein „-" bedeutet „keine Veränderung"

Element	Reihenschaltung		Parallelschaltung	
	Re{z}	Im{z}	Re{y}	Im{y}
R	/	-	/	-
C	-	/	-	\
L	-	\	-	/

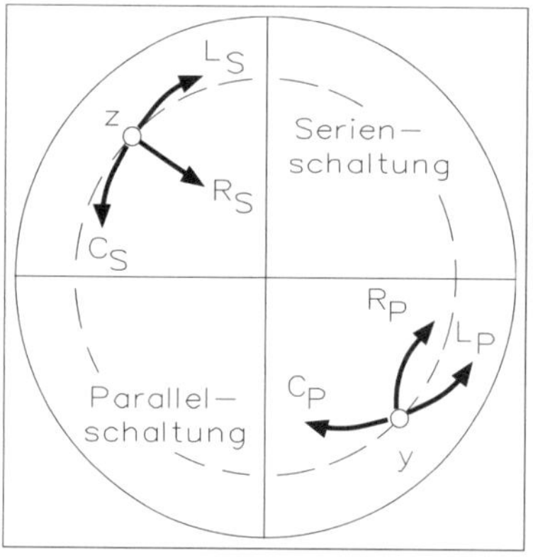

Abb. 2.63 • Verschiebungsrichtungen im Smith-Diagramm durch Zuschalten von konzentrierten Bauelementen wie Widerständen R, Induktivitäten L und Kapazitäten C.

In Abb. 2.63 sind alle Verschiebungen eingezeichnet, die zu den in Tabelle 2.1 angegebenen Änderungen gehören. Die Länge der Verschiebungen ergibt sich aus den normierten Impedanzen bzw. Admittanzen der Bauelemente, die zur Übersicht in Tabelle 2.7 zusammengestellt sind. Anhand der Tabelle 2.2 wird auch deutlich, dass beispielsweise eine Induktivität L eine negativ imaginäre normierte Admittanz besitzt. Tabelle 2.2 wird deshalb durch Parallelschaltung einer Induktivität der Imaginärteil der Admittanz verkleinert. Auf diese Weise lassen sich alle Verschiebungen, die in Abb. 2.63 eingetragen sind, nachvollziehen. Umgekehrt kann man durch Ablesen der Länge von erforderlichen Verschiebungen (etwa der Änderung des Imaginärteils) die Werte der hierzu benötigten Elemente bestimmen. Zur Entnormierung dient die Übersicht in Tabelle 2.2.

Tabelle 2.2 • Normierung und Entnormierung der Impedanzen und Admittanzen von konzentrierten Elementen

Normierung	**Element**			
	R	L	C	
$z = Z/Z_L =$	$\frac{R}{Z_L}$	$\frac{j \cdot \omega \cdot L}{Z_L}$	$-j \cdot \frac{1}{\omega \cdot C \cdot Z_L}$	Reihenschaltung
$y = Y \cdot Z_L =$	$\frac{Z_L}{R}$	$-j \cdot \frac{Z_L}{\omega \cdot L}$	$j \cdot \omega \cdot C \cdot Z_L$	Parallelschaltung

Diese Erkenntnisse lassen sich auch zur Konstruktion von Frequenzgängen verwenden. Da in den Werten der Impedanzen und Admittanzen von Blindelementen die Kreisfrequenz ω und die Elementwerte L und C im Produkt stehen, bewirkt eine Erhöhung bzw. Verringerung der Frequenz die gleiche Verschiebung im Smith-Diagramm wie eine Erhöhung bzw. Verringerung von L oder C. Daher gelten die in Abb. 2.63 dargestellten Transformationen für L und C in der gleichen Weise auch für die Konstruktion von Ortskurven der Impedanz von Blindelementen mit der Frequenz f als Kurvenparameter.

Beispiel: In einer Transformationsschaltung mit Leitungen von 50 Ω wird ein Bauelement benötigt, welches bei der Betriebsfrequenz f = 234 MHz den Imaginärteil der Admittanz um 2 verkleinert. Das Bauelement muss also die normierte Admittanz y = –j2 besitzen und parallelgeschaltet werden. Gemäß Tabelle 2.7 muss es sich um eine Induktivität handeln. Die Bestimmungsgleichung für L lautet

$$-j \cdot \frac{Z_L}{\omega \cdot L} = -j2$$

und durch Entnormierung ergibt sich der Wert

$$L = \frac{Z_L}{2 \cdot \omega} = \frac{50\Omega}{2 \cdot 2 \cdot \pi \cdot 234MHz} = 17nH$$

3 • Passive Filterschaltungen

Im Frequenzbereich unter 100 kHz werden passive Filterschaltungen eingesetzt. Dabei kommen Widerstand, Kondensator und Induktivitäten zum Einsatz. Filter haben in der Elektrotechnik/Elektronik der Aufgabe einen bestimmten Frequenzbereich zu sperren oder durchzulassen.

3.1 • RC-Tiefpass.

Der einfache Tiefpass weist eine Flankensteilheit von 6 dB/Oktave auf, wie Abb. 3.1 zeigt.

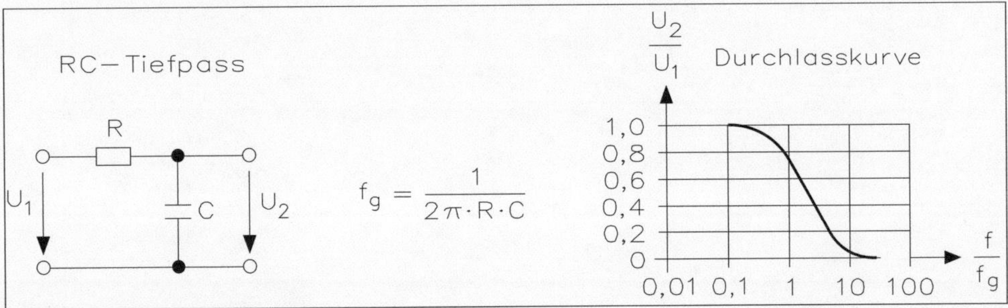

Abb. 3.1 • Einfacher RC-Tiefpass.

Ein Tiefpass lässt alle Frequenzen unterhalb der Grenzfrequenz passieren und sperrt sämtliche darüber liegenden Frequenzen. Dieser Tiefpass ist ein frequenzabhängiger Spannungsteiler aus einem ohmschen Widerstand und einem Kondensator. Die Ausgangsspannung wird an dem Kondensator abgegriffen. Mit steigender Frequenz wird die Spannung an C und damit die Ausgangsspannung geringer.

Für den RC-Tiefpass gilt:	Durchlassbereich:	$f < f_g$
	Sperrbereich:	$f > f_g$
	Grenzfrequenz:	f_g bei $R = X_C$

Der Übergang von dem Durchlass- in den Sperrbereich, die Grenzfrequenz f_g, ist dann erreicht, wenn die Ausgangsspannung an 0 auf 70 % der Eingangsspannung ($1/\sqrt{2} \cdot U_e$) abgesunken ist.

Aus dem Spannungsdreieck für die Reihenschaltung R und C geht hervor, dass dieser Spannungswert bei dem Phasenwinkel von 45° an C abgegriffen werden kann. Die gleiche Spannung liegt auch am ohmschen Widerstand (gleichseitiges Dreieck) an. Die Ausgangsspannung und der Scheinwiderstand des Tiefpasses bei beliebiger Frequenz werden nach den Gesetzen der Reihenschaltung von R und C berechnet.

3.1.1 • Bode-Plotter

Der Bode-Plotter erzeugt ein Diagramm des Frequenzverhaltens einer Schaltung und ist nützlich für die Analyse von Filterschaltungen. Mit dem Bode-Plotter lässt sich die Spannungsverstärkung bzw. -abschwächung und die Phasenlage eines Signals messen. Der angeschlossene Bode-Plotter analysiert auch das Frequenzspektrum einer Schaltung. Abb. 3.2 zeigt Symbol und das geöffnete Fenster für einen Bode-Plotter, wobei ein RC-Tiefpass gemessen wird. Die Wechselspannung arbeitet als Stimulus für den Bode-Plotter und die Spannung bzw. Frequenz kann beliebig gewählt werden.

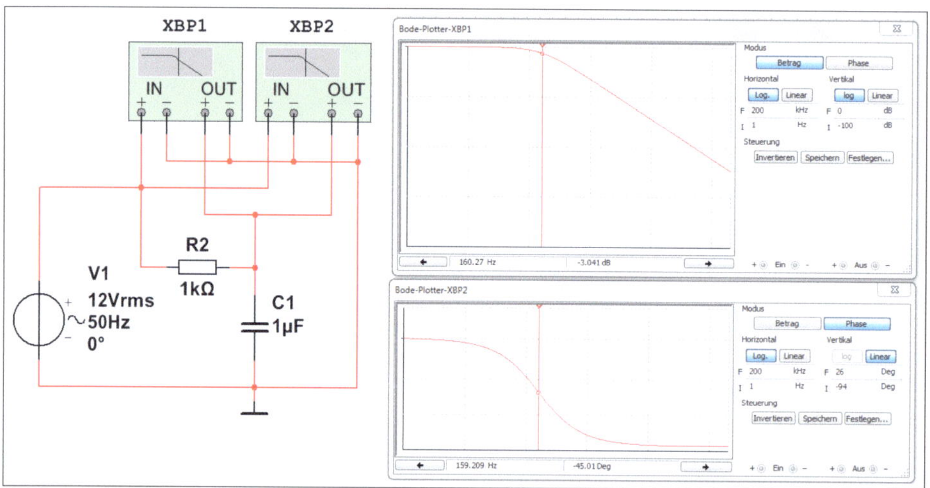

Abb. 3.2 • Simulation einer RC-Tiefpass-Schaltung mit einem Bode-Plotter.

Der Bode-Plotter erzeugt Wechselspannungen, die einen vorgegebenen Frequenzbereich abdecken. Die Frequenz einer vorhandenen AC-Quelle in der Schaltung wirkt sich in keiner Weise auf den Bode-Plotter aus, es muss jedoch mindestens eine AC-Quelle in der Schaltung vorhanden sein.

Der Amplituden- und der Phasengang des Gesamtsystems sind also jeweils aus der linearen Überlagerung der logarithmierten Amplitudengänge bzw. den Phasengängen der Teilsysteme zu gewinnen. Besonders übersichtlich wird die graphische Auswertung im sogenannten Bode-Diagramm, bei dem zunächst der Phasengang $\varphi(\omega)$ linear über einem logarithmischen Frequenzmaßstab aufgetragen wird. Auch der Amplitudengang wird über den gleichen Frequenzmaßstab aufgetragen, doch wird in der Praxis nicht der natürliche Logarithmus (Neper), sondern der Briggsche (dekadische) Logarithmus verwendet. Dabei gibt es zwei Möglichkeiten der Darstellung:

a) $\log |F(j\omega)|$ im logarithmischen Maßstab unter Notierung des Numerus

b) $20 \log |F(j\omega)|$ [dB] im linearen Maßstab mit Dezibel-Bezifferung

Dem Elektro- und Elektroniktechniker mag es dabei zunächst praktischer erscheinen, wenn

a) er in der Darstellung an der logarithmischen Betragsskala die Verstärkung direkt ablesen kann. Abgesehen davon, dass das Zeichnen auf logarithmischem Papier, das jeweils immer in geeignetem Maßstab vorhanden sein muss, auch Schwierigkeiten in sich birgt, empfiehlt sich die dem Nachrichtentechniker geläufige Darstellung;

b) man das Bode-Diagramm eines Systems noch weiter im Nichols-Diagramm bearbeiten will. Die aus einer Abbildung entnehmbare Umrechnung von dB-Zahlen und Numerus des log |F| kann man in der Praxis auch sehr leicht mit jedem Taschenrechner vornehmen, indem man die lineare Skala des log x mit 20 multipliziert abliest. Will man logarithmisch geteiltes Papier ganz vermeiden, kann man auch statt der logarithmisch geteilten Frequenzachse auf dieser Achse log ω (dann linear geteilt) auftragen.

Der Anfangswert I und der Endwert F sind für die horizontale und vertikale Skala auf den Minimal- bzw. Maximalwert voreingestellt. Diese Werte können jederzeit geändert werden, um das Diagramm mit einer anderen Skala anzeigen zu lassen. Möchte man nach Abschluss einer Simulation die Skala oder die Skalierungsbasis ändern, kann es erforderlich sein, die Schaltung erneut zu aktivieren, um das Diagramm detailgetreuer neuzeichnen zu lassen. Will man den Bode-Plotter an andere Messpunkte anschließen (umklemmen), sollte die Schaltung stets erneut aktiviert werden, damit korrekte Ergebnisse angezeigt werden.

- Betrag und Phase: Man wählt den „Betrag“, um die Spannungsverstärkung (in Dezibel) zwischen den beiden Punkten U+ und U- zu messen. Man wählt „Phase“ um die Phasenverschiebung (in Grad) zwischen zwei Punkten zu messen. Sowohl die Spannungsverstärkung als auch die Phasenverschiebung werden über die Frequenz (in Hz) dargestellt.

Wenn U+ und U- einzelne Punkte in einer Schaltung sind:

- Man verbindet den positiven Anschluss IN und den positiven Anschluss OUT mit den Verbindungspunkten U+ und U-.
- Man verbindet die negativen Anschlüsse IN und OUT mit Masse.

Wenn U+ (oder U-) der Betrag oder die Phase über ein Bauteil ist, schließt man beide IN-Anschlüsse (oder beide OUT-Anschlüsse) parallel zu dem Bauteil an.

- Einstellung der Basis: Die logarithmische Skalierung wird verwendet, wenn die zu vergleichenden Werte in einem sehr großen Wertebereich liegen. Dies ist bei der Analyse des Frequenzverhaltens der Regelfall. Der Dezibelwert für beispielsweise die Spannungsverstärkung eines Signals wird wie folgt berechnet:

$$a_{dB} = 20 \cdot \log_{10}\left(\frac{U_a}{U_e}\right)$$

  Man kann von der logarithmischen (LOG) zur linearen (LIN) Basis umschalten, ohne die Schaltung erneut zu aktivieren. Definitionsgemäß gilt jedoch nur ein logarithmisches Diagramm als Bode-Diagramm.

- Horizontale Achse (1,0 mHz bis 10,0 GHz): Auf der horizontalen bzw. x-Achse ist die Frequenz dargestellt. Die Skala wird von den vorgegebenen Werten für I (Anfangswert) und F (Endwert) festgelegt. Aufgrund des großen Frequenzbereichs, der für Frequenzverhaltensanalysen charakteristisch ist, wird in der Regel eine logarithmische Skaleneinteilung verwendet.

- Vertikale Achse: Die Einheit und die Skalierung für die vertikale Achse hängen von der gemessenen Größe und der gewählten Basis ab. Die Parameter sind in Tabelle 3.1 zusammengestellt.

- Einheiten und Wertebereiche für die vertikale Achse des Bode-Plotters

Tabelle 3.1 • Einheiten und Wertebereiche für die vertikale Achse

Gemessene Größe	Basis	Minimaler Anfangswert	Maximaler Endwert
Betrag (Spannungsverstärkung)	Logarithmisch	-200 dB	200 dB
Betrag (Spannungsverstärkung)	Linear	0	10e+09
Phase	Logarithmisch	-720°	720°
Phase	Linear	-720°	720°

Bei Messung der Spannungsverstärkung gibt die vertikale Achse das Verhältnis der Ausgangs- zur Eingangsspannung der Schaltung an. Bei logarithmischer Skala wird der Betrag in der Einheit „Dezibel"angegeben. Bei der linearen Skala zeigt die vertikale Achse das Verhältnis der Ausgangs- zur Eingangsspannung. Bei Messung der Phase zeigt die vertikale Achse den Phasenwinkel in Grad. Anfangswert (I) und Endwert (F) kann man ungeachtet der Einheit mit den Steuerelementen des Bode-Plotters einstellen.

- Anzeigefelder: Sie können für einen beliebigen Diagrammpunkt den Wert der Frequenz, des Betrags oder der Phasenlage anzeigen lassen, indem man den vertikalen Cursor an den gewünschten Punkt verschiebt. Der vertikale Cursor befindet sich anfangs am linken Rand des Bode-Plotter-Bildschirms.

Um den vertikalen Cursor zu verschieben,

- klickt man auf die Pfeile unten im Bode-Plotter

- zieht man den vertikalen Cursor vom linken Rand des Bode-Plotter-Bildschirms zu dem zu messenden Punkt der Kennlinie.

Der Betrag (oder die Phase) und die Frequenz im Schnittpunkt des vertikalen Cursors mit der Kennlinie wird in den Feldern neben den Pfeilen angezeigt.

Die Tiefpass-Schaltung von Abb. 3.2 hat eine Grenzfrequenz f_g von

$$f_g = \frac{1}{2 \cdot \pi \cdot R \cdot C} = \frac{1}{2 \cdot 3{,}14 \cdot 1k\Omega \cdot 1\mu F} \approx 160Hz$$

Dabei ist die Bedingung erfüllt mit R = X_C (ohmscher Widerstand = kapazitiver Blindwiderstand). Die Phasenverschiebung ist

$$\tan\phi = \frac{X_2}{R} = \frac{-1k\Omega}{1k\Omega} = -1 \quad \Rightarrow \quad \phi = -45°$$

Die logarithmische Skalierung wird verwendet, wenn die zu vergleichenden Werte in einem sehr großen Wertebereich liegen. Dies ist bei der Analyse des Frequenzverhaltens der Regelfall. Der Dezibelwert für die Spannungsverstärkung eines Signals wird wie folgt berechnet:

$$a_{dB} = 20 \cdot \log\left(\frac{U_e}{U_-}\right)$$

Bei der Grenzfrequenz von f_g = 160 Hz tritt eine Dämpfung von a = 3 dB auf.

Man kann für einen beliebigen Diagrammpunkt den Wert der Frequenz, des Betrags oder der Phasenlage anzeigen lassen, indem man den vertikalen Cursor an den gewünschten Punkt verschiebt. Der vertikale Cursor befindet sich anfangs am linken Rand des Bode-Plotter-Bildschirms. Um den vertikalen Cursor zu verschieben,

- klickt man auf die Pfeile unten im Bode-Plotter oder
- zieht man den vertikalen Cursor vom linken Rand des Bode-Plotter-Bildschirms an den zu messenden Punkt der Kennlinie.

Das Messergebnis lautet 160 Hz bei -3 dB.

Auch die Messung der Phasenverschiebung wird im Frequenzbereich von 1 Hz bis 1 kHz ausgeführt. Führt man die Messung durch, ergibt sich bei der Einstellung des Messcursors eine Frequenz von f = 160 Hz und eine Phasenverschiebung von φ = –45°. Bei der Grenzfrequenz tritt zwischen dem Widerstand R und dem Kondensator C eine Phasenverschiebung von –45° auf.

Der Amplituden-Frequenzgang |G(jω)| ist der Betrag der komplexen Übertragungsfunktion in Abhängigkeit der Frequenz. Der Phasen-Frequenzgang ist der Phasenwinkelverlauf φ(ω) = arcG(jω) der komplexen Übertragungsfunktion in Abhängigkeit von der Frequenz. Das Bode-Diagramm ist der Verlauf des Dämpfungsmaßes a(ω) oder auch des Phasenmaßes b(ω) über einer logarithmischen Frequenzachse.

3.1.2 Berechnungen und Simulation eines RC-Tiefpasses

Für die Berechnungen zum RC-Tiefpass gelten folgende Formeln:

R = –X$_c$

$$f_g = \frac{1}{2 \cdot \pi \cdot R \cdot C}$$

$$\frac{U_2}{U_1} = \frac{X_C}{Z} = \frac{R}{\sqrt{R^2 + X_C^2}} = \frac{1}{\sqrt{2}} = 0{,}707$$

$$U_2 = \frac{U_1}{\sqrt{2}} = 0{,}707 \cdot U_1$$

$$U_1 = \sqrt{2} \cdot U_2 = 1{,}414 \cdot U_2$$

$$Z = \frac{R}{\cos\phi}$$

f_g	Grenzfrequenz in Hz
R	Widerstand in Ω
Z	Scheinwiderstand in Ω
C	Kondensator in F
X_C	kapazitiver Blindwiderstand
φ	Phasenwinkel
cos φ	Leistungsfaktor
tan δ	Verlustfaktor
δ	Verlustwinkel (delta)
f	Frequenz der Wechselspannung in Hz

$$R = Z \cdot \cos\phi$$

$$\tan\phi = -\frac{1}{\omega \cdot R \cdot C}$$

$$U = \frac{I \cdot R}{\cos\phi} \qquad R = -\frac{U \cdot \cos\phi}{I}$$

$$\cos\phi = \frac{R}{Z} \qquad \cos\phi = \frac{U_R}{U}$$

R ≠ X_c

$$U_2 = U_1 \cdot \frac{X_C}{Z} = U_1 \cdot \frac{X_C}{\sqrt{R^2 + X_C^2}} = \frac{U_1}{\omega \cdot C \cdot \sqrt{R^2 + \left(\frac{1}{\omega \cdot C}\right)^2}}$$

U_1 Eingangsspannung
U_2 Ausgangsspannung
s Siebfaktor

$$U_1 = U_2 \cdot \frac{Z}{X_C} = U_2 \cdot \frac{\sqrt{R^2 + X_C^2}}{X_C} = U_2 \cdot \omega \cdot C \cdot \sqrt{R^2 + \left(\frac{1}{\omega \cdot C}\right)^2}$$

$$X_C = \frac{1}{\omega \cdot C} \qquad X_C = Z \cdot \frac{U_2}{U_1} = \frac{Z}{S}$$

$$f = \frac{U_1}{U_2 \cdot 2 \cdot \pi \cdot C \cdot \sqrt{R^2 + X_C^2}}$$

$$f_g = \frac{1}{2 \cdot \pi \cdot R \cdot C} = \frac{1}{2 \cdot 3{,}14 \cdot 1k\Omega \cdot 1\mu F} = 160Hz$$

$$\tan\phi = -\frac{1}{2 \cdot \pi \cdot f \cdot R \cdot C} = -\frac{1}{2 \cdot 3{,}14 \cdot 160Hz \cdot 1k\Omega \cdot 1\mu F} = 1 \quad \Rightarrow \quad \phi = 45°$$

Simulation und Rechnung sind identisch.

3.1.3 • LR-Tiefpass

Statt eines Kondensators verwendet man beim LR-Tiefpass eine Spule, wie Abb. 3.3 zeigt.

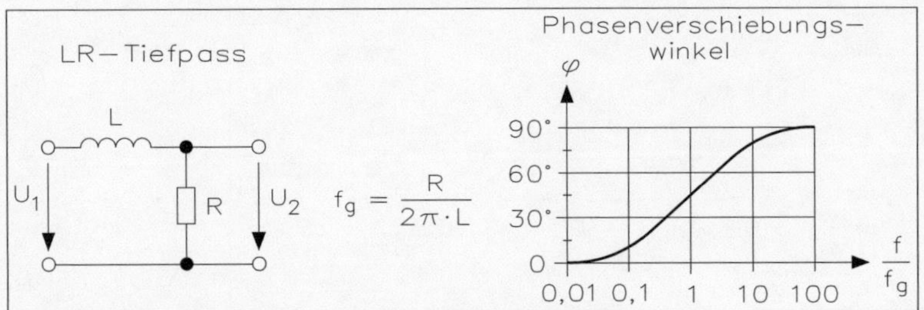

Abb. 3.3: Schaltung eines LR-Tiefpasses mit einer Spule.

Für den LR-Tiefpass gilt: Durchlassbereich: $f > f_g$
Sperrbereich: $f < f_g$
Grenzfrequenz: f_g bei $R = X_L$

Für die Berechnung eines LR-Tiefpasses gelten die folgenden Formeln:

$$f_g = \frac{R}{2 \cdot \pi \cdot L}$$

$$\frac{U_2}{U_1} = \frac{R}{Z} = \frac{R}{\sqrt{R^2 + X_L^2}} = \frac{1}{\sqrt{2}} = 0{,}707$$

$$U_2 = \frac{U_1}{\sqrt{2}} = 0{,}707 \cdot U_1$$

$$U_1 = \sqrt{2} \cdot U_2 = 1{,}414 \cdot U_2$$

$R \neq -X_C$

$$U_2 = U_1 \cdot \frac{X_L}{Z} = U_1 \cdot \frac{X_L}{\sqrt{R^2 + X_L^2}} = \frac{U_1 \cdot \omega \cdot L}{\sqrt{R^2 + (\omega \cdot L)^2}}$$

$$U_1 = U_2 \cdot \frac{Z}{X_L} = U_2 \cdot \frac{\sqrt{R^2 + X_L^2}}{X_L} = U_2 \cdot \frac{\sqrt{R^2 + (\omega \cdot L)^2}}{X_L}$$

$$X_L = \omega \cdot L = \sqrt{Z^2 - R^2}$$

$$Z = \sqrt{R^2 + X_L^2} = \sqrt{R^2 + (\omega \cdot L)^2} \qquad Z = R \cdot \frac{U_1}{U_2}$$

$$R = \sqrt{Z^2 - X_L^2} = \sqrt{Z^2 - (\omega \cdot L)^2}$$

Abb. 3.4 zeigt eine Simulation eines LR-Hochpass-Filters.

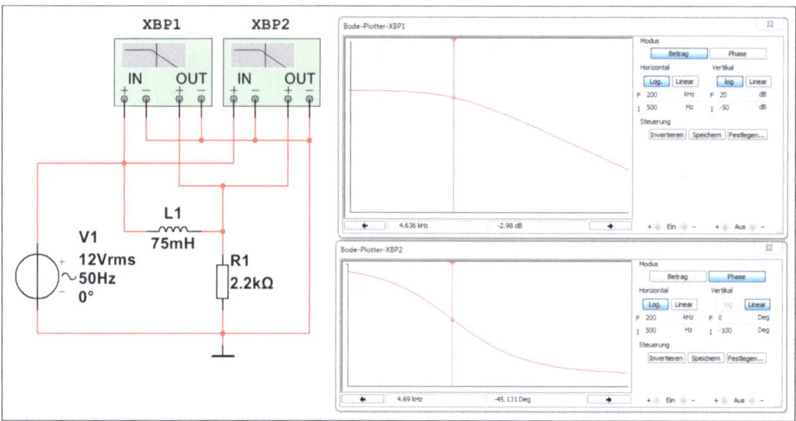

Abb. 3.4 • Simulation eines LR-Hochpass-Filters.

Die Berechnung eines LR-Hochpass-Filters lautet

$$f_g = \frac{R}{2 \cdot \pi \cdot L} = \frac{2{,}2k\Omega}{2 \cdot 3.14 \cdot 75mH} = 4{,}746kHz$$

Simulation und Rechnung sind identisch.

3.1.4 • CR-Hochpass

Beim CR-Hochpass werden Widerstand und Kondensator getauscht, wie Abb. 3.5 zeigt.

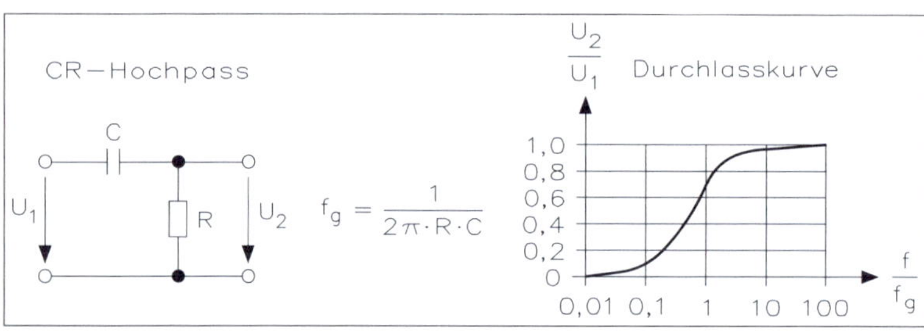

Abb. 3.5 • Schaltung eines CR-Hochpasses.

Für den CR-Hochpass gilt: Durchlassbereich: $f > f_g$
Für den CR-Hochpass gilt: Sperrbereich: $f < f_g$
Für den CR-Hochpass gilt: Grenzfrequenz: f_g bei $R = X_C$

Für die Berechnungen eines CR-Hochpasses gelten die folgenden Formeln:

$$f_g = \frac{1}{2 \cdot \pi \cdot R \cdot C}$$

$$\frac{U_2}{U_1} = \frac{R}{Z} = \frac{R}{\sqrt{R^2 + X_C^2}} = \frac{1}{\sqrt{2}} = 0{,}707$$

$$U_2 = \frac{U_1}{\sqrt{2}} = 0{,}707 \cdot U_1$$

$$U_1 = \sqrt{2} \cdot U_2 = 1{,}414 \cdot U_2$$

R ≠ X$_C$

$$U_2 = U_1 \cdot \frac{R}{Z} = U_1 \cdot \frac{R}{\sqrt{(R + X_C)^2}} = \frac{U_1 \cdot R}{\sqrt{R^2 + \left(\frac{1}{\omega \cdot C}\right)^2}}$$

$$U_1 = U_2 \cdot \frac{Z}{R} = U_2 \cdot \frac{\sqrt{R^2 + X_C^2}}{R} = \frac{U_2 \cdot \sqrt{R^2 + \left(\frac{1}{\omega \cdot C}\right)^2}}{R}$$

$$X_C = \frac{1}{\omega \cdot C} = \sqrt{Z^2 - R^2}$$

$$Z = \sqrt{R^2 + X_C^2} = \sqrt{R^2 + \left(\frac{1}{\omega \cdot C}\right)^2} \qquad Z = R \cdot \frac{U_1}{U_2} = s \cdot R$$

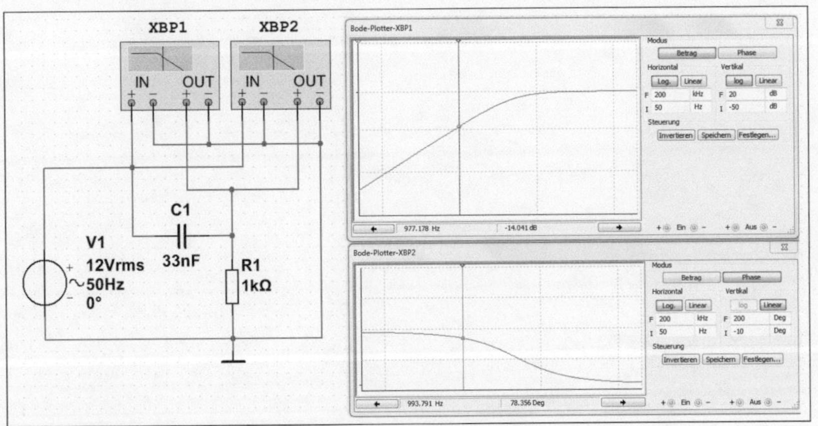

Abb. 3.6 • Simulation eines CR-Hochpasses mit Kondensator.

Die Simulation eines CR-Hochpasses mit Kondensator zeigt Abb. 3.6. Die Berechnung lautet

$$f_g = \frac{1}{2 \cdot \pi \cdot R \cdot C} = \frac{1}{2 \cdot 3{,}14 \cdot 1k\Omega \cdot 33nF} = 48{,}2kHz$$

Simulation und Rechnung sind identisch.

3.1.5 • RL-Hochpass

Bei dem RL-Hochpass von Abb. 3.7 liegt die Signalspannung an dem Widerstand und die Spule bildet den Ausgang.

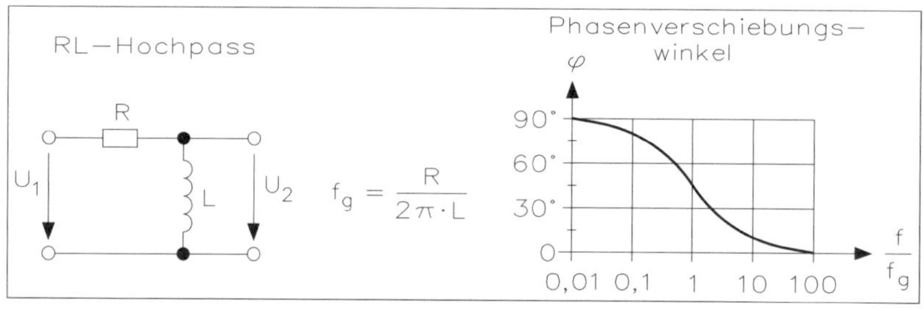

Abb. 3.7 • Schaltung am RL-Hochpass.

Für den RL-Hochpass gilt Durchlassbereich: $f > f_g$
Sperrbereich: $f < f_g$
Grenzfrequenz: f_g bei $R = X_C$

Für die Berechnungen eines RL-Hochpasses gelten die folgenden Formeln:

$$f_g = \frac{R}{2 \cdot \pi \cdot L}$$

$$\frac{U_2}{U_1} = \frac{X_L}{Z} = \frac{R}{\sqrt{R^2 + X_L^2}} = \frac{1}{\sqrt{2}} = 0{,}707$$

$$U_2 = \frac{U_1}{\sqrt{2}} = 0{,}707 \cdot U_1$$

$$U_1 = \sqrt{2} \cdot U_2 = 1{,}414 \cdot U_2$$

R ≠ X_L

$$U_2 = U_1 \cdot \frac{X_L}{Z} = U_1 \cdot \frac{X_L}{\sqrt{R^2 + X_L^2}} = \frac{U_1 \cdot \omega \cdot L}{\sqrt{R^2 + (\omega \cdot L)^2}}$$

$$U_1 = U_2 \cdot \frac{Z}{X_L} = U_2 \cdot \frac{\sqrt{R^2 + X_L^2}}{X_L} = U_2 \cdot \frac{\sqrt{R^2 + (\omega \cdot L)^2}}{\omega \cdot L}$$

$$Z = \sqrt{R^2 + X_L^2} = \sqrt{(Z^2 + (\omega \cdot L)^2} \qquad Z = X_L \cdot \frac{U_1}{U_2} = s \cdot X_L$$

$$R = \sqrt{Z^2 - X_L^2} = \sqrt{R^2 - (\omega \cdot L)^2}$$

Abb. 3.8 zeigt die Simulation eines RL-Hochpasses mit den Bauteilen R = 15 kΩ und der Spule mit L = 22 mH.

$$f_g = \frac{R}{2 \cdot \pi \cdot L} = \frac{15k\Omega}{2 \cdot 3{,}14 \cdot 22mH} = 108kHz$$

Simulation und Rechnung sind identisch.

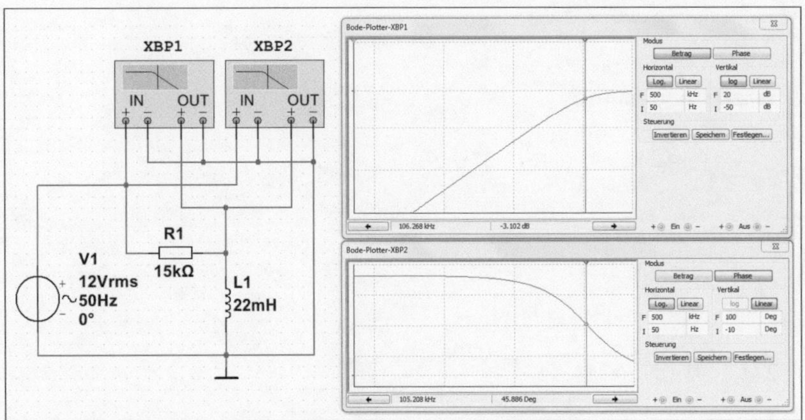

Abb. 3.8 • Simulation eines RL-Hochpasses.

3.1.6 • LC-Glied

Ein LC-Glied besteht aus einer Spule und einem Kondensator wie Abb. 3.9 zeigt.

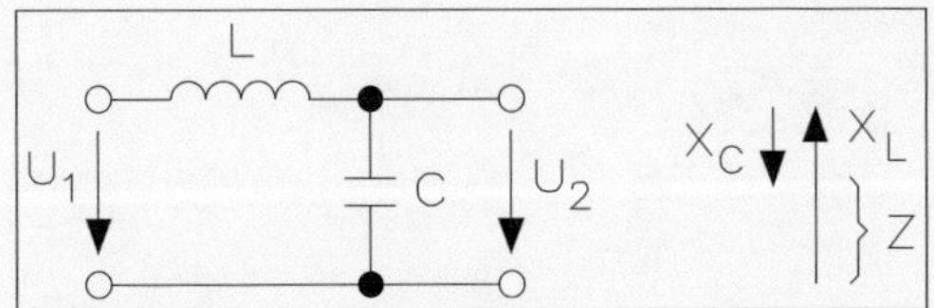

Abb. 3.9 • Schaltung eines LC-Glieds.

Für die Berechnungen eines LC-Hochpasses gelten die folgenden Formeln:

$$\frac{U_2}{U_1} = \frac{X_L}{Z}$$

$$U_2 = U_1 \cdot \frac{X_L}{Z} = U_1 \cdot \frac{X_L}{X_L - X_C} = U_1 \cdot \frac{\omega \cdot L}{\omega L - \frac{1}{\omega \cdot C}}$$

$$U_1 = U_2 \cdot \frac{Z}{X_L} = U_2 \cdot \frac{X_L - X_C}{X_L} = U_2 \cdot \frac{\omega \cdot L - \frac{1}{\omega \cdot C}}{\omega \cdot L}$$

$$X_L = \omega \cdot L = 2 \cdot \pi \cdot L \qquad X_L = Z \cdot \frac{U_2}{U_1} = \frac{Z}{s}$$

$$X_C = \frac{1}{\omega \cdot C} = \frac{1}{2 \cdot \pi \cdot f \cdot C} \qquad X_C = X_L - Z$$

$$Z = X_L - X_C = \omega \cdot L - \frac{1}{\omega \cdot C} \qquad Z = X_L \cdot \frac{}{} = s \cdot X_L$$

Voraussetzung ist die richtige Anpassung, d. h.

$$Z_1 = Z_2 = Z = \sqrt{\frac{L}{C}}$$

Die Formel für die Berechnung lautet:

$$f_g = \frac{1}{2 \cdot \pi \cdot \sqrt{L \cdot C}} = \frac{1}{2 \cdot 3{,}14 \cdot \sqrt{22mH \cdot 1\mu F}} = 1{,}07kHz$$

$$L = \frac{Z}{2 \cdot \pi \cdot f_g} = \frac{148\Omega}{2 \cdot 3{,}14 \cdot 1{,}07kHz} = 22mH$$

$$C = \frac{1}{2 \cdot \pi \cdot f_g \cdot Z} = \frac{1}{2 \cdot 3{,}14 \cdot 1{,}07kHz \cdot 148\Omega} = 1{,}07\mu F$$

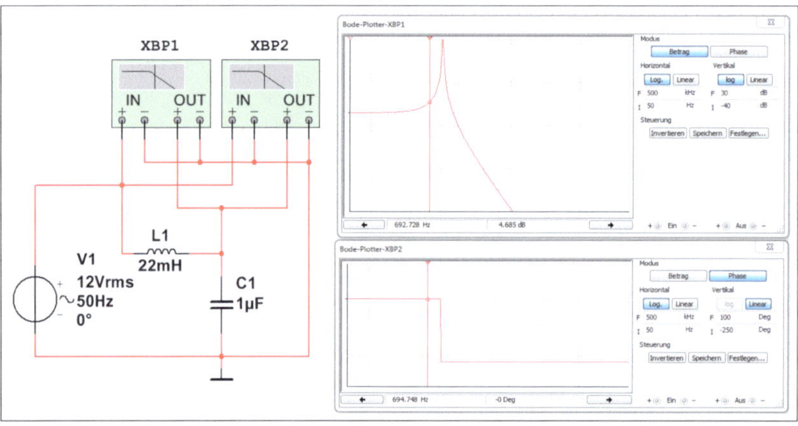

Abb. 3.10 • zeigt die Simulation eines LC-Glieds.

Abb. 3.10 zeigt die Simulation eines LC-Glieds.

$$Z_1 = Z_2 = Z = \sqrt{\frac{L}{C}} = \sqrt{\frac{22mH}{1\mu F}} = 148\Omega$$

Es wurde die Eingangs- und Ausgangsimpedanz von 60 Ω in der Schaltung verwendet.

Messung und Rechnung sind identisch.

3.1.7 • CL-Glied

Ein CL-Glied besteht aus einer Spule und einem Kondensator wie Abb. 3.11 zeigt.

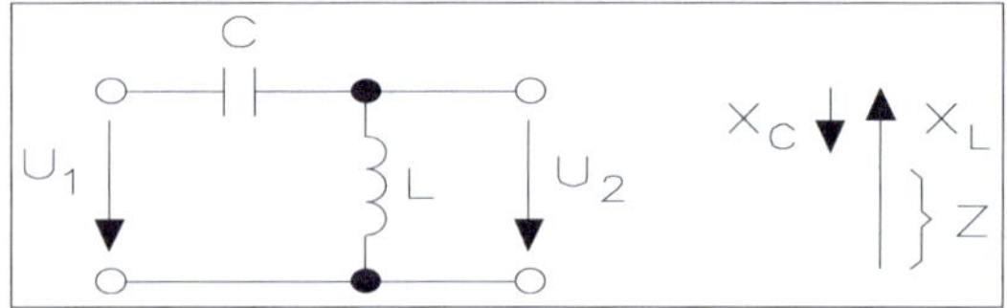

Abb. 3.11 • Schaltung eines CL-Glieds.

Für die Berechnungen eines CL-Hochpasses gelten die folgenden Formeln:

$$\frac{U_2}{U_1} = \frac{X_L}{Z}$$

$$U_1 = U_2 \cdot \frac{Z}{X_L} = U_2 \cdot \frac{X_L - X_C}{X_L} = U_2 \cdot \frac{\omega \cdot L - \frac{1}{\omega \cdot C}}{\omega \cdot L} \qquad U_2 = U_1 \cdot \frac{X_L}{Z} = U_1 \cdot \frac{X_L}{X_L - X_C} = U_1 \cdot \frac{\omega \cdot L}{\omega L - \frac{1}{\omega \cdot C}}$$

$$X_L = \omega \cdot L = 2 \cdot \pi \cdot L \qquad X_L = Z \cdot \frac{U_2}{U_1} = \frac{Z}{s}$$

$$X_C = \frac{1}{\omega \cdot C} = \frac{1}{2 \cdot \pi \cdot f \cdot C} \qquad X_C = X_L - Z$$

$$Z = X_L - X_C = \omega \cdot L - \frac{1}{\omega \cdot C} \qquad Z = X_L \cdot \frac{U_1}{U_2} = s \cdot X_L$$

Voraussetzung ist die richtige Anpassung, d. h.

$$Z_1 = Z_2 = Z = \sqrt{\frac{L}{C}} = \sqrt{\frac{22mH}{22nF}} = 1k\Omega$$

Die Formel für die Berechnung lautet:

$$f_g = \frac{1}{2 \cdot \pi \cdot \sqrt{L \cdot C}} = \frac{1}{2 \cdot 3{,}14 \cdot \sqrt{22mH \cdot 22nF}} = 7{,}23kHz$$

$$L = \frac{Z}{2 \cdot \pi \cdot f_g} = \frac{1k\Omega}{2 \cdot 3{,}14 \cdot 7{,}23kHz} = 22mH$$

$$C = \frac{1}{2 \cdot \pi \cdot f_g \cdot Z} = \frac{1}{2 \cdot 3{,}14 \cdot 7{,}23kHz \cdot 1k\Omega} = 22nF$$

Es wurde die Eingangs- und Ausgangsimpedanz von 60 Ω in der Schaltung verwendet. Abb. 3.12 zeigt die Simulation eines CL-Glieds.

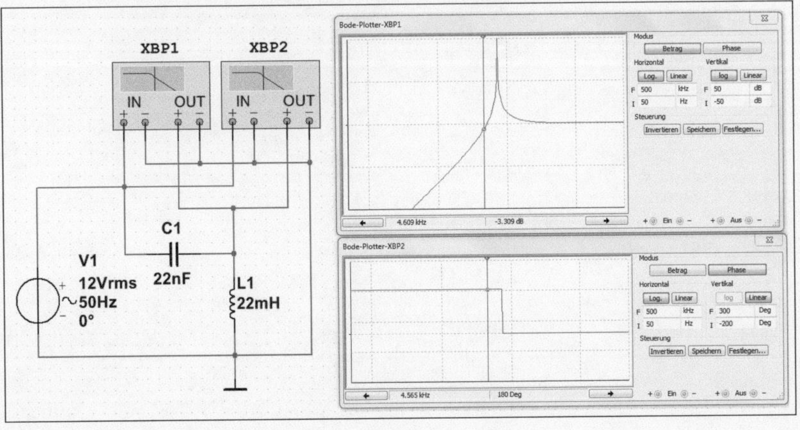

Abb. 3.12 • Simulation eines CL-Glieds.

3.1.8 • T- und п-Tiefpass

Ein T- und п-Tiefpass besteht aus einer oder zwei Spulen und einem oder zwei Kondensatoren wie Abb. 3.13 zeigt.

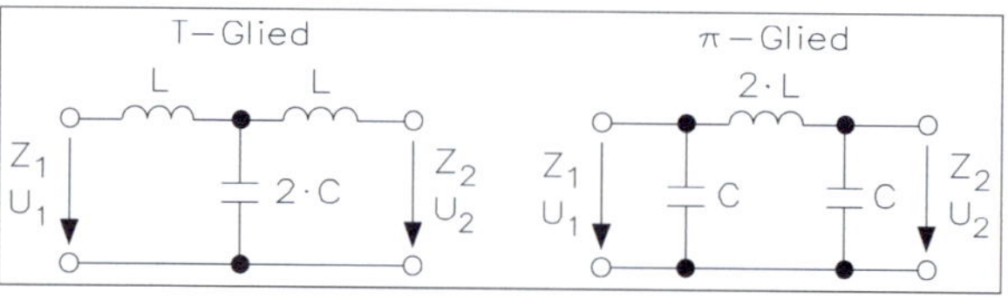

Abb. 3.13 • Schaltung eines T-Tiefpasses.
Durchlassbereich: $f < f_g$
Sperrbereich: $f > f_g$

Die gleichen Formeln gelten für ein T-Glied mit zwei Einzelspulen von je L (Henry) und einem Kondensator von 2C (Farad) und für ein π-Glied mit einer Spule von 2L und zwei Einzelkondensatoren von je C.

Für die eine Anpassung ist erforderlich und diese errechnet sich aus:

$$Z_1 = Z_2 = Z = \sqrt{\frac{L}{C}} = \sqrt{\frac{22mH}{22nF}} = 1k\Omega$$

Die Grenzfrequenz ist die Resonanzfrequenz für L und C:

$$f_g = \frac{1}{2 \cdot \pi \cdot \sqrt{L \cdot C}}$$

$$L = \frac{Z}{2 \cdot \pi \cdot f_g}$$

$$C = \frac{1}{2 \cdot \pi \cdot f_g \cdot Z}$$

Abb. 3.14 zeigt die Simulation eines T-Tiefpasses und Abb. 3.15 eines п-Tiefpasses.

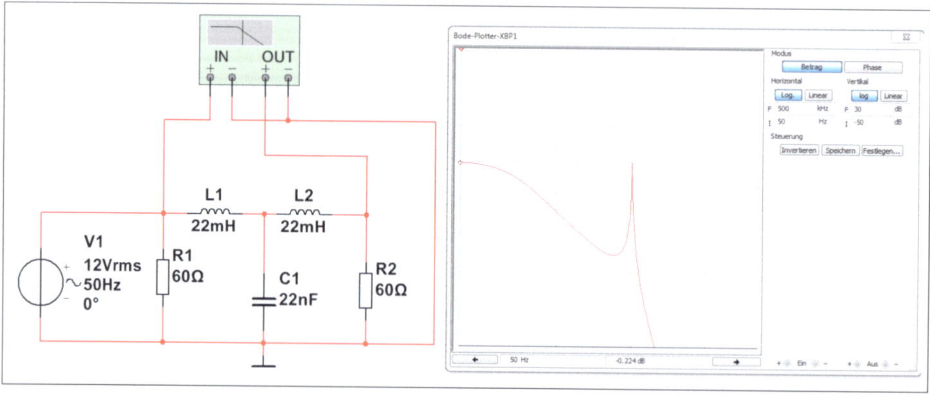

Abb. 3.14 • Simulation eines T-Tiefpasses.

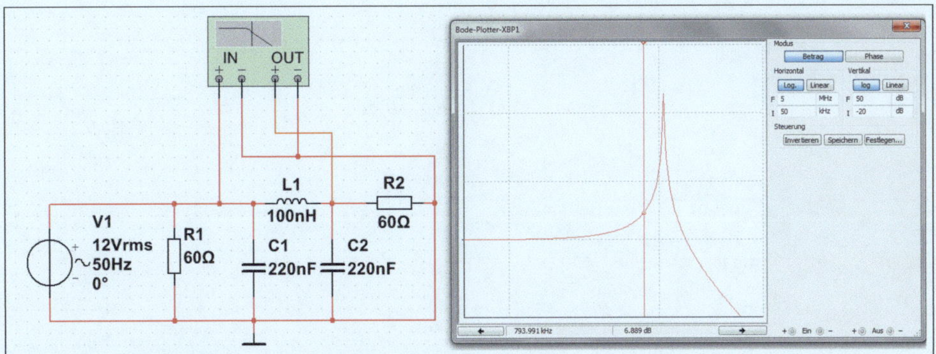

Abb. 3.15 • Simulation eines п-Tiefpasses.

3.1.9 • T- und п-Hochpass

Ein LC-Glied besteht aus einer Spule und einem Kondensator wie Abb. 3.16 zeigt.

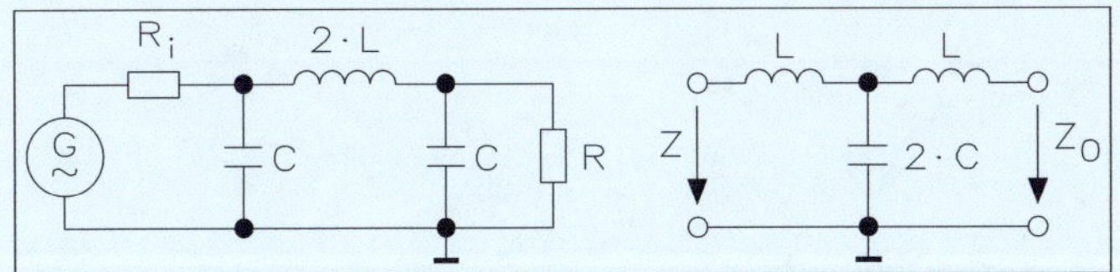

Abb. 3.16 • Schaltung eines Hochpasses.
Durchlassbereich: $f > f_g$
Sperrbereich: $f < f_g$

Die gleichen Formeln gelten für ein T-Glied mit zwei Einzelspulen von je L (Henry) und einem Kondensator von 2C (Farad) und für ein π-Glied mit einer Spule von 2L und zwei Einzelkondensatoren von je C.

Für die Grenzfrequenz ist eine richtige Anpassung erforderlich:

$$Z_1 = Z_2 = Z = \sqrt{\frac{L}{C}}$$

Die Grenzfrequenz ist die Resonanzfrequenz für L und C:

$$f_g = \frac{1}{2 \cdot \pi \cdot \sqrt{L \cdot C}}$$

$$L = \frac{Z}{2 \cdot \pi \cdot f_g}$$

$$C = \frac{1}{2 \cdot \pi \cdot f_g \cdot Z}$$

Abb. 3.17 zeigt die Simulation eines T-Hochpasses. Die Anpassung errechnet sich aus

$$Z = \sqrt{\frac{L}{C}} = \sqrt{\frac{4{,}7mH}{440nF}} = 103\Omega$$

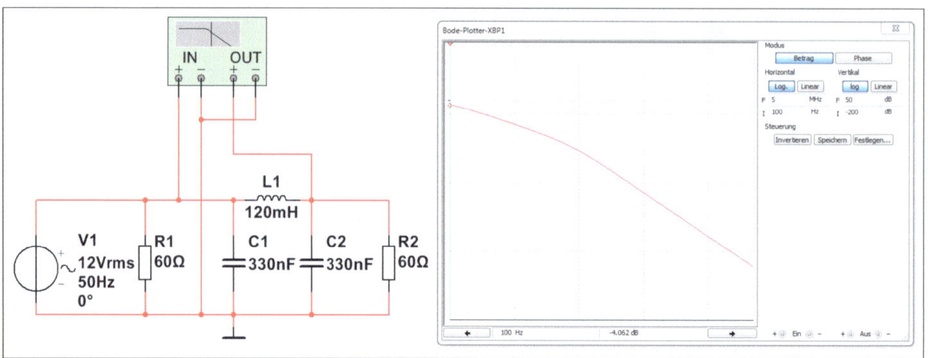

Abb. 3.17 • Simulation eines T-Hochpasses.

Die Grenzfrequenz ist die Resonanzfrequenz für L und C:

$$f_g = \frac{1}{2 \cdot \pi \cdot \sqrt{L \cdot C}} = \frac{1}{2 \cdot 3{,}14 \cdot \sqrt{4{,}7mH \cdot 440nF}} = 3{,}5kHz$$

$$L = \frac{Z}{2 \cdot \pi \cdot f_g} = \frac{103\Omega}{2 \cdot 3{,}14 \cdot 3{,}5kHz} = 4{,}7mH$$

$$C = \frac{1}{2 \cdot \pi \cdot f_g \cdot Z} = \frac{1}{2 \cdot 3{,}14 \cdot 3{,}5kHz \cdot 103\Omega} = 442nF$$

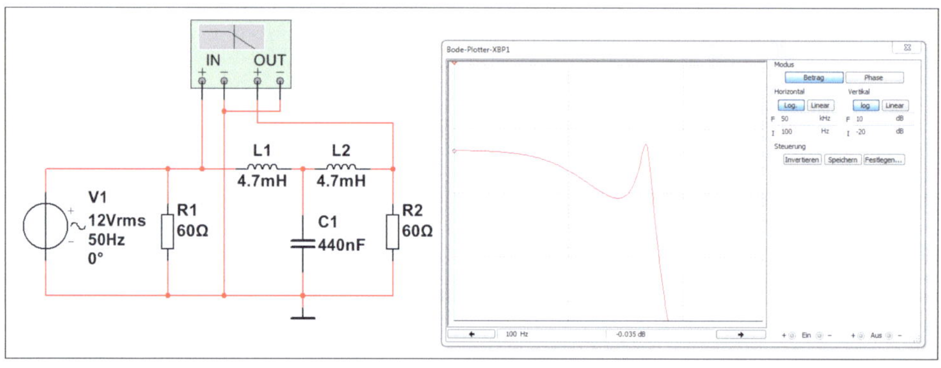

Abb. 3.18 • Simulation eines Π-Hochpasses.

Abb. 3.18 zeigt die Simulation eines π-Hochpasses. Die Anpassung errechnet sich aus

$$Z = \sqrt{\frac{L}{C}} = \sqrt{\frac{120mH}{330nF}} = 603\Omega$$

Die Grenzfrequenz ist die Resonanzfrequenz für L und C:

$$f_g = \frac{1}{2 \cdot \pi \cdot \sqrt{L \cdot C}} = \frac{1}{2 \cdot 3{,}14 \cdot \sqrt{120mH \cdot 330nF}} = 800Hz$$

$$L = \frac{Z}{2 \cdot \pi \cdot f_g} = \frac{603\Omega}{2 \cdot 3{,}14 \cdot 800Hz} = 120mH$$

$$C = \frac{1}{2 \cdot \pi \cdot f_g \cdot Z} = \frac{1}{2 \cdot 3{,}14 \cdot 800Hz \cdot 603\Omega} = 330nF$$

3.2 • Impedanzanpassung

Generatorimpedanz und Lastimpedanz können unterschiedlich sein. Für eine reflexionsfreie Anpassung ist jedoch zu fordern: $Z_G = Z_L$. Um diese zu erreichen, stehen verschiedene Netzwerke zur Verfügung, die jedoch grundsätzlich zu einer Dämpfung $a = U_a/U_e$ führen, wobei $a < 1$ ist.

3.2.1 • Reihenwiderstand

Nach Abb. 3.19 werden Generator und Last über den Widerstand R zusammengeschaltet. Für eine optimale Leistungsübertragung gilt bei $Z_L < Z_G$ die Gleichung $Z_G = R + Z_L$. In diesem Fall ist eine Anpassung nur von der Generatorseite gegeben. Ähnlich ist es auch bei $Z_L > Z_G$, wenn man anstelle des Reihenwiderstands einen Parallelwiderstand R einschaltet und dann ist $Z_G = \frac{R \cdot Z_L}{R + Z_L}$. Auch hier ist nur eine Anpassung von einer Seite möglich. Diese Probleme werden mit den nachfolgenden Schaltungen gelöst.

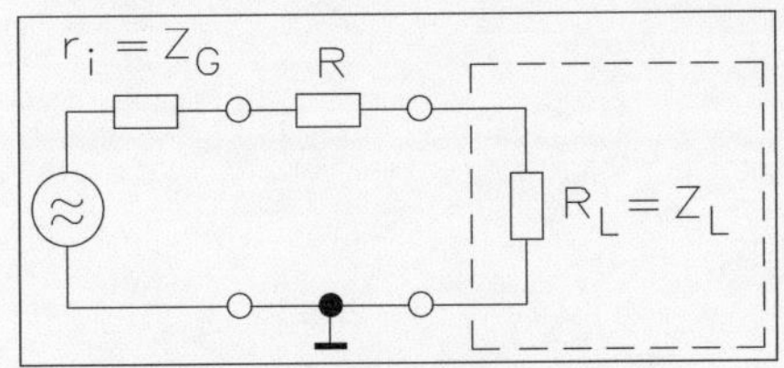

Abb. 3.19 • Generatorimpedanz und Lastimpedanz.

- **L-Glied für $Z_L > Z_G$:**

Das Einschalten eines L-Glieds ist in Abb. 3.20 gezeigt. Für die Bedingung $Z_L > Z_G$ gelten die folgenden Gleichungen:

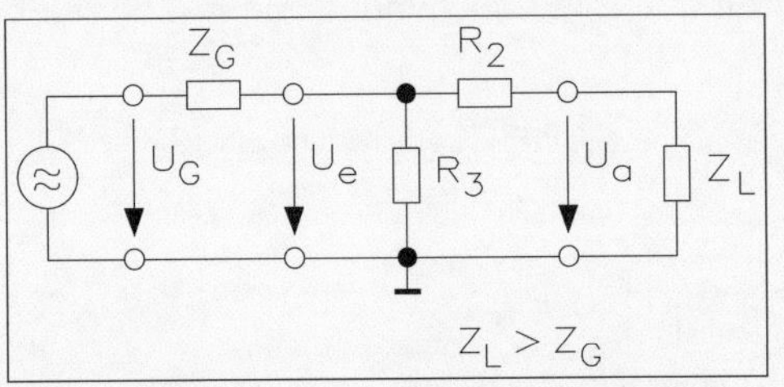

Abb. 3.20 • Schaltung für die Bedingung $Z_L > Z_G$.

Dämpfung: $a = U_a/U_e$ mit $a < 1$ sowie $U_e = U_G/2$ wegen der Anpassung $R_G = R_L$.

$$a = \frac{1}{1+\sqrt{1-\frac{Z_G}{Z_L}}}$$

Impedanzen: $Z_L = R_2 + \frac{Z_G \cdot R_3}{Z_G + R_3}$ $\qquad Z_G = \frac{R_3 \cdot (R_2 + Z_L)}{R_3 + R_2 + Z_L}$

$$R_2 = \sqrt{Z_L \cdot (Z_L - Z_G)} = Z_L \cdot \sqrt{1-\frac{Z_G}{Z_L}} = Z_L \cdot x$$

$$R_3 = Z_G \cdot \sqrt{\frac{Z_L}{Z_L - Z_G}} = Z_G \cdot \frac{1}{\sqrt{1-\frac{Z_G}{Z_L}}} = Z_G \cdot y$$

Kontrolle: Es ist x · y = 1; somit $Z_L = Z_G$

Beispiel: $U_G = 10$ V, $Z_G = 50\ \Omega$, $Z_L = 120\ \Omega$

$$a = \frac{1}{1+\sqrt{1-\frac{Z_G}{Z_L}}} = \frac{1}{1+\sqrt{1-\frac{50\Omega}{120\Omega}}} = 0{,}5669$$

und daraus folgt

$$U_a = \frac{U_G}{2} \cdot a = \frac{10V}{2} \cdot 0{,}5669 = 2{,}835V$$

$$R_2 = Z_L \cdot \sqrt{1-\frac{Z_G}{Z_L}} = 120\Omega \cdot \sqrt{1-\frac{50\Omega}{120\Omega}} = 91{,}65\Omega$$

$$R_3 = Z_L \cdot \frac{1}{\sqrt{1-\frac{Z_G}{Z_L}}} = 120\Omega \cdot \frac{1}{\sqrt{1-\frac{50\Omega}{120\Omega}}} = 65{,}46V$$

- **L-Glied für $Z_G > Z_L$**

Die Schaltung ist in Abb. 3.21 gezeigt. Es gelten ähnliche Gleichungen wie in Abb. 3.20 mit:

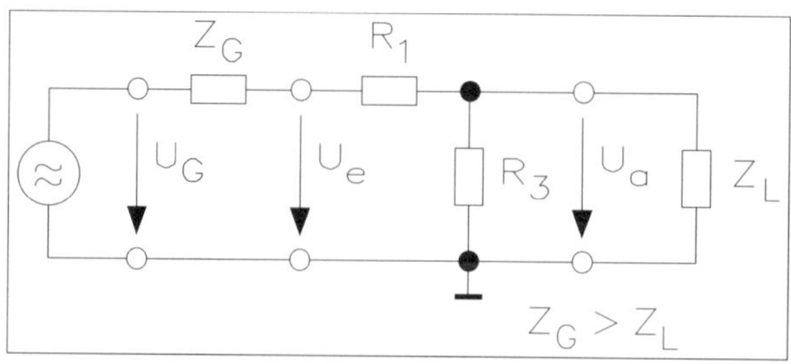

Abb. 3.21 • Schaltung eines L-Glieds mit $Z_G > Z_L$.

$a = \frac{U_a}{U_e}$ mit a < 1, sowie $U_e = \frac{U_G}{2}$

Dämpfung: $a = 1 - \sqrt{\frac{Z_L}{Z_G}}$

$$R_1 = \sqrt{Z_G \cdot (Z_G - Z_L)} = Z_G \cdot \sqrt{1 - \frac{Z_L}{Z_G}} = Z_G \cdot m$$

$$R_3 = Z_L \cdot \sqrt{\frac{Z_G}{Z_G - Z_L}} = \frac{Z_L}{\sqrt{1 - \frac{Z_L}{Z_G}}} = Z_L \cdot n$$

mit m · n = 1 und dies entspricht wieder $Z_G = Z_L$.

Beispiel: $U_G = 10$ V, $Z_G = 120\ \Omega$, $Z_L = 50\ \Omega$

$$a = 1 - \sqrt{\frac{Z_L}{Z_G}} = 1 - \sqrt{\frac{50\Omega}{120\Omega}} = 1 - 0{,}763 = 0{,}236$$

$$R_1 = Z_G \cdot \sqrt{1 - \frac{Z_L}{Z_G}} = 120\Omega \cdot \sqrt{1 - \frac{50\Omega}{120\Omega}} = 91{,}65\Omega$$

$$R_3 = \frac{Z_L}{\sqrt{1 - \frac{Z_L}{Z_G}}} = \frac{50\Omega}{\sqrt{1 - \frac{50\Omega}{120\Omega}}} = 65{,}46\Omega$$

- **Halbes T-Glied**

Solr die Last einseitig symmetrisch angesteuert werden, so ist die Schaltung von Abb. 3.22 oder Abb. 3.23 zu wählen.

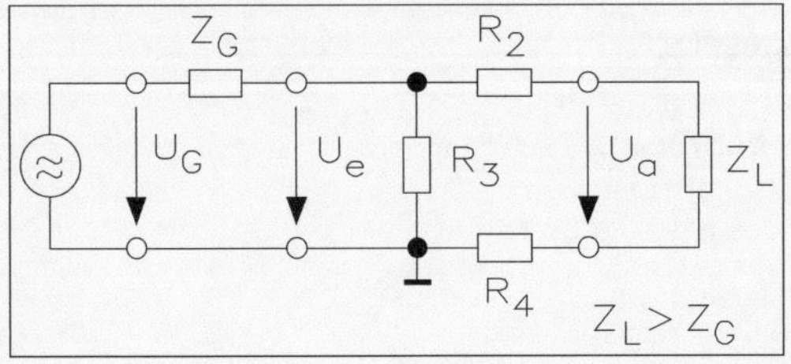

Abb. 3.22 • Einseitig symmetrische Ansteuerung.

Es gelten die gleichen Formeln wie beim L-Glied wie folgt für Abb. 3.22 die Gleichungen für Abb. 3.20, sowie für Abb. 3.23 die Gleichungen für Abb. 3.21. Lediglich die Widerstände R_4 und R_5 sind in Zusammenhang mit den vorher ermittelten Werten von R_2 (für R_4) und R_1 (für R_5) wie folgt zu berechnen. Der an Masse liegende Widerstand R_4 oder R_5 ist $R_4 = Z_L/2$, sowie $R_5 = Z_G/2$. Es ist dann $R_2 = R_2' - R_4$ oder $R_1 = R_1' - R_5$ und hierbei ist R_1' und R_2' der errechnete Wert der Abb. 3.20 und Abb. 3.21.

Beispiel nach Abb. 3.20 (Umwandlung von Abb. 3.20 nach Abb. 3.22). Nach dem gezeigte Beispiel ist R_2 = 91,65 Ω und R_3 = 65,46 Ω sowie a = 0,5669. In dem Beispiel bleiben die Übertragungsdaten erhalten. Es ändert sich lediglich R_2 wie folgt. Zunächst ist

$$R_4 = \frac{Z_L}{2} = \frac{120\Omega}{2} = 60\Omega$$

Daraus folgt mit $R_2 = R_2' - R_4$ die Berechnung von R_2 = 91,65 Ω - 60 Ω = 31,65 Ω.

Das Ergebnis der Gleichung aus den Abb. 3.20 und Abb. 3.21 wird verwendet, um für die Symmetrierung der Abb. 3.22 und Abb. 3.23 die Werte von R_2 und R_4 sowie von R_1 und R_5 zu ermitteln. Wird in den Abb. 3.22 und Abb. 3.2 keine Masseverbindung vorgesehen, also eine erdsymmetrische Schaltung, so wird Abb. 3.2 $R_1 = R_4$ gewählt und in Abb. 3.23 entsprechend $R_1 = R_5$. Auch hier gelten die errechneten Werte aus Abb. 3.22 und Abb. 3.22. Damit sind dann R_1 und R_2 in Abb. 3.22 und Abb. 3.22 nur $0,5 \times R_1$ oder $0,5 \cdot R_5$ aus Abb. 3.20 und Abb. 3.21.

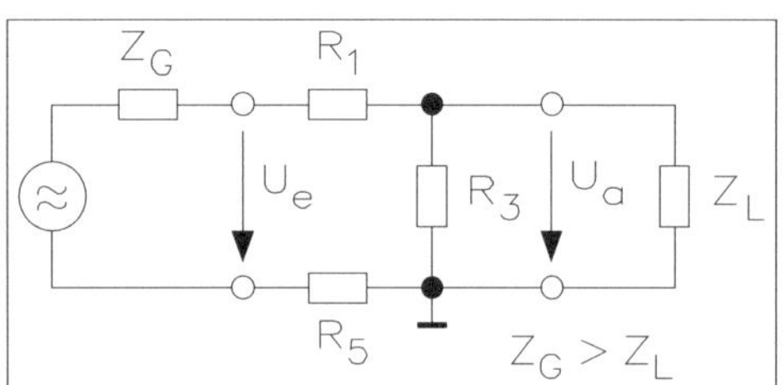

Abb. 3.23 • Beispiel für ein halbes T-Glied.

Bei geringen Unterschieden von Z_G und Z_L lässt sich die Symmetrierung nicht mehr durchführen, da die Widerstände R_2 und R_1 (aus Abb. 3.22 und Abb. 3.23) negative Werte erhalten. Die Grenzbedingung lautet

$$0{,}5 \cdot Z_L \leq Z_L \sqrt{1 - \frac{Z_G}{Z_L}} \quad \text{sowie} \quad \frac{Z_G}{Z_L} \leq 0{,}75$$

• T-Glieder

T-Glieder werden als Dämpfungsvierpole eingesetzt.

$$\frac{U_e}{U_a} = c, \text{ sowie } \ln \frac{U_e}{U_a} = \ln c = d \text{ und dies gilt für } c > 1.$$

$$\frac{U_a}{U_e} = a, \text{ es ist } a < 1 \text{ und dies gilt für } a \cdot c = 1.$$

Mit Z_G = Generatorwiderstand und Z_L = Lastwiderstand ist Z_G/Z_L = b. Bevor die Formelaufstellung erfolgt, soll in der Tabelle 3.1 erläutert werden, wie im Einzelfall die Umwandlung von Einzelkomponenten zu ändern sind. Das gleiche gilt auch für die Umwandlung der Kreuz- (X-) Schaltung in den T-Vierpol und umgekehrt. Die numerischen Bezeichnungen der Einzelkomponenten werden im Formelansatz gemäß den dann dazu gehörenden Abbildungen geändert.

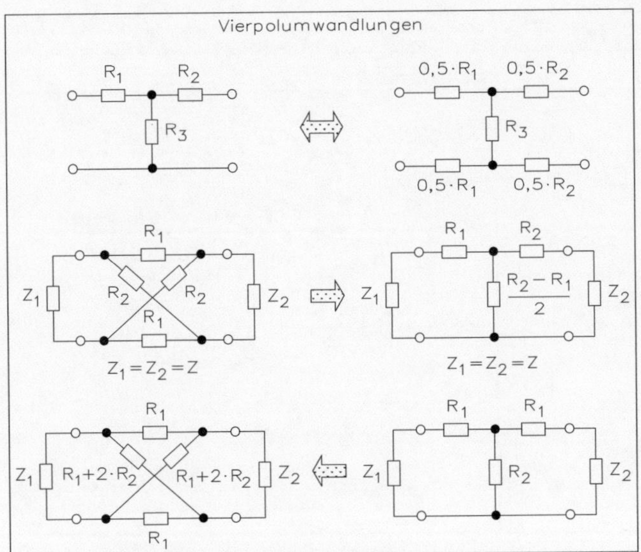

Abb. 3.24 • Vierpolumwandlung.

Es werden jetzt die Einzelgleichungen für das T-Glied nach Abb. 3.24 angegeben und für a, c, b und d wie beim T-Glied.

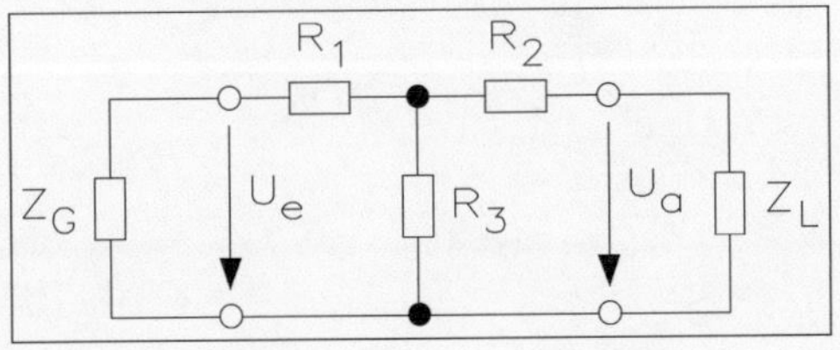

Abb. 3.25 • Schaltung eines T-Glieds.

Für $Z_G \geq Z_L$ von Abb. 3.25 sind die Formeln wie folgt umzustellen.

Mit c = $\frac{U_e}{U_a}$ und b = $\frac{Z_L}{Z_G}$ ist in Abb. 3.25:

$$R_1 = R_G \cdot \frac{c^2+b}{c^2-b} - R_3 \quad \text{sowie} \quad R_2 = R_L \cdot \frac{c^2+b}{c^2-b}$$

$$R_3 = R_L \cdot \frac{2 \cdot c}{c^2-b}$$

Beispiel für $Z_G > Z_L$:

U_e = 10 V, U_a = 2 V, R_G = 200 Ω, R_L = 50 Ω.

Daraus errechnet sich $c = \frac{U_e}{U_a} = \frac{10V}{2V}$ = 5 sowie $b = \frac{Z_L}{Z_G} = \frac{50\Omega}{120\Omega} = 0{,}25$

Tabelle 3.2 zeigt die Formel für die Bedingung $Z_G \leq Z_L$.

Tabelle 3.2 • Formel für $Z_G \leq Z_L$ in Abb. 3.25.

Für $Z_G \leq Z_L$	Für $Z_G = Z_L = Z$
$R_3 = \frac{2 \cdot Z_G \cdot c}{c^2 - b}$ $R_1 = Z_G \cdot \left(\frac{c^2+b}{c^2-b}\right) - R_3$ $R_2 = Z_L \cdot \left(\frac{c^2+b}{c^2-b}\right) - R_3$ Impedanz der Speiseseite Z_1 $Z_1 = \sqrt{Z_L + Z_K}$ mit $Z_L = R_1 + R_3$ und $Z_K = R_1 + \frac{R_2 \cdot R_3}{R_2 + R_3}$ ergibt: $Z_1 = \sqrt{R_1^2 + 2 \cdot R_1 \cdot R_2}$	$R_1 = R_2 = Z \cdot \frac{c-1}{c+1} = Z \cdot \frac{1-a}{1+a} = Z \cdot \tan h\frac{d}{2}$ $R_3 = \frac{Z^2 - R_1^2}{2 \cdot R_1} = \frac{2 \cdot c \cdot Z}{c^2 - 1} = \frac{2 \cdot a \cdot Z}{1 - a^2} = \frac{Z}{\sin hd}$ $Z = R_1 \cdot \sqrt{1 + \frac{2 \cdot R_3}{R_1}}$

$$k_1 = \frac{2 \cdot c}{c^2 - b} = \frac{2 \cdot 5}{5^2 - 0{,}25} = 0{,}404$$

$$k_2 = \frac{c^2 + b}{c^2 - b} = \frac{5^2 + 0{,}25}{5^2 - 0{,}25} = 1{,}02$$

dann ist:

$R_3 = 50\ \Omega \cdot 0{,}404 = 20{,}2\ \Omega$
$R_1 = 200\ \Omega \cdot 1{,}02 - 20{,}2\ \Omega = 183{,}8\ \Omega$
$R_2 = 50\ \Omega \cdot 1{,}02 - 20{,}2\ \Omega = 30{,}81\ \Omega$

Probe: 50 + 30,81 = 80,81 || 20,2 = 16,16 + 183,8 = 199,99 Ω = Z_G

In Tabelle 3.3 sind die Werte von R_1 - R_2 - R_3 für ein 50-Ω-System angegeben, also ist nach Abb. 3.25 Z_L = 50 Ω = Z_G vorhanden.

Beispiel für $Z_G < Z_L$: in Abb. 3.25 ist Z_G = 50 Ω, U_G = 10 V entsprechend U_e = 5 V, U_a = 1 V entsprechend

$$\frac{U_e}{U_a} = \frac{5V}{1V} = c = 5 \text{ sowie } a = \frac{U_a}{U_e} = \frac{1V}{5V} = 0{,}5$$

Mit Z_L = 200 Ω wird $b = \frac{Z_G}{Z_L} = \frac{50\Omega}{200\Omega} = 0{,}25$

Aus diesen Daten errechnet sich dann

Tabelle 3.3 • Werte von R_1, R_2 und R_3 in einem 50-Ω-System.

dB	R_1 [Ω]	R_3 [Ω]	R_2 [Ω]
1	2,875	433,3	2,875
2	5,731	215,2	5,731
3	8,55	141,9	8,55
4	11,31	104,8	11,31
5	14,01	82,24	14,01
6	16,61	66,93	16,61
7	19,12	55,80	19,12
8	21,53	47,31	21,53
10	25,97	35,14	25,97
12	29,92	26,81	29,92
15	34,9	18,36	34,9
20	40,91	10,10	0,91
25	44,67	5,641	44,67
30	46,9	3,165	46,9
35	48,25	1,779	48,25
40	49,01	1,000	49,01

$$R_3 = \frac{2 \cdot Z_G \cdot c}{c^2 - b} = \frac{2 \cdot 50\Omega \cdot 5}{5^2 - 0,25} = 20,2\Omega$$

$$R_1 = Z_G \cdot \left(\frac{c^2 + b}{c^2 - b} \right) - R_3 = 50\Omega \cdot \left(\frac{5^2 + 0,25}{5^2 - 0,25} \right) - 20,2\Omega = 30,81\Omega$$

$$R_2 = Z_L \cdot \left(\frac{c^2 + b}{c^2 - b} \right) - R_3 = 200\Omega \cdot \left(\frac{5^2 + 0,25}{5^2 - 0,25} \right) - 20,2\Omega = 183,80\Omega$$

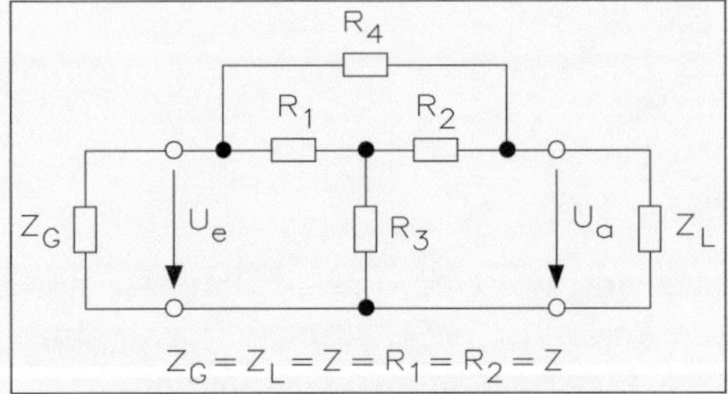

Abb. 3.26 • Schaltung eines überbrückten T-Gliedes.

Für das überbrückte T-Glied in Abb. 3.26 gelten die folgenden Gleichungen:

Mit $c = \frac{U_F}{U_a} = \frac{50V}{200V} = 0,25$ wird

$$Z = \sqrt{R_4 \cdot R_3} \qquad k = e^d - 1$$

$$R_3 = \frac{Z_2}{R_4} = \frac{Z}{c-1} \qquad R_3 = \frac{Z}{k}$$

$$R_4 = Z \cdot (c-1) \qquad R_4 = Z \cdot k$$

Das überbrückte T-Glied eignet sich gut für abstimmbare Dämpfungen mit gleichzeitiger Änderung von R_3 und R_4.

- **π-Glied**

Für das π-Glied werden folgende Beziehungen festgelegt:

$$\frac{U_a}{U_e} = a \text{ und weiter ist } \frac{U_e}{U_a} = c \text{ sowie } \ln c = d.$$

Das Verhältnis der Wellenwiderstände ist $\frac{Z_G}{Z_L} = b$.

Bei Vierpolbetrachtung des π-Glieds ist zu unterscheiden zwischen der Z-symmetrischen Ausführung mit $Z_G = Z_L$, sowie der Schaltung mit $Z_G \neq Z_L$, die für Anpassung an unterschiedliche Aus- und/oder Eingangswiderstände verwendet wird.

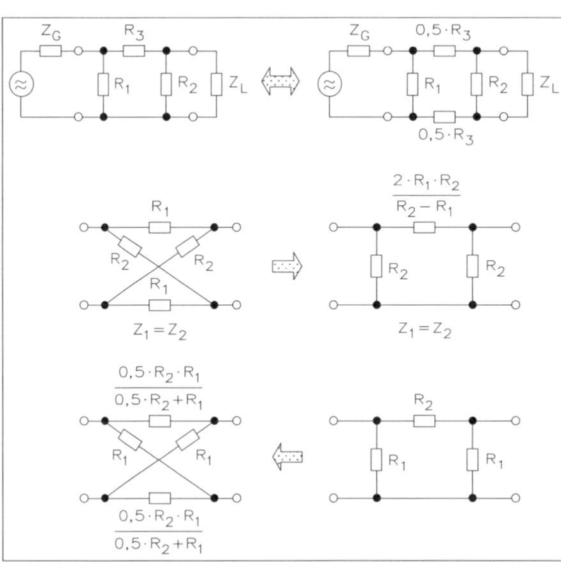

Abb. 3.27 • Umwandlung der symmetrischen π-Schaltung in eine entsprechende unsymmetrische Schaltung.

In der Schaltungsaufstellung von Abb. 3.27 ist gezeigt, wie eine Umwandlung der symmetrischen π-Schaltung in eine entsprechende unsymmetrische Schaltung vorgenommen werden kann. Des Weiteren die Umwandlung der X-Schaltung in eine π-Schaltung.

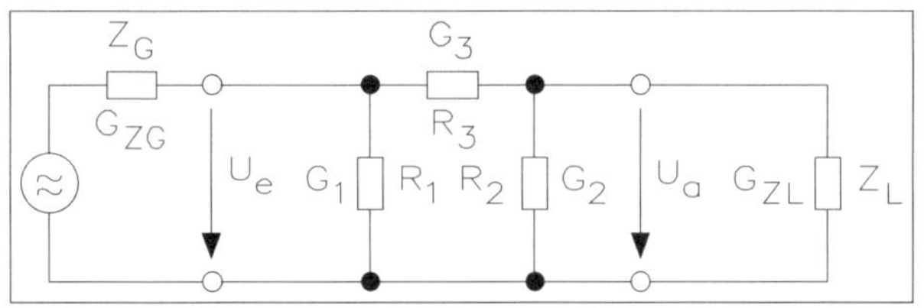

Abb. 3.28 • Berechnung einer π-Schaltung.

Für die Berechnung einer π-Schaltung in Abb. 3.28 gelten für die widerstandsunsymmetrische Ausführung mit $Z_G = Z_L$ und $R_1 = R_2$ die Impedanzen:

$$Z_K = \frac{R_1 \cdot R_3}{R_1 + R_3} \quad , \quad Z_L = \frac{R_1 \cdot (R_3 + R_2)}{R_1 + R_2 + R_3} \text{ und daraus folgt}$$

$$Z = \sqrt{Z_L \cdot Z_k} = \frac{1}{\sqrt{1+\frac{2 \cdot R_1}{R_3}}} = R_1 \cdot \sqrt{\frac{R_3}{2 \cdot R_1 + R_3}}$$

Es gilt:

$$\cos hd = \sqrt{\frac{Z_L}{Z_L - Z_K}} = 0{,}5 \cdot \left(\frac{U_1}{U_2} + \frac{U_2}{U_1}\right) = 0{,}5 \cdot (a+b)$$

Für die Widerstände gilt in Abb. 3.28 mit $Z_0 = Z_L$:

$$R_1 = R_2 = Z \cdot \frac{c+1}{c-1} = Z \cdot \frac{1+a}{1-a} = \frac{Z}{\tan h\frac{d}{2}}$$

$$R_3 = Z \cdot \frac{c^2-1}{2 \cdot c} = Z \cdot \frac{1-a^2}{2 \cdot a} = Z \cdot \sin hd$$

Beispiel:

$Z_G = Z_L = 75\ \Omega$ sowie $U_e = 1$ V und $U_a = 0{,}1$ V.

Damit wird $a = \frac{U_a}{U_e} = \frac{0{,}1V}{1V} = 0{,}1$ und $c = \frac{U_e}{U_a} = \frac{1V}{0{,}1V} = 10$

$$R_1 = R_2 = Z \cdot \frac{10+1}{10-1} = 75\Omega \cdot \frac{10+1}{10-1} = 91{,}7\Omega = \frac{75\Omega}{\tanh\frac{lnc}{2}}$$

$$R_3 = \frac{c^2-1}{2 \cdot c} = 75\Omega \cdot \frac{100-1}{20} = 371{,}25\Omega = 75 \cdot \sin lhd$$

Bei widerstandsunsymmetrischer Ausführung bietet die Schaltung von Abb. 3.28 sowohl die Einfügung einer Dämpfung als auch die Impedanzanpassung. Es gelten ähnliche Beziehungen wie beim T-Glied, wobei hier jedoch anstelle der Widerstände ihre Leitwerte herangezogen werden. Es werden auch hier beide Möglichkeiten mit $Z_G \geq Z_L$ und $Z_G \leq Z_L$ betrachtet, so dass eine wellenwiderstandsrichtige Anpassung gewährleistet ist.

Mit c = $\frac{U_e}{U_a}$ und b = $\frac{Z_G}{Z_L}$ ist auf die Leitwerte bezogen:

$$G_3 = \frac{1}{R_3} = G_{ZL} \cdot \frac{2 \cdot c}{c^2 - b}$$

$$G_1 = \frac{1}{R_1} = G_{ZG} \cdot \frac{c^2+b}{c^2-b} - G_3$$

$$G_2 = \frac{1}{R_2} = G_{ZL} \cdot \frac{c^2+b}{c^2-b} \cdot G_3$$

$$Z = \frac{1}{\sqrt{\frac{1}{R_1+R_2} + \frac{1}{R_1+R_3} + \frac{1}{R_2+R_3}}}$$

Beispiel für $Z_G < Z_L$

U_e = 10 V, U_a = 2 V, Z_G = 50 Ω ≙ 0,02 S, Z_L = 200 Ω ≙ 0,005 S und daraus wird

c = $\frac{U_e}{U_a} = \frac{10V}{2V} = 5$, sowie b = $\frac{Z_G}{Z_L} = \frac{50\Omega}{200\Omega} = 0{,}25$.

Weiter ist dann $\frac{2 \cdot c}{c^2 - b}$ = 0,404 und $\frac{c^2 + b}{c^2 - b}$ = 1,02.

Die Leitwerte ergeben folgendes Ergebnis für die Widerstände:

G_3 = 5 ·10^{-3} S · 0,404 = 2,02 · 10^{-3} S =^ 495 Ω
G_1 = 20 · 10^{-3} S · 1,02 - 2,02 · 10^{-3} S = 18,38 · 10^{-3} S =^ 54,4 Ω
G_2 = 5 · 10^{-3} S · 1,02 - 2,02 · 10^{-3} S = 3,08 · 10^{-3} S =^ 324,6 Ω

Probe bezogen auf R_G: 200 || 324,6 = 123,75 + 495 = 618,75 || 54,40 ≈ 50 Ω

- **π-Glied (Abb. 3.28) mit $Z_G \geq Z_L$**

Mit $c = \frac{U_e}{U_a}$ und $b = \frac{Z_L}{Z_G}$ ist auf die Leitwerte bezogen:

$$G_3 = \frac{1}{R_3} = G_{ZG} \cdot \frac{2 \cdot c}{c^2 - b}$$
$$G_1 = \frac{1}{R_1} = G_{ZG} \cdot \frac{c^2 + b}{c^2 - b} - G_3$$

$$G_2 = \frac{1}{R_2} = G_{ZL} \cdot \frac{c^2 + b}{c^2 - b} \cdot G_3$$

$$Z = \frac{1}{\sqrt{\frac{1}{R_1 + R_2} + \frac{1}{R_1 + R_3} + \frac{1}{R_2 + R_3}}}$$

Beispiel für $Z_G > Z_L$

U_e = 10 V, U_a = 2 V, Z_G = 200 Ω ≙ 0,005 S; Z_L = 50 Ω ≙ 0,02 S.

Daraus wird $c = \frac{U_e}{U_a} = \frac{10V}{2V} = 5$ und $= \frac{}{} = \frac{50}{200} = 0{,}25$

Weiter ist dann $\frac{2 \cdot c}{c^2 - b}$ = 0,404 und $\frac{c^2 + b}{c^2 - b}$ = 1,02. Die Widerstände errechnen sich wie folgt:

G_3 = 5 · 10^{-3} S · 0,404 = 2,02 · 10^{-3} S =^ 495 Ω
G_1 = 5 · 10^{-3} S ·1,02 - 2,02 · 10^{-3} S = 3,08 · 10^{-3} S =^ 324,57 Ω
G_2 = 20 · 10^{-3} S · 1,02 - 2,02 · 10^{-3} S = 18,38 · 10^{-3} S =^ 54,39 Ω

Bei dem Entkopplunganschluss mehrerer Verbraucher können zwei oder mehrere Verbraucher an einen Generator angeschlossen werden. Es ist einmal für eine wellenwiderstandrichtige Anpassung gesorgt, weiter ergibt sich eine entsprechende Entkopplung. Die verfügbare Ausgangsspannung sinkt mit steigender Zahl n der Verbraucher. Nach Abb. 3.29 ist mit n der Anzahl der Verbraucher.

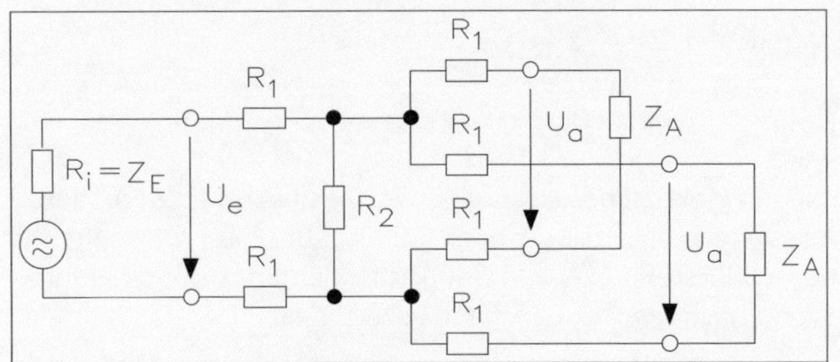

Abb. 3.29 • Schaltung für eine wellenwiderstandsrichtige Anpassung.

$$Z_E = 2 \cdot R_1 + \frac{R_2 \cdot \left(\frac{2 \cdot R_1 + Z}{n}\right)}{R_2 + \left(\frac{2 \cdot R_1 + Z}{n}\right)} \text{, sowie } R_2 = \frac{Z^2 - 4 \cdot R_1^2}{2 \cdot (n+1) \cdot R_1 - (n-1) \cdot Z}$$

Die Größe der Ausgangsspannung ist

$$\frac{U_a}{U_e} = \frac{Z \cdot R_2}{(R_2 + 2 \cdot R_1) \cdot (Z + 2 \cdot R_1)}$$

Je nach gewünschter Entkopplung, die sich als Schluss der Rechnung ergibt, sind probeweise Werte von R_1 im Bereich von 27 Ω ... 270 Ω zu wählen, wenn die Nennimpedanzen Werte bis 240 Ω betragen.

Beispiel:

Mit Z = 240 Ω (symmetrische Bandleitung) und zwei Verbrauchern n = 2 wird R_1 = 75 Ω gewählt und die Eingangsspannung ist dann U_e =10 mV.

$$R_2 = \frac{Z^2 - 4 \cdot R_1^2}{2 \cdot (n+1) \cdot R_1 - (n-1) \cdot Z} = \frac{(240\Omega)^2 - 4 \cdot (75\Omega)^2}{5 \cdot 75\Omega - 240\Omega} = 260\Omega$$

$$U_a = \frac{Z \cdot R_2 \cdot U_e}{(R_2 + 2 \cdot R_1) \cdot (Z + 2 \cdot R_1)} = \frac{240\Omega \cdot 260\Omega \cdot 10mV}{(260\Omega + 2 \cdot 75\Omega) \cdot (240\Omega + 2 \cdot 75\Omega)} = 3{,}90mV$$

Für die Beurteilung der Entkopplung wird z. B. ein Wert von Z_{A1} geändert.

Fall 1: Z_{A1} = ∞, dann gilt für die zweite Impedanz Z'_{A1}:

$$Z'_{A2} = 2 \cdot R_1 + \frac{1}{\frac{1}{R_2} + \frac{1}{2 \cdot R_1 + Z}}$$

sowie bei $Z_{A1} = 0$ und dann gilt für Z''_{A2}

$$Z''_{A2} = 2 \cdot R_1 + \frac{1}{\frac{1}{R_3} + \frac{1}{2 \cdot R_1} + \frac{1}{2 \cdot R_1 + Z}}$$

Durch Wahl von R_1 wird man versuchen, $Z'_{A2} \approx Z''_{A2} \approx Z$ zu erhalten.

3.3 • Frequenzabhängiges Übertragungsverhalten von passiven Frequenzfiltern

Unter einem Filter versteht man ein elektrisches Netzwerk, welches bestimmte Frequenzbereiche in einem Übertragungssystem unterdrückt oder hervorhebt. Filter weisen demnach einen frequenzabhängigen Widerstand bzw. ein frequenzabhängiges Übertragungsverhalten auf und werden deshalb auch als Frequenzfilter bezeichnet.

Der Klang oder das Schallschwingungsgemisch besteht aus einem tiefen Ton (Grundton) und verschiedenen Teiltönen (Obertönen). Letztere schwingen um ein Vielfaches schneller als der Grundton. Die Klanganalyse ist ein Verfahren zur Ermittlung der Frequenzen, Amplituden und Phasenlagen der Teil- oder Einzeltöne, aus denen ein Klang gebildet wird. Die Klangempfindung ist eine auf das Ohr einwirkende Schallwelle und es hat bestimmte Empfindungen zur Folge. Rein sinusförmig verlaufende Schallereignisse werden als Ton empfunden. Aus Grund- und Teilschwingungen zusammengesetzter Schall wird hingegen als Klang wahrgenommen.

Die Klangfarbe charakterisiert die von verschiedenen Musikinstrumenten abgegebenen Schalläußerungen. Das a, auf der Saite einer Violine gespielt, klingt anders als das gleiche a auf der Trompete oder auf dem Klavier. Neben dem stets gleichen Grundton sind verschiedene Obertöne vorhanden, die je nach ihrer Zahl und Tonhöhe dem Klang die „Farbe“ geben. Das Klanggemisch ist der Schall, bestehend aus Klängen mit verschiedenen Tönen.

Bei Verstärkern, Rundfunkgeräten und in Endstufen aller Art dient der Klangeinsteller zur Einstellung des Klangcharakters. Mit einem Klangeinsteller kann man die tiefen bzw. hohen Tonfrequenzen bevorzugen oder unterdrücken. Streng genommen sind die Bezeichnungen „Tonregler“ und „Tonblende“ falsch, denn es handelt sich stets um die Beeinflussung von Klängen, nicht von Tönen. Der Klangregler verbessert nicht immer die Wiedergabe, im Allgemeinen muss man sogar ein unnatürlicheres Klangbild in Kauf nehmen, z. B. Bevorzugung der Tiefen oder Höhen gegenüber der natürlichen Wiedergabe.

Die einfachste Möglichkeit der Klangbeeinflussung besteht in der Reihenschaltung eines Widerstands und Kondensators. Der Kondensator bietet den höheren Tonfrequenzen einen geringeren Widerstand, so dass ein Nebenschluss gebildet wird. Daher können die höheren Frequenzen nur zum Teil zu einem Lautsprecher gelangen. Je größer die Kapazität des Kondensators, umso weniger hohe Töne werden wiedergegeben. Eine Induktivität in gleicher Schaltanordnung würde bewirken, dass höhere Töne vom Lautsprecher bevorzugt werden. Durch Veränderung des Widerstands R (logarithmisches Potentiometer) kann man den Einfluss des Kondensators verändern. Eine Verkleinerung des Widerstands bewirkt eine Änderung für die hohen Töne und somit Änderung des Klangbildes.

3.3.1 • Tiefpass-Doppelglied

Die steile Flanke des Doppelglieds erhält man durch einen Längssperrkreis, der auf f_2 abgestimmt ist. Kondensator und Induktivität müssen auf die Resonanz bei der Grenzfrequenz f_g abgestimmt sein. Zur Berechnung wird das Verhältnis f_g / f_2 gewählt und dieses liegt zwischen 0,95 und 0,8. Ist R der bei Z angeschlossene Abschlusswiderstand, so wird mit dem Nennwiderstand der Schaltung von Z = 1,25 · R gerechnet. Abb. 3.30 zeigt die Schaltung und das Frequenzverhalten eines Tiefpass-Doppelglieds.

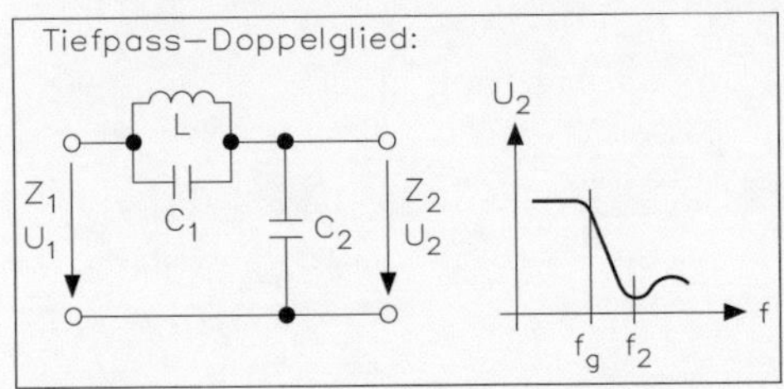

Abb. 3.30 • Schaltung und Frequenzverhalten eines Tiefpass-Doppelglieds.

Der Nennwiderstand für den Abschlusswiderstand errechnet sich aus

$$Z = 1{,}25 \cdot R$$

und dies ist der Nennwiderstand der Schaltung. Der Abschlusswiderstand R muss vorhanden sein. Der Filter-Kennwert m lässt sich aus der Grenzfrequenz f_g und der Sperrkreisfrequenz f_2 ermitteln:

$$m = \sqrt{1 - \left(\frac{f_g}{f_2}\right)^2}$$

Die beiden Kondensatoren C_1 (Sperrkreiskapazität) oder C_2 (Querkapazität) errechnen sich aus der Grenzfrequenz f_g und dem Filterkennwert:

$$C_1 = \frac{1 - m^2}{m} \cdot \frac{1}{2 \cdot \pi \cdot f_g \cdot Z} \qquad C_2 = m \cdot \frac{1}{2 \cdot \pi \cdot f_g \cdot Z}$$

und die Induktivität L (Sperrkreisinduktivität) aus

$$L = m \cdot \frac{Z}{2 \cdot \pi \cdot f_g}$$

Die Grenzfrequenz lässt sich berechnen nach

$$f_g = \frac{m \cdot Z}{2 \cdot \pi \cdot L}$$

Abb. 3.31 zeigt die Simulation eines Tiefpass-Doppelglieds. Zuerst muss der Nennwiderstand von R = 60 Ω der Schaltung ermittelt werden mit

$$Z = 1{,}25 \cdot R = 1{,}25 \cdot 60\,\Omega = 75\,\Omega$$

Bei den beiden Frequenzen wurden folgende Werte verwendet:

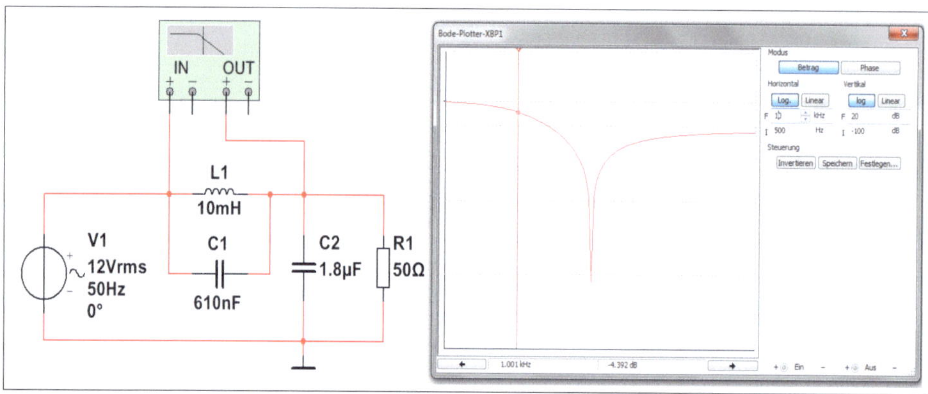

Abb. 3.31 • Simulation eines Tiefpass-Doppelglieds.

Grenzfrequenz f_g: 1kHz
Sperrkreisfrequenz f_2: 2 kHz

Der Filterkennwert m lässt sich ermitteln mit

$$m = \sqrt{1 - \left(\frac{f_g}{f_2}\right)^2} = \sqrt{1 - \left(\frac{1kHz}{2kHz}\right)^2} = 0{,}866$$

Die Induktivität (Sperrkreisinduktivität) errechnet sich aus

$$L = m \cdot \frac{Z}{2 \cdot \pi \cdot f_g} = 0{,}866 \cdot \frac{75\Omega}{2 \cdot 3{,}14 \cdot 1kHz} = 10mH$$

Die beiden Kondensatoren (Sperrkreiskapazität) oder (Querkapazität) errechnen sich aus der Grenzfrequenz f_g:

$$C_1 = \frac{1 - m^2}{m} \cdot \frac{1}{2 \cdot \pi \cdot f_g \cdot Z} = \frac{1 - 0{,}866^2}{0{,}866} \cdot \frac{1}{2 \cdot 3{,}14 \cdot 1kHz \cdot 75\Omega} = 0{,}6nF$$

$$C_2 = m \cdot \frac{1}{2 \cdot \pi \cdot f_g \cdot Z} = 0{,}866 \cdot \frac{1}{2 \cdot 3{,}14 \cdot 1kHz \cdot 75\Omega} = 1{,}8\mu F$$

Die Grenzfrequenz lässt sich berechnen nach

$$f_g = \frac{m \cdot Z}{2 \cdot \pi \cdot L} = \frac{0{,}866 \cdot 75\Omega}{2 \cdot 3{,}14 \cdot 10mH} = 1{,}034kHz$$

Die simulierten Ergebnisse sind mit den Rechnungen identisch.

3.3.2 • Hochpass-Doppelglied

Die steile Flanke des Doppelglieds erhält man durch einen Längssperrkreis, der auf f_1 abgestimmt ist. Kondensator und Induktivität müssen auf die Resonanz bei der Grenzfrequenz f_g abgestimmt sein. Zur Berechnung wird das Verhältnis $f_g : f_1$ gewählt und dieses liegt zwischen 0,95 und 0,8. Ist R der bei Z_2 angeschlossene Abschlusswiderstand, so wird mit dem Nennwiderstand der Schaltung von Z = 1,25 · R gerechnet. Abb. 3.32 zeigt die Schaltung und das Frequenzverhalten eines Hochpass-Doppelglieds.

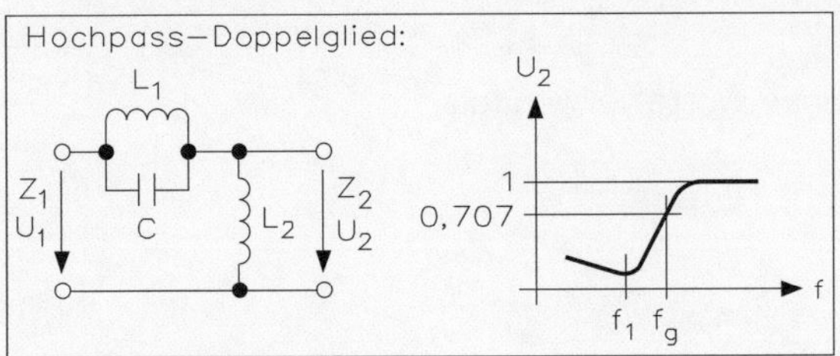

Abb. 3.32 • Schaltung und Frequenzverhalten eines Hochpass-Doppelglieds.

Die Berechnung für den Nennwiderstand lautet:

$$Z = 1{,}25 \cdot R$$

Der Filterkennwert m lässt sich ermitteln mit

$$m = \sqrt{1 - \left(\frac{f_1}{f_g}\right)^2}$$

Der Kondensator C (Sperrkreiskapazität) berechnet sich aus

$$C = \frac{1}{m} \cdot \frac{1}{2 \cdot \pi \cdot f_g \cdot Z}$$

Die Induktivität L_1 (Sperrkreisinduktivität) und die Induktivität L_2 (Querinduktivität) ergeben sich aus

$$L_1 = \frac{m}{1 - m^2} \cdot \frac{Z}{2 \cdot \pi \cdot f_g} \qquad L_2 = \frac{1}{m} \cdot \frac{Z}{2 \cdot \pi \cdot f_g}$$

Die Grenzfrequenz ist

$$f_g = \frac{1}{2 \cdot \pi \cdot m \cdot Z}$$

Abb. 3.33 zeigt die Simulation eines Hochpass-Doppelglieds.

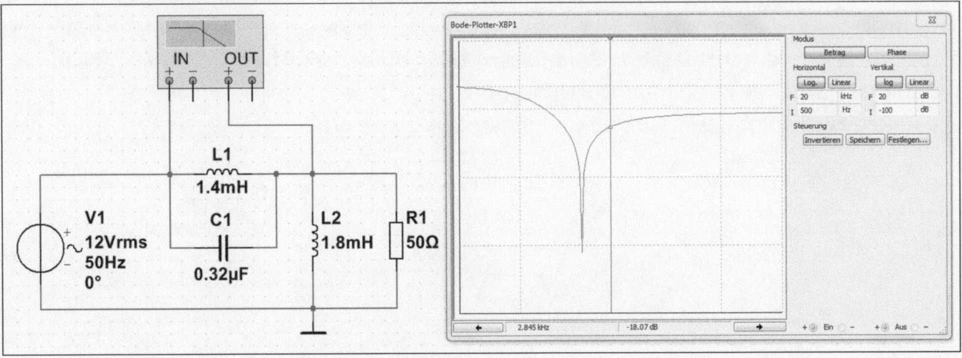

Abb. 3.33 • Simulation eines Hochpass-Doppelglieds.

Zuerst muss der Nennwiderstand von R = 60 Ω der Schaltung ermittelt werden mit

$$Z = 1{,}25 \cdot R = 1{,}25 \cdot 60\ \Omega = 75\ \Omega$$

Bei den beiden Frequenzen wurden folgende Werte verwendet

Grenzfrequenz f_g: 10 kHz
Sperrkreisfrequenz f_1: 7,5 kHz

Der Filterkennwert m lässt sich ermitteln mit

$$m = \sqrt{1 - \left(\frac{f_1}{f_g}\right)^2} = \sqrt{1 - \left(\frac{7{,}5kHz}{10kHz}\right)^2} = 0{,}661$$

Die Induktivität (Sperrkreisinduktivität) errechnet sich aus

$$L_1 = \frac{m}{1-m^2} \cdot \frac{Z}{2 \cdot \pi \cdot f_g} = \frac{0{,}661}{1-0{,}661^2} \cdot \frac{75\Omega}{2 \cdot 3{,}14 \cdot 10kHz} = 1{,}4mH$$

Die Induktivität (Querinduktivität) errechnet sich aus

$$L_2 = \frac{1}{m} \cdot \frac{Z}{2 \cdot \pi \cdot f_g} = \frac{1}{0{,}661} \cdot \frac{75\Omega}{2 \cdot 3{,}14 \cdot 10kHz} = 1{,}8mH$$

Der Kondensator C (Sperrkreiskapazität) errechnet sich aus

$$C = \frac{1}{m} \cdot \frac{1}{2 \cdot \pi \cdot f_g \cdot Z} = \frac{1}{0{,}661} \cdot \frac{1}{2 \cdot 3{,}14 \cdot 10kHz \cdot 75\Omega} = 0{,}32\mu F$$

Die Grenzfrequenz ist

$$f_g = \frac{1}{2 \cdot \pi \cdot m \cdot C \cdot Z} = \frac{1}{2 \cdot 3{,}14 \cdot 0{,}661 \cdot 0{,}32\mu F \cdot 75\Omega} = 10kHz$$

Die simulierten Ergebnisse sind mit den Rechnungen identisch.

3.3.3 • LC-Bandpass

Tief- und Hochpassfilter gestatten es, Frequenzen bis zu einer bestimmten Grenzfrequenz f_g durchzulassen oder zu unterdrücken. In der Praxis ist es aber oft notwendig, bestimmte Frequenzbereiche durchzulassen (Bandpässe) oder diese zu unterdrücken (Bandsperre). Ein Bandpass arbeitet mit einem Durchlassbereich und zwei Sperrbereichen, während die Bandsperre zwei Durchlassbereiche und einen Sperrbereich hat.

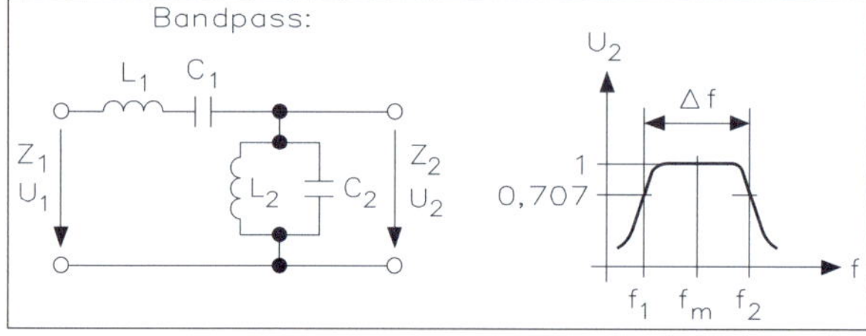

Abb. 3.34 • Schaltung und Kennlinie eines CL-Bandpasses.

Als LC-Bandpass lässt sich ein Reihen- und Parallelschwingkreis verwenden, beide werden im Resonanzfall betrieben.

Abb. 3.34 zeigt die Schaltung und Kennlinie eines CL-Bandpasses. Es ergeben sich folgende Formeln

$$f_m = \frac{1}{2 \cdot \pi \cdot \sqrt{L_1 \cdot C_1}} = \frac{1}{2 \cdot \pi \cdot \sqrt{L_2 \cdot C_2}} = \frac{1}{2 \cdot \pi \cdot \sqrt{L \cdot C}}$$

$$f_m = \sqrt{f_1 \cdot f_2}$$

$$\Delta f = f_2 - f_1$$

$$f_1 = \frac{\sqrt{\frac{1}{4 \cdot C_2 \cdot L_1} + \frac{1}{C_1 \cdot L_1}} - \frac{1}{2 \cdot \sqrt{C_2 \cdot L_1}}}{2 \cdot \pi}$$

$$f_2 = \frac{\sqrt{\frac{1}{4 \cdot C_2 \cdot L_1} + \frac{1}{C_1 \cdot L_1}} + \frac{1}{2 \cdot \sqrt{C_2 \cdot L_1}}}{2 \cdot \pi}$$

f_m Mittenfrequenz in Hz
Δf Bandbreite in Hz

L_1, C_1 Leitkreis als Längswiderstand
L_2, C_2 Sperrkreis als Längswiderstand

f_1 untere Grenzfrequenz in Hz

f_2 obere Grenzfrequenz in Hz

Für $Z_1 = Z_2 = Z$ gilt:

$$L_1 = \frac{Z}{2 \cdot \pi \cdot \Delta f} \qquad C_1 = \frac{\Delta f}{2 \cdot \pi \cdot Z \cdot f_1 \cdot f_2}$$

$$L_2 = \frac{Z \cdot \Delta f}{2 \cdot \pi \cdot f_1 \cdot f_2} \qquad \frac{}{\cdot \pi \cdot Z \cdot \Delta f}$$

Der Durchlassbereich für alle Frequenzen liegt zwischen f_1 und f_2. Gesperrt wird der Bereich unterhalb von f_1 und oberhalb f_2.

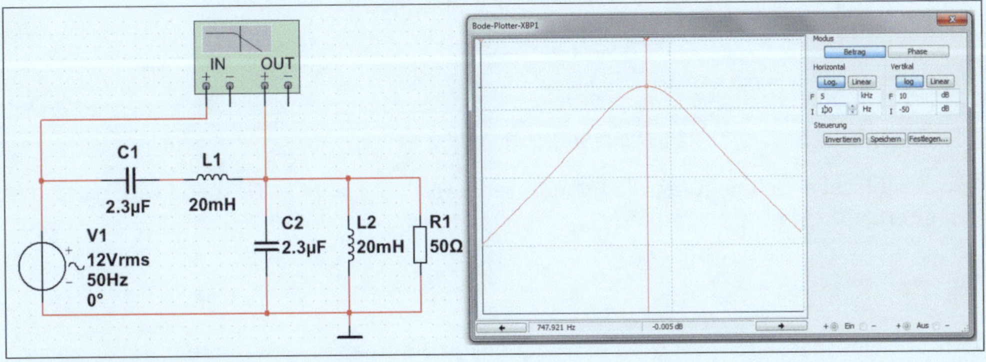

Abb. 3.35 • Simulation eines CL-Bandpasses.

Die Schaltung soll simuliert werden, wie Abb. 3.35 zeigt. Zuerst muss der Nennwiderstand von R = 60 Ω der Schaltung ermittelt werden mit

$Z = 1{,}25 \cdot R$ = 1,25 · 60 Ω = 75 Ω

Die beiden Kapazitäten sind identisch, wie auch die beiden Induktivitäten:

$C_1 = C_2 = C = 1{,}5\ \mu F$ und $L_1 = L_2 = L = 20\ mH$

Die Mittenfrequenz f_m errechnet sich aus

$$f_m = \frac{1}{2 \cdot \pi \cdot \sqrt{L \cdot C}} = \frac{1}{2 \cdot \pi \cdot \sqrt{20mH \cdot 1{,}5\mu F}} = 920Hz$$

Die untere und obere Grenzfrequenz berechnen sich zu

$$f_1 = \frac{\sqrt{\frac{1}{4 \cdot C_2 \cdot L_1} + \frac{1}{C_1 \cdot L_1}} - \frac{1}{2 \cdot \sqrt{C_2 \cdot L_1}}}{2 \cdot \pi} = \frac{\sqrt{\frac{1}{4 \cdot 1{,}5\mu F \cdot 20mH} + \frac{1}{1{,}5\mu F \cdot 20mH}} - \frac{1}{2 \cdot \sqrt{1{,}5\mu F \cdot 20mH}}}{2 \cdot 3{,}14} = 560Hz$$

$$f_2 = \frac{\sqrt{\frac{1}{4 \cdot C_2 \cdot L_1} + \frac{1}{C_1 \cdot L_1}} + \frac{1}{2 \cdot \sqrt{C_2 \cdot L_1}}}{2 \cdot \pi} = \frac{\sqrt{\frac{1}{4 \cdot 1{,}5\mu F \cdot 20mH} + \frac{1}{1{,}5\mu F \cdot 20mH}} + \frac{1}{2 \cdot \sqrt{1{,}5\mu F \cdot 20mH}}}{2 \cdot 3{,}14} = 1{,}48kH$$

Die Bandbreite Δf ist

$\Delta f = f_2 - f_1$ = 1,48 kHz − 560 Hz = 920 Hz

Für $Z_1 = Z_2 = Z$ gilt:

$$L_1 = \frac{\Delta f \cdot Z}{2 \cdot \pi \cdot f_1 \cdot f_2} = \frac{920Hz \cdot 75\Omega}{2 \cdot 3{,}14 \cdot 560Hz \cdot 1{,}48kHz} = 13mH$$

$$L_2 = \frac{Z}{2 \cdot \pi \cdot \Delta f} = \frac{75\Omega}{2 \cdot 3{,}14 \cdot 920Hz} = 13mH$$

$$C_1 = \frac{1}{2 \cdot \pi \cdot Z \cdot \Delta f} = \frac{1}{2 \cdot 3{,}14 \cdot 75\Omega \cdot 920Hz} = 2{,}3\mu F$$

$$C_2 = \frac{\Delta f}{2 \cdot \pi \cdot Z \cdot f_1 \cdot f_2} = \frac{920Hz}{2 \cdot 3{,}14 \cdot 75\Omega \cdot 560Hz \cdot 1{,}48kHz} = 2{,}3\mu F$$

Der Durchlassbereich liegt für alle Frequenzen zwischen f_1 und f_2. Gesperrt wird der Bereich unterhalb von f_1 und oberhalb f_2.

3.3.4 • LC-Bandsperre

Tief- und Hochpassfilter gestatten es, Frequenzen bis zu einer bestimmten Grenzfrequenz f_g durchzulassen oder zu unterdrücken. In der Praxis ist es aber oft notwendig, bestimmte Frequenzbereiche durchzulassen (Bandpässe) oder diese zu unterdrücken (Bandsperre). Ein Bandpass arbeitet mit einem Durchlassbereich und zwei Sperrbereichen, während die Bandsperre zwei Durchlassbereiche und einen Sperrbereich besitzt.

Als LC-Bandsperre lässt sich ein Reihen- und Parallelschwingkreis verwenden, denn beide Schwingkreise werden im Resonanzfall betrieben.

Abb. 3.36 zeigt die Schaltung und Kennlinie einer CL-Bandsperre. Es ergeben sich folgende Formeln:

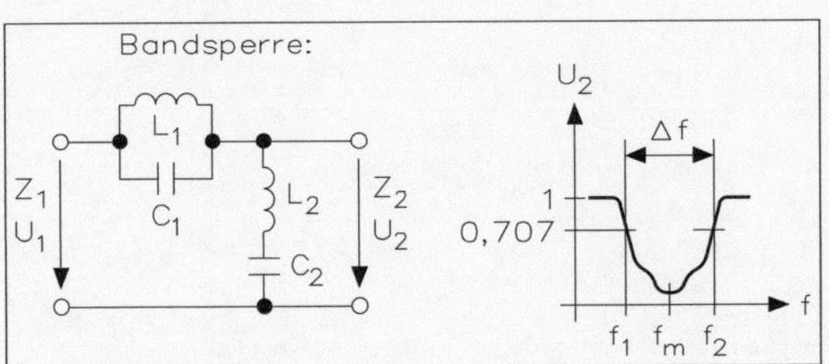

Abb. 3.36 • Schaltung und Kennlinie einer CL-Bandsperre.

$$f_m = \frac{1}{2 \cdot \pi \cdot \sqrt{L_1 \cdot C_1}} = \frac{1}{2 \cdot \pi \cdot \sqrt{L_2 \cdot C_2}}$$

$$f_m = \sqrt{f_1 \cdot f_2}$$

$$\Delta f = f_2 - f_1$$

Δf Bandbreite in Hz
f_m Mittenfrequenz in Hz
L_1, C_1 Leitkreis als Längswiderstand
L_2, C_2 Sperrkreis als Längswiderstand

$$f_1 = \frac{\sqrt{\frac{1}{4 \cdot C_2 \cdot L_1} + \frac{1}{C_1 \cdot L_1} - \frac{1}{2 \cdot \sqrt{C_2 \cdot L_1}}}}{2 \cdot \pi}$$

f_1 untere Grenzfrequenz in Hz

$$f_2 = \frac{\sqrt{\frac{1}{4 \cdot C_2 \cdot L_1} + \frac{1}{C_1 \cdot L_1} + \frac{1}{2 \cdot \sqrt{C_2 \cdot L_1}}}}{2 \cdot \pi}$$

f_2 obere Grenzfrequenz in Hz

Für $Z_1 = Z_2 = Z$ gilt:

$$L_1 = \frac{b \cdot Z}{2 \cdot \pi \cdot f_1 \cdot f_2} \qquad C_1 = \frac{1}{2 \cdot \pi \cdot Z \cdot \Delta f}$$

$$L_2 = \frac{Z}{2 \cdot \pi \cdot \Delta f} \qquad C_2 = \frac{\Delta f}{2 \cdot \pi \cdot Z \cdot f_1 \cdot f_2}$$

Der Durchlassbereich für alle Frequenzen liegt zwischen f_1 und f_2. Gesperrt wird der Bereich unterhalb von f_1 und oberhalb f_2.

Die Schaltung soll simuliert werden, wie Abb. 3.37 zeigt. Zuerst muss der Nennwiderstand von R = 60 Ω der Schaltung ermittelt werden mit

$$Z = 1{,}25 \cdot R = 1{,}25 \cdot 60\ \Omega = 75\ \Omega$$

Es ergibt sich folgende Berechnung für die Bandsperre, wenn $C_1 = C_2 = C = 2{,}2\ \mu F$ und $L_1 = L_2 = L = 15\ mH$ ist:

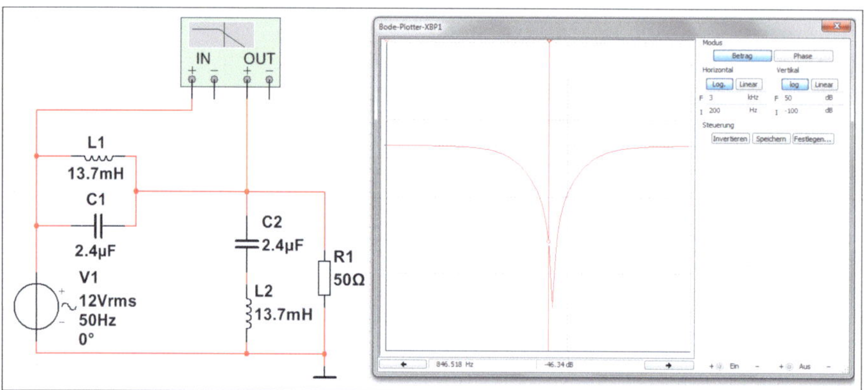

Abb. 3.37 • Simulation einer CL-Bandsperre.

$$f_m = \frac{1}{2 \cdot \pi \cdot \sqrt{L \cdot C}} = \frac{1}{2 \cdot 3{,}14 \cdot \sqrt{15mH \cdot 2{,}2\mu F}} = 876Hz$$

Um die beiden Grenzfrequenzen zu berechnen, gilt

$$f_1 = \frac{\sqrt{\frac{1}{4 \cdot C_2 \cdot L_1} + \frac{1}{C_1 \cdot L_1}} - \frac{1}{2 \cdot \sqrt{C_2 \cdot L_1}}}{2 \cdot \pi} = \frac{\sqrt{\frac{1}{4 \cdot 2{,}2\mu F \cdot 15mH} + \frac{1}{2{,}2\mu F \cdot 15mH}} - \frac{1}{2 \cdot \sqrt{2{,}2\mu F \cdot 15mH}}}{2 \cdot 3{,}14} = 540Hz$$

$$f_2 = \frac{\sqrt{\frac{1}{4 \cdot C_2 \cdot L_1} + \frac{1}{C_1 \cdot L_1}} + \frac{1}{2 \cdot \sqrt{C_2 \cdot L_1}}}{2 \cdot \pi} = \frac{\sqrt{\frac{1}{4 \cdot 2{,}2\mu F \cdot 15mH} + \frac{1}{2{,}2\mu F \cdot 15mH}} + \frac{1}{2 \cdot \sqrt{2{,}2\mu F \cdot 15mH}}}{2 \cdot 3{,}14} = 1{,}42kHz$$

Die Bandbreite Δf ist

$$\Delta f = f_2 - f_1 = 1{,}42 \text{ kHz} - 540 \text{ Hz} = 880 \text{ Hz}$$

Für $Z_1 = Z_2 = Z = 75\ \Omega$ gilt:

$$L_1 = \frac{\Delta f \cdot Z}{2 \cdot \pi \cdot f_1 \cdot f_2} = \frac{880Hz \cdot 75\Omega}{2 \cdot 3{,}14 \cdot 540Hz \cdot 1{,}42kHz} = 13{,}7mH$$

$$L_2 = \frac{Z}{2 \cdot \pi \cdot \Delta f} = \frac{75\Omega}{2 \cdot 3{,}14 \cdot 880Hz} = 13{,}5mH$$

$$C_1 = \frac{1}{2 \cdot \pi \cdot Z \cdot \Delta f} = \frac{1}{2 \cdot 3{,}14 \cdot 75\Omega \cdot 880Hz} = 2{,}4\mu F$$

Der Sperrbereich liegt für alle Frequenzen zwischen f_1 und f_2. Gesperrt wird der Bereich unterhalb von f_1 und oberhalb f_2.

3.3.5 • RC-Bandpass (Wienbrücke)

Verwendet wird die Wienbrücke als Rückkopplung in einem RC-Sinusgenerator oder als breitbandiges Filter. Dabei ergibt sich der Vorteil, dass die Frequenz sich mit dem Wert des Kondensators C und nicht wie bei einem Schwingkreis mit √2 ändert, so dass sich große Frequenzbereiche ergeben. Abb. 3.38 zeigt die Schaltung für einen RC-Bandpass.

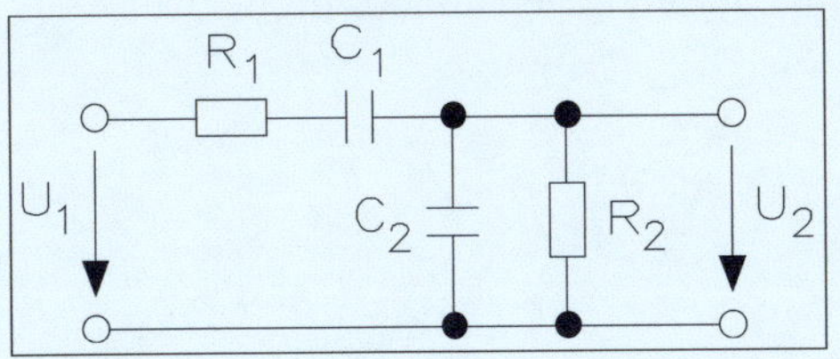

Abb. 3.38 • Schaltung für einen RC-Bandpass.

Es ergeben sich folgende Formeln:

$$f_r = \frac{1}{2 \cdot \pi \sqrt{R_1 \cdot C_1 \cdot R_2 \cdot C_2}}$$

$$\frac{U_2}{U_1} = \frac{1}{1 + \frac{R_1}{R_2} + \frac{C_2}{C_1}}$$

U_1 Eingangsspannung
U_2 Ausgangsspannung

wenn $R_1 = R_2 = R$ und $C_1 = C_2 = C$ ist, dann gilt $f_r = \frac{1}{2 \cdot \pi \cdot R \cdot C}$.

Die Ausgangsspannung hat im Resonanzfall $U_2/U_1 = 1/3$.

Abb. 3.39 zeigt die Simulation eines RC-Bandpasses.

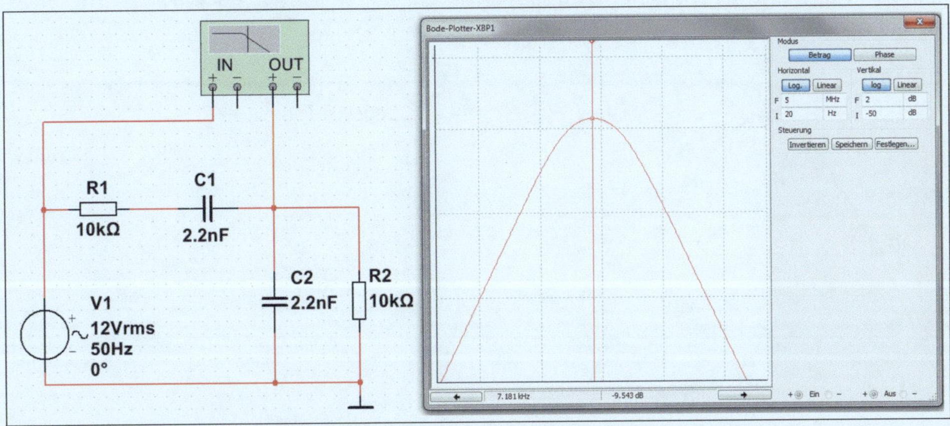

Abb. 3.39 • Simulation eines RC-Bandpasses.

$$f_r = \frac{1}{2 \cdot \pi \sqrt{R_1 \cdot C_1 \cdot R_2 \cdot C_2}} = \frac{1}{2 \cdot 3{,}14 \sqrt{10k\Omega \cdot 2{,}2nF \cdot 10k\Omega \cdot 2{,}2nF}} = 7{,}23kHz$$

3.3.6 • Doppel-T-Filter

Das Doppel-T-Filter von Abb. 3.40 hat eine Grunddämpfung von ca. 0,5 dB. Es ist

$$f_0 = \frac{0{,}16}{R \cdot C} \qquad [\Omega, \text{F, Hz}]$$

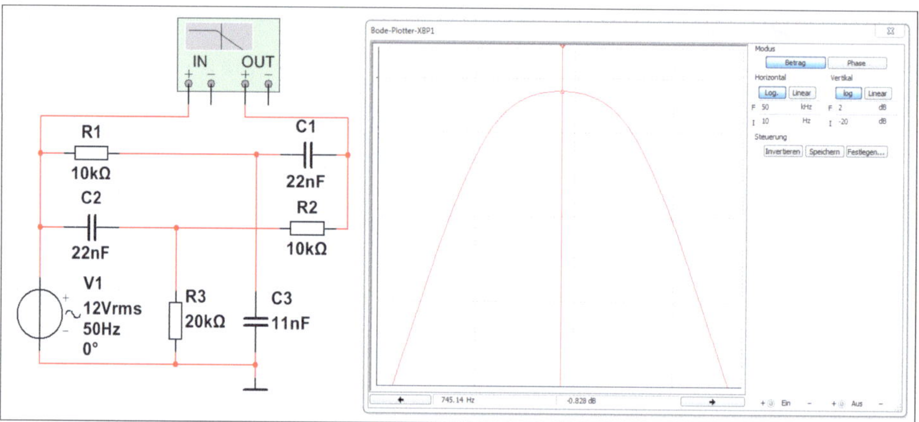

Abb. 3. 40 • Schaltung und Simulation eines Doppel-T-Filters.

Bei der Dimensionierung gilt für den Widerstand R_2 der doppelte Wert und für den Kondensator C_3 der halbe Wert für die Bauteile. Für die Frequenzwerte der Kurve in Abb. 3.41 gilt Tabelle 3.4.

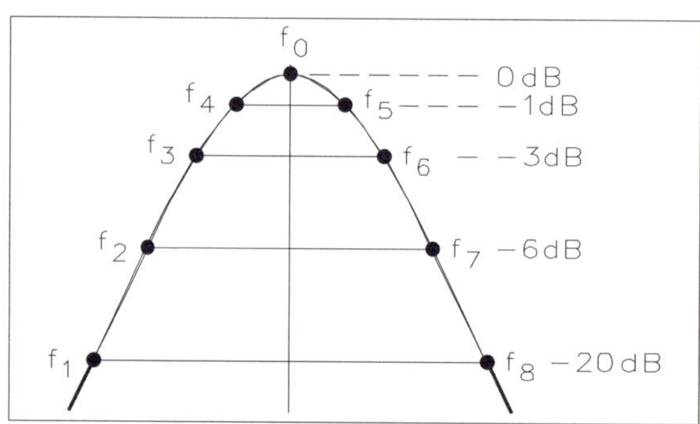

Abb. 3. 41 • Frequenzwerte der Kurve eines Doppel-T-Filters.

Tabelle 3.4 • Frequenzwerte der Kurve.

Dämpfung	Frequenzwerte	
20 dB	$f_1 \approx f_0 \cdot 0{,}02$	$f_8 \approx f_0 \cdot 50$
6 dB	$f_2 \approx f_0 \cdot 0{,}10$	$f_7 \approx f_0 \cdot 10$
3 dB	$f_3 \approx f_0 \cdot 0{,}177$	$f_6 \approx f_0 \cdot 5{,}66$
1 dB	$f_4 \approx f_0 \cdot 0{,}313$	$f_5 \approx f_0 \cdot 3{,}20$

Abb. 3.42 zeigt ein erweitertes Sperrfilter mit einem T-Filter.

Das T-Filter von Abb. 3.42 hat eine Grunddämpfung von ca. 0,5 dB. Es ist

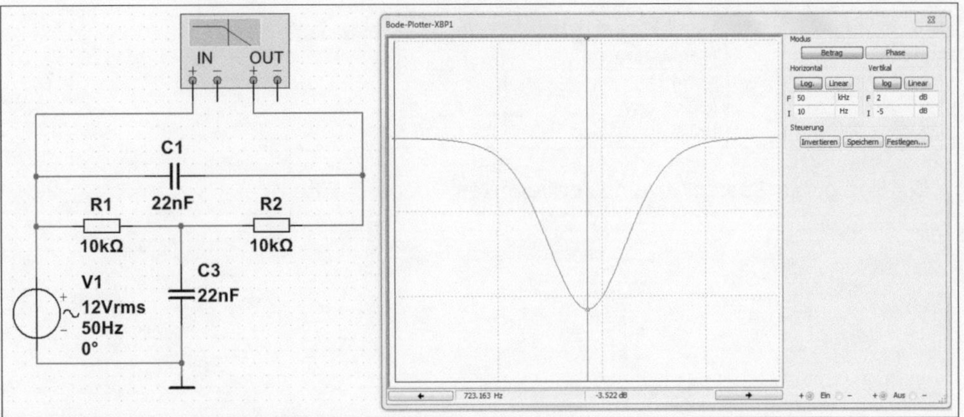

Abb. 3.42 • Erweitertes T-Filter als Sperrfilter.

$$f_0 = \frac{0{,}16}{R \cdot C} \qquad [\Omega,\ \mathrm{F},\ \mathrm{Hz}]$$

Beide hier gezeigten Schaltungen (Abb. 3.42 und Abb. 3.44) weisen gleiches Frequenzverhalten auf, wie ein Vergleich mit Abb. 3.41 zeigt. Die Frequenzwerte werden nach Tabelle 3.5 ermittelt.

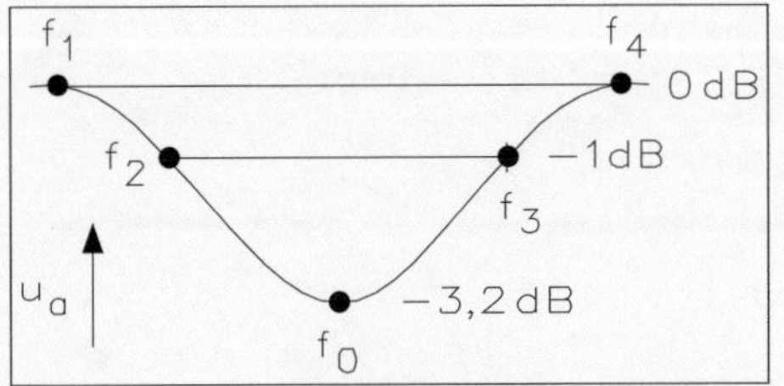

Abb. 3.43 • Frequenzwerte der Kurve eines Sperrfilters mit T-Filter.

Abb. 3.44 zeigt die Simulation eines Sperrfilters mit Doppel-T-Filter.

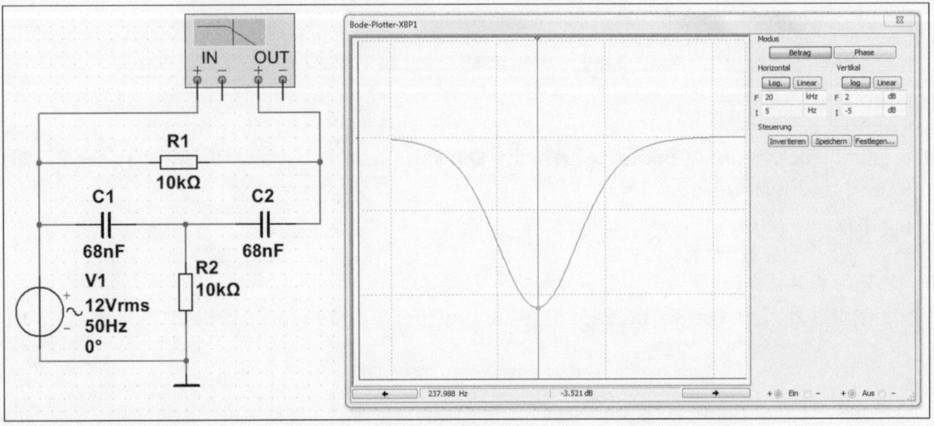

Abb. 3.44 • Simulation eines Sperrfilters mit Doppel-T-Filter.

Tabelle 3.5 • Frequenzwerte der Kurve von Abb. 3.42 und Abb. 3.44.		
Dämpfung	**Frequenzwerte**	
≈ −3,5 dB ≈ 1 dB ≈ 0 dB	$f_0 = 0,16 / R \cdot C$ $f_2 \approx f_0 \cdot 0,26$ $f_1 \approx f_0 \cdot 0,10$	 $f_3 \approx f_0 \cdot 3,85$ $f_4 \approx f_0 \cdot 10$

Abb. 3.45 zeigt ein Sperrfilter eines erweiterten Doppel-T-Filters.

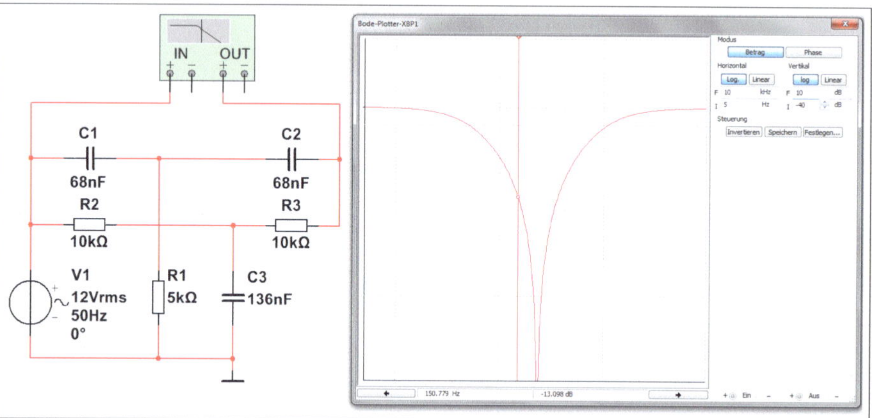

Abb. 3. 45 • Sperrfilter eines erweiterten Doppel-T-Filters.

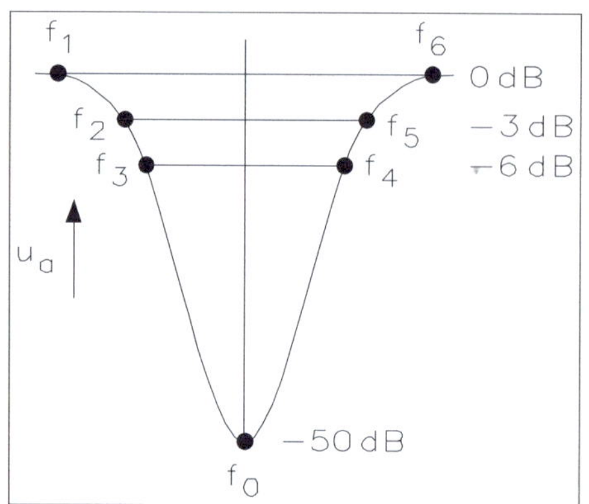

Abb. 3. 46 • Sperrfilter eines Doppel-T-Filters.

Das Doppel-T-Filter von Abb. 3.46 erreicht Dämpfungswerte von ca. 50 dB, wenn die Bauteile eng toleriert werden. Es ist

$$f_0 = \frac{0,16}{R \cdot C} \qquad [\Omega, \text{F}, \text{Hz}]$$

Der Widerstand gegen Masse beträgt 0,5·· R und der Kondensator gegen Masse beträgt 2·· C.

Das Doppel-T-Filter von Abb. 3.46 weist das Frequenzverhalten von Abb. 3.45 auf. Die Frequenzwerte werden nach Tabelle 3.6 ermittelt.

Tabelle 3.6 • Frequenzwerte der Kurve von Abb. 3.46.

Dämpfung	Frequenzwerte	
≈ 50 dB	$f_0 = 0{,}16 / R \cdot C$	
≈ 6 dB	$f_3 \approx f_0 \cdot 0{,}385$	$f_3 \approx f_0 \cdot 2{,}6$
≈ 3 dB	$f_2 \approx f_0 \cdot 0{,}25$	$f_2 \approx f_0 \cdot 4$
≈ 0 dB	$f_1 \approx f_0 \cdot 0{,}046$	$f_0 \approx f_0 \cdot 21{,}5$

3.4 • Passive Filter für Klangbeeinflussung

Das Spektrum für die einbezogenen Frequenzgebiete in der Akustik zeigt Abb. 3.47.

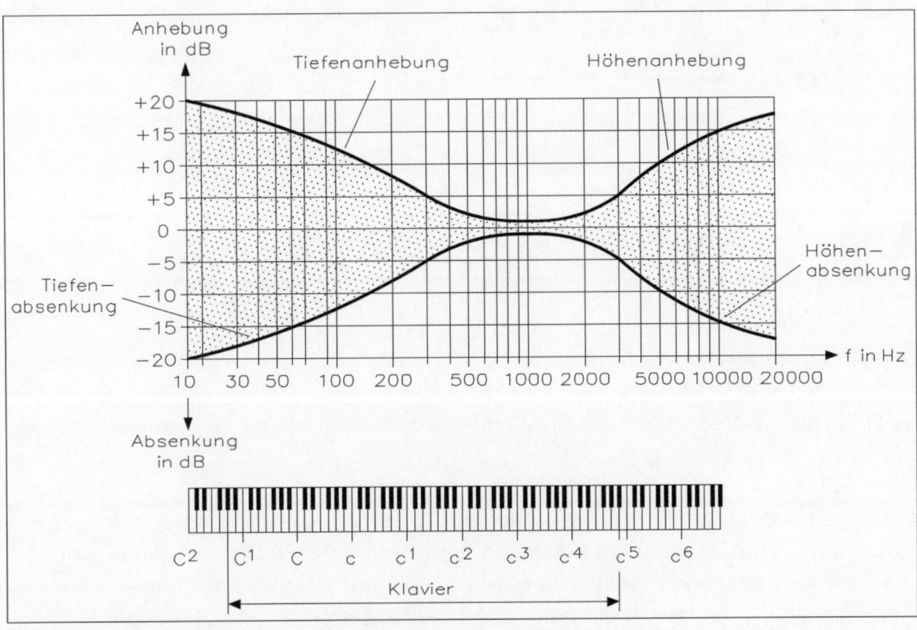

Abb. 3.47 • Frequenzgebiete für die Anhebung und Absenkung.

Das Spektrum umfasst vier Bereiche: Tiefenanhebung oder Tiefenabsenkung
Höhenanhebung oder Höhenabsenkung

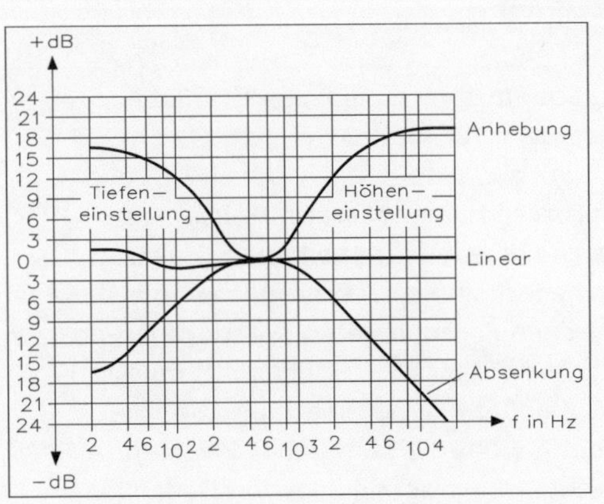

Abb. 3.48 • Einstellungsbereich für die Anhebung und Absenkung.

Sollen diese Bereiche zahlenmäßig bewertet werden, so ist Abb. 3.48 zu verwenden.

Je nach Stellung der beiden Potentiometer ergibt sich die Anhebung der Höhen und Tiefen. Auf der Mittelstellung hat man ein lineares Verhalten.

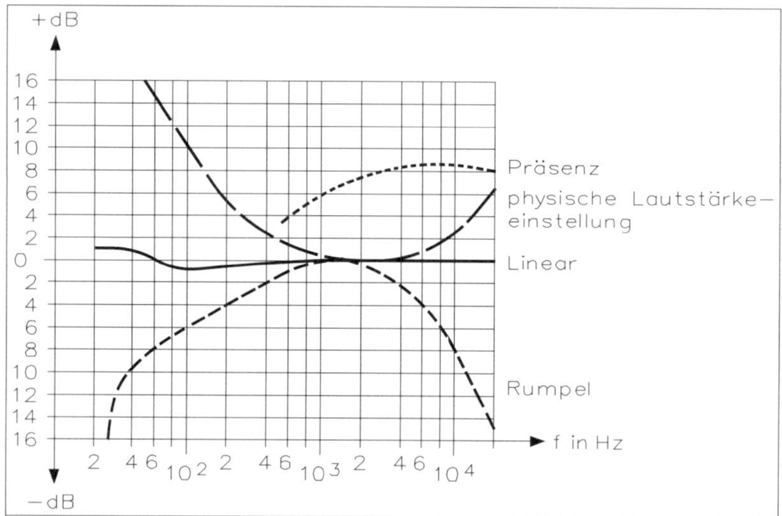

Abb. 3.49 • Filter für spezielle Frequenzbereiche.

In der HiFi-Technik werden spezielle Frequenzbereiche angehoben oder abgesenkt, wie Abb. 3.49 zeigt.

- Linear: Das Hörempfinden des menschlichen Ohres, also die Umwandlung von Druckpegeln in Hörsignale, hat in etwa ein logarithmisches Verhalten. Daher sind zur Lautstärkeeinstellung Potentiometer mit logarithmischer Abgriffscharakteristik notwendig. . In der Vergangenheit waren die logarithmischen Potentiometer meist so beschaffen, dass bei Mittelstellung eine Dämpfung des Audiosignals von etwa 20 dB erreicht wurde. Bei speziellen Potentiometern nahm die Dämpfung bei einer Drehrichtung von der Mittelstellung aus im Gegenuhrzeigersinn schnell zu, während im Uhrzeigersinn eine feiner abgestufte Steuerung der Lautstärkeeinstellung erfolgte.

  Diese Methode funktioniert zwar sehr gut, aber aus verschiedenen Gründen jedoch empfiehlt sich diese Vorgehensweise nicht für kleine, tragbare Geräte. Platzprobleme und Langlebigkeit sind nur zwei aus einer langen Liste. AUF- und AB-Tasten in Verbindung mit einem Mikroprozessor oder Mikrocontroller sind inzwischen eine gängige Form der Lautstärkeeinstellung in modernen Geräten. Die niedrigen Kosten und der geringe Platzbedarf sind zwei wesentliche Vorteile gegenüber einem umständlichen, mechanischen Potentiometer. Rotationspotentiometer für Stereoanwendungen, auch Mehrfachpotentiometer genannt, mussten außerdem für beide Kanäle gekoppelt sein. Dadurch kamen mechanische Toleranzen ins Spiel, die sich beim Einstellen der Lautstärke bemerkbar machten. Außerdem müsste man sich über die gewünschte Übertragungsfunktion Gedanken machen: Ist volle Dämpfung erwünscht oder soll nur über einen Teilbereich von z. B. 30 dB eingestellt werden können?

In einer Vielzahl von Anwendungen können damit die mechanischen Potentiometer wirkungsvoll ersetzt werden. Auf den ersten Blick ist ein Pärchen digitaler Potentiometer als Stereolautstärkeregelung eine logische Lösung, es gibt jedoch einige Dinge, die hier zunächst beachtet werden sollten.

Die meisten erhältlichen digitalen Potentiometer sind linear ausgeführt, d. h., die Abstände zwischen jeweils zwei Abgriffen sind vom Widerstand gleich groß. Für eine Lautstärkeregelung wäre ein „dB-pro-Schritt"-Verhalten wünschenswert. Der Schaltungsentwurf muss also dieses logarithmische Verhalten emulieren in einem Mikroprozessor. Beschränkungen durch den Audioabgriff eines mechanischen Potentiometers bestehen dann nicht mehr. Eine zweite Eigenart muss ebenfalls bedacht werden: Die einstellbaren Schritte in einem digitalen Potentiometer sind zwar alle gleich groß; ein Nebenprodukt von Toleranzen im Herstellprozess ist aber, dass der Gesamtwiderstand zwischen den beiden Endabgriffen von Baustein zu Baustein sehr weit variieren kann, im Extremfall bis zu ±30 %! Dies muss bedacht werden, sobald eine Schaltung entworfen werden soll, in der zwei Kanäle mit verschiedenen digitalen Potentiometern eng aufeinander abgestimmt sein sollen. Weiterhin sollten die Übergänge von einer Abgriffwahl zur nächsten möglichst schaltspitzenfrei erfolgen und eine sogenannte „Make-before-break"-Abgriffsarchitektur sollte demnach unbedingt eingesetzt werden.

- Präsenz: Bei einem Klangeinstellnetzwerk ist es erforderlich, die Tiefen und Höhen mit je einem getrennten Potentiometer einzustellen. Bei der Übertragung von Sprache ist es unter Umständen erwünscht, die mittleren Frequenzen gegenüber den Höhen und Tiefen zu bevorzugen. Das kann mit Hilfe durch die Betätigung von nur einem Potentiometer geschehen. enn der Abgriff des Potentiometers beim minimalen Anschlag ist, erzielt man einen nahezu linearen Frequenzgang. Befindet sich der Abgriff am oberen Anschlag, so wird die Mitte des Übertragungsbereiches bei 4 kHz bis 5 kHz um ca. 11 dB angehoben. Abb. 3.50 zeigt den Frequenzgang eines Präsenzfilters.

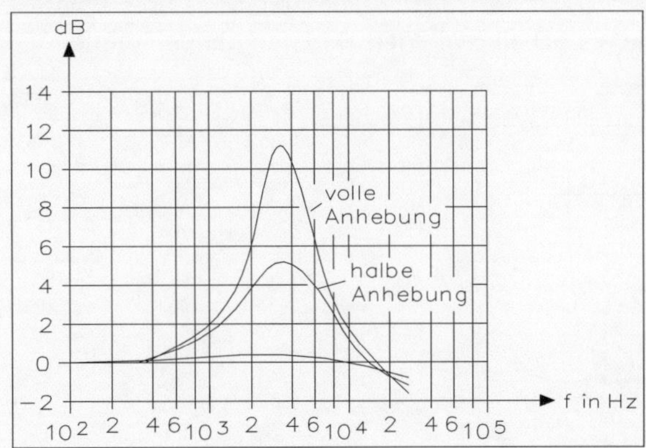

Abb. 3.50 • Frequenzgang eines Präsenzfilters.

- Scratch: Filter zur Unterdrückung bei der Wiedergabe von älteren Schallplatten die Kratzgeräusche und Rauschkomponenten.

- Rumpel- und Rausch: Bei NF-Verstärkern sind oft Abweichungen von einem linearen Frequenzgang erwünscht oder erforderlich. Das Anheben oder Absenken bestimmter Frequenzbereiche geschieht mit Hilfe von RC- oder LC-Gliedern. Um Platz auf Schallplatten zu sparen, schneidet man die tiefen Frequenzen nach einer genormten Schneidkennlinie mit kleinerer Amplitude als die hohen. Der Wiedergabeverstärker benötigt deshalb einen Frequenzgang, der komplementär zu dieser Schneidkennlinie ist.

- Über einen Schalter ist ein LC-Rauschfilter anschaltbar. Der Resonanzkreis wird auf ca. 4 kHz abgestimmt, erzeugt jedoch in diesem Frequenzgebiet wegen seiner starken Dämpfung eine nur geringe Anhebung, oberhalb der Resonanzfrequenz jedoch eine steile Absenkung der Signalamplitude. Abb. 3.51 zeigt den Frequenzgang eines Rumpel- und Rauschfilters.

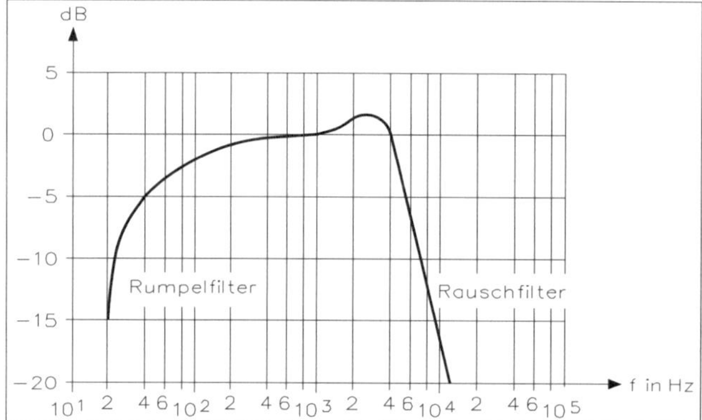

Abb. 3.51 • Frequenzgang eines Rumpel- und Rauschfilters.

- Physikalische Lautstärkeeinstellung: Das menschliche Ohr nimmt Schallschwingungen in dem Gebiet zwischen etwa 16 und etwa 20 000 Hz auf. Konkrete Angaben lassen sich wegen der Subjektivität des Eindrucks nicht durchführen. Das Ohr des einen reagiert vielleicht erst bei 20 Hz, während ein anderes schon 16 Schwingungen in der Sekunde als Schall registriert. Bei den hohen Frequen-

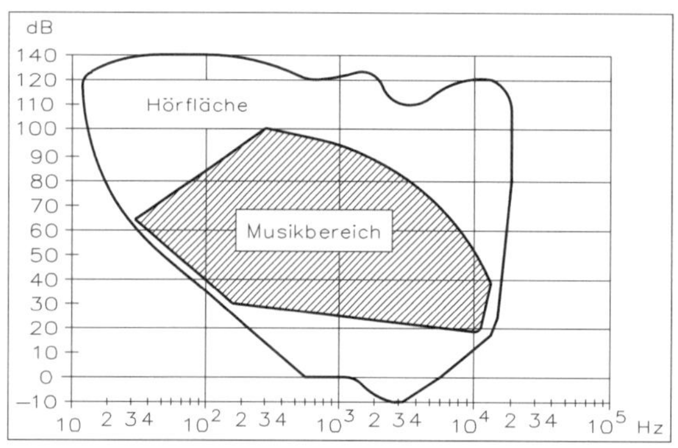

Abb. 3.52 • Umfang des Hörbereichs.

zen ist es ähnlich und hier versagen die Ohren bei einigen Menschen schon bei Schwingungen über 12 kHz. Mit zunehmendem Alter nimmt die Aufnahmefähigkeit für hohe Frequenzen ab.

Die untere Grenze der Schallempfindung wird Reizschwelle genannt. Die Tonempfindung geht bei steigender Lautstärke schließlich in Schmerz über, d. h. die obere Grenze wird Schmerzschwelle genannt. Dazwischen liegt das Hörgebiet und in der grafischen Darstellung von Abb. 3.52 erscheint es als Fläche (Hörfläche). Der Musikbereich ist als weitere Fläche eingetragen. Ferner lässt erkennen, dass die Hörempfindung sowohl von der Schallintensität als auch von der Frequenz abhängig ist. Das normale Ohr ist im Gebiet um 3 kHz am empfindlichsten, d. h., dass es bei Frequenzen dieser Größenordnung geringste Schalldrücke aufzunehmen vermag. Bei tiefen und ganz hohen Tönen muss der Schalldruck, der eine Gehörempfindung hervorrufen soll, weit höher sein.

Die Lautstärkeempfindung ist bei einem bestimmten Schalldruck bei verschiedenen Frequenzen unterschiedlich. Hier sei angemerkt, dass die vom menschlichen Ohr vermittelte Schallempfindung nicht einfach in demselben Maße, sondern viel langsamer ansteigt als die wirkliche physikalisch gemessene Energie des Schalles. Das bedeutet, dass eine an sich schon starke Schalläußerung einer viel größeren zusätzlichen Schallmenge bedarf, um als lauter empfunden zu werden, als es bei einer von Natur schwächeren Schalläußerung der Fall ist. In der Akustik ist es so, dass bei jeder Verzehnfachung der ursprünglichen Schallstärke die Schallempfindung nur um ein und denselben Betrag zunimmt, aber nicht etwa um den zehnfachen Betrag, d.h. für ein doppeltes Lautstärkeempfinden ist die zehnfache Leistung notwendig. Das menschliche Ohr kann Lautstärkeänderungen um ein Phon immer gerade noch wahrnehmen.

Das vom Ohr aufnehmbare Intensitätsintervall ist außerordentlich groß. Es beträgt bei einer Frequenz von 1 kHz zwischen Reizschwelle und oberer Hörgrenze 1 zu 10^6.

Die Schallempfindung ist zeitabhängig. Die volle Lautheit tritt erst nach 0,2 s ein, um dann sehr langsam abzuklingen (Ermüdung). Nach jeder Erregung des Ohres vergeht eine verhältnismäßig lange Zeit, bis wieder der Ruhezustand (keine Lautempfindung) eintritt; etwa 0,5 s.

Wenn das Ohr einen Toneindruck hat, so wird seine Empfindlichkeit für einen weiteren Ton einer anderen Frequenz und kleinerer Lautstärke herabgesetzt. Ist der Lautstärkeunterschied groß, so kann der schwächere Ton von dem lauteren verdeckt werden. Daher werden Störgeräusche bei genügend großer Nutzlautstärke nicht mehr wahrgenommen (Verdeckung). Andererseits verursacht Nachhall durch Verdeckung eine Herabsetzung der Verständlichkeit.

Der Haaseffekt ist eine weitere Ohreigenschaft. In einem größeren Raum mit mehreren Lautsprechern, in dem z. B. eine Rede übertragen wird, wird der Schall aus dem örtlich nächstgelegenen Lautsprecher zu früh aufgenommen d. h. früher als aus dem entfernteren Lautsprecher und das stört die Verständlichkeit. Deshalb wird die zu verstärkende Mikrofonspannung verzögert, so dass der Schall aus dem näher gelegenen Lautsprecher später zum Ohr des Hörers gelangt.

3.5 • Möglichkeiten der Klangeinstellung mit RC-Filtern

Diesen Regelungen liegt, außer bei Filtern, immer das Prinzip eines frequenzabhängigen Spannungsteilers zu Grunde, wie Abb. 3.53 zeigt.

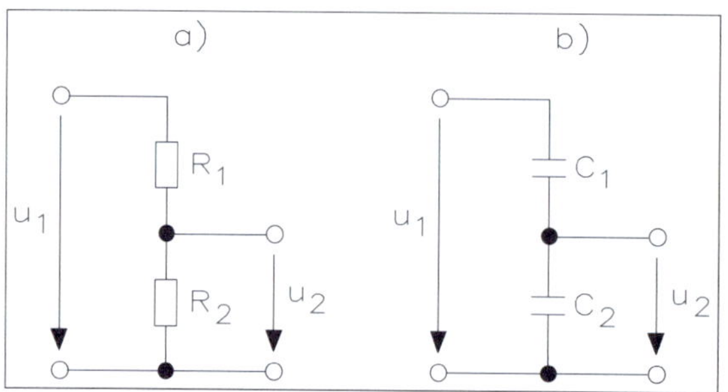

Abb. 3.53 • Ohmscher und kapazitiver Spannungsteiler.

In der Abb. 3.53a ist ein ohmscher Spannungsteiler gezeigt. Seine Grunddämpfung ist

$$d = \frac{R_2}{R_1 + R_2} = \frac{u_2}{u_1}$$

Abb. 3.53b zeigt den Spannungsverteiler mit einem kapazitiven Aufbau. Das Teilerverhältnis der Abb. 3.53a und b ist in weiten Bereichen frequenzunabhängig.

Soll eine frequenzabhängige Einstellung realisiert werden, so werden RC-Komponenten gemeinsam benutzt. Wird dabei eine Anhebung oder Absenkung von 20 dB gefordert, so ist hierfür eine Spannungsänderung um den Faktor 10 erforderlich. Die Grunddämpfung ist deshalb

$$d = 20dB = \frac{1}{10} = \frac{R_2}{R_1 + R_2}$$

Daraus folgt je nach Richtung der Dämpfung (Anhebung bzw. Senkung) der Wert der beiden Widerstände $R_1 = 9 \cdot R_2$ oder $R_1 = 9 \cdot R_1$; ähnlich bei beiden Kondensatoren von $C_1 = 9 \cdot C_2$.

Wird der kapazitive Spannungsteiler weiter betrachtet, so ist die Dämpfung:

$$d = \frac{R_{C2}}{R_1 + R_{C2}} = \frac{\frac{1}{2 \cdot \pi \cdot f \cdot C_2}}{\frac{1}{2 \cdot \pi \cdot f \cdot C_1} + \frac{1}{2 \cdot \pi \cdot f \cdot C_2}}$$ und daraus ergibt sich $$d = \frac{C_1}{C_1 + C_2}$$

Es ergibt sich die bereits beschriebene Forderung für 20 dB von $C_2 = 9 \cdot C_1$ entsprechend einer Dämpfung von d = 10.

3.5.1 • Höhenanhebung und -absenkung

Mit einer vorher bestimmten Grunddämpfung kann nach Abb. 3.54 folgendes festgestellt werden.

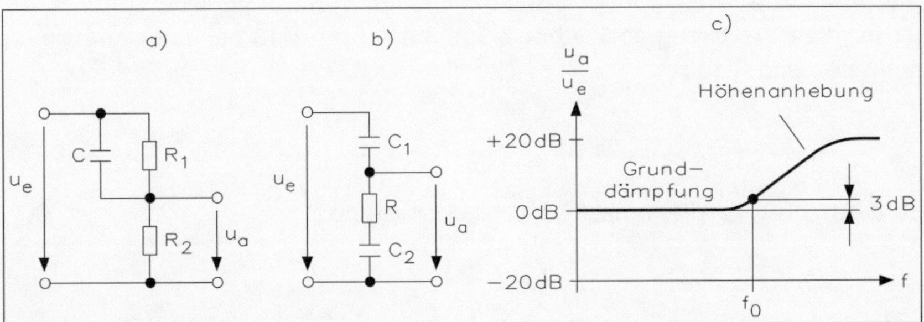

Abb. 3.54 • Schaltung für Höhenanhebung.

Abb. 3.54c zeigt den Frequenzverlauf, der bei der Frequenz f_0 mit der Höhenanhebung beginnt. Diese Auswirkung kann einmal mit der Schaltung nach Abb. 3.54a oder mit der nach Abb. 3.54b erreicht werden. Für die Bemessung gilt nach Abb. 3.54c für den f_0 (3 dB)-Punkt der Abb. 3.54a:

$$R_1 = R_C \text{ und somit } C = \frac{1}{2 \cdot \pi \cdot f_0 \cdot R_1}$$

Wird nach Abb. 3.54b eine Höhenanhebung mit kapazitiver Grunddämpfung betrachtet, so ist der Widerstand für den f_0 (3 dB)-Punkt:

$$R_1 = R_{C2} = \frac{1}{2 \cdot \pi \cdot f_0 \cdot C_2}$$

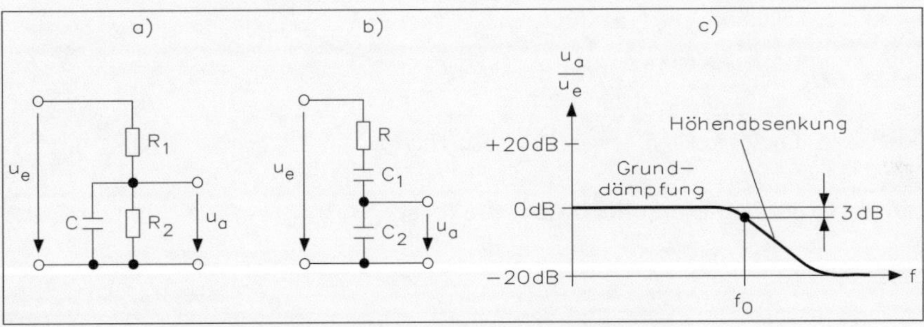

Abb. 3.55 • Schaltungen und Ausgangskurve bei der Höhenanhebung.

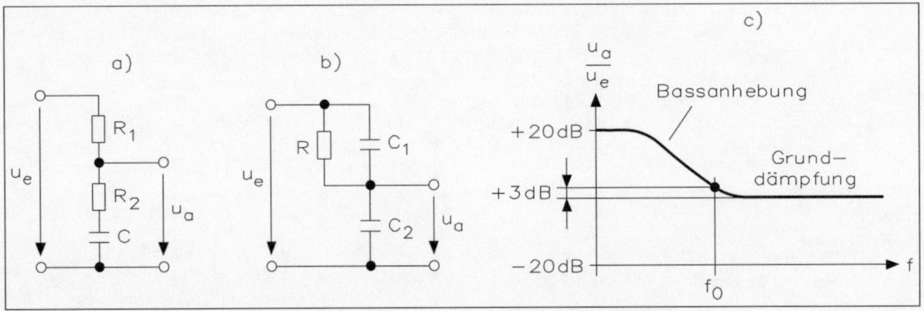

Abb. 3.56 • Schaltungen und Ausgangskurve bei der Höhenabsenkung.

Bei der Höhenabsenkung in Abb. 3.56 ist der Kondensator C auf den Widerstand R_2 zu beziehen. Es gilt für die Darstellung nach Abb. 3.56c mit f_0 für −3 dB bei einer ohmschen Grunddämpfung mit R_1 und R_2:

$$C = \frac{1}{2 \cdot \pi \cdot f_0 \cdot R_2}$$

Wird Abb. 3.56b betrachtet, ist die kapazitive Grunddämpfung:

$$R = \frac{1}{2 \cdot \pi \cdot f_0 \cdot C_1}$$

3.5.2 • Tiefenanhebung und -absenkung.

Die Durchlasskurve für eine Tiefenanhebung wird in Abb. 3.57 gezeigt und die Anhebung für die ohmsche Grunddämpfung wird nach Abb. 3.57a betrachtet. Es gilt

$$C = \frac{1}{2 \cdot \pi \cdot f_0 \cdot R_2}$$

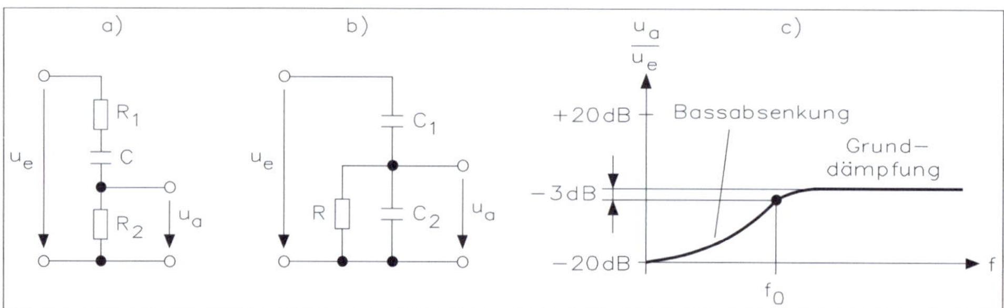

Abb. 3.57 • Schaltungen und Ausgangskurve bei einer Tiefenanhebung.

Bei der kapazitiven Grunddämpfung nach Abb. 3.57c ist

$$R = \frac{1}{2 \cdot \pi \cdot f_0 \cdot C_1}$$

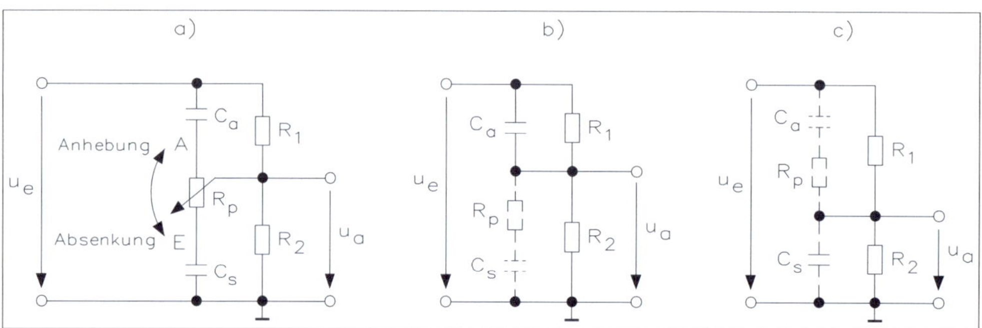

Abb. 3.58 • Schaltungen und Ausgangskurve bei der Bassabsenkung.

Die Bassabsenkung nach Abb. 3.57c kann wieder mit einer ohmschen oder kapazitiven Grunddämpfung erfolgen. Abb. 3.58 zeigt die Schaltungen und die Ausgangskurve bei der Bassabsenkung.

Für die Schaltung der Abb. 3.58a gilt für den 3-dB-Punkt f_0:

$$C = \frac{1}{2 \cdot \pi \cdot f_0 \cdot R_1}$$

Wird die Schaltung nach Abb. 3.58b verwendet, gilt

$$R = \frac{1}{2 \cdot \pi \cdot f_0 \cdot C_2}$$

3.5.3 • Einstellmöglichkeiten für Tiefen und Höhen

Die vorherigen Schaltungen lassen sich in einfacher Form in Einstellschaltungen überführen. Dabei gilt in allen Fällen, dass der steuernde Generator einen Innenwiderstand aufweisen muss, der ≤ 0,1 des nachgeschalteten Netzwerkes sein muss. Weiterhin soll der Eingangswiderstand des nachfolgenden Verstärkers einen Eingangswiderstand aufweisen der ≥ 10 des Netzwerkausgangswiderstands ist.

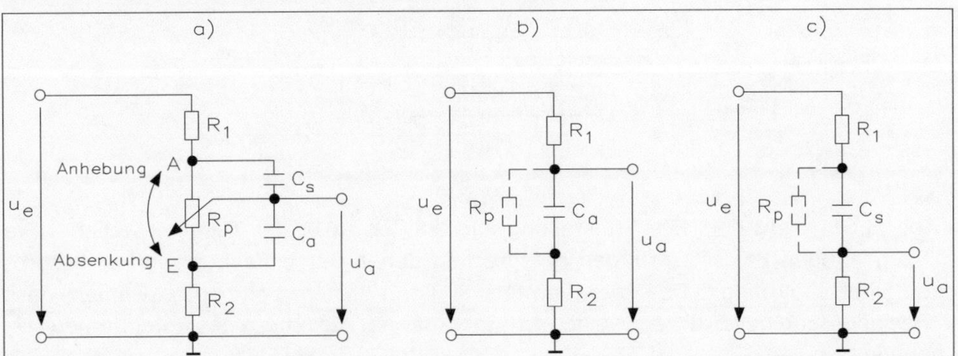

Abb. 3.59 • Höheneinstellung bei einem Klangnetzwerk.

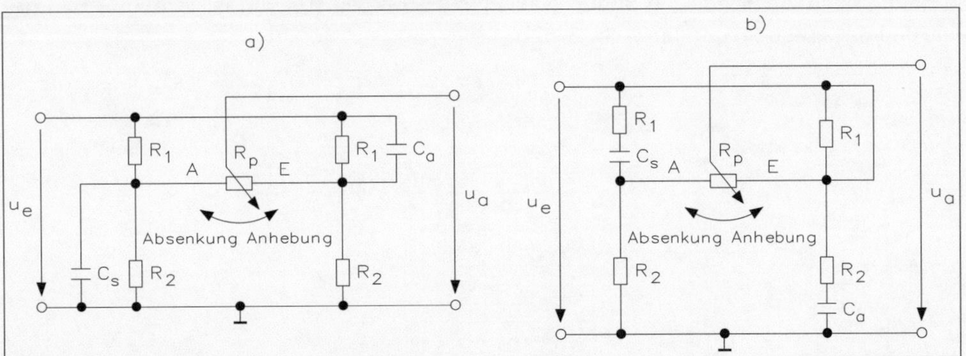

Abb. 3.60 • Basseinstellung bei einem Klangnetzwerk.

Für eine Höheneinstellung gilt die Schaltung Abb. 3.59. Abb. 3.59a zeigt die Grundschaltung. Abb. 3.58b stellt die Potentiometerstellung so dar, dass der Schleifer von R_p sich am Anfang A bei C_a befindet. Das ist gleichbedeutend mit einer Höhenanhebung. In der Abb. 3.59c ist das Potentiometer R_p so eingestellt, dass der Schleifer sich am Ende bei E (C_a) befindet. Das bedeutet eine Höhenabsenkung.

Für eine Basseinstellung gilt die Schaltung Abb. 3.60. Die Schaltung 3.60a zeigt wieder das Prinzip. In der Schaltung 3.60b soll der Regler bei A (R_1) stehen. Das ist gleichbedeutend mit einer Bassanhebung. Steht nach Abb. 3.60c das Potentiometer bei E (R_2), so tritt hier eine Bassabsenkung ein. Die Filter nach Abb. 3.59a und Abb. 3.60 müssen elektronisch getrennt angeordnet sein, um eine Beeinflussung auszuschließen. Abb. 3.60 zeigt die Tiefeneinstellung bei einem Klangnetzwerk.

Bei einer Brückenschaltung nach Abb. 3.61 werden zwei Klangnetzwerke für die Höhenstellung a und die Tiefeneinstellung b verwendet.

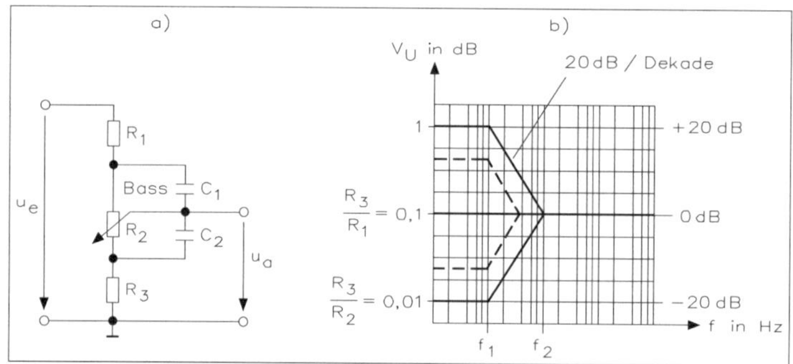

Abb.3.61 • Klangnetzwerke für die Höheneinstellung a und Tiefeneinstellung b.

Die Abb. 3.61a dient der Höheneinstellung und die der 3.61b der Tiefeneinstellung. Die dafür zugehörigen Basisschaltungen entsprechen denen der einfachen, vorher besprochenen Filterschaltungen. Das Potentiometer R_p ist in seinem Wert so zu wählen, dass eine Beeinflussung der Brückenzweige nicht merkbar ist. Also muss das Potentiometer R_p hochohmig sein.

Die häufig benutzte Schaltung in der Praxis für die Basseinstellung ist in Abb. 3.62a gezeigt und der Frequenzgang in Abb. 3.62b.

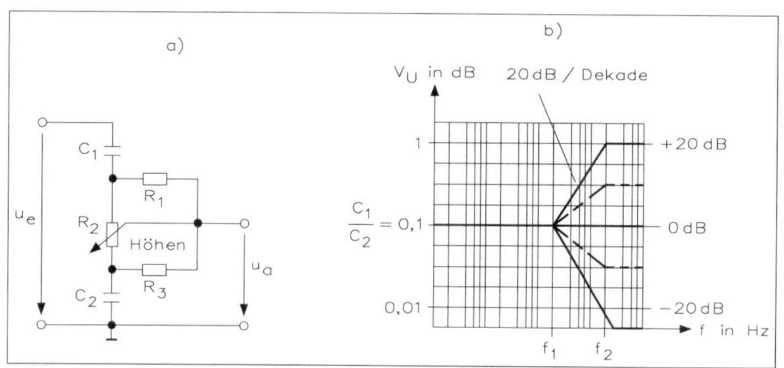

Abb. 3.62 • Schaltung einer Basseinstellung mit Ausgangsdiagramm.

Passive Klangeinstellschaltungen weisen immer eine Einfügungsdämpfung auf. Dieser Wert entspricht etwa der Pegeldifferenz zwischen der linearen Kurve und dem maximalen Wert der Anhebung. Die erreichbare Flankensteilheit liegt bei 20 dB/Dekade entsprechend 6 dB/Oktave. Für das Potentiometer R_2 wird ein logarithmisches Bauelement verwendet, der bei ca. 120°-Drehwinkel (Mittenstellung) im unteren Teil (A-S) etwa $0{,}1 \cdot R_2$ erreicht. Die in Abb. 3.62b gezeigte Frequenz f_2 gilt nur für die beiden Endstellungen des Potentiometers. Zwischenwerte von R_2 verschieben den Wert von f_2 in Richtung f_1 (gestrichelte Kurve). Mit der Bedingung $R_2 >> R_1 >> R_3$, etwa je Faktor 10, ist:

$$C_1 = \frac{0{,}16}{f_2 \cdot R_1} \quad \text{und} \quad C_2 = \frac{0{,}16}{f_2 \cdot R_3}\text{, sowie} \quad f_1 = \frac{0{,}16}{R_1 \cdot C_2} = \frac{0{,}16}{R_2 \cdot C_1}$$

Der Einstellfaktor wird ermittelt aus:

$$k = \frac{R_1}{R_2} = \frac{R_3}{R_1} = \frac{C_1}{C_2} = \frac{f_1}{f_2}$$

Die Dämpfung von f_2 ergibt dann a = 20 log k.

Beispiel für eine Basseinstellung: Dämpfung a = 20dB =^ 0,1 = k; f_2 = 350 Hz; R_2 = 200 kΩ.

Aus $k = \frac{R_1}{R_2} = \frac{R_3}{R_1} = \frac{C_1}{C_2} = \frac{f_1}{f_2} = 0{,}1$ folgt mit R_2 = 200 kΩ.

$R_2 = 200\ \text{k}\Omega \cdot 0{,}1 = 20\ \text{k}\Omega$ und $R_1 = 20\ \text{k}\Omega \cdot 0{,}1 = 2\ \text{k}\Omega$.

$$C_1 = \frac{0{,}16}{350Hz \cdot 20k\Omega} = 22nF\text{; } C_2 = 10 \cdot C_1 = 0{,}22\ \mu F\text{; } f_1 = 0{,}1 \cdot 35\ Hz$$

In Abb. 3.62 ist eine Höheneinstellung mit Frequenzverlauf gezeigt und es gelten die vorher erfolgten Angaben mit der Basseinstellung.

Mit der Bedingung $R_2 >> R_1 >> R_3$ ist $k = \frac{R_3}{R_1} = \frac{C_1}{C_2} = \frac{f_1}{f_2} = \frac{R_1}{R_2}$

Damit ist $C_1 = \frac{0{,}16}{f_2 \cdot R_1}$ und $C_2 = \frac{0{,}16}{f_2 \cdot R_3}$, sowie $f_1 = \frac{0{,}16}{R_1 \cdot C_2} = \frac{0{,}16}{R_2 \cdot C_1}$

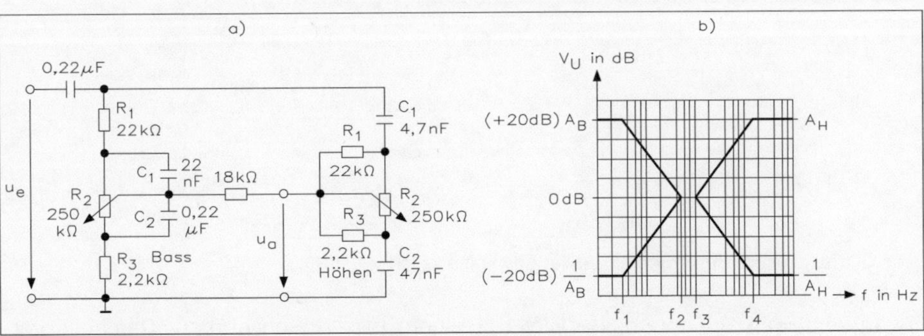

Abb. 3.63 • Schaltung eines kombinierten Bass- und Höheneinstellers.

Beispiel für eine Höheneinstellung: Dämpfung a = 20dB =^ k = 0,1; f_1 = 1,5 kHz; R_2 = 200 kΩ. Aus den vorherigen Gleichungen gilt für $f_2 = 10 \cdot f_1$ = 15 kHz, C_1 = 5,3 nF, $C_2 = 10 \cdot C_1$ = 53 nF.

Kombiniert man die Schaltung von Abb. 3.61 und Abb. 3.62 erhält man einen separaten Bass- und Höheneinsteller, wie Abb. 3.63 zeigt.

3.6 • Spannungsteiler mit Blindwiderständen

In der Wechselstromtechnik werden häufig Blindwiderstände als Spannungsteiler verwendet. Besonders in der Hochfrequenztechnik lassen sich damit oft Anpassungsprobleme bei der Ansteuerung von Verstärkerstufen erreichen. Tabelle 3.7 zeigt das Verhalten von Spannungsteilern ohne und mit Blindwiderständen.

Tabelle 3.7 • Verhalten von drei Spannungsteilern.

Gesuchter Wert	Ohmscher Spannungsteiler	Kapazitiver Spannungsteiler		Induktiver Spannungsteiler	
$\frac{U_e}{U_a}$	$\frac{R_1+R_2}{R_2}$	$\frac{C_1+C_2}{C_1}$	$\frac{R_{C1}+R_{C2}}{R_{C2}}$	$\frac{L_1+L_2}{L_2}$	$\frac{R_{L1}+R_{L2}}{R_{L2}}$
U_e	$U_a = \frac{R_1+R_2}{R_2}$	$U_a \cdot \frac{C_1+C_2}{C_1}$	$U_a \cdot \frac{R_{C1}+R_{C2}}{R_{C2}}$	$U_a \cdot \frac{L_1+L_2}{L_2}$	$\cdot \frac{R_{L1} \quad R_{L2}}{}$
U_a	$U_e = \frac{R_2}{R_1+R_2}$	$U_e \cdot \frac{C_1}{C_1+C_2}$	$U_e \cdot \frac{R_{C2}}{R_{C1}+R_{C2}}$	$U_e \cdot \frac{L_2}{L_1+L_2}$	$U_e \cdot \frac{R_{L2}}{R_{L1}+R_{L2}}$
R_1; R_{L1}; R_1; L_1; C_1	$R_2 = \frac{U_e-U_a}{U_a}$	$C_2 \cdot \frac{U_a}{U_e-U_a}$	$R_{C2} \cdot \frac{U_e-U_a}{U_a}$	$L_2 \cdot \frac{U_e-U_a}{U_a}$	$R_{L2} \cdot \frac{U_e-U_a}{U_a}$
R_2; R_{L2}; R_{C2}; L_1; C_1	$R_1 = \frac{U_a}{U_e-U_a}$	$C_1 \cdot \frac{U_e-U_a}{U_a}$	$R_1 \cdot \frac{U_a}{U_e-U_a}$	$L_1 \cdot \frac{U_a}{U_e-U_a}$	$R_{L1} \cdot \frac{U_a}{U_e-U_a}$

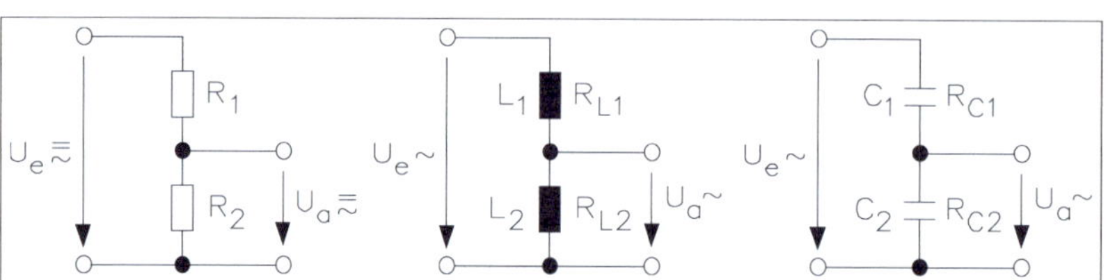

Abb. 3.64 • Ohmscher, kapazitiver und induktiver Spannungsteiler.

Abb. 3.64b zeigt den Spannungsverteiler mit einem kapazitiven Aufbau. Das Teilerverhältnis der Abb. 3.64a und b ist in weiten Bereichen frequenzunabhängig. Hierin ist unter Abb. 3.64 noch einmal der ohmsche Spannungsteiler angegeben. In der Tabelle 3.7 ist der induktive und der kapazitive Spannungsteiler gezeigt.

Für die einzelnen Blindwiderstände wird geschrieben:

$$\frac{1}{2 \cdot \pi \cdot f \cdot C_1} = R_{C1} \text{, sowie } 2 \cdot \pi \cdot f \cdot L_1 = R_{L1}$$

Die Teilspannungen verhalten sich wie die Größe der jeweiligen Blindwiderstände. Bei dem kapazitiven Spannungsteiler verhalten sich die Teilspannungen umgekehrt zur Größe der Kapazität.

Mit der Dezibelmessung kann man den Dämpfungsfaktor zwischen zwei Punkten in einer Schaltung messen. Die Standardbasis für die Dezibelmessung ist auf 1 V voreingestellt. Man kann diesen Wert über die Schaltfläche „Setting" einstellen. Der Dämpfungsfaktor wird wie folgt berechnet:

$$a_{dB} = 20 \cdot \log \frac{U_1}{U_2}$$

Wichtig bei der Messung von Strom- und Spannung ist die Einstellung der Stromart. Mit der AC-Schaltfläche lässt sich die Effektivspannung oder der Effektivstrom eines Wechselspannungssignals messen. Die evtl. im Signal vorhandenen DC-Anteile werden automatisch unterdrückt, sodass nur der AC-Signalanteil gemessen wird. Mit der DC-Schaltfläche wird der Strom- oder Spannungswert eines DC-Signals gemessen. Um die Effektivspannung U in einer Schaltung mit AC- und DC-Anteilen zu messen, schließt man ein AC-Voltmeter und zusätzlich ein DC-Voltmeter zwischen die zu messenden Knoten an. Die Effektivspannung errechnet man mit der Gleichung:

$$U = \sqrt{U_{DC}^2 + U_{AC}^2}$$

Dies ist keine allgemein gültige Gleichung, wird aber in MultiSim für die Simulation verwendet.

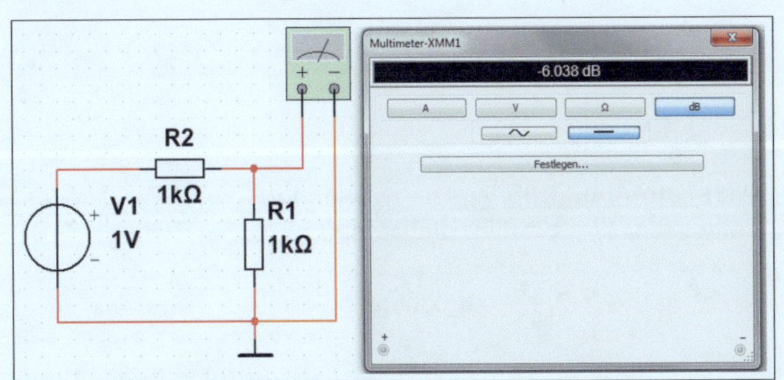

Abb.3.65 • Dezibelmessung des Multimeters.

Ein Multimeter in einer Schaltung, das sich nicht auf den gesamten Schaltungsbereich auswirkt, bezeichnet man als ideal. Im Voltbereich ist ein unendlich hoher Innenwiderstand vorhanden, damit kein Strom hindurchfließt. Ein ideales Amperemeter hat keinen Innenwiderstand und es fällt daher auch keine Spannung ab. Da diese Eigenschaften in der Praxis nicht erreichbar sind, weichen alle Messergebnisse immer von den theoretischen bzw. rechnerischen Werten einer Schaltung geringfügig ab. Abb. 3.65 zeigt die Dezibelmessung des Multimeters.

Jedes Übertragungssystem stellt einen Vierpol dar, denn dieser besteht aus zwei Eingangs- und zwei Ausgangspolen. An den Eingangsklemmen werden Leistung, Spannung und Strom zugeführt, während man an den Ausgangsklemmen dann die Ausgangswerte abnimmt. Ist das Verhältnis Ausgang zu Eingang größer als 1, spricht man von einem aktiven Vierpol (Verstärkung), ist dieses Verhältnis aber kleiner als 1, hat man einen passiven Vierpol (Dämpfung). Die Angabe erfolgt in Dezibel (dB).

Abb. 3.66 zeigt das Einstellfenster für das Multimeter für die Dezibelmessung.

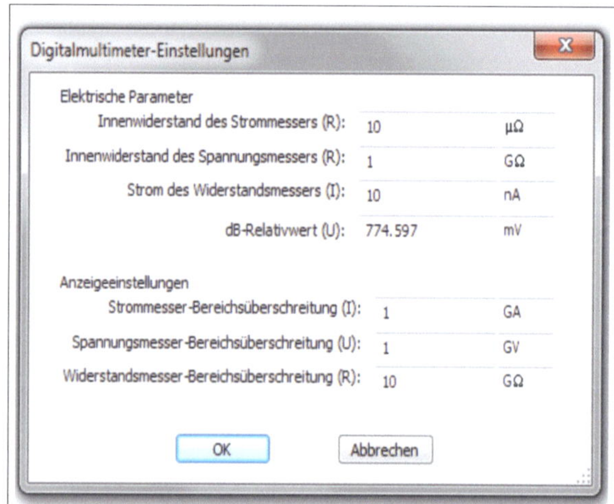

Abb. 3.66 • Einstellfenster für das Multimeter für die Dezibelmessung.

Dämpfung in Dezibel:

$$-a_{dB} = 20 \cdot \lg \frac{U_1}{U_2} = 20 \cdot \lg \frac{I_1}{I_2} = 10 \cdot \lg \frac{P_1}{P_2}$$

Verstärkung in Dezibel:

$$a_{dB} = 20 \cdot \lg \frac{U_2}{U_1} = 20 \cdot \lg \frac{I_2}{I_1} = 10 \cdot \lg \frac{P_2}{P_1}$$

Am Eingang des Spannungsteilers von Abb. 3.65 liegt eine Spannung von U_1 = 1 V und am Ausgang wird U_2 = 0,5 V gemessen. Wie groß ist die Dämpfung?

$$-a_{dB} = 20 \cdot \lg \frac{U_1}{U_2} = 20 \cdot \lg \frac{1V}{0{,}5V} = 20 \cdot \lg 2 = 20 \cdot 0{,}301 = 6{,}0206 dB$$

In der Anzeige des Multimeters steht der Wert -6,021 dB, denn die Anzeige im Multimeter erfolgt nach der Verstärkung! Durch die Änderung des Spannungsteilers lassen sich Übungen mit der Dämpfung durchführen.

Um die Multimeter-Einstellungen anzuzeigen, klickt man auf die Schaltfläche „Setting". Damit ergeben sich die Einstellungen.

Soll eine frequenzabhängige Einstellung realisiert werden, so werden RC-Komponenten gemeinsam benutzt. Wird nach Abb. 3.66 wieder eine Anhebung oder Absenkung von

20 dB gefordert, so ist hierfür eine Spannungsänderung um den Faktor 10 erforderlich. Die Grunddämpfung ist deshalb

$$d = 20dB = \frac{1}{10} = \frac{R_2}{R_1 + R_2}$$

Daraus folgt je nach Richtung der Dämpfung (Anhebung bzw. Senkung) der Wert der beiden Widerstände $R_1 = 9 \cdot R_2$ oder $R_1 = 9 \cdot R_1$; ähnlich bei beiden Kondensatoren von $C_1 = 9 \cdot C_2$.

Wird der kapazitive Spannungsteiler weiter betrachtet, so ist die Dämpfung:

$$d = \frac{R_{C2}}{R_1 + R_{C2}} = \frac{\frac{1}{2 \cdot \pi \cdot f \cdot C_2}}{\frac{1}{2 \cdot \pi \cdot f \cdot C_1} + \frac{1}{2 \cdot \pi \cdot f \cdot C_2}} \quad \text{und daraus ergibt sich} \quad d = \frac{C_1}{C_1 + C_2}$$

Es ergibt sich die bereits beschriebene Forderung für 20 dB von $C_2 = 9 \cdot C_1$ entsprechend einer Dämpfung von d = 10.

Tabelle 3.8 zeigt die Einstellbereiche des Multimeters.

Tabelle 3.8 • Einstellbereiche des Multimeters.

Formelzeichen	Multimeter-Einstellungen	Standard	Wertebereich
R	Amperemeter-Shunt-Widerstand	1 Ω	pΩ bis Ω
R	Voltmeter Innenwiderstand	1 GΩ	Ω bis TΩ
I	Ohmmeter-Messstrom	10 μA	μA bis kA
U	Dezibel-Standard	1 V	μV bis kV

Wichtig! Ein sehr niedriger Amperemeter-Shunt-Widerstand in einer hochohmigen Schaltung kann zu mathematischen Rundungsfehlern führen.

3.7 • Kriterien für Filter

Die wichtigsten Kriterien für eine Einteilung der Filter sind:

- Filterbauelemente: Je nach Aufbau der Filter und den Bauteilen unterscheidet man zwischen passiven und aktiven Filtern.
- Selektionswirkung: Unterteilung in Hochpassfilter (Hochpass, HP), Tiefpassfilter (Tiefpass, TP), Bandpassfilter (Bandpass, BP) und Bandsperrfilter (Bandsperre, BS).
- Schaltungsstruktur: In Abhängigkeit von der Anordnung der Filterelemente unterteilt man in Resonanzkreise, T-Filter und π-Filter.
- Flankensteilheit: Je nach Flankensteilheit spricht man von Filtern 1. Ordnung, 2. Ordnung ..., n-ter Ordnung.

Prinzipiell entziehen Filter dem Eingangssignal bestimmte Frequenzanteile, wodurch es zu Formveränderungen, unterschiedlichen Laufzeiten sowie verschiedenen Anstiegszeiten bei dem Ausgangssignal kommen kann.

Zur Beschreibung der Filtereigenschaften verwendet man Kenngrößen wie Übertragungs-, Verstärkungs- und Dämpfungsfaktor sowie Verstärkungsmaß und Dämpfungsmaß. Für eine mathematische Behandlung ist es zweckmäßig, Filter als Vierpole darzustellen und als Signal die elektrische Spannung heranzuziehen. Betrachtet man nur die Beträge der Wechselspannungen und setzt einen ohmschen Innenwiderstand R_i sowie einen ohmschen Lastwiderstand R_L (= Abschlusswiderstand R_2) voraus, so erhält man die Anordnung nach Abb. 3.67.

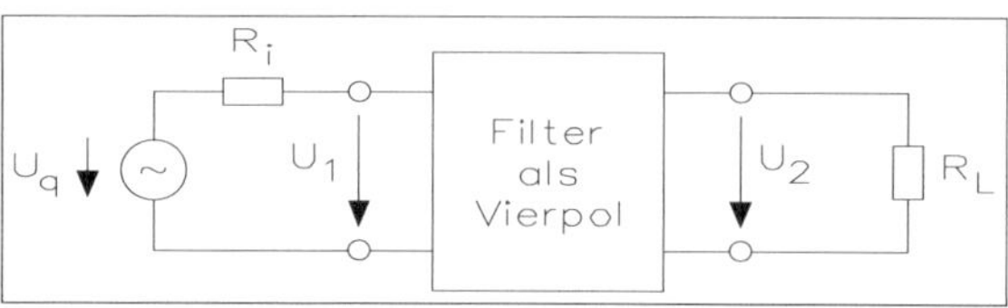

Abb. 3.67 • Filter ais Vierpol.

Der Übertragungsfaktor A ist gleich dem Verhältnis der Ausgangsspannung U_2 zur Eingangsspannung U_1 (Beträge!) und von der Frequenz f der angelegten Wechselspannung am Eingang und den Filterbauelementen (R, L, C, ...) abhängig. Bei Verstärkervierpolen ist U_1 der Übertragungsfaktor und geht für diesen Fall in den Verstärkungsfaktor V über, also A → V, vorausgesetzt $U_2 > U_1$! Der Kehrwert von A bzw. V ist der Dämpfungsfaktor D, d. h. $D = U_1/U_2$. Aufgrund der in der Praxis meist auftretenden beträchtlichen Unterschiede bezüglich der Spannungsamplituden ist es üblich, anstatt mit den direkten Beziehungen mit deren dekadischen Logarithmus zu rechnen. Die sich so ergebenden Größen definiert man dann allgemein als Dämpfungsmaß a sowie als Verstärkungsmaß v und die Werte werden in dB angegeben. Bei der Betrachtung von Spannungen spricht man auch vom Spannungsdämpfungsmaß a_u sowie vom Spannungsverstärkungsmaß v_u.

$$a_u = 20 \cdot \lg\left(\frac{U_1}{U_2}\right) = -20 \cdot \lg\left(\frac{U_1}{U_2}\right) = -v_u$$

Allgemein ist das Dämpfungsmaß a gleich dem negativen Verstärkungsmaß v und umgekehrt! Aus diesem Grund wird meistens nur das Dämpfungsmaß verwendet.

Die grafische Darstellung des Übertragungsfaktors in Abhängigkeit von der Frequenz f ergibt die Übertragungskurve, auch als Resonanzkurve bzw. Übertragungsfunktion oder Amplitudengang bzw. Durchlasskurve bezeichnet. Abb. 3.68a verdeutlicht dies am Beispiel einer Bandsperre und Abb. 3.68b Veranschaulichung der Flankensteilheit.

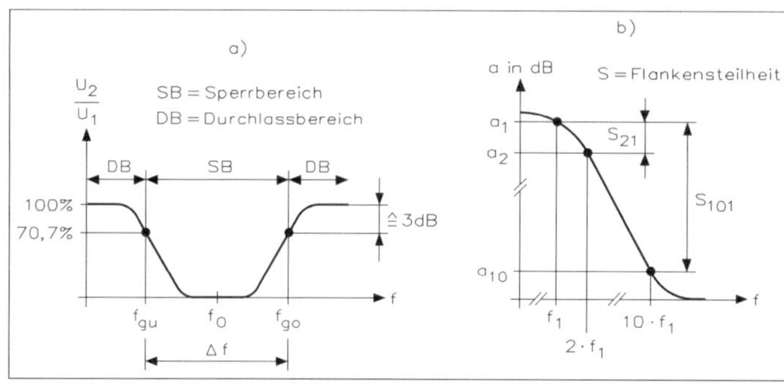

Abb. 3.68 • a) Prinzipieller Verlauf der Übertragungskurve einer Bandsperre b) Veranschaulichung der Flankensteilheit.

Wie bereits erwähnt, weisen Filter frequenzabhängige Widerstände auf, sogenannte Blindwiderstände Es werden also bestimmte Frequenzbereiche unterdrückt (gesperrt) bzw. gedämpft und andere Frequenzanteile ungedämpft durchgelassen. Man unterscheidet zwischen Durchlassbereich DB und Sperrbereich SB. An den Grenzen dieser Bereiche ist die Ausgangsspannung U_2 auf den 0,707-fachen Wert (d. h. 70,7 %, entspricht 3 dB!) gegenüber der Eingangsspannung U_1 abgesunken. Die entsprechenden Frequenzen definiert man als obere Grenzfrequenz f_{go} und die andere als untere Grenzfrequenz f_{gu}. Die Resonanzfrequenz f_0, wird auch als Bandmittenfrequenz f_m bezeichnet, weil sie genau in der Mitte zwischen f_{gu} und f_{go} liegt. Die Bandbreite Δf ist gleich der Differenz zwischen den beiden Grenzfrequenzen.

$$\Delta f = f_{go} - f_{gu}$$

Die jeweilige Trennung zwischen dem Durchlass- und dem Sperrbereich soll möglichst abrupt („scharf") erfolgen, d. h. es ist ein steiler Übergang gefordert. Die Flankensteilheit S (Steilheit S) ist ein Maß für diesen Übergang. Ihr Betrag soll möglichst groß sein, um eine hohe Trennschärfe zu erreichen. Sie ist allgemein als die Differenz des Dämpfungsmaßes a_2 bei der Frequenz f_2 sowie des Dämpfungsmaßes a_1 bei der Frequenz f_1 definiert, und wird entweder in dB/Oktave oder dB/Dekade angegeben, d. h.:

$$S = a_1 - a_2 \qquad Einheit: \frac{dB}{Oktave} \quad oder \quad \frac{dB}{Dekade}$$

Bezogen auf Abb. 3.56b ergibt sich gemäß der Gleichung die Flankensteilheit S_{21} in dB/Oktave zu $S_{21} = a_2 - a_1$ und die Flankensteilheit S_{101} in dB/Dekade zu $S_{101} = a_{10} - a_1$! Man beachte, dass sich entsprechend der Gleichung für S_{21} und S_{101} negative Werte ergeben, weil $a_2 < a_1$ sowie $a_{10} < a_1$ sind. Es handelt sich nämlich hier um eine negative Flanke!

Der Verlauf der Übertragungsfunktion und damit die Größe der Flankensteilheit S steht eng mit der Ordnungszahl des Filters in Zusammenhang. Je größer der Betrag von S ist, umso höher ist die Ordnungszahl. Tabelle 3.9 zeigt die Zuordnungen bis zur 4. Ordnung.

Tabelle 3.9 • Zusammenhang zwischen Ordnung und Flankensteilheit bei Filtern.

Ordnung	**Tiefpass**	**Hochpass**	**Bandpass, Bandsperre**
1	-6 dB/Oktave	+6 dB/Oktave	-
2	-12 dB/Oktave	+12 dB/Oktave	±6 dB/Oktave
3	-18 dB/Oktave	+18 dB/Oktave	-
4	-24 dB/Oktave	+24 dB/Oktave	±12 dB/Oktave

Die wichtigsten Kenndaten von Filtern sind das Dämpfungsmaß, die Grenzfrequenz, der Durchlass- und Sperrbereich, die Bandbreite, die Flankensteilheit sowie die Ordnungszahl.

3.8• Vierpole und Filter

Filter wirken auf die elektrischen Signale in verschiedener Hinsicht und beeinflussen

- Signalamplitude,
- Signalform (zeitlicher Verlauf),
- Laufzeit (Signalverzögerung).

Bei reinen Sinusspannungen verändern lineare Filter die Spannungsform nicht. In Abhängigkeit der Frequenz f oder der Kreisfrequenz $\omega = 2 \cdot \pi \cdot f$ ändert sich aber das Amplitudenverhältnis zwischen Eingangs- und Ausgangsspannung $a = U_2/U_1$ bzw. $a = U_a/U_e$ sowie der Phasenwinkel zwischen Eingangs- und Ausgangsspannung mit $\varphi = \text{atan } U_2/U_1$. Bei modulierten Sinusspannungen ist außerdem die Gruppenlaufzeit $\tau = d\varphi\beta/d\omega$ zu beachten. Bei schnellen Spannungsänderungen, wie bei Rechteckimpulsen, sind auch die Anstiegsgeschwindigkeit und die Einstellzeit zu beachten.

Normalerweise werden Filter in Bezug auf ihr Frequenzverhalten beurteilt und dementsprechend bezeichnet. Man unterscheidet zwischen Tiefpass, Hochpass, Bandpass und Bandsperre, je nach ihrem frequenzabhängigen Übertragungsverhalten. Die komplexe Übertragungsfunktion beschreibt dabei das Filter vollständig. Aus ihr lassen sich das Amplitudenübertragungssignal a, der Übertragungswinke $\varphi\beta$ wird die Gruppenlaufzeit τ berechnen. Der Wert α wird berechnet und in Diagrammen in Abhängigkeit von der Frequenz angegeben. Da die Frequenz eine relative Größe ist, bezieht man diese zweckmäßigerweise auf die Grenz-, Eck- bzw. Mittenfrequenz des jeweiligen Filters.

Für die Berechnung und Handhabung von Vierpolen und Filtern sind einige Definitionen wichtig:

- Übertragungsfunktion: Die Übertragungsfunktion U_2/U_1 ist das komplexe Verhältnis der Ausgangsspannung U_2 im Leerlauf zur angelegten Eingangsspannung U_1.

- Amplitudengang: Als Amplitudengang bezeichnet man den Betrag der Übertragungsfunktion:

$$\left|\frac{U_2}{U_1}\right| = f(\omega)$$

3.8.1 • Tief- und Hochpassfilter der ersten Ordnung

Zur Realisierung eines Filters erster Ordnung benötigt man einen Widerstand und einen Kondensator. Je nach Anordnung der Bauteile erhält man einen Tief- oder Hochpass. Dabei handelt es sich um ein Filter der einfachsten Art, die man als Filter 1. Ordnung bezeichnet. Ab der Grenzfrequenz nimmt das Amplitudenübertragungsmaß a um 6 dB/Oktave zu oder ab.

Tief- und Hochpass berechnen sich aus

- Tiefpass (1. Ordnung):

$$\left|\frac{U_2}{U_1}\right| = \frac{1}{\sqrt{1 + (\omega \cdot R \cdot C)^2}} = \frac{1}{\sqrt{1 + (\omega \cdot \omega_g)^2}}$$

- Hochpass (1. Ordnung):

$$\left|\frac{U_2}{U_1}\right| = \frac{1}{\sqrt{1 + \left[\frac{1}{(\omega \cdot R \cdot C)^2}\right]^2}} = \frac{1}{\sqrt{1 + (\omega_g \cdot \omega)^2}}$$

Der Phasengang ist die Phase der Übertragungsfunktion mit:

$\tan \varphi = f(\omega)$.

Für den Tiefpass gilt:

$\tan \varphi = -\omega \cdot R \cdot C$ oder $\varphi = \arctan(\omega/\omega_g)$

Für den Hochpass gilt:

$\tan \varphi = 1/(\omega \cdot R \cdot C)$ oder $\varphi = \arctan(\omega_g/\omega)$

Wenn man eine Schaltung hat, die aus einem ohmschen Widerstand und einem Kondensator besteht, spricht man je nach Zusammenschaltung von einem Hoch- oder Tiefpass 1. Ordnung. Abb. 3.69 zeigt die Schaltung eines passiven Tiefpassfilters 1. Ordnung mit der Übertragungskennlinie.

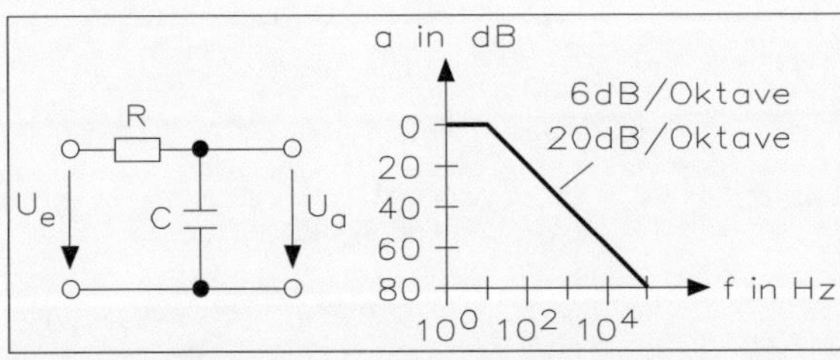

Abb. 3.69 • Schaltung eines Tiefpassfilters 1. Ordnung mit Übertragungskennlinie.

Das Verhältnis zwischen der Ausgangsspannung U_2 und der Eingangsspannung U_1 ist die Übertragungsfunktion im Leerlaufbetrieb und wird in Dezibel (dB) angegeben. Da ein passives Filter eine Dämpfung hat, gilt:

$$\alpha_{dB} = 20 \cdot \log \frac{U_1}{U_2}$$

In Abb. 3.69 sind die Bezeichnungen „6 dB/Oktave" und „20 dB/Dekade" vorhanden, Die erste Bezeichnung wird häufig für den Audiobereich verwendet. Der Ton G hat z. B. eine Frequenz von f = 768 Hz. Erhöht sich der Ton auf G', erhält man eine Frequenz von 1,536 kHz, d. h. bei einer Frequenzänderung von G nach G' oder umgekehrt erhöht oder verringert sich der Ton um je eine Oktave. Dabei wird die Ausgangsspannung angehoben bzw. abgesenkt, und zwar um 6 dB.

Ändert sich die Frequenz beispielsweise von 100 Hz nach 1 kHz, wird die Ausgangsspannung um 20 dB größer bzw. kleiner, da sich die Frequenz um eine Dekade erhöht bzw. verringert hat.

3.8.2 • Komplexe Spannungs- und Stromteiler

Durch Verwendung komplexer Größen und deren mathematischer Gesetze lassen sich beliebig zusammengesetzte Wechselstromkreise auf die Gesetze der Gleichstromkreise zurückführen.

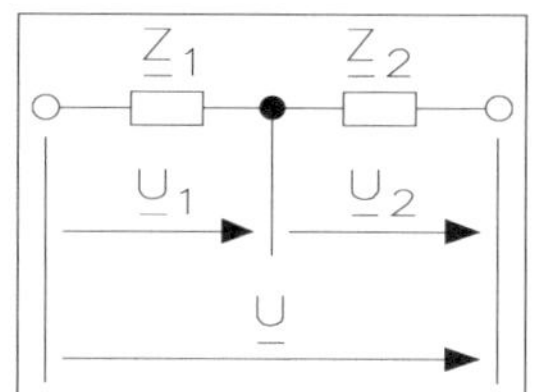

Abb. 3.70 • Komplexer Spannungsteiler.

Der Spannungsteiler von Abb. 3.70 besteht aus den beiden komplexen Widerständen $\underline{Z}_1$ und $\underline{Z}_2$. Die Berechnung erfolgt nach:

$$\frac{\underline{U}_1}{\underline{U}_2} = \frac{\underline{Z}_1}{\underline{Z}_2} \quad und \quad \frac{\underline{U}_1}{\underline{U}} = \frac{\underline{Z}_1}{\underline{Z}}$$

Der komplexe Widerstand $\underline{Z}$ ist eine komplexe Größe, die sich aus dem Quotienten komplexer Spannung durch komplexen Strom ergibt.

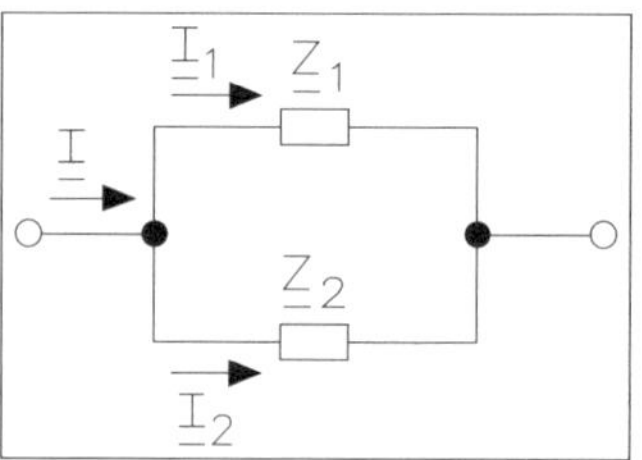

Abb. 3.71 • Komplexer Stromteiler.

Der Stromteiler von Abb. 3.71 besteht aus den beiden komplexen Widerständen $\underline{Z}_1$ und $\underline{Z}_2$. Die Berechnung der Ströme und der Leitwerte erfolgt nach:

$$\frac{\underline{I}_1}{\underline{I}_2} = \frac{\underline{Y}_1}{\underline{Y}_2} = \frac{\underline{Z}_2}{\underline{Z}_1} \quad bzw. \quad \frac{\underline{I}_1}{\underline{I}} = \frac{\underline{Z}_2}{\underline{Z}_1 + \underline{Z}_2}$$

Besonders für die Filtertechnik sind die mehrstufigen Spannungsteiler wichtig, wie sie in Abb. 3.72 zu sehen sind.

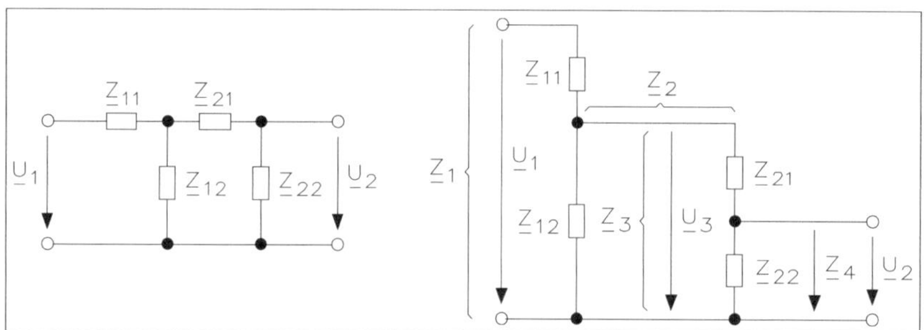

Abb. 3.72 • Zweistufiger, komplexer Spannungsteiler mit Ersatzschaltung.

Das Spannungsverhältnis eines zwei- oder mehrstufigen Spannungsteilers ist gleich dem Produkt der Widerstandsverhältnisse der einzelnen Stufen. Die Berechnung für einen zweistufigen Spannungsteiler erfolgt nach:

$$\frac{\underline{U}_2}{\underline{U}_1} = \frac{\underline{U}_2 \cdot \underline{U}_3}{\underline{U}_3 \cdot \underline{U}_1} = \frac{\underline{Z}_4 \cdot \underline{Z}_2}{\underline{Z}_2 \cdot \underline{Z}_1}$$

Aus der Ersatzschaltung lassen sich die einzelnen Werte ableiten, und es gilt:

$$\underline{Z}_1 = \underline{Z}_{11} + \underline{Z}_2$$

$$\underline{Z}_2 = \frac{(\underline{Z}_{21} + \underline{Z}_{22})\underline{Z}_{12}}{\underline{Z}_{21} + \underline{Z}_{22} + \underline{Z}_{12}}$$

$$\underline{Z}_3 = \underline{Z}_{21} + \underline{Z}_{23}$$

$$\underline{Z}_4 = \underline{Z}_{22}$$

Die Bezeichnungen für die Spannungen sind in dem Ersatzschaltbild eingezeichnet. In der Filtertechnik arbeitet man mit Widerständen, Spulen und Kondensatoren und erhält im einfachsten Fall einen RC-Hochpass der 1. Ordnung. Schaltet man diesem einen zweiten RC-Hochpass nach, ergibt sich ein RC-Hochpass der 2. Ordnung, wie Abb. 3.73 zeigt.

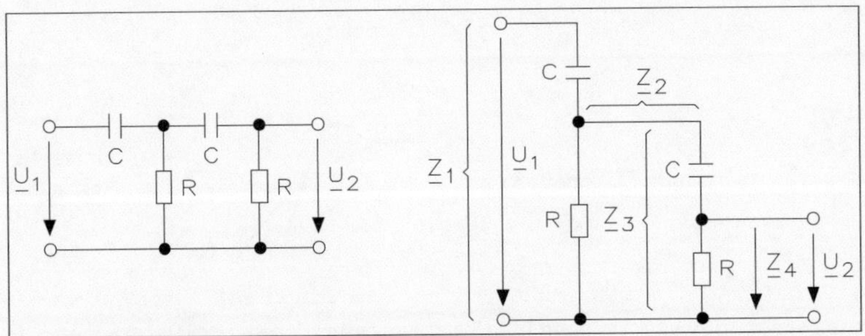

Abb. 3.73 • RC-Hochpass 2.Ordnung mit Ersatzschaltung.

Die Ausgangsspannung errechnet sich nach dem zweistufigen Spannungsteiler mit:

$$\frac{\underline{U}_2}{\underline{U}_1} = \frac{\underline{Z}_4 \cdot \underline{Z}_2}{\underline{Z}_2 \cdot \underline{Z}_1} = j\frac{\omega \cdot R \cdot C}{3 + j\left[\omega \cdot R \cdot C - \left(\frac{1}{\omega \cdot R \cdot C}\right)\right]}$$

Die Ausgangsspannung beträgt 1/3 der Eingangsspannung. Wenn der imaginäre Teil des Nenners gleich 0 wird, ist $\underline{U}_2$ gegenüber $\underline{U}_1$ wegen des Faktors j um 90° phasenverschoben. Es gilt für R = 1/(ωC) und für $\underline{U}_2 = \underline{U}_1 \cdot 1/3$. Bei dieser Spannungsreduzierung hat man eine Phasenverschiebung von 90°.

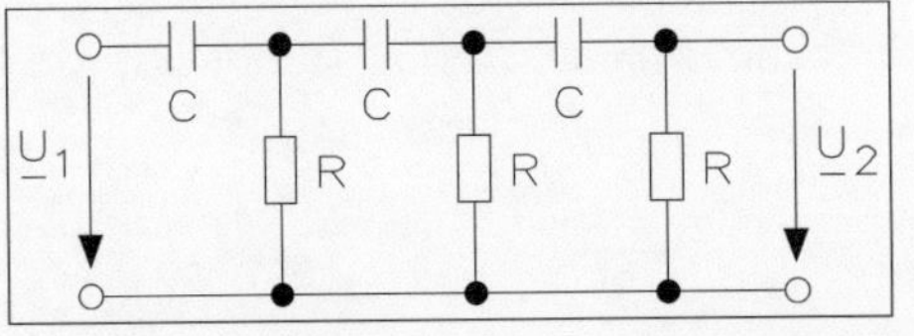

Abb. 3.74 • RC-Hochpass 3. Ordnung.

Fügt man ein weiteres RC-Glied zu, erhält man den RC-Hochpass 3. Ordnung von Abb. 3.74. Die Ausgangsspannung errechnet sich nach dem dreistufigen Spannungsteiler mit:

$$\frac{\underline{U}_2}{\underline{U}_1} = j\frac{(\omega \cdot R \cdot C)^3}{\left[\omega \cdot R \cdot C - (\omega \cdot R \cdot C)^3\right] - j\left[1 - 6(\omega \cdot R \cdot C)^2\right]}$$

Bei einer Phasenverschiebung von φ = 180° tritt kein Imaginärteil auf:

$$\left[\omega \cdot R \cdot C - (\omega \cdot R \cdot C)^3\right] - j\left[1 - 6(\omega \cdot R \cdot C)^2\right]$$

$$1 - 6(\omega \cdot R \cdot C)^2 = 0 \quad \rightarrow \quad \omega \cdot R \cdot C = \frac{1}{\sqrt{6}}$$

und die Ausgangsspannung $\underline{U}_2$ reduziert sich bei der Phasenverschiebung von φ = 180° auf l/29tel der Eingangsspannung $\underline{U}_1$.

3.8.3 • Passiver Tief- und Hochpass der höheren Ordnung

Schaltet man zwei passive Tiefpassfilter erster Ordnung in Reihe, erhält man einen Tiefpass zweiter Ordnung. Statt dieser Reihenschaltung lässt sich auch eine RCL-Schaltung verwenden, wie Abb. 3.75 zeigt.

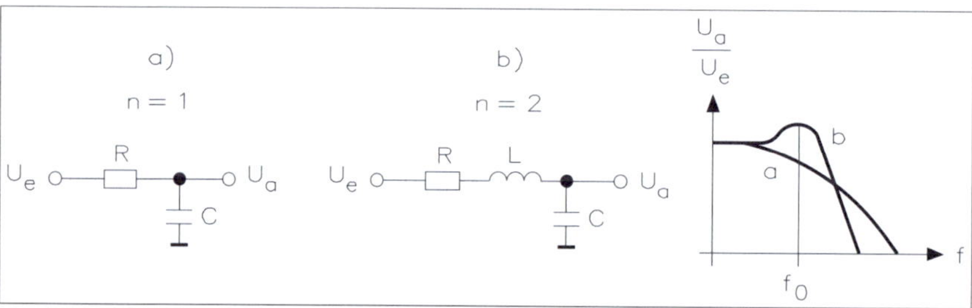

Abb. 3.75 • Passiver Tiefpass erster und zweiter Ordnung mit Übertragungsfunktionen. Der Wert n kennzeichnet die Ordnungszahl der Filterfunktion.

Hat man einen Tiefpass erster Ordnung, arbeitet man mit dem Wert n = 1, bei einem Tiefpass zweiter Ordnung dagegen mit n = 2. Betrachtet man sich die Übertragungsfunktion U_2/U_1, ergibt sich ein verhältnismäßig flach verlaufender Übergang vom Durchlassbereich zum Sperrbereich. Durch die Reihenschaltung einer Spule und eines Kondensators kommt es in der Nähe der Grenzfrequenz zu einer Amplitudenanhebung, da hier der Resonanzfall zwischen Kondensator und Spule auftritt. Je niederohmiger der Widerstand R ist, gemessen am Blindwiderstand X_C der Spule und dem X_C des Kondensators, desto größer wird die Überhöhung. Mit R = 0 lässt sich die Ausgangsspannung im Resonanzfall theoretisch auf unendlich anheben, denn dann ist der Reihenschwingkreis ungedämpft.

Der Amplitudengang für das RLC-Tiefpassfilter errechnet sich aus:

$$\frac{\underline{U}_2}{\underline{U}_1} = \frac{\frac{1}{j \cdot \omega \cdot C)}}{\frac{1}{j\omega \cdot C} + j\omega \cdot R + L} = \frac{1}{\omega^2 \cdot R \cdot L + j\omega \cdot R \cdot C}$$

Bei der Realisierung eines Tiefpassfilters erster Ordnung setzt man einen ohmschen Widerstand und einen Kondensator als frequenzabhängiges Bauelement ein. Bei Grenzfrequenz f_g reduziert sich die Ausgangsspannung auf 0,707 bzw. $1/\sqrt{2}$ der Eingangsspannung. Schaltet man einem weiteren Tiefpass nach, reduziert sich die Spannung nochmals um 0,707, aber der nachgeschaltete Tiefpass belastet den vorherigen entsprechend.

Durch die Hintereinanderschaltung mehrerer Tief- bzw. Hochpassfilter erreicht man eine entsprechend höhere Ordnung. Abb. 3.76 zeigt die beiden Möglichkeiten für passive Tief- und Hochpassfilter dritter Ordnung. Ein ideales RC-Glied bewirkt die Phasenverschiebung $\varphi = 90°$. Da aber die nachgeschalteten RC-Glieder das vorherige RC-Glied entsprechend belasten, ergibt sich eine reale Phasenserschiebung von $\varphi = 60°$ für jedes RC-Glied. In den dreistufigen Filtern von Abb. 3.76 ist die gesamte Phasenverschiebung $\varphi = 180°$.

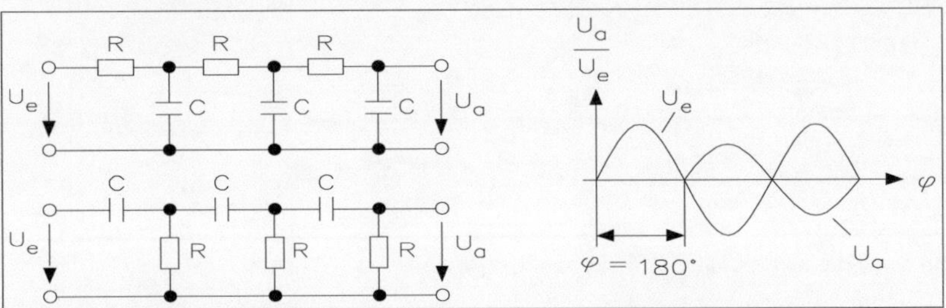

Abb. 3.76 • Realisierung eines passiven Tief- und Hochpassfilters dritter Ordnung.

Die Grenzfrequenzen f_g lassen sich mit den folgenden Gleichungen berechnen:

- Tiefpass 3. Ordnung

$$f_g = \frac{\sqrt{6}}{2 \cdot \pi \cdot R \cdot C}$$

- Hochpass 3. Ordnung

$$f_g = \frac{1}{\sqrt{6} \cdot 2 \cdot \pi \cdot R \cdot C}$$

Durch die dreifache Spannungsteilung tritt keine reale Spannungsdämpfung zwischen Ein- und Ausgang auf, sondern:

$$U_2 = \frac{1}{29} \cdot U_1 \text{ oder} \approx 30 \text{ dB}$$

Bei den Sinusgeneratoren setzt man diese Filterschaltungen als „Phasenschieber" ein. Ein nachgeschalteter Operationsverstärker oder eine Transistorstufe verstärkt das Ausgangssignal der Filterschaltung entsprechend, und es ergibt sich eine Schwingungsbedingung für einen Oszillator.

Abb. 3.77 zeigt eine Simulation eines dreipoligen Filters mit 4-Kanal-Oszilloskop. Am Eingang der Schaltung liegt eine Spannung mit U_S = 10 V und durch das 4-Kanal-Oszilloskop kann man die einzelnen Stufen messen.

Abb. 3.78 zeigt eine Simulation eines dreipoligen Filters mit zwei Bode-Plottern. Der obere Plotter misst den Betrag zwischen Ein- und Ausgang und zwar zwischen 1 Hz und

10 kHz. Bei einer Frequenz von 822 Hz kann man eine Dämpfung von −45 dB messen. Mit dem unteren Plotter lässt sich die Phase messen und man erhält −218°.

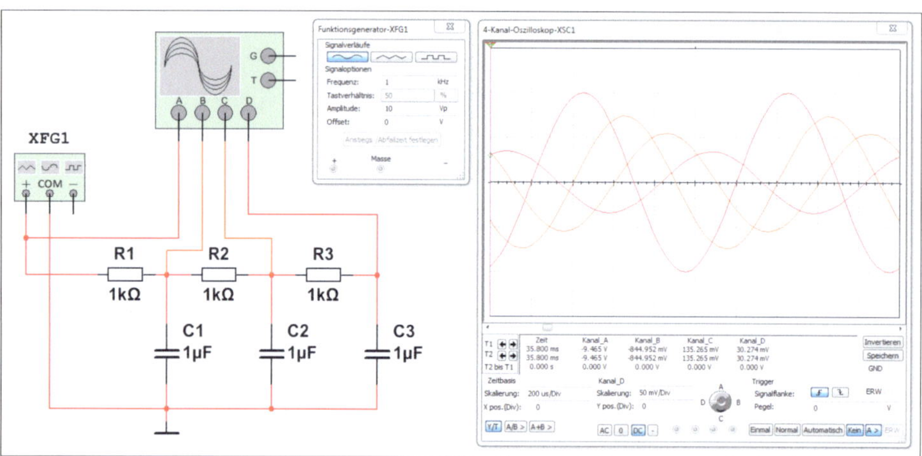

Abb. 3.77 • Simulation eines dreipoligen Filters mit 4-Kanal-Oszilloskop.

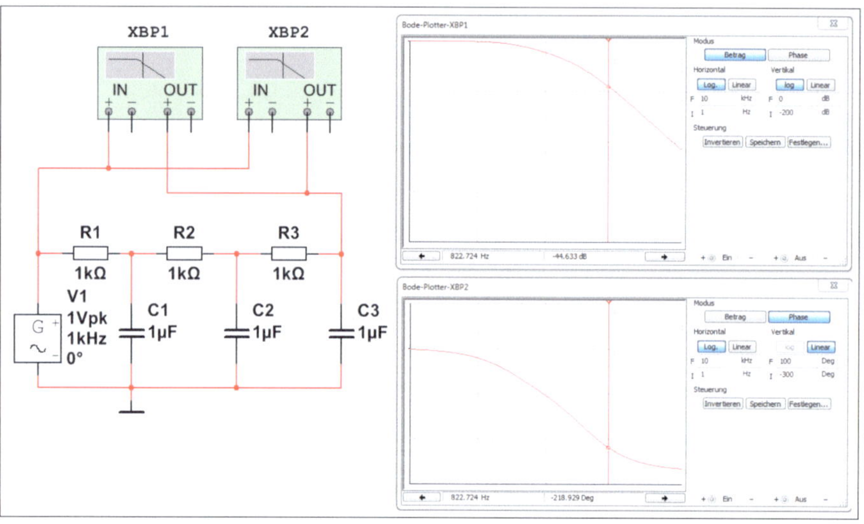

Abb. 3.78 • Simulation eines dreipoligen Filters mit zwei Bode-Plottern.

3.8.4 • RC-Filter nach Gauß

Für die Realisierung eines Tiefpassfilters höherer Ordnung müssen zwischen den einzelnen Filterstufen spezielle Verstärker (sogenannte Elektrometerverstärker) mit der Verstärkung v = 1 eingefügt werden, wenn man eine Belastung der nachgeschalteten Stufen verhindern möchte. Abb. 3.79 zeigt die Realisierung eines Tiefpassfilters nach Gauß.

Bei einem Hoch- oder Tiefpassfilter nach Gauß gelten für alle Filterstufen die gleichen Grenzfrequenzen und die gleichen Dämpfungskonstanten. Dieses Filter zeigt bei den Sprungantworten kein Überschwingen. Der Übergang vom Durchlassbereich in den

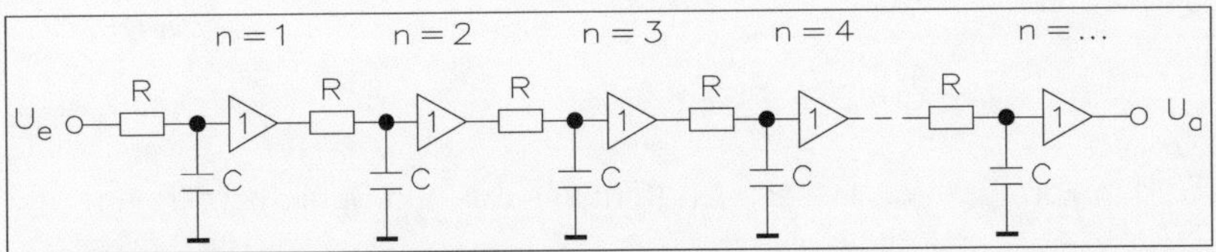

Abb. 3.79 • Schaltung eines Tiefpassfilters nach Gauß; wegen Entkopplung mittels Verstärkerstufen mit v = 1 ergibt sich keine Belastung durch nachfolgende Filterstufen.

Sperrbereich verläuft im Wesentlichen flacher als bei den anderen Filtern nach Bessel, Butterworth, Cauer oder Tschebyscheff.

Durch die Aneinanderreihung von RC-Gliedern für Hoch- und Tiefpässe erhält man Filter der entsprechenden Ordnung. Die Berechnung der Dämpfung a berechnet sich aus:

$$a = n \cdot 20 \cdot \log \frac{U_1}{U_2}$$

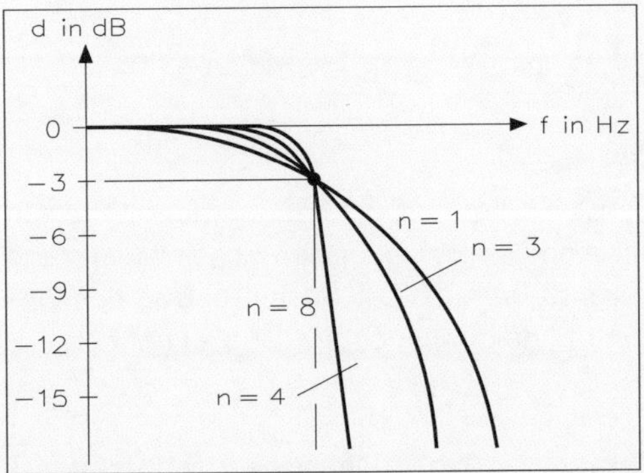

Abb. 3.80 • Übertragungsfunktion eines Tiefpassfilters in Abhängigkeit von verschiedenen Filtergraden n.

Hat man ein Filter mit n = 1, ergibt sich eine Dämpfung von 3 dB, mit n 2 von 6 dB usw. Je höher die Ordnungszahl n, umso steiler die Abgrenzung vom Durchlass- in den Sperrbereich, wie Abb. 3.80 zeigt. Die Übertragungsfunktion gilt aber nur, wenn zwischen den einzelnen Tiefpassfiltern ein Verstärker mit v = 1 eingeschaltet ist. Andernfalls belastet jedes nachgeschaltete Filter das vorherige, und es tritt eine zusätzliche Dämpfung auf.

3.8.5 • T- und π-Filter

Durch Zusammenschaltung von Kondensatoren und Spulen lassen ~~spel T~~- und π-Filter Filter realisieren, wobei man zwischen Tief- und Hochpässen unterscheiden muss. Im Prinzip bilden die Kondensatoren und Spulen einen Schwingkreis. Für beide Schaltungsvarianten gelten die gleichen Berechnungsgrundlagen.

Bei der Berechnung der Werte von Kondensator und Spule geht man davon aus, dass die Blindwiderstände X_C und X_L bei der Grenzfrequenz f_g dieselben Werte aufweisen. Es soll ein Wellenwiderstand von R = 1 kΩ bei einer Grenzfrequenz von 1 kHz vorhanden sein. Welche Werte für Kondensator X_C und Spule X_L sind zu wählen?

Die Grundbedingung lautet:

$$X_C = \frac{1}{2 \cdot \pi \cdot f_g \cdot C} \approx R \qquad X_L = 2 \cdot \pi \cdot f_g \cdot L \approx R$$

Stellt man diese beiden Formeln um, lassen sich Kondensator und Spule berechnen:

$$C = \frac{1}{2 \cdot \pi \cdot f_g \cdot R} = \frac{1}{2 \cdot 3{,}14 \cdot 10^3 Hz \cdot 10^3 \Omega} = 159 nF$$

$$L = \frac{R}{2 \cdot \pi \cdot f_g} = \frac{10^3 \Omega}{2 \cdot 3{,}14 \cdot 10^3 Hz} = 159 mH$$

Bei der Dimensionierung ist zwischen T- und π-Filter zu unterscheiden. Beim T-Filter ist es erforderlich, den Wert des Kondensators und beim π-Filter den Wert der Spule mit dem Faktor 2 zu multiplizieren, d. h. beim T-Filter ergibt sich die Kapazität von 320 nF, beim π-Filter die Induktivität von 320 mH.

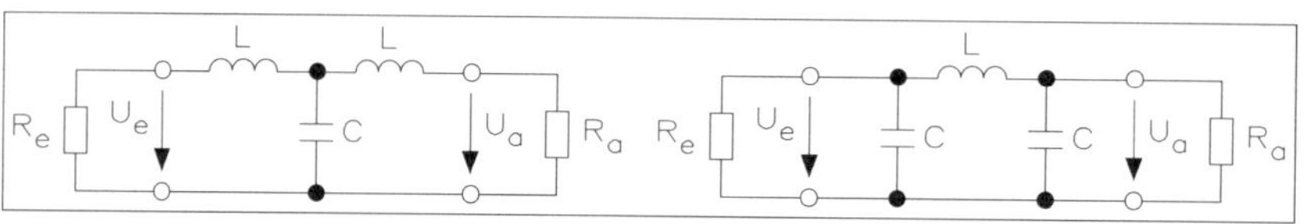

Abb. 3.81 • Aufbau eines LC-Tiefpassfilters.

Die Tiefpassschaltung von Abb. 3.81 zeigt das CL-T-Glied mit einem Lastwiderstand am Ausgang der Schaltung. Für diese Schaltung ist eine Ortskurve für den Scheinwiderstand Z im Frequenzbereich f = 0 kHz bis 5 kHz zu ermitteln. Auch der Gesamtbetrag des Eingangswiderstands Z_1 mit reeller Komponente und Blindkomponente X ist als Funktion der Frequenz darzustellen.

Voraussetzung für einen ordnungsgemäßen Betrieb der Schaltung ist die richtige Anpassung:

$$Z_1 = Z_2 = Z = \sqrt{\frac{L}{C}} = \sqrt{\frac{50 mH}{0{,}15 \mu F}} = 577 \Omega$$

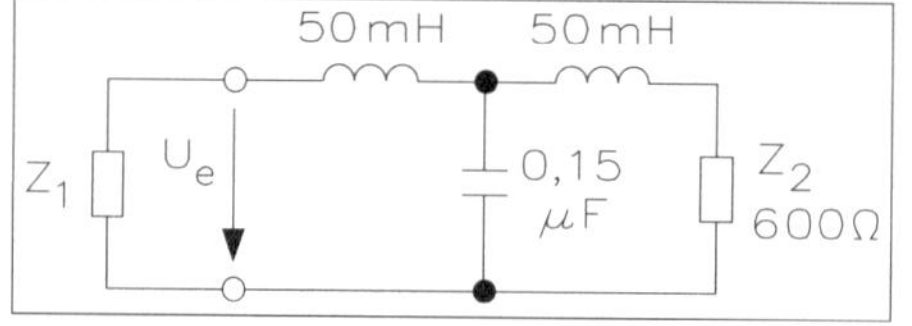

Abb. 3.82 • Schaltung eines LC-Tiefpassfilters.

Der Abschlusswiderstand hat einen Wert von 600 Ω in der Schaltung von Abb. 3.82. Die Berechnung ergibt den Wert von Z = 577 Ω. Mit dem Wert der Spule und dem Wert des Kondensators lässt sich die Grenzfrequenz bestimmen:

$$f_{res} = \frac{1}{2 \cdot \pi \cdot \sqrt{C \cdot L}} = \frac{1}{2 \cdot 3{,}14 \cdot \sqrt{0{,}15 \mu F \cdot 50 mH}} = 1{,}838 kHz$$

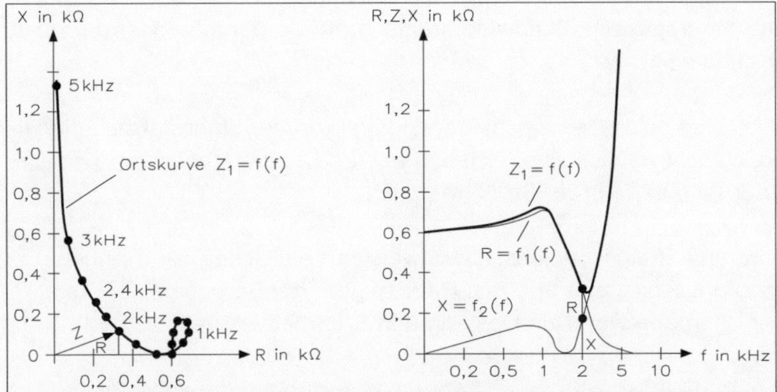

Abb. 3.83 • Ortskurve (links) und Komponentendarstellung (rechts) zeigen den Eingangswiderstand Z_1 als Funktion der Frequenz f für die Schaltung von Abb. 3.82.

Rechnet man die einzelnen Werte aus, ergeben sich die Ortskurve für den Eingangs-widerstand Z_1 in Abhängigkeit von der Frequenz f und die Komponentendarstellung des Eingangswiderstands. Abb. 3.83 zeigt beide Darstellungen.

3.8.6 • Filter nach Gauß, Bessel, Butterworth, Cauer und Tschebyscheff

Behält man den Wert der RC-Bauelemente in einer passiven Filterschaltung bei, sinkt mit steigender Ordnungszahl des Filters die Grenzfrequenz f_g. Soll die Grenzfrequenz des gesamten Filters konstant bleiben, dann muss man mit steigender Ordnungszahl die Grenzfrequenz der einzelnen Filterstufen entsprechend den angegebenen Rechenausdrücken heraufsetzen.

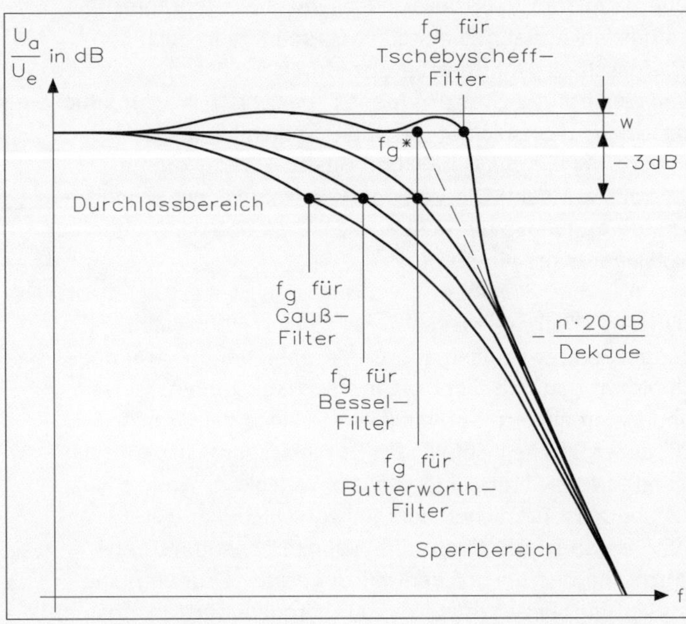

Abb. 3.84 • Unterschiedliche Ausgangsspannungen in Abhängigkeit der einzelnen Tiefpassfilter-Funktionen; beim Tschebyscheff-Filter ergibt sich ein Überschwingen w und eine andere Definition für die Grenzfrequenz.

Legt man an diese Schaltung eine sinusförmige Wechselspannung, verringert sich mit zunehmender Frequenz der kapazitive Blindwiderstand, d. h, die Dämpfung wird größer, und die Ausgangsspannung sinkt.

Das Diagramm von Abb. 3.84 zeigt die verschiedenen Filterkurven. Während sich die Filterkurven im Sperrbereich sehr ähnlich sind, ergeben sich im Durchlassbereich erhebliche Differenzen. Ideal ist der Punkt f_g' für die Grenzfrequenz.

- Gauß-Filter: Alle Filterstufen eines Tiefpassfilters weisen die gleiche Grenzfrequenz und die gleiche Dämpfungskonstante auf. Das Filter zeigt in der Sprungantwort kein Überschwingen. Der Übergang vom Durchlass- in den Sperrbereich verläuft flach.

- Bessel-Filter: Hier handelt es sich um ein Filter, das in Bezug auf die Phasenlaufzeit optimiert wurde. Phasen- oder Gruppenlaufzeit sind ein Maß für die Änderung des Übertragungswinkels mit der Frequenz. Ein Signal wird umso unverfälschter übertragen, je geringer seine Phasenlaufzeit mit der Frequenz schwankt. Beim Bessel-Filter wächst der Phasengang innerhalb eines bestimmten Bereichs proportional mit der Frequenz. Daraus ergibt sich eine konstante Phasenlaufzeit, die auch hier wieder auf die Grenzfrequenz des Filters bezogen wird. Der Übergang ist bei diesem Filter schon etwas ausgeprägter. Das Überschwingen in der Sprungantwort bleibt unter 1 % und verringert sich mit steigender Ordnungszahl des Filters vollständig, da dann die Phasenlaufzeit über einen immer weiteren Bereich konstant bleibt,

- Butterworth-Filter: Alle Einzelfilter des Tiefpassfilters weisen die gleiche Grenzfrequenz auf. Dadurch sind die Grenzfrequenzen g und fg* für alle Ordnungszahlen gleich. Der Amplitudengang im Durchlassbereich verläuft wie bei Bessel- und Gauß-Filtern flach, der Übergang zum Sperrbereich ist jedoch ausgeprägter und wird mit steigender Ordnungszahl zunehmend steiler. Da man dann auch den Amplitudengang dieses Tiefpassfilters im Sperrbereich durch ein Potenzgesetz beschreiben kann, wenn man sich auf die Grenzfrequenz f_g bezieht ($f_g = f_g*$), spricht man bei diesem Filter von einem „Potenzfilter". Weil die Sperrfähigkeit dieses Filters wesentlich günstiger ist als die des Gauß- und Bessel-Filters, kann die Phasenlaufzeit nicht mehr konstant sein. Die Verzögerungszeit wächst proportional mit der Zahl der Filterstufen, ebenso die Anstiegszeit. Das Überschwingen bei diesem Filtertyp in der Sprungantwort nimmt zu,

- Tschebyscheff-Filter: Bei diesem Tiefpass weisen die einzelnen Filterstufen unterschiedliche Grenzfrequenzen f_{g1}, f_{g2} usw. auf. Das Amplitudenübertragungsmaß im Durchlassbereich nimmt dadurch nicht mehr stetig ab, sondern weist verschiedene Minimal- und Maximalwerte auf, bis diese jenseits der Grenzfrequenz f_g stetig und mit größerer Steilheit abfällt. Im Durchlassbereich zeigt das Amplitudenübertragungsmaß dieses Filters eine gewisse Welligkeit, die in dB (Dezibel) angegeben wird und zur Unterscheidung der verschiedenen Filter dient. Bei Filtern gerader Ordnung ergeben sich durch die Welligkeit bestimmte Abweichungen in positiver Richtung und bei solchen mit ungerader Ordnung eine Abweichung in negativer Richtung, bezogen auf das Amplitudenübertragungsmaß der Frequenz Null. Die Grenzfrequenz ist dann erreicht, wenn bei Filtern gerader Ordnung das Amplitudenübertragungsmaß den Wert Null (Wert bei der Frequenz Null) unterschreitet. Bei Filtern ungerader Ordnung wird bei der Grenzfrequenz f_g der Wert Null-w unterschritten (w = Welligkeit in dB). Bei Tschebyscheff-Filtern ist die Grenzfrequenz f_g größer. Der Durchlassbereich ist so weit wie möglich ausgedehnt. Dadurch ist der Übergang vom Durchlass- in den Sperrbereich besser. Der Phasengang zeigt aber ebenfalls eine Welligkeit. Die Phasenlaufzeit ist daher noch weniger konstant, was zu einem umso stärkeren Überschwingen in der Sprungantwort des Tiefpasses führt, je höher die Welligkeit ist. Auch Anstiegs- und Verzögerungszeit des Filters werden wegen des schärferen Übergangs in den Sperrbereich größer.

- Cauer-Filter: Verläuft der Übergang vom Durchlass- in den Sperrbereich auch bei Tschebyscheff-Filtern noch nicht ausreichend steil, verwendet man Filter mit zusätzlichen Sperrkreisen. Hier wird im Übergangsbereich durch Sperrfilter der Abfall im Amplitudenübertragungsmaß noch mehr „versteilert". Der Tiefpass weist auch dann im Sperrbereich eine Welligkeit auf, die sehr ausgeprägt sein kann.

3.8.7 • Amplitudengang von Filtern

Bei der Beurteilung und Berechnung von Filtern ist der Amplitudengang (Amplitudenübertragungsmaß) in Abhängigkeit von der Frequenz zu beachten. Hierbei unterscheidet man zwischen dem Durchlassbereich und dem Sperrbereich, wobei die Grenzfrequenz f_g der Filter zu berücksichtigen ist. Die Grenzfrequenz f_g ist durch bestimmte Unterscheidungsmerkmale geprägt. Je weiter bei einem Filter die Frequenz unterhalb der Grenzfrequenz f_g liegt, desto flacher verläuft die Kennlinie bei diesem Filter. Der Verlauf im Übergangsbereich (vom Durchlass- in den Sperrbereich) verläuft ebenso flach. Das Gauß-Filter hat in dieser Hinsicht ein sehr ungünstiges Verhalten, ein Tschebyscheff-Filter dagegen eine günstige Charakteristik. Betrachtet man sich dagegen die Sprungantwort, zeigt sich ein umgekehrtes Verhalten.

Beim Bessel-Filter ist der Übergang vom Durchlass- in den Sperrbereich etwas ausgeprägter. Das Überschwingen in der Sprungantwort bleibt unter 1% und verringert sich mit steigender Ordnungszahl vollständig.

Bei einem Tschebyscheff-Tiefpass-Filter müssen Welligkeit w und Ordnungszahl n berücksichtigt werden. Die einzelnen Filterstufen von Abb. 3.84 weisen unterschiedliche Grenzfrequenzen auf. Das Amplitudenübertragungsmaß im Durchlassbereich nimmt dadurch nicht mehr stetig ab, sondern es treten Minimal- und Maximalwerte auf, die nach der Grenzfrequenz f_g stetig mit größerer Steilheit abfallen.

Im Durchlassbereich tritt eine Welligkeit auf, die in dB angegeben ist und zur Unterscheidung der verschiedenen Filter dient. Bei Filtern gerader Ordnung treten Welligkeiten in positiver Richtung, bei ungerader Ordnung dagegen in negativer Richtung auf. Abb. 3.85 zeigt die Amplitudengänge von Tschebyscheff-Tiefpass-Filtern der geraden (n = 4) und der ungeraden (n = 5) Ordnung.

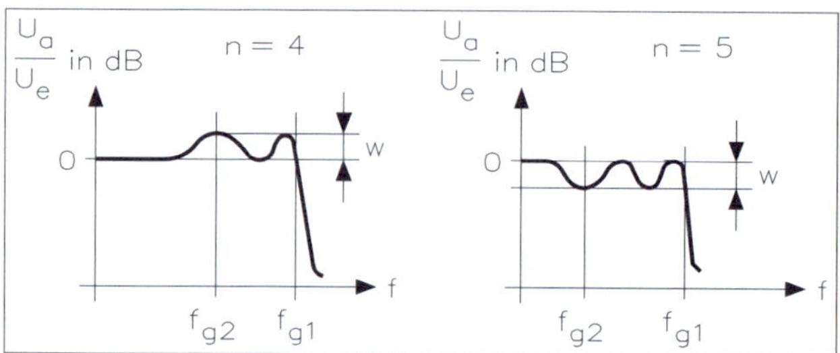

Abb. 3.85 • Amplitudengänge von Tschebyscheff-Tiefpassfiltern gerader (n = 4) und ungerader Ordnung (n = 5).

Die Grenzfrequenz ist dann bei einem Tschebyscheff-Filter erreicht, wenn bei Filtern gerader Ordnung das Amplitudenübertragungsmaß den Wert „00 - w" hat. Bei diesem Filtertyp ist die Frequenz größer als die Grenzfrequenz f_g. Daher verläuft der Übergang vom Durchlass- in den Sperrbereich wesentlich steiler. Wenn der Übergang vom Durchlass- in den Sperrbereich noch steiler verlaufen soll, als dies bei dem Tschebyscheff-Filter der Fall ist, setzt man ein Cauer-Filter ein. Durch zusätzliche Sperrkreise wird der Übergang verbessert.

Die Phasengeschwindigkeit und die ihr zugeordnete Phasenlaufzeit sind zwei Größen in der Nachrichtentechnik, die keine große praktische Bedeutung haben. Nur bei Sprache und Musik ist die Phasenlaufzeit interessant, da sich die Frequenzkomponenten laufend nach Amplitude und Frequenz verändern.

Bei der Realisierung eines Filters soll eine Übertragung verzerrungsfrei erfolgen. Daher müssen alle Phasenlaufzeiten für alle Frequenzgruppen weitgehend identisch sein. Für den Phasengang bedeutet dies, dass er linear mit der Frequenz ansteigen muss. In der Praxis zeigt sich, dass auftretende Verzerrungen gemeinsam durch Dämpfung und Laufzeiten verursacht werden, da in den Filterschaltungen die einzelnen Kondensatoren und Spulen mit ihren Blindwiderständen vorhanden sind. Allerdings sind die Laufzeiten mit ihren Verzerrungen so gering, dass sie praktisch keine Rolle spielen. Nur bei Filterschaltungen höherer Ordnung können diese beachtliche und störende Werte annehmen.

Beim Bessel-Filter nimmt der Phasengang innerhalb eines bestimmten Bereichs proportional mit der Frequenz zu. Daraus ergibt sich eine konstante Phasenlaufzeit, die auch hier wieder auf die Grenzfrequenz des Filters bezogen wird.

3.8.8 • Bandpass- und Bandsperrfilter

Tief- und Hochpassfilter gestatten es, Frequenzen bis zu einer bestimmten Grenzfrequenz f_g durchzulassen oder zu unterdrücken. In der Praxis ist es aber oft notwendig, bestimmte Frequenzbereiche durchzulassen (Bandpässe) oder diese zu unterdrücken (Bandsperre). Ein Bandpass arbeitet mit einem Durchlassbereich und zwei Sperrbereichen, während die Bandsperre zwei Durchlassbereiche und einen Sperrbereich hat.

Bei der Realisierung eines Bandfilters mit einer Pass- oder Sperrcharakteristik muss man einen Kompromiss zwischen dem Erreichen einer hohen Güte mit einem steilen Flankenanstieg und einem großen Durchlassbereich mit großer Dämpfung eingehen.

Aus dieser Besonderheit ergeben sich die drei Filterkurven von Abb. 3.86 für einen Bandpass.

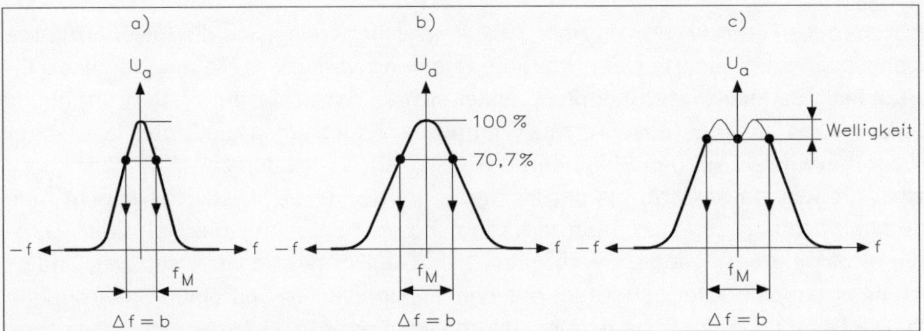

Abb. 3. 86 • Filterkurven eines Bandpasses.
a) lose oder unkritische Kopplung mit k = 0,01 bis 0,1
b) mittlere oder kritische Kopplung mit k = 0,1 bis 0,3
c) feste oder überkritische Kopplung mit k = 0,3 bis 0,5

Der Durchlassbereich bei einem Bandpassfilter bewegt sich zwischen den beiden Grenzfrequenzen. Die Bandbreite Δf errechnet sich zu:

$$\Delta f = f_o - f_u$$

f_o ist die obere Grenzfrequenz und f_u die untere Grenzfrequenz. In der Mitte befindet sich die Mittenfrequenz f_M.Die beiden Werte f_o und f_u werden festgelegt bei 3 dB bzw. bei $1/\sqrt{2} \approx 0{,}707$ der maximalen Spannung.

Die Filterkurve von Abb. 3.87 zeigt bei einem Bandfilter eine überkritische Kopplung, die aber nur in Verbindung mit einem Übertrager (induktive Kopplung) auftritt. In der Praxis unterscheidet man zwischen einer kapazitiven bzw. induktiven Kopplung.

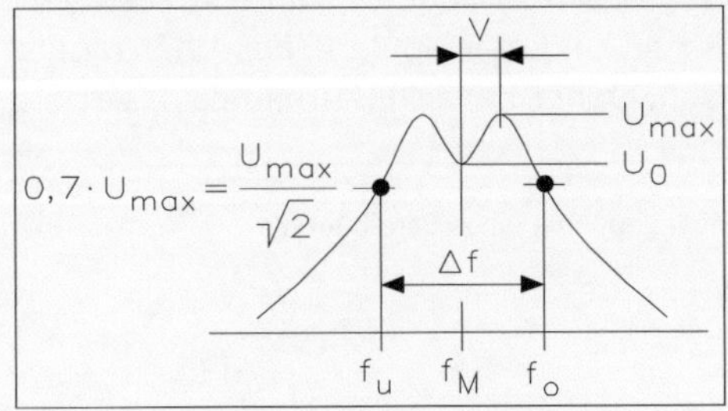

Abb. 3.87 • Filterkurve für überkritische Kopplung.

Für die kritische Kopplung gilt:

$$Q \cdot k = 1,$$

Q ist der Gütefaktor des Einzelkreises und k der Kopplungsfaktor. Bei der Verstimmung V einer überkritischen Kopplung tritt je ein Höcker zur unteren und oberen Grenzfrequenz auf:

$$V = \pm\sqrt{k^2 - \frac{1}{Q^2}}$$

Untersucht man die Filterkurven von Abb. 3.87, in welcher Weise sich die Resonanzkurve der Ausgangsspannung ändert, wenn man die Kopplung variiert, stellt man folgende Eigenschaften fest: Bei einer losen Kopplung bildet sich an der Stelle der Abstimmfrequenz der Einzelkreise ein scharfes Resonanzmaximum aus. Es ist umso niedriger, je weniger Energie vom Primärkreis auf den Sekundärkreis übertragen wird. Mit zunehmender Kopplung wächst die Resonanzspitze, bis der Maximalwert U_{max} erreicht ist. Hier spricht man von kritischer Kopplung. Steigert man die Kopplung weiter, nimmt die Höhe der Resonanzkurve nicht weiter zu, sondern verbreitert sich. Die Filterkurve verformt sich, und es kommt zu einer doppelhöckerigen Kurve mit zwei Maximastellen und einer Einsattlung in der Mitte. Die Höhe der Höcker berechnet sich mit der Formel:

$$\frac{U_{max}}{U_0} = \frac{Q \cdot k + \frac{1}{Q \cdot k}}{2}$$

Damit die Einsattlung nicht tiefer wird als 70,7 %, muss $Q \cdot k$ kleiner als 2,41 sein. Hierbei kann man dann die Bandbreite berechnen:

$$\Delta f = 3{,}1 \frac{f_r}{Q}$$

Die beiden Höcker liegen symmetrisch zur Mittenfrequenz. Die Höckerfrequenzen mit ihren stets identischen Scheitelwerten liegen umso weiter auseinander und die Einsattlung wird in der Mitte der Mittenfrequenz umso tiefer, je stärker die Kopplung ist.

3.8.9 • Induktive und kapazitive Kopplung

Bei einem Bandfilter kann man zwischen der induktiven und der kapazitiven Kopplung wählen. Die induktive Kopplung von Abb. 3.88 besteht aus einem linken Schwingkreis mit dem Kondensator C_1 und der primären Spule L_1 des Übertragers, während der rechte Schwingkreis aus dem Kondensator C_2 und der sekundären Spule L_2 des Übertragers besteht. Dieses Bandfilter besteht aus zwei Kreisen. Daher bezeichnet man diese Art als zweikreisige Bandfilter.

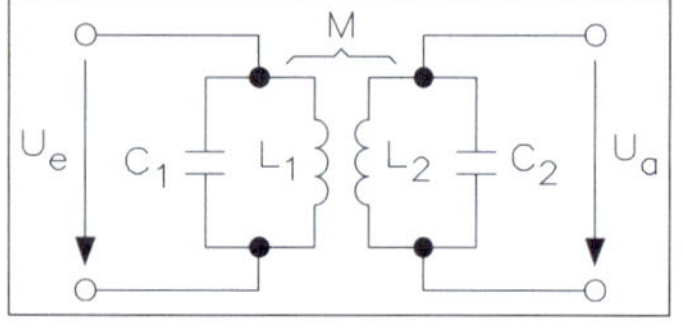

Abb. 3.88 • Induktive Kopplung eines Bandfilters.

Der Kopplungsfaktor k berechnet sich aus:

$$k = \frac{M}{\sqrt{L_1 \cdot L_2}}$$

Verwendet man bei beiden Schwingkreisen die gleiche Induktivität L und Kapazität C, ergibt sich der Kopplungsfaktor zu:

$$k = \frac{M}{L}$$

Die Kopplungsinduktivität M des Übertragers bestimmt nicht die Mittenfrequenz, sondern die Mittenfrequenz hängt ab von Induktivität und Kapazität.

Die Realisierung einer extrem losen Kopplung erfolgt über zwei Luftspulen, d. h., auf einer Platine stehen sich zwei Luftspulen gegenüber. Damit erreicht man nur einen sehr geringen Kopplungsgrad. Bei einer losen Kopplung sind zwei Luftspulen gemeinsam gewickelt, und der Kopplungsgrad erhöht sich entsprechend. Bei einer festen Kopplung benutzt man bereits einen einfachen Eisenkern mit getrennten Spulenkammern, während bei einer extrem festen Kopplung nur eine Spulenkammer in einem hochwertigen Gehäuse untergebracht ist.

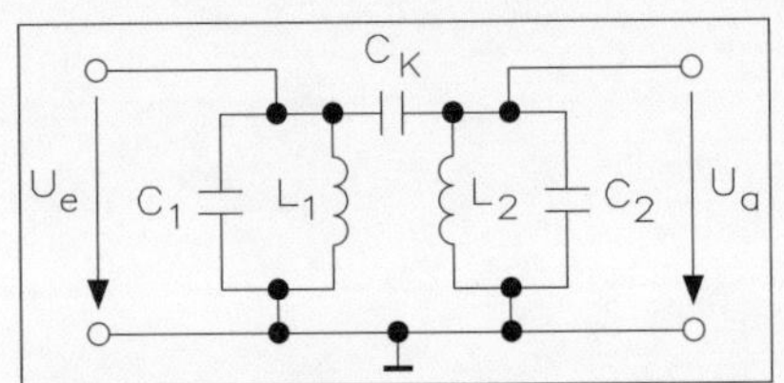

Abb. 3.89 • Kapazitive Kopplung eines Bandfilters.

Bei der kapazitiven Kopplung von Abb. 3.89 wird über den Kondensator C_K der linke mit dem rechten Schwingkreis verbunden. Auch hier hat man dann ein zweikreisiges Bandfilter, denn jede Seite besteht aus einem separaten Schwingkreis. Diese Kopplung gilt nur, wenn der Kopplungskondensator C_K eine geringe Kapazität gegenüber den beiden Kondensatoren C_1 und C_2 hat. Der Kopplungsfaktor errechnet sich zu:

$$k = \frac{C_K}{\sqrt{C_1 \cdot C_2}}$$

Eine Besonderheit bei der Kopplung von Bandfiltern ist die kapazitive Fußpunktkopplung, wie Abb. 3.90 zeigt.

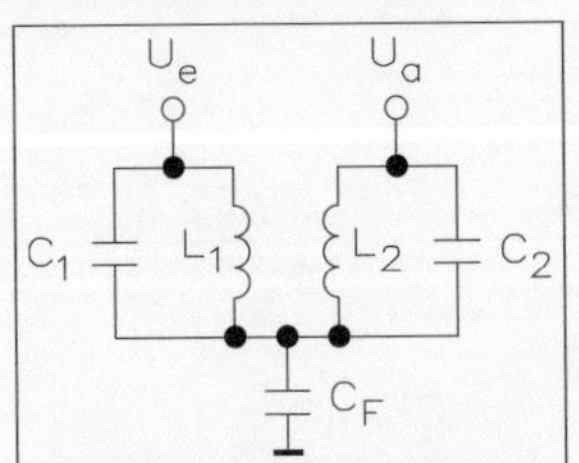

Abb. 3.90 • Kapazitive Fußpunktkopplung eines Bandfilters.

Bei dieser Kopplung sind die beiden Schwingkreise verbunden, aber der Kondensator C_F bildet einen kapazitiven Blindwiderstand. Die Kopplung arbeitet nur, wenn die Kapazität C_F groß gegen die beiden Schwingkreiskapazitäten C_1 und C_2 ist. Der Kopplungsfaktor errechnet sich zu:

$$k = \frac{\sqrt{C_1 \cdot C_2}}{C_F}$$

Man erhält je nach Bauteilen einen Bereich zwischen loser bzw. fester Kopplung.

4 • Arbeitsweise und Hauptphasen eines Simulators

SPICE (Simulation Program with Integrated Circuit Emphasis) ist eine Software zur Simulation analoger, digitaler und gemischter elektrischer Schaltungen (Schaltungssimulation).

SPICE wurde ursprünglich an der University of California in Berkeley entwickelt, in Fortran geschrieben und steht heute im Quellcode in Version 3f5 zur allgemeinen Verfügung. Auf dieser Version beruhen etliche kommerzielle und freie Ableger, die das Original um zusätzliche Funktionen erweitern. Dadurch leidet die Kompatibilität, was zu Problemen führt, z.B. ein funktionierendes Simulationsmodell zu finden oder einzubinden.

Die Grundfunktion der Schaltungssimulation mit SPICE ist das algorithmische Finden von Näherungslösungen für die systembeschreibenden Differentialgleichungen. Deren Zusammenhang wird von der Schaltungstopologie bestimmt und mittels einer Netzliste, welche die Bauelemente und deren Verbindungen beschreibt, an den Simulator übergeben. Die Bauelemente werden teils durch Modelle beschrieben, die sich an deren physikalischem Aufbau orientieren, aber auch vollkommen abstrakt formuliert sein können. Im letzteren Fall wird ein Subsystem als Black Box nur durch Ein/Ausgänge und verknüpfende Gleichungen beschrieben. Das führt zu rascheren und zugleich exakteren Simulationsergebnissen, da sich die Modellungenauigkeiten der Einzelkomponenten innerhalb des Subsystems nicht aufaddieren können. Allerdings bleibt dann das Zusammenspiel der Einzelkomponenten unbekannt.

4.1 • Arbeiten mit dem Simulator

Nachdem man einen Schaltplan erstellt hat und auf den Simulationsschalter klickt (um den Strom „virtuell" einzuschalten), berechnet der Simulator die Schaltungsparameter und erzeugt die Daten, die man auf den Instrumenten ablesen kann. Genau betrachtet ist der Simulator ein wichtiger Bestandteil von MultiSim, mit Hilfe mathematischer Beschreibungen für die von Ihnen erstellte Schaltung numerische Lösung berechnet und dann die grafische Ausgabe auf dem Bildschirm durchführt.

Zur Berechnung ist es erforderlich, dass alle Bauteile in der Schaltung durch mathematische Modelle beschrieben sind. Diese Modelle werden durch den Schaltplan immer verknüpft, damit das Simulationsprogramm die Schaltung berechnen kann. Die Genauigkeit der Bauteilmodelle bestimmt, in welchem Maße diese dem Betrieb der realen Schaltung entsprechen.

Die Schaltung wird durch eine Reihe von simultanen nicht linearen Differentialgleichungen beschrieben. Zu den Hauptaufgaben des Simulators gehört die numerische Lösung dieser Gleichungen. Ein SPICE-basierender Simulator formt die nicht linearen Differentialgleichungen in eine Reihe von nicht linearen algebraischen Gleichungen. Diese Gleichungen werden mit einer modifizierten Newton-Raphson-Methode weiter linearisiert. Der resultierende Satz von linearen algebraischen Gleichungen, ein Sparse-Matrix-Gleichungssystem, lässt sich mit der LU-Faktorzerlegungsmetbode effektiv lösen.

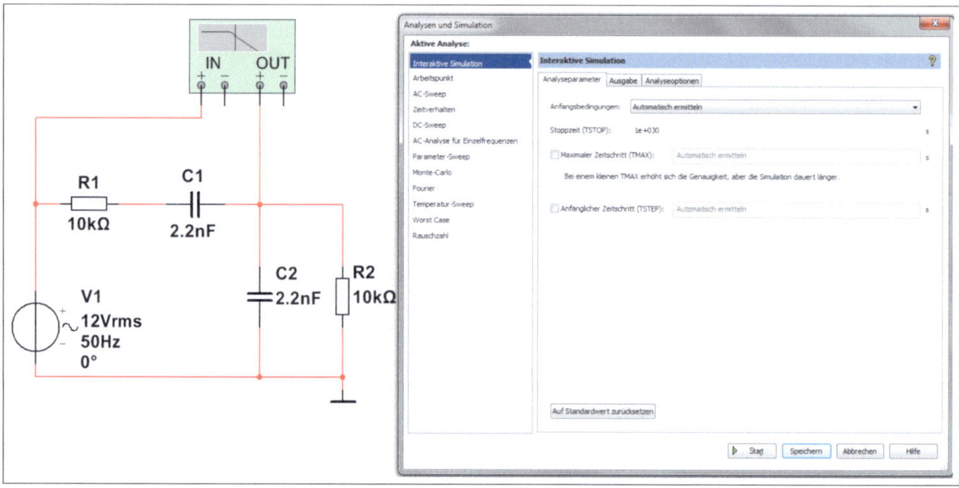

Abb. 4.1 • Analyse und Simulation eines RC-Bandpasses mit MultiSim.

Man verwendet einen RC-Bandpass und klickt dann auf den Balken „Analyse und Simulation". Es erscheint Abb. 4.1. Man kann folgende Analysen durchführen:

- interaktive Simulation
- Arbeitspunkt
- AC-Sweep
- Zeitverhalten
- DC-Sweep
- AC-Analyse für Einzelfrequenzen
- Parameter-Sweep
- Monte-Carlo
- Fourier
- Temperatur -Sweep
- Worst-Case
- Rauschzahl

Die einzelnen Simulationen werden erklärt.

4.1.1 • Arbeitspunktanalyse

Mit der Arbeitspunktanalyse kann man für den Arbeitspunkt die Knotenspannungen an und Ströme durch jedes Bauelement in der Schaltung bestimmen. In Abb. 4.2 ist das Startfenster für die Arbeitspunktanalyse gezeigt.

Die Fenster zeigen nur einen Teil für die Ausgabe an. Zuerst sind alle Variablen in der Schaltung im linken Fenster und werden durch einen Klick auf „Hinzufügen" in das rechte Fenster übertragen. Mittels des Fensters „Entfernen" kann man den Vorgang rückgängig machen.

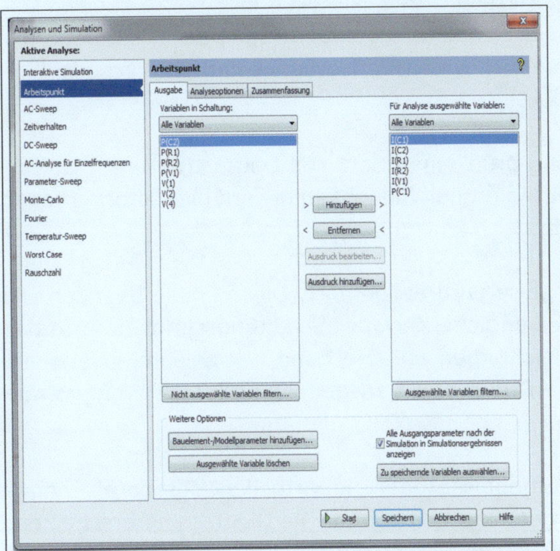

Abb. 4.2 • Startfenster für die Arbeitspunkt-analyse.

Mit dem Vorgang „Starten" wird die Arbeitspunktanalyse gestartet und es erscheint Abb. 4.3 das Fenster für die Arbeitspunktanalyse.

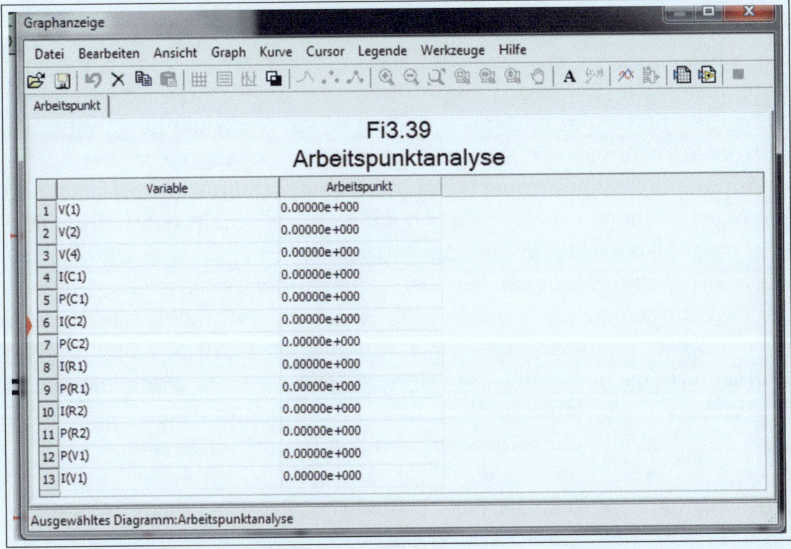

Abb. 4.3 • Fenster für die Arbeitspunktanalyse.

Aus dem Fenster kann man das Ergebnis der Arbeitspunktanalyse sehen. Mit „V" werden die beiden Spannungsquellen ausgegeben. Mit „C1", „C2" die Kondensatoren und mit „R1", „R2" die Widerstände. Aus der Arbeitspunktanalyse wird intern eine Netzliste erstellt und später zur Simulation übergeben.

Der Simulator arbeitet nach vier Hauptphasen:

Eingabe: Nachdem man einen Schaltplan erstellt, den Bauteilen ihre Werte zugewiesen und eine Analyseart gewählt hat, liest der Simulator nach dem Start der Simulation die Daten der Schaltung ein. Jeder Eingabefehler wird sofort erkannt und die korrekte Eingabe angezeigt.

Einrichten: Der Simulator konstruiert und prüft einen Satz von Datenstrukturen, welche die vollständige Beschreibung der Schaltung enthält. Jeder Fehler wird hier sofort erkannt und zeigt die für die korrekte Eingabe an.

Analyse: Die von Ihnen eingestellte Analyse wird ausgeführt. Diese Phase beansprucht die größte CPU-Rechenzeit und ist der eigentliche Kern der Schaltungssimulation. In der Analysephase werden die Schaltungsgleichungen entsprechend der gewählten Analyse gebildet, berechnet und gelöst sowie alle Daten direkt ausgegeben oder zur Weiterverarbeitung bereitgestellt.

Ausgabe: In dieser Phase werden die Ergebnisse über die virtuellen Messgeräte angezeigt. Man kann dann die Simulationsergebnisse auswerten. Die Diagramme erscheinen, wenn man eine Analyse über das Menü „Analyse" ausführt oder „Analyse/Diagramme anzeigen" wählt.

4.1.2 • AC-Sweep

Bei der Wechselstrom-Frequenzanalyse (AC-Frequenz oder AC-Sweep) erzeugt der Signalgenerator eine Wechselspannung, die in der Frequenz variiert wird zur Eingangserregung der zu untersuchenden Schaltung. Bei dieser Analyse wird die Schaltung im eingeschwungenen Zustand berechnet und grafisch dargestellt. Zunächst berechnet dieses Verfahren die Strom-/Spannungsverteilung innerhalb des Schaltungsnetzwerks für ein Eingangssignal. Durch das Diagramm kann man die Frequenzabhängigkeit zwischen Ausgangs- zur Eingangsspannung ermitteln. Wenn man dieses Analyseverfahren aufruft, erscheint ein Fenster für die Eingabe der Start- und der Endfrequenz. Danach bestimmt man den Intervalltyp, ob der Bereich dekadisch, linear oder oktavisch ausgegeben wird. Wichtig für die Berechnung ist die Anzahl der Stützpunkte. Normalerweise reichen 100 Stützpunkte für die Berechnung aus, aber es lassen sich bis zu 10 000 Stützpunkte berechnen, was natürlich erhebliche Rechenzeit erfordert. Die vertikale Skaleneinteilung lässt sich in den Maßstäben linear, logarithmisch oder in Dezibel angeben. Tabelle 4.1 zeigt die Beziehungen zwischen MultiSim-Analysen und den Haupt-SPICE-Analysen.

Der AC-Kleinsignalteil von SPICE berechnet die AC-Ausgangsvariablen als Funktion der Frequenz. Das Programm berechnet zunächst den Gleichstrom-Betriebspunkt der Schaltung und bestimmt linearisierte Kleinsignalmodelle für alle nicht linearen Bauelemente in der Schaltung. Die resultierende lineare Schaltung wird dann über einen benutzerdefinierten Frequenzbereich analysiert. Der gewünschte Ausgang einer AC-Kleinsignalanalyse ist in der Regel eine Übertragungsfunktion (Spannungsverstärkung, Transimpedanz, etc.). Wenn die Schaltung nur einen Wechselstromeingang hat, ist es zweckmäßig, diesen Eingang auf Einheit und Nullphase einzustellen, so dass Ausgangsvariablen den gleichen Wert wie die Übertragungsfunktion der Ausgangsvariablen in Bezug auf den Eingang haben.

Tabelle 4.1 • Beziehungen zwischen MultiSim-Analysen und den Haupt-SPICE-Analysen.				
Bei Wahl der Analyseoptionen	**führt MultiSim-Analysen folgendes aus**			**Äuquivante SPICE-Anweisung**
	DC-Analyse	**AC-Analyse**	**Einschwing-vorgangsanalyse**	
DC-Arbeit-spunkt	Ja			.OP
AC-Frequenz	1.Ordnung			.AC
Einschwing-vorgang	1.Ordnung, (wenn man „DC"-Arbeitspunkt berechnen" wählt)		2.Ordnung, (wenn man „DC"-Arbeitspunkt berech-nen" wählt)	.TRAN
Fourier			Ja	.FOUR
Rauschen	1.Ordnung	2.Ordnung		.NOISE
Verzerrung	1.Ordnung	2.Ordnung		.DISTO
Parameterdurchlauf	Optionaler Durchlauf	Optionaler Durchlauf	Optionaler Durchlauf	keiner
Temperaturdurchlauf	Optionaler Durchlauf	Optionaler Durchlauf	Optionaler Durchlauf	keiner
Pol/Nullstellen	Ja			.PZ
Übertragungs-funktion	Ja			.TF
DC-Empfindlichkeit	Ja			.SENS
AC-Empflndlichkeit	1.Ordnung	2.Ordnung		.SENS
Monte Carlo	Optional	Optional	Optional	keine
Worst Case	Optional	Optional	Optional	keine

Bei der AC-Frequenzanalyse wird zunächst der DC-Arbeitspunkt berechnet, um lineare Kleinsignalmodelle für alle nicht linearen Bauteile zu erhalten. Danach wird eine komplexe Matrix (mit Real- und Imaginärteil) erstellt. Um eine Matrix zu bilden, werden den DC-Quellen immer Nullwerte zugewiesen. AC-Quellen, Kondensatoren und Induktivitäten lassen sich durch die jeweiligen AC-Modelle darstellen. Nicht lineare Bauteile werden durch lineare AC-Kleinsignalmodelle nachgebildet, die aus der DC-Arbeitspunktberechnung abgeleitet werden. Für alle Eingangsquellen werden sinusförmige Signale angenommen, und die Frequenz der Quellen wird ignoriert. Wenn der Funktionsgenerator auf Rechteck- oder Dreiecksignalkurve eingestellt ist, wird dieser bei der Analyse intern auf Sinus umgeschaltet. Dann berechnet die AC-Frequenzanalyse das Schaltungsverhalten als Funktion der Frequenz.

Die AC-Frequenzanalyse führt man folgendermaßen aus:

1. Überprüft man die Schaltung und man bestimmt die Analyseknoten. Man kann den Betrag und die Phase einer Quelle zur AC-Frequenzanalyse angeben, indem man die Quelle doppelklickt und dann auf das Register „Analyse einstellen" klicken.
2. Wählt man „Analyse/AC-Frequenz" und es erscheint das Einstellfenster von Abb. 4.4.
3. Man kann im Dialogfeld die Eingaben oder Änderungen aus.
4. Man klickt auf das Feld „Simulieren" oben rechts.

Die Optionen im Dialogfeld „AC-Frequenzanalyse" sind in Tabelle 4.2 aufgelistet.

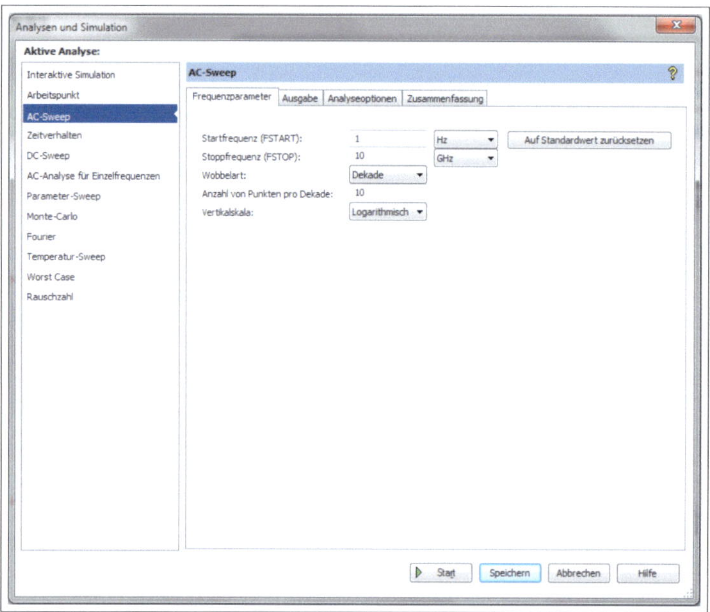

Abb. 4.4 • Einstellfenster für die AC-Frequenzanalyse.

Tabelle 4.2 • Optionen im Dialogfeld „AC-Frequenzanalyse"			
Option	**Standard**	**Einheit**	**Hinweise**
Startfrequenz	1	Hz	Startfrequenz für den Durchlauf
Endfrequenz	10	GHz	Endfrequenz für den Durchlauf
Intervalltyp	Dekade	-	Bei „Lineare Punktanzahl" zwischen Start und Ende
Punktanzahl/ Punkte pro...	100	-	Bei „Lineare Punktanzahl" zwischen Start und Ende
Vertikale Skala	Log	-	Linear/Logarithmische Dezimal Definiert die Y-Achsen-Skalierung im Ausgangsdiagramm
Knoten für Analyse	-	-	Punkte in der Schaltung, für die die Ergebnisse angezeigt werden sollen und dies gilt nicht für den Knotenbezeichner

Die AC-Frequenzanalyse wird bei 1 Hz gestartet und bei 10 GHz gestoppt. Als Intervalltyp wurde die Dekade gewählt, die Punktzahl beträgt 100 und die vertikale Skala ist auf logarithmisch eingestellt.

Das Ergebnis der AC-Frequenzanalyse wird in zwei Diagrammen dargestellt: Verstärkung über Frequenz und Phase über Frequenz. Diese Diagramme werden nach Abschluss der Analyse angezeigt, wie Abb. 4.5 zeigt, wobei aus dem Kurvenverlauf zu erkennen ist, dass keine Verstärkung, sondern eine Dämpfung vorliegt.

Abb. 4.6 zeigt die komplette Darstellung der Ergebnisse nach der AC-Frequenzanalyse eines RC-Bandpasses zwischen 1 Hz und 10 MHz.

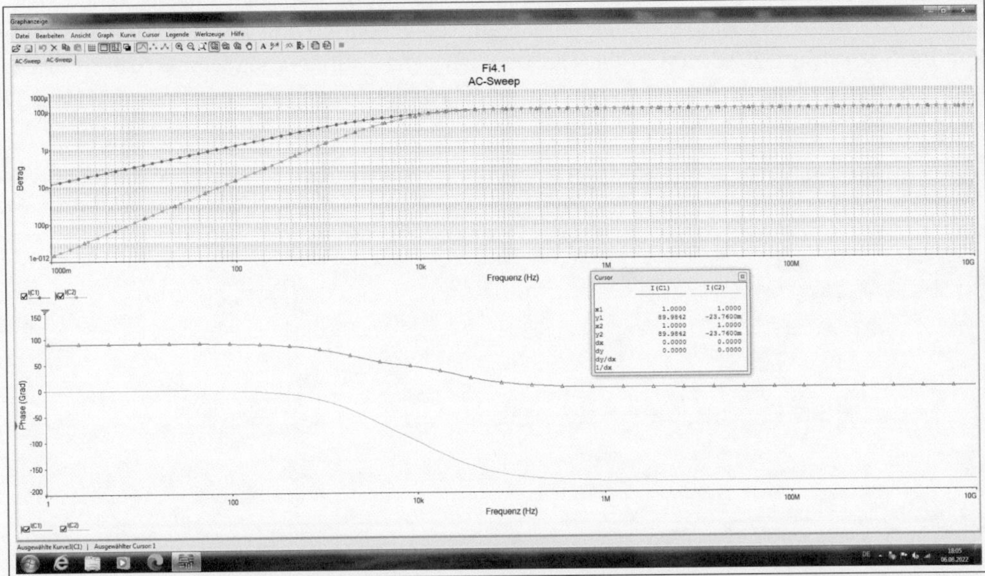

Abb. 4.5 • Darstellung von zwei Messpunkten eines RC-Bandpasses zwischen 1 Hz und 10 GHz.

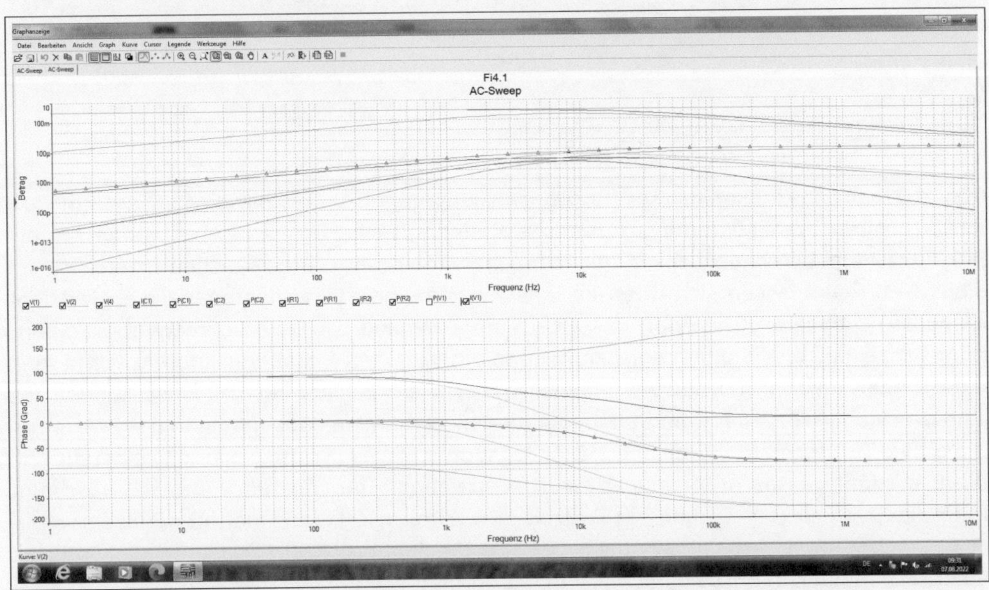

Abb. 4.6 • Komplette Darstellung der Ergebnisse nach der AC-Frequenzanalyse eines RC-Bandpasses zwischen 1 Hz und 10 MHz.

4.1.3 • Zeitverhalten und Transientenanalyse

Der transiente Analyseteil von SPICE berechnet die transienten Ausgangsvariablen als Funktion der Zeit über ein vom Benutzer angegebenes Zeitintervall. Die Anfangsbedingungen werden automatisch durch eine DC-Analyse ermittelt. Alle Quellen, die nicht zeitabhängig sind, werden bei der Simulation auf ihren Gleichstromwert eingestellt. Für sinusförmige Großsignalsimulationen kann eine Fourier-Analyse der Ausgangswellenform spezifiziert werden, um die Frequenzbereichs-Fourier-Koeffizienten zu erhalten. Das transiente Zeitintervall und die Fourier-Analyseoptionen sind auf den .TRAN- und .FOURIER-Steuerleitungen.

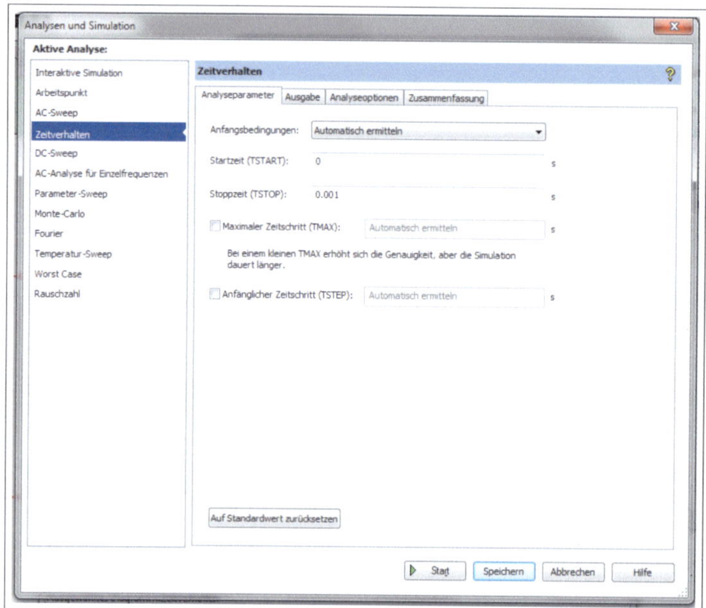

Abb. 4.7 • Einstellfenster für die Transientenanalyse.

Abb. 4.7 zeigt das Einstellfenster für die Transientenanalyse. Bei dieser Analyseform wird das Verhalten der Schaltung als zeitliche Reaktion eines Schaltungsnetzwerks für ein Eingangssignal berechnet, das in der Frequenz variiert wird. Die zeitlichen Eigenschaften eines Netzwerks lassen sich über die Einschwinganalyse (Transientenanalyse, transient response) simulieren. Die Analyse startet zum Zeitpunkt t = 0 und berechnet die Spannungsverteilung als Funktion der Zeit bei den eingestellten Schaltungsknoten. Wenn man dieses Analyseverfahren aufruft, erscheint zuerst ein Fenster für die Einstellungen. Es sind drei Möglichkeiten für die Startbedingungen vorhanden, wobei man in der Praxis das Schaltfeld (Button) auf „Berechne DC-Arbeitspunkt" (bias point calculation) einstellt und die Ermittlung dieses Arbeitspunkts wird selbstständig durchgeführt. Danach bestimmt man die Startzeit (t = 0) und die Endzeit (t = 1 ms). Je kürzer man die Endzeit wählt, umso mehr Details erhält man nach der Startbedingung. Auch hier kann die Startzeit entsprechend verzögert gewählt werden, wenn man weitere Details benötigt.

Als wichtiges Anwendungsdetail ist auf diese Weise die Untersuchung einer Schaltung, die durch eine Sprungantwort entsteht, wenn die „erregende" Eingangsspannung sprungförmig von 0 V auf einen festen Wert (+1 V) ansteigt. Für den Fall der Erregung mit einer periodischen (z. B. sinusförmigen) Signalspannung und bei ausreichend großer Simulationsdauer liefert dieses Verfahren die Zeitfunktion des Ausgangssignals im eingeschwungenen Zustand mit Berücksichtigung der nicht linearen Schaltungseigenschaften, wenn z.B. ein Operationsverstärker seinen Sätigungszustand erreicht.

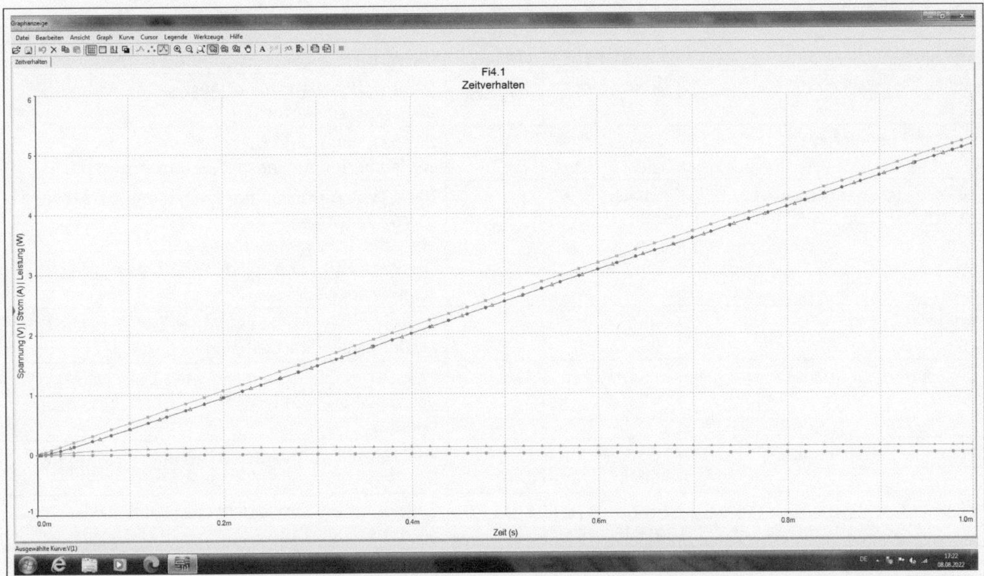

Abb. 4.8 • Diagramm für die Transientenanalyse im Zeitraum von 0 ms bis 1 ms.

DC-Quellen besitzen konstante Werte, und die Werte von AC-Quellen sind zeitabhängig. Kondensatoren und Induktivitäten werden durch Ladungsspeichermodelle nachgebildet. Mit der numerischen Integration wird die übertragende Energiemenge in einem Zeitintervall bezeichnet.

Wenn im Dialogfeld die Option „DC-Arbeitspunkt berechnen" aktiviert ist, berechnet MultiSim zunächst den DC-Arbeitspunkt in der Schaltung. Anschließend werden die DC-Analyseergebnisse als Anfangsbedingungen für die Einschwingvorgangsanalyse verwendet.

Wenn „Auf Null einstellen" aktiviert ist, wird die Transientenanalyse mit der Anfangsbedingung Null gestartet. Wenn „Benutzerdefiniert" aktiviert ist, startet die Transientenanalyse mit den in den Bauteileigenschaften Dialogfeldern angegebenen Anfangsbedingungen.

Die Transientenanalyse führt man folgendermaßen durch:

1. Man überprüft die Schaltung, und bestimmt die Analyseknoten.
2. Man wählt die „Analyse Transientenanalyse" aus.
3. Man nimmt im Dialogfeld die Eingaben oder Änderungen vor.
4. Man startet „Simulieren" (oben rechts).

Das Diagramm erscheint nach Abschluss der Analyse. Das Ergebnis der Transientenanalyse wird als Spannungsverlauf über die Zeit dargestellt.

Die Optionen der Transientenanalyse sind in Tabelle 4.3 aufgelistet.

Tabelle 4.3 • Optionen der Transientenanalyse.			
Option	**Standard**	**Einheit**	**Hinweise**
Auf Null einstellen	Deaktiviert	-	Diese Option wählen, um Analyse mit Anfangsbedingung 0 zu starten
Benutzer definieren	Deaktiviert	-	Diese Option wählen, um Analyse mit benutzerdefinierten Anfangsbedingungen zu starten
DC-Arbeitspunkt berechnen, Startzeit	Aktiviert 0	 s	Diese Option wählen, um Analyse mit DC-Arbeitspunkt zu starten. Start der Transientenanalyse. Der Wert muss größer oder gleich 0 und kleiner als die Endzeit sein
Endzeit	0.001	s	Endzeit der Transientenanalyse. Der Wert muss größer als die Startzeit sein
Zeitschritte automatisch erzeugen	automatisch	Aktiviert	MultiSim wählt einen geeigneten Zeitschritt und den maximalen Zeitschritt zur Schaltungssimulation aus
Minimale Zeitpunktanzahl	100 Aktiviert	-	Punktanzahl zwischen Start- und Endzeit für die Simulationsausgabe und -diagramme
Zeitschritt drucken	1e-05 Deaktiviert	s	Endzeit für die Simulationsausgabe und -diagramme
Maximaler Zeitschritt	1e-05 Deaktiviert	s	Maximal zulässiger Schritt für die Simulation
Knoten für Analyse	-	-	Punkte in der Schaltung, für die Ergebnisse angezeigt werden sollen

Ein an die Schaltung angeschlossenes Oszilloskop führt nach dem Einschalten des Simulationsschalters eine ähnliche Analyse aus.

4.1.4 • DC-Sweep

Neben der Arbeitspunktanalyse gibt es weitere Analysearten, die verwendet werden. DC-Transfer (Kleinsignalanalyse), Transient (Betrachtung einer Schaltung über die Zeit) und AC-Sweep (Untersuchung bei verschiedenen Frequenzen) werden behandelt.

Beim DC-Sweep wird eine Serie einfacher Arbeitspunktanalysen durchgeführt. Dies wird über den Spice-Befehl .dc ermöglicht. Die Erstellung dieses Befehls kann von Hand vorgenommen werden.

Der AC-Kleinsignalteil von SPICE berechnet die AC-Ausgangsvariablen als Funktion der Frequenz. Das Programm berechnet zunächst den Gleichstrom-Betriebspunkt der Schaltung und bestimmt linearisierte Kleinsignalmodelle für alle nicht linearen Bauelemente in der Schaltung. Die resultierende lineare Schaltung wird dann über einen benutzerdefinierten Frequenzbereich analysiert. Der gewünschte Ausgang einer AC-Kleinsignalanalyse ist in der Regel eine Übertragungsfunktion (Spannungsverstärkung, Transimpedanz, usw.). Wenn die Schaltung nur einen Wechselstromeingang hat, ist es zweckmäßig, diesen Eingang auf Einheit und Nullphase einzustellen, so dass Ausgangsvariablen den gleichen Wert wie die Übertragungsfunktion der Ausgangsvariablen in Bezug auf den Eingang haben. Die Erzeugung von weißem Rauschen durch Widerstände und Halbleiterbauelemente kann auch mit dem AC-Kleinsignalanteil von SPICE simuliert werden. Äquivalente Rauschquellenwerte werden automatisch aus dem Kleinsignalbetriebspunkt der Schaltung bestimmt, und der Beitrag jeder Rauschquelle wird an einem bestimmten Summierungspunkt addiert. Der Gesamtausgangsrauschpegel und der äquivalente Eingangsrauschpegel werden an jedem Frequenzpunkt bestimmt. Die Ausgangs- und Eingangsrauschpegel sind in Bezug auf die Quadratwurzel der Rauschbandbreite normalisiert und verwenden die Einheiten Volt/√Hz oder Ampere/√Hz. Das Ausgangsrauschen und das äquivalente Eingangsrauschen können auf die gleiche Weise wie andere Ausgabevariablen gedruckt oder geplottet werden. Für diese Analyse sind keine zusätzlichen Eingabedaten notwendig.

Flicker-Rauschquellen können in der Rauschanalyse simuliert werden, indem Werte für die Parameter KF und AF auf den entsprechenden Modellen enthalten sind.

Die Verzerrungscharakteristik einer Schaltung im Kleinsignalmodus kann im Rahmen der AC-Kleinsignalanalyse simuliert werden. Die Analyse wird unter der Annahme durchgeführt, dass am Eingang eine oder zwei Signalfrequenzen vorhanden sind. Abb. 4.9 zeigt das Einstellfenster für die DC-Analyse für Einzelfrequenzen. Das Besondere an dem Einstellfenster ist die Verwendung einer zweiten Spannungsquelle.

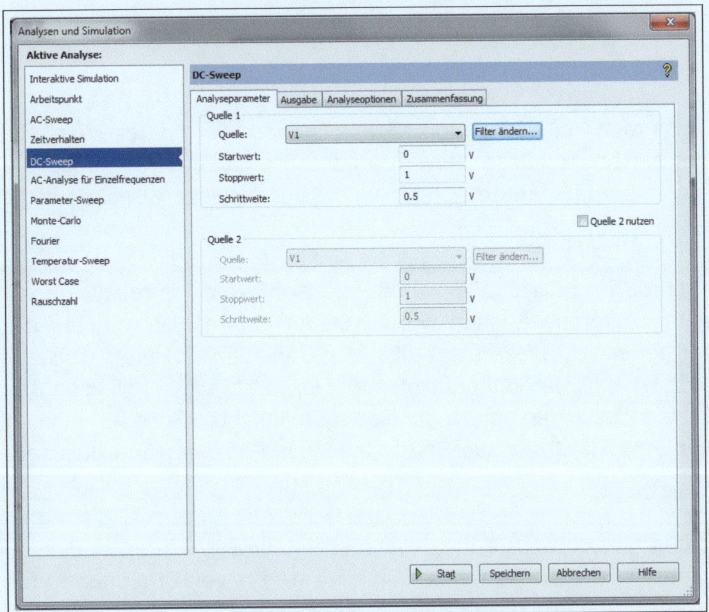

Abb. 4.9 • Einstellfenster für die DC-Analyse für Einzelfrequenzen.

Abb. 4.10 zeigt die DC-Übertragungskennlinie mit einer Spannungsquelle.

Mit der SPICE-Betriebspunktanalyse (.op) werden nur statische Werte in der Schaltung erzeugt. Nützlicher ist es jedoch, die dynamische Reaktion der Schaltung zu erkennen. Im Moment soll die DC-Reaktion der Schaltung einen festgelegen Wert in der Simulation bearbeiten. Dazu verwendet man die DC-Simulation, um den Wert eines der Elemente in der Schaltung zu verschieben. Technisch gesehen kann die Simulation zum Zeitpunkt des Schreibens zwei Werte gleichzeitig festlegen. Diese Ergebnisse sind verschachtelte Ergebnisse.

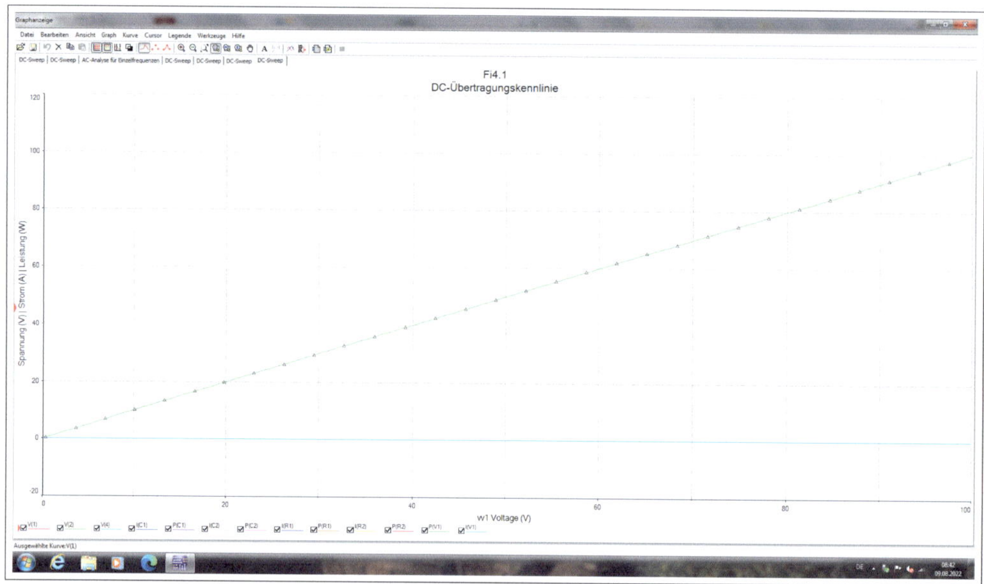

Abb. 4.10 • DC-Übertragungskennlinie.

Die erste Sache ist also, dass man eine Schaltung erstellt, genau wie man es zuvor für eine Arbeitspunktsimulation einstellen würde. Obwohl man in den Elementen pauschale Werte verwendet, muss man allen Elementen Anfangswerte geben, auch wenn sie nicht in dem Sweep-Bereich liegen.

Das nächste, was man durchführen muss, ist ein Simulationsobjekt zu erstellen, genau wie man es für eine Arbeitspunktanalyse lösen würde. Damit hat man Zugriff auf die Werte im Arbeitspunkt und kann von diesen aus die DC-Simulation aufrufen. Die allgemeine Syntax, für die .dc ist der Methodenaufruf, um die vollständige Referenz des SPICE-Netzlistenelements zu akzeptieren, die man festlegen möchte. So dass man in diesem Fall festlegt, da der Strom sich auf die Spannungsquelle bezieht, und dies sein Netzlisteneintrag ist.

Auf unsere Ergebnisse werden genau wie auf die Ergebnisse einer Betriebspunktanalyse zugegriffen, die zwei Dinge erwarten. Zum einen erhält man Arrays von Ergebnissen für jedes gemessene Element anstelle eines Gleitkommas. Obwohl man nur einen einzigen Wert erhalten kann, wenn man die .dc so einstellt, dass nur ein Punkt erfasst wird. Und zweitens hat man einen neuen Zugriff, der den Wert der Sweep-Variablen speichert. Dies bedeutet, dass der Wert an einem beliebigen Index des zurückgegebenen Arrays die gemessene Schaltungsantwort auf den Sweep-Wert bei demselben Index ist.

4.1.5 • AC-Analyse für Einzelfrequenzen

Die AC-Analyse dient der Kleinsignal-Wechselstromanalyse. Sie kann nur auf lineare Netzwerke angewandt werden, d. h., dass sämtliche nicht linearen Elemente zuerst wie vorher besprochen linearisiert und der DC-Arbeitspunkt bestimmt werden muss. Außerdem können damit nur sinusförmige Eingangsquellen, die alle dieselbe Frequenz aufweisen müssen, als Stimulus verwendet werden. Die Gefahr bei dieser Analyse besteht darin, dass man ihr für zu große Amplituden vertraut, bei denen sich der Arbeitspunkt bereits verändert. Beim Aufstellen des Gleichungssystems geht man gleich wie bei der DC-Analyse vor, mit dem Unterschied, dass die Matritzenelemente jetzt komplexe Zahlen sind. Abb. 4.11 zeigt eine AC-Analyse für Einzelfrequenzen.

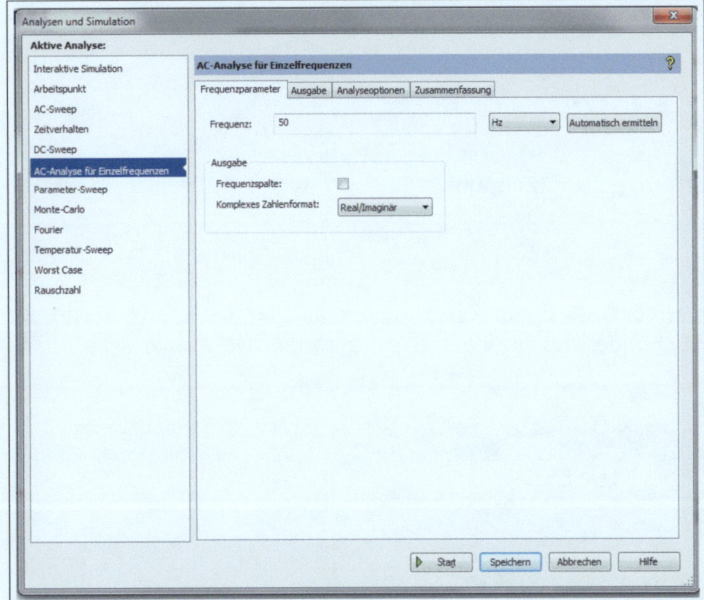

Abb. 4.11 • AC-Analyse für Einzelfrequenzen.

Bei der Analyse für Einzelfrequenzen wird eine Ausgangsspannung, ein Ausgangsstrom oder der Amplitudenvektor an einer bestimmten Frequenz ausgegeben. Der Amplitudenvektor wird in Form von Betrag und Phase oder als Real- und Imaginärteil angegeben.

Bei der AC-Analyse für Einzelfrequenzen werden die Leitwerte für Widerstand, Kapazität und Induktivität folgendermaßen eingesetzt:

$$Y_r = \frac{1}{R} \qquad Y_c = j \cdot \omega \cdot C \qquad Y_l = \frac{1}{j \cdot \omega \cdot L}$$

Die Transientenanalyse bestimmt die Antwort der Schaltung in der Zeitdomäne über ein vorgegebenes Zeitintervall. (0. ..T). Für den Zeitpunkt 0 wird die erste Lösung üblicherweise durch eine DC-Arbeitspunkt Analyse bestimmt. Der Benutzer kann jedoch einen Ausgangszustand für die Energiespeicher im System (Kapazitäten und Induktivitäten) vorgeben. Die transiente Lösung wird durch ein Aufteilen des Zeitintervalls (0...T) in diskrete Zeitpunkte (0, t_1, t_2 ...T) bestimmt. SPICE arbeitet hier mit einem variablen Zeitschritt; wenn schnelle Änderungen auftreten, wird der Zeitschritt verkürzt. An jedem Zeitpunkt wird ein numerischer Integrationsalgorithmus gestartet, der die Differentialgleichungen eines jeden Energiespeicherelements in äquivalente algebraische Gleichungen umformt. Das einfachste Verfahren ist das Rückwärts-Euler-Verfahren, das an Hand des Beispiels einer Kapazität erläutert wird.

Der Zusammenhang von Strom und Spannung bei einer Kapazität wird durch

$$i = C \cdot dv/dt$$

beschrieben.

Ersetzt man den Differentialquotient durch den Differenzenquotient, so ergibt sich

$$dv/dt \approx (v_{n+1} - v_n) / \Delta t$$

wobei Δt die Länge des Zeitschritts bedeutet.

Daher ergibt sich für den Strom i_{n+1} zum Zeitpunkt t_{n+1}

$$i_{n+1} = \frac{C}{T} \cdot v_{n+1} - \frac{C}{T} \cdot v_n$$

Diese Gleichung lässt sich wieder als Ersatzschaltung für die Kapazität interpretieren. Eingesetzt in das zu untersuchende Netzwerk liefert sie mit einer DC-Analyse die Spannung am Kondensator zurzeit t_{n+1}.

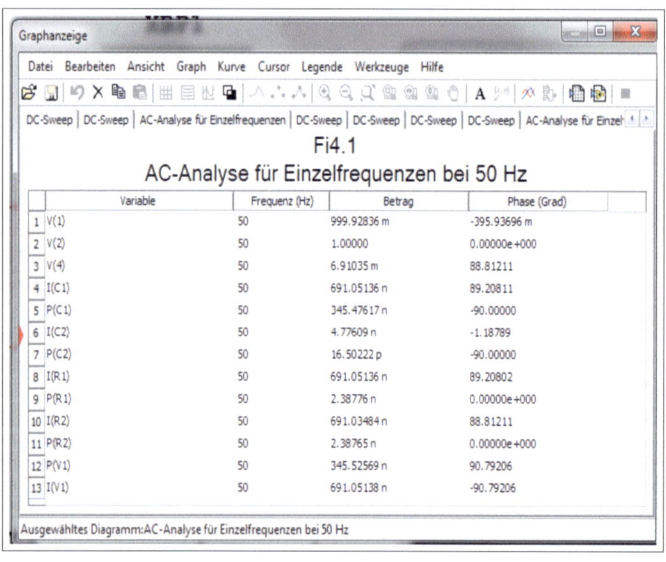

	Variable	Frequenz (Hz)	Betrag	Phase (Grad)
1	V(1)	50	999.92836 m	-395.93696 m
2	V(2)	50	1.00000	0.00000e+000
3	V(4)	50	6.91035 m	88.81211
4	I(C1)	50	691.05136 n	89.20811
5	P(C1)	50	345.47617 n	-90.00000
6	I(C2)	50	4.77609 n	-1.18789
7	P(C2)	50	16.50222 p	-90.00000
8	I(R1)	50	691.05136 n	89.20802
9	P(R1)	50	2.38776 n	0.00000e+000
10	I(R2)	50	691.03484 n	88.81211
11	P(R2)	50	2.38765 n	0.00000e+000
12	P(V1)	50	345.52569 n	90.79206
13	I(V1)	50	691.05138 n	-90.79206

Abb. 4.12 • Ausgabe der AC-Analyse für Einzelfrequenzen.

Abb. 4.12 zeigt die Ausgabe der AC-Analyse für Einzelfrequenzen.

Das Rückwärts-Euler-Verfahren liefert einen Fehler, der linear vom Zeitschritt Δt abhängt. In SPICE wird die Trapezintegration verwendet, bei der der Fehler quadratisch mit kleiner werdendem Zeitschritt zurückgeht.

Wenn man mit dem komplexen Zahlenformat arbeitet, kommt man zu den imaginären Zahlen und der Darstellung von komplexen Zahlen: Die Einheit der imaginären Zahl ist $\sqrt{-1}$ und wird mit j bezeichnet. Daraus leiten sich folgende Werte ab:

$j = \sqrt{-1}$ $\quad$ $j^2 = -1$
$j^3 = -j$ $\quad$ $j^4 = +1$
$j^5 = +j$ $\quad$ $j^6 = -j$

usw.

Des Weiteren sind: $j \cdot j = j^2$; $\quad 1/j = -j$; $\quad 1/-j = j$

$(-j)^1 = -j$ $\quad$ $(-j)^2 = -1$
$(-j)^3 = +j$ $\quad$ $(-j)^4 = +1$
$(-j)^5 = -j$ $\quad$ $(-j)^6 = -1$

sowie:

$(j)^{-1} = -j$ $\quad$ $(j)^{-2} = -1$
$(j)^{-3} = +j$ $\quad$ $(j)^{-4} = +1$
$(j)^{-5} = -j$ $\quad$ $(j)^{-6} = -1$

ähnlich sind:

$(-j)^{-1} = +j$ $\quad$ $(-j)^{-2} = -1$
$(-j)^{-3} = -j$ $\quad$ $(-j)^{-4} = +1$
$(-j)^{-5} = +j$ $\quad$ $(-j)^{-6} = -1$

Folgende Regeln ergänzen das Thema:

Addition:	$ja + jb = j(a + b)$
Subtraktion:	$ja - jb = j(a - b)$
Multiplikation:	$ja \cdot jb = -a \cdot b$
Division:	$ja : jb = a : b$

Der Wert j beeinflusst nicht den Betrag des Werts, mit dem dieser multipliziert wird. Es ergibt sich die (+j) positive Phasenvoreilung (+90°) zwischen Real- und Imaginärwert, sowie die (–j) negative Phasennacheilung (–90°) zwischen Real- und Imaginärwert. Der Wert j ($j = \sqrt{-1}$) wird der imaginären Komponente als Kennung zugeordnet.

Eine komplexe Zahl Z besteht aus der Verbindung einer realen Zahl a mit einer imaginären Zahl jb, wie Abb. 4.13 zeigt.

$Z = a + jb$ (allgemeine Schreibform)
Ist $a + jb = c + jd$ und es folgt $a = c$ und $b = d$
Ist $a + jb = 0$, dann folgt $a = 0$ und $b = 0$

Der absolute Wert $|Z|$ ergibt sich zu $|Z| = \sqrt{a^2 + b^2}$.

Der Wert Z wird als Zeiger (Vektor) r dargestellt, wobei dann $r = |Z|$ ist, und daraus folgt $r = |Z| = \sqrt{a^2 + b^2}$.

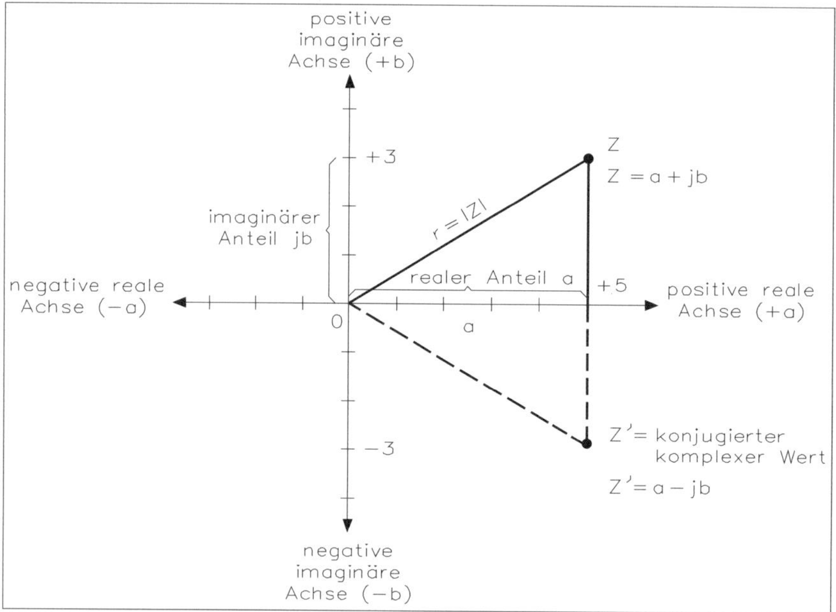

Abb. 4.13 • Grafische Darstellung komplexer Zahlen.

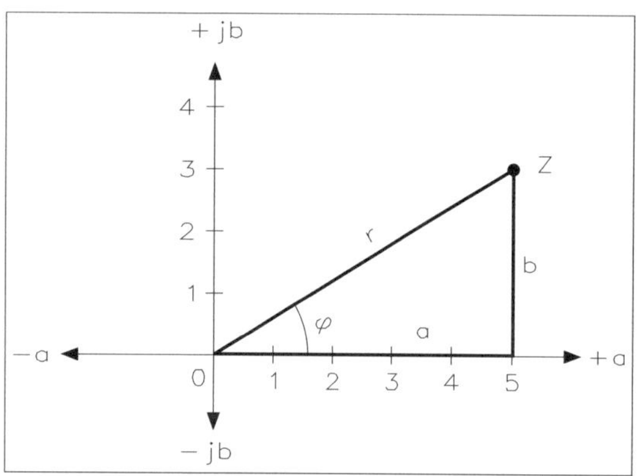

Abb. 4.14 • Grundform einer komplexen Zahl.

Eine komplexe Zahl lässt sich in verschiedenen Formen darstellen, wie Abb. 4.14 zeigt. Man bezieht sich auf die gewählten Werte a = 5 und jb = 4 im Dreieck, und dies ergibt die algebraische Form

$$Z = a + jb \text{ und } |Z| = \sqrt{a^2 + b^2}$$

Für ein „normales“ Dreieck ist: $Z = a + jb$ und $|Z| = \sqrt{a^2 + b^2}$. Für das Beispiel gilt $Z = 5 + j4$ und ergibt dann $|Z| = 6{,}4$.

- Trigonometrische Form: Man bezieht sich auf die gewählten Werte a = 5 und jb = 4 im Dreieck und erhält die trigonometrische Form $Z = r\,(\cos\varphi + j \cdot \sin\varphi)$. Dafür ist $a = r \cdot \cos\varphi$ und $b = r \cdot \sin\varphi$, sowie $\tan\varphi = b/a$.

Für das Beispiel gilt Z = 6,4 · (0,78 + j · 0,625).

- Exponentielle Form: Man bezieht sich wieder auf die gewählten Werte a = 5 und jb = 4 im Dreieck, erhält $Z = r \cdot e^{j\varphi}$ (Abkürzung in der Technik Z = φ) und weiter ist $Z = \cos\varphi + j \cdot \sin\varphi = r \cdot e^{j\varphi}$ (Eulersche Form).
  Für das Beispiel gilt: $Z = 6{,}4 \cdot e^{j38{,}70}$

Mit der Periode von $e^{j\varphi}$ als $2 \cdot \pi \cdot j$ wird im Sonderfall:

$$e^{\frac{j\pi}{2}} = j \qquad e^{\frac{j2\pi}{3}} = -\frac{1}{2} + \frac{j}{2}\sqrt{3}$$

$$e^{\frac{j3\pi}{2}} = -j \qquad e^{\frac{j4\pi}{3}} = -\frac{1}{2} + \frac{j}{2}\sqrt{3}$$

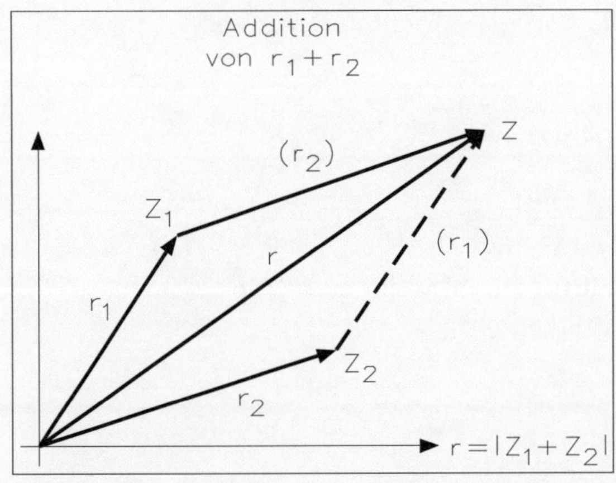

Abb. 4.15 • Grafische Darstellung in algebraische Form für eine Addition.

- Rechenregeln für die algebraische Form, wie Abb. 4.15 zeigt:

  Addition: $Z_1 + Z_2 = (a_1 + jb_1) + (a_2 + jb_2) = a_1 + a_2 + j\,(b_1 + b_2)$
  Konjugiert komplex ist: (a + jb) + (a - jb) = 2a

Abb. 4.16 zeigt eine grafische Darstellung in algebraischer Form für eine Subtraktion.

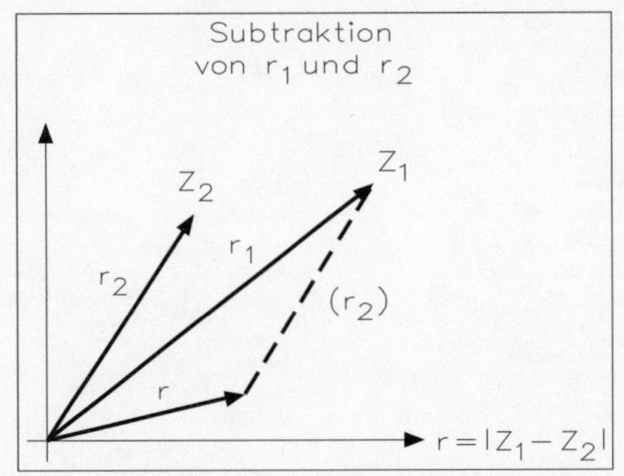

Abb. 4.16 • Grafische Darstellung in algebraischer Form mit einer Subtraktion.

Subtraktion: $Z_1 - Z_2 = (a_1 + jb_1) - (a_2 + jb_2) = a_1 - a_2 + j(b_1 - b_2)$
Konjugiert komplex ist: $(a + jb) - (a - jb) = j2b$

Multiplikation: $Z1 \cdot Z2 =$

1. $(a_1 + jb_1) \cdot (a_2 + jb_2) = a_1 \cdot a_2 - b_1 \cdot b_2 + j(a_1b_2 + a_2b_1)$
2. $(a_1 - jb_1) \cdot (a_2 - jb_2) = a_1 \cdot a_2 - b_1 \cdot b_2 + j(a_1b_2 + a_2b_1)$
3. $(a_1 - jb_1) \cdot (a_2 + jb_2) = a_1 \cdot a_2 + b_1 \cdot b_2 + j(a_1b_2 - a_2b_1)$

Konjugiert komplex ist: $(a + jb) \times (a - jb) = a^2 + b^2$

Division: $\frac{Z_1}{Z_2} = \frac{a_1 + jb_1}{a_2 + jb_2} = \frac{(a_1 + jb_1) \cdot (a_2 - jb_2)}{(a_2 + jb_2) \cdot (a_2 - jb_2)} = \frac{a_1 \cdot a_2 + b_1 \cdot b_2}{a_2^2 + b_2^2} = j\frac{a_2 \cdot b_1 - a_1 \cdot b_2}{a_2^2 + b_2^2}$

Konjugiert komplex ist: $\frac{a + jb_1}{a - jb_2} = \frac{(a + jb_1) \cdot (a + jb)}{(a - jb) \cdot (a + jb)} = \frac{a^2 - b^2}{a^2 + b^2} = j\frac{2 \cdot a \cdot b}{a^2 + b^2}$

Reziproker Wert: $\frac{1}{Z} = \frac{1}{a + jb} = \frac{(a - jb)}{(a + jb) \cdot (a - jb)} = \frac{a}{a^2 + b^2} - j\frac{b}{a^2 + b^2}$

$$\frac{1}{Z} = \frac{1}{a - jb} = \frac{(a + jb)}{(a - jb) \cdot (a + jb)} = \frac{a}{a^2 + b^2} + j\frac{b}{a^2 + b^2}$$

Quadrieren: $Z^2 = (a + jb)^2 = (a + jb) \cdot (a + jb) = a^2 - b^2 + j2ab$
$Z^2 = (a - jb)^2 = (a - jb) \cdot (a - jb) = a^2 - b^2 - j2ab$

- Rechenregeln für die trigonometrische Form:

Ausgangsgleichung: $Z = r (\cos \varphi + j \cdot \sin \varphi)$

Multiplikation: $Z_1 \cdot Z_2 = r_1 \cdot r_2 [\cos (\varphi_1 + \varphi_2) + j \cdot \sin (\varphi_1 + \varphi_2)]$

Division: $\frac{Z_1}{Z_2} = \frac{r_1}{r_2}[\cos(\phi_1 - \phi_2) + j \cdot \sin(\phi_1 + \phi_2)]$

Potenzieren: $Z^n = r^n(\cos n \cdot \phi + j \cdot \sin n \cdot \phi)$

- Rechenregeln für die exponentielle Form:

Ausgangsgleichung: $Z = r \cdot e^{j\varphi}$

Multiplikation: $Z_1 \cdot Z_1 = r_1 \cdot r_2 \cdot e^{j(\phi_1 + \phi_2)}$

Division: $\frac{Z_1}{Z_2} = \frac{r_1}{r_2} \cdot e^{j(\phi_1 - \phi_2)}$

Potenzieren: $Z^n = r^n \cdot e^{jn\phi}$

4.1.6 • Parameter-Sweep

Ein Parameter-Sweep ist ein iterativer Prozess, bei dem die Simulationen mit verschiedenen Werten wiederholt und den gewählten Parametern durchgeführt werden. Dieser Prozess ermöglicht es dem Entwickler, den optimalen Wert oder Wertebereich eines Parameters zu bestimmen oder wenn das Modell im Parameterraum die wünschenswerte Verhaltensweise erzeugt.

Beim Anpassen von simulierten Modellen an den technischen Daten ist es wahrscheinlich, dass es zahlreiche Parameter gibt, die keinen vorbestimmten Wert aufweisen. Einige Parameter verwenden einen Bereich von Werten die plausibel sind oder von früheren Experimenten stammen. Abb. 4.17 zeigt das Einstellfenster für den Parameter-Sweep.

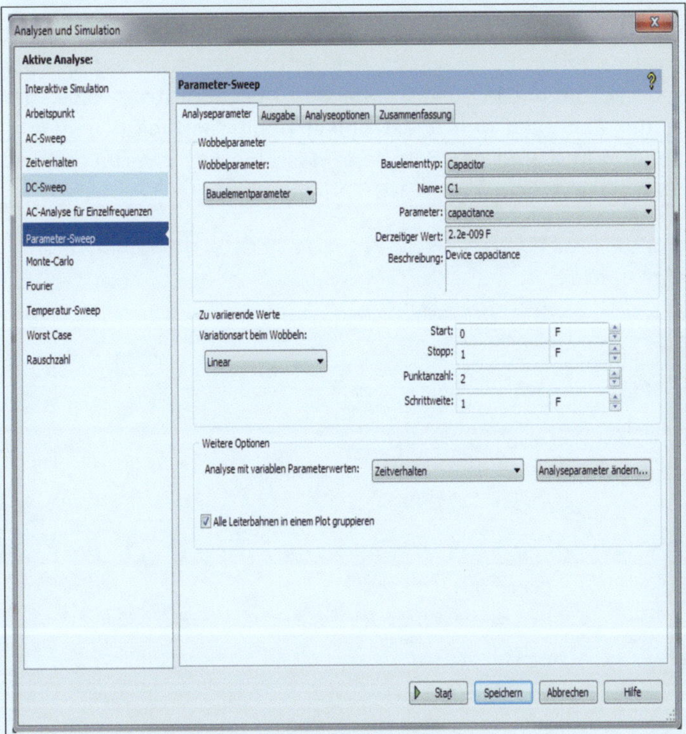

Abb. 4.17 • Einstellfenster für den Parameter-Sweep.

Wenn man mit Sweep arbeitet, handelt es sich um die einfachste Art des DC-Sweeps. Hier gibt es nur einen Parameter zu untersuchen, z. B. die Eingangsspannung der DC-Quelle. Idealerweise soll untersucht werden, wie der Spannungsfall oder Strom an verschiedenen Stellen in der Schaltung in Abhängigkeit von der Gleichspannung variiert. Man kann Strom- und Spannungsmessungen an simulierten Messpunkten erfassen und den Ausgangsstrom bzw. Ausgangsspannung als Funktion der Eingangsspannung darstellen.

Sofern die Schaltung keine nicht linearen Elemente wie Dioden und Transistoren enthält, ist ein Diagramm der Eingangsspannung im Vergleich zum Ausgangsstrom bzw. Ausgangsspannung eine gerade Linie. Die Steigung dieser Linie hängt von den Werten der verschiedenen Elemente in der Schaltung ab. Auf diese Weise kann man eine Reihe von Eigenschaften der Schaltung untersuchen, wenn sich die Eingangsspannung ändert.

Man beachte, dass ein DC-Sweep nicht identisch ist wie die transiente Analyse einer Schaltung. Bei einem DC-Sweep befindet sich die Schaltung im stationären Zustand, was bedeutet, dass man den Strom und die Spannung in der gesamten Schaltung untersucht, nachdem die Einschwingreaktion erloschen ist. Die Einschwingreaktion tritt auf, wenn die Schaltung Induktivitäten und Kondensatoren enthält. Wenn man nur einen DC-Sweep durchführt, beträgt die Impedanz dieser Elemente unter DC-Ansteuerung 0 bzw. unendlich, und man kann die stationäre Spannung und den stationären Strom nur bei verschiedenen Eingangsspannungen sehen.

Um die Einschwingreaktion zu untersuchen, muss sich die Spannung im Laufe der Zeit ändern. Man muss eine Arbiträrwellenform entwickeln, bei der die Schaltung von 0 V auf den gewünschten DC-Pegel umschaltet. Die Diagramme des Ausgangsstrom bzw. der Ausgangsspannung im Laufe der Zeit zeigt dem Elektroniker dann das Einschwingverhalten, wenn die Antriebsspannung im Laufe der Zeit dann das Einschwingverhalten und die Antriebsspannung zwischen zwei verschiedenen DC-Pegeln wechselt.

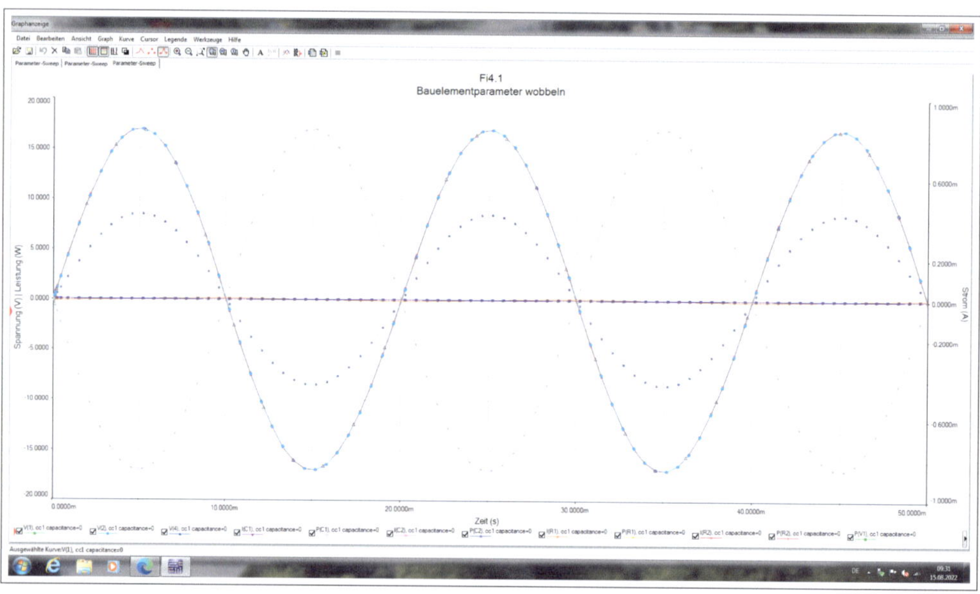

Abb. 4.18 • Spannung, Leistung und Strom bei einem Parameter-Sweep.

Abb. 4.18 zeigt Spannung, Leistung und Strom bei einem Kondensator von 2,2 nF. Das Zeitverhalten wurde auf 0,05 s geändert.

Parameter-Sweep ist eine spezielle Funktion in der Schaltungssimulation, bei der der Anwender einen Bereichswert des Parameters des Bauteils einstellen kann. Zum Beispiel ist für einen Widerstand sein Parameter der Widerstand auf die Ausgabe der Simulation variiert, wenn man den Parameter (Widerstand) des Widerstands ändert. Mit der Parameter-Sweep-Technik stellen Benutzer einen Widerstandsbereich ein und simulieren den Parameterwert mit dem angegebenen Bereich. Dies bedeutet also, dass alle Widerstandswerte mit vorgegebenem Wertebereich simuliert werden.

Bei der Schaltungsanalyse mit Hilfe der Simulation geht es häufig darum, Änderungen des Schaltungsdesigns vorzunehmen, die der Spezifikation oder der beabsichtigten Ausgabe der Schaltung entsprechen. Nicht nur die Änderung der Komponenten, die zum Schaltungsdesign passt, sondern auch die Dimension oder der Parameter eine Komponente. Parameter-Sweep gestaltet die Änderung effizient und einfacher. Anstatt den Parameter einzeln zu ändern und das Ergebnis einzeln zu untersuchen, zeigt der Parameter-Sweep die Ausgabe mit dem Parameterbereich an. So kann man das Ergebnis aller Änderungen von Parametern untersuchen.

4.1.7 • Monte-Carlo-Analyse

Die Monte-Carlo-Simulation wird mit Hilfe einer Zufallsvariable erzeugt. Man kann diese Technik verwenden, um die Unsicherheit zu bestimmen und das Risiko eines Systems zu modellieren. Man verwendet zufällige Eingaben und Variablen gemäß einer einfachen Wahrscheinlichkeitsverteilung, wie z. B. log-normal. Diese Simulation hilft, den Pfad und das Ergebnis eines Modells durch einfache numerische Berechnungen oder Simulation zu generieren.

Diese Methode ist sinnvoll, wenn man ein komplexes System oder die Parameter eines unsicheren Modells analysieren muss. Bei dieser Methode wird die Verteilung der realen Parameter simuliert. Eine Monte-Carlo-Simulation erzeugt demnach nur einen Schätzwert für die Unsicherheit des Modells. Man kann sie nicht als endgültige Analyse betrachten. Mit dieser Methode kann man jedoch einen Näherungswert für die Unsicherheit des Systems generieren. Das Beste an dieser Simulation ist, dass man diese Technik sehr breit

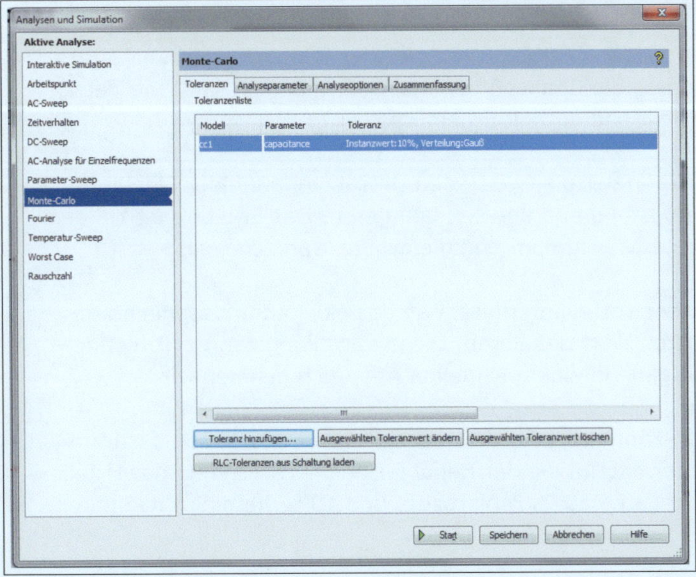

Abb. 4.19 • Einstellfenster für die Monte-Carlo-Simulation.

einsetzen kann, z. B. in der künstlichen Intelligenz, Statistik und in den physikalischen Wissenschaften.

Diese Monte-Carlo-Simulation wird wiederholt ausgeführt und berechnet jedes Mal andere Zufallswerte unter der Verwendung der Wahrscheinlichkeitsfunktionen. Um eine Simulation abzuschließen, sind Tausende von Neuberechnungen entsprechend der Unsicherheit des Modells erforderlich.

Man kann die Wahrscheinlichkeitsverteilung verwenden, um verschiedene Ergebnisse aus verschiedenen Variablen zu finden. Für eine Risikoanalyse ist dies die sinnvollste und realistische Methode, die verwendet werden kann.

Abb. 4.19 zeigt das Einstellfenster für die Monte-Carlo-Simulation. Hier sind einige der gebräuchlichen Wahrscheinlichkeitsverteilungen, die bei der Simulation verwendet werden.

- Normalverteilung: Die Wahrscheinlichkeitsverteilung wird auch als Glockenkurve bezeichnet. Man kann den Mittelwert und eine Standardabweichung definieren, um die mittlere Variation zu beschreiben. Diese Werte in der Mitte und in der Nähe des Mittelwerts sind möglicherweise die Ergebnisse. Diese Methode ist symmetrisch und man kann das mittlere Gewicht einer Person ermitteln. Darüber hinaus kann man auch natürliche Phänomene wie Energiepreise und Wachstumsraten bestimmen.

- Log-Normalverteilung: Diese Werte sind nicht symmetrisch, sondern schief und beinhalten eine Normalverteilung. Diese Verteilung hat keine Werte unter null, sondern beinhaltet ein unbegrenztes positives Potenzial. Zu den Anwendungsbeispielen gehören z. B. Immobilienwerte, Energie-, Wasser- und Ölreserven.

- Gleichmäßige Verteilung: Jeder Wert kann mit gleicher Wahrscheinlichkeit auftreten. Man muss festlegen, ob die Chancen minimal oder maximal sind. Die Verteilung ist gleichmäßig verteilt und enthält Ergebnisse.

- Dreieckverteilung: Man kann beispielsweise den Umsatzverlauf einer Einheit in Abhängigkeit vom Lagerbestand und der Zeit definieren. Das Ergebnis ist bei der Verteilung das Maximum, das Minimum und die größte Wahrscheinlichkeit.

- PERT-Verteilung: Bei dieser Verteilung muss man das Maximum, das Minimum und den wahrscheinlichsten Wert definieren. Diese Verteilung kann z. B. definieren, wieviel Zeit eine Aufgabe in einem Modell in Anspruch nehmen wird.

- Diskrete Verteilung: Man kann auch die Wahrscheinlichkeit oder einen bestimmten Wert aus den Daten ermitteln, die der Benutzer definiert. Es kann das Urteil als 30 % positiv, 20 % negativ, 40 % Fehlprozess und 10 % Vergleich definieren.

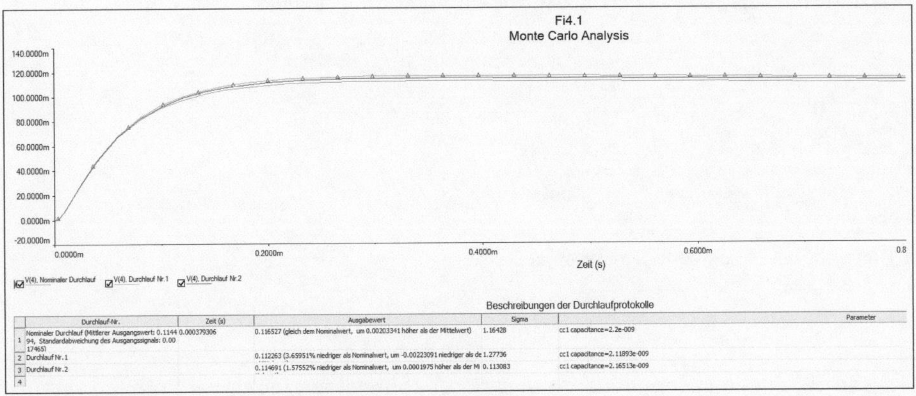

	Durchlauf-Nr.	Zeit (s)	Ausgabewert	Sigma	Parameter
1	Nominaler Durchlauf (Mittlerer Ausgangswert: 0.1144 94, Standardabweichung des Ausgangssignals: 0.00 17465)	0.000379306	0.116527 (gleich dem Nominalwert, um 0.00203341 höher als der Mittelwert)	1.16428	cc1 capacitance=2.2e-009
2	Durchlauf Nr.1		0.112263 (3.65951% niedriger als Nominalwert, um -0.00223091 niedriger als de	1.27736	cc1 capacitance=2.11893e-009
3	Durchlauf Nr.2		0.114691 (1.57552% niedriger als Nominalwert, um 0.0001975 höher als der Mi	0.113083	cc1 capacitance=2.16513e-009
4					

Abb. 4.20 • Grafische Ausgabe der Monte-Carlo-Simulation.

Abb. 4.20 zeigt die grafische Ausgabe der Monte-Carlo-Simulation. Mit dieser statischen Analyse kann man untersuchen, wie sich ändernde Bauteileigenschaften auf das Schaltverhalten auswirken. Hierbei werden mehrere Analysedurchläufe ausgeführt und bei jedem Durchlauf die Bauteilparameter entsprechend der eingestellten Verteilungsart und Toleranz variiert. Wenn man dieses Verfahren aufruft, erscheint ein Fenster für die Eingabe der Bedingungen. Zuerst bestimmt man die Anzahl der Durchläufe und in der Grundeinstellung arbeitet man mit zwei Analysedurchgängen. Danach gibt man die globale Toleranz vor und bei Filtern arbeitet man mit Werten von 5%. Auch der Anfangswert der Berechnung lässt sich einstellen. Bei der Verteilungsart arbeitet man mit „gleichförmig" oder nach „Gauß". Wichtig für die Darstellung des Diagramms sind die Sortierfunktionen am Ausgang der Schaltung mit

- Maximalwert
- Minimalwert
- Zeit bei Maximalwert
- Zeit bei Minimalwert
- Zeitwert bei steigender Flanke
- Zeitwert bei fallender Flanke

Nach der Festlegung des Messpunkts für den Ausgangsknoten wählt man noch den Durchlauf für den DC-Arbeitspunkt, für die Transientenanalyse und für die AC-Frequenzanalyse aus.

Bei der Simulation ist es immer sinnvoll, mehrere gleichartige Simulationsläufe durchzuführen, bei denen jeweils nur der Wert eines Schaltungselements verändert wird. Wenn man ein Schaltungselement zum „globalen Parameter" erklärt, kann es mit einem Nennwert versehen und während der Simulation über einen festzulegenden Bereich durchgestimmt werden. Es ist auch möglich, mehrere Elemente miteinander zu verknüpfen und gemeinsam zu variieren. Als globale Parameter lassen sich unabhängige Spannungsquellen, passive Bauelemente und Modellparameter der aktiven Bauteile (Transistoren, Operationsverstärker usw.) wählen. Zu diesem Zweck werden die globale Toleranz und die Anzahl der Durchläufe in dem Simulationsfenster eingestellt.

Abb. 4.21 zeigt die Ausgabe der Monte-Carlo-Simulation in Excel

A1 | fx Durchlauf-Nr.

	A	B	C
1	Durchlauf-N	Zeit (s)	Ausgabewer Sigma
2	Nominaler D	0,00037931	0.116527 (gleich dem Nominalwert, um -0.00223633 niedriger als der Mittelwert)
3	Durchlauf Nr.1		0.123041 (5.59033% höher als Nominalwert, um 0.00427792 höher als der Mittelwert)
4	Durchlauf Nr.2		0.116722 (0.167123% höher als Nominalwert, um -0.00204159 niedriger als der Mittelwert)
5			

Abb. 4.21 • Ausgabe der Monte-Carlo-Simulation in Excel.

4.1.8 • Fourier-Analyse

Für die Klasse der quellenlosen, linearen und zeitunabhängigen (zeitinvarianten) Systeme lässt sich eine große Zahl allgemeiner Berechnungsmethoden und Aussagen herleiten, weil die genannten Voraussetzungen mathematische Ansätze von sehr weitreichender Aussagefähigkeit erlauben.

Die Voraussetzung der Quellenfreiheit stellt sicher, dass ein Systemausgangssignal ursächlich mit einem Systemeingangssignal zusammenhängt. Die Voraussetzung der Zeitunabhängigkeit stellt sicher, dass das Übertragungssystem zu einer der Form nach vorgegebenen Eingangszeitfunktion stets denselben ausgangsseitigen Funktionsverlauf generiert, unabhängig davon, zu welchem absoluten Zeitpunkt die Eingangsfunktion erscheint. Dies bedeutet, dass man eine Eingangszeitfunktion und die zugehörige Ausgangszeitfunktion entlang einer Zeitachse beliebig verschieben kann, ohne dass hierdurch etwa eine Änderung der Form der Ausgangsfunktion entstehen würde.

Die Voraussetzung der Linearität erlaubt, über die Möglichkeit der beliebigen zeitlichen Verschiebung eines Eingangssignals hinaus auch das Superpositionsprinzip nutzbar zu machen. Nach dem Superpositionsprinzip kann ein Eingangssignal beispielsweise additiv in zwei oder mehr (d. h. auch beliebig viele) Teilsignale zerlegt werden, für diese Teilsignale wird je für sich das zugehörige Teilausgangssignal des Systems berechnet und das Gesamtsignal am Ausgang durch Addition der Teilausgangssignale ermittelt werden.

Dies ist insofern sehr hilfreich und weittragend, als man die Teilsignale, in die man ein mehr oder weniger kompliziertes Eingangssignal zerlegt, nach Möglichkeit so wählen wird, dass sich für sie eine möglichst einfache Berechnung der zugehörigen Teilausgangssignale ergibt. Eine sehr verbreitete und erfolgreiche Methode ist die Zerlegung komplizierterer Eingangssignale in sinusförmige Teilsignale. In diesem Falle ist also zu jedem sinusförmigen Eingangsteilsignal das zugehörige Ausgangsteilsignal zu berechnen und zum Schluss die Superposition dieser einzelnen Ausgangsteilsignale zu bilden. Schließlich muss als Voraussetzung für die Berechenbarkeit von Übertragungsvorgangen die Stabilität des Systems erwähnt werden.

Diese Analyse ermöglicht die Untersuchung des DC-Anteils innerhalb eines Signals, der Grundwelle und der Harmonischen eines Zeitbereichssignals. Die Fourier-Analyse ermittelt, unter der Annahme, dass sich das System im eingeschwungenen Zustand befindet, die spektralen Anteile bis zur eingestellten Harmonischen, die in den berechneten Zeitfunktionen (Transientenanalyse) enthalten sind. Zu dem Zweck wird die letzte Periode dieser Funktion benutzt, um eine periodische Zeitfunktion zu definieren, die dann der Fourier-Analyse unterzogen wird. Voraussetzung für diese Berechnung ist eine vorausgegangene Transientenanalyse mit ausreichender Simulationszeit, so dass der eingeschwungene Zustand praktisch erreicht wird. Wenn man dieses Verfahren anklickt, erscheint ein Fenster für die Einstellungen. Hier wählt man den Ausgangsknoten innerhalb der Schaltung aus und in diesem Fall ist es der Bandfilterausgang. Danach bestimmt man die Grundfrequenz und die Anzahl der Oberwellen.

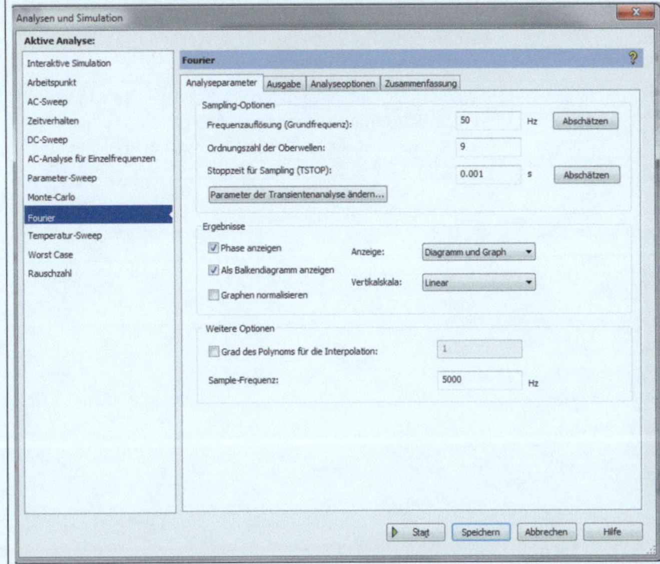

Abb. • 4.22.

Für die Analyse ist außerdem eine Grundfrequenz erforderlich, die auf den Frequenzwert einer AC-Quelle in der Schaltung eingestellt werden sollte. Wenn mehrere AC-Quellen in der Schaltung vorhanden sind, kann man die Grundfrequenz auf den kleinsten gemeinsamen Faktor der Frequenzen einstellen. Wenn die Schaltung beispielsweise eine 10,5 kHz- und eine 7-kHz-Quelle enthält, stellt man die Grundfrequenz auf 0,5 kHz ein.

Die Fourier-Analyse führt man folgendermaßen aus:

1. Man überprüft die Schaltung und bestimmt den Analyseknoten.
2. Man wählt „Analyse/Fourier".
3. Im Dialogfeld nimmt man die Eingaben oder Änderungen vor.
4. Man klickt auf das Feld „Simulieren" (oben rechts).

Die Optionen im Dialogfeld „Fourier-Analyse" sind in Tabelle 4.4 aufgelistet. Die Fourier-Analyse erzeugt ein Diagramm mit Fourier-Spannungskomponentenbeträgen und optional Phasenkomponenten über die Frequenz. Das Betragsdiagramm wird standardmäßig als Balkendiagramm dargestellt. Man kann jedoch die Darstellung als Liniendiagramm wählen. Abb. 4.23 zeigt das Fourier-Diagramm und es wird auch der Wert für den Klirrfaktor berechnet und angezeigt.

Tabelle 4.4 • Optionen im Dialogfeld „Fourier-Analyse“.			
Option	**Standard**	**Einheit**	**Hinweise**
Ausgangsknoten	Ein Knoten in der Schaltung	-	Punkte in der Schaltung, für die die Ergebnisse angezeigt werden sollen
Grundfrequenz	1	Hz	Frequenz, für die die Fourier-Analyse die Oberwellen bestimmt AC-Quellenfrequenz oder kleinsten gemeinsamen Faktor verwenden
Anzahl der Oberwellen	9	-	Anzahl der berechneten Oberwellen für Grundwelle
Vertikale Skala	Linear	-	Linear/Logarithmisch/Dezibel
Phase anzeigen	Deaktiviert	-	Wenn diese Option aktiviert ist, werden Diagramme für die Phase über die Frequenz erzeugt
Ausgangssignal als Liniendiagramm	Deaktiviert	-	Wenn diese Option aktiviert ist, wird der Betrag als Liniendiagramm ausgegeben. Anstatt eines Liniendiagramms lässt sich die Ausgabe auch als Balkendiagramm darstellen

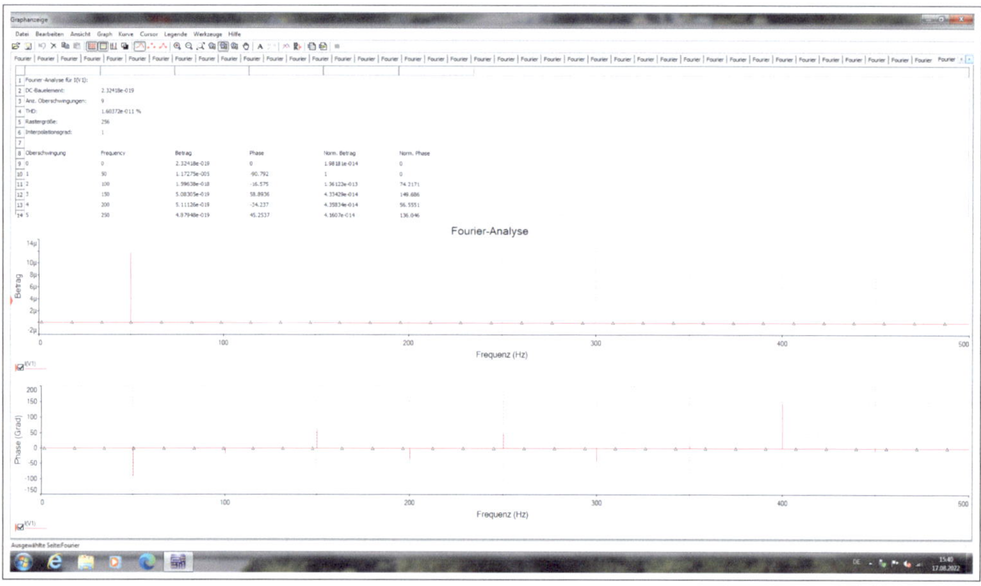

Abb. 4.23 • Fourier-Diagramm.

Bei der Fourier-Analyse wird auch der Klirrfaktor berechnet. Wegen der starken Nichtlinearitäten der Übertragungskennlinie innerhalb einer elektrischen Schaltung treten Verzerrungen auf, wenn die Amplitude des Eingangssignals größer ist. Ein Maß für die Verzerrungen ist der Klirrfaktor.

Der Klirrfaktor k ist das Verhältnis des Oberwelleneffektivwerts zum Gesamteffektivwert, einschließlich der Grundwellen. Der Klirrfaktor k wird in % angegeben und gibt das Effektivwert-Verhältnis der Oberschwingungen zur Grundschwingung am Ausgang an, wenn man den Eingang sinusförmig um den Arbeitspunkt aussteuert.

4.1.9 • Temperatur-Sweep

Mit Temperatur-Sweep verfügt man über eine umfassende Anwendung von SPICE-Analysen zur Untersuchung des Schaltungsverhaltens. Jede Analyse hilft dem Elektroniker, wertvolle Informationen wie die Auswirkungen von Bauteiltoleranzen und -empfindlichkeiten zu erhalten. Für jede Analyse muss man die Einstellungen festlegen, wie Abb. 4.24 zeigt.

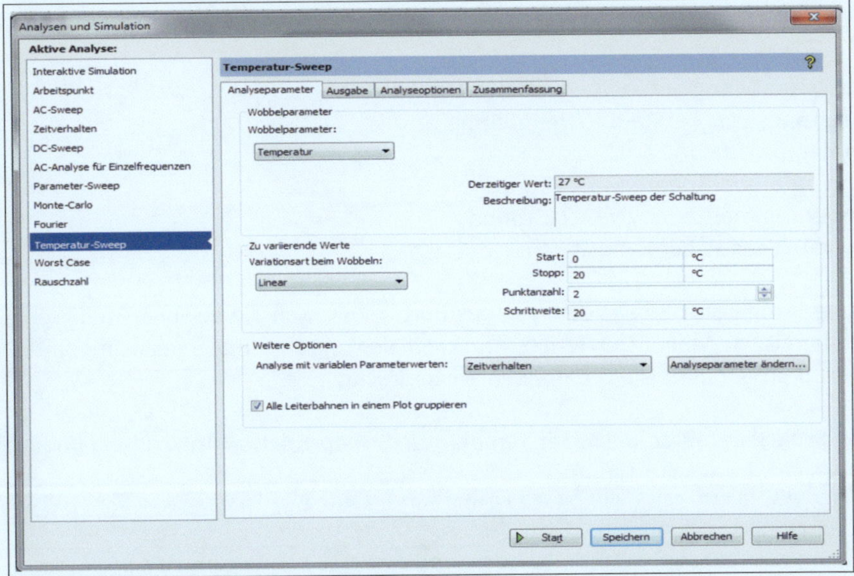

Abb. 4.24 • Einstellfenster für den Temperatur-Sweep.

Wenn man eine Temperatur-Sweep-Analyse konfiguriert, wird davon ausgegangen, dass alle Elemente der Schaltung bei der Nenntempertur von 27 °C gemessen werden. Diese Temperatur kann durch Anpassen der SPICE-Optionen geändert werden. Mit der Temperatur-Sweep-Analyse kann man den Betrieb der Schaltung schnell überprüfen, indem man sie bei verschiedenen Temperaturen simuliert. Der Effekt ist derselbe wie die mehrmalige Simulation der Schaltung, einmal für jede Temperatur. Sie steuert die Temperaturwerte, indem man die Start-, Stopp- und die Inkrementwerte wählt.

Die Ausnahmen hängen von der Analyse ab:

- DC-Betriebspunktanalyse: AC-Quellen werden auf null gesetzt, Kondensatoren sind offen, Induktivitäten werden kurzgeschlossen und digitale Komponenten werden als großer Widerstand gegen Masse behandelt.
- AC-Analyse: Angewendet auf eine analoge Schaltung und Kleinsignale. Digitale Bauteile werden als große Widerstände behandelt.
- Transiente Analyse: DC-Quellen verwenden konstante Werte und AC-Quellen verwenden zeitabhängige Werte. Kondensatoren und Induktivitäten werden durch Energiespeichermodelle dargestellt. Die numerische Integration wird verwendet, um die Menge der Energieübertragung über ein Zeitintervall zu berechnen.

Um Schaltungen bei verschiedenen Temperaturen zu simulieren, müssen die Komponenten der Schaltung Variation ihrer Werte aufweisen. Man muss jedoch bedenken, dass die Temperatur-Sweep-Analyse nur Komponenten betrifft, deren Modell eine Temperaturabhängigkeit aufweist.

Bei der Temperatur-Sweep-Analyse wird der Widerstand einer Widerstandinstanz mit der folgenden Gleichung berechnet:

$$R = R_0 \{1 + TC_1 (T - T_0) + TC_2 (T - T_0)^2]\}$$

R = Temperaturabhängiger Widerstandswert
R_0 = Widerstandswert bei Raum-/Nenntemperatur
T_0 = Nenntemperatur = 27 °C.
T_{C1} = Temperaturkoeffizient erster Ordnung.
T_{C2} = Temperaturkoeffizient zweiter Ordnung.
T = Temperatur des Widerstands.

Bevor man eine Temperatur-Sweep-Analyse ausführt, muss man die gewünschten Werte für TC1 und/oder TC2 angeben. Der Temperaturkoeffizient wird normalerweise in ppm/°C (parts per million pro Grad Celsius) Einheiten ausgedrückt.

Tabelle 4.5 zeigt die Parameter, die in der Temperatur-Sweep-Analyse Anwendung finden.

Tabelle 4.5 • Parameter in der Temperatur-Sweep-Analyse

Parameter	Bedeutung
Temperatur-Sweep	In diesem Fall kann man nur die Parameter Temperatur auswählen. Der Barwert des Parameters wird im Feld „Barwert" angegeben.
Sweep-Variationstyp	Gibt vor, wie das Intervall zwischen der Start- und Stopptemperatur berechnet wird. Die Temperatur-Sweep-Analyse stellt die entsprechenden Kurven nacheinander dar. Die Anzahl der Kurven hängt von der Art des Sweeps ab, wie unten gezeigt: 1. Einstellung: Die Anzahl der Kurven entspricht der Häufigkeit, mit der dem Startwert mit zehn multipliziert werden kann, bevor der Endwert erreicht wird. 2. Linear: Die Anzahl der Kurven entspricht der Differenz zwischen den Start- und Endwerten geteilt durch die inkrementelle Schrittgröße. 3. Octave: Die Anzahl der Kurven entspricht der Häufigkeit, mit der der Startwert verdoppelt werden kann, bevor der Endwert erreicht wird. 4. Liste: Die Anzahl der Kurven entspricht der Anzahl der Punkte (Elemente in der Liste müssen durch Leerzeichen, Kommas oder Semikolons getrennt werden).
Analyse zur Simulation	Man wählt die zu sweepende Analyse aus. Es gibt vier Möglichkeiten: 1. Gleichstrom-Betriebspunkt 2. AC-Analyse 3. Transiente Analyse 4. Verschachtelter Sweep Man kann auch die Analyseparameter festlegen, indem man auf die Schaltfläche „Analyse bearbeiten" klickt.

4.1.10 • Worst Case

Die Worst-Case-Schaltungsanalyse (WCCA, Worst Case Circuit Analysis oder WCA, Worst Case Analysis) ist ein Mittel zum Screening einer Schaltung, um mit einem hohen Maß an Sicherheit sicherzustellen, dass potentielle Defekte und Mängel vor und während des Tests, der Produktion und der Lieferung identifiziert und beseitigt werden.

Hierbei handelt sich um eine quantitative Bewertung durch Anlagenleistung unter Berücksichtigung von Fertigung-, Umwelt- und Alterungseffekten. Zusätzlich zu einer Schaltungsanalyse umfasst eine WCCA häufig Spannungs- und Derating-Analysen, Fehlerarten-, Auswirkungen- und Ursachenanalyse (FMECA) und Zuverlässigkeitsvorhersage (MTBF).

Das spezifische Ziel besteht darin, zu überprüfen, ob das Design robust genug ist, um einen Betrieb zu ermöglichen, der die Systemleistungsspezifikation über die Lebensdauer des Designs unter den ungünstigen Bedingungen und Toleranzen (Anfang, Alterung, Strahlung, Temperatur usw.) erfüllt.

Eine Spannungs- und Derating-Analyse soll dabei helfen, die Zuverlässigkeit zu erhöhen, indem sie einen Vergleich zu den zulässigen Spannungsgrenzen bietet, um einen ausreichenden Spielraum zu haben. Dadurch werden Überlastungsbedingungen, die zu Ausfällen führen können, weniger schwerwiegend und die Rate der stressinduzierten Parameteränderung im Laufe der Lebensdauer wird reduziert. Dabei wird die maximal angewendete Spannung auf jede Komponente im System bestimmt.

Eine Worst-Case-Schaltungsanalyse sollte für alle Bauelemente und Schaltkreise durchgeführt werden, die sicherheitskritisch sind. Die Worst-Case-Schaltungsanalyse ist eine Analysetechnik, die unter Berücksichtigung der Komponentenvariabilität die Schaltungsleistung in einem Worst-Case-Szenario (unter extremen Umgebungs- oder Betriebsbedingungen) bestimmt.

Umgebungsbedingungen sind definiert als externe Spannungen, die auf jede Schaltungskomponente ausgeübt werden. Dazu gehören Temperatur, Luftfeuchtigkeit oder Strahlung. Zu den Betriebsbedingungen gehören externe elektrische Eingänge, das Qualitätsniveau der Komponenten, die Interaktion zwischen den Teilen und die Drift aufgrund der Alterung der Komponenten.

WCCA hilft beim Design und Aufbau von Zuverlässigkeit der Hardware für den langfristigen Feldbetrieb. Elektronische Stückteile versagen in zwei verschiedenen Modi:

- Außerhalb der Toleranzgrenzen: Dadurch arbeitet die Schaltung weiter, wenn auch mit verschlechterter Leistung, und überschreitet letztendlich die erforderlichen Betriebsgrenzen der Schaltung.

- Katastrophale Ausfälle können durch MTBF-, Stress-, Derating- und FMEA/FMECA-Analysen minimiert werden. Die WCCA kann dazu beitragen, sicherzustellen, dass alle Komponenten ordnungsgemäß abgeleitet sind, ohne dass die Verschlechterung stark zunimmt.

Ein WCCA ermöglicht es dem Elektroniker, die Leistungsgrenzen der Schaltung unter allen Kombinationen von Halbtoleranzen vorherzusagen und zu beurteilen.

Es gibt viele Gründe, eine WCCA durchzuführen. Hier sind einige, die sich auf den Zeitplan und die Kosten auswirken können, wie Tabelle 4.6 zeigt.

Tabelle 4.6 • Zeitplan und Kosten einer WCCA (Worst-Case-Schaltungsanalyse).	
Benötigen	**Grund**
Designverifikation und Zuverlässigkeit	Überprüft den Schaltungsbetrieb und quantifiziert die Betriebsmargen über Teiletoleranzen und Betriebsbedingungen, Wird die Schaltung ihre Funktionen erfüllen und die Spezifikationen erfüllen? WCCA quantifiziert das Risiko.
	Verbesserung der Schaltungsleistung: Bestimmt die Empfindlichkeit von Komponenten gegenüber bestimmten Eigenschaften oder Toleranzen, um ein Design besser zu optimieren, zu verstehen und was die Leistung antreibt.
	Überprüft, ob eine Schaltung ordnungsgemäß mit einem anderen Design verbunden ist.
	Ermittelt die Auswirkungen vor Teileausfällen oder Toleranzabweichungen.
Reduzierung der Testkosten	Bewertung von Leistungsaspekten, die schwierig, teuer oder unmöglich zu messen sind (d. h. die Auswirkungen von Eingabereiz und Ausgangsbelastung bestimmen, um die Hardware nicht zu beschädigen).
	Hilft beim Festlegen von ATP-Grenzwerten.
	Überprüft Select-in-Test-Anpassungen und ob sie benötigt werden oder was ihre Grenzen sein sollten,
	Reduziert den Umfang der Test.
Teilebewertung	Stellt fest, ob Teile für ihren Verwendungszweck geeignet sind (sind sie zu billig, zu teuer, richtige Eigenschaften) oder ob eine neue Technologie verwendet werden kann.
	Unterstützt oder setzt kritische Parameter und SCD-Anforderungen/Screening-Definitionen.
	Modelle können verwendet werden, um SET-Analysen (Single Event Transienten) durchzuführen.
Zeitplan-, Kosten- oder Vertragsrisikominderung	Reduziert Board-Spins und bestimmt die Auswirkungen von Late-Stage-Design oder Teileänderungen.
	Überprüft die Auswirkungen von Änderungen an alten auf neue Schaltkreisen oder Teileaustausch.
	Ermöglicht es, bessere Versicherungsraten zu erhalten oder vertragliche Verbindlichkeiten zu reduzieren
	Analyse hilft, katastrophale oder kostspielige Vorfälle zu vermeiden

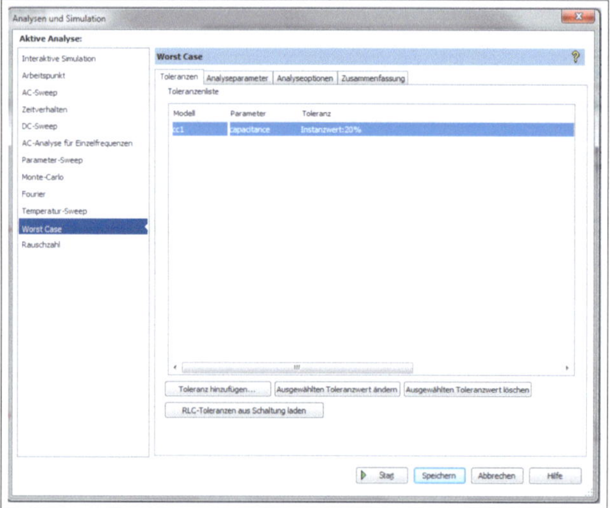

Abb. 4.26 • Einstellfenster für die Worst-Case-Analyse.

Die Worst-Case-Analyse ist die Analyse eines Systems (oder Geräts), die sicherstellt, dass es seine Leistungsspezefikationen erfüllt. Diese berücksichtigen in der Regel dieToleranzen, die auf anfängliche Komponententoleranz, Temperaturtoleranz, Alterstoleranz und Umweltbelastungen zu führen sind. Die Begin-of-Life-Analyse umfasst die Anfangstoleranz und liefert die Daterblattgrenzen für den Fertigungsprüfzyklus. Die End-of-Life-Analyse liefert die zusätzliche Degradation, die sich aus den Alterungs- und Temperatureffekten auf die Elemente innerhalb des Geräts oder Systems ergibt.

Abb. 4.26 zeigt das Einstellfenster für die Worst-Case-Analyse. In der Worst-Case-Analyse werden die Komponenten nacheinander variiert. Auf diese Weise kann man die Empfindlichkeit einer Ausgangsvariablen für jede Komponente in der Schaltung berechnen. Schließlich, nachdem jede Komponente variiert wurde, wird ein letzter Durchlauf mit allen Komponentenparametern durchgeführt. Dies ergibt den Worst-Case-Output. MultiSim führt die Worst-Case-Analyse mit dem folgenden Prozess durch:

1. Die Simulation erfolgt zunächst mit Sollwerten.
2. Eine Sensitivitätsanalyse, entweder AC oder DC, wird durchgeführt, um die Empfindichkeit der angegebenen Komponenten auf die Ausgangsspannung oder den Ausgangsstrom zu bestimmen.
3. Worst-Case-Parameter werden ermittelt, indem der Toleranzwert vom Nennwert addiert oder subtrahiert wird.
4. Die Simulation erfolgt mit den Komponentenparameterwerten, die am Ausgang Worst-Case-Werte erzeugen.

Annahmen: Angewendet auf eine analoge Schaltung, DC und Kleinsignal-Analysen. Modelle werden linearisiert.
Die Schaltung soll untersucht werden und es ergibt sich Abb. 4.27.

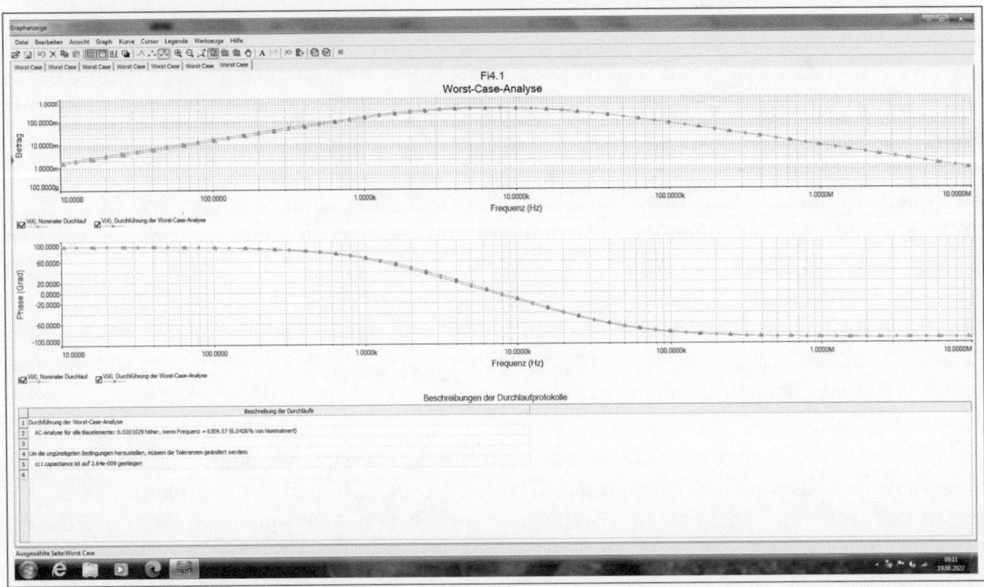

Abb. 4.27 • Ergebnis der Worst-Case-Analyse.

In Tabelle 4.7 sind die einzelnen Parameter, die in der Worst-Case-Analyse verwendet werden.

Tabelle 4.7 • Parameter, die in der Worst-Case-Analyse verwendet werden

Parameter	Bedeutung
Analyse	Definiert die Art der erforderlichen Analyse. Dies kann ein DC Operating Point oder eine AC Analysis sein. Wenn man eine AC-Analyse auswählt, wird die Schaltfläche Analyse bearbeiten aktiviert. Man klickt auf diese Schaltfläche, um die Frequenzparameter zu konfigurieren.
Ausgangsvariable	Zu überwachende Ausgabevariable.
Sortierfunktionen	Gibt den Vorgang an, der für die Werte der Ausgabevariablen ausgeführt werden soll, um diese auf eine einzelne Zahl zu reduzieren, die in den Sensitivitätsberechnungen verwendet werden(diese Option ist aktiviert, wenn man eine AC-Analyse auswählt). Es stehen fünf Funktionen zur Verfügung: 1. MAX: Ermittelt den Maximalwert jeder Wellenform. 2. MIN: Ermittelt den Minimalwert jeder Wellenform. 3. RISE_EDGE (Wert): Findet das erste Auftreten der Wellenform die über dem Schwellenwert (Wert) liegt. 4. FALL_EDGE (Wert): Findet das erste Auftreten der Wellenform, die unter dem Schwellenwert (Wert) liegt. 5. HÄUFIGKEIT: Findet den Wert bei einer angegebenen Frequenz.
Richtung	Beschreibt, welche Art von Ausgabe generiert wird, und schränkt den Bereich ein, in dem die Sortierfunktion ausgeführt wird. Multisim unterstützt die Option: 1. H1/LOW: Gibt an, in welche Richtung der Worst-Case-Lauf relativ zum nominalen Lauf gehen soll.
Filter änderen	Filtert die angezeigten Variablen so, dass sie interne Knoten (z. B. Knoten innerhalb eines aktiven Modells oder innerhalb einer SPICE-Unterschaltung), offene Pins sowie Ausgangsvariablen von beliebigen Untermodulen, die in der Schaltung enthalten sind, enthalten. Wenn man auf das „Kontrollkästen Ausdruck“ klickt, ändert sich die Schaltfläche „Filter ändern“ in Ausdruck bearbeiten. Diese Option wählt man aus, wenn man einen benutzerdefinierten Ausdruck erstellen will.

4.1.11 • Rauschzahl

Neben der Signalspannung erscheint am Ausgang eines Nachrichtenübertragungssystems ein undefinierbares Rauschen und dies sind eine Reihe unerwünschter Störsignale. Diese treten statistisch auf und werden allgemein als Rauschen bezeichnet. Das Rauschen entsteht einerseits in Bauteilen (z. B. Widerstände, Transistoren), gelangt andererseits aber auch über Signalleitungen (z. B. durch weitere Sender) in den Übertragungsweg. Die Netzstromversorgung verursacht ebenfalls Störspannungen mit einer Frequenz von 50 Hz bzw. 100 Hz, welche Brummspannung genannt wird und im engeren Sinne nicht dem Rauschen zuzuordnen ist.

Ein Kriterium zur Unterscheidung der Rauscharten ist das Amplitudenspektrum. Im zeitlichen Verlauf des sogenannten weißen Rauschens sind alle Frequenzen (von Null bis unendlich) mit gleichen Amplituden enthalten.

Als Rauschen bezeichnet man statistisch auftretende Störsignale. Beim weißen Rauschen sind im Amplitudenspektrum alle Frequenzen mit gleichen Amplituden enthalten. Die Bandbreite des weißen Rauschens ist praktisch unendlich und man spricht in diesem Zusammenhang auch vom Breitbandrauschen. Zum weißen Rauschen gehört sowohl das Widerstandsrauschen als auch das Schrotrauschen. Beide Rauscharten unter dem Oberbegriff „weißes Rauschen“ geführt werden.

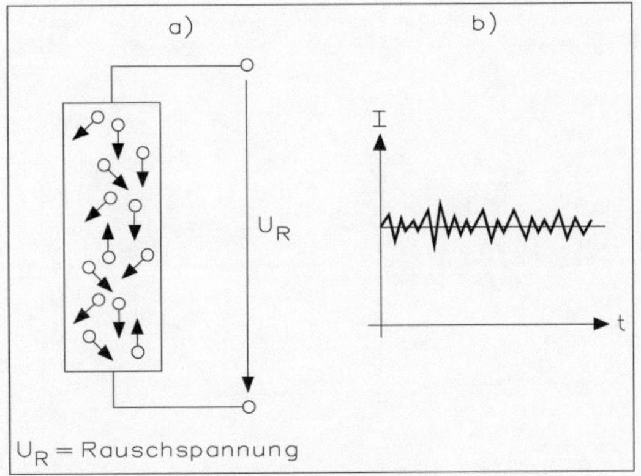

Abb. 4.28 • a: Rauschspannung U_R an einem Widerstand; b: Stromrauschen infolge von Schwankungen der Leitfähigkeit.

Durch das Widerstandsrauschen und die Rauschersatzquelle des Widerstands entsteht ein Rauschen. An den freien Enden eines Widerstands entsteht gemäß Abb. 4.28a eine Rauschspannung U_R und man spricht vom Widerstandsrauschen, welches auch als thermisches Rauschen (Johnson noise) bezeichnet wird.

Als Ursache für das Widerstandsrauschen sind die thermischen Schwingungen und somit unregelmäßige Bewegungen der Elektronen und Atome sowie Moleküle bei Wärme anzusehen. Legt man den Widerstand an eine Gleichspannungsquelle, so können nicht an allen Stellen gleichzeitig die Elektronen mit gleicher Geschwindigkeit transportiert werden. Dies bedeutet praktisch, dass die Leitfähigkeit des Widerstands unregelmäßig schwankt. Aus diesem Grund fließt gemäß Abb. 4.28b auch der unregelmäßig, statistisch schwankende Strom und man spricht in diesem Zusammenhang auch vom Stromrauschen. Mathematisch lässt sich für die Rauschspannung U_R und die Rauschleistung P_R angeben:

$$U_R = \sqrt{4 \cdot k \cdot T \cdot \Delta f \cdot R} \qquad P_R = \frac{U_R^2}{R} = 4 \cdot k \cdot T \cdot \Delta f$$

Hierin sind:

k = Boltzmann-Konstante = $1{,}38 \cdot 10^{-23}$ Ws/K
T = absolute Temperatur des Widerstands in Kelvin K
Δf = Bandbreite des anliegenden Signals in Hz
R = Ω-Wert des Widerstands

Der Funktionsgenerator entspricht dem realen Messinstrument 33120A von Hewlett Packard. Abb. 4.29 zeigt die Frontansicht und die Erzeugung eines Rauschsignals.

Wie beim Original-Messinstrument 33120A muss dieses Gerät über die Schaltfläche „POWER On/Off“ eingeschaltet werden und erzeugt erst dann die Spannungen. Danach wählt man die Impulsform aus: Sinus, Rechteck, Dreieck und Sägezahn. Die Frequenz stellt man mit der Schaltfläche „Freq“ ein, und zwar mit der Schaltfläche „∧“ für höher und mit „∨“ kleiner. Wenn man die Stellen nach dem Dezimalpunkt ändert, drückt ma auf „>“ und die Stellen wandern nach links, bei „<“ nach rechts. Damit lässt sich die Frequenz nach dem Dezimalpunkt mit sieben Stellen justieren.

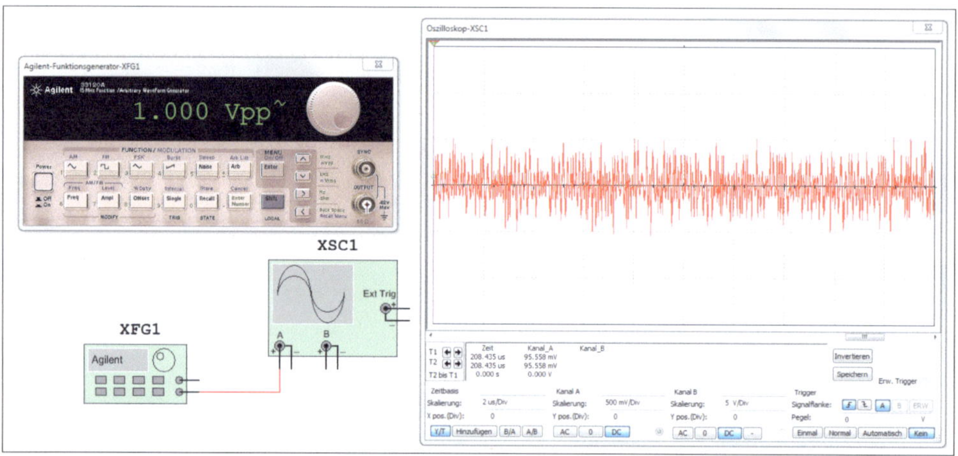

Abb. 4.29 • Erzeugung eines Rauschsignals.

Die Ausgangsspannung wird über „Ampl" eingestellt und der Wert ist U_{PP}. Man kann mit den Schaltflächen „∧" die Ausgangsspannung erhöhen oder mit „∨" verkleinern. Eine sehr schnelle Einstellung kann man vornehmen, wenn man den Drehknopf virtuell dreht. Für Ausgangsspannungen von über 20 V_{PP} ist eine Begrenzung in positiver und negativer Richtung möglich. Mit der Schaltfläche „Offset" verschiebt man das Gleichstromverhältnis in positiver und negativer Richtung.

Wenn man das Oszilloskop anschließt und die Simulation startet, lassen sich alle Funktionen und Einstellungen testen. Man darf nur nicht vergessen, dass das Gerät über die Schaltfläche „POWER" ein- und auszuschalten ist. Die Messung wird über die Simulation gestartet.

Beispiel: Welche Rauschspannung U_R ist am Eingang eines Verstärkers bei einer Temperatur von 25 °C wirksam, wenn dieser einen Eingangswiderstand von R = 2 MΩ und eine Bandbreite Δf = 20 kHz aufweist?

Lösung: Mit der absoluten Temperatur in Kelvin T = 273 K + 25 K = 298 K ergibt sich für die Rauschspannung:

$$U_R = \sqrt{4 \cdot k \cdot T \cdot \Delta f \cdot R} = \sqrt{4 \cdot 1{,}38 \cdot 10^{-23} Ws / K \cdot 298K \cdot 20kHz \cdot 2M\Omega} \approx 25{,}6\mu V$$

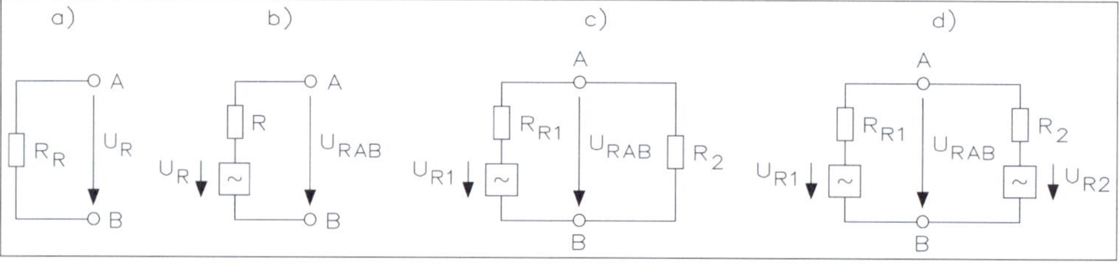

Abb. 4.30 • a: Rauschender Widerstand; b: Rauschersatzquelle; c: Zusammenschaltung mit rauschfreiem Widerstand; d: mit rauschendem Widerstand.

Ein rauschender Widerstand R_R gemäß der folgenden Abb. 4.30a kann durch eine sogenannte Rauschersatzquelle nach Abb. 4.30b ersetzt werden.

Die Rauschersatzquelle entspricht prinzipiell einer Spannungsquelle mit Innenwiderstand. Deren Quellenspannung ist die Rauschspannung U_R, welche im Leerlauf gleich der Rauschspannung $U_{R,AB}$ zwischen den Klemmen A und B ist. Man beachtet, dass der Widerstand als rauschfrei betrachtet wird und deshalb ohne den Index „R" bezeichnet wird.

Wird an die Anschlüsse des rauschenden Widerstands R_R von Abb. 4.30a ein als rauschfrei angenommener Widerstand R_2 angeschlossen, so erhält man eine Darstellung nach Abb. 4.30c. Die Rauschspannung $U_{R,AB}$ kann allgemein über die Spannungsteiler-Regel berechnet werden. In der Nachrichtentechnik liegt häufig eine Leistungsanpassung vor, d. h. $R_{R1} = R_2 = R$. In diesen Fall ergibt sich für die Rauschspannung $U_{R,\,AB}$ und die von R_{R1} an $R_2 = R = R_{R1}$ abgegebene bzw. in R_2 umgesetzte Rauschleistung P_{R2}:

$$U_{RAB} = \sqrt{4 \cdot k \cdot T \cdot \Delta f \cdot R} \qquad P_{R2} = k \cdot T \cdot \Delta f$$

Ist der Widerstand R_2 nicht rauschfrei, so kann auch dieser durch seine Rauschersatzquelle dargestellt werden. Man erhält dann prinzipiell eine Parallelschaltung zweier unterschiedlicher Spannungsquellen gemäß Abb. 4.30d. Für den Fall, dass beide Widerstände die gleiche Temperatur aufweisen und außerdem das Signal jeweils die gleiche Bandbreite hat, ergibt sich bei Leistungsanpassung für $U_{R,\,AB}$ gerade der $\sqrt{2}$-fache Wert. Beide Widerstände erzeugen dann die gleich große Rauschleistung $P_{R1} = P_{R2} = P_R$. Es findet dabei keine Rauschleistungsübertragung statt, da P_R von $R_{R2,R}$ nach $R_{R1,R}$ und P_{R1} von R_{R1} nach R_{R2}, beide Rauschleistungen also entgegengesetzt, gerichtet sind.

Das Schrotrauschen wird heute überwiegend den Halbleitern zugeschrieben und entsteht infolge von Unregelmäßigkeiten im Ladungsträgerfluss (früher: unregelmäßiger Austritt von Elektronen aus der Katode von Verstärkerröhren). Die exakte physikalische Ursache dieses Rauschens kann nur mit Hilfe der Quantentheorie erklärt werden. An dieser Stelle wird nur festgehalten, dass auch beim Schrotrauschen die Amplituden im Spektrum unabhängig von der Frequenz sind.

Das sogenannte Kreisrauschen tritt bei Resonanzbetrieb von Schwingkreisen auf. Ursache hierfür ist, dass Schwingkreise bei der Resonanzfrequenz wie ohmsche Widerstände wirken und somit ein Eigenrauschen aufweisen.

Das Rauschen bei Antennen wird als Antennenrauschen bezeichnet und setzt sich aus zweierlei Komponenten zusammen. Einerseits wirken Antennen ähnlich wie Schwingkreise, sie besitzen somit ein Eigenrauschen. Andererseits nimmt die Antenne Fremdrauschen auf. Hierzu zählen insbesondere atmosphärische Störungen (Gewitter, Strahlungen von atmosphärischem Sauer- und Wasserstoff), Störungen aus dem Weltraum (= galaktisches Rauschen, z. B. Rauschstrahlung der Sonne) und von technischen Geräten des Menschen verursachte Störungen (EMI, z. B. Zündfunken).

Im NF-Bereich (üblicherweise $f \leq 1$ kHz) wird das Schrotrauschen vom 1/f-Rauschen bzw. Funkelrauschen überdeckt. Es entsteht einerseits durch Rekombinations- und

Generationsprozesse und andererseits durch spontane Widerstands- sowie Temperaturänderungen im Sperrschichtbereich von Halbleitern. Man spricht deshalb auch vom Halbleiterrauschen. Kennzeichnend ist, dass die Höhe der Amplituden im Spektrum umgekehrt proportional zur Frequenz (deshalb 1/f-Rauschen) verläuft, d. h. mit zunehmender Frequenz werden die Amplituden kleiner. Bei Halbleitern (z. B. Transistoren) treten sowohl das Schrot- als auch das 1/f-Rauschen zusammen auf. Dabei dominiert unterhalb von $f \approx 1$ kHz das Funkelrauschen, welches die im Bereich $f \approx 1$ kHz bis $f \approx 10$ kHz allein wirkende Summe von Widerstands- und Schrotrauschen überdeckt.

Zur allgemeinen Beurteilung der Störgrößen bildet man das Verhältnis der Signalnutzspannung U_{Nutz} (Bezugsgröße) zur Störspannung $U_{Stör}$ und bezeichnet diesen Wert als Störabstand (auch Fremdspannungsabstand). Filtert man aus den Störspannungen den Anteil der Brummspannung heraus, so erhält man die dem Rauschen zugeordneten Rauschspannungen U_R. Der Rauschabstand a_R ergibt sich aus dem Verhältnis von Nutzsignal zu Rauschsignal und wird meist in dB angegeben.

$$a_R = 20 \cdot \lg\left(\frac{U_{Nutz}}{U_R}\right) = 10 \cdot \lg\left(\frac{P_{Nutz}}{P_R}\right)$$

In dem Pegeldiagramm ist der Rauschabstand als Pegeldifferenz zwischen dem minimalen Spannungspegel L_{Umin} und dem Rauschpegel L_{UR} eingezeichnet. Durch den Zusammenhang zwischen Pegel und absoluten Werten kann man sagen, dass für eine gewisse Übertragungsqualität der minimale Spannungs- bzw. allgemeine Signalwert um den Rauschabstand größer sein muss als die Rauschspannung bzw. das Rauschsignal. Für eine ausreichende Musikwiedergabe ist z. B. $a_R \geq 30$ dB erforderlich, während die Grenze der Sprachverständlichkeit bei $a_R = 10$ dB liegt. Bei $a_R = 0$ dB ist das Nutzsignal gerade so groß wie das Rauschsignal, d. h. beide können nicht mehr voneinander unterschieden werden und die Information ist nicht verständlich (Grenze der Wahrnehmbarkeit). Man beachte, dass durch eine Nutzsignalverstärkung der Rauschabstand nicht vergrößert werden kann, weil das Rauschen mitverstärkt wird. Außerdem kommt noch das Eigenrauschen des Verstärkers hinzu. Dies bedeutet, dass z. B. in Rundfunk- und Fernsehempfängern der Rauschabstand am Ausgang überwiegend von der ersten Verstärkerstufe (z. B. Antennenverstärker oder Eingangsstufe des Empfängers) bestimmt wird. Daraus resultiert die generelle Forderung nach einem geringen Eigenrauschen der ersten Stufe!

Zur Beurteilung der Rauschverhältnisse an einer Übertragungsstrecke oder an einem Verstärker definiert man die Rauschzahl F bzw. das in dB angegebene Rauschmaß, wobei man üblicherweise Leistungen betrachtet (Index „E" für Eingang und „A" für Ausgang):

$$\textit{Rauschzahl}: \quad F = \frac{P_{NutzE} / P_{RE}}{P_{NutzA} / P_{RA}} = \frac{P_{NutzE} / P_{RA}}{P_{RE} / P_{NutzA}}$$

$$\textit{Rauschmaß}: \quad F = 10 \cdot \lg(F) = 10 \cdot \lg\left(\frac{P_{NutzE} / P_{RE}}{P_{NutzA} / P_{RA}}\right) = a_{RE} - a_{RA}$$

Man beachte, dass für beide Rauschkenngrößen der gleiche Buchstabe „F" verwendet wird. Die Rauschzahl ist als dimensionsloser Faktor aufzufassen, während man beim Rauschmaß den Wert dB hat.

Die Ausgangsrauschleistung P_{RA} ist die Summe aus der mit dem Leistungsverstärkungsfaktor V_P verstärkten (bei einem Verstärker) bzw. mit dem Leistungsdämpfungsfaktor D_P gedämpften Eingangsrauschleistung P_{RE} und das durch den Übertragungskanal oder das durch den Verstärker selbst bzw. zusätzlich verursachte Rauschen P_{RZ}, also:

$$P_{RA} = P_{RE} \cdot V_P + P_{RZ} \quad \text{bzw.} \quad P_{RA} = P_{RE} \cdot D_P + P_{RZ}$$

Die Nutzleistung P_{NutzA} am Ausgang, ergibt sich als verstärkte bzw. abgeschwächte Eingangsnutzleistung P_{NutzE}, d. h.

$$P_{NutzA} = P_{NutzE} \cdot V_p \quad \text{bzw.} \quad P_{NutzA} = P_{NutzE} \cdot D_p$$

Ein Maß für die vom Verstärker oder Übertragungskanal im Inneren zusätzlich erzeugte Rauschleistung ist die sogenannte Zusatzrauschzahl F_Z. Diese ist als das Verhältnis der zusätzlich erzeugten Rauschleistung P_{RZ} zur verstärkten bzw. gedämpften Eingangsrauschleistung definiert, d. h.:

$$F_Z = \frac{P_{RZ}}{P_{RE} \cdot V_p} \quad \text{bzw.} \quad F_Z = \frac{P_{RZ}}{P_{RE} \cdot D_p}$$

Die Zusatzrauschzahl ist im Idealfall Null, d. h. es würde dann durch den Verstärker oder den Übertragungskanal keine zusätzliche Rauschleistung P_{RZ} erzeugt! Mit dieser Größe lässt sich nach einigen Umformungen auch die Rauschzahl F neu schreiben:

$$F = 1 + F_Z$$

Geht man von den Spannungen aus, so wird mit der zusätzlich erzeugten Rauschspannung U_{RZ} die Rauschzahl bzw. das Rauschmaß zu

$$\textit{Rauschzahl}: \quad F = \frac{U_{NutzE} / U_{RE}}{U_{NutzA} / U_{RA}} = \frac{U_{NutzE} \cdot U_{RA}}{U_{RE} \cdot U_{NutzA}}$$

$$\textit{Rauschmaß}: \quad F = 20 \cdot \lg(F) = 20 \cdot \lg\left(\frac{U_{NutzE} / U_{RE}}{U_{NutzA} / U_{RA}}\right) = a_{RE} - a_{RA}$$

Dabei ist entsprechend zur leistungsmäßigen Betrachtung:

$$U_{RA} = U_{RE} \cdot V_U + U_{RZ} \quad \text{bzw.} \quad U_{RA} = U_{RE} \cdot D_U + U_{RZ}$$

Die wichtigsten Kenngrößen für die Beurteilung des Rauschens sind Rauschabstand, Rauschzahl und Rauschmaß.

Beispiel: Von einem Antennenverstärker ist bekannt: U_{NutzE} = 1,5 mV, U_{RE} = 1,5 µV, U_{RA} = 50 µV und V_U = 15. Es sind die Rauschabstände a_{RE} am Eingang und a_{RA} am Ausgang des Antennenverstärkers sowie das Rauschmaß F und die Rauschzahl F zu berechnen.

Lösung: Mit $U_{NutzA} = U_{NutzE} \cdot V_U$ = 1,5 mV · 15 = 22,5 mV ergeben sich

$$a_{RE} = 20 \cdot \lg\left(\frac{U_{NutzE}}{U_{RE}}\right) = 20 \cdot \lg\left(\frac{1{,}5mV}{1{,}5\mu V}\right) = 60dB$$

$$a_{RA} = 20 \cdot \lg\left(\frac{U_{NutzA}}{U_{RA}}\right) = 20 \cdot \lg\left(\frac{22{,}5mV}{50\mu V}\right) \approx 53{,}1dB$$

Das Rauschmaß erhält man mit den Rauschabständen aus

$F = a_{RE} - a_{RA} = 60\ dB - 53{,}1\ dB = 6{,}9\ dB.$

Die Rauschzahl ist dann:

$$F = 10^{\frac{F}{20}} = 10^{\frac{6{,}9dB}{20}} \approx 2{,}2$$

Abb. 4.31 zegt das Einstellfenster für die Rauschzahl und Abb. 4.32 das Messfenster.

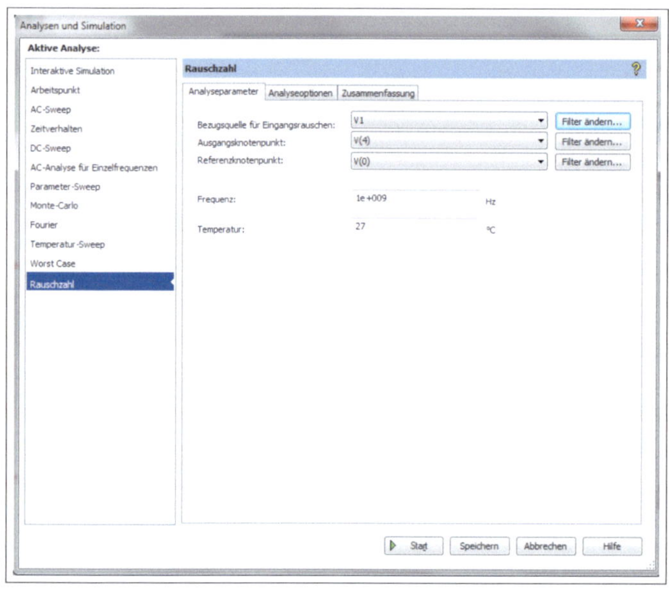

Abb. 4.31 • Einstellfenster für die Rauschzahl.

4.2 • Konvergenzprobleme und Analysefehler

Wenn der Simulator in MultiSim gelegentlich eine Simulation oder Analyse nicht ausführen kann, liegt dies an mehreren Gründen, die aber einfach zu beheben sind. MultiSim berechnet nicht lineare Schaltungen mit der Newton-Raphson-Methode. Wenn eine Schaltung nicht lineare Bauteile enthält, ist die mehrfache Iteration einer Reihe von linearen Gleichungen erforderlich, um die Nichtlinearitäten zu berücksichtigen. Der Simulator nimmt zunächst die Knotenspannungen an und berechnet dann die Zweigströme basierend auf den Leitwerten in der Schaltung. Anschließend werden die Knotenspannungen mit den Zweigströmen neu berechnet. Dieser Zyklus wird so lange wiederholt, bis alle Knotenspannungen und Zweigströme innerhalb benutzerdefinierter Toleranzen liegen, d.h. Konvergenz erreicht wird. Die Toleranzen und Iterationsgrenzwerte für die Analyse

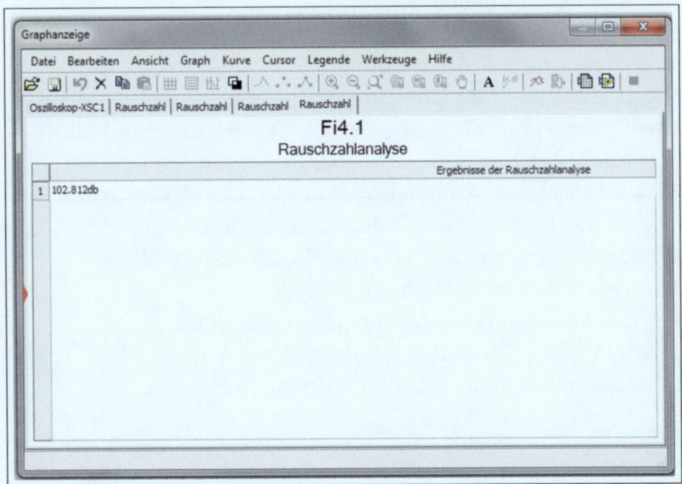

Abb. 4.32 • Messfenster für die Rauschzahl.

kann man in den Registern „Global", „DC" und „Einschwingvorgang" des Dialogfelds „Analyse/Analyse-Optionen" angeben.

Wenn die Spannungen oder Ströme nicht innerhalb einer angegebenen Iterationsanzahl konvergieren, wird eine Fehlermeldung angezeigt, und die Simulation wird abgebrochen. Zu den typischen Meldungen gehören:

- Singuläre Matrix
- Fehler bei Gmin-Abstufung
- Fehler bei Quellenabstufung
- Iterations-Grenzwert erreicht

Wenn bei der Ausführung der Einschwingvorgangsanalyse (die Zeit wird abgestuft) der Simulation mit dem Anfangszeitschritt nicht gegen eine Lösung konvergiert, wird der Zeitschritt automatisch verringert und der Zyklus wiederholt. Wenn der Zeitschritt zu weit verringert wird, erscheint die Fehlermeldung „Zeitschritt zu klein" und die Simulation wird beendet.

Bei der DC-Arbeitspunkt-Analyse kann die Konvergierung aus vielerlei Gründen fehlschlagen. Die Annahmen für die anfänglichen Knotenspannungen können zu weit auseinanderliegen, die Schaltung kann instabil oder bistabil sein (in diesem Fall können die Gleichungen mehr als eine Lösung aufweisen), Modelle könnten unstetig sein, oder die Schaltung enthält unrealistische Impedanzen. Alle während einer Analyse erzeugten Meldungen werden im Register „Fehlerprotokoll" des Dialogfelds „Analyse/Diagramme anzeigen" ausgegeben.

Mit den folgenden Techniken kann man viele der Konvergenzprobleme und Analysefehler schnell beheben. Zunächst stellt man fest, welche Analyse das Problem verursacht (man beachte, dass die DC-Arbeitspunkt-Analyse häufig als erster Schritt bei anderen Analysen durchgeführt wird). Bei den folgenden Lösungsverfahren beginnt man mit Schritt 1 und führt dann die Schritte der Reihe nach aus, bis das Problem gelöst ist.

Problemlösungen für die DC-Arbeitspunkt-Analyse:

1. Man prüft die Schaltungstopologie und die Verbindungen. Man stellt sicher, dass
   - die Schaltung korrekt verdrahtet ist und keine „in der Luft hängenden" Knoten oder verstreut, nicht verdrahtete bzw. nicht angeschlossene Bauteile enthält.
   - die Zahl „0" darf nicht mit dem Buchstaben „O" verwechselt worden sein.
   - die Schaltung einen Masseknoten besitzt und von jedem Knoten in der Schaltung ein DC-Pfad zur Masse führt. Einzelne Schaltungsbereiche dürfen nicht durch Transformatoren, Kondensatoren usw. von der Masse isoliert sein.
   - Kondensatoren und Stromquellen nicht in Reihe geschaltet sind.
   - Induktivitäten und Spannungsquellen nicht parallelgeschaltet sind.
   - alle Bausteine und Quellen auf die richtigen Werte eingestellt sind.
   - alle Verstärkungsfaktoren der abhängigen Quellen korrekt sind.
   - Die Modelle/Makros korrekt eingefügt wurden.

2. Man erhöht im Register „DC" des Dialogfelds „Analyse/Analyse-Optionen" den Iterationsgrenzwert der Arbeitspunkt-Analyse auf 200 bis 300. Durch diese Erhöhung führt die Analyse mehr Iterationen aus, bevor sie abbricht und eine Fehlermeldung ausgibt.

3. Man verringert im Register „Global" des Dialogfelds „Analyse/Analyse-Optionen" den Wert „RSHUNT" um den Faktor 100.

4. Man erhöht „Minimaler Leitwert Gmin" im Register „Global" des Dialogfelds „Analyse/Analyse-Optionen" um den Faktor 10.

5. Man aktiviert „Auf Null einstellen" im Dialogfeld „Analyse/Einschwingvorgang".

Behebung von Fehlern bei der Einschwingvorgangsanalyse:

1. Man prüft die Schaltungstopologie und die Verbindungen.

2. Man stellt im Register „Global" des Dialogfelds „Analyse/Analyse-Optionen" die relative Fehlertoleranz auf 0,01 ein. Durch diese Erhöhung von 0,001 (0,1% Genauigkeit) auf 0,01 sind für eine Konvergierung gegen eine Lösung weniger Iterationen erforderlich, so dass die Simulation weniger Zeit in Anspruch nimmt.

3. Man erhöht im Register „Einschwingvorgang" des Dialogfelds „Analyse/Analyse-Optionen" die Transienten-Zeitpunkt-Iterationen auf 100. Hierdurch werden für einen einzelnen Zeitschritt mehr Iterationen ausgeführt, bevor MultiSim die Analyse abbricht.

4. Man verringert im Register „Global" des Dialogfelds „Analyse/Analyse-Optionen" die absolute Stromtoleranz, wenn dies die gegenwärtigen Pegel erlauben. Für die Schaltung sind möglicherweise keine Auflösungen von 1 µV oder 1 pA erforderlich. Man muss jedoch mindestens eine Größenordnung unter dem niedrigsten erwarteten Spannungs- oder Strompegel in der Schaltung bleiben.

5. Man bildet die Schaltung realistisch nach und fügt realistische pärasitäre Elemente, insbesondere Sperrschichtkapazitäten, hinzu. Man verwendet bei Dioden auch RC-Glieder. Man ersetzt die Bauteilmodelle durch Makros, insbesondere bei HF- und Leistungsschaltkreisen.

6. Wenn ein steuerbares „One-Shot"-Element (bei diesem Oszillator wird eine Eingangsspannung oder ein Eingangsstrom als unabhängige Variable in der stückweisen linearen Kurve verwendet, die durch die Wertepaare „Steuersignal" und „Pulsbreite" beschrieben wird) in der Schaltung vorhanden ist, erhöht man dessen Anstiegs- und Abfallzeit.

7. Man ändert im Register „Einschwingvorgang" des Dialogfelds „Analyse/Analyse-Optionen" die Integrationsmethode auf „Gear". Die Gear-Integration dauert länger, ist jedoch in der Regel stabiler als die Trapezmethode.

Die Standard-Einstellungen im Fenster „Global" und das Fenster für die Rückstellungen auf die Standardwerte sind vorhanden. Damit kann man viele Aspekte der Simulation steuern. Die Simulationseffizienz hängt auch von den Optionen ab, die man wählt. Es gilt:

- Absolute Stromtoleranz (ABSTOL): Einstellung der absoluten Stromfehlertoleranz: Die Standard-Einstellung beträgt „1.0e-12 A" und ist für die meisten intgrierten Schaltungen mit bipolaren Transistoren geeignet. In der Regel sind die Werte von 6 bis 8 Größenordnungen kleiner als das Stromsignal in der Schaltung. Bei MOS-Bauteilen ist dieser Wert auf 1.0e-10 A zu ändern, wenn eine Fehlermeldung ausgegeben wird.

- Minimaler Leitwert (GMIN): Einstellung des in einem beliebigen Stromzweig verwendeten minimalen Leitwerts, wobei nicht mit dem Wert „0" gearbeitet werden darf. Eine Erhöhung dieses Werts kann die Lösungskonvergenz erhöhen, jedoch auch die Simulationsgenauigkeit verringern. Die Standard-Einstellung beträgt „1.00e-12 mho" und soll nicht geändert werden. („mho" ist die amerikanische Bezeichnung für den Leitwert S).

- Relatives Pivotverhältnis (PIVREL): Einstellung des Verhältnisses zwischen dem größten Spalteneintrag in der Matrix und einem akzeptablen Pivotwert. Die Standard-Einstellung beträgt „0.001" (dimensionslos) und soll nicht geändert werden.

- Absolutes Pivotverhältnis (PIVTOL): Einstellung des absoluten Minimalwerts für den Matrixeintrag, so dass der Wert als Pivot akzeptiert wird. Die Standard-Einstellung beträgt „1.0e-13" (dimensionslos) und soll nicht geändert werden.

- Relative Fehlertoleranz (RELTOL): Einstellung der relativen Fehlertoleranz der Simulation. Mit diesem Wert wird die Genauigkeit universell gesteuert und der Wert kann die Lösungskonvergenz und Simulationsgeschwindigkeit wesentlich beeinflussen. Der Wert muss zwischen 0 und 1 liegen. Die Standard-Einstellung beträgt „0.001" (dimensionslos) und kann zwischen 1.0e-06 und 0.01 geändert werden.

- Simulationstemperatur (TEMP): Einstellung der Temperatur, bei der die gesamte Schaltung simuliert wird. Die Einstellung in „Analyse/Temperaturdurchlauf" wird überschrieben. Die Standard-Einstellung beträgt „+27 °C".

- Absolute Spannungstoleranz (VNTOL): Einstellung der absoluten Spannungsfehlertoleranz des Programms. Die Standard-Einstellung beträgt „1.0e-06 V" und lässt sich in der Regel zwischen 6 bis 8 Größenordnungen kleiner als das größte Spannungs-signal in der Schaltung ändern.

- Ladungstoleranz (CHGTOL) Einstellung der Ladungstoleranz in Coulomb. Die Standard-Einstellung beträgt „1.0e-14 C" und soll nicht geändert werden.

- Anstiegszeit (RAMPTIME) Die Anfangsbedingungen von unabhängigen Quellen, Kondensatoren und Induktivitäten steigen während des angegebenen Anstiegszeitintervalls von Null bis zu den Endwerten an.Die Standard-Einstellung beträgt „0 s".

- Relative Konvergenz-Schrittgrößenbegrenzung (CONVSTEP): Steuert die automatische Konvergenzunterstützung durch Einführung einer relativen Schrittgrößenbegrenzung bei der Berechnung des DC-Arbeitspunkts. Die Standard-Einstellung beträgt „0.25" (dimensionslos).

- Absolute Konvergenz der Schrittgrößenbegrenzung (CONVABSSTEP): Steuert die automatische Konvergenzunterstützung durch Einführung einer absoluten Schrittgrößenbegrenzung bei der Berechnung des DC-Arbeitspunkts. Die Standard-Einstellung beträgt „0.1" (dimensionslos).

- Konvergenzbegrenzung (CONVLIMIT): Aktiviert/deaktiviert einen Konvergenzalgorithmus, der für einige integrierte Bauteilmodelle verwendet wird. Die Standard-Einstellung beträgt „EIN" (dimensionslos).

- Analogknoten-Shunt-Widerstand (RESHUNT): Fügt an allen analogen Knoten in der Schaltung diverse Widerstände zur Masse ein. Durch Reduzierung dieses Werts wird die Simulationsgenauigkeit reduziert. Die Standard-Einstellung beträgt „deaktiviert" und hat einen Wert von „1.0e+12", wenn diese aktiviert ist. Der Widerstand muss auf einen sehr großen Wert eingestellt sein. Gibt das Programm eine Fehlermeldung mit „Kein DC-Pfad zur Masse" oder „Matrix ist nahezu singular" aus, erhöht man den Wert.

- Temporärdateigröße für Simulation: Die Einstellung ermöglicht Ihnen die Definition der Größe für die Simulationsergebnisdatei. Wenn diese Datei die Maximalgröße erreicht, erscheint ein Dialogfeld. Man kann dann zwischen folgendem wählen: Simulation beenden, verbliebenen Festplattenspeicherplatz verwenden und fortfahren oder vorhandene Daten ablegen und fortfahren. Die Standard-Einstellung beträgt „10 Mbyte". Wenn Ihre Schaltung sehr viele Knoten besitzt und Sie beim Oszilloskop an den Simulationsanfang zurückgehen wollen, kann es erforderlich sein, die Temporärdatei zu vergrößern.

4.3 • Simulation und Analyse

Im Fenster „Analysediagramme“ kann man die Diagramme betrachten, einstellen und speichern. Über dieses Fenster wird folgendes eingestellt:

- Die Ergebnisse der MultiSim-Analysen in Diagrammen und Tabellen
- Oszilloskopkennlinien und Bode-Diagramme
- Fehlerprotokolle, die alle während einer Simulation erzeugten Fehler- und Warnmeldungen enthalten
- Simulationsstatistiken (wenn im Register „Einschwingvorgang“ des Dialogfelds „Analyse/Analyse-Optionen“ die „Statistische Daten anzeigen“ aktiviert ist)

Im Fenster werden sowohl Diagramme als auch Tabellen angezeigt. In einem Diagramm werden Daten durch eine oder mehrere Kennlinien in einem Koordinatensystem mit vertikaler und horizontaler Achse dargestellt. In dieser Tabelle werden Textdaten in Zeilen und Spalten angezeigt. Das Fenster „Analysediagramme“ besitzt mehrere Register.

4.3.1 • Analysemethoden mittels Oszilloskop

Die Schaltung von Abb. 4.33 zeigt eine Schaltung zur Untersuchung eines Tiefpassfilters mit Oszilloskop und dem Analysefenster.

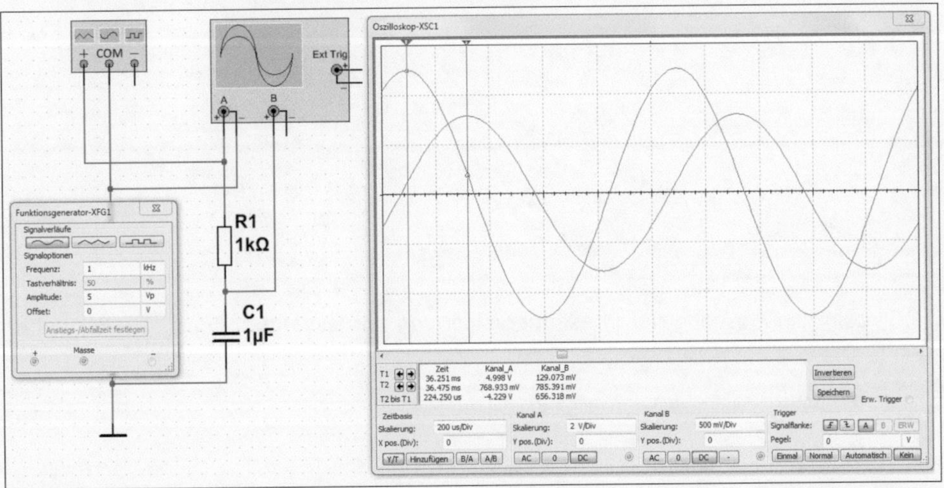

Abb. 4.33 • Schaltung eines Tiefpassfilters.

Die Eingangsspannung eines Tiefpassfilters wird von Funktionsgenerator erzeugt. Die Amplitude hat einen Wert von U_S = 2, 5 V_S oder U_{SS} = 5 V_{SS} und eine Frequenz von f = 1kHz. Diese Eingangsspannung liegt am Oszilloskop A und an dem Widerstand. Die Ausgangsspannung liegt an des Tiefpassfilters und ist mit dem Eingang B verbunden und hat U_S = 300 mV_S oder U_{SS} = 600 mV_{SS}. Dies ergibt eine Dämpfung von

$$a_U = 20 \cdot \lg \frac{U_e}{U_a} = 20 \cdot \lg \frac{5V_{SS}}{0,6V_{SS}} = 18,4dB$$

Die Phasenverschiebung φ errechnet sich aus

$$\phi = \frac{X_0 \cdot 360^\circ}{X} = \frac{0{,}2Div \cdot 360^\circ}{5Div} = 14^\circ$$

Der Tiefpass lässt sich rechnerisch durchführen:

$$X_C = \frac{1}{2 \cdot \pi \cdot f \cdot C} = \frac{1}{2 \cdot 3{,}14 \cdot 1kHz \cdot 1\mu F} = 160\Omega$$

$$Z = \sqrt{R^2 + X_C^2} = \sqrt{(1k\Omega)^2 + (160\Omega)^2} = 1{,}012k\Omega$$

$$\tan\phi = \frac{X_C}{R} = \frac{160\Omega}{1{,}012k\Omega} = 0{,}157 \quad \Rightarrow \quad \phi = 9^\circ$$

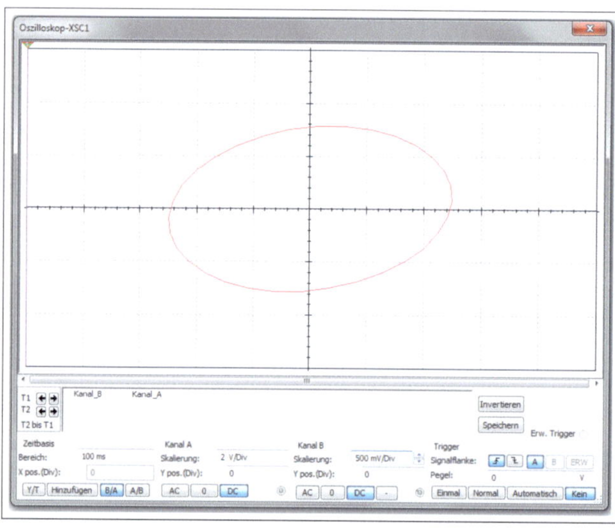

Abb. 4.34 • Messung der Phasenverschiebung mit Lissajours-Figur.

Abb. 4.34 zeigt die Messung der Phasenverschiebung mit Lissajours-Figur. Die Formel ist

$$\cos\phi = \frac{X_0}{X} = \frac{Y_0}{Y}$$

und die Berechnung

$$\cos\phi = \frac{X_0}{X} = \frac{1{,}55Div}{1{,}6Div} = 0{,}968 \quad \Rightarrow \quad \phi = 14^\circ$$

Mit der Graphanzeige von Abb. 4.35 kann man direkt messen und Abb. 4.35 zeigt direkt die beiden Graphen, die Eingangs- und die Ausgangsspannung.

In Abb. 4.36 ist die Graphanzeige für eine Lissajour-Figur eines Tiefpasses gezeigt. Das Ablesen der Messergebnisse erfolgt nach der Formel

$$\cos\phi = \frac{X_0}{X} = \frac{Y_0}{Y}$$

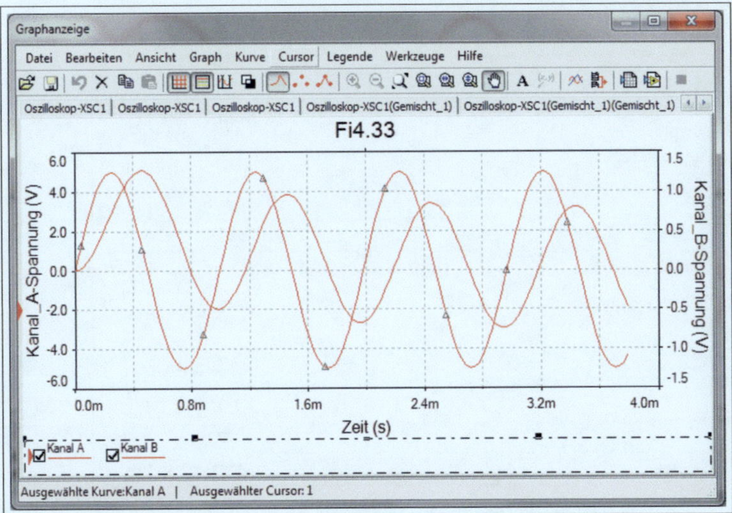

Abb. 4.35 • Graphanzeige für einen Tiefpass.

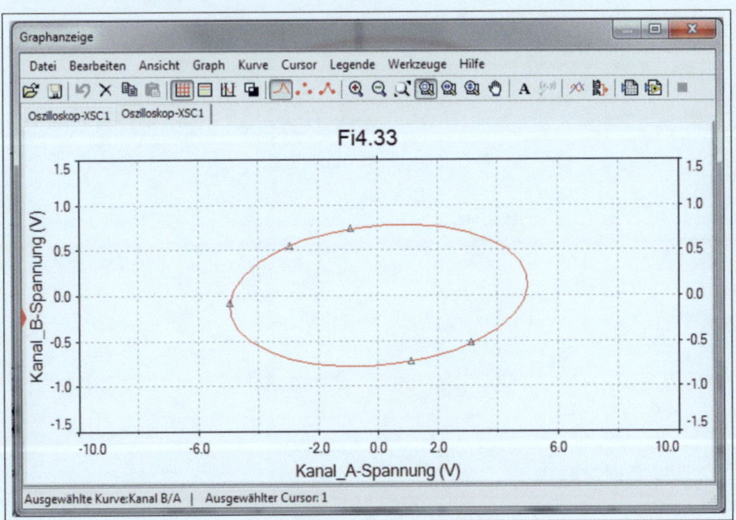

Abb. 4.36 • Graphanzeige für eine Lissajour-Figur eines Tiefpasses.

In Abb. 4.37 wird mit zwei Bode-Plottern das Frequenzverhalten des Tiefpassfilters in der Dämpfung und im Phasenverhalten gezeigt.

Beide Bereiche des Bode-Plotters sind auf I = 1 Hz und F =10 kHz eingestellt. Bei f = 275 Hz ergibt sich eine Dämpfung von –6 dB und eine Phasenverschiebung von φ = 59,7°.

Abb. 4.38 zeigt die beiden Bode-Plotter in einer Graphanzeige.

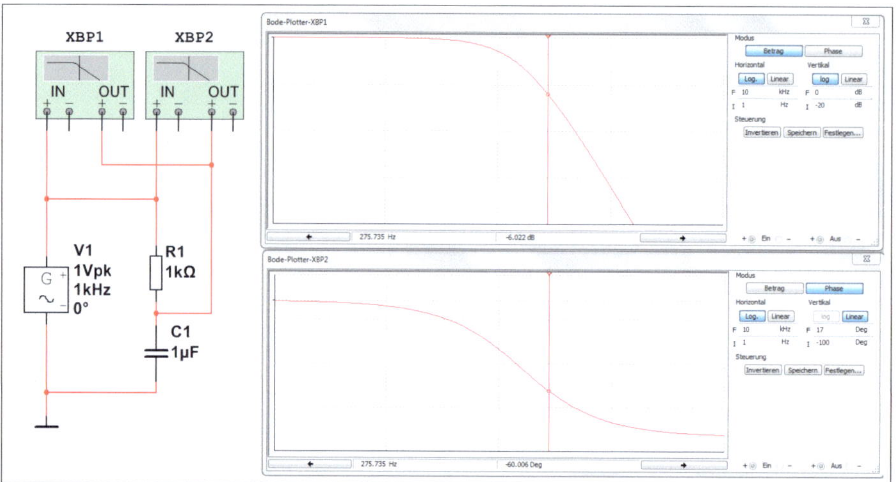

Abb. 4.37 • Zwei Bode-Plotter zeigen das Frequenzverhalten des Tiefpassfilters in der Dämpfung und im Phasenverhalten.

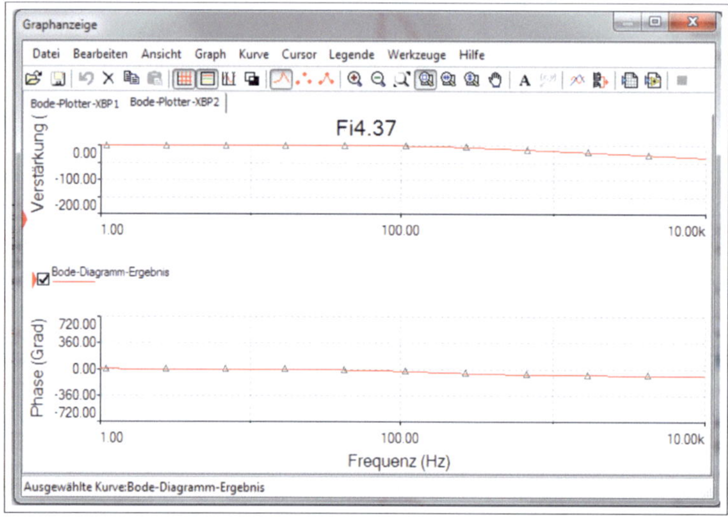

Abb. 4.38 • Bode-Plotter mit der Graphanzeige.

4.3.2 • Analysefenster

Das Analysefenster findet man unter dem Menü „Analyse“ und dieses Fenster erscheint, wenn man das „Diagrammfenster anzeigen“ anklickt. Dieses Fenster verfügt über eine eigene Werkzeugleiste mit mehreren Schaltflächen und es ergeben sich folgende Funktionen:

- Erstellung einer neuen Seite oder löscht alle Seiten
- Öffnet eine zuvor gespeicherte Diagrammdatei
- Speichert Diagramme und Tabellen in einer Diagrammdatei ab

- Druckt selektierte Seiten aus
- Zeigt eine Druckvorschau für entsprechende Seiten an
- Ausschneiden von Seiten, Diagrammen und Tabellen
- Kopieren von Seiten, Diagrammen und Tabellen
- Einfügen von Seiten, Diagrammen und Tabellen
- Öffnet Dialogfeld für die Seiteneigenschaften
- Fügt dem gewählten Diagramm ein Gitter hinzu
- Öffnet Legendenfenster für das gewählte Diagramm
- Ruft Cursor 1 und 2 auf und öffnet Cursorfenster für gewähltes Diagramm

Wenn man die vertikalen Cursors aktiviert, erscheinen zwei vertikale Messpfeile auf dem markierten Diagramm. Gleichzeitig wird ein Fenster aufgerufen, das eine Liste mit den Daten einer Kennlinie oder aller Kennlinien anzeigt. Tabelle 4.8 zeigt die Cursordaten, die man aufrufen kann.

Tabelle 4.8 • Aufrufbare Cursordaten

Cursor	Funktionen
xl, yl	x- und y-Koordinaten für den linken Cursor
x2, y2	x- und y-Koordinaten für den rechten Cursor
dx	x-Achsendifferenz zwischen den beiden Cursorn
dy	y-Achsendifferenz zwischen den beiden Cursorn
l/dx	Reziprokwert der x-Achsendifferenz
1/dy	Reziprokwert der' y-Achsendifferenz
min x, min y	x- und y-Minimalwerte innerhalb des Diagrammbereichs
max x, max y	x- und y-Maximalwerte innerhalb des Diagrammbereichs

Die Cursors lassen sich folgendermaßen aktivieren:

1. Man markiert ein Diagramm, indem man an beliebiger Stelle auf das Diagramm klickt.
2. Man klickt auf die Schaltfläche „Cursor ein-/ausblenden“. Um die Cursor zu entfernen, klickt man erneut auf die Schaltfläche oder Man klickt die Schaltfläche „Eigenschaften“ an und das Dialogfeld „Diagrammeigenschaften“ erscheint.
3. Man wählt das Register „Allgemein“.
4. Man aktiviert die Option „Cursor ein“.
5. Man wählt „einzelne Kennlinie“, um die Cursordaten einer Kennlinie anzuzeigen oder „Alle Kennlinien“, um die Cursordaten aller Kennlinien zu erhalten. Wenn man „Einzelne Kennlinie“ anklickt und in dem Diagramm mehr als eine Kennlinie vorhanden ist, wählt man mit „Kennlinie“ den gewünschten Typ.

Um einen Cursor zu verschieben, klickt man auf den Cursor und zieht diesen horizontal auf den entsprechenden Platz.

Aus dem Feld „Statistics (Analog)“ kann man alle Funktionen für die Simulation erkennen. Das Simulationsprogramm löst Gleichungen für lineare und nicht lineare Schaltungen mit einem vereinheitlichten Algorithmus. Die Lösung einer linearen DC-Gleichung wird als Sonderfall allgemeiner nicht linearer DC-Schaltungen behandelt.

Durch Anklicken des Vergrößerungsschaltfelds in der Werkzeugleiste erscheint dies auf dem Bildschirm. Während das Oszilloskop nach der Triggerung ein konstantes Bild aufzeichnet, läuft das Messfenster kontinuierlich weiter und die beiden Sinusschwingungen werden immer gedrängter dargestellt. Aus dem Messfenster erkennt man in diesem Fall die Phasenverschiebung zwischen der Eingangs- und der Ausgangsspannung.

Mit der LU-Faktorenzerlegung wird das modifizierte Sparse-Knotenmatrix-Gleichungssystem (ein Satz von simultanen, linearen Gleichungen) berechnet. Hierzu gehört die Zerlegung der Matrix A in zwei Dreiecksmatrizen (eine untere Dreiecksmatrix L bzw. eine obere U) und die Lösung der beiden Matrixgleichungen durch eine Vorwärts- und eine Rückwärtssubstitution.

Durch mehrere effiziente Algorithmen werden numerische Probleme der modifizierten Knotenbildung vermieden, die numerische Berechnungsgenauigkeit erhöht und die Lösungseffizienz maximiert. Hierzu gehören:

- Ein partieller Vertauschungsalgorithmus, der den Rundungsfehler reduziert, der durch die LU-Faktorenzerlegung hervorgerufen wird
- Ein Verordnungsalgorithmus, der die Matrixvoraussetzungen verbessert
- Ein Neuordnungsalgorithmus, der zur Gleichungslösung die „Nicht-Null-Ausdrücke“ minimiert

Eine nicht lineare Schaltung wird gelöst, indem die Schaltung für jede Iteration in eine linearisierte äquivalente Schaltung transformiert wird und die transformierte Schaltung mit der beschriebenen Methode iterativ gelöst wird. Nicht lineare Schaltungen werden in lineare transformiert, indem alle nicht linearen Bauteile der Schaltung mit der modifizierten Newton-Raphson-Methode linearisiert werden.

Eine allgemein nicht lineare dynamische Schaltung wird in eine diskrete äquivalente nicht lineare Schaltung transformiert und mit den jeweiligen Zeitwerten berechnet. Dazu wird die beschriebene Methode für nicht lineare DC-Schaltungen verwendet. Eine dynamische Schaltung lässt sich in eine DC-Schaltung transformieren, indem alle dynamischen Bauteile der Schaltung mit einer geeigneten numerischen Integrationsregel in diskrete Bauteile transformiert werden.

Über das Menü „Analyse“ kann man das Fenster „DC-Arbeitspunkt“ aufrufen. Mit dieser Analyse lassen sich die DC-Arbeitspunkte in der Schaltung bestimmen. Bei der DC-Analyse werden AC-Quellen nur Nullwerte zugewiesen und der stationäre Zustand wird angenommen, d. h, Kondensatoren bilden offene Kreise und Induktivitäten sind kurzgeschlossen. Die Ergebnisse der DC-Analyse sind in der Regel Zwischenwerte für weitere Analysen. Beispielsweise bestimmt der in der DC-Analyse gewonnene Arbeitspunkt näherungsweise linearisierte Kleinsignalmodelle für beliebige nicht lineare Bauteile wie Dioden und Transistoren. Diese Modelle werden für die AC-Frequenzanalyse verwendet. Diese Analyse besitzt keine einzustellenden Optionen. Nach Abschluss der Analyse werden die Ergebnisse in einer Tabelle angezeigt, die dann die Gleichspannungen und die entsprechenden Zweigströme enthält.

5 • Lautsprecher und Frequenzfilter

Die Aufgabe eines Lautsprechers (Wandler) ist es, die von einem Endverstärker angebotene Signalleistung in Schall umzuwandeln. Lautsprecher haben die Aufgabe, tonfrequente Schwingungen elektrischer Ströme in entsprechende Schallschwingungen umzusetzen und sind somit zu den elektroakustischen Wandlern zu rechnen. Je nach dem zugrunde liegenden Wandlerprinzip sind verschiedene elektroakustische Verfahren möglich. Die wichtigste Art von Lautsprechern sind dynamische Lautsprecher, die es in Form von Tiefton-, Mittelton- und Hochtonlautsprechern in verschiedenen Ausführungen gibt.

Nachdem diesen Bauelementen in der ELA-Technik (Abkürzung für Elektroakustik) eine große Bedeutung zukommt, sind folgende Bemerkungen zu beachten: Die Urform eines Lautsprechers bestand aus einem magnetischen Hörer mit aufgesetztem Trichter zur Schallverstärkung. Nach diesem Prinzip wurden die sogenannten elektromagnetischen Systeme entwickelt.

Anfang der 1930-er Jahre kamen die elektrodynamischen Lautsprecher auf. Das Prinzip ist die Verwendung einer beweglichen Schwingspule in einem starken homogenen magnetischen Feld. Damals war es noch nicht möglich, leistungsstarke Dauermagnete herzustellen. Daher wurde das erforderliche magnetische Feld durch eine Wicklung auf dem Kern eines Topfmagneten erzeugt, die mit Gleichstrom gespeist wurde.

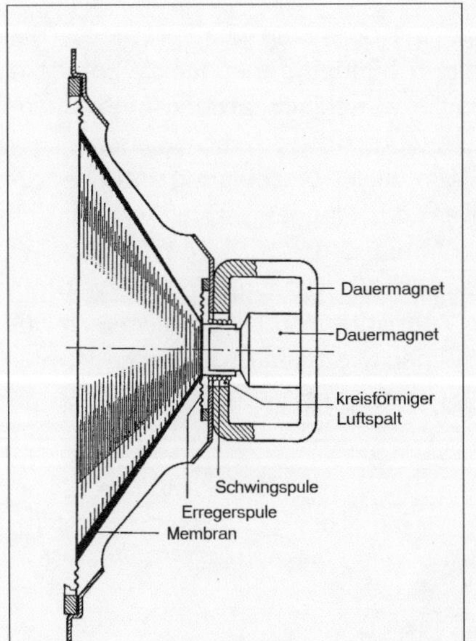

Abb. 5.1 • Schnitt durch einen dynamischen Lautsprecher.

Abb. 5.1 zeigt eine moderne Konstruktion eines dynamischen Lautsprechers mit Dauermagnet. Anhand dieser Abbildung lässt sich die Arbeitsweise des dynamischen Lautsprechers erklären. Eine Schwingspule (auch Tauchspule genannt) taucht in den kreisförmigen Luftspalt eines Dauermagneten. Diese Spule wird durch eine scheibenförmige Zentrierung gehalten, die - zur Erzielung optimaler Nachgiebigkeit - gewellt ist. Die der Spule zugeführten tonfrequenten Ströme rufen Feldänderungen hervor, die sich in der

Bewegung der Spule äußern. Die zylindrische Schwing- oder Tauchspule ist mit dem spitzen Ende einer konusförmigen Membran fest verbunden.

Dieses dynamische Lautsprechersystem ist am weitesten verbreitet. Im Laufe der Jahre hat es eine Vielzahl anderer Lautsprecherkonstruktionen gegeben, die sich jedoch nicht behaupten konnten. Nach dem derzeitigen Stand der Technik ist der dynamische Lautsprecher - zumindest für die Wiedergabe des Tieftonbereichs - die Ideallösung. Ein Ende der Entwicklung ist noch nicht abzusehen, denn in den letzten Jahren wurden besondere Membranmaterialien unter der Verwendung von seltenen Erden entwickelt. Zur Herstellung der benötigten starken Magnetfelder werden Dauermagnete verwendet, die aus Kobalt-Legierungen hergestellt sind.

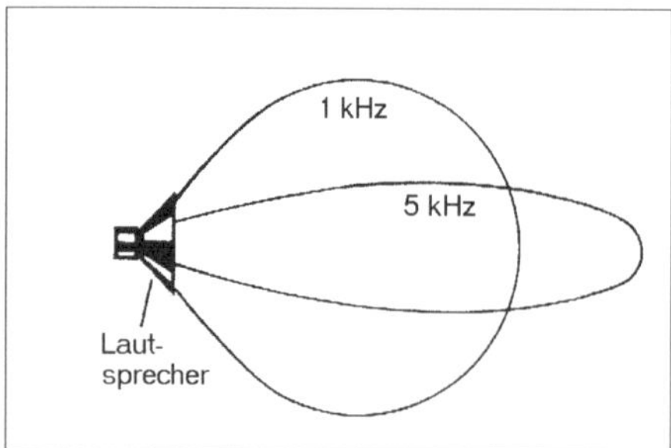

Abb. 5.2 • Tonfrequenzen werden verschiedenartig gebündelt abgestrahlt.

Bei Abstrahlung der hohen Tonfrequenzen lässt sich bei normalen Lautsprechern (mit üblicher Membran) der abgestrahlte Schall umso stärker bündeln, je höher die Frequenz ist. Abb. 5.2 zeigt die Abstrahlung der Tonfrequenzen bei verschiedenartigen Tonfrequenzen. Daher kommt es, dass ein in der verlängerten Lautsprecher-Mittelachse befindlicher Zuhörer die Höhen besser wahrnimmt als die Tiefen. Um dieser Erscheinung entgegenzuwirken, kann im Konusinnern, verbunden mit dem Kern des Magnetsystems, ein konisch geformter „Klangzerstreuer" angebracht werden, wie Abb. 5.3a zeigt. Bereits mit diesem einfachen Hilfsmittel wird ein wesentlich diffuseres Klangbild erzeugt. In der weiteren Entwicklung wurde der Klangzerstreuer bei einigen Fabrikaten durch einen mitschwingenden Hochtonkonus ersetzt, wie Abb. 5.3b zeigt. Bei hochwertigen Lautsprecherkombinationen werden fast ausschließlich über Filter angeschlossene Hochtonlautsprecher mit speziellem Abstrahlverhalten verwendet.

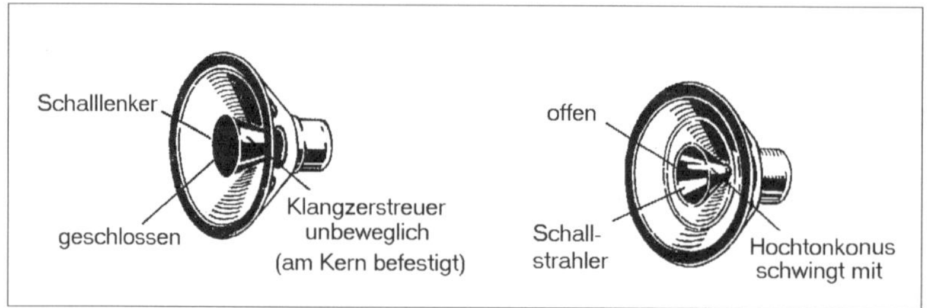

Abb. 5.3 • Lautsprecher mit Klangzerstreuer (a) und mit Hochtonkonus (b).

Die akustische Aufhängung ist die Bezeichnung für ein Lautsprechersystem, welches für den Einbau in geschlossene Boxen bestimmt ist. Wesentliches Merkmal dieser Bauweise ist das Fehlen einer Zentriermembran oder Spinne, welche normalerweise die Rückstellkraft für die Membran erzeugt und stellt eine gewellte Scheibe dar. Bei der akustischen Aufhängung — diese Bezeichnung besteht nach elektroakustischen Gesichtspunkten nicht ganz zu Recht — wird die Rückstellkraft für die Membran nur durch Luftkissen des Gehäusehohlraums hinter dem Lautsprechersystem aufgebracht. Nahezu alle modernen Lautsprechersysteme benutzen dieses Verfahren. Der Nachteil eines geringen Wirkungsgrads wird durch eine besonders flach verlaufende Wiedergabekurve ausgeglichen. Es ist besonders wichtig, dass man Lautsprecher mit akustischer Aufhängung niemals außerhalb eines geschlossenen Gehäuses betreiben darf.

5.1 • Dynamischer Tieftonlautsprecher

Der dynamische Lautsprecher ist der wichtigste Wandler und entspricht im Aufbau dem Tauchspulmikrofon. Die aus Pappguss oder Kunststoff bestehende konusförmige Lautsprechermembran ist an ihrem Rand leicht beweglich in einem Chassiskorb aufgehängt. Abb. 5.4 zeigt das Prinzip vom Aufbau eines dynamischen Tieftonlautsprechers. An der Konusspitze befindet sich eine Tauchspule (Schwingspule), die in den ringförmigen Luftspalt eines Topfmagneten eintaucht und die in ihm von einer Zentriermembran, die meist aus einem kunstharzgetränkten Gewebe besteht, zentriert wird.

Abb. 5.4 • Seitenansicht und Rückseite eines dynamischen Tieftonlautsprechers.

Die Randeinspannung der Membran am Chassiskorb sind entweder ein weicher Belag aus PVC, Gummi, Leder, Schaumstoffring, Vliesstoffsicke oder ein Ring aus dem Membranstoff mit eingepressten Sicken. Wird die Tauchspule von einer tonfrequenten Stromstärke i durchflossen, so tritt das mit diesem Strom verknüpfte Magnetfeld in Wechselwirkung mit dem statischen Magnetfeld des Topfmagneten auf. Hat das statische Magnetfeld F die Induktion B, so wird auf die Tauchspule hierbei eine axial gerichtete Kraft (l = Windungslänge der Tauchspule) ausgeübt, die mit der Formel zu berechnen ist

$$F = B \cdot i \cdot l$$

Der mit der Tauchspule starr verbundene Konus wird durch die auftretende Wechselkraft in entsprechend axiale Bewegungen versetzt, wodurch in der angrenzenden Luft unterschiedliche Dichteschwankungen hervorgerufen werden. Zusammen mit seiner Masse, den Rückstellkräften und Reibungswiderständen bildet die Membran ein schwingfähiges System, dessen Resonanzfrequenz ω_0 von seiner Masse m und der Steife D der Federung abhängt:

$$\omega_0 = \sqrt{\frac{D}{m}}$$

Die antreibende Kraft F erregt in diesem System die Schwingungen mit der Schnelle v errechnet sich aus

$$v = \frac{F}{\sqrt{R^2 + \left(\omega_m - \frac{D}{\omega}\right)^2}}$$

Die Größe R kennzeichnet den Reibungswiderstand des schwingenden Systems. Die Schnelle v = x_0 – ω ist das Produkt aus der Amplitude x_0 der Membranauslenkung und der antreibenden Frequenz ω. Für den Fall der aperiodischen Dämpfung des Systems, den man in der Regel anstrebt, ergeben sich für Frequenzen oberhalb und unterhalb der Resonanzfrequenz die folgenden Näherungsbeziehungen

$$v = \frac{F}{\omega \cdot m} \quad \textit{für} \quad \omega >> \omega_0 \qquad\qquad v = \frac{F \cdot \omega}{m} \quad \textit{für} \quad \omega << \omega_0$$

Die von der Membran angestrahlte Schallleistung P_{AK} ist dem Quadrat der Schnelle v und dem Strahlungswiderstand Z_S proportional mit

$$P_{AK} = \frac{1}{2} Z_S \cdot v^2$$

Der Strahlungswiderstand ist ein Maß für die Abgabe von Schallenergie durch den Lautsprecher. Unter der Voraussetzung, dass die Schallwellenlänge groß gegen den Membrandurchmesser d = 2 × r ist, berechnet sich der Strahlungswiderstand näherungsweise zu

$$Z_S = \frac{2 \cdot \pi \cdot \rho}{c} \cdot r^2 \cdot \omega^2$$

Die Schallgeschwindigkeit in Luft (c = 340 m/s) und die Dichte ρ der Luft sind in dieser Gleichung enthalten. Setzt man v und Z_S oberhalb der Resonanzfrequenzen ein, so ergibt sich für die Schallleistung aus

$$P_{AK} = \frac{\pi \cdot \rho}{c} \cdot r^4 \cdot \frac{F^2}{m^2}$$

Für die Frequenzen unterhalb der Resonanzfrequenz erhält man eine Schallleistung von

$$P_{AK} = \frac{\pi \cdot \rho}{c} \cdot r^4 \cdot \frac{F^2}{m^2} \cdot \omega^4$$

Oberhalb der Resonanzfrequenz ist die akustische Leistung unabhängig von der Frequenz, während sie unterhalb der Resonanzfrequenz mit der 4. Potenz der Frequenz bzw. um 12 dB pro Oktave abnimmt. Unterhalb der Resonanzfrequenz wird praktisch kein Schall mehr abgestrahlt.

5.1.1 • Übertragungskurve des dynamischen Lautsprechers

Dynamische Lautsprecher, die tiefe Töne wiedergeben sollen, müssen also eine möglichst tiefe Eigenresonanz sowie große Membranflächen aufweisen. Außerdem ist der Einbau des Treibers in eine Schallführung zur Abstrahlung tiefer Töne notwendig.

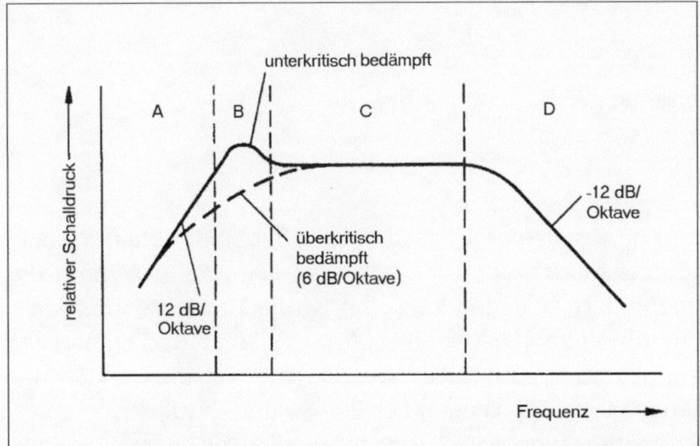

Abb. 5.5 • Übertragungskurve eines dynamischen Lautsprechersystems, montiert auf einer unendlichen Schallwand.

Abb. 5.5 zeigt den grundsätzlichen Verlauf der Übertragungskennlinie eines dynamischen Lautsprechersystems. Im Bereich A ist die erzeugte Schallleistung frequenzabhängig, die sich mit abnehmender Frequenz um 12 dB/Oktave reduziert. Im Resonanzbereich B wird die abstrahlbare Leistung von der Gesamtdämpfung des Lautsprechersystems bestimmt. Im Bereich C ist die entstehende Schallleistung unabhängig von der Frequenz. Im Bereich D nimmt die Schallleistung mit 12 dB/Oktave mit zunehmender Frequenz ab. Da mit zunehmender Frequenz der Schall eine zunehmende Bündelung in der Bezugsachse erfährt, wird der Abfall an Schallleistung zum Teil dadurch aufgehoben, dass sich erst bei hohen Frequenzen die Schallleistung in der Lautsprecherbezugsachse verringert.

Nach der Gleichung für den Strahlungswiderstand nimmt dieser mit dem Quadrat der Frequenz zu, ist also bei tiefen Frequenzen dementsprechend sehr klein. Um eine frequenzunabhängige konstante Schallleistung herzustellen, müsste die Membranschnelle v mit $1/\omega^2$ zunehmen. Wegen $v = A \cdot \omega$ müsste sich die Amplitude A der Membranauslenkung mit $1/\omega^2$ vergrößern. Die Amplitude darf jedoch einen bestimmten Wert nicht überschreiten, damit die Tauchspule den Bereich homogenen magnetischen Flusses im Ringspalt des Topfmagneten nicht verlässt. Würde die Tauchspule aus dem homogenen Feldbereich des Topfmagneten heraustreten, kommt es zu nicht linearen Verzerrungen (Intermodulation), da die auslenkende Kraft für die Tauchspule nicht mehr proportional der Stromstärke in der Tauchspule sein würde. Um die hierdurch bedingten Intermodulationsverzerrungen so klein als möglich zu halten, verwendet man bei Tieftonlautsprechern Tauchspulen mit großer Eintauchtiefe, die auch bei größeren Amplituden den homogenen Feldbereich des Topfmagneten nicht verlassen.

Der Topfmagnet ist bei einem Tieftonlautsprecher das teuerste Bauelement. Das technische Problem besteht darin, möglichst viel magnetische Feldenergie im schmalen Ringspalt des Magneten zu konzentrieren. Je stärker das Magnetfeld im Luftspalt zwischen den Polschuhen ist, desto wirksamer kann die Tauchspule und mit ihr die Lautsprechermembran vom tonfrequenten Wechselstrom in der Tauchspule angetrieben werden. Man gibt die Stärke des Magnetfelds im Ringspalt durch die Luftspaltinduktion B_L an, die man in der Einheit „Tesla" definiert und misst. (1 Tesla = 1 T = 1 Vs/m²). Die magnetische Luftspaltenergie berechnet sich nach der Formel

$$W_L = \frac{B_L^2 \cdot V_L}{8 \cdot \pi \cdot 10^{-7}}$$

W_L = magnetische Luftspaltenergie (Ws)
B_L = Luftspaltinduktion (T)
V_L = Luftspaltvolumen (m^3)

Man wird den Luftspalt möglichst eng konstruieren, damit die Luftspaltinduktion B_L bzw. $B_L{}^2$ möglichst groß wird. Zu eng darf jedoch der Luftspalt nicht sein, da sich dann die Tauchspule darin nicht mehr ungehindert bewegen kann. Konstruiert man den Luftspalt breiter, sinkt die Luftspaltinduktion für einen gegebenen Topfmagneten ab und entsprechend verschlechtert sich der Wirkungsgrad bei der Schallumwandlung. Für die Qualität der Lautsprecherwiedergabe spielt jedoch vor allen Dingen der Einbau des Lautsprecherchassis in eine akustisch geeignete Schallführung bzw. Lautsprecherbox die entscheidende Rolle. Man darf die Qualität eines Lautsprecherchassis auf keinen Fall allein auf Grund seiner Resonanzfrequenz und der Magnetfeldstärke bewerten. Man muss sich darüber klar sein, dass ein Chassis allein keine Tieftonwiedergabe ermöglicht. Erst durch dessen Einbau in ein Tieftongehäuse werden tiefe Töne reproduziert. Lautsprecherchassis und Lautsprechergehäuse sind, was die Abstrahlung tiefer Töne anbelangt, ein integriertes System. Die Qualität der Tieftonwiedergabe hängt daher ganz wesentlich von der Lautsprecherbox ab.

Eine weitere magnetische Feldgröße, die in den technischen Datenblättern von Lautsprecherchassis genannt wird, ist der magnetische Gesamtfluss. Er ist das Produkt aus der Luftspaltinduktion B_L (T) und der Fläche A (m^2) des Ringspaltes

$$\Phi = B_L \cdot A$$

Die Gleichung wird in der Maßeinheit Weber (Wb) angegeben (1 Wb = 1 Vs).

Der in technischen Datenblättern genannte Q-Faktor ist ein Maß für die Dämpfung des schwingungsfähigen Lautsprechersystems bzw. ist er der Dämpfung umgekehrt proportional. Die richtige Größe des Q-Faktors ist für ein gegebenes Chassis, das in eine bestimmte Box eingebaut werden soll, bestimmend für die Qualität der Lautsprecherwiedergabe. Man unterscheidet den mechanischen Q-Faktor Q_M und den elektrischen Q-Faktor Q_E. Der totale Q-Faktor Q_T eines gegebenen Chassis ist durch die Beziehung definiert

$$Q_T = \frac{Q_M \cdot Q_E}{Q_M + Q_E}$$

Die Größe von Q_T ist aus den technischen Datenblättern ersichtlich. Je nachdem, ob ein gegebenes Chassis in eine geschlossene Box oder in eine Bassreflexbox bzw. in ein anderes Gehäuse eingebaut werden soll, muss der totale Q-Faktor bestimmte Werte aufweisen.

5.1.2 • Lautsprecherchassis und Boxen

In der Regel sollte man das Lautsprecherchassis mit Werten $Q_T > 0{,}4$ nur in geschlossene Gehäuse und mit Werten $Q_T < 0{,}4$ nur in Bassreflexgehäuse einbauen. Einen besseren Hinweis, welches Lautsprecherchassis (Tieftonchassis) in einem bestimmten Lautsprechergehäuse zu verwenden ist, ist aus dem Verhältnis f_R/Q_T (f_R = Resonanzfrequenz des nicht eingebauten Lautsprecherchassis und ebenso Q_T = totaler Q-Faktor des nicht eingebauten Lautsprecherchassis) zu entnehmen. Hiernach ergeben sich folgende Richtlinien:

$$\frac{f_R}{Q_T} < 40\ \text{Hz: Chassis für Transmission-Line-Boxen}$$

$$\frac{f_R}{Q_T} = 40\ \text{Hz} \ldots 80\ \text{Hz: Chassis für geschlossene Gehäuse}$$

$$\frac{f_R}{Q_T} = 80\text{Hz} \ldots 120\ \text{Hz: Chassis für Bassreflexboxen}$$

$$\frac{f_R}{Q_T} > 120\ \text{Hz: Chassis für Exponentialboxen (Hornstrahler)}$$

Beispiele:

$f_R = 27$ Hz, $Q_T = 0{,}28$, $f_R/Q_T \approx 96$ Hz (Chassis für Bassreflexbox)

$f_R = 28$ Hz, $Q_T = 0{,}44$, $f_R/Q_T \approx 64$ Hz (Chassis für geschlossene Box)

Der HiFi-Anwender, der eine seinen Wünschen gerecht werdende Lautsprecherbox bauen möchte, sollte also vor Kauf eines Lautsprecherchassis an Hand dieser Richtlinien untersuchen, welches Chassis zum Einbau in Betracht kommt. Erfüllt das Chassis die Voraussetzungen nicht, ist keine gute Tieftonwiedergabe zu erwarten. Mit der Qualität des Chassis hat das nichts zu tun!

Die Schwingspule eines dynamischen Lautsprechers hat einen ohmschen Widerstand, der sich bestimmen lässt durch die Länge, den Querschnitt und durch das Material des verwendeten Spulenleiters. Wird der Widerstand mit einer Wechselspannung gemessen, ergibt sich ein Wert des induktiven Blindwiderstands X_L, der den ohmschen Wert übersteigt. Der Grund ist, dass die Schwingspule eine bestimmte Induktivität aufweist, wodurch die Impedanz (Wechselstromwiderstand) mit höherer Frequenz zunimmt. Die Impedanz der Schwingspule nimmt aber auch deshalb zu, weil in der Spule bei ihrer Bewegung im Magnetfeld des Lautsprechersystems eine Spannung induziert wird, die entgegengesetzt derjenigen gerichtet ist, die dem Lautsprecher von außen vom Verstärker eingespeist wird. Dadurch wird der in der Schwingspule fließende Strom durch die induzierte Spannung abgeschwächt, was natürlich unerwünscht ist. Mit zunehmender Frequenz wird dieser Effekt stärker und bei konstant gehaltener Spannung nimmt daher der Strom in der Schwingspule in dem Maße ab, wie die Frequenz größer wird. Der scheinbare Spulenwiderstand steigt mit der Frequenz der zugeführten Signalspannung. Für Basslautsprecher wird die Impedanz bei 400 Hz gemessen und normalerweise ist 1 kHz üblich.

Die Impedanz Z der Schwingspule berechnet sich nach der Formel

$$Z = \sqrt{R^2 + (\omega \cdot L)^2} = \sqrt{R^2 + (2 \cdot \pi \cdot f \cdot L)^2}$$

Mit R definiert man den ohmschen Widerstand und L die Induktivität der Schwingspule sowie $\omega = 2 \cdot \pi \cdot f$ die Kreisfrequenz der Signalspannung. Um die Impedanz der Schwingspule möglichst unabhängig von der Frequenz auszuführen, umgibt man den mittleren Polschuh, der von der Schwingspule umgeben wird, mit einem Ring oder einer Kappe aus Kupfer. Die magnetischen Feldlinien, die durch den Stromfluss in der Schwingspule entstehen, erzeugen im Kupfer Ströme, welche die induzierte Gegenspannung vermindern. Dadurch nimmt die Schwingspulenimpedanz nach höheren Frequenzen hin nur noch langsam zu. Alle hochwertigen Lautsprecher weisen dieses Konstruktionsmerkmal auf. Gleichzeitig wird durch die Dämpfung des Kupferrings das Ein- und Ausschwingen des Lautsprechers verbessert.

Führt man einem dynamischen Lautsprecher genügend tiefe Frequenzen zu, so schwingt der Konus als Ganzes wie ein Kolbenstrahler. Alle Oberflächenelemente der Membran strahlen gleichphasig. Bei höheren Frequenzen jedoch teilt sich der Konus in Teil- oder Partialschwingungen auf, wobei benachbarte Oberflächenelemente der Membran gegenphasig schwingen können. Damit lassen sich keine selektiven Einbrüche und Überhöhungen der Amplituden im Verlauf der Übertragungskennlinie des Lautsprechers verursachen, die eine Klangverfälschung erzeugen.

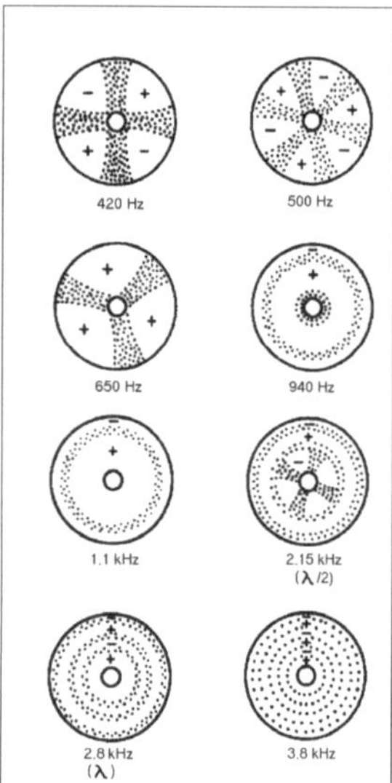

Abb. 5.6 • Teilschwingungen (Partialschwingungen) einer Membran bei verschiedenen Frequenzbereichen. Die mit + und - bezeichneten Gebiete kennzeichnen gegenphasig schwingende Membranflächen.

Die Erscheinungen und Probleme sind im Einzelnen außerordentlich vielfältig. Als Beispiel veranschaulicht Abb. 5.6 die Partialschwingungen einer konusförmigen Papiermembran mit einem Durchmesser von etwa 16 cm. Ursache dieser Teilschwingungen sind stehende Wellen, die sich sowohl in radialer als auch in dazu transversaler Richtung auf der Membran ausbilden. So können z. B. vom Hals des Konus Wellen, die dort von der Tauchspule angeregt werden, zum Rand der Lautsprechermembran laufen. Ist die Randeinspannung nicht reflexionsfrei, so überlagern sich die dort reflektierten Wellen mit den hinlaufenden und rufen stehende Wellen hervor. Durch reflexionsfreien Abschluss der Randeinspannung, durch Verwendung eines Membranmaterials von hoher Steife und hoher innerer Dämpfung, sowie durch Beschichten des Konus mit einem geeigneten plastischen Überzug, lassen sich die Partialschwingungen dämpfen und damit eine einwandfreie Schallwiedergabe ermöglichen.

5.1.3 • Tieftonlautsprecher

Während es bei mittleren und hohen Frequenzen verhältnismäßig einfach ist, genügend Schallleistungen herzustellen, steigt der Leistungsaufwand mit sinkender Frequenz steil an. Nach den Gleichungen der abgestrahlten Leistung P_{AK} für Frequenzen oberhalb der Resonanzfrequenz des Lautsprechers und für Schallwellenlängen, die gegen den Membrandurchmesser sind

$$P_{AK} = \frac{1}{2} \cdot Z_S \cdot v^2 = \frac{\pi \cdot \rho}{c} \cdot r^2 \cdot \omega^2 \cdot v^2$$

Drückt man den Membranradius r durch die Membranfläche A entsprechend $A = \pi \times r^2$ aus, so geht diese Formel über in

$$P_{AK} = v^2 \cdot A^2 \cdot \frac{\omega^2 \cdot \rho}{\pi \cdot c}$$

v = Effektivwert der Membranschnelle
A = effektive Membranfläche
ω = Kreisfrequenz
ρ = Luftdichte
c = Luftschallgeschwindigkeit

Es kann also bis zu der maximal möglichen akustischen Leistung erhöht werden, wenn die wirksame Membranfläche oder/und die Schwingungsamplitude der Membran vergrößert wird. Einer Vergrößerung der Membranauslenkung sind aber enge Grenzen gesetzt, sodass zur Vergrößerung der Schallleistung bei tiefen Frequenzen praktisch nur eine Vergrößerung der Membranfläche und damit des ganzen Lautsprechers verbleibt. Dynamische Tieftonlautsprecher zeichnen sich daher durch großflächige Membranen aus. Da unterhalb der Resonanzfrequenz keine Schallstrahlung zustande kommt, weisen sie außerdem besonders niedrige Eigenfrequenzen und zusätzlich hohe magnetische Gesamtflüsse auf Art und Größe der Box, worin der Lautsprecher eingebaut werden soll, spielen für die Wahl dieser Daten jedoch eine wichtige Rolle.

Dynamische Tieftonlautsprecher lassen sich in zwei Gruppen einteilen, nämlich in solche, die durch relativ harte Membraneinspannung und relativ hohe Eigenfrequenzen ausgezeichnet sind oder in jene, die sehr weiche eingespannte Membranen (hohe Nachgiebigkeit der Einspannung) lassen sich bei sehr niedrigen Resonanzfrequenzen verwenden. Chassis mit harter Membraneinspannung sind für den Einbau in Schallwände, große geschlossene Boxen, und Exponentialboxen geeignet. Lautsprecher mit hoher Nachgiebigkeit der Membraneinspannung andererseits arbeiten nach dem Prinzip der akustischen Aufhängung. Im Gegensatz zu der vorhin erwähnten Gruppe von Lautsprechern, bei denen die Rückstellkraft des schwingenden Systems durch die Zentriermembran bewirkt wird, arbeitet bei Lautsprechern nach dem Prinzip der akustischen Aufhängung die Rückstellkraft für die Membran durch das Luftkissen, die in der schalldicht geschlossenen Box erzeugt wird. Solche Tieftonlautsprecher dürfen nur in relativ kleine geschlossene Boxen (Kompaktboxen) eingebaut werden, nicht in offene Gehäuse oder in Schallwände. Fehlt nämlich hinter der Lautsprechermembran die erforderliche Luftsteife, so wird die Lautsprechermembran bei tiefen Frequenzen soweit ausgelenkt, dass praktisch nur erhebliche nicht lineare Verzerrungen auftreten. Andernfalls kann die Tauchspule hierbei aus dem Luftspalt im Topfmagnet ganz heraustreten und das System wird beschädigt. Für einen Basslautsprecher gilt Tabelle 5.1.

Tabelle 5.1 • Technische Daten eines Basslautsprechers.

Kategorie	**Lautsprecherchassis**
Lautsprechergröße (Zoll)	10 Zoll
Lautsprechergröße (cm)	25,4 cm
Belastbarkeit RMS	90 W
Belastbarkeit	130 W
Grenzfrequenz	6 kHz
Impedanz	8 Ω
Einbaudurchmesser	236 mm
Einbautiefe	102 mm
Gewicht	1500 g
Frequenzbereich	6 kHz (max)

RMS = root mean square (effektiver Wert)

Tieftonlautsprecher mit weich eingespannten Membranen eignen sich auch nicht zur Wiedergabe von Gitarren-, Beat- oder Popmusik. Für diesen Anwendungszweck sind Lautsprecher mit hart eingespannten Membranen hervorragend geeignet. Man sollte also stets vor Anschaffung eines Lautsprechers wissen, für welche Anwendungen er vorgesehen ist.

5.1.4 • Mittel- und Hochtonlautsprecher

Andere Forderungen als an Tieftonlautsprecher werden an Mittel- und Hochtonlautsprecher gerichtet. Bei ihnen ist die Herstellung einer möglichst großen Schallleistung im Allgemeinen von zweitrangiger Bedeutung. Das Problem, das sich bei der Wiedergabe mittlerer und hoher Frequenzen stellt, ist die Erzielung einer bei allen Frequenzen des Übertragungsbereichs möglichst gleichartigen Richtcharakteristik (Rundcharakteristik) einerseits und einer verfärbungsfreien, impulsgetreuen Wiedergabe andererseits.

Die Forderungen lassen sich am einfachsten mit Kalottenlautsprechern erfüllen. Wesentlich ist, dass sie richtig auf der Schallwand montiert werden, da sich leicht Störungen durch Interferenz und Beugung der auf verschiedenen Wegen zum Ort des Hörers gelangenden Schallwellen ergeben, was zu Unregelmäßigkeiten im Verlauf der Übertragungskennlinie und den damit verknüpften Klangverfälschungen führt. Vor allen Dingen ist darauf zu achten, dass Kalottenlautsprecher nicht in unmittelbarer Nähe von Kanten, Ecken oder sonstiger hervorstehender Objekte montiert werden. Die Systeme sollen bündig mit der Schallwand abschließen, wobei eine asymmetrische Anordnung auf der Schallwand gegenüber einer symmetrischen vorzuziehen ist.

Es ist natürlich ineffektiv Kalottenlautsprecher ohne jegliche Schallwand zu betreiben. Das würde nicht nur die untere erzielbare Grenzfrequenz heraufsetzen, sondern es treten am nackten System auch Interferenzeffekte auf. Als Beispiel zeigt Abb. 5.7 die Übertragungskennlinien eines Mittelton-Kalottenchassis mit und ohne Schallwand.Abb. 5.8 zeigt die entsprechenden Kennlinien für ein Hochtonkalottenchassis.

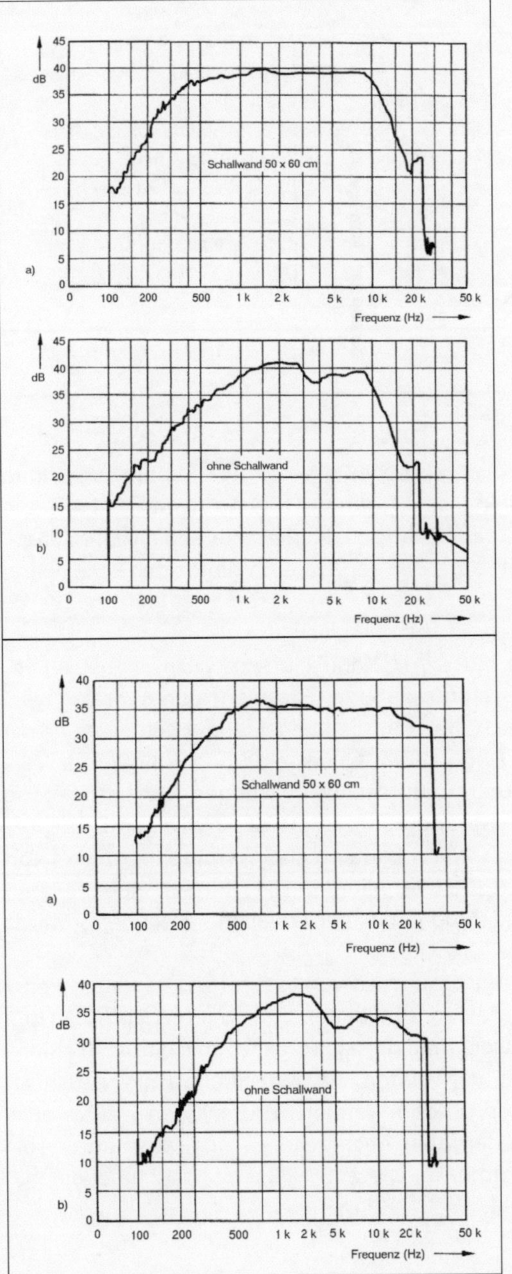

Abb. 5.7 • Übertragungskennlinien eines Mitteltonlautsprechers mit a) und b) ohne Schallwand.

Abb. 5.8 • Übertragungskennlinien eines Hochtonlautsprechers mit a) und b) ohne Schallwand.

Nach wie vor werden für mittlere und hohe Frequenzen auch Konuslautsprecher eingesetzt. Sie müssen hinreichend kleine Membrandurchmesser aufweisen, kommt mit zunehmender Frequenz eine immer stärkere Bündelung in der Lautsprecherbezugsachse zustande, sobald die anzustrahlende Wellenlänge die Flächenausdehnung der Membran unterschreitet. Statt des gewünschten runden Richtdiagramms erhält man einen scharfen Richtstrahl, was unerwünscht ist. Abb. 5.9 zeigt verschiedene Methoden zur Erzielung einer räumlichen Schallabstrahlung.

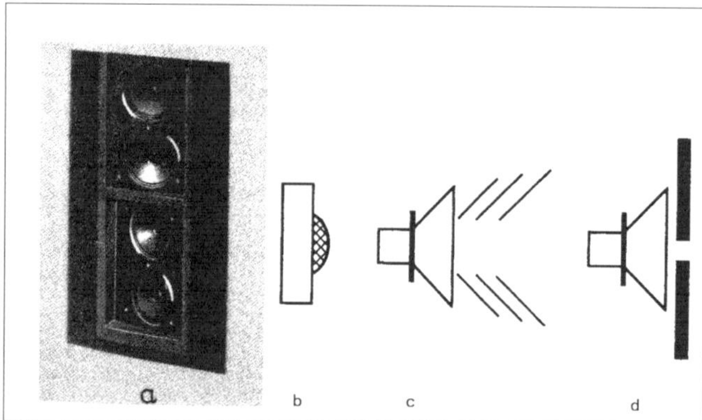

Abb. 5.9 • Methoden zur Erzielung einer räumlichen Schallabstrahlung.
a) Vertikalreihe von gleichen Konuslautsprechern.
b) Mit Kalottenlautsprecher.
c) Mit Akustiklinse.
d) Schallwand mit spaltförmiger Öffnung.

Um auch unter Verwendung üblicher Konuslautsprecher eine diffuse Schallabstrahlung zu erhalten, kann man den Schall durch eine spaltförmige Öffnung in der Schallwand hindurchtreten lassen (Abb. 5.9d). Ist die Spaltöffnung kleiner als die Schallwellenlänge, wird der Schall hinter dem Spalt so gebeugt, dass der ganze Raum hinter der Schallwand gleichmäßig mit Schall erfüllt wird.

Eine andere Möglichkeit, hohe Frequenzen diffus mit Konuslautsprechern abzustrahlen, besteht darin, dass mehrere gleichartige Systeme zu einer Strahlergruppe vereint werden. Man darf die einzelnen Systeme aber nicht horizontal nebeneinander setzen, sondern muss sie vertikal übereinander anbringen. Dadurch wird zwar die Bündelung in der Vertikalebene verstärkt, aber in der für das Hören hauptsächlich wichtigen Horizontalebene ist für die Bündelung nur die Größe des Membrandurchmessers des einzelnen Lautsprechersystems maßgebend. Indem man die einzelnen Lautsprechersysteme im Winkel von etwa 15° gegeneinander verdreht, wird die Richtkennlinie in der Horizontalebene auseinandergezogen und gleichzeitig einer Bündelung in der Vertikalebene entgegengewirkt.

Einbrüche und Überhöhungen in den Übertragungskurven von Lautsprecheranlagen kommen durch Interferenz auch bei der Schallreflexion an Wänden und anderen Objekten des Abhörraums zustande. Es ist daher nicht zweckmäßig, Lautsprecher mit diffus strahlenden Lautsprechern (Kalottenlautsprecher) zu verwenden, wenn der Abhörraum akustisch harte Wände aufweist. Die durch Reflexionen an den Wänden verursachten Interferenzstörungen unterbinden eine gute Stereowiedergabe. Auch zeigt es sich, dass unter solchen Abhörbedingungen verschiedene Instrumente, wie z. B. Geigen „hart“ erscheinen.

5.1.5 • Koaxiallautsprecher

Bei Koaxiallautsprechern handelt es sich um zwei oder auch mehrere koaxial ineinander verschachtelte Lautsprechersysteme, die mechanisch und elektrisch unabhängig voneinander sind und im Allgemeinen ein gemeinsames Magnetfeld aufweisen. Dabei wird jedem Lautsprechersystem nur derjenige Frequenzbereich zugeführt, wo dessen Übertragungseigenschaften am günstigsten sind. Koaxiallautsprecher gibt es in verschiedenen Ausführungen. Abb. 5.10 zeigt ein Koaxiallautsprecherchassis mit dazu gehörender Frequenzweiche.

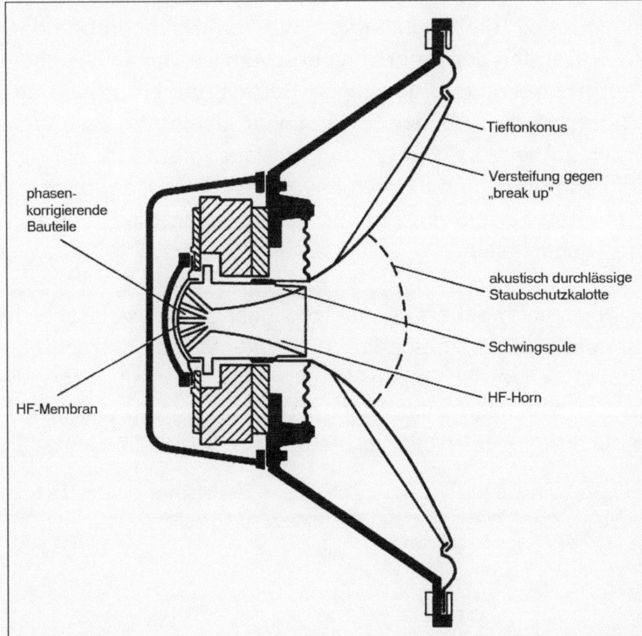

Abb. 5.10 • Querschnitt durch das Chassis eines Koaxiallautsprechers.

Koaxiallautsprecher gibt es in verschiedenen Ausführungen. Häufig benutzt man als Hochtonsystem einen Druckkammer-Hornstrahler, wobei der Tieftonkonus gleichzeitig den trichterförmigen Abschluss des Hochtonsystems bildet, wie Abb. 5.10 zeigt. Die Übernahmefrequenzen der hinsichtlich Signalleistung und Übertragungsdämpfung einstellbaren Filter sind 1 kHz, 1,2 kHz und 1,5 kHz bei einer Flankensteilheit von 12 dB/ Oktave.

Ein anderes Beispiel mit einem Koaxiallautsprecher ist eine Box, die aus einem Hochtonhorn und einem Tieftonsystem besteht. Das Hochtonhorn übernimmt die Wiedergabe ab einer Frequenz von 1,5 kHz. Die Dämpfung für das Hochtonsystem beträgt 18 dB/Oktave und für das Tieftonsystem 12 dB/Oktave. Als Lautsprechergehäuse ist eine Bassreflexbox von 200 Liter bis 250 Liter am günstigsten. Der Lautsprecher wird hauptsächlich als Abhörlautsprecher in Studios verwendet.

Durch die Verwendung besonderer plastischer Werkstoffe für Lautsprechermembranen, wie Bextrene und Polypropylene, wurde es möglich, Bass-Mittelton-Chassis herzustellen, die bis hinauf zu Frequenzen von 3 kHz bis 4 kHz eine ausgeglichene Übertragungskennlinie aufweisen und die daher bis zu diesen Frequenzen hinauf verwendbar sind. Unter Verwendung solcher Lautsprecher ist es also nicht notwendig, den abzustrahlenden Frequenzbereich in drei oder sogar vier Teilbereiche aufzutrennen. Man kann den gesamten Frequenzbereich in zwei Bereiche unterteilen, ohne dass die Qualität der Lautsprecherwiedergabe schlechter ist als die einer aufwendigeren Dreiwegbox.

5.2 • Elektrisches und mechanisches Verhalten von Lautsprechern

Die an einen Lautsprecher gestellten Anforderungen hängen vom jeweiligen Verwendungszweck ab. Sie können sich beispielsweise auf den Frequenzbereich, die Empfindlichkeit, die Impedanz, die Verzerrungsfreiheit, die Belastbarkeit, die Abmessungen und den Preis beziehen. Es hängt von den Umständen der Umgebung und vom Design ab, welchen dieser Faktoren die größte Bedeutung zukommt. In einigen Betrachtungen stehen die Anforderungen miteinander im Widerspruch, z. B. dann, wenn sehr kleine Abmessungen und zugleich eine hohe Belastbarkeit zu berücksichtigen sind. Hieraus folgt, dass die Daten eines Lautsprechers vollständig angegeben und soweit bekannt sein müssen, dass sie ein klares Bild von diesen Eigenschaften vermitteln. Anhand dieser Daten muss von Fall zu Fall die Wahl des richtigen Typs möglich sein.

Das einzige elektrische Element eines Lautsprechers ist die Schwingspule. Diese lässt sich als Serienschaltung einer Selbstinduktion und eines ohmschen Widerstands betrachten. Das elektrische Verhalten des Lautsprechers ist jedoch komplizierter als man aufgrund dieser einfachen Zusammenschaltung erwarten sollte, denn wie sich zeigt, beeinflussen die mechanischen Eigenschaften auch das elektrische Verhalten, wie Abb. 5.11 zeigt.

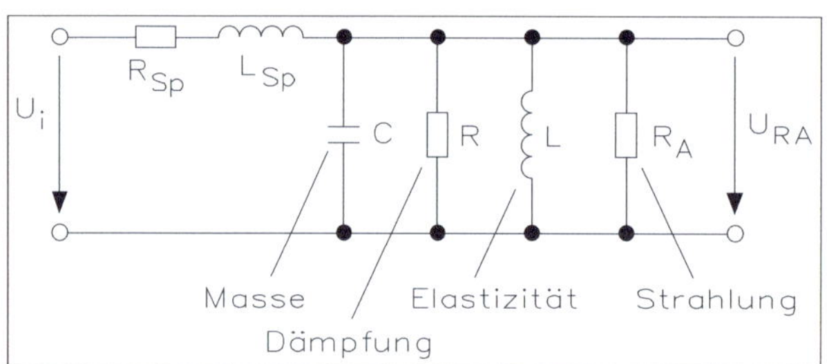

Abb. 5.11 • Elektrisches Ersatzschaltbild eines Lautsprechers.

Mechanisch gesehen besteht der Lautsprecher aus einer Schwingspule und einer Membran, die zusammen eine bestimmte Masse besitzen. Zum Verlagern dieser Masse ist Energie nötig, die vom Verstärker geliefert werden muss. In elektrischer Beziehung hat die Masse die Wirkung eines Kondensators C. Die konische Membran ist am Rand und in der Nähe ihrer Mitte federnd an einem Chassis (Membrankorb) befestigt. Die Elastizität dieser Befestigung, wie auch diejenige der bewegten Luft, empfindet der Verstärker als Selbstinduktion L, und zwar in dem Sinne, dass diese scheinbare Selbstinduktion kleiner wird, wenn die Steifheit zunimmt. Ferner hat das System — infolge von Formänderungen — eine bestimmte Dämpfung, die ebenfalls eine gewisse Energiemenge absorbiert. Diese Dämpfung kann daher als ohmscher Widerstand R betrachtet werden.

Zusammenfassend kann man feststellen:

1. Die Masse von Schwingspule, Membran und Luft entspricht einer Kapazität C
2. Die Steifheit der Membranbefestigung entspricht einer Selbstinduktion L
3. Die Dämpfung von Membran und Luft entspricht einem ohmschen Widerstand R
4. Die abgestrahlte akustische Energie, d. h. die Nutzleistung, wird durch den ohmschen Scheinwiderstand R_A dargestellt, sodass sich ergibt:

$$P_{Strahlung} = \frac{U_{R_A}^2}{R_A}$$

5.2.1 • Frequenzgang

Was geschieht nun, wenn man einen Lautsprecher an einen Wechselspannungsgenerator anschließt, dessen Frequenzbereich sich von 0 bis 30 kHz erstreckt? Bei sehr niedriger Frequenz ist die Impedanz der Ersatzschaltung sehr klein, weil die Induktivitäten fast einen Kurzschluss bilden. Es wird also fast keine akustische Energie erzeugt, wie Abb. 5.12 zeigt.

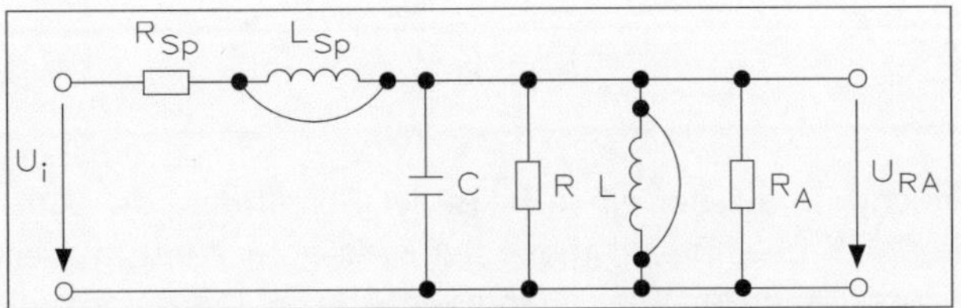

Abb. 5.12 • Bei sehr niedrigen Frequenzen wirken die Induktivitäten als Kurzschluss.

Bei sehr hohen Frequenzen ist der kapazitive Einfluss des Kondensators C derart, dass dieses Element praktisch einen Kurzschluss darstellt. Auch in diesem Fall ist die erzeugte akustische Energie null, wie Abb. 5.13 zeigt.

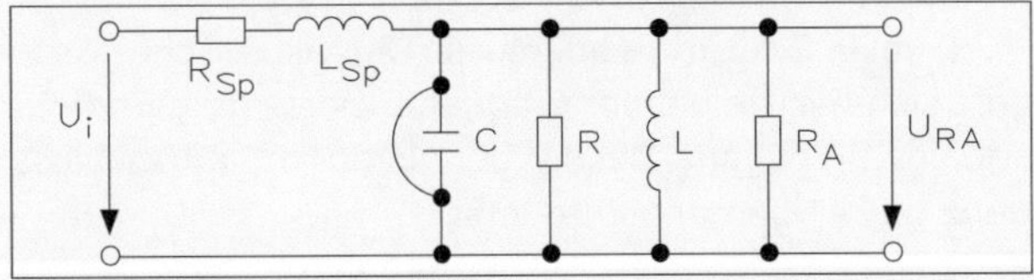

Abb. 5.13 • Bei sehr hohen Frequenzen wirkt die Kapazität C als Kurzschluss.

Ferner hängt der Frequenzverlauf zwischen den extrem tiefen und extrem hohen Frequenzen vorwiegend von folgenden drei Faktoren ab:

1. Resonanz
2. akustischer Kurzschluss
3. wirksame Membranfläche

Bei von Null an zunehmender Frequenz kommt schließlich der Moment, in dem die Membran in Resonanz gerät. Dies entspricht dem Ersatzschaltbild von Abb. 5.13 und der Situation, in der die Impedanzen von C und L einander gleich sind. Die Gesamt-Ersatzimpedanz erreicht dann ihren Höchstwert.

Bewegt sich die Membran in einem bestimmten Moment nach vorn, so entsteht an der Vorderseite eine Druckerhöhung und an der Rückseite eine Druckverminderung. Ist der Lautsprecher nun auf einer Schallwand von relativ kleinen Abmessungen montiert, so kann die Luftverdichtung über den Rand der Schallwand hinweg die Rückseite der Membran erreichen, und zwar zu einem Zeitpunkt, in dem hier noch eine Luftverdünnung herrscht. Dieser Effekt bewirkt also, dass die abgestrahlten Druckwellen geschwächt werden, so dass die Lautstärke am Hörort abnimmt, wie Abb. 5.14 zeigt.

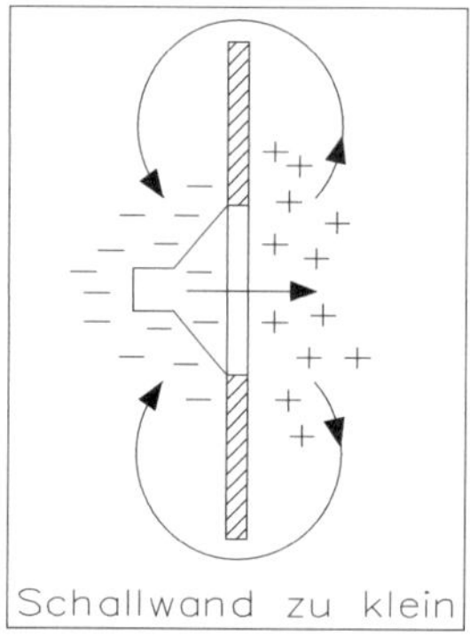

Abb. 5.14 • Luftverdichtung und -verdünnung können sich über den Rand der zu kleinen Schallwand hinweg ausgleichen.

Um zu vermeiden, dass die Luftverdichtung auf der einen Seite der Schallwand die Luftverdünnung auf der Gegenseite merklich beeinflusst, muss der Weg vom Zentrum der Verdichtung bzw. Verdünnung bis zum Rand der Schallwand wie Abb. 5.15a zeigt und dieser Ton von 50 Hz muss mindestens 0,85 m betragen. Man kann dies auch wie folgt umschreiben: Derjenige Ton, bei dem gerade noch keine merkliche Dämpfung durch die begrenzten Abmessungen der Schallwand auftritt, hat eine Frequenz, deren Wellenlänge etwa dem achtfachen Abstand zwischen Lautsprecherachse und Rand der Schallwand beträgt. In diesem Beispiel bedeutet das für einen Ton von 50 Hz, dass die Fläche der Schallwand mindestens 1,70 m × 1,70 m = 2,89 m² sein muss. Der akustische Kurzschluss über die Schallwand verringert sich mit steigender Frequenz. Demzufolge erhöht sich die Strahlungsenergie bis zu derjenigen Frequenz, bei der der akustische Kurzschluss keine Rolle mehr spielt. Diese Frequenz heißt Übergangsfrequenz.

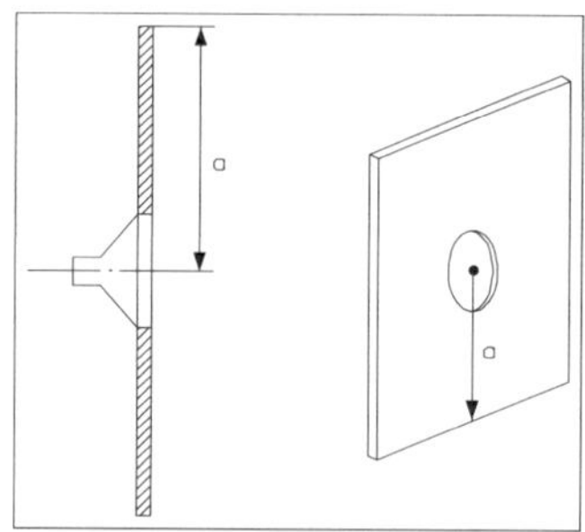

Abb. 5.15 • Der Abstand a zwischen Lautsprecherachse und Rand der Schallwand muss mindestens einem Achtel der Wellenlänge der tiefsten abzustrahlenden Tonfrequenz entsprechen.

Solange die Abmessungen der Membran klein sind im Vergleich zur Wellenlänge des erzeugten Schalls, ist die Gesamtfläche der Membran wirksam, d. h. sie wirkt dann als Kolben. Bei hohen Frequenzen ändert sich die Situation aber. Bei einer flachkonischen Membran ohne Rillen (Sicken) können in diesem Fall sogar gegenphasig schwingende Punkte entstehen, wodurch der Schalldruck (und damit auch der Klangeindruck) stark zurückgeht. Deshalb bringt man an bestimmten Stellen des Membranrands eine oder mehrere Sicken an, um die Entstehung von „toten Zonen" unmöglich zu machen. Die Folge davon ist allerdings, dass bei hohen Frequenzen nur noch die innere Partie der Membran wirksam ist. Diese Erscheinung beginnt bei Frequenzen, die ein Vielfaches der akustischen Übergangsfrequenz sind, eine Rolle zu spielen. Zur Verbesserung der Hochtonwiedergabe bringt man häufig einen kleinen steifen zusätzlichen Konus in der Membranmitte an (Doppelkonuslautsprecher), damit die Schwingspulenbewegungen - und zwar nur diese - mit besserem Wirkungsgrad an die Luft übertragen werden. Bei noch höheren Frequenzen überwiegt schließlich der kapazitive Einfluss in einem solchen Maße, dass er den nutzbaren Frequenzbereich definitiv begrenzt.

Der Frequenzgang eines Lautsprechers bekommt also prinzipiell die in Abb. 5.16 dargestellte Form. Die tatsächliche Kennlinie, wie in Abb. 5.16 wiedergegeben, lässt die Grundform nach Abb. 5.17 leicht erkennen.

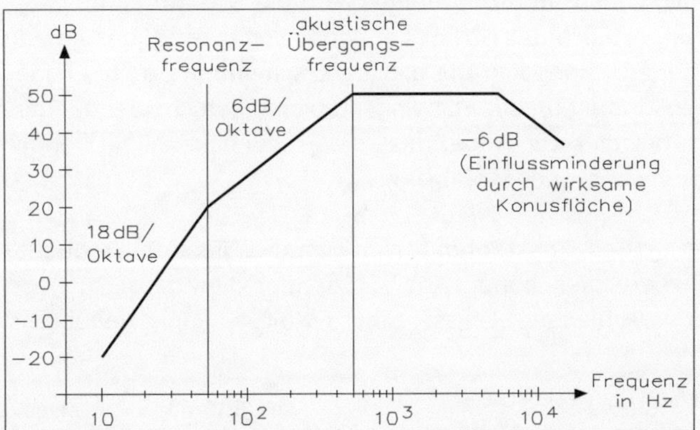

Abb. 5.16 • Prinzipieller Verlauf der Frequenzkennlinie eines Lautsprechers.

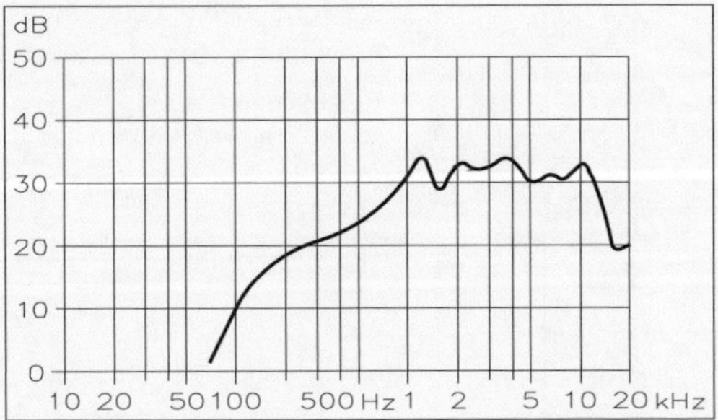

Abb. 5.17 • Tatsächlicher Frequenzgang eines Lautsprechers.

In Wirklichkeit spielen jedoch noch weitere Faktoren eine Rolle. Die Umstände, unter denen die Kennlinie aufgenommen wird, haben einen sehr großen Einfluss. Beispielsweise ist die Kennlinie eines in einem Gehäuse eingebauten Lautsprechers viel günstiger als die eines nicht eingebauten. Da die Bedingungen, unter denen der Lautsprecher arbeiten muss, nicht bekannt sind, ist daher ein zuverlässiger Vergleich zwischen verschiedenen Lautsprechern nicht möglich, wenn ihre Kennlinie nicht unter völlig gleichen Bedingungen gemessen wurden. Die Kennlinien werden häufig basierend auf den nachstehenden beiden Bedingungen beschrieben:

1. montiert in einem möglichst kleinen geschlossenen Gehäuse (Zeilenmodul)
2. montiert auf einer großen Schallwand

Ferner gelten für die Frequenzkennlinien folgende Messbedingungen:

1. echofreier (schalltoter) Raum
2. Messmikrofon in Achsrichtung sowie unter einem Winkel von 30° und 60° zur Lautsprecherachse
3. Lautsprecher-Mikrofon-Abstand: 1 m
4. Eingangsleistung: 1 W (bei 4 kHz)
5. konstante zugeführte Spannung
6. gemessener Schallpegel, ausgedrückt in dB, bezogen auf den Bezugspegel von 10^{-12} W/m^2.

Zu Punkt 5. ist noch folgendes zu bemerken: Die Kraft, mit der Schwingspule und Konus bewegt werden, ist dem Schwingspulenstrom proportional. Wird die Spannung am Lautsprecher konstant gehalten, verringert sich der Strom bei der Resonanzfrequenz infolge der hierbei auftretenden relativ hohen Impedanz. Die gleiche Erscheinung tritt bei höheren Frequenzen auf, wobei die Selbstinduktion der Schwingspule eine entscheidende Rolle zu spielen beginnt. Alles in allem hat dies zur Folge, dass die Frequenzkennlinie bei der Resonanzfrequenz wie auch bei hohen Frequenzen absinkt.

Wird der Lautsprecher dagegen mit einem konstanten Strom gespeist, liegt die Frequenzkennlinie in den oberen Frequenzbereichen höher. Abb. 5.18 zeigt dies deutlich. Beim Vergleich der Frequenzkennlinien verschiedener Lautsprecher ist dieser Punkt gebührend zu berücksichtigen.

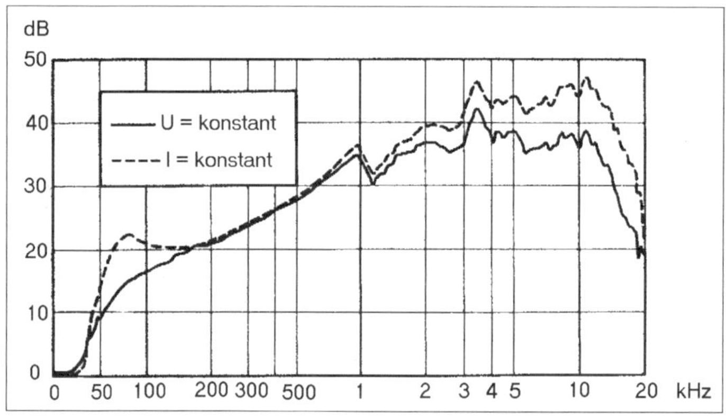

Abb. 5.18 • Je nachdem, ob der Lautsprecher mit konstanter Spannung oder mit konstantem Strom betrieben wird, erhält man unterschiedliche Frequenzlinien.

Übrigens geben die Frequenzkennlinien keinerlei Aufschluss über die Wiedergabequalität, insbesondere nicht, was die Verzerrungen anbelangt. Breite und allgemeine Form der Kennlinie geben jedoch Anhaltspunkte über den Frequenzgang. Ferner lässt der Pegel der Kurve Rückschlüsse auf die Empfindlichkeit des Lautsprechers zu.

Es wurde bereits erwähnt, dass bei höheren Frequenzen nur die innere Partie der Membran schwingt. Abgesehen von einer Verminderung der Hochtonwiedergabe durch die kleinere strahlende Fläche bewirkt dieser Effekt auch, dass die sonst mit steigender Frequenz (bei gleicher Ausdehnung der strahlenden Fläche) stark zunehmende Bündelung nicht so sehr in Erscheinung tritt, aber trotzdem noch deutlich wahrnehmbar ist.

5.2.2 • Lautsprecherimpedanz

Aus dem Ersatzschaltbild des Lautsprechers in Abb. 5.11 geht deutlich hervor, dass die Impedanz eines Lautsprechers keine konstante Größe, sondern frequenzabhängig ist. In Abb. 5.19 ist der Impedanzverlauf in Abhängigkeit von der Frequenz wiedergegeben.

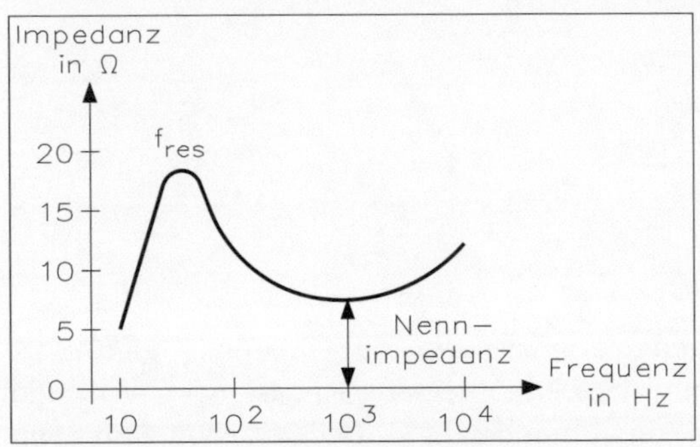

Abb. 5.19 • Verlauf der Lautsprecherimpedanz in Abhängigkeit von der Frequenz.

Im Zusammenhang mit der Anpassung des Lautsprechers an den Verstärker hat man den Begriff „Lautsprecher-Scheinwiderstand" eingeführt. Dies ist der äquivalente ohmsche Widerstand, der den Lautsprecher bei Messung der elektrischen Leistung ersetzt.

In der Regel wird als Nennimpedanz derjenige Wert zugrunde gelegt, bei dem innerhalb des betreffenden Frequenzbereichs die maximale Leistung auftritt. Hierbei gilt jedoch die Einschränkung, dass dieser Wert maximal 20% über dem niedrigsten innerhalb des Nennfrequenzbereichs vorkommenden Impedanzwert liegen darf. In den meisten Fällen wählt man als Messfrequenz von 1 kHz, aber einige Lautsprecher werden bei einer Bezugsfrequenz von 400 Hz gemessen. Auf jeden Fall muss der Nennimpedanzwert innerhalb des geradlinigen Teils der Frequenzkennlinie liegen. Die Lautsprecherimpedanzen werden mehr und mehr auf die Werte 4 Ω, 8 Ω, 15 Ω und 25 Ω genormt.

Unter der Belastbarkeit eines Lautsprechers versteht man die Leistung, die der Lautsprecher verträgt, ohne dass merkliche Verzerrungen auftreten oder das System beschädigt wird. Nun ist allerdings die Leistung, die der normale Musikverstärker liefert, nicht gleichmäßig über alle Frequenzen verteilt, sondern hat ungefähr den in Abb. 5.20 gezeichneten Verlauf. Aus dieser Kurve, die den in Europa geltenden DIN-Normen entnommen wurde (DIN EN 60268-5), geht hervor, dass der höchste Leistungspegel bei etwa 100 Hz auftritt. Da ein „Musiksignal" für Messzwecke ungeeignet ist, wird stattdessen ein sogenanntes „weißes Rauschen" verwendet. Das Frequenzspektrum dieses Rauschens wird gefiltert gemäß Kennlinie nach Abb. 5.20.

Aus diesem Diagramm geht übrigens ebenfalls hervor, dass es bei getrennter Hochton- und Tieftonwiedergabe möglich ist, als Hochtöner einen Typ zu wählen, dessen Belastbarkeit kleiner ist als die Ausgangsleistung des Verstärkers.

Die Verzerrungen des Lautsprechers bestimmen in entscheidendem Maße die Gesamtqualität einer Übertragungsanlage. Diese Verzerrungen lassen sich in lineare und nicht lineare unterteilen. Im Interesse einer möglichst geringen nicht linearen Verzerrung empfiehlt es sich, die dem Lautsprecher zugeführte Leistung nicht zu groß zu wählen und den Lautsprecher auf einer hinreichend großen Schallwand oder in einem Gehäuse zu montieren.

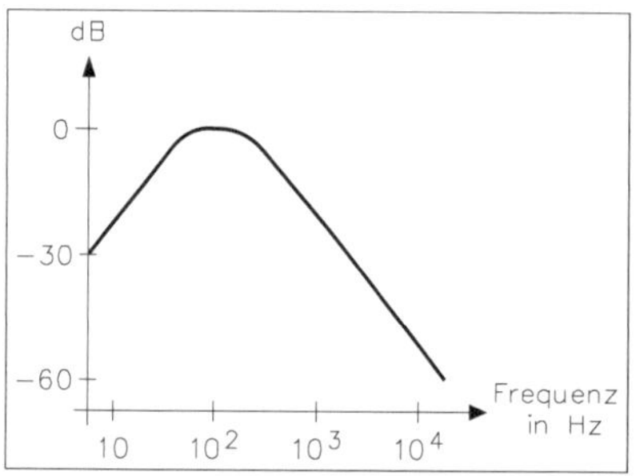

Abb. 5.20 • Leistungsverlauf des von einem Musikverstärker gelieferten Signals (nach DIN EN 60268-3).

Sehr störend ist übrigens noch die Intermodulationsverzerrung – ebenfalls eine nicht lineare Verzerrung, die vorwiegend dann auftritt, wenn in einem Schallsignal gleichzeitig ein starker tiefer und ein schwacher hoher Ton vorhanden sind. Der hohe Ton wird dann mit dem tiefen Ton moduliert, wobei Schwingungen mit den Summen- und Differenzfrequenzen entstehen. Da diese Nebenfrequenzen nicht harmonisch zu den beiden Grundtönen liegen, treten sie bereits bei einem geringen Prozentsatz störend in Erscheinung. Das beste Verfahren, die Intermodulationsverzerrung auf ein akzeptables Maß zu reduzieren, ist die Anwendung der getrennten Hochton- und Tieftonwiedergabe. Hierbei braucht der gleiche Lautsprecher nicht gleichzeitig Töne aus weit auseinanderliegenden Frequenzbereichen abzustrahlen.

Die lineare Verzerrung folgt aus der Tatsache, dass der Frequenzgang des Lautsprechers nicht geradlinig ist. Die angenäherte Kennlinie zeigt, dass sich vor allem im Bereich der niedrigen Frequenzen manches verbessern lässt. Durch Verwendung einer Schallwand lässt sich der geradlinige Teil der Kennlinie nach den niedrigen Frequenzen hin erweitern. Wie bereits erwähnt, liegt der akustische Übergangspunkt bei derjenigen Frequenz, bei

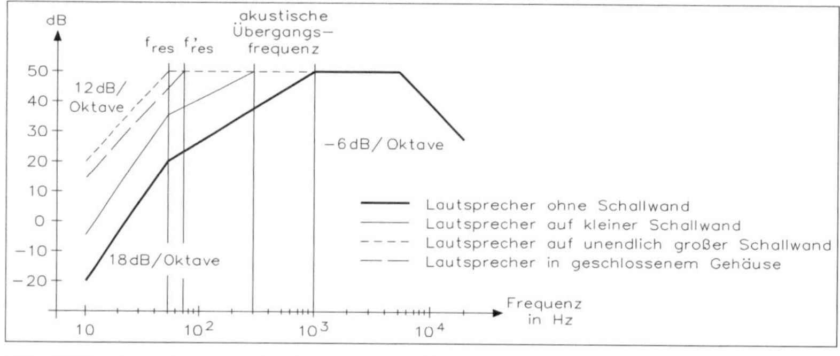

Abb. 5.21 • Beeinflussung des Lautsprecher-Frequenzgangs durch Montage auf einer Schallwand bzw. in einem geschlossenen Gehäuse.

der die Wellenlänge des abgestrahlten Schalls gleich der achtfachen Entfernung zwischen Lautsprechermitte und Schallwandrand ist. Zur einwandfreien Wiedergabe von Frequenzen bis unter 40 Hz ist jedoch bereits eine Schallwand von etwa 4 m^2 erforderlich. In Abb. 5.21 sind die angenäherten Frequenzkennlinien eines Lautsprechers ohne Schallwand, eines Lautsprechers mit kleiner bzw. „unendlich großer" Schallwand sowie eines Lautsprechers in geschlossenem Gehäuse dargestellt. Aus diesen Kurven geht deutlich die entscheidende Verbesserung der Tieftonwiedergabe bei Verwendung einer Schallwand oder einer Lautsprecherbox hervor.

Der sogenannte Nutzfrequenzbereich wird einerseits durch die höchste Frequenz festgelegt, bei der die Kennlinie im Vergleich zum Bezugspegel um 10 dB abgefallen ist. Als Bezugspegel gilt das größte mittlere Übertragungsmaß, das sich durch Mittelung über eine Bandbreite von einer Oktave im Bereich der maximalen Empfindlichkeit ergibt.

Andererseits wird der Nutzfrequenzbereich durch die niedrigste Frequenz - dies ist die Resonanzfrequenz - bestimmt. Die diesbezüglichen Messungen werden mit einem Lautsprecher an einer „unendlich großen" Schallwand durchgeführt.

Die Empfindlichkeit eines Lautsprechers drückt man in der Regel durch den gemessenen Schalldruck in der Achse des Felds aus, bezogen auf einen Abstand von 1 m zwischen Lautsprecher und Messmikrofon, und zwar bei einer zugeführten Leistung von 1 W. Als Messfrequenz dient ein Sinuston von 1 kHz. Bei Verdopplung der Leistung erhöht sich der Schalldruckpegel um 3 dB, während bei Verdopplung des Abstands dieser Pegel um 6 dB abnimmt, wie Tabelle 5.2 zeigt.

Tabelle 5.2 • Einfluss des Abstands von der Schallquelle auf den Schalldruckpegel.

	Abstand von der Schallquelle in m	Schalldruckpegel in dB bei 1 W	
Entfernungsverdopplung	1	100	der Schalldruckpegel
	2	94	nimmt konstant mit
	4	88	6 dB je Entfernungs-
	8	82	verdopplung ab
	16	76	
	32	70	

Wird als Beispiel eine Lautsprechergruppe mit einer Empfindlichkeit von 100 dB bei 1 W in 1 m Abstand gewählt, so ist der Schalldruckpegel in 32 m Entfernung bei einer zugeführten Leistung von 1 W = 70 dB. Die Entfernung von 32 m entspricht einer fünfmaligen Verdopplung der Messentfernung von 1 m und bewirkt somit eine Schalldruckverminderung von $5 \cdot 6$ dB = 30 dB.

Wird dieser Lautsprechergruppe jedoch eine Leistung von P = 8 W zugeführt, so bedeutet dies, dass die Leistung von P = 1 W gemäß Messdefinition dreimal verdoppelt ist. Dies hat im Endeffekt eine Zunahme des Schalldruckpegels um $3 \cdot 3$ dB = 9 dB zur Folge. Der effektive Schalldruckpegel am Hörort bei einer gegebenen Lautsprecher-Empfindlichkeit von 100 dB sowie bei einem Abstand von 32 m und einem zugeführten Signal von 8 W, ergibt sich dann zu 100 – 30 + 9 = 79 dB.

5.2.3 • Lautsprecherbox

Werden in einer Lautsprecherbox für die tiefen, mittleren und höheren Frequenzbereiche getrennte Lautsprechersysteme benutzt, empfiehlt es sich, die Mittelton- und Hochtonsysteme an ihrer Rückseite mit Dämpfungskappen abzudecken. Dadurch wird zugleich die Gefahr der störenden Intermodulationsverzerrung bedeutend herabgesetzt, doch sind in solchen Fällen grundsätzlich Trennfilter (Frequenzfilter) erforderlich. Der Aufbau solcher Filter hängt von der jeweiligen Lautsprecherkombination ab. Bei der Wahl der Lautsprecher ist zu beachten, dass sich ihre Frequenzkennlinien in gewissem Grade überschneiden, da andernfalls die Gefahr besteht, dass der Gesamtfrequenzgang ein „Tal" aufweist. Den Übergangspunkt wählt man vorzugsweise in der Mitte des Überlappungsbereichs. Für Kombinationen mit zwei Lautsprechern liegt dieser Punkt meistens zwischen 500 Hz und 1500 Hz. Für eine Kombination aus drei Lautsprechern (Bass-, Mittelton- und Hochtonlautsprecher) liegen die Übergangspunkte bei etwa 400 Hz bis 3 kHz.

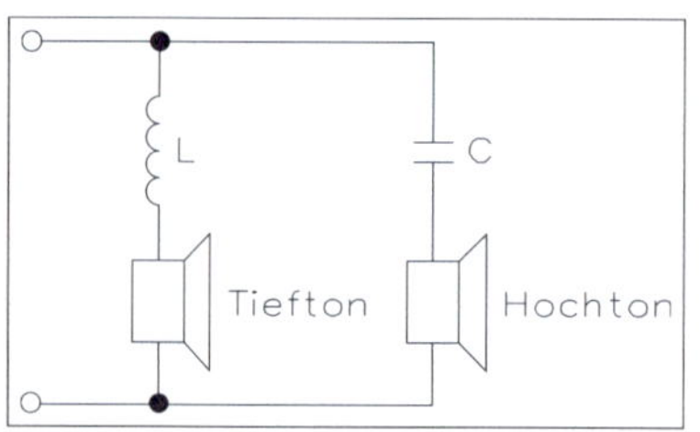

Abb. 5.22 • Aufteilung der Frequenzbereiche mit Hilfe einer Drosselspule und eines Kondensators.

Die einfachste Frequenzweiche besteht aus einem Kondensator in Serie mit dem Hochtöner und einer Drosselspule in Serie mit dem Basslautsprecher, wie Abb. 5.22 zeigt. Ein solches einfaches Filter bewirkt eine Dämpfung von 6 dB pro Oktave zu beiden Seiten des Übergangspunktes. Kennzeichnend für dieses Filter ist die Tatsache, dass seine Eingangsimpedanz praktisch der Impedanz eines Einzellautsprechers entspricht, vorausgesetzt, dass beide Lautsprecher die gleiche Impedanz aufweisen. Die Werte für die Drosselspule und den Kondensator ergeben sich aus nachstehenden Formeln:

$$L = \frac{159 \cdot Z}{f_{ü}} \text{ in mH} \quad \text{und} \quad C = \frac{159000}{f_{ü} \cdot Z} \text{ in µF}$$

L = Selbstinduktion der Drosselspule
C = Kapazität des Kondensators
Z = Impedanz des Lautsprechers = Übergangsfrequenz (Abb. 5.23).

Abb. 5.23 zeigt den Dämpfungsverlauf des Filters der Frequenzweiche.

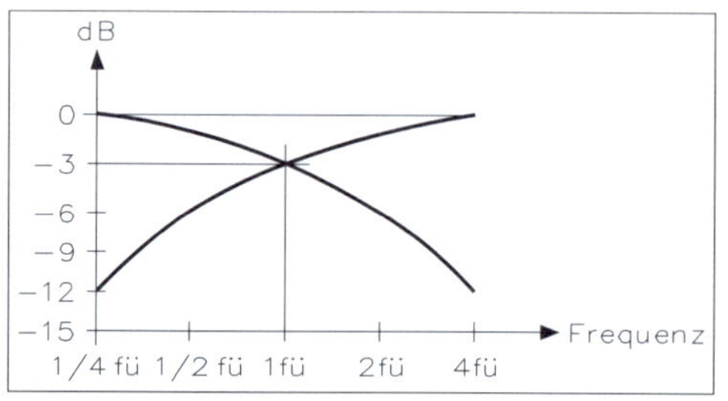

Abb. 5.23 • Dämpfungsverlauf des Filters nach Abb. 5.22.

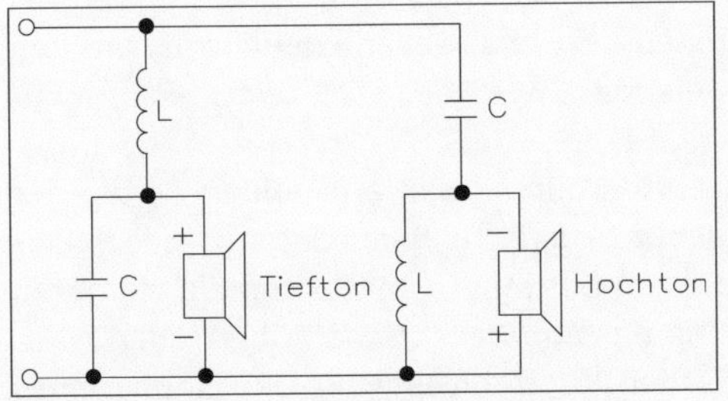

Abb. 5.24 • Doppelfilter mit steilerem Dämpfungsverlauf.

Das Doppelfilter nach Abb. 5.24 ergibt eine Absenkung von 12 dB pro Oktave. In diesem Fall berechnen sich die Werte von L und C nach folgenden Formeln:

$$L = \frac{225 \cdot Z}{f_{ü}} \text{ in mH} \qquad \text{und} \qquad C = \frac{112000}{f_{ü} \cdot Z} \text{ in µF}$$

Es lassen sich bipolare Elektrolytkondensatoren oder notfalls normal gepolte Typen in den Frequenzfilter verwenden. Allerdings müssen die Betriebsspannungen der normal gepolten Typen dann mindestens 30-mal höher sein als die an den Lautsprechern zu erwartenden Wechselspannungen. Häufig werden einfache Luftdrosseln verwendet, jedoch können auch Drosselspulen mit Ferroxcubekernen benutzt werden, um bei kleinen Abmessungen den Verlustwiderstand niedrig zu halten.

Die verwendeten Hoch- und Tieftonlautsprecher müssen etwa den gleichen Wirkungsgrad aufweisen, da andernfalls die Hochton- und Tieftonwiedergabe aus dem Gleichgewicht gebracht werden kann. Schließlich muss man bei Anschluss der Lautsprecher die Polarität berücksichtigen. Die Polarität der Schwingspule ist durch einen roten Punkt markiert, und zwar bewegen sich bei Anlegen eines positiven Spannungsimpulses an die markierte Schwingspulenklemme und Membran nach außen.

5.2.4 • Akustischer Kurzschluss

Damit hörbarer Schall in den umgebenden Raum abgestrahlt werden kann, ist es für die Wiedergabe tiefer Frequenzen erforderlich, das Chassis mit einer besonderen Schallführung zu versehen oder es in ein geeignetes Gehäuse (Box) einzubauen. Der Grund hierfür

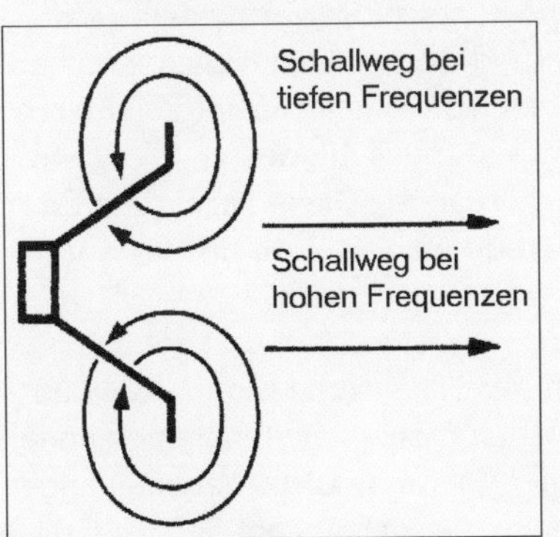

Abb. 5.25 • Akustischer Kurzschluss bei tiefen Frequenzen.

liegt im akustischen Kurzschluss. Würde man ein Tieftonchassis, frei strahlen lassen, so würden die von der vorderen Konusfläche ausgehenden Schallwellen kugelförmig um den Konus herumlaufen und auf dessen Rückseite gelangen, wie Abb. 5.25 zeigt.

Dabei würden sich die Luftverdichtungen und Luftverdünnungen auf beiden Seiten der Konusmembran ausgleichen. Es entsteht hierbei nur akustische Blindleistung, jedoch keine Wirkleistung, also kein hörbarer Schall. In diesem Betriebszustand kann die Membran eine große Bewegungsamplitude ausführen, ohne dass hörbarer Schall übertragen wird. Der Strahlungswiderstand ist bei einem akustischen Kurzschluss Null. Der Einbau eines Tieftonchassis in eine Box oder in ein schallführendes System hat die Aufgabe, den akustischen Kurzschluss zu beseitigen und andererseits den Strahlungswiderstand möglichst groß zu machen.

Die einfachste Möglichkeit, den akustischen Kurzschluss zu vermeiden, besteht darin, dass man den Lautsprecher auf einer Schallwand installiert. Diese kann eine runde, quadratische, rechteckige oder beliebige andere Form aufweisen. Je größer die Schallwand ist, desto mehr verschiebt sich der akustische Kurzschluss nach tieferen Frequenzen, und umso tiefere Töne werden hörbar. Bei Einbau eines Lautsprechers in eine unendlich große Schallwand ist die niedrigste Frequenz, die hörbar gemacht werden kann, durch die Resonanzfrequenz des Lautsprechers bestimmt. In guter Näherung lässt sich eine unendliche Schallwand dadurch realisieren, dass man den Lautsprecher in die Wand des Abhörraums einbaut, die als Schallwand dient.

In fast allen praktisch vorkommenden Fällen muss man sich einer endlichen Schallwand bedienen. Bei der kreisrunden Schallwand und symmetrischem Lautsprechereinbau gibt es bestimmte Frequenzen, unterhalb deren vollständigen Schalllöschung durch akustischen Kurzschluss erfolgt. Benutzt man wie üblich eine Schallwand von rechteckigem Querschnitt, geht der Einbruch in der Übertragungskennlinie der Lautsprechereinbauten nicht bis auf den Wert Null herunter, weil die Wege, die der Schall zurücklegen muss, um von der Vorderseite der Membran auf deren Rückseite einzuwirken, verschieden lang sind. Ein ähnlicher Effekt lässt sich durch asymmetrische Anordnung des Lautsprechers auf runder Schallwand erreichen.

Die Frequenz, bei der akustischer Kurzschluss eintritt, heißt Grenzfrequenz. Unterhalb der Grenzfrequenz f_g nimmt der Schalldruck um 6 dB/Oktave ab. Soll durch Einbau des Lautsprechers in eine endliche Schallwand der akustische Kurzschluss vermieden werden, so darf die Weglänge des Schalls zwischen Vorderseite und Rückseite der Lautsprechermembran eine halbe Wellenlänge des tiefsten abzustrahlenden Tons nicht unterschreiten, d. h. die Entfernung zwischen Membran und Schallwandrand muss mindestens $\lambda/4$ betragen, wobei λ die Wellenlänge des tiefsten Tons ist, der hörbar ist. Diese Forderung führt zu großflächigen Schallwänden. Zur Wiedergabe einer Frequenz von z. B. 60 Hz benötigt man eine Schallwand von mindestens $3 \cdot 3$ m Fläche.

Wegen des kleinen Strahlungswiderstands eines auf offener Schallwand montierten Lautsprechers ist anzuraten, mehrere gleichartige Tieftonlautsprecher dicht nebeneinander auf der Schallwand zu montieren. Nur wenn die einzelnen Systeme dicht nebeneinander montiert sind, erhöht sich der Strahlungswiderstand linear mit der Anzahl der Lautsprechersysteme. Tabelle 5.3 verdeutlicht die erzielbare relative Schallleistung einer solchen Kombination im Vergleich zu nur einem einzelnen Lautsprechersystem.

Tabelle 5.3 • Zusammenhang zwischen Schallleistung und Lautsprechersystem bei einer Kombination aus gleichartigen Treibern.

Tieftonlautsprecher Durchmesser	Anzahl	Belastbarkeit	Relative Schallleistung
20 cm	1	1 · 15 Watt	1
20 cm	2	2 · 15 Watt	4
20 cm	3	3 · 15 Watt	9
20 cm	4	4 · 15 Watt	16
38 cm	1	1 · 145 Watt	9

Es wird also bei jeder Verdopplung der Chassiszahl eine Vervielfachung der Schallleistung erzielt. Damit die Membranschnelle konstant bleibt, muss die zugeführte Verstärkerleistung verdoppelt werden. Durch Kombination mehrerer gleichartiger Treiber wird die erforderliche effektive Membranfläche vergrößert. Die Anwendung mehrerer gleichartiger Treiber zur Tieftonwiedergabe an Stelle eines entsprechend großen Treibers ist sogar günstiger. Einerseits wächst beim Vergrößern eines Lautsprechersystems die Membranfläche mit dem Quadrat des Durchmessers, die Masse aber annähernd mit der dritten Potenz. Aus Festigkeitsgründen muss nämlich die Dicke des Membranmaterials erhöht werden. Andererseits werden bei Anwendung mehrerer Tieftonlautsprecher die einzelnen Chassis weniger belastet, was eine entsprechend kleinere Intermodulation zur Folge hat.

Obwohl es günstig ist, Lautsprecher mit möglichst tief liegender Resonanzfrequenz auf Schallwänden zu verwenden – unterhalb der Resonanzfrequenz geht der Schalldruck mit 12 dB/Oktave zurück – kommen Lautsprecher nach dem Prinzip der „akustischen Aufhängung“ mit weich eingespannter Membran für Schallwände nicht in Betracht. Solche Lautsprecher würden auf Schallwänden nicht nur erhebliche nicht lineare Verzerrungen hervorrufen, sondern es kann unter Umständen wegen des Fehlens der Steife des Luftkissens hinter der Membran ein solcher Lautsprecher hierbei zerstört werden. Als Vorteil von Lautsprechern auf einer Schallwand wird gelegentlich angeführt, dass durch diesen Einbau keine zusätzlichen Klangverfälschungen auftreten. Das gilt nur für Schallwände im Freien. Bei Aufstellung in geschlossenen Räumen können durch Reflexion der rückseitig abgestrahlten Schallwellen an den Zimmerwänden und an anderen Gegenständen unerwünschte Interferenzen mit den Schallwellen zustande kommen, die von Vorderseite der Schallwand ausgehen. Das führt zu irregulären Einbrüchen und Überhöhungen der Übertragungskennlinie.

Die erforderlichen Abmessungen einer Schallwand lassen sich in einer Ebene reduzieren, wenn man sie an den Rändern abwinkelt. Werden alle vier Seiten einer rechteckförmigen Schallwand abgewinkelt, so entsteht hinten ein offener Kasten. Hierbei ergibt sich akustisch jedoch eine Besonderheit gegenüber der gewöhnlichen Schallwand, wenn die Kastentiefe etwa 1/4 Wellenlänge des vom Lautsprecher abgestrahlten Tons wird. Bei dieser Frequenz wirkt das Gehäuse wie ein Resonanzrohr, das diskrete Frequenzen verstärkt abstrahlt. Der bei vielen Rundfunkempfängern typische „Lautsprecherklang“ ist häufig auf dieses Resonanzverhalten der hinten offenen Gehäuse zurückzuführen. Eine qualitativ hochwertige Wiedergabe ist mit offenen Gehäusen im Allgemeinen nicht zu erzielen.

5.2.5 • Geschlossene Lautsprecherboxen (Kompaktboxen)

Am häufigsten verwendet man zur Tieftonwiedergabe geschlossene Gehäuse, bei denen nur eine einzige Öffnung für das Lautsprecherchassis vorhanden ist. Man definiert meistens eine geschlossene Box als „unendliche Schallwand". Diese Bezeichnung rührt daher, dass Vorder- und Rückseite der Lautsprechermembran akustisch voneinander isoliert sind und daher auch bei tiefer Frequenz kein akustischer Kurzschluss zustande kommen kann. In dieser Hinsicht verhält sich eine geschlossene Lautsprecherbox wie eine unendlich große Schallwand.

Beim Einbau eines dynamischen Tieftonchassis in eine geschlossene Box kommt ein neuer Effekt zustande. Die im Gehäuse eingeschlossene Luft wird beim Hin- und Herbewegen der Membran abwechselnd verdichtet und verdünnt. Das Luftpolster wirkt auf die Membran wie eine zusätzliche Federung, welche die Eigenfrequenz des Chassis erhöht. Dadurch wird die abstrahlbare untere Grenzfrequenz des Lautsprechers erhöht, was eine verschlechterte Wiedergabe tiefer Frequenzen zur Folge hat. Damit unter solchem Umstand genügend tiefe Töne hörbar werden, darf das Nettovolumen der Box einen Mindestwert nicht unterschreiten. Dieser Mindestwert richtet sich nach den Daten des benutzten Chassis und nach der unteren Grenzfrequenz. Das erforderliche Gehäusevolumen ist umso größer, je geringer die Zunahme der Resonanzfrequenz des Lautsprechers sein darf und je größer der Membrandurchmesser ist.

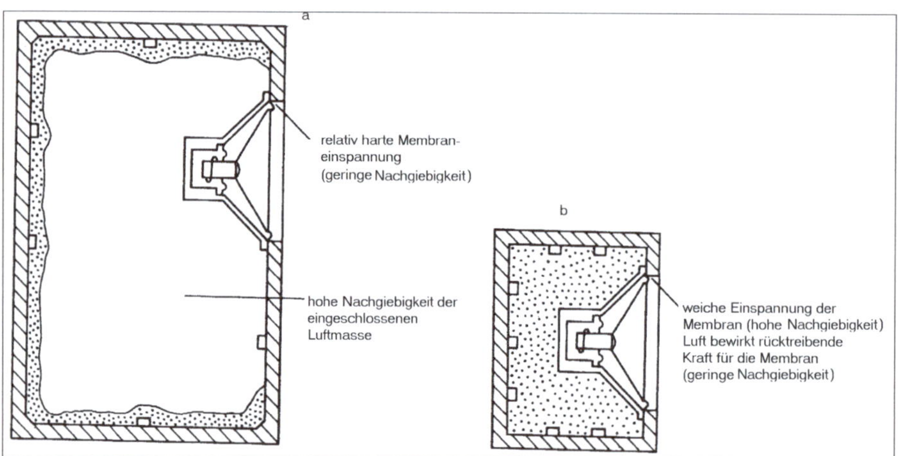

Abb. 5.26 • Geschlossene Lautsprecherbox:
a) herkömmliche Box
b) Kompaktbox mit „akustischer Aufhängung".

Bei Tieftonchassis mit harter Membraneinspannung (Gitarrenlautsprecher) benötigt man große Gehäuse von etwa 200 Litern bis 300 Litern, um eine zufriedenstelle Tieftonwiedergabe zu erzielen, wie Abb. 5.26a zeigt. Andererseits wird die Federwirkung der im Gehäuse eingeschlossenen und komprimierten Luftmasse nutzbar, wenn man ein Chassis mit sehr weicher (nachgiebiger) Membraneinspannung, mit relativ schweren Membranen und extrem niedrigen Eigenfrequenzen (um 20 Hz) verwendet. Bei Einbau in verhältnismäßig kleine geschlossene Boxen von etwa 20 Litern bis 40 Litern Volumen wirkt das Luftkissen hinter der Membran als rücktreibende Kraft für diese, wie Abb. 5.26b zeigt. An Stelle der bei konventionellen Tieftonlautsprechern benutzten Zentriermembran (Spinne) wird hier die komprimierte Luft selbst als rücktreibende Kraft ausgenutzt. Man bezeichnet dies als einen „Lautsprecher mit akustischer Aufhängung". Alle modernen Kompaktboxen arbeiten nach diesem Prinzip. Zwar erhöht sich auch hier die Resonanzfrequenz, aber da diese für den nicht eingebauten Lautsprecher extrem tief liegt, wird die untere Grenzfrequenz in einen Bereich verschoben, wo die Box noch genügend tiefe Töne abstrahlen kann. Die Zentriermembran, die bei herkömmlichen Tieftonlautsprechern gleichzeitig die Rückstellkraft für die Membran bewirkt, dient bei Lautsprechern mit „akustischer Aufhängung" nur noch zur Zentrierung der Schwingspule. Da die Rückstellkraft durch das Luftpolster, abgesehen bei besonders starker Kompression, linear ist, werden nicht lineare Verzerrungen hierdurch unterbunden.

Ähnlich wie bei einer offenen Schallwand lässt sich bei geschlossenen Boxen die Tieftonwiedergabe und Belastbarkeit verbessern, wenn statt eines einzelnen Chassis mehrere benutzt werden. Allerdings muss dann das Gehäusevolumen entsprechend heraufgesetzt werden. Als Beispiel kann man eine mit sechs Tieftonchassis bestückte 350 Liter Box für hohe Belastbarkeit betrachten. Diese Größen geben für ein eingebautes Lautsprecherchassis den Zusammenhang

$$\eta \approx k \cdot f_3^3 \cdot V_B$$

wobei f_3 die Frequenz ist, für die der Schalldruck um 3 dB gegenüber dem Bezugspegel abfällt (Hz), V_B ist das effektive Volumen der Box (m^3) und k eine Konstante, die von der Art des benutzten Gehäuses abhängt. Für geschlossene Gehäuse muss mit den Werten der Größenordnung $1 \cdot 10^{-6}$ und für Bassreflexgehäuse der Größenordnung $2 \cdot 10^{-6}$ gerechnet werden. Wesentlich ist, dass in der Formel die dritte Bestimmungsgröße berechenbar ist, wenn die beiden anderen Größen bestimmt sind. Beträgt zum Beispiel das Volumen der Box mit V_B = 57 dm^3 und ist f_3 = 40 Hz, so ergibt sich aus diesen Angaben für eine geschlossene Box ein Wirkungsgrad η = 0,35 für ein Bassreflexgehäuse von η = 0,7. Die Herstellung eines möglichst guten Wirkungsgrads η mit gleichzeitig möglichst niedriger Frequenz erfordert daher entsprechend große Gehäuse. Umgekehrt kann man kleinere Boxen benutzen, wenn bei Erhaltung des Wirkungsgrads auf optimale Tieftonwiedergabe verzichtet wird oder wenn bei Erhaltung der unteren noch abzustrahlenden Frequenz auf den Wirkungsgrad verzichtet wird. Je kleiner die Box ist, desto größere Verstärkerausgangsleistungen sind zur Herstellung einer bestimmten Schallleistung notwendig.

5.2.6 • Bassreflexbox oder Phasenumkehrbox

Eine Bassreflexbox ist ein Tieftongehäuse, das neben der Lautsprecheröffnung noch eine zweite Öffnung hat. Während bei einem geschlossenen Gehäuse die von der Rückseite der Lautsprechermembran ausgehenden Schallwellen innerhalb des Gehäuses absorbiert werden und damit zur Schallwiedergabe nicht zur Verfügung stehen, werden bei der Bassreflexbox auch die von der Rückseite der Lautsprechermembran ausgehenden Schallwellen auf dem Wege über die zweite Öffnung, die sogenannte Bassreflex- oder Phasenumkehröffnung, hörbar, wie Abb. 5.27 zeigt. Die Phasenumkehröffnung hat häufig eine tunnelförmige Öffnung. An Stelle einer zweiten Austrittsöffnung kann auch ein passiver Lautsprecher treten, d. h. eine Membran, die von den Schallwellen des eigentlichen Lautsprechers zu erzwungenen Schwingungen angeregt wird.

Bassreflexgehäuse und eingebauter Lautsprecher bilden zwei miteinander gekoppelte Schwingkreise. Das Bassreflexgehäuse ist ein sogenannter Helmholtz-Resonator, dessen Eigenfrequenz mit Hilfe der Bassreflex- oder Tunnelöffnung abstimmbar ist. Abb. 5.27 veranschaulicht für drei repräsentative Frequenzen die individuellen Schallanteile von der Lautsprechermembran und aus der Tunnelöffnung, sowie deren effektive Vektorsumme oder nur Summe.

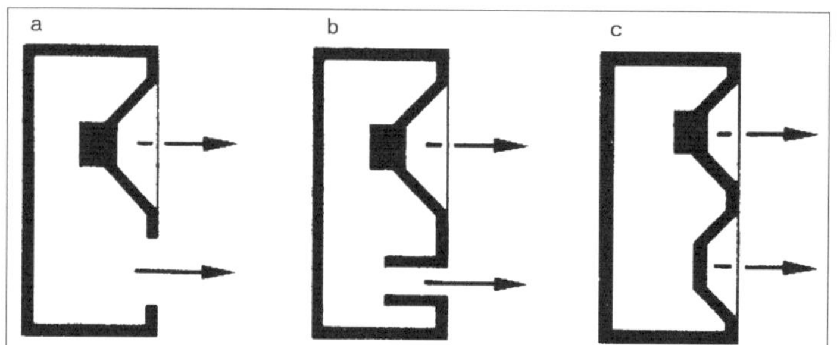

Abb. 5.27 • Bassreflexbox oder Phasenumkehrbox.
a) Bassreflexbox mit einfacher Phasenumkehröffnung
b) Bassreflexbox mit Tunnel
c) Bassreflexbox mit passivem (parasitärem) Strahler.

Abb. 5.27a veranschaulicht das Verhalten für Frequenzen $f > f_B$. In diesem Betriebsbereich nimmt der aus der Tunnelöffnung austretende Schallanteil mit zunehmender Frequenz ab, während der Schallanteil von der Lautsprechermembran, der für $f = f_B$ ein Minimum hat, hauptsächlich an der Schallstrahlung beteiligt ist. Je höher die Frequenz ist, desto mehr nähert sich die Phasendifferenz zwischen beiden Schallanteilen dem Wert 0°.

In Abb. 5.27b ist die Frequenz gleich der Eigenfrequenz f_B des Gehäusehohlraums der Box, $f = f_B$ (Resonanz). Hierbei besteht zwischen den von der Lautsprechermembran und von der Tunnelöffnung erzeugten Schallanteilen eine Phasenverschiebung von 90°. Der meiste Schall wird aus der Tunnelöffnung abgestrahlt, während der von der Lautsprechermembran reflektierte relativ schwach ist.

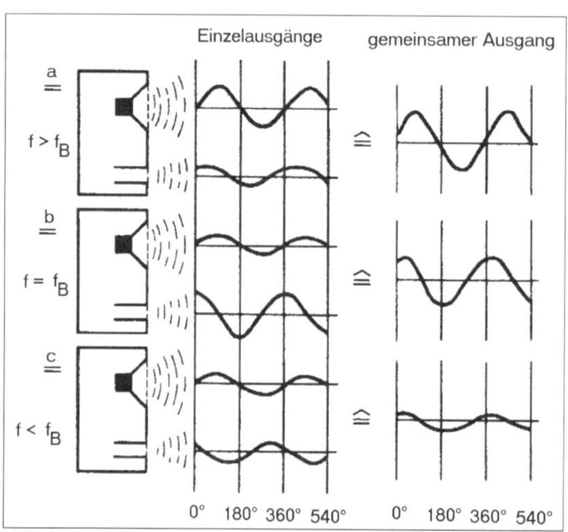

Abb. 5.28 • Wirkungsweise einer Bassreflexbox.

Abb. 5. 27c veranschaulicht den Sachverhalt für Frequenzen unterhalb der Eigenfrequenz der Box, $f < f_B$, wo die beiden Schallanteile gegenphasig sind und sich gegenseitig schwächen. Je niedriger die Frequenz ist, desto weniger Schall wird von der Lautsprechermembran und aus der Tunnelöffnung abgestrahlt, bis bei Erreichen einer Phasendifferenz von 180° vollständige Auslöschung der beiden Anteile zustande kommt. Die Anwendung eines Bassreflexgehäuses liefert im Vergleich zu einem gleich großen geschlossenen Gehäuse unter Verwendung des gleichen Lautsprechersystems eine verstärkte Tieftonabstrahlung.

5.3 • Frequenzfilter

Frequenzfilter müssen in der Lage sein, den von einer Lautsprecherkombination abzustrahlenden Frequenzbereich in zwei, drei oder mehrere Teilbereiche aufzuteilen und diese den dafür vorgesehenen Lautsprechern bzw. Lautsprecherchassis zuzuführen. Man unterscheidet zwischen Zweiwegfilter, die den Übertragungsfrequenzbereich in zwei Teilbereiche aufteilen. Diese werden dann einem Tieftonlautsprecher und einem Mittelton- bzw. Hochtonlautsprecher zugeführt. Mit einer Dreiwegweiche wird der Frequenzbereich in drei Unterbereiche aufgeteilt, wobei die tiefen Frequenzen einem Tieftonchassis, die mittleren Frequenzen einem Mitteltonchassis und die hohen Frequenzen einem Hochtonsystem zugeführt werden. Damit allein ist es aber noch nicht getan. Die Frequenzweiche muss außerdem bestimmte Entzerrungsaufgaben übernehmen und sie muss nicht nur eine genügende Dämpfung im Sperrbereich gewährleisten, sondern auch ein günstiges Phasenverhalten aufweisen. Die Eigenschaften einer Weiche sind nämlich wesentlich für das herzustellende Richtdiagramm der Lautsprecherbox bestimmend. Erst 1975 wurden diese Zusammenhänge erkannt und gezeigt, dass die bisherigen theoretischen Vorstellungen über Frequenzfilter, die auf der elementaren Theorie der elektrischen (passiv) und elektronischen (aktiv) Filter basieren, für Anwendungen in der Lautsprechertechnik unzulänglich sind.

Entsprechend der Steilheit ihres Kennlinienverlaufs im Übernahmebereich unterscheidet man

a) Filter mit einem Spannungsfall/Oktave von 6 dB (Filter 1. Ordnung)
b) Filter mit einem Spannungsfall/Oktave von 12 dB (Filter 2. Ordnung)
c) Filter mit einem Spannungsfall/Oktave von 18 dB (Filter 3. Ordnung)
d) Filter mit einem Spannungsfall/Oktave von 24 dB (Filter 4. Ordnung)

Genauer klassifiziert man Frequenzfilter durch Butterworth-Filter, Tschebyscheff-Filter und Bessel-Filter. Butterworth-Filter weisen innerhalb ihres Übertragungsbereichs einen zufriedenstellend geradlinien Frequenzverlauf auf und erst kurz vor der Grenzfrequenz knickt er scharf ab. Tschebyscheff-Filter weisen oberhalb der Grenzfrequenz den steilsten Abfall auf, jedoch verläuft die Frequenzkennlinie im Durchlassbereich welliger als bei Butterworth-Filtern. Den geradlinigsten Übertragungsbereich haben Bessel-Filter, jedoch knickt der Frequenzgang nicht so steil oberhalb der Grenzfrequenz wie bei den anderen beiden Filtertypen auf. Im Folgenden werden nur die in der Lautsprechertechnik am häufigsten benutzten Butterworth-Filter behandelt.

5.3.1 • Frequenzweiche 1.Ordnung mit 6 dB/Oktave

Diese Frequenzweiche stellt die einfachste in der Praxis vorkommende Schaltung dar mit einer einzelnen Induktivität im Tieftonbereich und einer einzelnen Kapazität im Hochtonbereich, wie Abb. 5.29 zeigt. Das eingangsseitig eingespeiste Audiosignal wird, unabhängig von der Frequenz, in zwei nach Betrag und Phase exakt gleiche Ausgangssignale aufgeteilt. Falls die räumlich nicht koinzidierenden Tief- und Hochtonchassis in der gleichen akustischen Ebene vertikal übereinander liegen und einen Abstand von einer Wellenlänge haben ($d = l/\lambda$), ist für einen Hörer, der in der akustischen Bezugsebene der Kombination sitzt, wo also der Abstand zu den beiden Lautsprechern gleich groß ist, die Summe der beiden Ausgangssignale von beiden Lautsprechern unabhängig von der Frequenz.

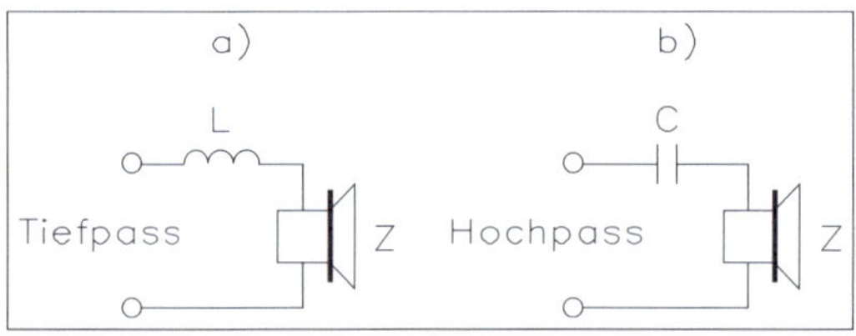

Abb. 5.29 • Schaltung einer Frequenzweiche 1.Ordnung mit einem Spannungsfall/Oktave von 6 dB.

Die Berechnungen für den Kondensator und die Spule in der Grenzfrequenz f_g lauten

$$C = \frac{1}{2 \cdot \pi \cdot Z \cdot f_g} \qquad L = \frac{Z}{2 \cdot \pi \cdot f_g}$$

Für eine Hörposition außerhalb der akustischen Bezugsachse ändert sich jedoch die Summe der Ausgangssignale von beiden Lautsprechern mit der Frequenz. Außerdem weisen die beiden Lautsprecher eine Phasendifferenz von 90° auf, sodass die Summe der beiden Ausgangssignale verschieden ist für Hörpositionen oberhalb und unterhalb der Bezugsachse. Im Überlappungsbereich der Weiche, wo beide Lautsprecher gleich viel zur Strahlung beitragen, kommt der maximale Schalldruck bei einem Winkel von 14° unterhalb der Bezugsachse zustande, wie Abb. 5.30 zeigt.

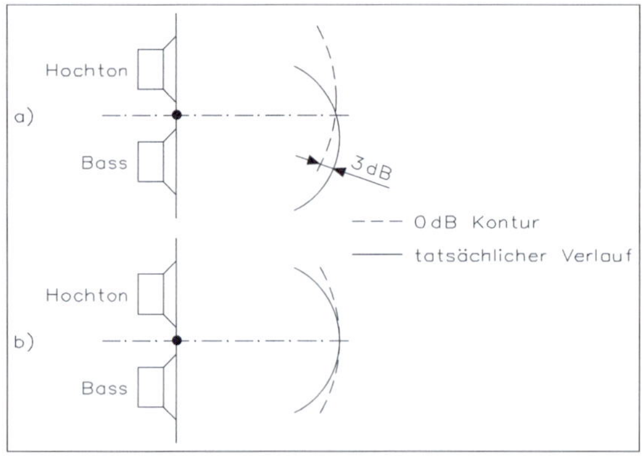

Abb. 5.30 • Vertikales Polardiagramm einer aus Bass- und Hochtonlautsprecher bestehenden Lautsprecherkombination mit Frequenzweiche ungerader a) und gerader Ordnung b).

Wegen des breiten Überlappungsbereichs der beiden Lautsprecher ist das Richtdiagramm einer solchen Lautsprecherkombination innerhalb von zwei Oktaven gegen die akustische Bezugsachse geneigt. Außerdem erhalten bei Anwendung einer Frequenzweiche 1.Ordnung der Hochtöner zu viel tiefe und der Tieftöner zu viele hohe Frequenzen zugeführt, sodass die Lautsprecher in Frequenzbereichen arbeiten, wo sie keine günstigen elektroakustischen Eigenschaften aufweisen. Die Lautsprecher müssten unter diesen Betriebsbedingungen innerhalb vier Oktaven einen regelmäßigen Verlauf der Übertragungskennlinien aufweisen, eine Bedingung, die in der Praxis kaum vorkommt. Frequenzfilter 1.Ordnung kommen daher zum Aufbau von Lautsprecherkombinationen aus den zuletzt erwähnten Gründen kaum zum Einsatz.

Für eine Frequenzweiche sind der Kondensator und die Spule zu berechnen. Beide Lautsprecher haben eine Impedanz von Z = 8 Ω. Welche Werte ergeben sich bei der Übertragungsfrequenz von f_{gu} = 500 Hz und f_{go} = 2 kHz?

$$C = \frac{1}{2 \cdot \pi \cdot Z \cdot f_{go}} = \frac{1}{2 \cdot 3{,}14 \cdot 8\Omega \cdot 2kHz} = 2nF$$

$$L = \frac{Z}{2 \cdot \pi \cdot f_{gu}} = \frac{8\Omega}{2 \cdot 3{,}14 \cdot 500Hz} = 2{,}54mH$$

5.3.2 • Frequenzweiche 2.Ordnung mit 12 dB/Oktave

Die Frequenzweiche 2.Ordnung liefert ein symmetrisches Strahlungsdiagramm, das in der akustischen Bezugsebene der Lautsprecherkombination frequenzunabhängig ist. Leider kommt bei der Trennfrequenz der Frequenzweiche ein Anstieg des Schalldrucks um 3 dB zustande, wie Abb. 5.31 zeigt.

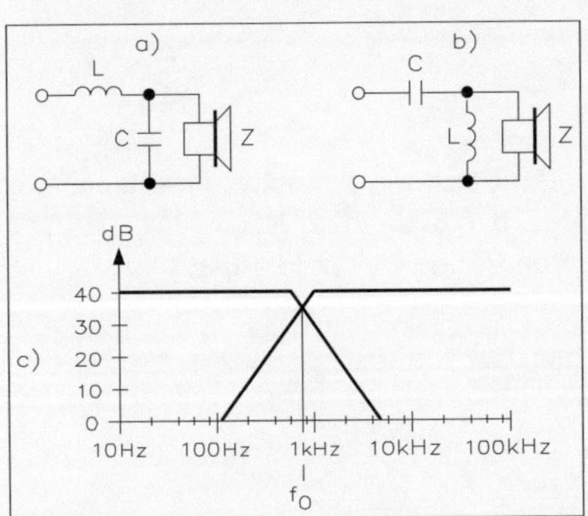

Abb. 5.31 • Ansteuerung eines Lautsprechers mit einer Frequenzweiche 2.Ordnung und einem Spannungsfall/ Oktave von 12 dB.

Eine Frequenzweiche 2.Ordnung arbeitet mit einer LC- und/oder CL-Kombination. Die Berechnungen für Kondensator und Spule für die Grenzfrequenz f_g lauten

$$C = \frac{1}{2 \cdot \pi \cdot Z \cdot f_g} \qquad L = \frac{Z}{2 \cdot \pi \cdot f_g}$$

Für eine Frequenzweiche sind der Kondensator und die Spule zu berechnen. Beide Lautsprecher haben eine Impedanz von Z = 4 Ω. Welche Werte ergeben sich bei der Übertragungsfrequenz von f_{gu} = 1 kHz und f_{go} = 2 kHz?

$$L = \frac{Z}{2 \cdot \pi \cdot f_{gu}} = \frac{4\Omega}{2 \cdot 3{,}14 \cdot 1kHz} = 634mH$$

$$C = \frac{1}{2 \cdot \pi \cdot Z \cdot f_{go}} = \frac{1}{2 \cdot 3{,}14 \cdot 4\Omega \cdot 2kHz} = 20nF$$

Hoch- und Tieftöner müssen gegenphasig gepolt sein. Werden diese beiden Lautsprecher gleichphasig zusammengeschaltet, so heben sich die Ausgangssignale der beiden Lautsprecher bei der Übernahmefrequenz gegenseitig auf und in der Übertragungskennlinie der Lautsprecherkombination entsteht ein Loch. Für hohe Forderungen an die Qualität der Lautsprecherwiedergabe ist ein Spannungsfall von 12 dB/Oktave noch zu gering. Der zusätzliche Pegelanstieg von 3 dB bei der Trennfrequenz schränkt die Anwendbarkeit von Butterworth-Frequenzfiltern 2.Ordnung auf Lautsprecherkombinationen hoher Qualität ein.

5.3.3 • Frequenzweiche 2.Ordnung für Mitteltonlautsprecher

Bei einem Mitteltonlautsprecher müssen die unteren und die oberen Frequenzen unterdrückt werden.

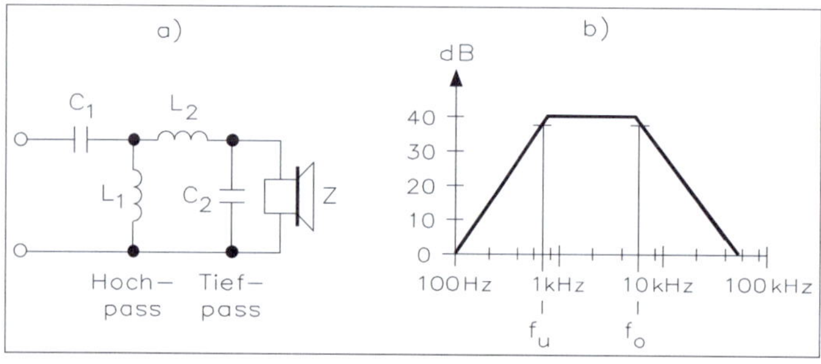

Abb. 5.32 • Frequenzweiche 2.Ordnung (Bandpass) für einen Mitteltonlautsprecher mit einem Spannungsfall/ Oktave von 12 dB.

Bei der Ansteuerung eines Mitteltonlautsprechers lässt sich ein Bandpass einsetzen, wie Abb. 5.32 zeigt. Hier wird ein Bandpass verwendet, der aus einem Hoch- und Tiefpass besteht. Der Hochpass besteht aus den Komponenten C_1 und L_1, der Hochpass aus C_2 und L_2. Die Berechnung erfolgt

Für den Tiefpass: $C_1 \approx \frac{0{,}112}{f_u \cdot Z}$ $\qquad L_1 = \frac{0{,}225 \cdot Z}{f_o}$

Für den Hochpass: $C_2 \approx \frac{0{,}112}{f_o \cdot Z}$ $\qquad L_2 = \frac{0{,}225 \cdot Z}{f_o}$

Für eine Frequenzweiche sind der Kondensator und die Spule für einen Mitteltonlautsprecher zu berechnen. Beide Lautsprecher haben eine Impedanz von Z = 8 Ω. Welche Werte ergeben sich bei der Übertragungsfrequenz von f_u = 500 Hz und f_o = 3 kHz?

Für den Tiefpass: $C_1 \approx \frac{0{,}112}{f_u \cdot Z} \approx \frac{0{,}112}{500Hz \cdot 8\Omega} \approx 28nF$

$$L_1 \approx \frac{0{,}225 \cdot Z}{f_o} \approx \frac{0{,}225 \cdot 8\Omega}{500Hz} \approx 3{,}6mH$$

Für den Hochpass: $C_2 \approx \frac{0{,}112}{f_o \cdot Z} \approx \frac{0{,}112}{3kHz \cdot 8\Omega} \approx 4{,}6nF$

$$L_2 \approx \frac{0{,}225 \cdot Z}{f_o} \approx \frac{0{,}225 \cdot 8\Omega}{3kHz} \approx 0{,}6mH$$

5.3.4 • Frequenzweiche 3.Ordnung mit einem Spannungsfall/Oktave von 18 dB

Butterworth-Filter 3.Ordnung weisen eine Flankensteilheit von 18 dB/Oktave auf. Das bietet die Gewähr, dass den angeschlossenen Lautsprechern nur diejenigen Frequenzen zugeführt werden, wo sie optimal günstige Übertragungseigenschaften aufweisen. Falls die Lautsprecher gegenphasig zusammengeschaltet werden, ist auch die Phasenverzerrung gering. Von Nachteil ist, dass das Richtdiagramm der Lautsprecherkombination nicht symmetrisch in Bezug auf die Lautsprecherbezugsachse ist, wie 5.33 zeigt.

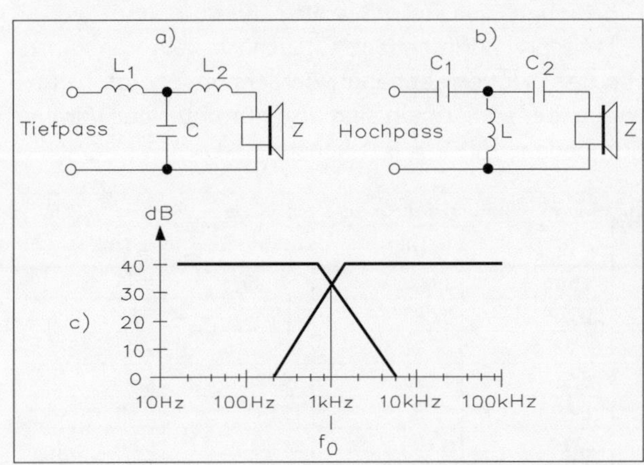

Abb. 5.33 • Schaltung einer Frequenzweiche 3.Ordnung mit einem Spannungsfall/Oktave von 18 dB.

Die Berechnungen für Kondensatoren und Spulen für die Grenzfrequenz f_g lauten

$$C_1 = \frac{2}{3 \cdot \pi \cdot Z \cdot f_g} \qquad L_1 = \frac{3 \cdot Z}{4 \cdot \pi \cdot f_g}$$

$$C_2 = \frac{1}{3 \cdot \pi \cdot Z \cdot f_g} \qquad L_2 = \frac{Z}{4 \cdot \pi \cdot f_g}$$

$$C_3 = \frac{1}{\pi \cdot Z \cdot f_g} \qquad L_3 = \frac{3 \cdot Z}{8 \cdot \pi \cdot f_g}$$

$$Z = \sqrt{R^2 + (\omega \cdot L)^2}$$

Abb. 5.34 zeigt den grundsätzlichen Verlauf der Dämpfung für Frequenzfilter 1., 2., und 3. Ordnung.

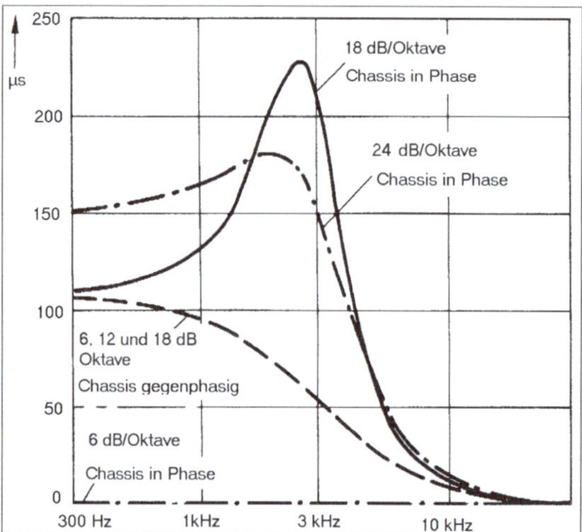

Abb. 5.34 • Grundsätzlicher Verlauf der Dämpfung für Frequenzfilter 1., 2., und 3. Ordnung.

Tabelle 5.4 zeigt die L- und C-Werte für verschiedene Trennfrequenzen für ein Butterworth-Filter 3. Ordnung. Die Werte beziehen sich auf eine Abschlussimpedanz von Z = 8 Ω. Es ist zu beachten, dass die Lautsprecherimpedanz tatsächlich kein konstanter Wert ist, sondern dass er vielmehr von der Frequenz abhängt. Berechnungen von C- und L-Werten nach Tabelle 5.4 bzw. die angegebenen Formeln sind also nur unter der Voraussetzung gültig, dass die Lautsprecherimpedanz mit Z = 8 Ω konstant ist.

$$C_3 = \frac{1}{2 \cdot \pi \cdot Z \cdot f_g \cdot 1{,}8856}$$

Tabelle 5.4 • Frequenzweiche 3.Ordnung mit einem Spannungsfall/Oktave von 18 dB.

f_c (Hz)	L_1 (mH)	L_2 (mH)	C_1 (µF)	C_2 (µF)	C_3 (µF)	L_3 (mH)
110,00	19,10	6,37	265,26	132,63	397,89	9,55
251,19	7,60	2,53	105,60	52,80	158,40	3,80
398,11	4,80	1,60	66,63	33,31	99,94	2,40
1000.00	1,91	0,64	26,53	13,26	39,79	0,95
2511,98	0,76	0,25	10,56	5,28	15,84	0,38
3162,28	0,60	0,20	8,39	4,19	12,58	0,30
3981,07	0,48	0,16	6,66	3,33	9,99	0,24

5.3.5 • Frequenzweiche 4.Ordnung mit einem Spannungsfall/Oktave von 24 dB

Butterworth-Filter 4.Ordnung zeichnen sich, abgesehen von der großen Flankensteilheit der Dämpfung dadurch aus, dass die Achse der Strahlungskennlinie mit der Lautsprecherbezugsachse übereinstimmt und unabhängig von der Frequenz ist. Abb. 5.35 zeigt eine Frequenzweiche 4.Ordnung. Die Berechnungen für Kondensatoren und Spulen für die Grenzfrequenz f_g lauten

$$C_1 = \frac{1{,}5910}{2 \cdot \pi \cdot Z \cdot f_g} \qquad L_1 = \frac{1{,}8856 \cdot Z}{2 \cdot \pi \cdot f_g}$$

$$C_2 = \frac{0{,}35355}{2 \cdot \pi \cdot Z \cdot f_g} \qquad L_2 = \frac{0{,}94281 \cdot Z}{2 \cdot \pi \cdot f_g}$$

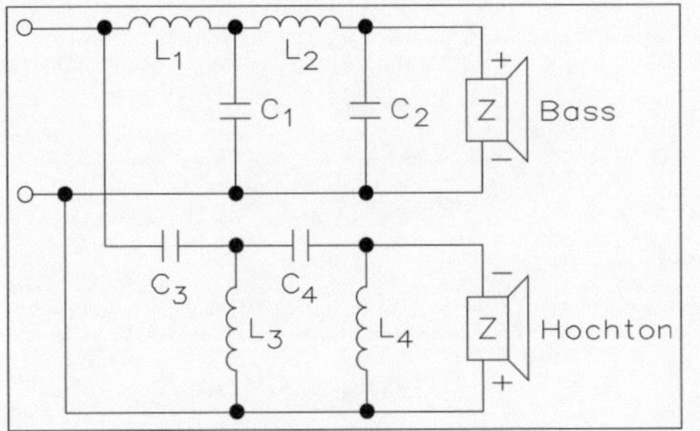

Abb. 5.35 • Frequenzweiche 4.Ordnung mit einem Spannungsfall/Oktave von 24 dB.

$$C_3 = \frac{1}{2 \cdot \pi \cdot Z \cdot f_g \cdot 1{,}8856} \qquad L_3 = \frac{Z}{2 \cdot \pi \cdot f_g \cdot 1{,}5910}$$

$$C_4 = \frac{1}{\pi \cdot Z \cdot f_g \cdot 0{,}94281} \qquad L_4 = \frac{Z}{2 \cdot \pi \cdot f_g \cdot 0{,}35355}$$

$$Z = \sqrt{R^2 + (\omega \cdot L)^2}$$

Es ist notwendig, dass Tiefton- und Hochtonlautsprecher von der gleichen akustischen Ebene strahlen. Das lässt sich dadurch erreichen, dass die beiden Lautsprecher vertikal übereinander gesetzt und in der Horizontalebene gegenseitig so verschoben werden, dass die akustischen Zentren der beiden Lautsprecher übereinander liegen. Auchbei anderen Lautsprecherkombinationen ist es günstig, wenn die akustischen Zentren der einzelnen Lautsprecher von der gleichen akustischen Ebene strahlen. Lautsprecherboxen, die unter diesem Gesichtspunkt aufgebaut sind, werden gelegentlich als „phasenlineare Lautsprecher" bezeichnet, aber diese Definition hat keine physikalische Realität. Auch wenn die Lautsprecher einer Kombination von der gleichen akustischen Ebene strahlen, wird noch keine Phasenlinearität erhalten, weil zahlreiche weitere Parameter dafür mitbestimmend sind.

Die Formeln dienen zur Berechnung der L- und C-Werte für die Induktivitäten und Kapazitäten eines Butterworth-Filters 4. Ordnung.

Beispiel: Z = 8 Ω und f_g = 3 kHz

L_1 = 0,8 mH, L_2 = 0,4 mH, L_3 = 0,266 mH, L_4 = 1,2 mH
C_1 = 10,5 µF, C_2 = 2,3 µF, C_3 = 3,51 µF, C_4 = 7,04 µF

Es wird wieder vorausgesetzt, dass die Schwingspulenimpedanz einen frequenzunabhängigen und konstanten Wert Z = 8 Ω hat.

Die Anwendung eines Butterworth Filters 4.Ordnung eliminiert die frequenzabhängige Neigung des Richtstrahldiagramms bei Filter 3.Ordnung. Die beiden Lautsprecherchassis müssen aber so angeordnet werden, dass sie in der gleichen akustischen Ebene liegen, da andernfalls das Richtstrahldiagramm in der Umgebung der Übernahmefrequenz der Weiche geneigt wird. Der vertikale Abstand der beiden Chassis voneinander muss so klein als möglich sein.

6 • Aktive Filterschaltungen

Filter wirken auf elektrische Signale in verschiedener Hinsicht ein. Sie haben Einfluss auf die Signalamplitude, die Signalform (den zeitlichen Verlauf) und die Signallaufzeit.

Bei reinen Sinusspannungen verändern lineare Filter die Spannungsform nicht. In Abhängigkeit von der Frequenz f bzw. $\omega = 2 \cdot \pi \cdot f$ ändern sie aber das Amplitudenverhältnis von Aus- und Eingangsspannung $A = |U_a/U_e|$ oder $|U_2/U_1|$ sowie den Phasenwinkel zwischen Aus- und Eingangsspannung $\beta = \varphi\ (U_a, U_e)$. Bei modulierten Sinusspannungen ist außerdem die Gruppenlaufzeit $\tau = d\beta/d\omega$ von Interesse. Bei Spannungssprüngen spielen die Anstiegszeit und die Einschwingzeit eine Rolle.

6.1 • Grundschaltungen von aktiven Filtern

Normalerweise werden Filter in Bezug auf ihr Frequenzverhalten beurteilt und benannt. Tabelle 6.1 zeigt die verschiedenen Filterarten mit ihrem frequenzabhängigen Übertragungsverhalten. Die komplexe Übertragungsfunktion beschreibt dabei das Filter vollständig. Aus ihr lassen sich das Amplitudenübertragungsmaß A, der Übertragungswinkel β und die Gruppenlaufzeit τ berechnen. Angegeben ist A als Rechenausdruck und als Diagramm in Abhängigkeit von der Frequenz. Da die Frequenz eine relative Größe ist – die lediglich aus der willkürlichen Festlegung des Zeitmaßstabes beruht – bezieht man sich zweckmäßigerweise auf die Grenz- oder Eckfrequenzen f_g oder f_o bzw f_{gu} des jeweiligen

Tabelle 6.1 • Beispiele von Filterarten 1.Ordnung mit der Eckfrequenz $f_g = \frac{1}{2 \cdot \pi \cdot R \cdot C}$

Filter (Benennung)	Kurzzeichen	Übertragungsfunktion F = $\lvert U_1/U_2 \rvert$	Amplitudengang A = $\lvert U_1/U_2 \rvert$
Integrator	I	$F_I = \frac{1}{j\left(\frac{f}{f_g}\right)}$	$A_I = \frac{f_g}{f}$
Diffenzierer	D	$F_D = j\left(\frac{f}{f_g}\right)$	$A_D = \frac{f}{f_g}$
Tiefpass	TP	$F_{TP} = \frac{1}{\left(1 + j\frac{f}{f_g}\right)}$	$F_{TP} = \frac{1}{\sqrt{1 + \left(\frac{f}{f_g}\right)^2}}$
Hochpass	HP	$F_{HP} = \frac{j\frac{f}{f_0}}{j\left(1 + j\frac{f}{f_g}\right)}$	$A_{HP} = \frac{1}{\sqrt{1 + \left(\frac{f_g}{f}\right)^2}}$
Bandpass	BP	$F_{BP} = F_{TP} \cdot F_{HP}$	$A_{BP} = A_{TP} \cdot A_{HP}$
Bandsperre	BS	$F_{BS} = F_{TP} + F_{HP}$	$A_{BS} = A_{TP} + A_{HP}$

Filters. Das ist jene Frequenz, bei beispielsweise die Blindwiderstände gerade so groß sind wie die Wirkwiderstände oder bei der das Amplitudenübertragungsmaß um 3 dB zurückgegangen ist. Da der Bandpass auf die Bandsperre zwei Eckfrequenzen f_{g1} und f_{g2} bzw. f_u und f_o aufweist, kann man sich hier auf eine dieser Frequenzen oder die Mittelfrequenz $f_m = \sqrt{f_{g1} \cdot f_{g2}}$ beziehen. Tabelle 6.1 zeigt Beispiele von Filterarten 1. Ordnung.

Es handelt sich um Filter der einfachsten Art mit jeweils einem einzigen RC-Glied für jede Frequenzgrenze. Solche Filter nennt man Filter 1.Ordnung. Jenseits der jeweiligen Grenzfrequenz nimmt das Amplitudenübertragungsmaß A um 6 dB/Oktave zu oder ab, während der Übertragungswinkel β sich dem Wert von 90° nähert. Der Bandpass entsteht durch eine Reihenschaltung von Tief- und Hochpass die Bandsperre durch eine Parallelschaltung. Die Signalform am Filterausgang tritt ein, wenn am Eingang ein Signalsprung auftritt.

Solche Filter 1.Ordnung sind mathematisch noch verhältnismäßig einfach zu beschreiben. Die Filter höherer Ordnung, die viel schärfer zwischen einem Sperr- und dem Durchlassbereich unterscheiden können, sind mathematisch nicht mehr so einfach zu erfassen. Anstelle der komplexen Übertragungsfunktion gibt man hier nur noch deren Null- und Unendlichkeitsstellen (Polstellen) in der komplexen Zahlenebene an, da dies zur Kennzeichnung ausreichend ist. Filter höherer Ordnung lassen bei gleicher Ordnungszahl außerdem eine große Vielfalt von Durchlass- und Sperrkennlinien zu.

Hier soll nur das für die Praxis Wichtigste mit dem geringstmöglichen mathematischen Aufwand behandelt werden und das soll in die Grenzfrequenz überführen. Der am meisten verwendete Filter ist der Tiefpass, daher ist es angebracht, zuerst einmal den Tiefpass und die Möglichkeiten seiner Verwirklichung zu behandeln. Durch Austausch der Blind- und Wirkwiderstände lässt er sich leicht in einen Hochpass gleicher Grenzfrequenz überführen.

6.1.1 • Integrierer und Tiefpass

In Abb. 6.1 ist die Schaltung eines Integrierers gezeigt, wenn man die Schaltung mit einer Rechteckspannung ansteuert. Hat man dagegen eine sinusförmige Wechselspannung am Eingang, ergibt sich der Tiefpass 1.Ordnung.

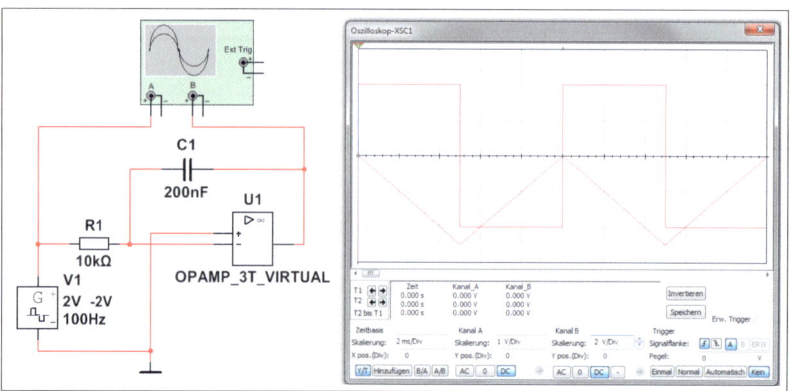

Abb. 6.1 • Simulation eines Integrierers.

Wie die Schaltung von Abb. 6.1 zeigt, lassen sich Integratoren in Verbindung mit Operationsverstärkern einfach realisieren. Die rechteckförmige Eingangsspannung mit +2 V und −2 V liegt am Widerstand R an, und über den Kondensator C wird die Ausgangsspannung gegengekoppelt.

Nach der Kirchhoffschen Regel gilt für den virtuellen Nullpunkt der Schaltung:

$$I_1 + I_2 = 0$$

oder

$$I_1 = -I_2$$

Diese Gleichung kann mit den Beziehungen für I_1 und I_2 umgeschrieben werden:

$$I_1 = \frac{U_1}{R} \qquad I_2 = \frac{dU_2}{dt} \cdot C$$

Daraus folgt

$$\frac{U_1}{R} = \frac{dU_2}{dt} \cdot C$$

Wird diese Gleichung nach der Ausgangsspannung dU_2 umgestellt und über t integriert, ergibt sich

$$-U_2 = \frac{1}{R \cdot C} \int_0^t U_1 dt + C$$

Diese Gleichung für die Ausgangsspannung ist dann richtig, wenn zum Zeitpunkt t = 0 die Ausgangsspannung den Wert V hat. Ansonsten ist die Konstante C zu bestimmen.

Beispiel: Wie groß ist die Änderungsgeschwindigkeit, wenn man einen Integrator mit R = 10 kΩ und C = 200 nF hat? Die Eingangsspannung beträgt U_1 = 2 V.

$$-U_2 = \frac{1}{R \cdot C} \cdot U_1 = \frac{1}{10k\Omega \cdot 200nF} \cdot 2V = -1000V/s$$

Am Ausgang des Integrators hat man eine Änderungsgeschwindigkeit von 1 kV/s. Bei dieser Berechnung geht man davon aus, dass die Ausgangsspannung U_2 = 0 V hat. Hat die Ausgangsspannung zum Zeitpunkt t = 0 einen Wert U_0, hat die Gleichung des Integrators die folgende Form:

$$-U_2 = \frac{1}{R \cdot C} \int_0^t U_1 dt + U_0$$

Die Spannung U_0 kann ein positives oder negatives Vorzeichen aufweisen. Normalerweise arbeitet ein Integrator ohne Verzögerungszeit. Ist aber die Anstiegsgeschwindigkeit am Eingang sehr groß, kann es eine gewisse Zeit dauern, bis am Ausgang ein Signal erscheint.

Bei der Schaltung handelt es sich im Wesentlichen um einen Integrator, der aber nicht mit Gleichspannung, sondern mit Wechselspannung unterschiedlicher Frequenzen arbeitet. Legt man eine Gleichspannung (Nullfrequenz) an den Eingang. wird der Ausgang des Operationsverstärkers so lange kontinuierlich linear ansteigen, bis der Wert der Betriebsspannung erreicht ist.

Mathematisch kann die Übertragungsfunktion für die Bedingung R_1 und C_1 abgeleitet werden zu:

$$\frac{U_2}{U_1} = \frac{X_C}{R} = \frac{1/sC}{R} = \frac{\omega_0}{s}$$

wobei s die komplexe Frequenz darstellt, die sich aus Real- und Imaginärteil, $\delta + j\omega$, zusammensetzt und $\omega_0 = 1/(R \cdot C)$ ist. Die Formel bestätigt, dass die Verstärkung umgekehrt proportional zur Frequenz ist.

Als nächstes soll nochmals ein passiver RC-Tiefpass betrachtet werden. Seine komplexe Übertragungsfunktion lässt sich beschreiben mit

$$\frac{U_2}{U_1} = \frac{1/sC}{R + 1/sC} = \frac{1}{R + sRC} = \frac{\omega_0}{s + \omega_0}$$

Mit s = 0 reduziert sich die Funktion auf ω_0/ω_0, also auf den Wert 1. Mit s gegen unendlich geht der Wert der Funktion gegen null. Das ist sinnvoll, da es sich um einen Tiefpass handelt. Entsprechend wird bei $s = -\omega_0$ der Nenner der Funktion zu null, wodurch der Funktionswert unendlich wird.

Das aktive RC-Tiefpassfilter 1.Ordnung besteht aus einem Operationsverstärker, der in der Gegenkopplung einen Kondensator hat. Der Kondensator bildet einen frequenzabhängigen Widerstand, mit dem der Verstärkungsfaktor des Filters bestimmt wird. Abb. 6.1 zeigt die Schaltung eines aktiven RC-Tiefpassfilters 1.Ordnung, aber die Eingangsspannung muss gegen eine sinusförmige Spannung ausgetauscht werden. Dies gilt auch für das Messgerät, statt einem Oszilloskop kommt der Bode-Plotter zum Einsatz.

Sowohl beim Integrator als auch beim RC-Tiefpass geht bei nach unendlich verlaufenden Frequenzen die Antwort gegen null. Dies bedeutet einen Wert von null für $s = \infty$. Obwohl sich dieser Wert null über einen weiten Bereich in der Ebene erstreckt, betrachtet man ihn als einen einzigen Wert.

Wie sieht nun die Frequenzabhängigkeit der komplexen Übertragungsfunktion aus? Betrachtet man die Antwort von Schaltungen auf Wechselstromsignale (AC), wird für die Impedanz einer Spule der Ausdruck $j\omega L$ und für die Impedanz des Kondensators der Ausdruck $1/j\omega C$ verwendet. Untersucht man Übergangsvorgänge (Transienten), lauten die entsprechenden Ausdrücke für die Impedanz sL und 15 V. Die Ähnlichkeit ist sofort ersichtlich, da $j\omega$ in der Wechselstromanalyse der Imaginärteil von s ist und s sich, wie erwähnt, aus dem Realteil ω und dem Imaginärteil $j\omega$ zusammensetzt. Ersetzt man in einer beliebigen der bisherigen Gleichungen s durch $j\omega$, so erhält man direkt die Antwort auf die entsprechende Kreisfrequenz ω.

Die Berechnung des aktiven Tiefpassfilters 1.Ordnung erfolgt mit den folgenden Gleichungen:

$$R_2 = \frac{a_1}{2 \cdot \pi \cdot f \cdot C_1} \qquad R_1 = \frac{R_2}{|V_0|}$$

Der Widerstand R_2 ist mit dem Kondensator C_2 parallelgeschaltet.

Der Wert a_1 ist der Tabelle 6.2 für die Filterkoeffizienten der optimierten Frequenzgänge zu entnehmen. Hier wurde a_1 = 1 eingesetzt. Die Grenzfrequenz f_g wird entsprechend der Anwendung gewählt, der Wert V_0 ist die Verstärkung bei f = 0.

Beispiel: Ein aktives Tiefpassfilter 1.Ordnung soll eine Grenzfrequenz von f_g = 1 kHz aufweisen, und es steht ein Kondensator mit C = 200 nF zur Verfügung. Wie groß sind die Widerstandswerte R_1 und R_2?

$$R_2 = \frac{a_1}{2 \cdot \pi \cdot f \cdot C_1} = \frac{1{,}0000}{2 \cdot 3{,}14 \cdot 1kHz \cdot 200nF} = 796\Omega$$

$$R_1 = \frac{R_2}{|V_0|} = \frac{796\Omega}{1} = 796\Omega$$

In der Berechnung von R_1 wurde die Verstärkung V_0 = 1 gewählt. Beide Widerstandswerte sind aus der E96-Reihe.

Tabelle 6.2 • Verlauf der Anstiegsgeschwindigkeit, das Überschwingen und die Einstellzeit bei verschiedenen Filterfunktionen der Ordnungszahl n

Ordnung	Filterkoeffizienten		Filtertyp
	a_1	b_1	
1.Ordnung	1,0000	0,0000	alle Typen
2.Ordnung	1,2872	0,4142	KR
	1,3617	0,6180	BE
	1,4142	1,0000	BU
	1,3614	1,3827	T½
	1,3022	1,5515	T1
	1,1813	1,7775	T2
	1,0650	1,9305	T3

Anmerkung: KR = Filter (Gauß) mit kritischer Dämpfung
BE = Bessel-Filter
BU = Butterworth-Filter
T½ = Tschebyscheff-Filter mit 0,5-dB-Welligkeit
T1 = Tschebyscheff-Filter mit 1-dB-Welligkeit
T2 = Tschebyscheff-Filter mit 2-dB-Welligkeit
T3 = Tschebyscheff-Filter mit 3-dB-Welligkeit

6.1.2 • Differenzierer und Hochpass

In Abb. 6.2 ist die Schaltung eines Differenzierers gezeigt, wenn man die Schaltung mit einer Rechteckspannung ansteuert. Hat man dagegen eine sinusförmige Wechselspannung am Eingang, ergibt sich der Hochpass 1.Ordnung.

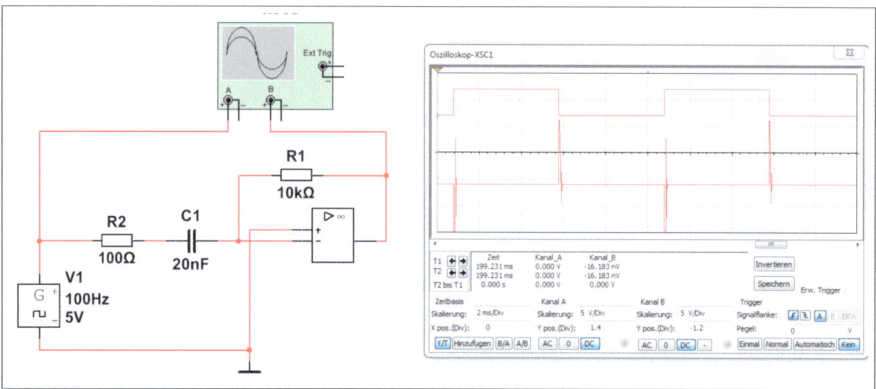

Abb. 6.2 • Simulation eines Differenzierers.

Während Integrierer in der analogen Rechentechnik eingesetzt werden können, ist dies bei einem Differenzierer nicht der Fall, da die realen Bedingungen nicht erfüllt sind. Die Schaltung von Abb. 6.2 zeigt einen Differenzierer mit Spannungsdiagramm.

Befindet sich die Eingangsspannung U_1 auf 0 V, ist der Kondensator C_1 entladen und hat einen sehr niedrigen Innenwiderstand. Ändert man nun sprunghaft die Eingangsspannung, geht der Ausgang des Operationsverstärkers sofort in seine positive oder negative Sättigung. In dem vorliegenden Beispiel tritt ein positiver Spannungssprung auf und der Ausgang des Operationsverstärkers geht in die negative Sättigung.

Durch die negative Ausgangsspannung kann sich der Kondensator C_1 über den Widerstand R_1 nach einer e-Funktion aufladen. Durch diese Aufladung ändert sich die Spannung an dem Kondensator, und die Ausgangsspannung am Operationsverstärker geht auf 0 V zurück. Es entsteht am Ausgang des Operationsverstärkers ein negativer Spannungsimpuls, den man auch als „Spike" bezeichnet. Die Ausgangsspannung lässt sich berechnen nach

$$-U_2 = R \cdot C \cdot \frac{dU_1}{dt}$$

Bei der Schaltung handelt es sich um eine Grundschaltung, die sich zwar verbessern lässt, aber in der Praxis finden Differenzierer keine vernünftigen Anwendungsmöglichkeiten.

Am Eingang befindet sich der Kondensator C als frequenzabhängiger Blindwiderstand und in der Gegenkopplung der Widerstand R_1. Legt man eine Gleichspannung (Frequenz null) an die Differentiation, wird der Ausgang nur einen kurzen Impuls erzeugen, der von null nach unendlich und dann sofort wieder nach null zurückgeht.

Betreibt man ein passives Hochpassfilter mit einer Gleichspannung, hat der Kondensator einen kapazitiven Blindwiderstand, der praktisch unendlich ist. Am Ausgang der Schaltung misst man eine Spannung von U_1 = 0 V. Mit zunehmender Frequenz wird der kapazitive Blindwiderstand geringer und die Ausgangsspannung steigt.

Die Ausgangsspannung U_2 für einen passiven Hochpass 1. Ordnung lässt sich berechnen nach

$$U_2 = U_1 \cdot \frac{R}{\sqrt{R^2 + X_C^2}} = U_1 \cdot \frac{R}{\sqrt{R^2 + \left[\frac{1}{2 \cdot \pi \cdot f \cdot C}\right]^2}}$$

Mit zunehmender Frequenz nimmt die Ausgangsspannung U_1 zu, wenn die Amplitude der Eingangsspannung U_1 als konstant betrachtet wird.

Aus diesem Verhalten lässt sich ein aktives Hochpassfilter 1. Ordnung realisieren, wie Abb. 6.2 zeigt. Als Spannungsquelle dient ein Sinusgenerator und als Messgerät der Ausgangsspannung ein Bode-Plotter.

Den Kondensator C_1 und der Widerstand R_2 errechnen sich aus

$$C_1 = \frac{1}{2 \cdot \pi \cdot f_g \cdot a_1 \cdot R_1} \qquad R_2 = R_1 \cdot |V_0|$$

Der Faktor a_1 ist der Filterkoeffizient und ist der Tabelle 6.2 für optimierte Frequenzgänge zu entnehmen. Die Grenzfrequenz f_g wird entsprechend der Anwendung gewählt, der Wert V∞ ist die Verstärkung für f → ∞.

6.1.3 • Aktiver Tiefpass

Ein aktiver Tiefpass besteht aus einem passiven RC-Tiefpass und einem Operationsverstärker mit einer Elektrometerschaltung. Nicht nur in der Messpraxis, sondern in der gesamten Elektronik benötigt man Impedanzwandler. Impedanzwandler sind Verstärker mit v = 1, die das Eingangssignal nicht invertieren, einen extrem hohen Eingangswiderstand aufweisen und einen Ausgangswiderstand bzw. Impedanz mit dem Standardwert von R_a = 60 Ω besitzen. Impedanzwandler bezeichnet man auch als Elektrometerverstärker.

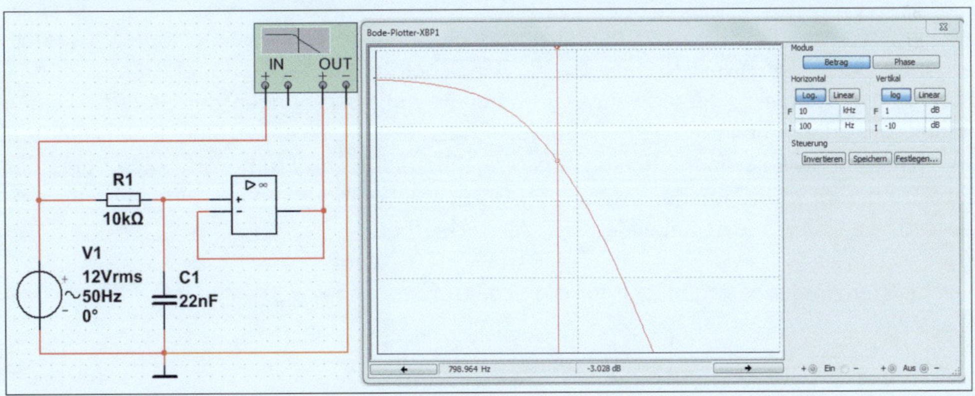

Abb. 6.3 • Aktiver Tiefpass mit Elektrometerverstärker.

Die Abb. 6.3 zeigt den Aufbau eines Elektrometerverstärkers, die Eingangsspannung liegt direkt am nicht invertierenden Eingang und der Ausgang ist ebenfalls direkt mit dem invertierenden Eingang verbunden, wobei der Widerstand R einen Wert von 0 Ω hat.

Das Problem bei einem Impedanzwandler sind die unterschiedlichen Möglichkeiten in den verschiedenen Technologien. Ein Operationsverstärker besteht im Wesentlichen aus drei Stufen:

- der Eingangsstufe,
- der Verstärkerstufe
- der Endstufe.

Während die Verstärkerstufe und die Endstufe im Wesentlichen identisch sind, kommt es bei der Eingangsstufe zu erheblichen Unterschieden. Die Eingangsstufe beim 741 hat eine Spannungsverstärkung von $V \approx 5$, und am Eingang befinden sich zwei NPN-Transistoren. Der Eingangswiderstand liegt in der Größenordnung von $5 \cdot 10^5\ \Omega$ und ist für viele Anwendungen ausreichend. An der Eingangsstufe kann ein Offsetabgleich (in der Schaltung nicht eingezeichnet) vorgenommen werden. Die Eingangsstufe ist mit der Verstärkerstufe verbunden, bei der eine Signalverstärkung von $v \approx 50000$ erfolgt, womit eine Gesamtverstärkung von $v_{ges} \approx 50000$ erreicht wird. Den Abschluss der Innenschaltung bildet die Endstufe, bei der die Transistoren der Endstufe im AB-Betrieb arbeiten. Arbeitet der Operationsverstärker 741 in einer Elektrometerschaltung, ergibt sich ein Eingangswiderstand von $Z_1 \approx 500\ k\Omega$ und ein Ausgangswiderstand $Z_2 \approx 60\ \Omega$.

Aus dem 741 wurden der ICL8007 und andere Operationsverstärker entwickelt, der an seinen Eingängen mit integrierten Feldeffekttransistoren (FET's) bestückt ist. Natürlich gibt es MOSFET-Transistoren an den Eingängen. Auch hier gibt es drei Funktionseinheiten. In der Eingangsstufe befinden sich die beiden Feldeffekttransistoren mit ihren Konstantstromquellen und dem Offsetabgleich. Die Verstärkerstufe besteht im Wesentlichen aus dem Transistor, wobei der Kondensator die Frequenzkompensation darstellt. Die Ausgangsstufe ist weitgehend mit der Endstufe vom 741 identisch, bei der ein AB-Gegentaktbetrieb vorliegt.

Die Eingangsstufe enthält zwei „bootstrapped" FET-Source-Folger, die ein laterales emittergekoppeltes PNP-Transistorpaar treibt. Bei Schaltungen der Feldeffekttransitorstrukturen in der Source-Folger Anwendung haben Exemplarstreuungen der Steilheit keinen Einfluss auf die Stabilität. Der „bootstrap" hat zwei weitere wichtige Eigenschaften: Die Schaltung erhält dadurch eine ausgezeichnete Gleichtaktunterdrückung, und der Gatestrom wird klein gehalten, wenn hohe Gleichtaktspannungen am Eingang anliegen. Das letztere Problem tritt bei vielen FET-Verstärkern auf.

Welche Grenzfrequenz ergibt sich für die Schaltung aus Abb. 6.3?

$$f_g = \frac{1}{2 \cdot \pi \cdot R \cdot C} = \frac{1}{2 \cdot 3{,}14 \cdot 10k\Omega \cdot 22nF} = 724Hz$$

6.1.4 • Aktiver Hochpass

Ein aktiver Hochpass 1.Ordnung besteht in der Praxis aus einem Widerstand und einem Kondensator. Während ein Hochpass die unteren Frequenzen sperrt und nur die hohen durchlässt, verhält sich ein Tiefpass genau umgekehrt.

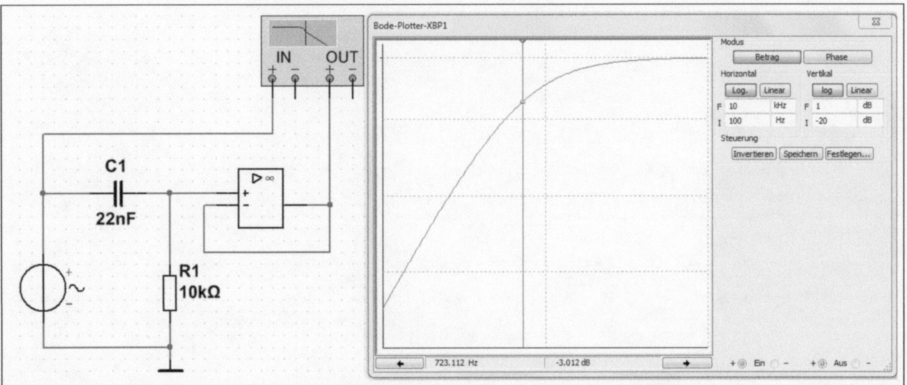

Abb. 6.4 • Simulierter passiver Hochpass 1. Ordnung.

In Abb. 6.4 ist die Schaltung eines Hochpassfilters mit der dazugehörigen Kennlinie gezeigt. Die Amplitude der Eingangsspannung U_1 wird als konstant angenommen. Hat die Eingangsspannung eine niedrige Frequenz, hat der Kondensator einen großen kapazitiven Blindwiderstand X_C. Damit hat man einen frequenzabhängigen Widerstand, der als kapazitiver Blindwiderstand bezeichnet wird.

Der Kondensator C_1 und der Widerstand R_1 bilden einen Spannungsteiler, der von der Frequenz abhängig ist. Je nach Lage des Kondensators und Widerstands ergibt sich ein RC-Hoch- oder Tiefpass. Das Verhältnis zwischen der Ausgangsspannung U_2 im Leerlauf und der Eingangsspannung U_1 ist die Übertragungsfunktion und wird in Dezibel (dB) angegeben. Es gilt die Formel

$$a = 20 \cdot \lg \frac{U_2}{U_1}$$

In Abb. 6.4 treten die Bezeichnungen „6 dB/Oktave" und „20 dB/Dekade" auf. Die erste Bezeichnung eignet sich besser für den Audiobereich Der Ton G hat z. B. eine Frequenz von f = 768 Hz und erhöht sich der Ton auf G', liegt eine Frequenz von 1,536 kHz vor, d. h. bei einer Frequenzänderung von G nach G' oder umgekehrt, erhöht oder verringert sich der Ton um je eine Oktave. Dabei wird die Ausgangsspannung angehoben bzw. abgesenkt, und zwar um 6 dB.

Ändert sich die Frequenz beispielsweise von 100 Hz nach 1 kHz, wird die Ausgangsspannung um 20 dB größer bzw. kleiner, da sich die Frequenz um eine Dekade erhöht bzw. verringert hat.

6.1.5 • Aktiver Bandpass

Schaltet man einen aktiven Tiefpass 1.Ordnung in Reihe mit einem aktiven Hochpass 1. Ordnung, ergibt sich ein aktiver Bandpass wie Abb. 6.5 zeigt. Das aktive RC-Tiefpassfilter 1. Ordnung besteht aus einem Operationsverstärker. Der Kondensator bildet einen frequenzabhängigen Widerstand, mit dem der Verstärkungsfaktor des Filters bestimmt wird.

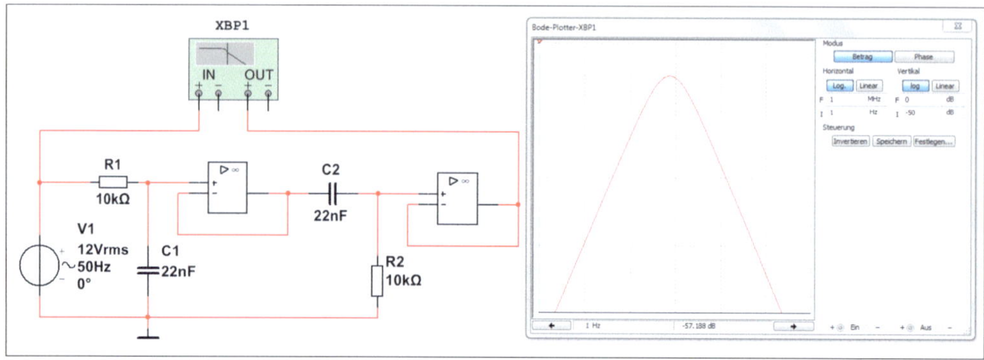

Abb. 6.5 • Simulierter aktiver Bandpass 1.Ordnung.

Nach dem Tiefpass befindet sich ein Hochpass und damit ergibt sich ein Bandpass 1. Ordnung.

6.1.6 • Aktive Bandsperre

Durch die Parallelschaltung eines RC-Hochpassfilters mit einem RC-Tiefpassfilter erreicht man die Funktion einer Bandsperre. d. h. man hat einen Sperrbereich und zwei Durchlassbereiche. Abb. 6.6 zeigt die simulierte Schaltung und die Frequenzkurve für eine RC-Bandsperre.

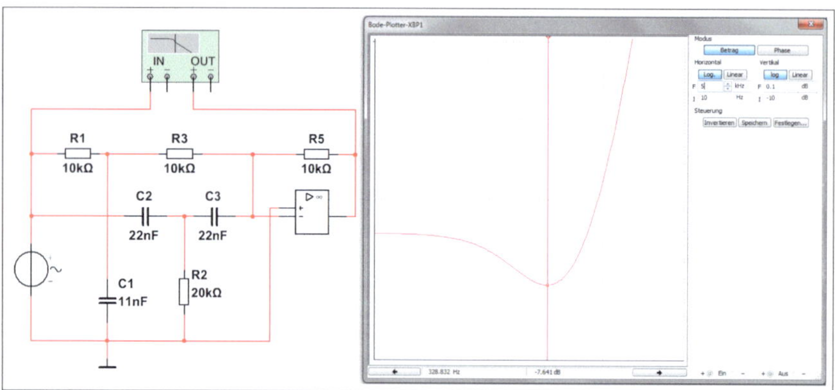

Abb. 6.6 • Schaltung und Frequenzkurve für eine RC-Bandsperre.

Im Wesentlichen handelt es sich um die Parallelschaltung von zwei T-Filtern. Die beiden Kondensatoren C_2 und C_3 bilden zusammen mit dem Widerstand R_2 einen T-Hochpass. Die beiden Widerstände R_2 und R_3, zusammen mit dem Kondensator C_3 dagegen einen T-Tiefpass. Die Berechnung für die Mittenfrequenz f_0 vereinfacht sich, wenn die Bedingung $R_1 = R_2 = 2 \cdot R_1$ und $C_1 = C_2 = \frac{1}{2} \cdot C_3$ erfüllt ist:

$$f_0 = \frac{1}{2 \cdot \pi \cdot R \cdot C}$$

Diese Mittenfrequenz f_0 entspricht, der Grenzfrequenz für den RC-Tiefpass und den RC-Hochpass. Während der RC-Tiefpass hei der Grenzfrequenz eine Phasenverschiebung von $\varphi = -45°$ aufweist, tritt beim RC-Hochpass eine Phasenverschiebung von $\varphi = +45°$ auf. Bei einer RC-Bandsperre hat man bei der Mittenfrequenz keine Phasenverschiebung, d.h. $\varphi = 0°$.

6.2 • Aktive RC-Tiefpassfilter

Ein einfaches Filter besteht aus der Reihenschaltung einzelner RC-Tiefpässe, die alle die gleiche Grenzfrequenz aufweisen. Jeweils zwei der RC-Tiefpässe lassen sich auch zu einer Stufe entsprechend zusammenfassen. Behält man den Wert der RC-Glieder bei, dann sinkt mit steigender Ordnungszahl des Filters die Grenzfrequenz f_g (3-dB-Grenzfrequenz). Soll die Grenzfrequenz des Gesamtfilters konstant bleiben, dann muss mit steigender Ordnungszahl die Grenzfrequenz der einzelnen Filterstufen entsprechend den angegebenen Rechenausdrücken heraufgesetzt werden.

Die Übertragungsfunktion dieses Filters stellt eine Gauß-Funktion dar. Alle Einzelfilter weisen die gleiche Grenzfrequenz f_g und die gleiche Dämpfungskonstante $\alpha \approx 2$ auf. Auf eine Sprungfunktion reagiert dieses Filter nicht mit Überschwingen. Es wird daher auch von Filter mit kritischer Dämpfung gesprochen. Die Dämpfungskonstante befindet sich gerade an der Grenze, bei deren Unterschreiten ein Überschwingen auftritt. Dafür ist bei diesem Filter der Übergang vom Durchlass- in den Sperrbereich sehr wenig ausgeprägt.

Bei dem Diagramm einer Sprungantwort sind der Amplitudengang und die Sprungantwort (Reaktion auf einen Signalsprung am Filtereingang) für verschiedene Filter dargestellt. Je nach Grenzfrequenz und Dämpfung der einzeln in Reihe geschalteten Filterstufen ergeben sich Filter unterschiedlichen Verhaltens.

Bei einer Sprungantwort sind solche Filter mit unterschiedlichem Amplitudengang (Amplitudenübertragungsmaß in Abhängigkeit von der Frequenz) dargestellt. Man unterscheidet einen Durchlassbereich unterhalb der Grenzfrequenz f_g, einen Sperrbereich mehr oder weniger weit oberhalb der Grenzfrequenz und einen Übergangsbereich.

Im Sperrbereich sind die Filter alle gleich, wenn man sich genügend weit oberhalb der Grenzfrequenz befindet. Da die Filter aus der Reihenschaltung einzelner Stufen mit einem Verhalten bestehen, das weit oberhalb der Grenzfrequenz unabhängig von der Filterdämpfung wird, nimmt die Amplitudendämpfung eines Tiefpasses der hier beschriebenen Art mit $n \times 20$ dB je Frequenzdekade zu ($n \times$ Verdoppelung des Amplitudenübertragungsmaßes je Frequenzverdoppelung). Würde das Filter dieses Verhalten bis zum Durchlassbereich beibehalten, dann ergäbe sich eine Grenzfrequenz f_g zur Kennzeichnung des Sperrverhaltens.

Üblicherweise bezieht man sich aber auf eine Grenzfrequenz f_g zur Kennzeichnung des Durchlassverhaltens. Unterhalb dieser Grenzfrequenz f_g weicht das Amplitudenübertragungsmaß nur bis zu einem gewissen Grenzwert vom Wert bei der Frequenz Null ab. Die Abweichung beträgt zum Beispiel –3,01 dB ($U_2/U_1 = 1/\sqrt{2}$). Oder sie ist durch die Welligkeit beim Tschebyscheff-Tiefpass gegeben. Bei der Sprungantwort ausgeführte Filter weisen ganz bestimmte Unterscheidungsmerkmale auf und sie werden nachfolgend beschrieben. Je weiter bei einem Filter die Grenzfrequenz f_g unterhalb der Grenzfrequenz f_g^* liegt, desto flacher verläuft bei diesem Filter der Übergang vom Durchlass- in den Sperrbereich. Am ungünstigsten ist in dieser Hinsicht das Filter mit Gauß-Charakteristik und am günstigsten das mit Tschebyscheff-Charakteristik. Im Hinblick auf die Sprungantwort ist es dagegen umgekehrt. Hier zeigt das Tschebyscheff-Filter starkes Überschwingen.

In Abb. 6.7 befinden sich Angaben zur Kennzeichnung der Sprungantwort. Man kann zwischen einer Verzögerungs-, Steig- und Einstellzeit unterscheiden. Man kann bestimmte Werte für die einzelnen Zeiten und die entsprechenden Filter entnehmen. Es handelt sich um relative Zeiten, die bezogen sind auf die Grenzfrequenz f_g. Die Werte lassen sich für Filter mit der Ordnungszahl (Polzahl, Zahl der RC-Glieder) n = 2 bis n = 10 ablesen. Auch das Überschwingen ist angegeben.

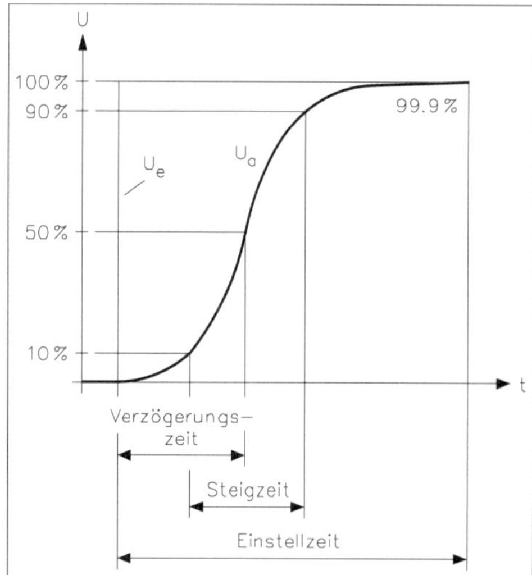

Abb. 6.7 • Flankensteigzeit, Überschwingen und Einstellzeit bei verschiedenen Filterfunktionen der Ordnungszahl n.

a) Gauß-Filter: Alle Filterstufen eines Tiefpasses weisen die gleiche Grenzfrequenz und die gleiche Dämpfungskonstante auf. Das Filter zeigt in der Sprungantwort kein Überschwingen. Der Übergang vom Durchlass- in den Sperrbereich verläuft aber überaus flach und es ist für das Gauß-Filter am größten. Auch hier sieht man, dass die Dämpfung des Filters mit steigender Frequenz auch bei steigender Ordnungszahl zunächst kaum zunimmt. Aus den Tabellen 6.3, 6.4a und 6.4b können das Verhältnis von f_g^*/f_g für verschiedene Filter und der Amplitudengang verschiedener Tiefpässe für die Berechnungen entnommen werden.

Tabelle 6.3 • Verhältnis f_g*/f_g für verschiedene Filter

U_a/U_e (f > 10 f_g*) = $(f_g*/f)^n$

n	Gauß	Bessel	Butterworth	Tschebyscheff w = 0,5 dB	Tschebyscheff w = 1 dB	Tschebyscheff w = 2 dB	Tschebyscheff w = 3 dB
1	1,000	1,000	1,000	-	-	-	-
2	1,554	1,272	1,000	1,232	1,050	0,907	0,841
3	1,961	1,404	1,000	0,895	0,789	0,689	0,630
4	2,299	1,514	1,000	0,785	0,725	0,674	0,649
5	2,593	1,622	1,000	0,709	0,658	0,606	0,575
6	2,858	1,728	1,000	0,675	0,640	0,610	0,595
7	3,100	1,832	1,000	0,642	0,608	0,574	0,552
8	3,323	1,932	1,000	0,626	0,602	0,580	0,570
9	3,534	2,028	1,000	0,607	0,582	0,556	0,540
10	3,733	2,120	1,000	0,599	0,580	0,563	0,555

Tabelle 6.4a • Amplitudengang verschiedener Tiefpässe

		U_a/U_e in dB					
w in dB	**n**	**0,9 · f_g**	**f_g**	**1,4 · f_g**	**2 · f_g**	**10 · f_g**	**100 · f_g**
Gauß	1	-2,58	-3,01	-4,71	-6,99	-20,04	-40,00
	2	-2,51	-3,01	-5,16	-8,49	-32,55	-72,35
	3	-2,49	-3,01	-5,36	-9,29	-42,94	-102,45
	4	-2,48	-3,01	-5,48	-9,79	-51,97	-131,09
	5	-2,47	-3,01	-5,50	-10,14	-60,03	-158,63
	6	-2,46	-3,01	-5,61	-10,39	-67,33	-185,30
	7	-2,46	-3,01	-5.64	-10,58	-74,01	-211,25
	8	-2,46	-3,01	-5,67	-10,73	-80,18	-236,57
	9	-2,46	-3,01	-5,70	-10,86	-85.91	-261,36
	10	-2,45	-3,01	-5,72	-10,96	-91,26	-285,66
Bessel	2	-2,43	-3,01	-5,66	-9,82	-35,89	-75,82
	3	-2,39	-3,01	-6,19	-12,00	-51,23	-111,15
	4	-2,40	-3,01	-6,37	-13,41	-65,68	-145,58
	5	-2,41	-3,01	-6,33	-14,06	-79,12	-179,00
	6	-2,42	-3,01	-6,23	-14,17	-91,62	-211,49
	7	-2,42	-3,01	-6,15	-13,98	-103,34	-243,20
	8	-2,42	-3,01	-6,10	-13,68	-114,40	-274,24
	9	-2,43	-3,01	-6,06	-13,38	-124,91	-304,73
	10	-2,43	-3,01	-6,04	-13,14	-134,91	-334,72
Butterworth	2	-2,19	-3,01	-6,85	-12,30	-40,00	-80,00
	3	-1,85	-3,01	-9,31	-18,13	-60,00	-120,00
	4	-1,55	-3,01	-11,97	-24,10	-80,00	-160,00
	5	-1,30	-3,01	-14,76	-30,11	-100,00	-200,00
	6	-1,08	-3,01	-17,61	-36,12	-120,00	-240,00
	7	-0,89	-3,01	-20,50	-42,14	-140,00	-280,00
	8	-0,74	-3,01	-23,40	-48,16	-160,00	-320,00
	9	-0,61	-3,01	-26,31	-54,19	-180,00	-360,00
	10	-0,50	-3,01	-29,23	-60,21	-200,00	-400,00

Tabelle 6.4b • Amplitudengang von Tschebyscheff-Tiefpässen (Welligkeit w, Ordnungszahl n)							
		U_a/U_e in dB					
w in dB	**n**	**$0{,}9 \cdot f_g$**	f_g	**$1{,}4 \cdot f_g$**	**$2 \cdot f_g$**	**$10 \cdot f_g$**	**$100 \cdot f_g$**
0,5	2	+0,3	0	-2,60	-7,94	-36,34	-76,38
	3	-0,02	-0,5	-8,20	-19,22	-62,84	-122,90
	4	+0,47	0	-2,77	-30,1	-88,34	-168,43
	5	-0,21	-0,5	-22,52	-42,04	-114,84	-214,95
	6	+0,08	0	-29,53	-52,98	-140,34	-260,47
	7	-0,50	-0,5	-37,56	-64,92	-166,84	-306,99
	8	+0,1	0	-44,59	-75,86	-192,33	-352,51
	9	-0,19	-0,5	-52,62	-87,79	-218,83	-399,03
	10	+0,48	0	-59,65	-98,73	-244,33	-444,55
1	2	+0,59	0	-4,06	-10,36	-39,11	-79,15
	3	-0,05	-1,0	-11,1	-22,46	-66,11	-126,17
	4	+0,94	0	-17,31	-32,87	-91,11	-171,19
	5	-0,43	-1,0	-25,78	-45,31	-118,11	-218,21
	6	+0,16	0	-32,3	-55,74	-143,10	-263,23
	7	-1,0	-1,0	-40,83	-68,18	-170,10	-310.25
	8	+0,18	0	-47,36	-78,62	-195,10	-355,27
	9	-0,4	-1,0	-55,89	-91,06	-222,10	-402,29
	10	+0,95	0	-62,42	-101,5	-247,10	-447,31
2	2	+1,12	0	-5,77	-12,72	-41,65	-81,69
	3	-1,20	-2,0	-14,45	-25,98	-69,65	-129,71
	4	+1,87	0	-19,81	-35,41	-93,65	-173,73
	5	-0,91	-2,0	-29,31	-48,84	-121,64	-221,75
	6	+0,29	0	-34,84	-58,28	-145,64	-265,77
	7	-2,00	-2,0	-44,37	-71,72	-173,64	-313,79
	8	+0,34	0	-49,90	-81,16	-197,64	-357,81
	9	-0,85	-2,0	-59,43	-94,60	-225,64	-405,83
	10	+1,90	0	-64,96	-104,04	-249,64	-449,85
3	2	+1,59	-0	-6,77	-13,97	-42,96	-83,00
	3	-2,0	-3,0	-16,69	-28,29	-71,96	-132,02
	4	+2,77	0	-21,11	-36,72	-94,95	-175,04
	5	-1,45	-3,0	-31,62	-51,15	-123,95	-224,06
	6	+0,4	0	-36,14	-59,59	-146,95	-267,08
	7	-3,0	-3,0	-46,67	-74,03	-175,95	-316,10
	8	+0,46	0	-51,21	-82,47	-198,95	-359,12
	9	-1,36	-3,0	-61,74	-96,91	-227,95	-408,14
	10	+2,83	0	-66,27	-105,35	-250,95	-451,16

Tabelle 6.5 • Phasengang in Grad für verschiedene Tiefpässe

	n	$0{,}3 \cdot f_g$	$0{,}6 \cdot f_g$	$0{,}8 \cdot f_g$	$0{,}9 \cdot f_g$	$1 \cdot f_g$	$1{,}1 \cdot f_g$	$1{,}2 \cdot f_g$
Gauß	1	-16,7	-31,0	-38,7	-42,0	-45,0	-47,7	-50,2
	2	-21,9	-42,2	-54,5	-60,2	-65,5	-70,6	-75,4
	3	-26,1	-51,0	-66,6	-73,9	-81,0	-87,9	-94,4
	4	-29,7	-58,5	-76,7	-85,5	-94,0	-102,3	-110,3
	5	-33,0	-65,1	-85,7	-95,7	-105,4	-114,9	-124,6
	6	-36,0	-71,1	-93,8	-104,9	-115,7	-126,3	-136,7
	7	-38,7	-76,7	-101,3	-113,3	-125,2	-136,8	-148,1
	8	-41,3	-81,9	-108,3	-121,2	-133,9	-146,5	-158,8
	9	-43,7	-86,7	-114,8	-128,6	-142,2	-155,6	-168,8
	10	-46,0	-91,3	-121,0	-135,6	-150,0	-164,2	-178,2
Bessel	2	-23,4	-46,4	-61,0	-67,8	-74,3	-80,4	-86,1
	3	-30,2	-60,3	-80,2	-88,9	-99,5	-108,7	-117,6
	4	-36,3	-72,7	-96,9	-108,9	-120,8	-132,7	-144,2
	5	-41,7	-83,4	-111,3	-125,1	-139,0	-152,8	-166,6
	6	-46,5	-92,9	-123,9	-139,4	-154,9	-170,4	-125,8
	7	-50,7	-101,5	-135,3	-152,2	-169,1	-186,0	-202,9
	8	-54,7	-109,3	-145,7	-164,0	-182,2	-200,4	-218,6
	9	-58,3	-116,6	-155,5	-174,9	-194,3	-213,8	-233,2
	10	-61,7	-123,4	-164,6	-185,2	-205,7	-226,3	-246,9
Butterworth	2	-25,0	-53,0	-72,3	-81,5	-90	-97,7	-104,5
	3	-34,9	-74,1	-104,4	-120,1	-135	-148,5	-160,3
	4	-45,5	-95,7	-135,9	-158,1	-180	-199,9	-216,8
	5	-56,3	-117,7	-167,1	-195,7	-225	-251,6	-273,6
	6	-67,2	-140,0	-198,2	-233,1	-270	-303,6	-330,6
	7	-78,1	-162,4	-229,5	-270,3	-315	-355,7	-387,6
	8	-89,1	-185,0	-260,8	-307,4	-360	-407,9	-444,5
	9	-100,1	-207,7	-292,3	-344,5	-405	-460,2	-501,4
	10	-111,1	-230,5	-323,8	-381,6	-450	-512,6	-558,2

b) Bessel-Filter: Hierbei handelt es sich um ein Filter, das in Bezug auf die Phasenlaufzeit optimiert wurde. Die Phasen- oder Gruppenlaufzeit ist ein Maß für die Änderung des Übertragungswinkels mit der Frequenz. Ein Signal wird umso unverfälschter übertragen, je weniger seine Phasenlaufzeit mit der Frequenz schwankt. Beim Bessel-Filter wächst er innerhalb eines bestimmten Bereiches proportional mit der Frequenz. Daraus ergibt sich eine konstante Phasenlaufzeit, die hier auch wieder auf die Grenzfrequenz des Filters bezogen wird. Man sieht, dass die Phasenlaufzeit beim Bessel-Filter konstant ist, wie Tabelle 6.5 und Tabelle 6.7a zeigen. Der Übergang vom Durchlass- in den Sperrbereich ist bei diesem Filter schon etwas ausgeprägter. Das Überschwingen in der Sprungantwort bleibt unter 1 % und verschwindet mit steigender Ordnungszahl des Filters fast vollständig, weil dann die Phasenlaufzeit über einen immer weiteren Bereich konstant ist.

Tabelle 6.6 • Phasengang in Grad für Tschebyscheff-Tiefpässe (Welligkeit w und Ordnungszahl n)								
w in dB	**n**	**0,3 · f_g**	**0,6 · f_g**	**0,8 · f_g**	**0,9 · f_g**	**1 · f_g**	**1,1 · f_g**	**1,2 · f_g**
0,5	2	-16,7	-36,5	-52,5	-61,2	-70,1	-79,0	-87,4
	3	-35,7	-69,4	-96,9	-114,6	-135,1	-155,9	-174
	4	-49,8	-107,1	-146,2	-172,0	-207,0	-243,3	-268,7
	5	-68,1	-141,8	-199,2	-232,1	-282,8	-335,7	-363,4
	6	-86,1	-176,2	-252,5	-294,6	-361,1	-429,4	-456,5
	7	-101,1	-215,0	-303,9	-358,7	-441,2	-522,6	-548,4
	8	-121,6	-252.2	-354,6	-423,1	-522,6	-615,0	-639,5
	9	-136,1	-286,3	-407,3	-486,8	-605,0	-706,6	-730,2
	10	-155,0	-323,9	-462,0	-549,5	-688,2	-797,7	-820,6
1	2	-18,0	-41,6	-62,2	-73,5	-84,7	-95,1	-104,4
	3	-40,6	-75,6	-106,4	-128,7	-154,4	-177,5	-194,6
	4	-52,2	-116,2	-156,7	-186,1	-229,7	-267,5	-288,7
	5	-71,9	-150,1	-211,8	-246,3	-308,2	-360,2	-381,9
	6	-90,7	-182,8	-266,9	-309,9	-388,8	-453,0	-473,9
	7	-103,4	-224,0	-317,7	-375,7	-480,8	-545,2	-565,0
	8	-127,0	-262,0	-366,5	-441,6	-553,9	-636,6	-655,7
	9	-138,7	-293,3	-419,3	-506,0	-637,8	-727,6	-746,1
	10	-159,2	-332,0	-475,8	-567,9	-722,3	-818,3	-836,4
2	2	-18,2	-46,2	-74,1	-89,0	-102,4	-113,6	-122,6
	3	-47,0	-81,2	-115,4	-144,8	-176,9	-200,1	-214,3
	4	-53,4	-127,0	-166,1	-200,1	-255,7	-291,2	-307,3
	5	-75,9	-158,9	-224,9	-259,5	-337,0	-383,4	-339,3
	6	-96,3	-188,0	-283,1	-324,7	-419,8	-475,3	-490,4
	7	-104,5	-233,5	-332,5	-393,1	-503,8	-566,6	-581,1
	8	-133,9	-273,3	-377,0	-461,6	-588,5	-657,4	-671,5
	9	-139,9	-298,9	-430,3	-527,0	-673,9	-748,0	-761,8
	10	-163,5	-339,8	-490,2	-587,3	-759,7	-838,4	-851,9
3	2	-17,4	-48,0	-82,5	-100,0	-114,4	-125,3	-133,4
	3	-52,0	-84,0	-119,7	-155,4	-191,7	-213,3	-225,2
	4	-52,9	-134,4	-170,8	-207,7	-272,5	-304,6	-317,5
	5	-78,3	-164,4	-232,9	-266,1	-355,4	-396,3	-409,0
	6	-100,6	-189,9	341,9	-332,7	-439,6	-487,7	-499,8
	7	-104,2	-239,5	-293,8	-403,4	-524,6	-578,6	-590,3
	8	-139,1	-281,2	-381,9	-474,1	-610,4	-669,2	-680,6
	9	-139,3	-300,8	-435,8	-540,7	-696,6	-759,6	-770,8
	10	-166,2	-344,0	-498,8	-599,5	-783,2	-849,9	-860,9

Tabelle 6.7a • Phasenlaufzeit in ms/f_g für verschiedene Tiefpässe								
	n	**0,3 · f_g**	**0,6 · f_g**	**0,8 · f_g**	**0,9 · f_g**	**1 · f_g**	**1,1 · f_g**	**1,2 · f_g**
Gauß	1	146	117	97	88	80	72	65
	2	197	178	162	153	145	136	128
	3	238	223	209	201	193	185	177
	4	272	259	247	240	233	225	218
	5	303	291	280	274	267	260	253
	6	331	320	310	304	298	291	284
	7	356	346	337	331	326	319	313
	8	380	371	362	357	351	345	339
	9	402	394	386	381	375	369	363
	10	424	416	408	403	398	392	386
Bessel	2	216,1	208,3	194,9	185,7	175,3	164,2	152,7
	3	279,4	278,1	273,2	268,3	261,2	252	240,7
	4	336,5	336,3	335,1	333,4	330,4	325,3	317,9
	5	386,3	386,3	386,1	385,7	384,8	382,9	379,5
	6	430,3	430,3	430,2	430,2	430,0	429,4	428,3
	7	469,8	469,8	469,8	469,8	469,7	469,6	469,3
	8	506,0	bis	1 · f_g	bei	2 · f_g	468,2	
	9	539,8	bis	1,3 · f_g	bei	2 · f_g	520,5	
	10	571,5	bis	1,4 · f_g	bei	2 · f_g	562,9	
Butterworth	2	243	271	262	246	225	202	179
	3	335	398	436	428	398	352	303
	4	433	511	604	622	588	513	427
	5	534	621	762	819	791	679	547
	6	637	731	911	1017	1005	845	660
	7	740	843	1053	1212	1227	1011	769
	8	843	956	1190	1404	1456	1175	873
	9	947	1071	1325	1591	1692	1335	975
	10	1051	1186	1459	1773	1933	1493	1074

Tabelle 6.7b • Phasengang in ms/f_g für Tschebyscheff-Tiefpässe (Welligkeit w und Ordnungszahl n)								
w in dB	**n**	**0,3 · f_g**	**0,6 · f_g**	**0,8 · f_g**	**0,9 · f_g**	**1 · f_g**	**1,1 · f_g**	**1,2 · f_g**
0,5	2	164	206	237	246	248	242	229
	3	314	331	449	537	589	551	448
	4	511	521	617	838	1068	877	548
	5	598	791	814	1088	1685	1087	537
	6	860	915	1123	1312	2439	1146	501
	7	944	1050	1493	1587	3330	1117	472
	8	1126	1377	1729	1972	4359	1064	453
	9	1367	1572	1843	2466	5524	1016	441
	10	1381	1607	2030	2971	6530	978	434
1	2	184	259	309	315	302	275	240
	3	337	347	545	687	705	561	395
	4	575	546	660	1027	1271	789	431
	5	590	901	822	1225	1999	888	411
	6	949	951	1186	1366	2889	890	386
	7	979	1033	1682	1597	3941	856	368
	8	1145	1486	1893	2020	5154	818	357
	9	1464	1677	1843	2658	6530	787	349
	10	1332	1559	1986	3338	8067	764	345
2	2	196	339	419	339	344	279	221
	3	348	343	682	920	795	500	309
	4	670	547	674	1317	1426	629	316
	5	546	1084	776	1369	2238	662	299
	6	1096	963	1220	1349	3230	648	283
	7	917	957	1991	1504	4403	622	272
	8	1135	1646	2126	1971	5756	599	266
	9	1617	1825	1771	2859	7290	580	262
	10	1210	1424	1828	3942	9005	567	259
3	2	195	405	511	449	350	261	194
	3	343	324	792	1125	803	433	252
	4	748	547	656	1572	1439	518	252
	5	495	1263	712	1436	2257	532	239
	6	1232	943	1204	1279	3256	518	227
	7	866	871	2278	1376	4439	498	220
	8	1097	1772	2306	1860	5801	480	215
	9	1746	1932	1660	2948	7347	467	212
	10	1089	1286	1657	4509	9072	458	210

Tabelle 6.8a zeigt die Phasenlaufzeit in ms/ f_g für verschiedene Tiefpässe und Tabelle 6.8b die Phasenlaufzeit in ms/f_g für verschiedene Tiefpässe (Welligkeit w, Ordnungszahl n).

Tabelle 6.8a • Phasenlaufzeit in ms/f_g für verschiedene Tiefpässe

	n	$0{,}3 \cdot f_g$	$0{,}6 \cdot f_g$	$0{,}8 \cdot f_g$	$0{,}9 \cdot f_g$	$1 \cdot f_g$	$1{,}1 \cdot f_g$	$1{,}2 \cdot f_g$
Gauß	1	146	117	97	88	80	72	65
	2	197	178	162	153	145	136	128
	3	238	223	209	201	193	185	177
	4	272	259	247	240	233	225	218
	5	303	291	280	274	267	260	253
	6	331	320	310	304	298	291	284
	7	356	346	337	331	326	319	313
	8	380	371	362	357	351	345	339
	9	402	394	386	381	375	369	363
	10	424	416	408	403	398	392	386
Bessel	2	216,1	208,3	194,9	185,7	175,3	164,2	152,7
	3	279,4	278,1	273,2	268,3	261,2	252	240,7
	4	336,5	336,3	335,1	333,4	330,4	325,3	317,9
	5	386,3	386,3	386,1	385,7	384,8	382,9	379,5
	6	430,3	430,3	430,2	430,2	430,0	429,4	428,3
	7	469,8	469,8	469,8	469,8	469,7	469,6	469,3
	8	506,0	bis	$1 \cdot f_g$	bei	$2 \cdot f_g$:	468,2	
	9	539,8	bis	$1{,}3 \cdot f_g$	bei	$2 \cdot f_g$:	520,5	
	10	520,5	bis	$1{,}4 \cdot f_g$	bei	$2 \cdot f_g$:	562,9	
Butterworth	2	243	271	262	246	225	202	179
	3	335	398	436	428	398	352	303
	4	433	511	604	622	588	513	427
	5	534	621	762	819	791	679	547
	6	637	731	911	1017	1005	845	660
	7	740	843	1053	1212	1227	1011	769
	8	843	956	1190	1404	1456	1175	873
	9	947	1071	1325	1591	1692	1335	975
	10	1051	1186	1459	1773	1933	1493	1074

Tabelle 6.8b • Phasenlaufzeit in ms/f_g für verschiedene Tiefpässe (Welligkeit w, Ordnungszahl n)

w in dB	n	$0{,}3 \cdot f_g$	$0{,}6 \cdot f_g$	$0{,}8 \cdot f_g$	$0{,}9 \cdot f_g$	$1 \cdot f_g$	$1{,}1 \cdot f_g$	$1{,}2 \cdot f_g$
0,5	2	164	206	237	246	248	242	229
	3	314	331	449	537	589	551	448
	4	511	521	617	838	1068	877	548
	5	598	791	814	1088	1685	1087	537
	6	860	915	1123	1312	2439	1146	501
	7	944	1050	1493	1587	3330	1117	472
	8	1126	1377	1729	1972	4359	1064	453
	9	1367	1572	1833	2466	5524	1016	441
	10	1381	1607	2030	2971	6827	978	434
1	2	184	259	309	315	302	275	240
	3	337	347	545	687	705	561	395
	4	575	546	660	1027	1271	789	431
	5	590	901	822	1225	1999	888	411
	6	949	951	1186	1366	2889	890	386
	7	949	1033	1682	1597	3941	856	368
	8	1145	1486	1893	2020	5154	818	357
	9	1464	1677	1843	2658	6530	787	349
	10	1331	1559	1986	3338	8067	764	345
2	2	196	339	419	339	344	279	221
	3	348	343	682	920	795	500	309
	4	670	547	674	1317	1426	629	316
	5	546	1084	776	1369	2238	662	299
	6	1096	963	1220	1349	3230	648	283
	7	917	957	1991	1504	4403	622	272
	8	1135	1646	2126	1971	5756	599	266
	9	1617	1825	1771	2859	7290	580	262
	10	1210	1424	1828	3942	9005	567	259
3	2	195	405	511	449	350	261	194
	3	343	324	792	1125	803	433	252
	4	748	527	656	1572	1439	518	252
	5	495	1263	712	1436	2257	532	239
	6	1232	943	1204	1279	3256	518	227
	7	866	871	2278	1376	4438	498	220
	8	1097	1772	2306	1860	5801	480	215
	9	1746	1932	1660	2948	7347	467	212
	10	1089	1286	1657	4509	9072	458	210

Der Übergang vom Durchlass- in den Sperrbereich ist bei diesem Filter schon etwas ausgeprägter. Das Überschwingen in der Sprungantwort bleibt unter 1 % und verschwindet mit steigender Ordnungszahl des Filters fast vollständig, weil dann die Phasenlaufzeit über einen immer weiteren Bereich konstant ist.

c) Butterworth-Filter: Alle Einzelfilter des Tiefpasses weisen die gleiche Grenzfrequenz auf. Dadurch sind die beiden Grenzfrequenzen f_g und $f_g{}^*$ für alle Ordnungszahlen gleich. Der Amplitudengang im Durchlassbereich verläuft wie beim Bessel- und Gauß-Filter flach, der Übergang zum Sperrbereich ist jedoch ausgeprägter und wird mit steigender Ordnungszahl zunehmend steiler. Da der Amplitudengang dieses Tiefpasses im Sperrbereich auch dann durch ein Potenzgesetz beschrieben werden kann, wenn man sich auf die Grenzfrequenz f_g bezieht (f_g und $f_g{}^*$ sind gleich), spricht man bei diesem Filter auch von einem Potenzfilter. Weil die Sperrfähigkeit dieses Filters wesentlich besser ist als die der zuvor beschriebenen Tiefpässe, kann die Phasenlaufzeit nicht mehr konstant sein, die Verzögerungszeit wächst proportional mit der Zahl der Filterstufen, ebenso auch die

Anstiegszeit, und das Überschwingen in der Sprungantwort nimmt zu. Hat man ein Filter mit n = 4, kann man aus zwei Filtern gleicher Grenzfrequenz f_g, aber unterschiedlicher Dämpfung ein Butterworth-Filter verwirklichen. Ein wenig stark gedämpftes Filter gleicht in der Nähe der Grenzfrequenz den Amplitudenfall eines stärker gedämpften Filters bis zu einem gewissen Grade aus, so dass sich eine Durchlasskurve ergibt, die dem Ideal besser angenähert ist als die Durchlasskurve eines zweipoligen Filters.

d) Tschebyscheff-Filter: Die einzelnen Filterstufen weisen unterschiedliche Grenzfrequenzen f_{g1} und f_{g2} auf. Das Amplitudenübertragungsmaß im Durchlassbereich nimmt dadurch nicht mehr stetig ab, sondern weist verschiedene Minimal- und Maximalwerte auf, bis es jenseits der Grenzfrequenz f_g stetig und mit größerer Steilheit abfällt. Im Durchlassbereich zeigt das Amplitudenübertragungsmaß dieser Filter eine gewisse Welligkeit, die in dB angegeben wird und zur Unterscheidung der verschiedenen Filter dient. Bei Filtern gerader Ordnung ergeben sich durch die Welligkeit Abweichungen in positiver Richtung und bei solcher ungeraden Ordnung Abweichungen in negativer Richtung, bezogen auf das Amplitudenübertragungsmaß bei der Frequenz Null. Die Grenzfrequenz f_g ist dann erreicht, wenn bei Filtern gerader Ordnung das Amplitudenübertragungsmaß den Wert 0 (Wert bei der Frequenz Null) unterschreitet. Bei Filtern ungerader Ordnung wird bei der Grenzfrequenz f_g der Wert 0 - w unterschritten. Bei Tschebyscheff-Filtern ist die Grenzfrequenz f_g größer als die Grenzfrequenz f_g*. Der Durchlassbereich ist so weit wie möglich ausgedehnt. Dadurch ist der Übergang vom Durchlass- in den Sperrbereich besser, der Phasengang zeigt aber ebenfalls Welligkeit die Phasenlaufzeit ist demgemäß noch weniger konstant, und das führt zu einem umso stärkeren Überschwingen in der Sprungantwort des Tiefpasses, je höher die Welligkeit ist. Auch die Anstiegs- und Verzögerungszeit des Filters werden wegen des schärferen Überganges in den Sperrbereich größer.

e) Cauer-Filter: Wenn der Übergang vom Durchlass- in den Sperrbereich auch bei Tschebyscheff-Filtern noch nicht ausreichend steil verläuft, verwendet man Filter, mit zusätzlichen Sperrkreisen, wie Tabelle 6.7a und 6.7b zeigen. Hier wird im Übergangsbereich durch Sperrfilter der Abfall im Amplitudenübertragungsmaß noch mehr versteilert. Der Tiefpass weist dann auch im Sperrbereich eine Welligkeit auf, die sehr ausgeprägt sein kann. Derartige Filter nennt man Cauer-Tiefpässe.

Im Sperrbereich, weit oberhalb der Grenzfrequenz, lässt sich der Amplitudengang der besprochenen Filter durch die Funktion

$$\frac{U_a}{U_e} = \frac{1}{\left(\frac{f}{f_f^*}\right)^n}$$

beschreiben. Für das Gauß-Filter gilt:

$$\frac{U_a}{U_e} = \frac{1}{\sqrt{\left[1+\left(\frac{f}{f_{gn}}\right)^2\right]^n}} = \frac{1}{\left[\left(\frac{f}{f_{gn}}\right)^2\right] \cdot \sqrt{\left[1+\left(\frac{f_{gn}}{f}\right)^2\right]^n}}$$

Für das Butterworth-Filter lässt sich angeben:

$$\frac{U_a}{U_e} = \frac{1}{\sqrt{1+\left(\frac{f}{f_g}\right)^{2n}}} = \frac{1}{\left[\left(\frac{f}{f_g}\right)^n\right] \cdot \sqrt{\left[1+\left(\frac{f_g}{f}\right)^n\right]}}$$

Die Funktionen für die Filterkennlinie lassen sich also in zwei Faktoren zerlegen, von denen der erste eine Funktion ergibt, die dem Rechenausdruck mit der Filterfrequenz f_g* entspricht, während der zweite Faktor die Abweichung von dieser Funktion zum Ausdruck bringt. Bei Filtern mit der Ordnungszahl 10 (10-polige Tiefpässe) ergibt sich eine Abweichung von l %, wenn beim Gauß-Filter die Frequenz 22,4-mal und beim Butterworth-Filter 2,5-mal so groß wie die Grenzfrequenz ist. Die Frequenz f_{gn} des Gauß-Filters ist allerdings die Grenzfrequenz einer einzelnen Stufe, die 3,73-mal so groß ist wie die Grenzfrequenz des Gesamtfilters. Wenn daher die Frequenz 6-mal so groß ist, wie die Grenzfrequenz des Gesamtfilters, beträgt beim Gauß-Filter die Abweichung 1% vom idealen Amplitudengang mit der Frequenz f_g*.

Die Zusammenhänge lassen sich bei den übrigen Filtern nicht mehr so einfach überschauen. Hier wird man am besten auf die Tabellen mit dem Amplitudengang zurückgreifen.

Die Kenndaten für die einzelnen Filterstufen eines Gauß-Filters lassen sich einfach bestimmen, wenn die Grenzfrequenz und die Ordnungszahl des Filters festliegen. Auch bei einem Butterworth-Filter ist die Berechnung nicht schwierig.

Für den allgemeinen Fall hat man Berechnungsformeln für die verschiedenen Tiefpässe. Nur bei Bessel-Filtern kann man nicht auf so einfache Weise zum Ziel gelangen, denn sie haben schwierige mathematische Funktionen zur Grundlage. Man findet aber alle Werte zum Auslegen der einzelnen Filterstufen der verschiedenen Filter. Es sind die Werte für Filter bis zur Ordnungszahl n = 10 angegeben.

Bei gerader Ordnungszahl bestehen die Filter aus n/2 Einzelstufen, die in Reihe geschaltet werden. Bei ungerader Ordnungszahl ergeben sich (n - 1)/2 zweipolige Filterstufen entsprechend und zusätzlich ein einpoliges Filter in Form eines RC-Tiefpasses.

In den Tabellen ist die Dämpfungskonstante α_k der jeweiligen Filterstufe angegeben. Ein einpoliges Filter hat keine Dämpfungskonstante. Dann ist angegeben die Grenzfrequenz f_{gk} der einzelnen Filterstufe bezogen auf die Grenzfrequenz des Gesamtfilters. Die Frequenz $f_{\alpha k}$ (auch bezogen auf die Grenzfrequenz f_g des Gesamtfilters) dient zum Abgleich der einzelnen Filterstufen. Es ist die Frequenz, bei der das Teilfilter im Amplitudengang das Maximum aufweist oder, bei unterkritischer Dämpfung, bei der im Amplitudengang 3,01 dB Abfall auftreten. Für die jeweilige Frequenz $f_{\alpha k}$ ist auch das Amplitudenverhältnis U_2/U_1 angegeben.

6.3 • Aktive Tiefpass- und Hochpassfilter höherer Ordnung

6.3.1 • Aktives Tiefpassfilter 2. Ordnung

Bei der Realisierung von aktiven Tiefpassfiltern 2. Ordnung unterscheidet man in der Praxis zwischen der Betriebsart mittels Gegenkopplung und Mitkopplung. Abb. 6.8 zeigt die Simulation mit einer Zweifachgegenkopplung.

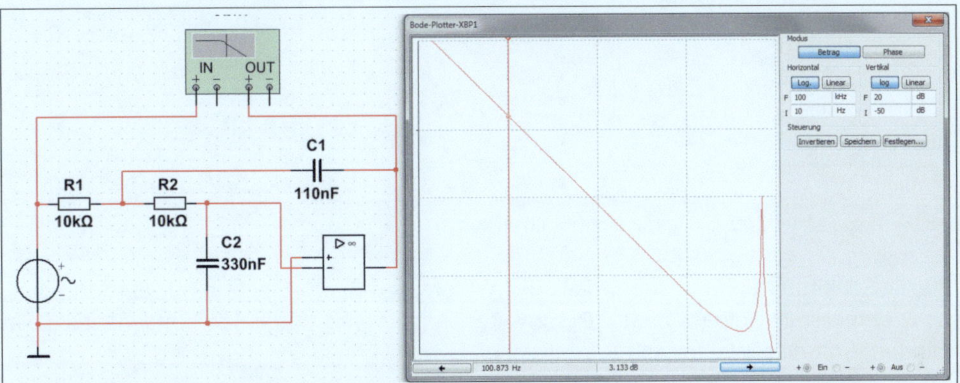

Abb. 6.8 • Tiefpassfilter 2.Ordnung mit Zweifachgegenkopplung.

In dieser Schaltung erkennt man, dass der Widerstand R_1 am Eingang mit dem Kondensator C_2 den ersten Tiefpass bildet. Der zweite Tiefpass wird durch den Kondensator C_1 in Verbindung mit dem Widerstand R_3 realisiert.

Die beiden Kondensatoren berechnen sich aus

$$C_1 = \frac{a_1}{4 \cdot \pi \cdot f_g \cdot R} \qquad C_2 = \frac{3 \cdot b_1}{2 \cdot \pi \cdot f_g \cdot a_1 \cdot R}$$

Beispiel: Die simulierte Tiefpassschaltung aus Abb. 6.8 stellt ein Bessel-Filter dar. Die Werte für R_1, R_2 und R_3 betragen je 10 kΩ. Die Schaltung soll eine Grenzfrequenz von f_g = 100 Hz aufweisen. Die Werte der beiden Kondensatoren C_1 und C_2 sind zu bestimmen. Es folgt:

$$C_1 = \frac{a_1}{4 \cdot \pi \cdot f_g \cdot R} = \frac{1{,}3617}{4 \cdot 3{,}14 \cdot 100Hz \cdot 10k\Omega} = 108nF\ (110nF)$$

$$C_2 = \frac{3 \cdot b_1}{2 \cdot \pi \cdot f_g \cdot a_1 \cdot R} = \frac{3 \cdot 0{,}6180}{2 \cdot 3{,}14 \cdot 100Hz \cdot 1{,}3617 \cdot 10k\Omega} = 295nF\ (330nF)$$

Die Kondensatorwerte in Klammern sind die nächsten aus der E24-Reihe.

6.3.2 • Aktives Tief- und Hochpassfilter 2. Ordnung durch Mitkopplung

Bei der Realisierung von aktiven Tiefpassfiltern 2. Ordnung unterscheidet man in der Praxis zwischen der Betriebsart mittels Gegenkopplung und Mitkopplung. Abb. 6.9 zeigt ein Tiefpassfilter 2. Ordnung mit Einfachmitkopplung.

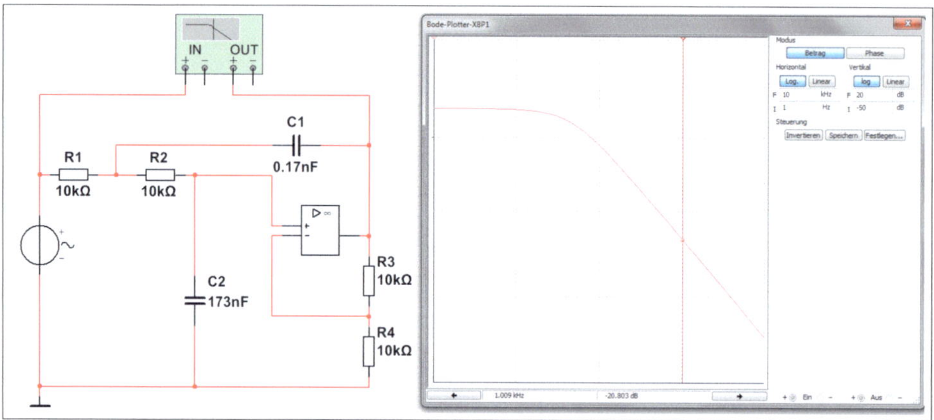

Abb. 6.9 • Tiefpassfilter 2. Ordnung mit Einfachmitkopplung.

In dieser Schaltung erkennt man, dass der Widerstand R_1 am Eingang mit dem Kondensator C_2 den ersten Tiefpass bildet. Der zweite Tiefpass wird durch den Kondensator C_1 in Verbindung mit dem Widerstand R_2 realisiert.

Für die Schaltung sind nur wenige Bauelemente notwendig. und der Wert für die Grenzfrequenz lässt sich über den Einsteller (statt Widerstand R_3) bestimmen. Die Berechnung der einzelnen Bauelemente ist recht kompliziert. Der Rechenaufwand reduziert sich jedoch auf ein Minimum, wenn $R_1 = R_2 = R$ und $C_1 = C_2 = C$ ist. Die Grenzfrequenz berechnet sich für diesen Fall

$$f_g = \frac{\sqrt{b}}{2 \cdot \pi \cdot R \cdot C}$$

Für die Berechnung der beiden Kondensatoren gelten folgende Gleichungen, wenn ein Tschebyscheff-Filter mit 3-dB-Welligkeit bei einer Grenzfrequenz von f_g = 500 Hz realisiert wird. Als Widerstände werden Werte mit 10 kΩ verwendet.

$$C = \frac{}{4 \cdot \pi \cdot f \cdot R} = \frac{1{,}0650}{4 \cdot 3{,}14 \cdot 500Hz \cdot 10k\Omega} = 0{,}17nF$$

$$C_2 = \frac{3 \cdot b_1}{2 \cdot \pi \cdot f_g \cdot a_1 \cdot R} = \frac{3 \cdot 1{,}9305}{2 \cdot 3{,}14 \cdot 500Hz \cdot 1{,}0650 \cdot 10k\Omega} = 173nF$$

Abb. 6.10 zeigt ein Hochpassfilter 2. Ordnung mit Einfachmitkopplung. Die Berechnung der beiden Widerstände R vereinfacht sich erheblich, wenn man gleiche Werte einsetzt:

$$R = \frac{1}{2 \cdot \pi \cdot f_g \cdot C \cdot \sqrt{b_1}}$$

Der Koppelfaktor ist:

$$k = V_\infty = 3 - \frac{a_1}{\sqrt{b_1}}$$

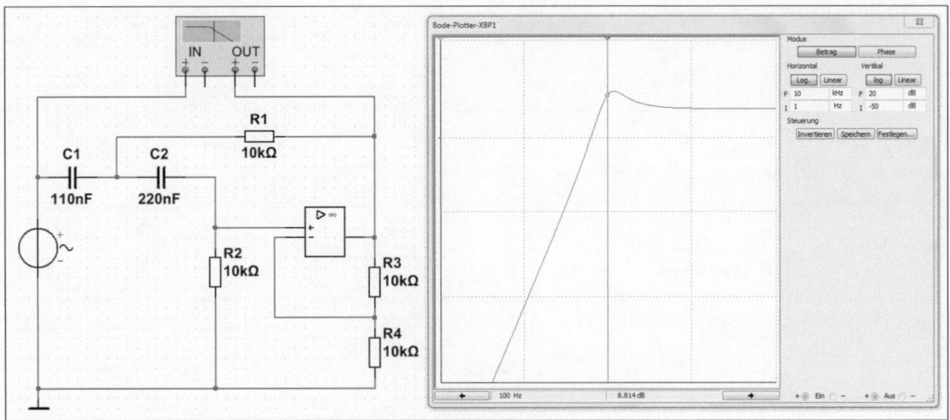

Abb. 6.10 • Hochpassfilter 2.Ordnung mit Einfachmitkopplung.

Das Problem besteht in der Einstellung des Verstärkungsfaktors k, wobei die Widerstandskombination (k – 1) · R_3, und R_4 diesen Faktor bestimmen. In der Praxis verwendet man keine Festwiderstände, sondern einen Trimmer, womit sich die Schaltung abgleichen lässt.

6.3.3 • Berechnungsbeispiele für aktive Tiefpassfilter

Bei aktiven Tiefpassfiltern kann man zwischen einer Zweifachgegenkopplung und einer Einfachmitkopplung unterscheiden. Zur Berechnung eines Tiefpassfilters gibt es mehrere Gleichungen, wie Tabelle 6.9 zeigt. Wichtig bei der Berechnung der Bauelemente ist zuerst die Bestimmung von a. Danach ist nur noch eine Größe frei wählbar, um die Kreisfrequenz ω_g festzulegen. Wenn man mit Verstärkungsfaktoren von V = 1 arbeitet, sind die Berechnungen am einfachsten durchzuführen. Dieser Fall ist bis auf a = 2 jedoch ausgeschlossen, wenn beide Widerstände bzw. Kondensatoren identisch sind. Tabelle 6.9 zeigt die Gleichungen zur Berechnung der Bauelemente für einen Tiefpass.

Die Reihenfolge, in der die einzelnen Filterstufen hintereinandergeschaltet werden, ist im Prinzip gleichgültig. Es empfiehlt sich aber, die Stufen mit geringer Dämpfung, also mit starker Amplitudenüberhöhung, bei bestimmten Frequenzen am Ende anzuordnen, damit es nicht zu einer Übersteuerung einzelner Stufen kommt. Die Gefahr ist bei aktiven Filterschaltungen immer gegeben, dass die Signalamplituden den Wert überschreiten, der durch die Verstärker mit ihrer begrenzten Versorgungsspannung vorgegeben ist.

Die Tabellen über die Amplitudengänge, Phasengänge und Laufzeitgänge der verschiedenen mehrpoligen Filter wurden berechnet, indem man für die gegebenen Einzelfilter die entsprechenden Werte berechnet. Dies ist möglich mit Hilfe der Rechenausdrücke, die sich aus den Übertragungsfunktionen ableiten lassen. Das Amplitudenübertragungsmaß ergibt sich dann als Produkt der Amplitudenübertragungsmaße der einzelnen Filter, während Phasenwinkel und Laufzeit addiert werden müssen. Auf diese Weise lassen sich für jede beliebige Frequenz die Übertragungseigenschaften eines gegebenen Tiefpasses berechnen.

Tabelle 6.9 • Gleichung zur Berechnung der Bauelemente für einen Tiefpass		
gegeben	$\omega_g^2 = \left(2 \cdot \pi \cdot f_g\right)^2 =$	$\alpha =$
L, C, R V = 1	$\frac{1}{C \cdot L}$	$\omega_g \cdot R \cdot C$
R_1, R_2 C_1, C_2	$\frac{1}{R_1 \cdot R_2 \cdot C_1 \cdot C_2}$	$\frac{1}{\omega_g \cdot R_1 \cdot C_2} + \omega_g \cdot R_1\left[C_1 + C_2(1-V)\right]$
$C_1 = C_2 = C$ R_1, R_2	$\frac{1}{R_1 \cdot R_2 \cdot C^2}$	$\frac{1}{\omega_g \cdot R_1 \cdot C} + \omega_g \cdot R_1 \cdot C \cdot (2-V)$
$R_1 = R_2 = R$ C_1, C_2	$\frac{1}{R^2 \cdot C_1 \cdot C_2}$	$\frac{1}{\omega_g \cdot R \cdot C_2} + (1-V)\omega_g \cdot R \cdot C_2$
$R_1 = R_2 = R$ $C_1 = C_2 = C$	$\frac{1}{R^2 \cdot C^2}$	3 – V

Das Ergebnis dieser Berechnungen wird in eine Tabelle eingetragen. Die Reihenfolge der einzelnen Filterstufen ist dabei in beiden Fällen eine andere. Da die Reihenfolge aber beliebig ist, spielt das keine Rolle. Man wird jedoch nach Möglichkeit die Filterstufe, bei der C_2 im Verhältnis zu am kleinsten ist, an den Eingang des Filters legen, damit es bei größeren Amplituden infolge der Amplitudenüberhöhung der stärker rückgekoppelten Stufen nicht zu einer Übersteuerung kommt.

Für die Berechnung weiterer Bauteile ist für die Amplituden-, Phasen- und Laufzeit von Tief- und Bandpässen gelten die Bedingungen für den Tiefpass 2.Ordnung:

$$\frac{U_a}{U_e} = 1/\left[1-\left(f/f_g\right)^2 + j\alpha \cdot f/f_g\right]$$

$$\left|\frac{U_a}{U_e}\right| = 1/\left[\sqrt{\left(1-\left(f/f_g\right)^2\right)^2 + \left(\alpha \cdot f/f_g\right)^2}\right]$$

$$\beta = arc\,t_g \frac{\alpha \cdot f/f_g}{1-\left(\alpha \cdot f/f_g\right)^2}$$

$$\tau = \frac{d\beta}{2 \cdot \pi \cdot d \cdot f}$$

$$\tau = \frac{\alpha}{2 \cdot \pi \cdot f_g} \cdot \frac{1+\left(f/f_g\right)^2}{1+\left(f/f_g\right)^2 \cdot (\alpha^2-2)+\left(f/f_g\right)^4}$$

Für den Tiefpass 1. Ordnung gilt:

$$\frac{U_a}{U_e} = \frac{1}{1 + j(f / f_g)}$$

$$\left|\frac{U_a}{U_e}\right| = \frac{1}{\sqrt{1 - (f / f_g)^2}}$$

$$\beta = arc\,t_g \cdot (f / f_g)$$

$$\tau = \frac{d\beta}{2 \cdot \pi \cdot df} = \frac{1}{2 \cdot \pi \cdot f_g \left[1 + (f / f_g)\right]^2}$$

$$\tau = \frac{1}{2 \cdot \pi \cdot f_g \cdot \left[1 + (f / f_g)^2\right]}$$

Für den Bandpass gilt:

$$\frac{U_a}{U_e} = \frac{1}{[1 + j\Omega]} \qquad \Omega = Q \cdot (f / f_0 - f_0 / f)$$

$$\left|\frac{U_a}{U_e}\right| = \frac{1}{\sqrt{1 + \Omega^2}} \qquad \beta = arct_g \cdot \Omega$$

$$\tau = \frac{d\beta}{2 \cdot \pi \cdot df} = \frac{d\beta \cdot Q}{d\Omega \cdot 2 \cdot \pi \cdot f_0}\left[1 + \left(\frac{f_0}{f}\right)^2\right]$$

$$\tau = \frac{1}{1 + \Omega^2} \cdot \frac{Q}{2 \cdot \pi \cdot f_0} \cdot \left[1 + \left(\frac{f_0}{f}\right)^2\right]$$

6.3.4 • Umwandlung eines aktiven Tiefpassfilters in ein aktives Hochpassfilter

Die Umwandlung eines aktiven Tiefpassfilters in ein aktives Hochpassfilter erfolgt durch den Austausch der Widerstände gegen Kondensatoren und umgekehrt, d. h., aus einem Tiefpass wird dann ein Hochpass und umgekehrt. Abb. 6.11 zeigt die Gegenüberstellung und die Berechnung für eine Umwandlung.

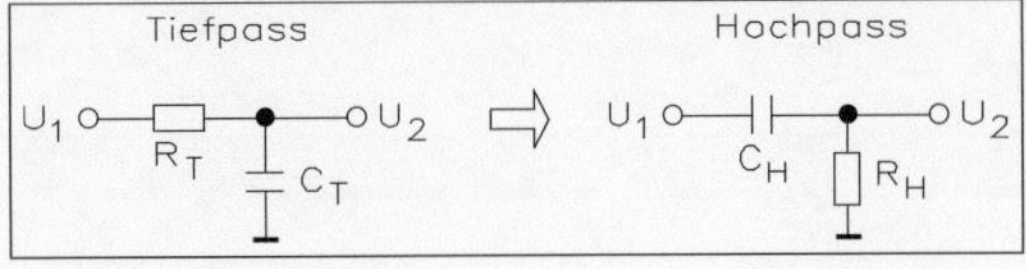

Abb. 6.11 • Umwandlung eines aktiven Tiefpassfilters in ein aktives Hochpassfilter unter Beibehaltung der Grenzfrequenz.

Tiefpass $\Rightarrow$ Hochpass

$$\frac{U_2}{U_1} = \frac{1}{1 + j\omega \cdot R \cdot C} \quad \Rightarrow \quad \frac{U_2}{U_1} = \frac{1}{1 + \frac{1}{j\omega \cdot R \cdot C}}$$

$$\frac{U_2}{U_1} = \frac{1}{1 + j\dfrac{\omega}{\omega_g}} \quad \Rightarrow \quad \frac{U_2}{U_1} = \frac{1}{1 + \dfrac{\omega_g}{\omega}}$$

$$\left|\frac{U_2}{U_1}\right| = \frac{1}{\sqrt{1 + j\left(\dfrac{\omega}{\omega_g}\right)^2}} \quad \Rightarrow \quad \left|\frac{U_2}{U_1}\right| = \frac{1}{\sqrt{1 + \left(\dfrac{\omega_g}{\omega}\right)^2}}$$

$$R_T \cdot C_T = R_H \cdot C_H = \frac{1}{\omega_g}$$

$$C_H = \frac{1}{\omega_g \cdot R_T} \qquad R_H = \frac{1}{\omega_g \cdot C_T}$$

Dieses Beispiel zeigt an einem elementaren Tiefpass die Umwandlung in einen Hochpass. Man kann daher auch ohne weiteres die Darstellung des Amplitudengangs eines Tiefpassfilters auf den entsprechenden Hochpass übertragen, wenn die Frequenzachse anders bezeichnet wird, wie Abb. 6.12 zeigt.

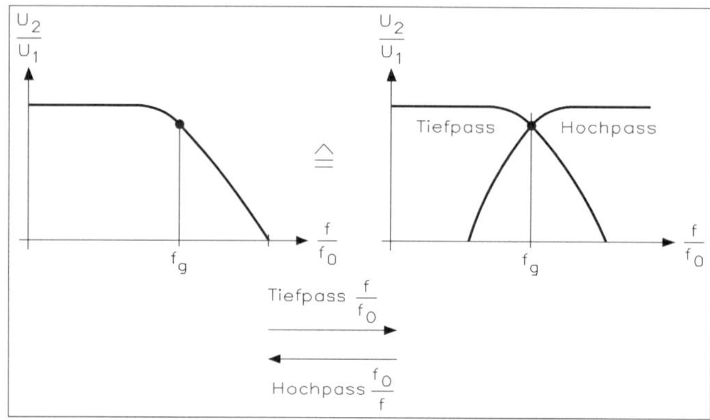

Abb. 6.12 • Umwandlung des Ampitudengangs eines Tiefpassfilters in ein aktives Hochpassfilter.

Der Frequenz Null des Tiefpassfilters entspricht die Frequenz unendlich beim Hochpassfilter. Diesen Vorgang kann man auch auf aktive Filter übertragen. Bezieht man dies auf aktive Filterschaltungen höherer Ordnungen, kommt man auf das Beispiel von Abb. 6.13. Oben hat man einen Tiefpass 3. Ordnung und unten einen Hochpass dritter Ordnung. Nur durch den Wechsel Widerstand → Kondensator und Kondensator → Widerstand lässt sich das Verhalten entsprechend ändern.

Tabelle 6.10 • Tiefpass-Hochpass-Transformationen

Tiefpass ↔ Hochpass	
P V_0 R* = 1/C* C* = 1/R*	1/P V_∞ C* = 1/R* R* = 1/C*
normierter Widerstand R* R/R_B normierte Kapazität C* = $\omega_B \cdot R_B \cdot C$	R_B = Bezugswiderstand $\omega_B = 2 \cdot \pi \cdot f_B$ (Bezugsfrequenz)

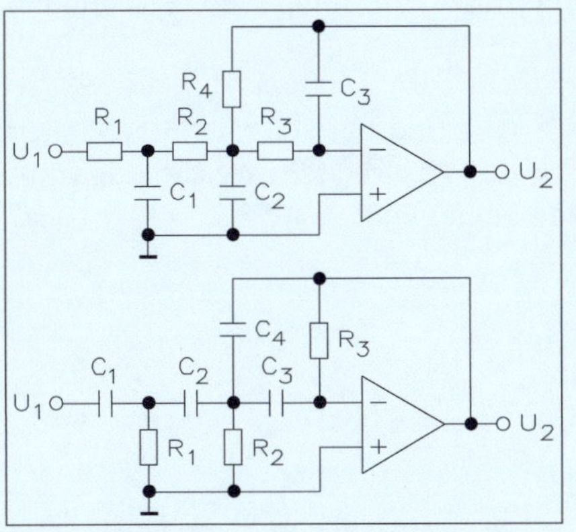

Abb. 6.13 • Tiefpass-Hochpass-Transtormation für Filter 3. Ordnung unter Beibehaltung der Grenzfrequenz.

In Tabelle 6.10 sind die Tiefpass-Hochpass-Transformationen aufgelistet. Die Filterkoeffizienten a und b sind identisch mit denen der Tiefpassfilter.

6.3.5 • Tiefpass 3. Ordnung

Bei einem Tiefpass 3. Ordnung kann man die Schaltung eines Tiefpasses 2. Ordnung einfach mit einem RC-Glied erweitern, wie Abb. 6.14 zeigt.

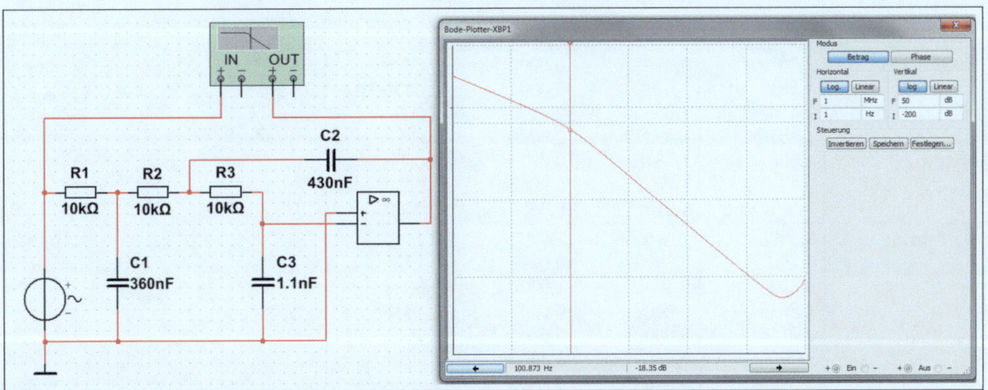

Abb. 6.14 • Simulierte Schaltung eines Tiefpasses 3.Ordnung.

Den passiven Tiefpass 1.Ordnung kann man auch nachschalten.

Die simulierte Schaltung eines Tiefpasses 3.Ordnung lässt sich berechnen mit

$$C_1 = \frac{a_1}{2 \cdot \pi \cdot f_g \cdot R}$$

$$C_2 = \frac{a_1}{4 \cdot \pi \cdot f_g \cdot R}$$

$$C_3 = \frac{3 \cdot b_2}{2 \cdot \pi \cdot f_g \cdot a_2 \cdot R}$$

Die Koeffizienten a_1, a_2 und b_2 sind Tabelle 6.11 zu entnehmen, unter Berücksichtigung der einzelnen Filtertypen.

Beispiel: Der Tiefpass soll als Tschebyscheff-Filter 3. Ordnung bei einer 1-dB-Welligkeit im Durchlassbereich mit einer Grenzfrequenz von f_g = 100 Hz arbeiten. Welche Kapazität müssen die drei Kondensatoren aufweisen, wenn die Bedingung $R_1 = R_2 = R_3 = R = 10\ k\Omega$ erfüllt ist?

$$C_1 = \frac{a_1}{2 \cdot \pi \cdot f_g \cdot R} = \frac{2{,}2156}{2 \cdot 3{,}14 \cdot 100Hz \cdot 10k\Omega} = 352nF\ (360nF)$$

$$C_2 = \frac{a_2}{4 \cdot \pi \cdot f_g \cdot R} = \frac{0{,}5442}{4 \cdot 3{,}14 \cdot 100Hz \cdot 10k\Omega} = 433nF\ (430nF)$$

$$C_3 = \frac{3 \cdot b_2}{4 \cdot \pi \cdot f_g \cdot a_2 \cdot R} = \frac{3 \cdot 1{,}2057}{4 \cdot 3{,}14 \cdot 100Hz \cdot 0{,}5442 \cdot 10k\Omega} = 1{,}058nF\ (1{,}1nF)$$

Tabelle 6.11 zeigt die Filterkoeffizienten der optimierten Frequenzgänge bis zur 4. Ordnung.

Tabelle 6.11 • Filterkoeffizienten der optimierten Frequenzgänge bis zur 4. Ordnung.

Ordnung	Filterkoeffizienten				Filtertyp
	a_1	b_1	a_2	b_2	
1. Ordnung	1,0000	0,0000	0,0000	0,0000	alle Typen
2. Ordnung	1,2872	0,4142	0,0000	0,0000	KR
	1,3617	0,6180	0,0000	0,0000	BE
	1,4142	1,0000	0,0000	0,0000	BU
	1,3614	1,3827	0,0000	0,0000	T½
	1,3022	1,5515	0,0000	0,0000	T1
	1,1813	1,7775	0,0000	0,0000	T2
	1,0650	1,9305	0,0000	0,0000	T3
3. Ordnung	0,5098	0,0000	1,0197	0,2599	KR
	0,7560	0,0000	0,9996	0,4722	BE
	1,0000	0,0000	1,0000	1,0000	BU
	1,8636	0,0000	0,6402	1,1931	T½
	2,2156	0,0000	0,5442	1,2057	T1
	2,7994	0,0000	0,4300	1,2036	T2
	3,3496	0,0000	0,3559	1,1923	T3
4. Ordnung	0,8700	0,1892	0,8700	0,1982	KR
	1,3397	0,4889	0,7743	0,3890	BE
	1,8478	1,0000	0,7654	1,0000	BU
	2,6282	3,4341	0,3648	1,1509	T½
	2,5904	4,1301	0,3039	1,1697	T1
	2,4025	4,9862	0,2374	1,1896	T2
	2,1853	5,5339	0,1964	1,2009	T3

Anmerkung: KR = Filter (Gauß) mit kritischer Dämpfung.
BE = Bessel-Filter.
BU = Butterworth-Filter.
T½ = Tschebyscheff-Filter mit 0,5 dB Welligkeit.
T1 = Tschebyscheff-Filter mit 1 dB Welligkeit.
T2 = Tschebyscheff-Filter mit 2 dB Welligkeit.
T3 = Tschebyscheff-Filter mit 3 dB Welligkeit.

6.3.6 • Hochpass 3. Ordnung

Der Tiefpass 3. Ordnung von Abb. 6.16 soll in einen Hochpass 3. Ordnung umgewandelt werden. Tabelle 6.12 zeigt die Gleichungen für die Bauelemente.

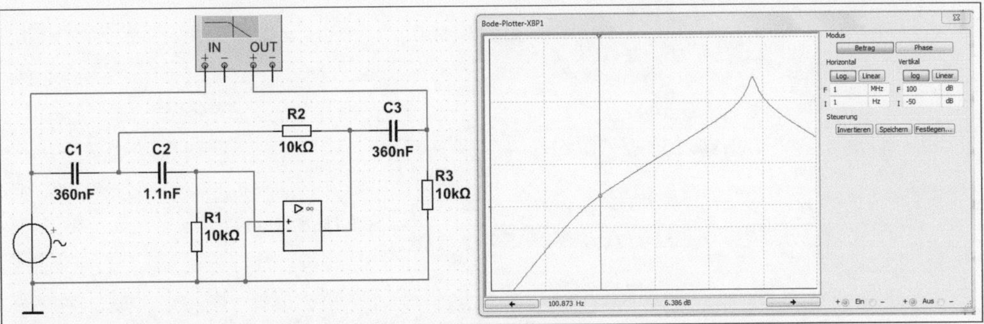

Abb. 6.15 • Schaltung eines Hochpasses 3. Ordnung.

Tabelle 6.12 • Gleichungen für die Bauelemente des Hochpasses 3. Ordnung.

Gegeben	$\omega_g^2 = (2 \cdot \pi \cdot f_g)^2$ =	α =
R_1, R_2 C_1, C_2	$1/R_1$ R_2, C_1, C_2	$\omega_g \cdot R_2 \cdot C_1 + \frac{1}{\omega_g \cdot C_1}\left[\frac{1}{R_1} + \frac{1}{R_2}(1-V)\right]$
$R_1 = R_2 = R$ C_1, C_2	$1/R_2$, C_1, C_2	$\omega_g \cdot R \cdot C_1 + \frac{2-V}{R \cdot \omega_g \cdot C_1}$
$C_1 = C_2 = C$ R_1, R_2	$1/C^2$, R_1, R_2	$2\omega_g \cdot R_2 \cdot C + \frac{1-V}{\omega_g \cdot R_2 \cdot C}$
$R_1 = R_2 = R$ $C_1 = C_2 = C$	$1/C^2$, R^2	$3 - V$
R_3, C_3	$1/(R_3 \cdot C_3)^2$	

Für die Umwandlung gilt:

Tiefpass ⇒ Hochpass

$$\frac{U_2}{U_1} = \frac{1}{1 + j\omega \cdot R \cdot C} \quad \Rightarrow \quad \frac{U_2}{U_1} = \frac{1}{1 + \frac{1}{j\omega \cdot R \cdot C}}$$

$$\frac{U_2}{U_1} = \frac{1}{1 + \frac{\omega}{\omega_g}} \quad \Rightarrow \quad \frac{U_2}{U_1} = \frac{1}{1 + \frac{\omega_g}{j\omega}}$$

$$\left|\frac{U_2}{U_1}\right| = \frac{1}{\sqrt{1 + \frac{\omega}{\omega_g}}} \quad \Rightarrow \quad \left|\frac{U_2}{U_1}\right| = \frac{1}{\sqrt{1 + \frac{\omega_g}{\omega}}}$$

Beispiel: Der Hochpass soll als Bessel-Filter 3. Ordnung bei einer 1-dB-Welligkeit im Durchlassbereich mit einer Grenzfrequenz von f_g = 100 Hz arbeiten. Welche Kapazität müssen die drei Kondensatoren aufweisen, wenn die Bedingung $R_1 = R_2 = R_3 = R = 10\ k\Omega$ erfüllt ist?

$$C_1 = \frac{a_1}{2 \cdot \pi \cdot f_g \cdot R} = \frac{2{,}2156}{2 \cdot 3{,}14 \cdot 100Hz \cdot 10k\Omega} = 352nF\ (360nF)$$

$$C_2 = \frac{a_2}{4 \cdot \pi \cdot f_g \cdot R} = \frac{0{,}5442}{4 \cdot 3{,}14 \cdot 100Hz \cdot 10k\Omega} = 433nF\ (430nF)$$

$$C_3 = \frac{3 \cdot b_2}{2 \cdot \pi \cdot f_g \cdot a_2 \cdot R} = \frac{3 \cdot 1{,}2057}{2 \cdot 3{,}14 \cdot 100Hz \cdot 0{,}5442 \cdot 10k\Omega} = 1{,}058nF\ (1{,}1nF)$$

6.3.7 • Tiefpass 4. Ordnung

Benötigt man ein Tiefpassfilter vierter Ordnung, schaltet man zwei Tiefpassfilter 2. Ordnung in Reihe und erhält die Schaltung von Abb. 6.16.

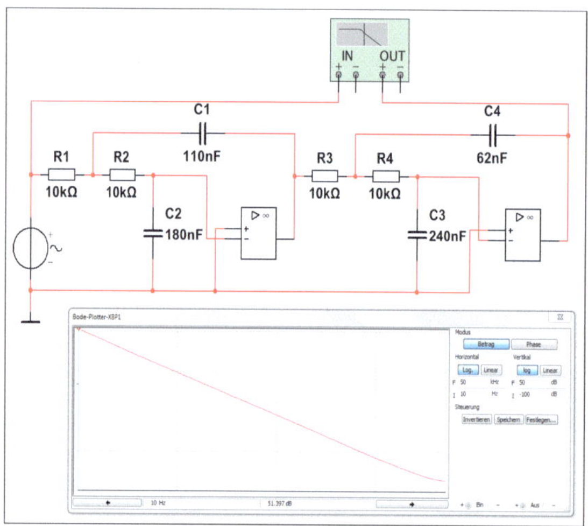

Abb. 6.16 • Schaltung eines Tiefpassfilters 4. Ordnung.

Beispiel: Der Tiefpass von Abb. 6.16 soll als Bessel-Filter 4. Ordnung mit der Grenzfrequenz f_g = 100 Hz arbeiten. Welche Kapazität müssen die vier Kondensatoren aufweisen, wenn die Bedingung $R_1 = R_2 = R_3 = R = 10\ k\Omega$ erfüllt ist?

$$C_1 = \frac{a_1}{2 \cdot \pi \cdot f_g \cdot R} = \frac{1{,}3397}{2 \cdot 3{,}14 \cdot 100Hz \cdot 10k\Omega} = 106{,}6nF\ (110nF)$$

$$C_2 = \frac{3 \cdot b_1}{4 \cdot \pi \cdot f_g \cdot a_1 \cdot R} = \frac{3 \cdot 0{,}4889}{4 \cdot 3{,}14 \cdot 100Hz \cdot 1{,}3397 \cdot 10k\Omega} = 174nF\ (180nF)$$

$$C_3 = \frac{a_2}{4 \cdot \pi \cdot f_g \cdot R} = \frac{0{,}5442}{4 \cdot 3{,}14 \cdot 100Hz \cdot 10k\Omega} = 61{,}6nF\ (62nF)$$

$$C_4 = \frac{3 \cdot b_2}{2 \cdot \pi \cdot f_g \cdot a_2 \cdot R} = \frac{3 \cdot 0{,}3890}{2 \cdot 3{,}14 \cdot 100Hz \cdot 0{,}5442 \cdot 10k\Omega} = 240nF$$

Die Werte der Koeffizienten a_1, a_2, b_1 und b_2 sind aus der Tabelle 6.11 entnommen.

6.3.8 • Übertragungsfunktionen eines Filters

Ein sehr einfaches Filter besteht aus einer Reihenschaltung einzelner RC-Tiefpässe, die alle die gleiche Grenzfrequenz aufweisen. Jeweils zwei der RC-Tiefpässe lassen sich auch zu einer Stufe entsprechend zusammenfassen. Behält man den Wert der RC-Glieder bei, sinkt mit steigender Ordnungszahl des Filters die Grenzfrequenz f_g (3-dB-Grenzfrequenz). Soll die Grenzfrequenz des Gesamtfilters konstant bleiben, dann muss mit steigender Ordnungszahl die Grenzfrequenz der einzelnen Filterstufen entsprechend den angegebenen Rechenausdrücken heraufgesetzt werden.

In Abb. 6.17 ist ein sehr einfaches Filter dargestellt. Es besteht aus der Reihenschaltung einzelner RC-Tiefpässe, die alle die gleiche Grenzfrequenz aufweisen. Jeweils zwei der RC-Tiefpässe lassen sich auch zu einer Stufe zusammenfassen.

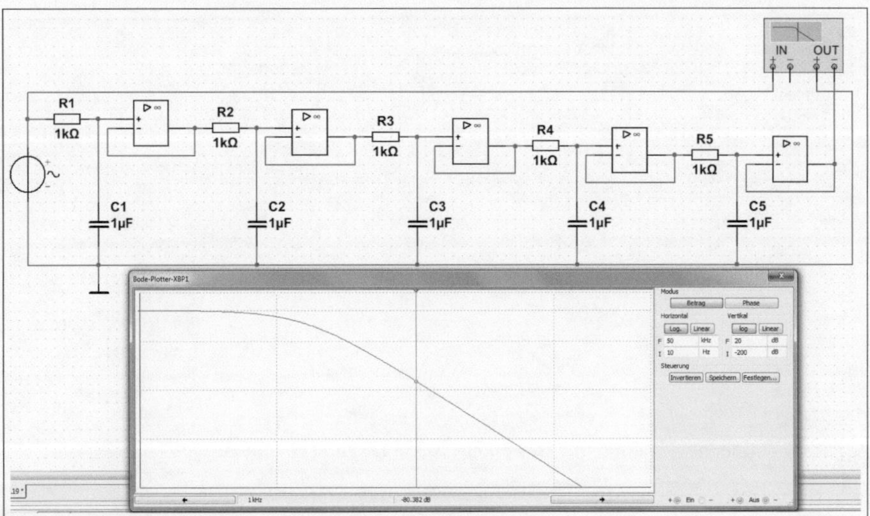

Abb. 6.17. RC-Filter für einen Tiefpass 5. Ordnung nach Gauß.

Behält man den Wert der RC-Glieder bei, dann sinkt mit steigender Ordnungszahl des Filters die Grenzfrequenz f_g (3 dB-Grenzfrequenz). Soll die Grenzfrequenz des Gesamtfilters konstant bleiben, dann muss mit steigender Ordnungszahl die Grenzfrequenz der einzelnen Filterstufen entsprechend den angegebenen Rechenausdrücken heraufgesetzt werden. Es ergeben sich folgende Gleichungen:

$$\frac{U_a}{U_e} = \frac{1}{\left(1 + jf / f_{gn}\right)^n} = \frac{1}{\left[1 - \left(f / f_{gn}\right)^2 + j2\left(f / f_{gn}\right)\right]^k} \cdot \frac{1}{1 + j\left(f / f_{gn}\right)} \qquad n = \frac{k}{2} + 1$$

$$f_{gn} = \frac{1}{2\cdot\pi\cdot R\cdot C} \qquad \frac{f_{gn}}{f_g} = \frac{1}{\sqrt{\sqrt[n]{2}-1}} \qquad f_{gk} = f_{gn}$$

$$\left|\frac{U_a}{U_e}\right| = \frac{1}{\left[1+\left(\frac{f}{f_{gn}}\right)^2\right]^{\frac{n}{2}}}$$

Die Übertragungsfunktion dieses Filters stellt eine Gauß-Funktion dar. Alle Einzelfilter weisen die gleiche Grenzfrequenz f_{gn} und die gleiche Dämpfungskonstante $\alpha = 2$ auf. Auf eine Sprungfunktion reagiert dieses Filter nicht mit Überschwingen. Es wird daher auch Filter mit kritischer Dämpfung genannt. Die Dämpfungskonstante befindet sich gerade an der Grenze, bei deren Unterschreiten ein Überschwingen auftritt. Dafür ist bei diesem Filter der Übergang vom Durchlass- in den Sperrbereich sehr wenig ausgeprägt.

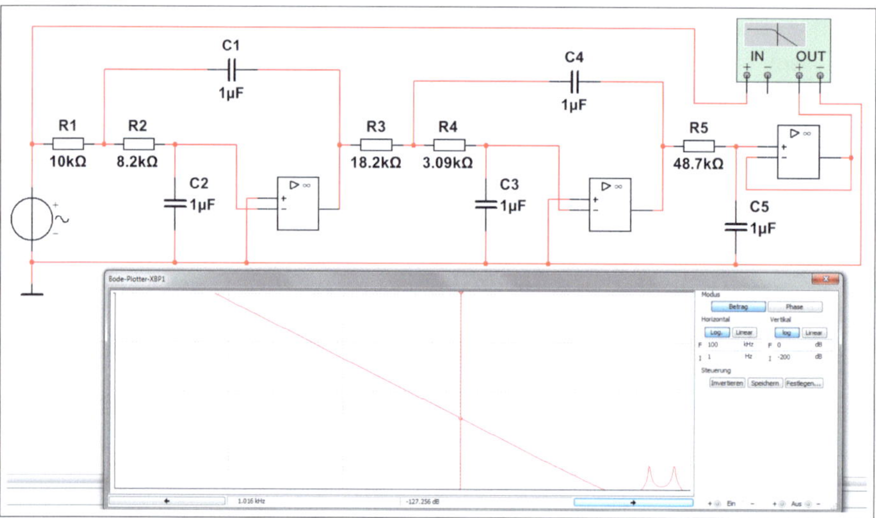

Abb. 6.18 • Tiefpass 5. Ordnung nach Gauß mit zwei Filtern 2.Ordnung und einem nachgeschaltenen Filter 1. Ordnung.

Abb. 6.18 zeigt einen Tiefpass 5.Ordnung nach Gauß mit zwei Filtern 2.Ordnung und einem nachgeschaltenen Filter 1.Ordnung.

Der Amplitudengang für dieses Filter lässt sich auf die Sprungantwort (Reaktion auf einen Signalsprung am Filtereingang) für verschiedene Filter dargestellen. Je nach Grenzfrequenz und Dämpfung der einzeln in Reihe geschalteten Filterstufen ergeben sich Filter unterschiedlichen Verhaltens.

Für die Sprungsantwort eines Tiefpassfilters sind solche Filter mit unterschiedlichem Amplitudengang (Amplitudenübertragungsmaß in Abhängigkeit von der Frequenz) dargestellt. Man unterscheidet einen Durchlassbereich unterhalb der Grenzfrequenz f_g*, einen Übergangsbereich und einen Sperrbereich oberhalb der Grenzfrequenz.

Im Sperrbereich sind die Filter alle gleich, wenn man sich genügend weit oberhalb der Grenzfrequenz befindet. Da die Filter aus der Reihenschaltung einzelner Stufen mit einem Verhalten bestehen, das weit oberhalb der Grenzfrequenz unabhängig von der Filterdämpfung wird, nimmt die Amplitudendämpfung eines Tiefpasses der hier beschriebenen Art mit n · 20 dB je Frequenzdekade zu (n · Verdoppelung des Amplitudenübertragungsmaßes je Frequenzverdoppelung). Würde das Filter dieses Verhalten bis zum Durchlassbereich beibehalten, dann ergäbe sich eine Grenzfrequenz f_g* zur Kennzeichnung des Sperrverhaltens.

Üblicherweise bezieht man sich aber auf eine Grenzfrequenz f_g zur Kennzeichnung des Durchlassverhaltens. Unterhalb dieser Grenzfrequenz f_g weicht das Amplitudenübertragungsmaß nur bis zu einem gewissen Grenzwert vom Wert bei der Frequenz Null ab. Die Abweichung beträgt zum Beispiel 3,01 dB ($U_a/U_e = 1/\sqrt{2}$) oder sie ist durch die Welligkeit beim Tschebyscheff-Tiefpass gegeben. Die einzeln aufgeführten Filter weisen ganz bestimmte Unterscheidungsmerkmale auf. Je weiter bei einem Filter die Grenzfrequenz f_g unterhalb der Grenzfrequenz f_g* liegt, desto flacher verläuft bei diesem Filter der Übergang vom Durchlass- in den Sperrbereich. Am ungünstigsten ist in dieser Hinsicht das Filter mit Gauß-Charakteristik und am günstigsten das mit Tschebyscheff-Charakteristik. Im Hinblick auf die Sprungantwort ist es dagegen umgekehrt. Hier zeigt das Tschebyscheff-Filter starkes Überschwingen.

Die Sprungantwort wird durch verschiedene Merkmale gekennzeichnet. Dazu dienen die Verzugs-, Anstiegs- und Einschwingzeit. Anhand derer lassen sich die verschiedenen Filterfunktionen der Ordnungszahl n unterscheiden.

Bei den relativen Verzugszeiten der einzelnen Filtertypen können Werte für diese Zeiten und der einzelnen Filter entnommen werden. Es handelt sich um relative Zeiten, die bezogen sind auf die Grenzfrequenz f_g. Die Werte lassen sich für Filter mit der Ordnungszahl (Polzahl, Zahl der RC-Glieder) n = 2 bis n = 10 ablesen. Auch das Überschwingen ist angegeben.

Eine Filterstufe kann damit in folgender Weise abgeglichen werden:

1. Bei der 10-fachen Grenzfrequenz 10 · f_{gk} ist unabhängig von der Dämpfung die Amplitude auf ein 1/100 (-40 dB) gegenüber dem Wert bei der Frequenz Null abgesunken. So kann die Grenzfrequenz eingestellt werden.
2. Die Dämpfung bestimmt das Maß der Amplitudenüberhöhung oder -absenkung bei der Frequenz f_{gk}, und sie kann also dadurch überprüft oder vorgegeben werden.

Wenn dann die Grenzfrequenz und die Dämpfungskonstante für jede einzelne Filterstufe festgelegt wurden, können die Filterstufen nach den Angaben von Abb. 6.4, 6.5 und Tabelle 6.6 ausgelegt werden. Für die Grenzfrequenz einpoliger Tiefpässe (RC-Glieder) gilt:

$$2 \cdot \pi \cdot f_{gk} = \frac{1}{R \cdot C}$$

Gesucht wird ein Hochpass, der die Oberschwingungen von 50 Hz durchlässt, die Grundschwingung und Gleichspannungsanteile jedoch bis auf 0,1 % unterdrückt. Bei der Übertragung der Oberschwingungen ab 100 Hz darf ein Übertragungsfehler von etwa ±3% zugelassen werden.

Diese Forderungen erfüllt ein Filter mit Tschebyscheff-Verhalten und einer Welligkeit von w = 0,5 dB (6 %), wenn man die Grundverstärkung des Hochpasses etwas größer als ein verwendeten und dadurch zu Plus-Minus-Abweichungen der Ausgangsspannung kommt, die im Durchlassbereich infolge der Welligkeit immer nur kleiner als die Eingangsspannung wird. In Abb. 6.19 sind diese Verhältnisse dargestellt. Aus Tabelle 6.14b ergibt sich für 60 dB Abstand von 100 bis 50 Hz (1 Oktave) ein Filter mit n = 7.

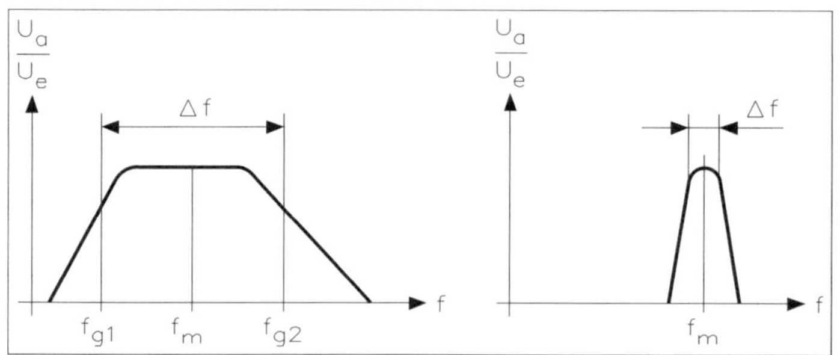

Abb. 6.19 • Bandpässe unterschiedlicher Bandbreiten.

Abb. 6.20 zeigt die erforderlichen Bestimmungsgrößen für dieses Bandpass 1.Ordnung.

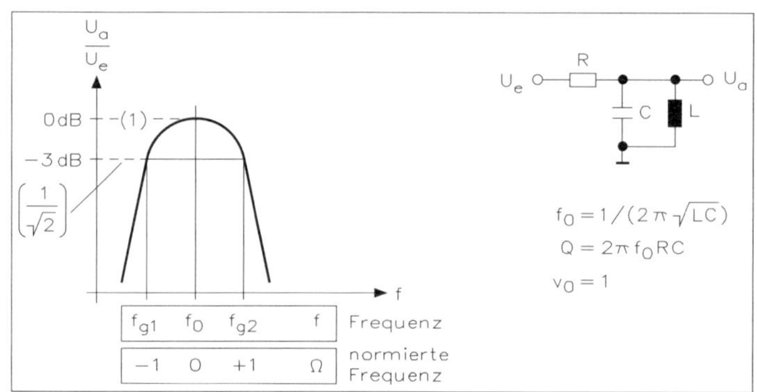

Abb. 6.20 • Bandpass 1. Ordnung mit seinen Kenngrößen.

Um noch einen gewissen Spielraum in Bezug auf die Frequenzgrenze zu haben, wird die untere Grenzfrequenz des Filters mit 99 Hz festgesetzt. Der Abstand ist zu 50 Hz noch groß genug. Für ein Filter 7.Ordnung entnimmt man nun aus der Tabelle folgende Werte, wobei die Frequenzverhältnisse wegen des Hochpassverhaltens als Kehrwert genommen werden müssen:

$\alpha_1 = 0{,}916$	$f_g/f_{g1} = 0{,}504$	$\rightarrow \omega_{g1} = 1234{,}2\ s^{-1}$
$\alpha_1 = 0{,}3883$	$f_g/f_{g2} = 0{,}823$	$\rightarrow \omega_{g2} = 755{,}8\ s^{-1}$
$\alpha_1 = 0{,}1130$	$f_g/f_{g3} = 1{,}008$	$\rightarrow \omega_{g3} = 617{,}1\ s^{-1}$
	$f_g/f_{g4} = 0{,}2562$	$\rightarrow \omega_{g4} = 2427{,}9\ s^{-1}$

Tabelle 6.13 kann für die Berechnung der Bauelemente eines Hochpasses verwendet werden.

Tabelle 6.13 • Gleichung zur Berechnung der Bauelemente für einen Hochpass.

gegeben	$\omega_g^2 = (2 \cdot \pi \cdot f_g)^2 =$	$\alpha =$
R_1, R_2 C_1, C_2	$\frac{1}{R_1 \cdot R_2 \cdot C_1 \cdot C_2}$	$\omega_g \cdot R_2 \cdot C_1 + \frac{1}{\omega_g \cdot C_1}\left[\frac{1}{R_1} + \frac{1}{R2}(1-V)\right]$
$R_1 = R_2 = R$ C_1, C_2	$\frac{1}{R^2 \cdot C_1 \cdot C_2}$	$\omega_g \cdot R \cdot C_1 + \frac{2-V}{\omega_g \cdot R \cdot C_1}$
$C_1 = C_2 = C$ R_1, R_2	$\frac{1}{R_1 \cdot R_2 \cdot C^2}$	$2 \cdot \omega_g \cdot R_2 + \frac{1-V}{\omega_g \cdot R_2 \cdot C}$
$R_1 = R_2 = R$ $C_1 = C_2 = C$	$\frac{1}{R^2 \cdot C^2}$	3 – V
R_3 ,C_3	$\frac{1}{R_3 \cdot C_3}$	

Mit Hilfe der Tabelle 6.13 und mit $C_1 = C_2$ und V = 1 berechnet werden.

$$\alpha = 2 \cdot \omega_g \cdot R_2 \cdot C \qquad R_2 = \frac{\alpha}{2 \cdot \omega_g \cdot C}$$

$$\omega_g^2 = \frac{1}{R_1 \cdot R_2 \cdot C^2} \qquad R_1 = \frac{2}{\alpha \cdot \omega_g \cdot C}$$

$$\omega_g = \frac{1}{R_3 \cdot C_3} \qquad R_3 = \frac{1}{\omega_g \cdot C}$$

Für C = 0,1 µF = 10^{-7} F:

1. Stufe: $R_2 = \frac{0{,}916}{2 \cdot 1234{,}2 \cdot 10^{-7}} = 3{,}711 k\Omega$

$$R_1 = \frac{2}{0{,}916 \cdot 1234{,}2 \cdot 10^{-7}} = 17{,}69 k\Omega$$

2. Stufe: $R_2 = \frac{0{,}3883}{2 \cdot 755{,}8 \cdot 10^{-7}} = 2{,}569 k\Omega$

$$R_1 = \frac{2}{0{,}3883 \cdot 755{,}8 \cdot 10^{-7}} = 68{,}15 k\Omega$$

3. Stufe: $R_2 = \frac{0{,}1130}{2 \cdot 617{,}1 \cdot 10^{-7}} = 0{,}916k\Omega$

$$R_1 = \frac{2}{0{,}1130 \cdot 617{,}1 \cdot 10^{-7}} = 286{,}8k\Omega$$

4. Stufe: $R_3 = \frac{1}{2427{,}9 \cdot 10^{-7}} = 4{,}119k\Omega$

Je geringer die Dämpfung einer Filterstufe ist, desto größer ist das Verhältnis R_1/R_2. Die Stufen mit der geringsten Dämpfung (der größten Amplitudenüberhöhung, bezogen auf ihre Eingangsspannung) ordnet man am besten am Filterausgang an. Die vierte Stufe weist eine geringe Grundverstärkung von V = 1,03 auf, um die Plus-Minus-Abweichungen der Ausgangsspannung zu erzielen. Diese 4. Stufe könnte auch am Filtereingang angeordnet sein.

Die bisher als Beispiel herangezogenen Filterstufen waren jeweils mit V = 1 ausgeführt. Wenn man die Verstärkung V größer als eins macht, dann reagiert die Schaltung immer empfindlicher auf Bauteiletoleranzen. Der Übergang von einer geringen Dämpfung mit einem kleinen Dämpfungsfaktor zur dynamischen Instabilität ist dann leicht möglich. (Für V > 1 kann a negativ werden, und das bedeutet dynamische Instabilität oder Entdämpfung). Aber auch sonst führt jede Abweichung der Bauteilewerte von den errechneten Werten zu einer Änderung der Filtercharakteristik. So ändert sich zum Beispiel die Welligkeit eines Tschebyscheff-Filters nicht unerheblich, wenn die Grenzfrequenz oder der Dämpfungsfaktor einer einzelnen Filterstufe sich ändert. Das Butterworth-Filter mit seinem glatten Verlauf des Amplitudengangs im Durchlassbereich ist in dieser Hinsicht nicht so empfindlich.

Eine weitere Abweichung von der idealen Übertragungsfunktion ergibt sich aus dem Verhalten der verwendeten Verstärker. Hier ist es besonders ihr Eingangswiderstand, der störend wirkt, wenn er gegenüber dem Impedanzpegel der RC-Beschaltung nicht groß genug ist. Stören kann aber auch, dass bei höheren Frequenzen die gewünschte Verstärkung nicht mehr erreicht wird und dass dann die Verstärker-Ein- und -Ausgangsspannung nicht mehr genau in Phase sind. Durch die kapazitive Belastung, wie sie bei den Filterschaltungen normalerweise gegeben ist, kann es bei höheren Frequenzen dazu kommen, dass der Verstärker wegen seiner Strombegrenzung die kapazitiven Blindströme nicht mehr aufbringen kann, so dass zum Beispiel die Amplitude begrenzt wird. Beim Aufbau aktiver Filterschaltungen sind alle diese Gesichtspunkte zu beachten. Es geht nicht nur um die Festlegung der einzelnen Widerstands- und Kapazitätswerte.

Die bisher besprochenen Filter, die man mit den Hilfsmitteln der Mathematik beschreiben und auslegen kann, sind nicht für alle Anwendungsfälle optimal.

Wenn man zum Beispiel einen Tiefpass benötigt, der Oberschwingungen unterdrücken und innerhalb einer vorgegebenen Zeit eingeschwungen sein soll, so hat man die Wahl zwischen verschiedenen Filtertypen. In Bezug auf die Unterdrückung bei Oberschwingungen wäre ein Tschebyscheff-Tiefpass am günstigsten, in Bezug auf den Einschwingvorgang bei einem Sprung der Eingangspannung müsste man aber ein Gauß- oder ein Besselfilter wählen, weil die gar nicht oder nur geringfügig überschwingen. Damit diese Filter aber die betreffende Oberschwingung ausreichend unterdrücken, muss man ihre Grenzfrequenz genügend tief legen, und das bedeutet wieder eine längere Steig- und Einstellzeit.

Günstig erweist sich hier ein Kompromiss. Man wählt ein Butterworth-Filter mit kurzer Steigzeit bei ausreichend steilem Amplitudenabfall oberhalb der Grenzfrequenz. Bei diesem Filter treten jedoch mit wachsendem Filtergrad Überschwingen auf, so dass die Einstellzeit immer noch ziemlich lang sein kann. Wenn man jetzt jedoch bei einer oder mehreren Filterstufen die Längswiderstände vergrößert und so die Grenzfrequenz verringert und/oder die Dämpfung vergrößert, so vergrößert diese Änderung an einem Teil der Filterstufen die Steigzeit weniger, als es das Überschwingen verringert. Auf experimentelle Weise lässt sich so das Filter in Bezug auf die Einstellzeit, das heißt die Zeit, bis zu der die Amplitude des Überschwingens unter einen bestimmten Grenzwert abgesunken ist, verbessern. Da in einem mehrstufigen Filter viele Größen frei wählbar sind, ist nicht zu erwarten, dass die mathematisch beschreibbaren Filter immer die für den besonderen Anwendungsfall am besten geeigneten sind. Es kann hier also durchaus sinnvoll sein, die

Tabelle 6.14 • Filterkoeffizienten für optimierte Frequenzgänge nach Gauß, Bessel und Butterworth.

Ordnung	Faktor	Gauß		Bessel		Butterworth	
n	i	a_i	b_i	a_i	b_i	a_i	b_i
1	1	1,0000	0,0000	1,0000	0,0000	1,0000	0,0000
2	1	1,2872	0,4141	1,3617	0,6180	1,4142	1,0000
3	1	0,5098	0,0000	0,7560	0,0000	1,0000	0,0000
	2	1,0197	0,2599	0,9996	0,4772	1,0000	1,0000
4	1	0,8700	0,1892	1,3397	0,4889	1,8478	1,0000
	2	0,8700	0,1892	0,7743	0,3890	0,7654	1,0000
5	1	0,3856	0,0000	0,6656	0,0000	1,0000	0,0000
	2	0,7712	0,1487	1,1402	0,4128	1,6180	1,0000
	3	0,7712	0,1487	0,6216	0,3245	0,6180	1,0000
6	1	0,6999	0,1225	1,2217	0,3887	1,9319	1,0000
	2	0,6999	0,1225	0,9686	0,3505	1,4142	1,0000
	3	0,6999	0,1225	0,5131	0,2756	0,5176	1,0000
7	1	0,3226	0,0000	0,5937	0,0000	1,0000	0,0000
	2	0,6453	0,1041	1,0944	0,3395	1,8019	1,0000
	3	0,6453	0,1041	0,8304	0,3011	1,2470	1,0000
	4	0,6453	0,1041	0,4332	0,2381	0,4450	1,0000
8	1	0,6017	0,0905	1,1121	0,3162	1,9616	1,0000
	2	0,6017	0,0905	0,9754	0,2979	1,6629	1,0000
	3	0,6017	0,0905	0,7202	0,2621	1,1111	1,0000
	4	0,6017	0,0905	0,3728	0,2087	0,3902	1,0000
9	1	0,2829	0,0000	0,5386	0,0000	1,0000	0,0000
	2	0,5659	0,0801	1,0244	0,2834	1,8794	1,0000
	3	0,5659	0,0801	0,8710	0,2636	1,5321	1,0000
	4	0,5659	0,0801	0,6320	0,2311	1,0000	1,0000
	5	0,5659	0,0801	0,3257	0,1854	0,3473	1,0000
10	1	0,5358	0,0718	1,0215	0,2650	1,9616	1,0000
	2	0,5358	0,0718	0,9393	0,2549	1,7820	1,0000
	3	0,5358	0,0718	0,7815	0,2351	1,4142	1,0000
	4	0,5358	0,0718	0,5604	0,2059	0,9080	1,0000
	5	0,5358	0,0718	0,2883	0,1665	0,3129	1,0000

Filter experimentell an bestimmte Aufgaben anzupassen. Dabei stellt gerade das Butterworth-Filter jenen günstigen Kompromiss dar, durch den es als Ausgangspunkt für experimentelle Abänderungen gut geeignet ist. Für die Schaltung einzelner Filter für die Bildung höherer Ordnung dienen Tabelle 6.14 und Tabelle 6.15.

Tabelle 6.15 • Filterkoeffizienten für optimierte Frequenzgänge nach Tschebyscheff mit den entsprechenden Welligkeiten im Durchlassbereich.

Ordnung	Faktor	Tschebyscheff-Filter mit einer Welligkeit von							
		w = 0,5		w = 1		w = 2		w = 3	
n	i	a_i	b_i	a_i	b_i	a_i	b_i	a_i	b_i
1	1	1,0000	0,0000	1,0000	0,0000	1,0000	0,0000	1,0000	0,0000
2	1	1,3614	1,3827	1,3022	1,5515	1,1813	1,7775	1,0650	1,9305
3	1	1,8636	0,0000	2,2156	0,0000	2,7994	0,0000	3,3496	0,0000
	2	0,6402	1,1931	0,5442	1,2057	0,4300	1,2036	0,3559	1,1923
4	1	2,6282	3,4341	2,5904	4,1301	2,4025	4,9862	2,1853	5,5339
	2	0,3648	1,1509	0,3039	1,1697	0,2374	1,1896	0,1964	1,2009
5	1	2,9235	0,0000	3,5711	0,0000	4,6345	0,0000	5,6334	0,0000
	2	1,3025	2,3534	1,1280	2,4896	0,9090	2,6036	0,7620	2,6530
	3	0,2290	1,0833	0,1872	1,0814	0,1434	1,0750	0,1172	1,0686
6	1	3,8645	6,9797	3,8437	8,5529	3,5880	10,4648	3,2721	11,6773
	2	0,7528	1,8573	0,6292	1,9124	0,4925	1,9622	0,4077	1,9873
	3	0,1589	1,0711	0,1296	1,0766	0,0995	1,0826	0,0815	1,0861
7	1	4,0211	0,0000	4,9520	0,0000	6,4760	0,0000	7,9064	0,0000
	2	1,8729	4,1795	1,6338	4,4899	1,3258	4,7649	1,1159	4,8963
	3	0,4861	1,5676	0,3987	1,5834	0,3067	1,5927	0,2515	1,5944
	4	0,1156	1,0443	0,0937	1,0423	0,0714	1,0384	0,0582	1,0348
8	1	5,1117	11,9607	5,1019	14,7608	4,7743	18,1510	4,3583	20,2948
	2	1,0639	2,9365	0,8916	3,0426	0,6991	3,1353	0,5791	3,1808
	3	0,3439	1,4206	0,2806	1,4334	0,2153	1,4449	0,1765	1,4507
	4	0,0885	1,0407	0,0717	1,0432	0,0547	1,0461	0,0448	1,0478
9	1	5,1318	0,0000	6,3415	0,0000	8,3198	0,0000	10,1759	0,0000
	2	2,4283	6,6307	2,1252	7,1711	1,7299	7,6580	1,4585	7,8971
	3	0,6839	2,2908	0,5624	2,3278	0,4337	2,3549	0,3561	2,3651
	4	0,2559	1,3133	0,2074	1,3166	0,1583	1,3174	0,1294	1,3165
	5	0,0695	1,0272	0,0562	1,0258	0,0427	1,0232	0,0348	1,0210
10	1	6,3648	18,3695	6,2634	22,7468	5,9618	28,0376	5,4449	31,3788
	2	1,3582	4,3453	1,1399	4,5167	0,8947	4,6644	0,7414	4,7363
	3	0,4822	1,9440	0,3939	1,9665	0,3023	1,9858	0,2479	1,9952
	4	0,1994	1,2520	0,1616	1,2569	0,1233	1,2614	0,1008	1,2638
	5	0,0563	1,0263	0,0455	1,0277	0,0347	1,0294	0,0283	1,0304

6.4 • Aktive Bandpass- und Bandsperrfilter

Die Realisierung von aktiven Bandpassfiltern und Bandsperrfiltern beruht im Wesentlichen auf den Möglichkeiten der Kombination zwischen Tief- und Hochpass. In der Praxis arbeitet man mit Widerstand und Kondensator, während kaum Spulen eingesetzt werden.

Bandpässe lassen sich durch die Reihenschaltung von Hoch- und Tiefpass verwirklichen. Abb. 6.19 zeigt links den Amplitudengang eines auf diese Weise verwirklichten Bandpasses. Für die untere Grenzfrequenz f_{g1} ist der Hochpass und für die obere f_{g2} der Tiefpass verantwortlich.

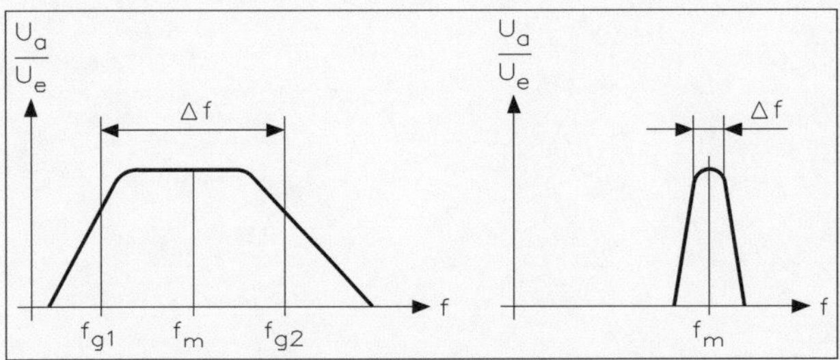

Abb. 6.19 • Bandpässe unterschiedlicher Bandbreite.

Den Bandpass auf diese Weise zu verwirklichen, ist allerdings nur dann sinnvoll, wenn die Bandbreite Δf (als Differenz zwischen oberer und unterer Grenzfrequenz) in der Größenordnung der Mittenfrequenz des Bandpasses liegt, wenn es sich also um ein breitbandiges Filter handelt. Als Mittenfrequenz wird üblicherweise der geometrische Mittelwert der beiden Grenzfrequenzen gewählt.

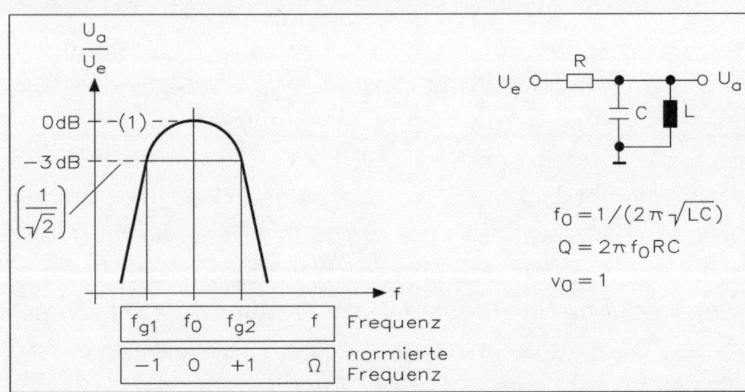

Abb. 6.20 • Bandpass 1. Ordnung mit seinen Kenngrößen.

Bei einem schmalbandigen Filter, wie es rechts in Abb. 6.20 dargestellt ist, ist die Verwendung getrennter Hoch- und Tiefpässe allerdings nicht sinnvoll. Hier ist die Bandbreite klein gegenüber der Mittenfrequenz f_m, und man müsste sehr steile Hoch- und Tiefpässe verwenden, um zu dem dargestellten Amplitudengang zu kommen. Bei schmalbandigen Filtern wird man anders vorgehen. Es gilt:

Mittenfrequenz: $f_0 = \sqrt{f_{g1} \cdot f_{g2}}$

Normierte Frequenz: $\Omega = \dfrac{Q}{\left(\dfrac{f}{f_0} - \dfrac{f_0}{f}\right)}$

Bandbreite: $\Delta f = f_{g2} - f_{g1}$

Normierte Bandbreite: $\Delta F = \dfrac{f_{g2} - f_{g1}}{f_0}$

Güte: $\overline{\quad} \; f_{g2} \quad f_{g1}$

Amplitudengang: $$\frac{U_a}{U_e} = V_0 \cdot \sqrt{\frac{1}{(1+\Omega^2)}}$$

$$\frac{U_a}{U_e}(f_{g1}, f_{g2}) \; := \; \sqrt{2}$$

$$\angle\left(\frac{U_a}{U_e}\right)(f_{g1}, f_{g2}) : \beta : \qquad = \pm 45^\circ \left(\frac{U_a}{U_e} = \frac{V_0}{1 \pm j}\right)$$

Übertragungsfunktion: $$\frac{U_a}{U_e} = \frac{V_0}{1 + j \cdot Q \cdot \left(\frac{f}{f_0} - \frac{f_0}{f}\right)}$$

Wie Abb. 6.20 zeigt, ist rechts oben ein Bandpass aus den Elementen R, L, C dargestellt. Mit wachsender Frequenz verringert der kleiner werdende Blindwiderstand die Ausgangsspannung U_a, während bei sinkender Frequenz der fallende Blindwiderstand von C die Ausgangsspannung herabsetzt. Bei der Resonanzfrequenz f_0 sind die beiden Blindwiderstände gleich und heben einander in der Wirkung auf, so dass die Ausgangsspannung der Eingangsspannung entspricht. Für diese Grundschaltung eines Bandpasses gilt der dargestellte Amplitudengang. Um einfacher rechnen zu können, arbeitet man mit einer auf die Mitten- oder Resonanzfrequenz f_0 bezogenen auf die Frequenz Q und der normierten Frequenz, die im geometrischen Maß symmetrisch zu f_0 ist. Die beiden Grenzfrequenzen f_{g1} und f_{g2} liegen dann bei Q = -1 und Q = +1, während die normierte Resonanzfrequenz Null ist. Diese Normierung ist insofern sinnvoll, als das Filter sich genau wie ein Tiefpass gleicher Ordnung verhält, der bei der Frequenz $\Omega = 0$ ebenfall die Frequenz f = 0 aufweist und bei Q = 1 die Grenzfrequenz f_g hat. Durch das Hinzufügen einer Induktivität in einem RC-Tiefpass wird dieser zu einem Bandpass, der sich bei seiner Resonanzfrequenz verhält wie der Tiefpass bei der Frequenz Null und der auch sonst mit diesem vergleichbar ist, wenn man mit den normierten Größen f/f_g und Ω rechnet.

Abb. 6.20 enthält alle erforderlichen Bestimmungsgrößen für diesen Bandpass 1. Ordnung. Man sieht, dass auch der Amplitudengang und die Übertragungsfunktion dem eines Tiefpasses gleicher Grenzfrequenz entsprechen. Dem Dämpfungsfaktor a des Tiefpasses entspricht als Kehrwert die Güte Q des Bandpasses.

6.4.1 • Bandpässe und Bandsperren 1. Ordnung

Schaltet man in die Gegenkopplung eines Operationsverstärkers einen Parallel- oder Reihenschwingkreis, erhält man einen selektiven Verstärker.

Bei der Schaltung von Abb. 6.21 hat man im Gegenkopplungszweig einen Parallelschwingkreis und die Resonanzfrequenz errechnet sich aus der bekannten Formel. Setzt man die Werte der Bauelemente ein, erhält man eine Resonanzfrequenz von f_0 = 100 kHz. Die Güte beträgt Q ≈ 31 und daraus ergibt sich eine Bandbreite von Δf = 3,2 kHz. Tritt der Resonanzfall auf, wird die Eingangsspannung um V = 10 verstärkt.

Die Resonanzfrequenz ist $f_{res} = \frac{1}{2 \cdot \pi \cdot \sqrt{C \cdot L}}$

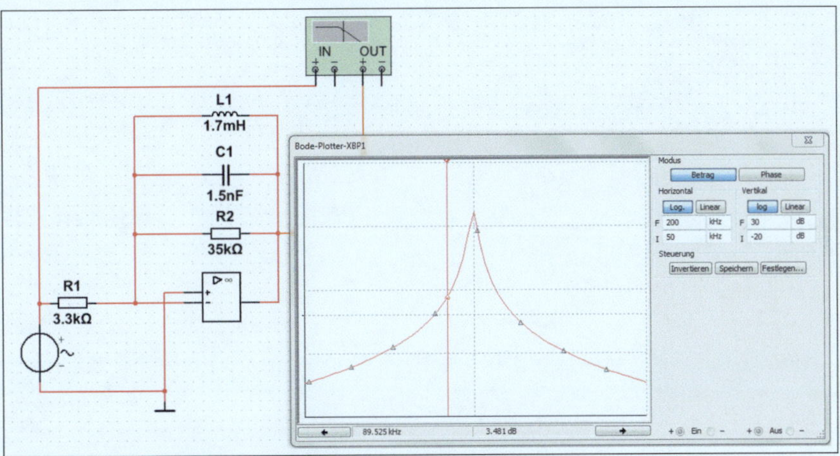

Abb. 6.21 • Selektiver 100-kHz-Verstärker mit Reihenschwingkreis.

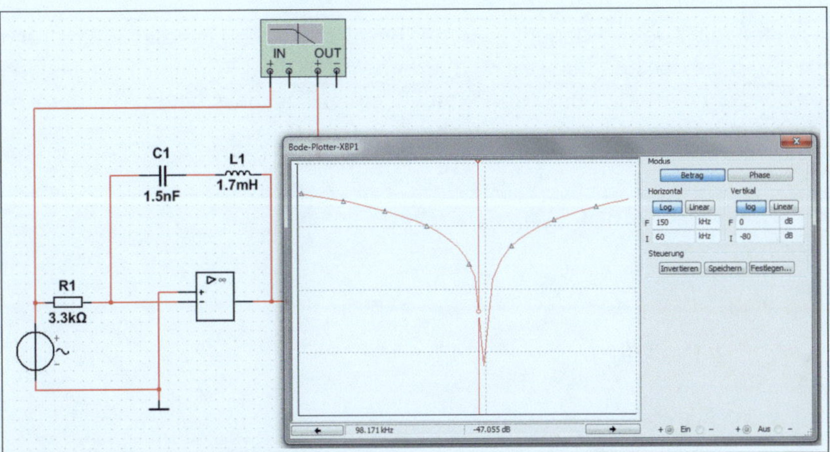

Abb. 6.22 • Filter mit Parallelschwingkreis.

Abb. 6.24 zeigt ein Bandfilter mit Parallelschwingkreis. Die Resonanzfrequenz errechnet sich aus

$$f_{res} = \frac{1}{2 \cdot \pi \cdot \sqrt{C \cdot L}}$$

6.4.2 • Selektives Filter zweiter Ordnung

In der klassischen Elektrotechnik handelt es sich bei einem Bandpassfilter um den Parallelschwingkreis, d. h., man betreibt einen Kondensator, eine Spule und einen Widerstand parallel. Da die praktische Umsetzung der Spulen recht aufwendig ist, setzt man einen passiven RC-Bandpass ein.

Zur Realisierung eines aktiven Bandpassfilters gibt es mehrere Möglichkeiten, wobei in der Praxis meist die Schaltung von Abb. 6.23 verwendet wird. Es handelt sich um ein

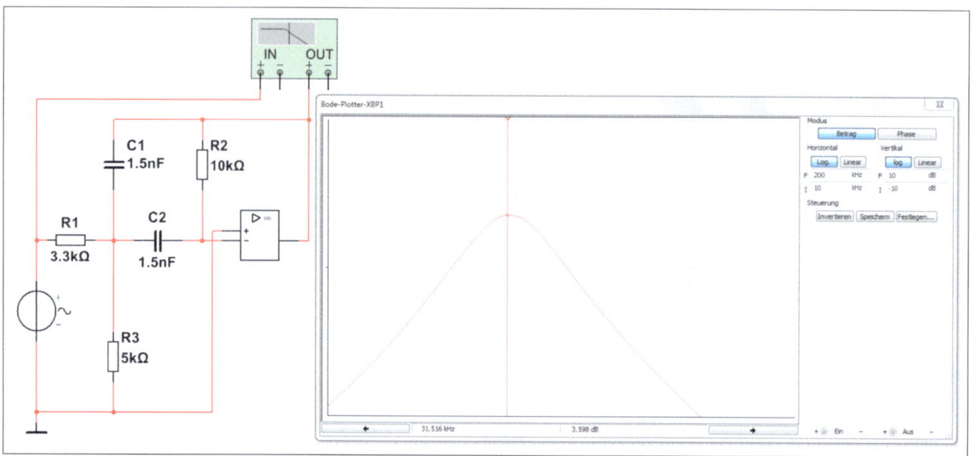

Abb. 6.23 • Aktives Bandpassfilter mit Zweifachgegenkopplung.

aktives Bandpassfilter mit Zweifachgegenkopplung. Betrachtet man sich diese Schaltung genau, erkennt man, dass der Kondensator C_1 mit dem Widerstand R_1 einen Tiefpass und der Kondensator C_2 zusammen mit dem Widerstand R_2 einen Hochpass bildet. Die Berechnung ist recht aufwendig, verkürzt sich aber, wenn $C_1 = C_2 = C$ ist:

Mittenfrequenz: $$f_M = \frac{1}{2 \cdot \pi \cdot C} \cdot \sqrt{\frac{R_1 + R_2}{R_1 \cdot R_2 \cdot R_3}}$$

Verstärkung bei f_M: $$f_M = \frac{R_2}{2 \cdot R_1}$$

Güte: $$Q = \pi \cdot R_2 \cdot C \cdot f_M$$

Bandbreite: $$\Delta f = \frac{1}{\pi \cdot R_2 \cdot C}$$

Verwendet man die anderen Bandpassfilter, ein Bandpassfilter aus Hoch- und Tiefpass, Bandpassfilter mit Einfachmitkopplung oder Bandpassfilter mit ohmscher Gegenkopplung, so ist meistens die Güte Q nicht sehr groß, oder die Schaltungen sind im Betriebszustand sehr instabil. Hat man nur eine geringe Güte, kommt es häufig zur Eigenerregung, und das Bandpassfilter schwingt.

6.4.3 • Aktive Bandsperre mit T-Filter

Eine Bandsperre besitzt die Eigenschaft, Frequenzen aus einem bestimmten Bereich herauszufiltern, während außerhalb dieses Bereichs alle anderen Anteile unverändert das Filter mehr oder weniger passieren. Es handelt sich also um die Summe einer Tiefpass- und einer Hochpasscharakteristik. In der praktischen Anwendung wird diese Tatsache genutzt, um eine Bandsperre aus Hoch- und Tiefpass zusammenzusetzen. In der Praxis eignet sich das passive Doppel-T-Sperrfilter zur Realisierung einer Bandsperre. Die Verbindung mit einem Operationsverstärker gibt eine aktive Bandsperre, wie Abb. 6.24 zeigt.

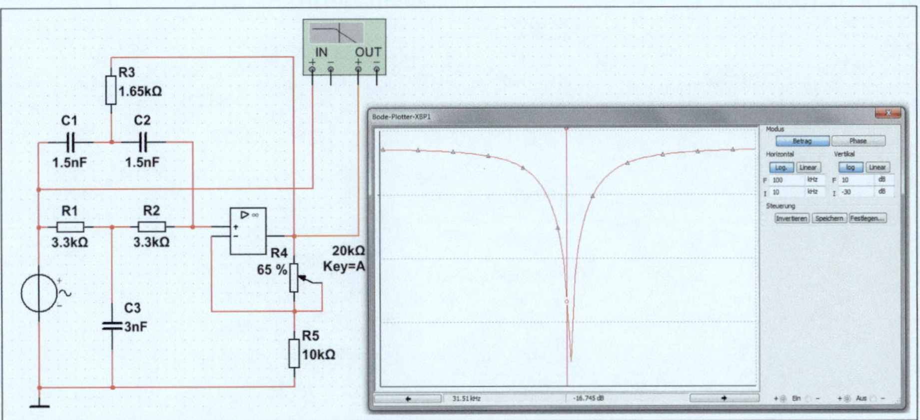

Abb. 6.24 • Aktive Bandsperre mit zwei T-Filtern.

Der Operationsverstärker arbeitet im nicht invertierenden Betrieb. Daher ergibt sich eine mitgekoppelte Betriebsart für das Doppel-T-Filter. Der untere Teil des T-Filters bildet einen Tiefpass, während das obere T-Filter ein Hochpassverhalten hat. Der Fußpunkt des oberen T-Filters ist mit der Ausgangsspannung des Operationsverstärkers verbunden.

Die Berechnung lässt sich erheblich vereinfachen, wenn man die einzelnen Bedingungen zwischen Widerständen bzw. Kondensatoren einhält.

Mittenfrequenz: $$f_M = \frac{1}{2 \cdot \pi \cdot R \cdot C}$$

Güte: $$Q = \frac{1}{2(2-k)}$$

Die Gegenkopplung muss zu $V_0 = k < 2$ eingestellt werden.

Aus Abb. 6.24 erhält man die Mittenfrequenz von 32,4 kHz bei einer Dämpfung von –25 dB. Es ergibt sich folgende Rechnung:

$$f_M = \frac{1}{2 \cdot \pi \cdot R \cdot C} = \frac{1}{2 \cdot 3{,}14 \cdot 1{,}65k\Omega \cdot 3nF} = 32{,}2kHz$$

6.4.4 • Bandfilter mit Wienbrücke

Bei der Realisierung eines Bandfilters gibt es zwei Möglichkeiten: Entweder arbeitet man mit einer Wienbrücke und erhält ein Bandpassfilter oder man nutzt eine Wien-Robinson-Brücke und erhält ein Bandsperrfilter. Abb. 6.25 zeigt beide Möglichkeiten.

Bandpass

$$\omega_0 = \frac{1}{R \cdot C}$$

Abb. 6.25 links

$$\frac{U_a}{U_e} = \frac{Z_2}{Z_1 + Z_2}$$

$$Z_1 = R + \frac{1}{j\omega \cdot C}$$

$$Z_2 = \frac{\frac{R}{j\omega \cdot C}}{R + \frac{1}{j\omega \cdot C}}$$

$$\frac{U_a}{U_e} = \frac{V_0}{1 + jQ\left(\frac{\omega}{\omega_0} - \frac{\omega_0}{\omega}\right)}$$

$$\text{für } V_0 = \frac{1}{3} \text{ und } Q = \frac{1}{3}$$

$$\frac{U_a}{U_e} = \frac{V_0}{1 + jQ}$$

$$\frac{U_a}{U_e} = V_0 \cdot \frac{1 - j\Omega}{1 + j\Omega^2}$$

Bandsperre

Abb. 6.25 rechts

$$U_a = \frac{1}{3} \cdot U_1 - U$$

$$\frac{U_a}{U_e} = \frac{V_0}{1 - \frac{1}{jQ}\left(\frac{\omega}{\omega_0} - \frac{\omega_0}{\omega}\right)}$$

$$\frac{U_a}{U_e} = V_0 \cdot \frac{j\Omega}{j\Omega - 1}$$

$$\text{für } V_0 = \frac{1}{3} \text{ und } Q = \frac{1}{3}$$

$$\frac{U_a}{U_e} = \frac{V_0}{1 + \frac{j}{\Omega}}$$

$$\frac{U_a}{U_e} = V_0 \cdot \frac{1 - \frac{j}{\Omega}}{1 + \left(\frac{1}{\Omega}\right)^2}$$

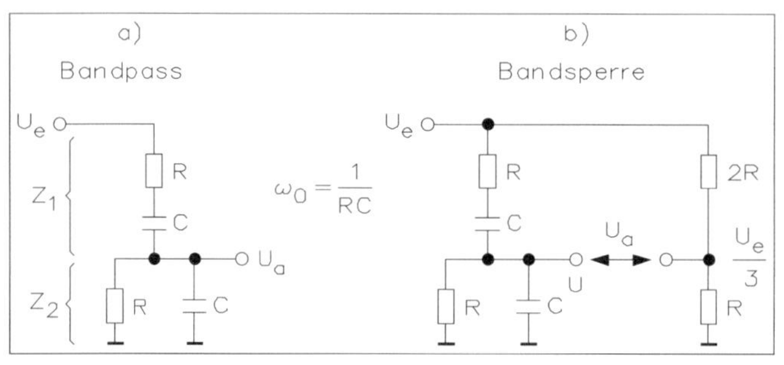

Abb.6.25 • Gegenüberstellung der Wienbrücke (links) für den Bandpass BP und der Wien-Robinson-Brücke (rechts) für eine Bandsperre BS.

Bei der Wienbrücke wird das Eingangssignal U_e auf die Reihenschaltung aus Widerstand und Kondensator gegeben. Diese Reihenschaltung bildet den Scheinwiderstand Z_1. Zwischen der Ausgangsspannung U_a, dem Fußpunkt der Reihenschaltung, und Masse befindet sich die Parallelschaltung, und diese bildet den Scheinwiderstand Z. Bei der Grenzfrequenz f_g hat der Scheinwiderstand Z_1 einen Wert von $Z_2 = \sqrt{2} \cdot R$ und der Scheinwiderstand Z_2 einen Wert von $Z_2 = 1/\sqrt{2} \cdot R$, d. h., in der Grenzfrequenz steht am Ausgang der Schaltung eine Spannung von $U_a = U_e/3$ zur Verfügung.

Um einfacher rechnen zu können, arbeitet man mit einer auf die Mitten- oder Resonanzfrequenz f_M, f_{res} oder f_0 bezogenen Frequenz Ω, der normierten Frequenz, die im geometrischen Maß symmetrisch f_M, f_{res} oder f_0 ist. Die beiden Grenzfrequenzen f_u und f_o liegen dann bei Ω = -1 und Ω = +1, während die normierte Resonanzfrequenz Null ist. Diese Normierung ist insofern sinnvoll, da sich das Filter genauso wie ein Tiefpass gleicher Ordnung verhält, der bei der Frequenz f = 0 ebenfalls die Frequenz f = 0 aufweist und bei Ω = 1 die Grenzfrequenz f_g hat.

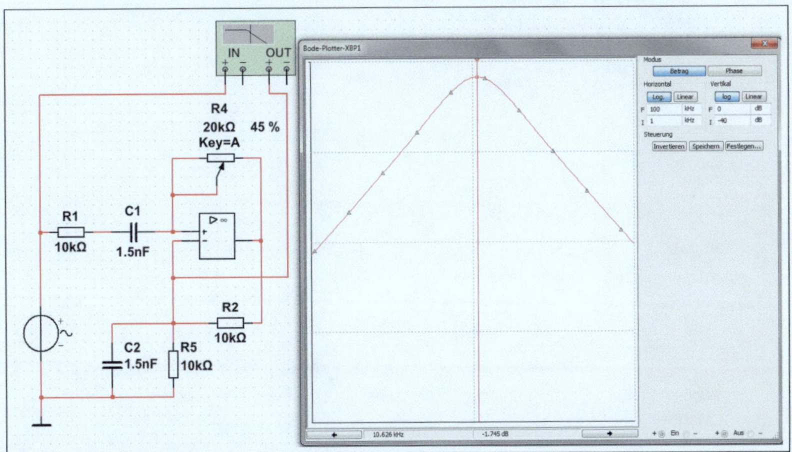

Abb. 6.26 • Bandpassfilter mit Wienbrücke, wobei sich die Güte Q über den Einsteller R_1 bestimmen lässt.

Bei der Schaltung von Abb. 6.26 arbeitet der Operationsverstärker als Differenzverstärker. Ein Teil der Ausgangsspannung wird über den Einsteller R_1 auf den invertierenden Eingang gegengekoppelt, während ein Teil der Ausgangsspannung über den Widerstand R_2 mitgekoppelt wird. Dadurch ergeben sich zwei Betriebsarten, nämlich der Verstärkerbetrieb für die Filterfunktion und eine unerwünschte Schwingungsbedingung. Aus diesem Grunde arbeitet die Schaltung nahe am kritischen Bereich.

Die Wienbrücke wird durch die beiden Widerstände R und den beiden Kondensatoren C gebildet. Die Schaltung arbeitet als Bandpass, bei dem der Operationsverstärker die Wienbrücke entdämpft. Mit $R_1 = 2 \cdot R_2$ ist die Schwingungsbedingung erfüllt, und man erreicht eine theoretische Güte von unendlich. Die Güte lässt sich aber nicht beliebig hoch wählen, da diese im Wesentlichen durch die Differenz zweier Widerstandswerte gegeben ist. Wenn die Bedingung $R_1 < 2R_2$ mit $R_L \rightarrow \infty$ eingehalten wird, errechnen sich Mittenfrequenz und Güte aus:

$$f_M = \frac{1}{2 \cdot \pi \cdot R \cdot C} \qquad Q = \frac{R_2}{2 \cdot R_2 - R_1}$$

und die Ausgangsspannung bei Mittenfrequenz ist:

$$U_a = U_e \frac{R_1}{2 \cdot R_2 - R_1}$$

Wählt man diese Differenz der beiden Widerstandswerte R_1 und R_2 zu klein, dann führen bereits geringste Widerstandsänderungen zu hohen Güteänderungen. Die Güte kann dabei sogar negative Werte annehmen, und in diesem Fall schwingt die Schaltung. Die Schaltung hat den Nachteil, dass der Ausgang nicht belastet werden darf, d. h., die Ausgangsspannung ist mit einem Elektrometerverstärker abzugreifen.

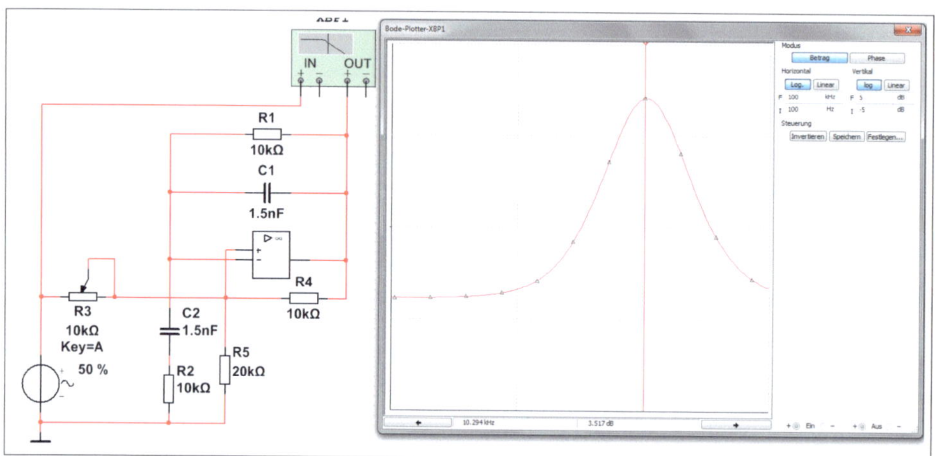

Abb. 6.27 • Bandpassfilter mit Wienbrücken-Oszillator.

In der Schaltung von Abb. 6.27 liegt die Ausgangsspannung des Operationsverstärkers an der Wienbrücke. Diese bildet einen frequenzabhängigen Spannungsteiler, der im Abgriff mit dem invertierenden Eingang des Operationsverstärkers verbunden ist. Über den Widerstand R wird die Ausgangsspannung des Operationsverstärkers auf den nicht invertierenden Eingang mitgekoppelt. Da die Bedingung für einen ordnungsgemäßen Verstärkerbetrieb $U_D = 0$ V oder in unserem Fall $U_{E1} \approx U_{E2}$ lautet, ergeben sich für diese beiden Spannungswerte folgende Werte:

$$U_{E1} = \frac{2}{3} U_a \qquad U_{E2} = \frac{2}{3} U_a \quad \text{bei} \quad f_M = \frac{1}{2 \cdot \pi \cdot R \cdot C}$$

Für die Mittenfrequenz gilt:

$$\frac{U_a}{U_e} = \frac{3}{2} \qquad Q = \frac{R_1}{4 \cdot R} \qquad Q >> 1$$

Wählt man den Widerstand R_1 sehr hochohmig, steht die Schaltung kurz vor der unerwünschten Schwingbedingung, aber man erreicht die theoretische Güte unendlich. Verringert man den Widerstandswert von R_1, verringert sich auch die Güte erheblich.

Benötigt man in der Praxis einen Bandpass mit Wienbrücke, verwendet man die Schaltung von Abb. 6.28. Die Verstärkung im Resonanzfall ist abhängig von der Güte Q. Wählt man die Güte zu groß, wird die Schaltung instabil und geht in den Schwingbereich über. Für die Mittenfrequenz, die Güte und die Ausgangsspannung bei Mittenfrequenz gilt:

$$f_M = \frac{1}{2 \cdot \pi \cdot R \cdot C} \qquad Q = \frac{R_1}{2 \cdot R_1 - R_2} \qquad U_a = U_e = \frac{R_1 + R_2}{2 \cdot R_1 - R_2}$$

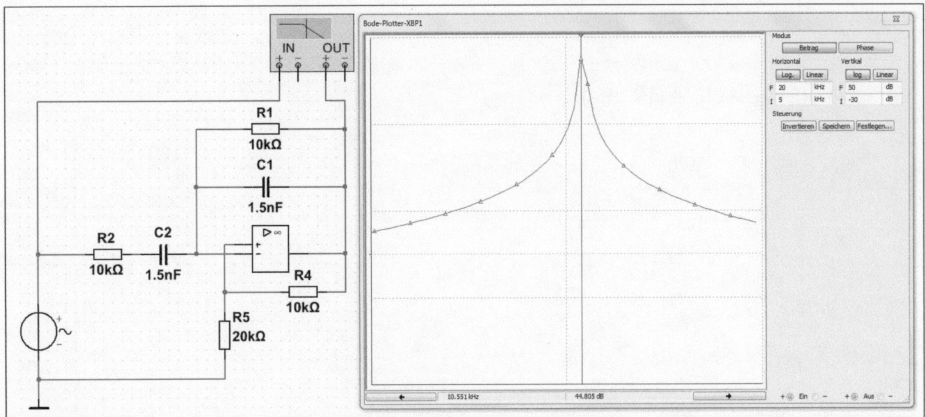

Abb. 6.28 • Bandpassschaltung mit Wienbrücke.

Bei den Schaltungen von Abb. 6.26, Abb. 6.27 und Abb. 6.28 handelt es sich um Bandpassfilter in Verbindung mit der Wienbrücke. Verwendet man die Wien-Robinson-Brücke, lässt sich ein Bandsperrfilter realisieren, wie Abb. 6.29 zeigt.

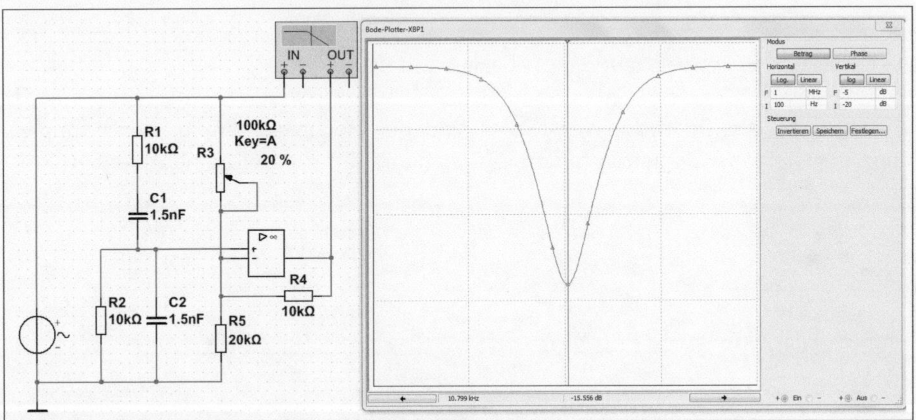

Abb. 6.29 • Bandsperrfilter mit Wien-Robinson-Brücke.

Die Eingangsspannung U_e liegt an der Wienbrücke, die aus Widerständen R und Kondensatoren C besteht, und am Spannungsteiler mit den beiden Widerständen R_1 und R_2. Die Eingangsspannung bei Mittenfrequenz bedeutet, dass der nicht invertierende Eingang des Operationsverstärkers nur 1/3 der Eingangsspannung aufweist. Wird die Eingangsfrequenz größer oder kleiner, sinkt auch die Spannung am nicht invertierenden Eingang. Durch den ohmschen Spannungsteiler wird die Spannung am invertierenden Eingang weitgehend konstant gehalten; daher ist die Ausgangsspannung U_a von der Eingangsfrequenz abhängig. Verändert man den Widerstandswert des Einstellers R_1, ändert sich auch die Mittenfrequenz des Bandsperrfilters entsprechend.

6.4.5 • Kombinierter Hoch-, Tief- und Bandpass

Für die Schaltung eines kombinierten Hoch-, Tief- und Bandpass benötigt man drei Operationsverstärker, wie Abb. 6.30 zeigt.

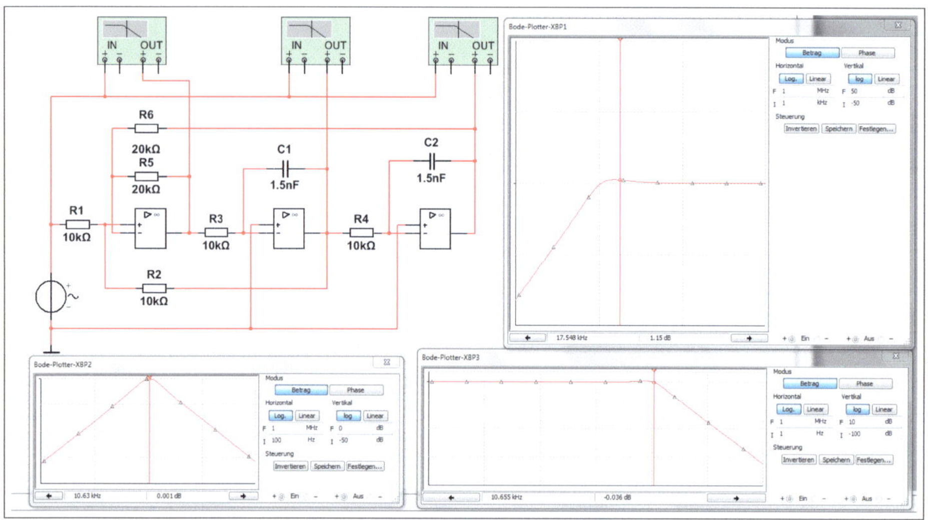

Abb. 6.30 • Schaltung eines kombinierten Hoch-, Tief- und Bandpass.

Die drei Ausgänge der Operationsverstärker sind der Hochpass (links), der Bandpass (Mitte) und der Tiefpass. Es gelten folgende Gleichungen mit den Bedingungen: $R_3 = R_4 = R$ und $C_1 = C_2 = C$.

$$= \frac{1+R_5/R_6}{1+R_1/R_2}$$

$$\text{HP: } , \frac{U_{a1}}{U_e}\ (f \gg f_g) = \frac{1+R_5/R_6}{1+R_1/R_2} \qquad f_g = \frac{1}{2\cdot\pi\cdot R\cdot C}\cdot\sqrt{\frac{R_5}{R_6}}$$

$$\text{BP: } , \frac{U_{a2}}{U_e}\ (f_0) = \frac{R_2}{R_1} \qquad f_g = \frac{1}{2\cdot\pi\cdot R\cdot C}\cdot\sqrt{\frac{R_5}{R_6}}$$

$$\text{TP: } , \frac{U_{a3}}{U_e}\ (f \ll f_g) = \frac{1+R_6/R_5}{1+R_1/R_2} \qquad f_g = \frac{1}{2\cdot\pi\cdot R\cdot C}\cdot\sqrt{\frac{R_5}{R_6}}$$

$$Q(BP) = \frac{1}{\alpha} \qquad (HP,TP) = \frac{R_1+R_2}{R_1\left(\sqrt{\frac{R_6}{R_5}}+\sqrt{\frac{R_5}{R_6}}\right)}$$

Durch die Ringschaltung von zwei Integratoren und einem Umkehrverstärker erhält man eine Schaltung zur Verwirklichung der Schwingungsdifferentialgleichung, die bei einer bestimmten Frequenz selbsttätig schwingt. Auf diese Weise lässt sich eine Filterschaltung verwirklichen. Die Schaltung ist als Bandpass hoher Güte besser geeignet als viele einfachere Schaltungen. Die Güte wird hier im Wesentlichen durch das Verhältnis der beiden Widerstände R_2 und R_1 bestimmt. Ein Verständnis für die Funktion der Schaltung ergibt sich am einfachsten anhand entsprechender Zeigerbilder.

6.4.6 • Allpassfilter

Ein Allpassfilter lässt alle Frequenzen passieren, d. h., es tritt keine frequenzabhängige Reduzierung oder Erhöhung der Ausgangsspannung auf. Wichtig für den Allpass sind jedoch die frequenzabhängige Phasenverschiebung und die auftretende Signalverzögerung.

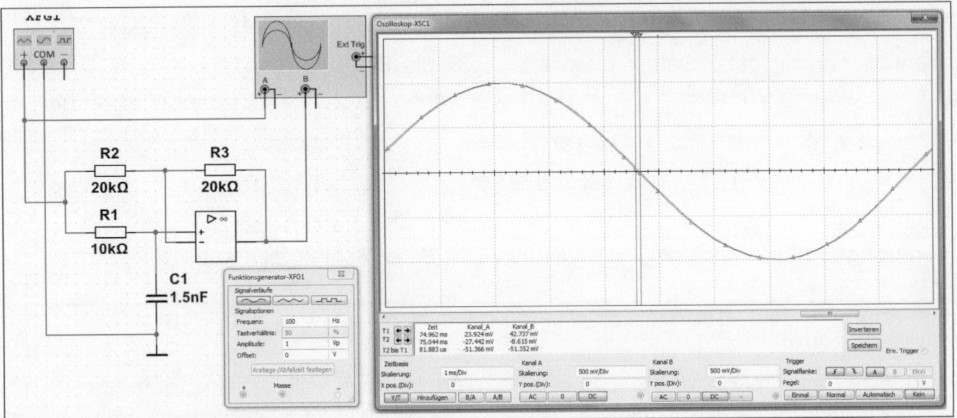

Abb. 6.31 • Allpass erster Ordnung.

Bei der Schaltung von Abb. 6.31 handelt es sich im Wesentlichen um einen Phasenschieber. Solange die Übertragungsfrequenz klein ist gegenüber der Grenzfrequenz

$$f_g = 1/(2 \cdot \pi \cdot R \cdot C)$$

hat die Signallaufzeit τ nur eine geringe Frequenzabhängigkeit.

Das Allpassfilter lässt alle Frequenzen passieren. Es tritt nur eine entsprechende Phasenverschiebung zwischen der Eingangsspannung U_e und der Ausgangsspannung U_a auf. Man spricht aber hier nicht von einer Phasenverschiebung, sondern vom Übertragungswinkel ß. Der Zusammenhang zwischen Signallaufzeit bzw. Verzögerungszeit τ und Übertragungs- oder Verzögerungswinkel ß ist in Abb. 6.32 dargestellt.

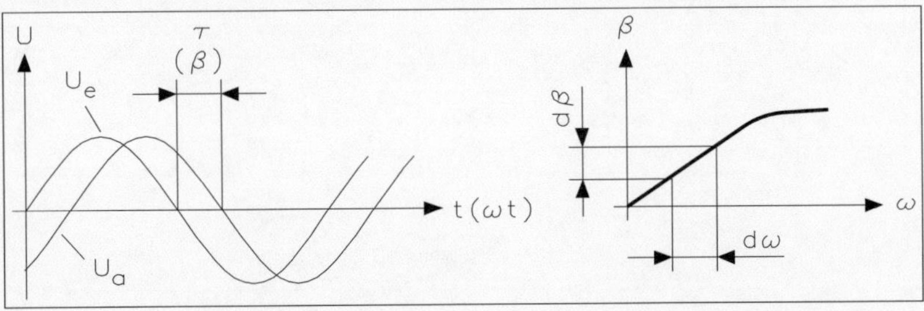

Abb. 6.32 • Zusammenhang zwischen Verzögerungszeit τ und Verzögerungsinkel φ.

Die Verzögerungszeit ist der Differentialquotient des Verzögerungsinkel φ und der Kreisfrequenz ω_0. Solange die Übertragungsfrequenz klein ist gegenüber der Grenzfrequenz, zeigt die Signallufzeit nur eine geringe Frequenzabhängigkeit. Der Verzögerungswinkel errechnet sich aus:

$$\beta = 2\arctan\frac{1}{\omega \cdot R \cdot C} - 180°$$

und die Verzögerungszeit ist:

$$\tau = \frac{d\beta}{d\omega} = \frac{2 \cdot R \cdot C}{1 + (\omega \cdot R \cdot C)^2} = \frac{2/\omega_g}{1 + (\omega/\omega_g)^2} \qquad \omega_g = \frac{1}{R \cdot C}$$

Verwendet man für die Schaltung von Abb. 6.37 die Bauteile R = 10 kΩ und C = 10 nF, ergibt sich die Grenzfrequenz f_g = 1,6 kHz. Die Laufzeit für 100 Hz errechnet sich aus:

$$\tau = \frac{2 \cdot R \cdot C}{1 + (\omega \cdot R \cdot C)^2} = \frac{2 \cdot 10k\Omega \cdot 10nF}{1 + (2 \cdot 3{,}14 \cdot 10k\Omega \cdot 10nF)^2} = 0{,}2ms$$

Reduziert man die Frequenz auf 10 Hz, verändert sich die Laufzeit nur unmerklich. Der Verzögerungswinkel ß für eine Frequenz von 100 Hz errechnet sich aus:

$$\beta = 2\arctan\frac{1}{\omega \cdot R \cdot C} - 180° = 2\arctan\frac{1}{2 \cdot 3{,}14 \cdot 100Hz \cdot 10k\Omega \cdot 10nF} - 180° = -7°$$

Der Übertragungswinkel hat bei 100 Hz den Wert von τ = –7°. Arbeitet man mit 10 Hz, ändert sich τ kaum, d. h., nicht nur der Verzögerungswinkel ß ist im Wesentlichen frequenzunabhängig.

7 • Zeitkontinuierliche IC-Filter

Aktive Filter, die mit Operationsverstärkern, Widerständen und Kondensatoren aufgebaut sind, neigen zu Problemen in Hinblick auf Genauigkeit der Bauelemente und unerwünschten Driftbewegungen. Für temperaturstabile Ergebnisse muss man driftarme Kondensatoren verwenden, die sehr teuer sind. Für Filter höherer Ordnung sind diese Probleme oft unüberwindbar, wenn man ein stabiles und präzises Filter benötigt.

Filter mit geschalteten Kapazitäten bieten eine Lösung dieser Probleme, denn sie bestimmen die Filtercharakteristik mit präzise getrimmten Kondensatoren. Sie zeigen allerdings gewisse Einschränkungen: Die wichtigsten sind Begrenzungen durch die Nyquist-Bandbreite, Störungen durch die Taktfrequenz, Fehler durch das Taktrauschen mit einigen mV bei der Schaltfrequenz, Aliasing und Verzerrungen.

Sobald eine Anwendung ein kontinuierliches Filter erfordert, bieten mehrere Firmen, z.B. Texas Instruments oder Analog Devices zahlreiche Bausteine an, die eine integrierte, recht genaue und günstige Methode zum Aufbau kontinuierlicher Filtereinheiten ermöglichen. Diese Bausteine sind integrierte lineare Filterbausteine. Diese bestehen aus einem Netzwerk mit mehreren Operationsverstärkern und sehr genau getrimmten, driftarmen Kondensatoren. Mit vier externen Widerständen pro Sektion 2. Ordnung, erhält man einen kompletten Tiefpass oder Bandpass. Klassische Allpolfilter nach Butterworth, Tschebyscheff und Bessel lassen sich ebenfalls realisieren. Diese Filterbausteine weisen einige gravierende Einschränkungen auf. Daher findet man in der Praxis weniger die kontinuierlichen Filterschaltungen als geschaltete Filterbausteine. Trotzdem verdienen beide Filterbausteine eine besondere Beachtung in der praktischen PC-Messtechnik.

7.1 • Filtergenauigkeit und Filterentwurf

Was ist Filtergenauigkeit, und warum ist dieser Wert wichtig? Meist wird die Polfrequenz f_0 als Grenzfrequenz f_g als 3-dB-Punkt eines Tiefpassfilters oder f_M als Mittenfrequenz eines Bandpassfilters bezeichnet. Durch das Verhältnis des Maximums bei f_M zur Bandbreite wird die Güte bestimmt. Eigentlich sollten Abweichungen von f_0 und Q entsprechende Änderungen im 3-dB-Punkt und der Welligkeit im Durchlassbereich bewirken. Diese Vorgehensweise stimmt bei der Betrachtung eines Filters 2. Ordnung. Bei Filtern höherer Ordnung verschieben sich allerdings diese Zusammenhänge. Die meisten praktischen Filterentwürfe enthalten daher eine einfache Aneinanderreihung mehrerer Filter. Dabei wird zum Einstellen des gewünschten „Über-Alles“-Ansprechverhaltens jede Filtersektion mit unterschiedlicher Polfrequenz und anderem Q-Wert betrachtet. Kleine Ungenauigkeiten von Polfrequenz f_0 und Güte Q in einer der kaskadierten Filtersektionen weisen dabei unter Umständen signifikante und manchmal überraschende Konsequenzen für die gesamte Filtercharakteristik auf.

Die ersten Überlegungen beim Filterentwurf sind:

- Eck- oder Mittenfrequenzen f_0 der Durchlass- und Sperrbereiche,
- geforderte Dämpfung im Sperrbereich,
- zulässige Welligkeit im Durchlassbereich.

Aus diesen Parametern bestimmen sich Filter-Ordnung, und Q-Werte der einzelnen Filter-Sektionen. Dazu dienen fertige Look-up-Tabellen der einzelnen Herstellerfirmen, manuelle Berechnungen (mit Unterstützung durch zahlreiche Tabellen) in Verbindung mit einem Taschenrechner oder spezielle PC-Programme der Halbleiterfirmen, die diese IC-Filter anbieten. Abb. 7.1 zeigt die grundsätzlichen Arbeitsbereiche für die vier Grundfilter mit ihren Definitionen, die sich dann erweitern lassen.

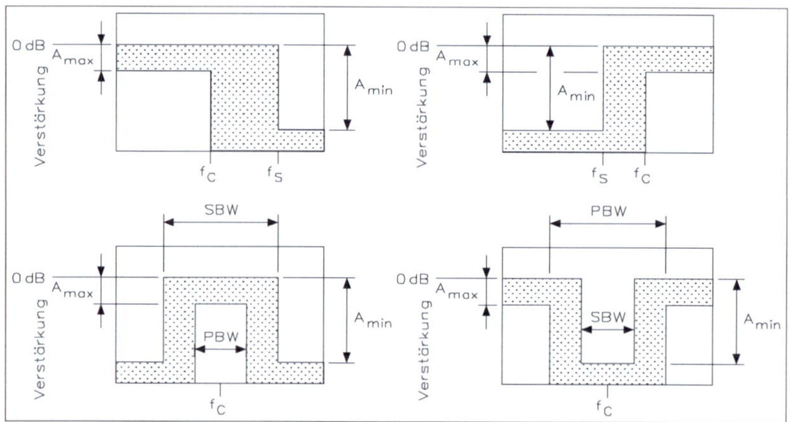

Abb. 7.1 • Arbeitsbereiche der Grundfilter mit Definitionen zur Berechnung auf PC-Systemen.

Für die Berechnung aller vier Filtertypen sind die maximale und die minimale Verstärkung wichtig. Diese sind spezifiziert mit A_{max} und A_{min}. Der Wert A_{max} definiert die Breite der Welligkeit bis zum Frequenzpunkt f_c (Corner Frequency), während der Wert A_{min} die Unterdrückung bis zum Frequenzpunkt f_s (Stopband Frequency) angibt. Bei Bandpass und Bandsperre gibt es noch die Werte für SBW (Stop Bandwidth) und PBW (Pass Bandwidth).

Der nächste Schritt involviert die Umsetzung des Papierentwurfs in einen Hardware-Prototyp. Viele Filterschaltungen werden mit diskreten Komponenten realisiert, aber immer mehr Entwickler bevorzugen „vorgefertigte" Filter in Form von IC-Bausteinen oder Modulen. Dieses Verfahren umgeht die zahlreichen Probleme beim Schaltungsentwurf, beim Leiterplatten-Layout, bei den Toleranzen der passiven und aktiven Komponenten und den häufig recht unterschiedlichen Driftwerten der einzelnen Bauelemente. Oft erlauben diese Filterbausteine mit geschalteten Kapazitäten und PC-Programmierung einen Abgleich während des Betriebs.

7.1.1 • Vergleich zwischen geschalteten und kontinuierlichen Filtern

Da kein Filterentwurf allen Anforderungen gerecht werden kann, unterscheidet man zwischen zwei Hauptgruppen von Filter-ICs: Die mit geschalteten Kapazitäten und die kontinuierliche Variante ohne Sampling. Abb. 7.2 zeigt den Vergleich zwischen den beiden Möglichkeiten.

In Filtern mit geschalteten Kapazitäten „simulieren" die getakteten kapazitiven Integratoren die kontinuierlichen OPV-Integratoren. Die Integrationskonstante ist proportional der Taktfrequenz, somit lassen sich die Filter einfach durch Variation der Taktrate abstim-

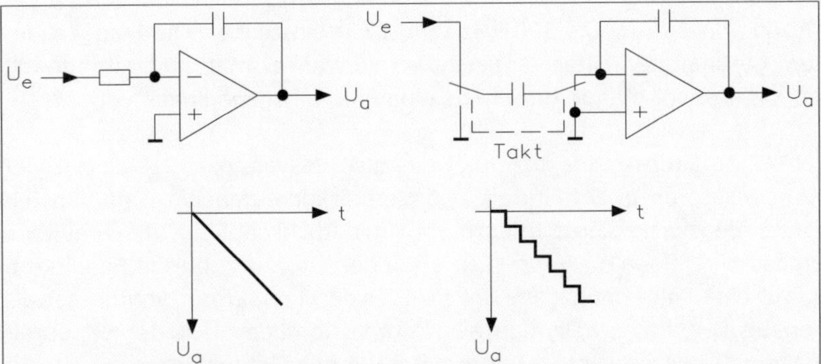

Abb. 7.2 • Unterschiedliche Beschaltung eines Operationsverstärkers für ein kontinuierliches Filter und für ein Filter mit geschalteten Kondensatoren.

men. Die Bausteine MAX291 bis MAX297 enthalten z. B. zweipolige Tiefpassfilter, deren Grenzfrequenzen über die Taktrate von 0,1 Hz bis 50 kHz verschiebbar sind. Weitere Vorteile: hohe Genauigkeit und keine externen Komponenten.

Die Ausgänge solcher Filter enthalten ein gewisses „Feedthrough" (Rückwirkung) und Rauschen. Dieses lässt sich jedoch leicht extern ausfiltern, zumal das Taktrauschen bei wesentlich höheren Frequenzen (typisch 100-mal) erheblich größer ist, als die der Polfrequenz. Die Eingangssignale müssen allerdings unterhalb der halben Taktrate bandbegrenzt sein, denn die Filter arbeiten nach dem Sampling-Prinzip, weshalb bei breitbandigem Verhalten der Eingänge Alias-Effekte auftreten können.

Kontinuierliche Filter bestehen im Wesentlichen aus Standard-Operationsverstärkern mit Kondensator-Netzwerken. Sie arbeiten ohne Sampling und ohne Takt. Der Baustein MAX270 hat zwei unabhängige Sallen-Key-Tiefpässe integriert. Ein Taktsignal oder externe Bauelemente sind nicht erforderlich. Über eine Mikroprozessor-Schnittstelle lässt sich der Kondensator im Schaltkreis programmieren. Damit lässt sich die erforderte Eckfrequenz im Bereich von 1 kHz bis 25 kHz bestimmen. Die Universalfilter 4. und 8. Ordnung der Bausteine MAX274/MAX275 bieten eine „MF-10", also eine zustandsvariable Struktur. Die „MF-10"-Struktur benötigt keinen Takt, zeigt aber ein wesentlich besseres Rausch- und Dynamikverhalten. Die Bausteine MAX 274 und MAX275 sind kontinuierliche Analogfilter 8. bzw. 4. Ordnung. In der Topologie sind diese Filter ähnlich den geschalteten Kapazitäten bei der MF-10-Struktur. Der MAX274/5 enthält acht bzw. vier unabhängige, kaskadierbare Biquad-Filter für die einzelnen Sektionen 2. Ordnung. Jede Sektion kann alle Allpol-Bandpass- oder Tiefpass-Filtercharakteristiken (Butterworth, Bessel und Tschebyscheff) wiedergeben und wird mit nur vier externen Widerständen programmiert. Externe Kondensatoren, ausgenommen zum Stützen der Betriebsspannung, sind nicht notwendig, so dass eine wesentliche Fehlerquelle entfällt. Die Auslegung der Filter mit kontinuierlichem Zielverhalten bietet geringes Rauschen und keine Verzerrungen durch Eliminierung des Takts und der Alias-Probleme, wie sie in den geschalteten Typen auftreten. In den meisten Filterkonfigurationen liegen die gesamten Verzerrungen typisch unter -86 dB und der Effektivwert der Rauschspannung unter 60 µV. Diese Funktionsdaten sind ideal für Anti-Aliasing und Ausgangsglättung von D/A-Wandlern in hochauflösenden

Anwendungen zur Datenerfassung. Die Polfrequenzen sind im Bereich von 100 Hz bis 150 kHz (MAX274) und von 100 Hz bis 300 kHz (MAX275) einstellbar. Die Frequenzgenauigkeit ist mit dem geschalteten Filter vergleichbar: Verwendet man Widerstände mit einer Toleranz von 1 %, erreicht man in der Praxis eine Frequenzgenauigkeit von 2%.

Die MAX274- und MAX275-Filter-Architektur nutzt ein zustandsvariables Design mit vier Verstärkern. Die Kondensatoren in Schaltkreis und Verstärker ergeben zusammen mit den externen Widerständen kaskadierte Integratoren mit Rückkopplung, die simultane Bandpass- und Tiefpass-Filtersignale erzeugen. Die Kondensatoren in diesen Schaltkreisen sind werkseitig auf eine Polfrequenzgenauigkeit über der Temperatur von besser als ±1% getrimmt. Genaue Q-Werte erhält man auch durch Kompensation der Bandbreiten-Begrenzung der Verstärker mit Hilfe der Diagramme in den Datenblättern.

Analogfilter sind zeit- und amplitudenkontinuierliche Systeme, die Amplituden- oder Phasenspektren eines Signals eingrenzen. Analogfilter mit identischem Verhalten können durch verschiedenartige aktive Schaltungen realisiert werden. Bei der Kaskadierung aktiver Filter wird die Impedanzbelastung vor- und nachgeschalteter Filterstufen entkoppelt, was die Entwicklung von Filtern höherer Ordnungsgrade erleichtert. Die nutzbare Bandbreite der Analogfilter lässt sich durch aktive Bauelemente begrenzen.

Geschaltete Kapazitätsfilter werden oft als Analogsysteme betrachtet, sind jedoch streng genommen zeitdiskrete Systeme mit ähnlichen Strukturen wie Analogfilter. SC-Filter (Switched-Capacitor-Filter) ersetzen lediglich Widerstände aktiver Filter durch Kondensatoren und getaktete Schalter. So werden „Ladungspakete“ mit einer Geschwindigkeit proportional zur Taktrate des Analogschalters weitergegeben, entsprechend der Wirkung eines Widerstands. Um diesen zeitdiskreten Vorgang dem Analogsignal gegenüber transparent zu gestalten, werden die Ladungsschalter mit einer weit höheren Rate (50- bis 100-fach) als der maximalen Signalfrequenz getaktet. Das Verhalten integrierter SC-Filter ist von der relativen Toleranz der Kapazitätswerte und der Taktfrequenzstabilität abhängig. Dadurch eignet sich das Verfahren für die monolithische Integration. Wegen der Möglichkeit, SC-Filter in CMOS-Technologie zu integrieren, erfreuen sich die SC-Filter besonderer Beliebtheit bei den Anwendern.

Im Unterschied zu SC-Filtern ist mit integrierten RC-Filtern eine derart hohe Genauigkeit nicht realisierbar. Da SC-Filter aber Abtastsysteme sind, müssen gewisse Einschränkungen bezüglich Signalbandbreite und Dynamik hingenommen werden. In der Praxis muss man häufig ein Anti-Aliasing-Filter vorschalten, um die Nyquist-Grenze einzuhalten. Üblicherweise sind auch nachgeschaltete Glättungsfilter erforderlich.

SC-Filter weisen gegenüber Analogfiltern folgende Nachteile auf: schlechterer Signal-Rausch-Abstand, geringere Bandbreite, mögliche elektromagnetische Störungen, es ist ein Taktsignal erforderlich, eine genau abstufbare Filtercharakteristik ist nicht möglich, es sind ein Anti-Aliasing-Filter bzw. ein Glättungsfilter erforderlich; höhere Offsetspannungen als bei Verwendung bipolarer Operationsverstärker.

Vorteile analoger gegenüber digitalem Filter sind: weniger aufwendig bei der technischen Realisierung, da Anti-Aliasing-Filter, Abtast-Halte-Glieder, A/D-Wandler, D/A-Wandler und

DSP-Schaltkreise nicht erforderlich sind, die Kompensation von Abtasteffekten ist nicht unbedingt notwendig, man benötigt kein spezielles Entwicklungssystem.

Digitale Filter gewinnen aber in den letzten Jahren zunehmend an Bedeutung wegen ihrer großen Flexibilität. Trotzdem sind ihrer Anwendung bestimmte Grenzen gesetzt.

Digitale Filter und SC-Filter weisen aber auch erhebliche Vorteile gegenüber Analogfilter auf. Insbesondere gilt dies für digitale Filterschaltungen in integrierter Technik. Möglich sind konstantere Gruppenlaufzeiten, und höhere Ordnungsgrade sind genauer reproduzierbar. Es besteht auch eine Unabhängigkeit von Temperatur- und Alterungsdrift. Ferner kann man kleinere Exemplarstreuungstoleranzen mit adaptiven Filtern realisieren.

7.1.2 • Ein-Verstärker-Filter nach „Sallen-Key"

Die Ein-Verstärker-Filter (EVF) enthalten nur einen Spannungsverstärker im Vergleich zu Mehr-Verstärker-Filter (MVF). Das „Sallen-Key"-Filter ist wahrscheinlich das gebräuchlichste aktive Analog-EVF, da es einfach zu entwickeln ist. R. P. Sallen und E. L. Key veröffentlichten bereits im März 1955 eine praktische Methode zur Entwicklung aktiver RC-Filter und daher auch diese Filterbezeichnung.

Bis zu Frequenzen von 100 kHz verwendet man heute vorwiegend aktive RC-Filter mit Operationsverstärkern. Diese haben den Vorteil, dass die einzelnen Filterstufen voneinander entkoppelt sind, ohne dass man große und teure Spulensysteme benötigt. Die einfachste Möglichkeit zur Realisierung eines aktiven Filters besteht darin, ein RC-Glied vor einen Operationsverstärker zu schalten oder einen gedämpften Integrator aufzubauen, wie Abb. 7.3 zeigt.

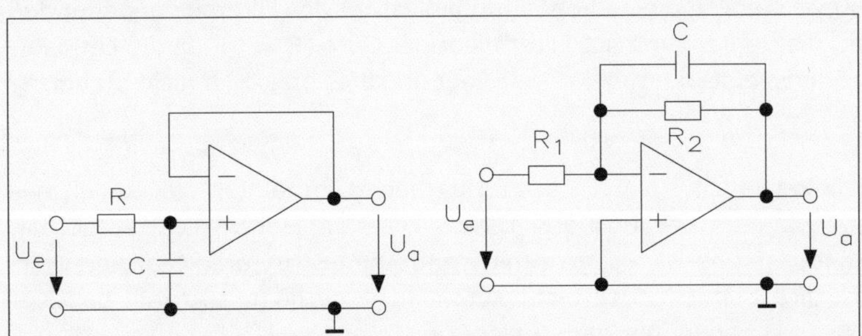

Abb. 7.3 • Gegenüberstellung eines einfachen RC-Tiefpassfilters (links) und eines gedämpften Integrators.

Man erhält so die Schaltung eines aktiven RC-Tiefpassfilters 1. Ordnung. Der Nachteil ist die geringe Güte von 0,5, da der Pol auf der reellen Achse liegt. Eine höhere Güte und damit eine bessere Selektivität erreicht man durch Filterstufen 2. Grades mit konjugiert komplexen Polen. In passiven Filterschaltungen kann man konjugiert komplexe Polpaare nur mit Spulen herstellen, aber diese lassen sich durch aktive RC-Filterschaltungen ersetzen. Ein Tiefpass 1. Ordnung hat folgende Übertragungsfunktion:

$$H(s) = \frac{A_0}{1 + \frac{1}{\omega_p \cdot Q_p} s + \frac{1}{\omega_p^2} s^2}$$

und den folgenden Betragsfrequenzgang:

$$|H(s)| = \frac{A_0}{\sqrt{\left(1 - \frac{\omega^2}{\omega_p \cdot \omega_p^2}\right)^2 + \frac{\omega}{\omega_p \cdot Q_p}}}$$

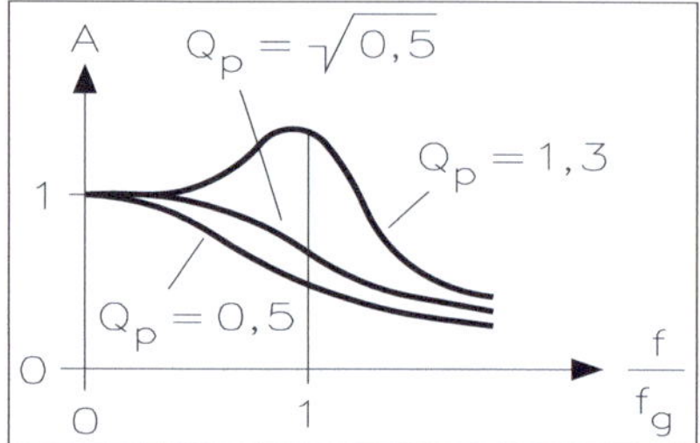

Abb. 7.4 • Betragsfrequenzgang eines Tiefpassfilters 2. Ordnung für verschiedene Q_p-Werte.

Je nachdem welche Filtergüte gewählt wird, zeigt sich in der Nähe der Grenzfrequenz ein flacher Verlauf oder eine Überhöhung. Entsprechend ist auch die Filtercharakteristik festgelegt, wie Abb. 7.4 zeigt.

Ein Tiefpass mit maximal flachem Verlauf ($Q_p = \sqrt{0{,}5}$) weist eine Butterworth-Charakteristik auf, während das Filter mit Überhöhung im Durchlassbereich eine Tschebyscheff-Charakteristik besitzt. Diese Welligkeit im Durchlassbereich ist zwar ein Nachteil, aber dafür fällt der Amplitudengang in der Nähe der Grenzfrequenz schneller ab als bei einem Butterworth-Filter.

Nachteile des Sallen-Key-Filters sind eine hohe Empfindlichkeit des Filters gegenüber den Operationsverstärkern, die Begrenzung auf Filter niedriger Güte ($Q < 5$), da die Leerlaufverstärkung von Operationsverstärkern bei $V_0 \to \infty$ liegt und dies praktisch nicht steuerbar ist.

Das „Friend"-Universalfilter, auch ein EVF, ist den gerade aufgezählten Nachteilen des Sallen-Key-Filters gegenüber etwas günstiger. Dieses Filter ist jedoch nicht steuerbar, weshalb Hochpass, Bandpass und Bandsperre mit identischen Strukturen realisiert werden. Ein Tiefpass lässt sich damit jedoch nicht aufbauen. Eine höhere Anzahl passiver Bauelemente ist ein Nachteil gegenüber dem Sallen-Key-Filter.

7.1.3 • Multiverstärker-Filter nach „Tow-Thomas"

Multiverstärker-Filter sind flexibler und weisen etliche Vorteile gegenüber den EVF-Schaltungen auf. Zwei MVF-Strukturen, die eine biquadratische Funktion implementieren, sind das „State-Variable"-Filter und die „Tow"-Schaltung von Abb. 7.5. Beide werden als Universalfilter bezeichnet, da sich die drei Funktionen Hochpass, Bandpass und Bandsperre mit derselben Schaltung aufbauen lassen. J. Tow beschrieb im Juni 1968 die aktiven RC-Filterschaltungen und L. C. Thomas im Mai 1971 den praktischen Entwurf aktiver Multiverstärker-Filter.

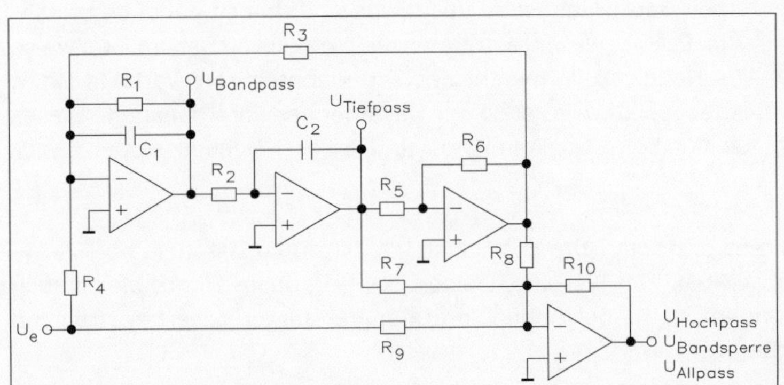

Abb. 7.5 • Aufbau eines Universalfilters nach „Tow".

Das State-Variable-Filter (SVF) besteht aus einem invertierenden Summierer und zwei in Reihe geschalteten Integratoren mit Gegenkopplung. Ein zweiter Rückkopplungspfad besteht zwischen dem Ausgang des ersten Integrators zum Filtereingang, und dabei wird das Signal entsprechend bedämpft.

Das 4-Verstärker-State-Variable-Filter besitzt einen zusätzlichen invertierenden Verstärker in der inneren Rückkopplungsschleife, wodurch getrennte Dämpfungs- und Verstärkungseinstellungen möglich sind. Alle Verstärker arbeiten im invertierenden Betrieb.

Eine kompaktere Form als der 4-Verstärker-SVF ist die 3-Verstärker-Ausführung, welche in der Praxis sehr häufig verwendet wird, da diese wenige Bauteile benötigen und die Abhängigkeit zwischen Dämpfung und Verstärkung meist an anderer Stelle ohne großen Aufwand ausgeglichen werden kann. Der Differenzverstärker am Eingang reagiert auf Gleichtaktsignale, was sich nachteilig auswirken kann. Bei der Auswahl der Operationsverstärker ergeben sich daher häufig Probleme. Abb. 7.6 zeigt eine „State-Variable"-Filterstufe mit drei Operationsverstärkern.

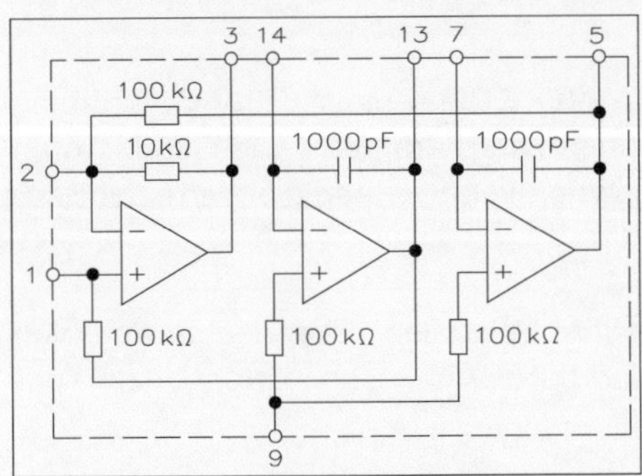

Abb. 7.6 • „State-Variable"-Filterstufe mit drei Operationsverstärkern integrierter Bauform.

In der Praxis bestimmt das Einsatzgebiet eines Filters, welche Spektralbereiche des Eingangssignals abzuschwächen und welche ungehindert durchzulassen sind. Das hierzu gewünschte Filterverhalten kann durch die Kombination der Grundfiltertypen Tiefpass, Hochpass, Bandpass und Bandsperre erreicht werden. Schaltungstechnisch ist hierfür eine ganze Anzahl von Realisierungsmöglichkeiten bekannt.

Ausführungen, die auf geringen Bauteileaufwand ausgelegt sind, haben dabei den Nachteil, dass die Einstellung von Eck- bzw. Mittenfrequenzen kompliziert ist und teilweise aufeinander einwirkt. Dieses Handicap vermeidet das sogenannte State-Variable-Filter, ein aus drei mehrfach rückgekoppelten Verstärkern bestehender Filterbaustein. Dieses Filter wirkt, unabhängig von der Signalauskopplung, als Tiefpass, Hochpass oder Bandpass 2. Ordnung.

Das Übertragungsverhalten, d. h. die Güte des Bausteins, ist durch Beschaltung mit externen Widerständen einstellbar. Das Verhalten eines State-Variable-Filters bleibt auch bei hohen Güteeinstellungen, d. h. bei hohen internen Verstärkungswerten, frei von Schwingungserscheinungen.

Die Widerstände und Kondensatoren im Baustein bestimmen die Eck- bzw. Mittenfrequenz. Durch Variation des Verhältnisses der externen Widerstände ist zusätzlich eine Änderung der Eck- bzw. Mittenfrequenzen und der Güte möglich.

Beide Varianten des State-Variable-Filters bieten Ausgänge für Hochpass-, Bandpass- und Tiefpass-Funktionen. Die Schaltungen von Abb. 7.5 und Abb. 7.6 zeigen das „Tow"-Universalfilter, das prinzipiell aus einem „leckenden" Integrator in Reihe mit einem Umkehrintegrator besteht. Der invertierende Verstärker ist nur dazu da, um die Signalinvertierung des Integrators zu kompensieren, d. h., sein Ausgang ist zum Eingang rückgekoppelt. Durch eine weitere Beschaltung mit einem Addierer werden Hochpass, Bandsperre und Allpass erzeugt.

Übertragungsfunktionen, die aus Quotienten zweier Polynome bestehen, lassen sich als Produkte von Biquadraten zerlegen. Ist das Polynom im Nenner ungerade, so hat einer der Biquadrate nur eine (reelle) Polstelle. Deswegen können Filter höheren Grades aus Filterstufen 2. Ordnung zusammengesetzt werden, aus einer Stufe ersten Grades im Falle einer Filterfunktion ungerader Ordnung. Die so erzeugte Synthese eines hochgradigen Filters ist als „kaskadierter Filterentwurf" bekannt.

Diese Filtersynthese ist deswegen interessant, da MVF-Stufen meist Filter 2. Ordnung sind. Es ist auch einfacher aus Tabellen die einzelnen Filterparameter wie Gütefaktoren und Resonanzfrequenzen zu entnehmen, als aus Polynomkoeffizienten die Werte der Bauteile zu errechnen.

Tiefpässe, Hochpässe und Bandpässe sind durch ihre Polstellen beschrieben. Pole von Filtern 2. Ordnung sind durch den Gütefaktor Q und durch die Resonanzfrequenz f_0 spezifiziert.

Die Resonanzfrequenz ω_0 ist gleich der Mittenfrequenz f_M eines Bandpassfilters, und es gilt:

$$\omega_o = \sqrt{\omega_o - \omega_u}$$

Die Werte ω_u und ω_o sind die Eckfrequenzen des Bandfilters bei –3 dB. Der Gütefaktor Q errechnet sich zu:

$$Q = \frac{\omega_o}{\omega_o - \omega_u}$$

Die Eckfrequenz mit –3dB, also ω_C, eines Tiefpassfilters 2. Ordnung ist mit Q und ω_0 wie folgt verknüpft:

$$\omega_C = 2 \cdot \pi \cdot f_C = \omega_0 \sqrt{\left(1 - \frac{1}{2 \cdot Q^2}\right) + \left(1 - \frac{1}{2 \cdot Q^2}\right)^2 + 1}$$

Ähnliches gilt auch für den Hochpass 2. Ordnung:

$$\omega_C = 2 \cdot \pi \cdot f_C = \frac{\omega_0}{\omega_0 \sqrt{\left(1 - \frac{1}{2 \cdot Q^2}\right) + \left(1 - \frac{1}{2 \cdot Q^2}\right)^2 + 1}}$$

Für steuerbare Frequenzgänge gibt es für Tschebyscheff-Filtern gleicher Ordnung die Cauer-Filter, auch als elliptische Filter bekannt. Hierbei werden Nullstellen eng neben der Grenzfrequenz im Sperrbereich angesiedelt. Cauer-Filter lassen sich realisieren durch Summierung der Hochpass- und Tiefpassausgänge von Universalfiltern mit unterschiedlichen Wichtungen.

7.1.4 • Realisierung eines Tow-Universalfilters

Die Abhängigkeit der charakteristischen Parameter eines Tow-Universalfilters 2. Ordnung, Resonanzfrequenz und Güte, wird anhand der folgenden Gleichungen erklärt. Die Analyse eines vierfachen State-Variable-Filters ergibt, bezogen auf die Innenschaltung von Abb. 7.6:

$$\omega_0 = \sqrt{\frac{R_6}{R_1 \cdot R_2 \cdot R_7 \cdot C_1 \cdot R_2}}$$

$$Q = \frac{R_3 \cdot R_4}{R_8} \cdot \sqrt{\frac{R_1 \cdot C_1}{R_2 \cdot R_6 \cdot R_7 \cdot C_2}}$$

Für ein dreifaches State-Variable-Filter, wenn der vierte Operationsverstärker von Abb. 7.6 nicht verwendet wird, gilt:

$$\omega_0 = \sqrt{\frac{R_6}{R_1 \cdot R_2 \cdot R_7 \cdot C_1 \cdot C_2}}$$

$$Q = \frac{R_5 (R_3 \cdot R_4)}{R_4 (R_5 \cdot R_6 \cdot R_7)} \cdot \sqrt{\frac{R_1 \cdot R_6 \cdot C_1}{R_2 \cdot R_7 \cdot C_2}}$$

Für das Tow-Filter gilt:

$$\omega_0 = \sqrt{\frac{R_6}{R_2 \cdot R_3 \cdot R_5 \cdot C_1 \cdot C_2}}$$

$$Q = \omega_0 \cdot R_1 \cdot C_2$$

Ein wichtiges Kriterium bei der Bewertung und Entwicklung analoger Filter ist die Empfindlichkeit des Filters gegenüber den Toleranzen der Bauelemente. Die Empfindlichkeit wird wie folgt definiert:

$$S_x^Q = \frac{\frac{\delta Q}{Q}}{\frac{\delta x}{x}} \qquad S_x^\omega = \frac{\frac{\delta \omega}{\omega}}{\frac{\delta x}{x}}$$

Der Wert x repräsentiert einen beliebigen Parameter der Bauelemente, z. B. einen Widerstand oder eine Kapazität.

Die Berechnung der unterschiedlichen Empfindlichkeiten dieser Universalfilter zeigt, dass diese im Bereich von –1/2 bis +1 liegen. Das gilt sowohl für die Tow-Filter wie auch für die State-Variable-Filter und bedeutet, dass eine einprozentige Veränderung eines Widerstands oder eines Kondensators maximal eine ±1%-ige Veränderung von Q oder ω_0 bewirkt. Das ist viel geringere Empfindlichkeit als die entsprechende von Ein-Verstärker-Filtern nach Sallen-Key. Aus diesem Grunde sind die Mehr-Verstärker-Universalfilter bevorzugte Filterausführungen.

7.1.5 • Programmierung eines Filters

Aus den Gleichungen ist zu erkennen, dass eine gezielte Veränderung der Widerstände oder Kondensatoren folgende Eigenschaften eines Filters verändern kann: Eckfrequenz, Gütefaktor und Zeitverhalten. Da es schwierig ist, die Kapazität eines Kondensators elektronisch einzustellen, werden in der Praxis nur die Widerstände verändert. Das kann auf verschiedene Weise erfolgen:

- Potentiometer – Nachteil: Erfordert eine manuelle Betätigung mehrerer Einsteller durch den Anwender,
- eine Reihenschaltung von Widerständen, die durch Analogschalter zugeschaltet werden – Nachteil: Grobe Rasterung,
- Analogmultiplizierer zwischen Operationsverstärker und dem zu variierenden Widerstand – Nachteil: Ungünstige Linearität und analoge Multiplizierersteuerung,
- Ersetzen des Widerstands mit einem multiplizierenden D/A-Wandler mit Stromausgang -- Nachteil: Große Toleranz des D/A-Wandler-Widerstandsnetzwerks durch Exemplarstreuung.
- Einfügen eines multiplizierenden D/A-Wandlers (MDAC) mit Spannungsausgang, der den zu variierenden Widerstand ansteuert – Nachteil: Da ein MDAC ein aktives Bauelement darstellt, ist er mit allen Einschränkungen eines Operationsverstärkers behaftet bezüglich Frequenzgang, Gruppenlaufzeit und Gleichstromeigenschaften, die die ideale MVF-Schleife beeinträchtigen kann. Die Widerstandssteuerung mit Hilfe eines MDAC ist eine in der Praxis bevorzugte Lösung wegen der hohen Genauigkeit, des breitbandigen Einstellbereichs und der großen Auflösung. Besonders vorteilhaft für diese Methode ist der Umstand, dass die Einstellung digital bzw. durch die Software eines PC-Programms erfolgen kann.

Ein Widerstand, der zwischen Spannungsquelle und (virtuelle) Masse angeschlossen ist, lässt sich effektiver verändern, indem ein Spannungsteiler oder Verstärker zwischen Spannungsquelle und Widerstand eingefügt wird. Einen multiplizierenden und nicht invertierenden D/A-Wandler mit Spannungsausgang kann man als analogen Spannungsabschwächer und manchmal als Spannungsverstärker betrachten. Die folgende Analyse soll dem besseren Verständnis dienen:

$$V_D = \alpha \cdot U_{ref}$$

Der Wert α ist abhängig vom D/A-Wandler und dessen Ausgangscode. Für die meisten D/A-Wandler gilt:

$$\alpha = \frac{D}{2^n}$$

Für den invertierenden Betrieb eines Operationsverstärkers gilt:

$$U_a = \frac{R_R}{R_E} \cdot U_D$$

und daraus folgt:

$$U_a = -\frac{R_R}{R_E} \cdot \alpha \cdot U_{ref}$$

Ein spannungsgesteuerter D/A-Wandler kann durch digitale Einstellung den Effektivwert eines Widerstands mit R/α ändern.

Alle Widerstände eines 4-Verstäker-State-Vatiable-Filter lassen sich durch MDAC einstellen. Das ermöglicht eine große Flexibilität bei der Wahl der Filterparameter f_0, Q und Filterverstärkung A, die man verändern muss. Zur unabhängigen Steuerung dieser Parameter bieten sich folgende Möglichkeiten an:

- Steuerung der Eck-/Mittenfrequenz f_0 durch Verändern von R_1 und R_2, jedoch mit der Einschänkung, das $R_1 = R_2$ ist. Beispielsweise lässt sich hierzu der monolithische Doppel-D/A-Wandler verwenden, z. B. der MP 7529 mit geeigneten Operationsverstärkern. Damit gilt:

  $$\omega_0 \approx \sqrt{\frac{\alpha_1}{R_1} \cdot \frac{\alpha_2}{R_2}} = \frac{\alpha}{R_1}$$

  mit der Bedingung, dass $\alpha = \alpha_1 = \alpha_2$ ist. Dadurch wird ω_0 direkt proportional zum angelegten D/A-Wandlerwert.
- Die Filtergüte kann durch Verändern entweder von R_3, R_4 oder R_8 eingestellt werden. Wenn zum Beispiel R_3 gewählt wird, ergibt sich die entsprechende Filtergüte Q aus:

  $$Q = \frac{R_3}{\alpha_3}$$

- Die Filterstärkung lässt sich durch R_5 steuern:

$$A = \frac{R_7 \cdot \alpha_5}{R_5}$$

Die 3-Operationsverstärker-State-Variable-Filter-Struktur erlaubt nur die Einstellung von R_1, R_2, R_5, R_6 und R_7 durch MDAC. Das hat folgende Auswirkung bei der Steuerung von f_0 und Q.

- Wenn man die beiden Widerstände R_1 und R_2 ändert, mit der Einschränkung $R_1 = R_2$, ist nach der Gleichung die Güte Q unabhängig von R_1 oder R_2. Das ermöglicht eine unabhängige Steuerung von w_0 mit Hilfe von multiplizierenden D/A-Wandlern, wie dem MP 7528, MP 7529, MP 7628, MP 7641 oder MP 7680.
- Wenn $R_6 = R_7$ eingehalten wird, bleibt die Gleichung konstant. Für Q gilt dann bei Veränderung von R_6 und R_7:

$$Q \approx \frac{1}{\left(\frac{R_6}{\alpha} + const.\right)}$$

Mit dem Tow-Filter ist es möglich, alle Widerstände der Struktur durch mehrere D/A-Wandler einzustellen:

- Um die Filtergüte Q zu steuern, ist es vorteilhaft, den Widerstand R_1 zu variieren. Alle anderen Widerstände beeinflussen Q und f_0 gleichermaßen. Die Berechnungen zeigen, dass das unabhängige Einstellen von f_0 und Q schwierig ist. Wenn einer der f_0 steuernden Widerstände verändert wird, ändert sich Q um denselben Faktor. Die Gleichung zeigt auch, dass dadurch die absolute Bandbreite eines Tow-Bandpasses konstant bleibt - unabhängig von der Mittenfrequenz. Diese Eigenschaft ist für zahlreiche Anwendungen nützlich, lässt sich jedoch auch mit State-Filtern erzeugen.

7.2 • Digital einstellbare IC-Filter

Texas Instruments stellt ein Universalfilter unter der Bezeichnung UAF42 her. Als Beispiel soll nun ein digital zu programmierendes Filter 6. Ordnung entwickelt werden. Abb. 7.7 zeigt den Frequenzgang dieses Tiefpassfilters.

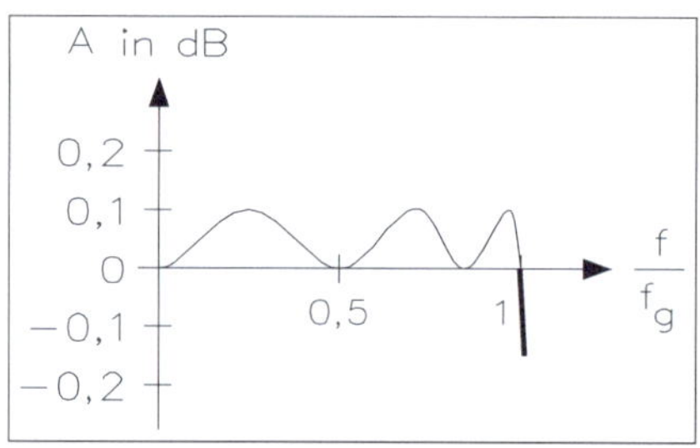

Abb. 7.7 • Frequenzgang eines Tiefpassfilters 6. Ordnung mit Tschebyscheff-Charakteristik.

Ein Tiefpass 6. Ordnung hat folgende Übertragungsfunktion:

$$H(s) = \frac{A_0}{1 + d_{1s} + d_{2s}^2 + d_{3s}^3 + d_{4s}^4 + d_{5s}^5 + d_{6s}^6}$$

Die Filtercharakteristik wird durch die Faktoren d_i bestimmt. Um die Dimensionierung eines solchen Filters einfacher und überschaubarer zu gestalten, zerlegt man die Übertragungsfunktion in drei Übertragungsfunktionen 2.Ordnung:

$$H(s) = \frac{A_{01}}{1 + \frac{s}{\omega_{P1} \cdot Q_{P1}} + \frac{s^2}{\omega_{P1}^2}} + \frac{A_{01}}{1 + \frac{s}{\omega_{P2} \cdot Q_{P2}} + \frac{s^2}{\omega_{P2}^2}} + \frac{A_{01}}{1 + \frac{s}{\omega_{P3} \cdot Q_{P2}} + \frac{s^2}{\omega_{P3}^2}}$$

Man schaltet also drei Filter 2. Ordnung hintereinander. Das hat nicht nur den Vorteil der einfacheren Dimensionierung, sondern es kann auch jede Filterstufe einzeln getestet und, falls nötig, abgeglichen werden. Die dazu erforderlichen Grenzfrequenzen und Gütefaktoren kann man Tabelle 7.1 entnehmen.

Tabelle 7.1 • Filterkoeffizienten.

Stufe	a	+j	b
1	–0,4290757592	±j	0,2832057816
2	–0,3141052560	±j	0,7737325842
3	–0,1149705032	±j	1,0569383658

Mit Hilfe dieser Tabelle werden die Poldaten für das Filter sechster Ordnung mit einer Welligkeit von 0,1 dB ermittelt.

Gesucht wird nun der Zusammenhang zwischen α, β, ω_n und Q_p. Mit der folgenden Übertragungsfunktion lässt sich die Berechnung durchführen:

$$H(s) = \frac{1}{C} \prod_{v=1}^{3} \frac{1}{s^2 - 2\alpha_v s + \gamma_v}$$

mit:

$$\gamma_v = \alpha_v^2 + \beta_v^2$$

Der Wert v ist hier die Nummer der Filterstufe. Durch Umformung und Vergleich mit der allgemeinen Übertragungsfunktion kommt man zu:

$$H(s) = \frac{\frac{1}{\gamma}}{1 - \frac{2 \cdot \alpha_v}{\gamma_v} \cdot s + \frac{1}{\gamma_v} \cdot s^2} = \frac{A_{0v}}{1 + \frac{1}{\omega_{nv} \cdot Q_{Pv}} \cdot s + \frac{1}{\omega_{nv}^2} \cdot s^2}$$

Aus dieser Funktion ergeben sich dann folgende Beziehungen:

$$\frac{1}{\gamma_v} = \frac{1}{\omega_{nv}} \Rightarrow \omega_{nv} = \sqrt{\gamma_v} = \sqrt{\alpha_v^2 + \beta_v^2}$$

$$\frac{1}{\omega_{nv} Q_{Pv}} = \frac{2\alpha}{\gamma_v} \Rightarrow \omega_{nv} = -\frac{\sqrt{\gamma_v}}{2\alpha_v} \qquad Q_P = \frac{\sqrt{\alpha_v^2 + \beta_v^2}}{2\alpha_v}$$

So erhält man also aus α und β die Güte Q_p und die normierte Grenzfrequenz f_n (entspricht ω_n). Um die endgültige Grenzfrequenz ω_p, der Filterstufe zu erhalten, muss man noch die normierte Grenzfrequenz mit der Grenzfrequenz des gesamten Filters multiplizieren:

$$\omega_p = \omega_0 \cdot f_n = \omega_0 \cdot \sqrt{\alpha_v^2 + \alpha_v^2}$$

Man erhält jetzt die folgenden Werte:

Stufe 1:	f_n = 0,514112363073	Q_p = 0,59909276165
Stufe 2:	f_n = 0,8350594 13327	Q_p = 1,32926685772
Stufe 3:	f_n = 1,06317304599	Q_p = 4,62367744943

Die Schaltung lässt sich in Verbindung mit dem Baustein UAF42 von Texas Instruments einfach realisieren, da dieser integrierte Schaltkreis vier Operationsverstärker enthält, mit dem sich alle wichtigen Filtertypen realisieren lassen.

7.2.1 • Universalfilter-Baustein UAF42

Der UAF42 ist ein monolithisch integrierter Schaltkreis mit vier Operationsverstärkern. Mit diesem Baustein lassen sich relativ einfach alle wichtigen Filtertypen realisieren. Abb. 7.8 zeigt die Innenschaltung dieses Bausteins.

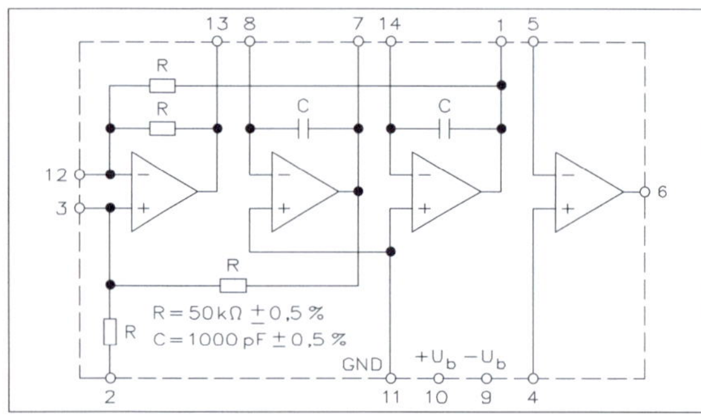

Abb. 7.8 • Innenschaltung mit Anschlussbelegung des Bausteins UAF42 zur Realisierung eines digital einstellbaren Filters.

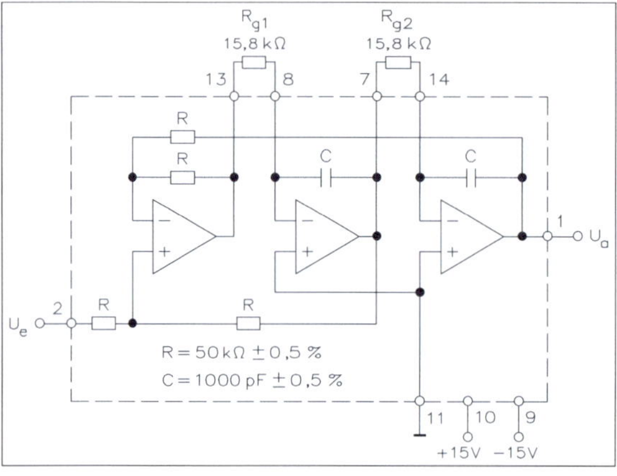

Abb. 7.9 • Minimalbeschaltung des Bausteins UAF42 als Tiefpassfilter für die Grenzfrequenz 10 kHz und Welligkeit 1,25 dB.

Zwei Operationsverstärker sind als Integratoren beschaltet und enthalten verlustarme Präzisionskondensatoren (1000 pF, ± 0,5%), während ein Operationsverstärker mit vier auf 0,5 % genau abgeglichenen 50-kΩ-Widerständen beschaltet ist. Der vierte Operationsverstärker steht für zusätzliche Stufen oder für spezielle Filtertypen zur Verfügung, z. B. Bandsperre oder elliptische Filter.

Ein einfaches zweipoliges Filter lässt sich bereits mit nur einem UAF42 und zwei externen Widerständen realisieren, wie Abb. 7.9 zeigt.

Mit dem UAF42 baut man sogenannte Universalfilter (State-Variable-Filter) auf. Diese Filter haben den wichtigen Vorteil, dass Grenzfrequenz, Güte und Verstärkung nur durch Änderung der ohmschen Widerstände in weiten Grenzen unabhängig voneinander einstellbar sind und dass diese in ein und derselben Schaltung jeweils einen separaten Tief-, Hoch- und Bandpassausgang zur Verfügung stellen. Die Software „Filter 42" findet man direkt im Internet.

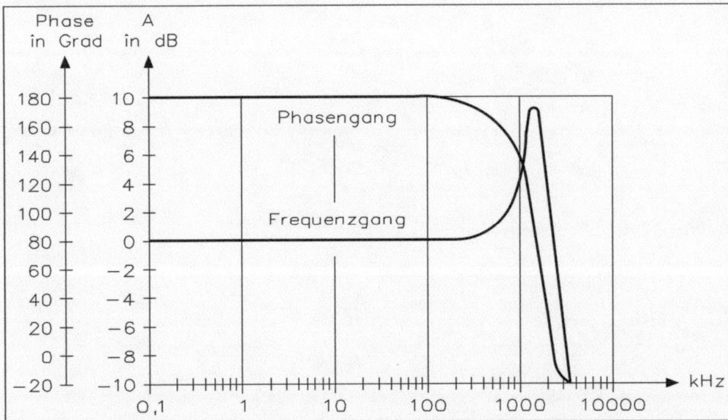

Abb. 7.10 • Simulation des Frequenz- und Phasengangs mit der Software „Filter 42".

In Abb. 7.10 ist die Simulation des Frequenz- und Phasengangs eines Operationsverstärkers in dem UAF42 gezeigt. Der Operationsverstärker arbeitet invertierend mit einer Verstärkung von A = 1. Aus diesem Diagramm ist zu erkennen, dass der UAF42 in einem Frequenzbereich bis 100 kHz verwendbar ist. Für die Filterberechnung sind noch die maximale Güte Q = 400 und das maximale Produkt aus Güte und Bandbreite wichtig, die mit 500 kHz angegeben ist.

7.2.2 • Filterbetriebsarten

Der Filterbaustein UAF42 kann im nicht invertierenden und im invertierenden Betrieb arbeiten. Die Schaltung von Abb. 7.11 zeigt den nicht invertierenden Betrieb, wobei die Eingangsspannung an U_e angeschlossen wird. Wählt man noch die externe Beschaltung, hat man drei Ausgänge mit einer Hochpass-, Bandpass- und Tiefpass-Charakteristik.

Für diese Betriebsart benötigt man drei Operationsverstärker des UAF42. Es ergeben sich nach Abb. 7.11:

$$\omega_n^2 = \frac{R_2}{R_1 \cdot R_{F1} \cdot R_{F2} \cdot C_1 \cdot C_2}$$

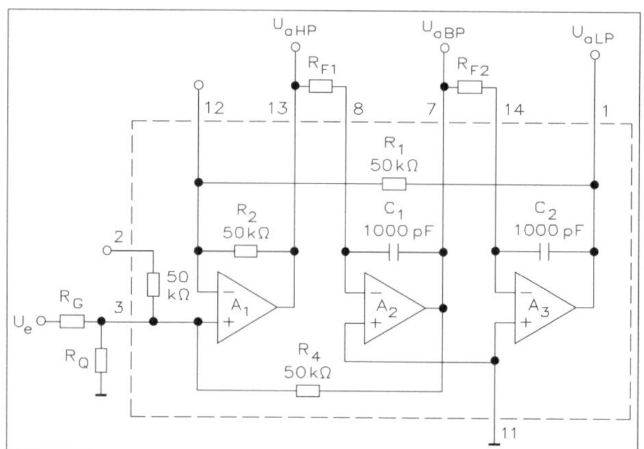

Abb. 7.11 • Nicht invertierende Betriebsart des Bausteins UAF42 mit drei Ausgängen für eine Hochpass Bandpass- und Tiefpass-Charakteristik, wobei man mit dem Baustein UAF42 Filterschaltungen 2. Ordnung mit einem erreicht.

$$Q = \frac{1 + \dfrac{R_4(R_G + R_Q)}{R_G \cdot R_Q}}{1 + \dfrac{R_2}{R_1}} \cdot \left(\frac{R_2 \cdot R_{F1} \cdot C_1}{R_1 \cdot R_{F2} \cdot C_2} \right)^{\frac{1}{2}}$$

$$Q \cdot A_{LP} = Q \cdot A_{HP} \cdot \left(\frac{R_1}{R_2} \right) = A_{BP} \cdot \left(\frac{R_1 \cdot R_{F1} \cdot C_1}{R_2 \cdot R_{F2} \cdot C_2} \right)^{\frac{1}{2}}$$

$$A_{LP} = \frac{1 + \dfrac{R_1}{R_2}}{R_G \cdot \left(\dfrac{1}{R_G} + \dfrac{1}{R_Q} + \dfrac{1}{R_4} \right)} \qquad A_{HP} = \frac{R_2}{R_1} \qquad A_{BP} = \frac{R_4}{R_G}$$

Der Baustein UAF42 befindet sich in einem 14poligen Gehäuse, wie Abb. 7.12 zeigt und ein vierter Operationsverstärker ist noch vorhanden. Es sind zwei Betriebsspannungen und ein Masseanschluss erforderlich.

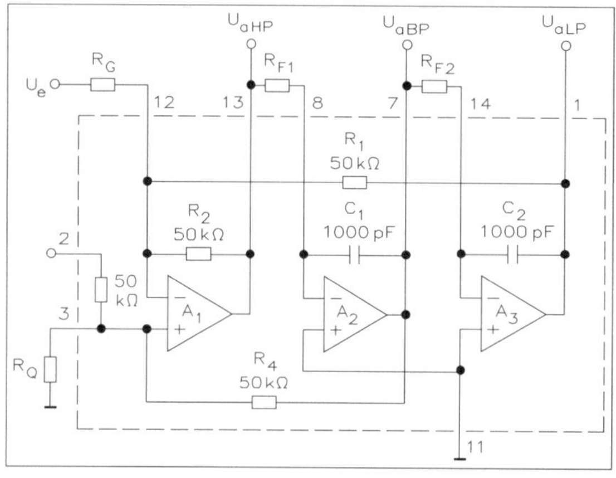

Abb. 7.12 • Filterschaltung für den invertierenden Betrieb des Bausteins UAF42.

Die beiden Eingangswiderstände R_G und R_Q bilden einen Eingangsspannungsteiler. Danach liegt die Spannung direkt am nicht invertierenden Eingang. Der Ausgang des Operationsverstärkers A_1 ist der Hochpassausgang und diese Ausgangsspannung liegt über dem Widerstand R_{F1} am invertierenden Eingang des Operationsverstärkers A_2 an. Der Ausgang des Operationsverstärkers bildet den Bandpassausgang. Diesen Ausgang verbindet man über den Widerstand R_{F2} mit dem nächsten Operationsverstärker A_3. Der Ausgang dieses Operationsverstärkers ist der Tiefpass; außerdem wird die Ausgangsspannung auf den Operationsverstärker A_1 zurückgekoppelt.

Bei invertierendem Betrieb wirkt die Ausgangsspannung über den Widerstand R_G auf den invertierenden Eingang des Operationsverstärkers A_1. Der nicht invertierende Eingang ist über den Widerstand R_Q mit Masse verbunden und bildet mit dem Widerstand R_4 einen Spannungsteiler. Es gelten folgende Formeln:

$$\omega_n^2 = \frac{R_2}{R_1 \cdot R_{F1} \cdot R_{F2} \cdot C_1 \cdot C_2}$$

$$Q = \left(1 + \frac{R_4}{R_Q}\right) \cdot \frac{1}{\left(\frac{1}{R_1} + \frac{1}{R_2} + \frac{1}{R_G}\right)} \cdot \left(\frac{R_{F1} \cdot C_1}{R_1 \cdot R_2 \cdot R_{F2} \cdot C_2}\right)^{\frac{1}{2}}$$

$$Q \cdot A_{LP} = Q \cdot A_{HP} \cdot \left(\frac{R_1}{R_2}\right) = A_{BP} \cdot \left(\frac{R_1 \cdot R_{F1} \cdot C_1}{R_2 \cdot R_{F2} \cdot C_2}\right)^{\frac{1}{2}}$$

$$A_{LP} = \frac{R_1}{R_G} \qquad A_{HP} = \frac{R_2}{R_1}$$

$$A_{BP} = \left(1 + \frac{R_4}{R_Q}\right) \cdot \frac{1}{R_G \cdot \left(\frac{1}{R_1} + \frac{1}{R_2} + \frac{1}{R_G}\right)}$$

Mit Hilfe des Programms „FILTER42“ lassen sich alle Werte berechnen.

7.2.3 • Multiplizierender D/A-Wandler

Um nun von einer Filterfunktion zu einem digital einstellbaren Filter zu kommen, ist ein Digital-Analog-Wandler erforderlich. In dieser Anwendung setzt man den DAC780X von Texas Instruments ein. Der DAC780X besitzt zwei multiplizierende 12-Bit-D/A-Wandler, die je nach Version verschiedene digitale Schnittstellen aufweisen. Der DAC7800 besitzt ein serielles Interface, während der DAC 7801 ein 8-Bit-Interface hat. Man benötigt hier zwei Schreibzugriffe, um einen Wert einzuschreiben. Das digitale Interface des DAC7802 stellt direkt das 12-Bit-Format parallel zur Verfügung.

Der Unterschied zwischen einem multiplizierenden und einem normalen Digital-Analog-Wandler ist, dass die Referenzspannung des multiplizierenden DAC nicht konstant sein muss, sondern beliebig variiert und sogar negativ werden kann. Das funktioniert bis zu Frequenzen von 1 MHz. Der Analogteil des DAC780X besteht im Prinzip aus einem R2R-Netzwerk, in dem die Widerstände je nach Bitwert auf Masse oder auf den Stromausgang geschaltet sind. Ein zusätzlicher Rückkopplungskondensator für eventuell nachgeschaltete Operationsverstärker ist ebenfalls vorhanden.

Das Ersatzschaltbild für einen D/A-Wandler ist in Abb. 7.13 gezeigt. Wenn man nun U_{ref} als Eingang beschaltet und AGND (Analog Ground) auf Masse legt, kann man zwischen U_{ref} und I_a den Widerstand einstellen, wie Abb. 7.14 zeigt.

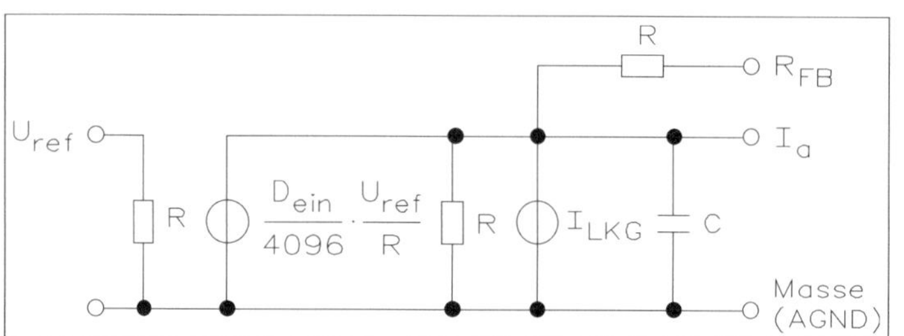

Abb. 7.13 • Ersatzschaltbild eines D/A-Wandlers.

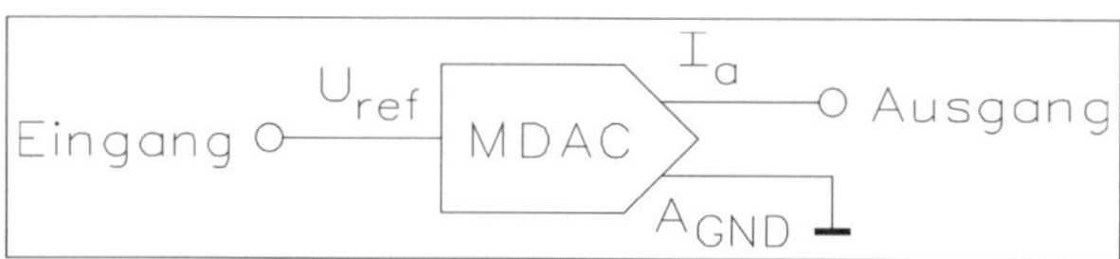

Abb. 7.14 • MDAC (multiplizierender D/A-Wandler) als Serienwiderstand zur Ansteuerung des digital einstellbaren Filters.

Man muss beachten, dass der D/A-Wandler kein Widerstand mit entsprechender Rückwirkung auf den Eingang ist. Die Spannung am U_{ref}-Eingang stellt unabhängig vom eingegebenen digitalen Code einen Widerstand von etwa 10 kΩ dar. Daraus folgt, dass man einen multiplizierenden D/A-Wandler nur dann verwenden kann, wenn es auf die Wirkung am Ausgang (I_a) ankommt und die Spannung am Eingang (U_{ref}) nicht beeinflusst werden soll. Zum Beispiel kann man einen multiplizierenden DAC- oder MDAC-Baustein nicht als Widerstand in einem einfachen RC-Hochpass verwenden, da sich vom Kondensator aus gesehen der Widerstand nicht ändert und sich daher die Grenzfrequenz auch nicht verschieben würde.

Der MDAC-Baustein ersetzt deshalb auch nur Serienwiderstände. Eigentlich ist er auch kein einstellbarer Widerstand, sondern eine Stromquelle, die von 0 bis $U_{ref}/R_{Netzwerk}$ einstellbar ist. Unter bestimmten Umständen kann er aber einen Widerstand ersetzen und verhält sich dann wie ein digital einstellbares Potentiometer. Um den Ersatzwiderstand der Schaltung von Abb. 7.13 zu berechnen, muss man noch einmal auf die Struktur des MDAC-Bausteins eingehen. Der Ausgangsstrom I_a und AGND (analoger Masseanschluss) sollen auf Masse liegen. An jedem Knoten des Widerstandsnetzwerks entsteht ein anderer Strom. Auf diese Weise erhält man 4096 verschiedene Stromwerte aus dem 12-Bit-D/A-Wandler.

Ein großes Problem der integrierten Schaltungstechnik ist, dass sich ohne teuren Laserabgleich keine genauen Widerstände herstellen lassen. Beim DAC780X wird der Netzwerk-Widerstand mit typisch 10 kΩ angegeben, kann aber zwischen 6 kΩ und 14 kΩ liegen. In einer Filterschaltung, in der dieser Absolutwert direkt in die Grenzfrequenz eingeht, ist die Toleranz ±40% natürlich nicht akzeptabel. Eine einfache Möglichkeit, dieses

Problem in den Griff zu bekommen, ist die Beschaltung des Referenzeingangs mit einem Serienwiderstand, wie Abb. 7.15 zeigt.

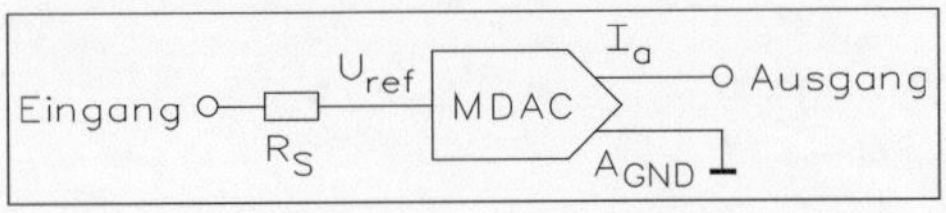

Abb. 7.15 • Verringerung der Toleranzen durch zusätzlichen Widerstand am Eingang der Referenzspannung.

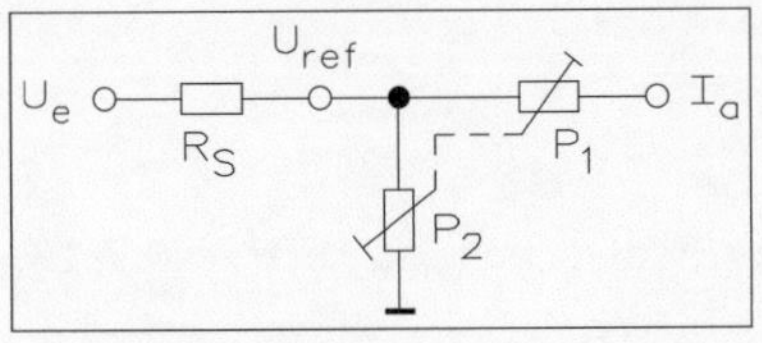

Abb. 7.16 • Ersatzschaltung für Abb. 7.15.

Das Ersatzschaltbild dazu ist in Abb. 7.16 gezeigt. Die beiden Einsteller P_1 parallel zu P_2 müssen zusammen immer den Wert für R_N ergeben. Deshalb erhält man für U_{ref} eine einfache Beziehung:

$$U_{ref} = \frac{R_N}{R_N + R_S} \cdot U_e$$

Ergänzt man diese Gleichung mit der Funktion des MDAC, ergibt sich folgende Formel:

$$R_{ers} = \frac{U_a}{I_a} = \left(R_N + R_S\right) \cdot \frac{2^n}{W}$$

Ein Widerstand von 100 kΩ senkt die Toleranz auf ±3,7%. Für eine genaue Filterschaltung ist selbst das noch zuviel. Außerdem lässt sich die Grenzfrequenz nicht mehr so exakt einstellen, und der Rauschanteil vergrößert sich.

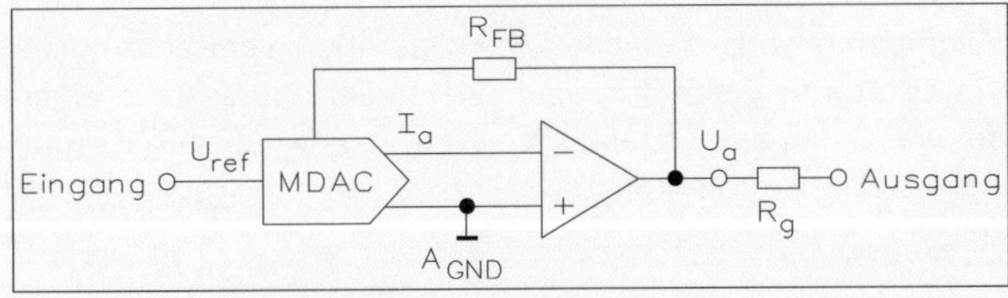

Abb. 7.17 • Verbesserte Schaltung für den MDAC-Baustein, wenn dieser als einstellbarer Widerstand arbeitet.

In diesem Fall gibt es die Möglichkeit, dem D/A-Wandler einen invertierenden Operationsverstärker nachzuschalten, wie Abb. 7.17 zeigt. Damit wird der RFB-Eingang zurückgekoppelt, und dieser Widerstand hat den gleichen Wert wie der Netzwerkwiderstand R_N und ist mit dem R2R-Netzwerk auf dem DAC-Baustein integriert. Dieser zeigt daher kaum Abweichungen zu R_N. Der Absolutwert der Netzwerkwiderstände ist jetzt unwichtig, denn für den Operationsverstärker ist nur das Verhältnis zwischen dem durch den digitalen Code eingestellten Widerstand und dem Rückkopplungswiderstand maßgebend. Ein Nachteil der Schaltung ist, dass sie das Signal invertiert. Man erhält jetzt folgende Übertragungsfunktion:

$$U_a = -U_{ref} \cdot \frac{W}{2^n}$$

Jetzt hat man eine digital gesteuerte Spannungsquelle, die einen Widerstand R_g treibt. Dieser Widerstand R_g bestimmt den minimal einstellbaren Ersatzwiderstand der Schaltung.

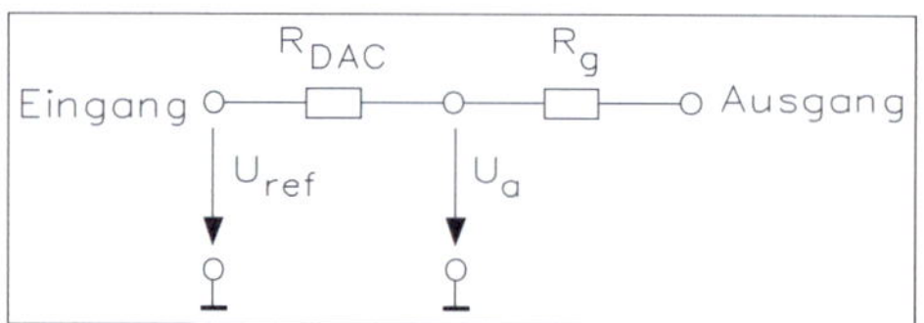

Abb. 7.18 • Ersatzschaltbild für die Schaltung von Abb. 7.17.

Um auch hier R_{ers} berechnen zu können, benötigt man die Ersatzschaltung nach Abb. 7.18. Für diese Schaltung gilt:

$$R_{ers} = \frac{U_{ref}}{I} = \frac{U_{ref}}{U_a} \cdot R_g$$

Nun löst man die vorherige Gleichung nach U_{ref}/U_a auf und setzt die Werte in die Formel ein. Das Minuszeichen kann man vernachlässigen, da es nur für die Phasenumkehrung steht. Insgesamt simuliert diese Schaltung den Widerstand:

$$R_{ers} = \frac{2^n}{W} \cdot R_g$$

Man beachte, dass die Formeln für R_{ers} nur dann gelten, wenn die Ausgänge der gerade betrachteten Schaltungen einen virtuellen Massepunkt bilden. In den nachfolgenden Filterschaltungen ist das näherungsweise immer erfüllt, da an den Ausgängen immer ein invertierender Eingang des Operationsverstärkers angeschlossen ist.

7.3 • Universalfilter (State Variable Filter)

Universalfilter bestehen im Allgemeinen aus drei oder vier Operationsverstärkern, die als Summierverstärker oder Integratoren geschaltet sind. Sie stellen mindestens einen separaten Hochpass-, Tiefpass- und Bandpassausgang zur Verfügung. Die Blockschaltung von Abb. 7.19 zeigt die hier verwendeten Filtereinheiten.

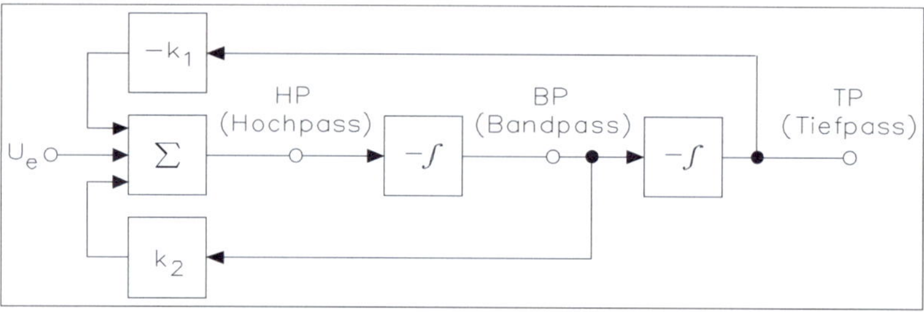

Abb. 7.19 • Prinzipschaltung eines Universalfilters.

Wie man sieht, werden hier zwei invertierende Integratoren verwendet, deren RC-Kombination die Grenzfrequenz bestimmt. Der Summierverstärker ist je nach Filtertyp aus ein oder zwei Operationsverstärkern aufgebaut, welche Güte und Verstärkung bestimmen.

7.3.1 • Filterstruktur

Der Vorteil dieser Filterstruktur liegt darin, dass sich Grenzfrequenz, Güte und Verstärkung unabhängig voneinander durch Widerstandsänderungen in weiten Grenzen einstellen lassen, und zwar linear mit dem Widerstandswert. Der zweite Vorteil ergibt sich aus der Tatsache, dass alle Filterparameter für jeden Ausgang identisch sind, d. h., der Hochpass hat identische Grenzfrequenz, Güte und Verstärkung wie Tiefpass bzw. Bandpass. Im Vergleich mit den kapazitätsgeschalteten Filtern besitzt diese Filterstruktur den Vorteil, dass diese nicht zeitdiskret arbeiten. Dadurch benötigen diese Bausteine kein weiteres analoges Anti-Aliasing-Filter am Eingang und auch keines am Ausgang.

Einen Nachteil dieser Filter darf man aber nicht verschweigen: Bedingt durch die große Anzahl von Operationsverstärkern addieren sich deren Fehler speziell bei Filtern höherer Ordnung in einer nicht zu vernachlässigenden Art und Weise. Die Folge davon sind unter anderem Frequenzgangfehler, die man je nach Anforderung kompensieren muss. Ein weiterer Nachteil ist der hohe schaltungstechnische Aufwand, der sich aber durch Verwendung von Universalfilter-Schaltkreisen, wie den UAF42, in Grenzen hält.

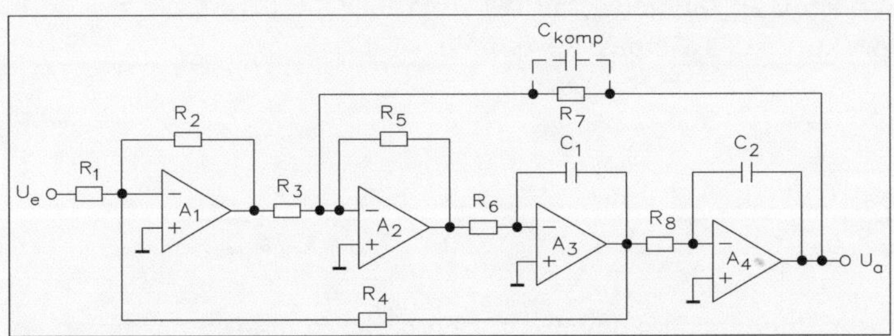

Abb. 7.20 • Universalfilter 2. Ordnung mit vier Operationsverstärkern.

Ein Universalfilter 2. Ordnung mit vier Operationsverstärkern ist in Abb. 7.20 gezeigt. Die universelle Verwendbarkeit dieses Filtertyps erlaubt in der Praxis interessante Anwendungsmöglichkeiten. Je nach Operationsverstärkerausgang erhält man einen Hochpass (Ausgang von A_2), einen Tiefpass (Ausgang von A_4), eine Bandsperre (Ausgang von A_1) oder einen Bandpass (Ausgang von A_3).

In Abb. 7.21 ist ein Universalfilter 2.Ordnung gezeigt. Am Ausgang des Verstärkers A_2 steht eine Tiefpassfunktion zur Verfügung, die im Folgenden betrachtet werden soll.

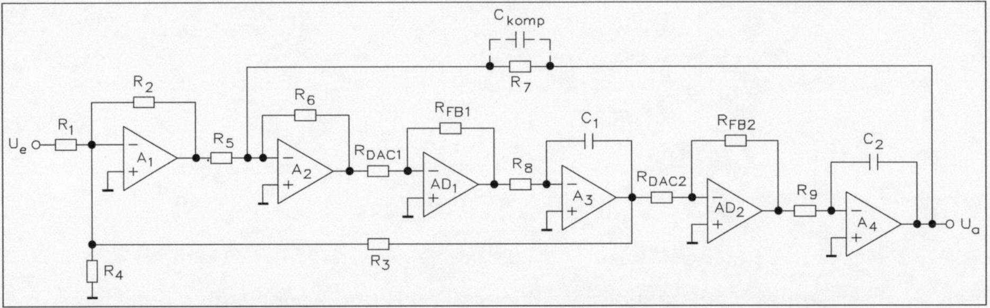

Abb. 7.21 • Universalfilter 2. Ordnung mit multiplizierendem D/A-Wandler und geänderter Rückkopplung.

Natürlich sind die anderen Filterfunktionen noch vorhanden und lassen sich an den entsprechenden Ausgängen der Operationsverstärker abgreifen. Auf den gestrichelt eingezeichneten Kompensationskondensator wird noch später eingegangen. Bei richtiger Dimensionierung beeinflusst man mit R_6 und R_8 die Grenzfrequenz, mit R_3 die Güte und mit R_1 die Verstärkung.

Die Übertragungsfunktion für die Integratoren lautet:

$$\frac{U_3}{U_2} = \frac{1}{s \cdot R_6 \cdot C_1} \qquad \frac{U_a}{U_3} = -\frac{1}{s \cdot R_8 \cdot C_2}$$

Für den Summierverstärker gilt:

$$U_1 = -\frac{R_2}{R_4} \cdot U_e \qquad U_e = -\frac{R_2}{R_4} \cdot U_3$$

$$U_2 = -\frac{R_6}{R_3} \cdot U_1 \qquad U_1 = -\frac{R_5}{R_7} \cdot U_a$$

Ineinander eingesetzt und nach U_a/U_e aufgelöst, erhält man für $C_1 = C_2 = C$, $R_5 = R_7 = R$ und $R_6 = R_8$ die Übertragungskurve des Tiefpassausgangs:

$$H(s) = \frac{\frac{R_2 \cdot R_5}{R_1 \cdot R_3}}{1 + \frac{R_2 \cdot R_5}{R_1 \cdot R_3} s + R_6^2 \cdot C^2 \cdot s^2}$$

Diese Verfahren der Gleichsetzungen sind sinnvoll, da sich dadurch die Dimensionierung erheblich vereinfacht. Wenn man die sehr genauen Kondensatoren und Widerstände des UAF42 ohne zusätzliche Beschaltung nutzen möchte, ist man festgelegt auf C = 1000 pF und R = 50 kΩ.

7.3.2 • Übertragungsfunktion eines Universalfilters

Einen Vergleich mit der allgemeinen Übertragungsfunktion liefern die zur Dimensionierung notwendigen Bedingungen. Eine weitere Vereinfachung erhält man mit $R_2 = R_3 = R_5 = R$.

$$A_0 = \frac{R_2 \cdot R_6}{R_1 \cdot R_3} \qquad Q_P = \frac{R_3 \cdot R_4}{R_2 \cdot R_5} \qquad \omega_P = \frac{1}{R_6 \cdot C}$$

$$Q_P = \frac{R_4}{R} \qquad A_0 = \frac{R}{R_1}$$

$$\omega_P = \frac{1}{R_6 \cdot C} \quad \text{bzw.} \quad f_P = \frac{1}{2 \cdot \pi \cdot R_6 \cdot C}$$

Wie man sieht, lassen sich bei gegebenem Widerstand R und Kondensator C die Güte und die Verstärkung durch je einen Widerstand, die Grenzfrequenz durch zwei Widerstände beeinflussen.

Setzt man die Werte in die Gleichungen ein, so lässt sich R_4 direkt in Abhängigkeit von den Polen bestimmen:

$$R_4 = R \cdot \frac{\sqrt{\alpha^2 + \beta^2}}{2 \cdot \alpha}$$

Auch die Grenzfrequenz lässt sich in Abhängigkeit von den Poldaten ausdrücken. Dazu muss man die Werte in die Gleichungen einsetzen:

$$R_6 = R_8 = \frac{1}{2 \cdot \pi \cdot f_p \cdot C} = \frac{1}{2 \cdot \pi \cdot f_p \cdot C \cdot \sqrt{\alpha^2 + \beta^2}}$$

Als Beispiel soll das Tschebyscheff-Filter 6. Ordnung mit f_0 = 20 kHz, 0,1-dB-Welligkeit im Durchlassbereich und A = 1 dienen. Nimmt man für $R_1 = R_2 = R_3 = R_7 = R$ = 50 kΩ und für $C_1 = C_2 = C$ = 1000 pF (1 nF) an, erhält man für R_4, R_6 und R_8:

Filterstufe 1:	R_4 = 29 955 Ω	$R_6 = R_8$ = 15479 Ω
Filterstufe 2:	R_4 = 66 463 Ω	$R_6 = R_8$ = 9530 Ω
Filterstufe 3:	R_4 = 231 184 Ω	$R_6 = R_8$ = 7485 Ω

Um das Filter in der Grenzfrequenz einstellen zu können, müsste man im einfachsten Fall die Widerstände R_6 und R_8 nur umschaltbar ausführen oder durch ein Doppelpotentiometer ersetzen. Eine andere Möglichkeit ist, den Widerständen einen Analogmultiplizierer vorzuschalten, wodurch dann das Filter mit einer Spannung zu steuern ist. Digital einstellbar wird es aber erst, wenn man R_6 und R_8 durch multiplizierende D/A-Wandler nach Abb. 7.14 oder Abb. 7.15 ersetzt.

Besonders geeignet ist natürlich die Schaltung nach Abb. 7.14, aber da die Schaltung das Signal invertiert, ist die Rückkopplung der Filterstufe entsprechend anzupassen. In Abb. 7.21 ist diese Schaltung gezeigt. Die MDAC-Bausteine sind als RDAC1 und RDAC2 eingezeichnet, RFB1 und RFB 2 sind die internen Rückkopplungswiderstände der MDAC-Bausteine. Die Operationsverstärker AD 1 und AD 2 sind zusätzlich zum UAF42 erforderlich.

Die Übertragungsfunktion dieser Filterstufe, bezogen auf den Tiefpassausgang, lautet:

$$H(s) = \frac{\frac{R_2}{R_1}}{1 + \frac{\frac{R_2}{R_1}}{\frac{R_3}{R_4}} \cdot R_9 \cdot C_s + R_9^2 \cdot C^2 \cdot s^2}$$

wobei folgende Vereinfachungen noch getroffen sind:

$R_8 = R_9$, $C_1 = C_2 = C$, $R_5 = R_6 = R_7 = R$.

Der Vergleich mit der allgemeinen Übertragungsfunktion ergibt dann folgende Beziehungen:

$$A_0 = \frac{R_2}{R_1} \qquad \omega_P = \frac{1}{R_9 \cdot C} \qquad f_P = \frac{1}{2 \cdot \pi \cdot R_9 \cdot C}$$

Wie man sieht, sind Verstärkung und Güte nicht mehr unabhängig voneinander einstellbar. Die Widerstände R_8 und R_9 bestimmen die maximale Grenzfrequenz f_0. Da die beiden Widerstände gleich groß sind, müssen auch die MDAC-Bausteine mit dem gleichen Wert W geladen sein. Die Grenzfrequenz in Abhängigkeit von den Werten rechnet sich aus:

$$f_g(W) = f_0 \cdot \frac{W}{2^n}$$

wobei n die Auflösung des MDA-Bausteins ist – beim DAC 780X ist n = 12.

7.3.3 • Praktische Ausführung eines Universalfilters

Leider lassen sich die Filter mit der Einführung der multiplizierenden D/A-Wandler nur sehr aufwendig berechnen. Außerdem ist durch den Einsatz der beiden Operationsverstärker mit einem größeren Platzbedarf auf der Platine zu rechnen. Aus diesem Grund wird die Schaltung von Abb. 7.22 verwendet.

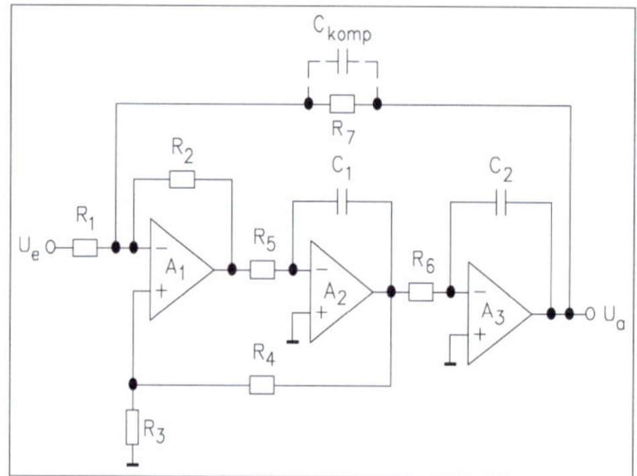

Abb. 7.22 • Universalfilter, realisiert mit drei Operationsverstärkern.

Das Blockschaltbild ist im Wesentlichen identisch mit dem Filterbeispiel von Abb. 7.19. Auch die Filterstruktur ist der in Abb. 7.20 gezeigten Schaltung recht ähnlich, nur sind die beiden ersten Operationsverstärker zusammengefasst worden. Die Übertragungsfunktion ist vollständigkeitshalber nochmals erwähnt:

$$H(s) = \frac{\frac{R_7}{R_1}}{1 + \frac{1 + R_7 / R_1}{1 + R_3 / R_4} \cdot R_5 \cdot C_s + R_5^2 \cdot C^2 \cdot s^2}$$

wobei $R_2 = R_7$, $R_5 = R_6$ und $C_1 = C_2 = C$. Damit ergibt sich:

$$\omega_P = \frac{1}{R_5 \cdot C} \qquad Q_P = \frac{1 + R_4 / R_3}{2 + R_7 / R_1} \qquad A_0 = -\frac{R_7}{R_1}$$

Auch hier sind die Güte und die Verstärkung nicht unabhängig voneinander. Besser wird es, wenn man die MDAC mit nachgeschalteten invertierenden Operationsverstärker in die

Schaltung einbaut und die Rückkopplung entsprechend anpasst, wie dies die Schaltung von Abb. 7.23 zeigt.

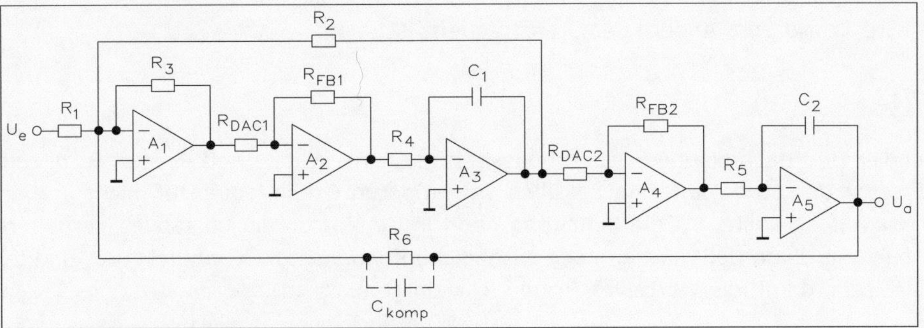

Abb. 7.23 • Digital einstellbare Filterstufe 2. Ordnung.

Die Übertragungsfunktion lautet:

$$H(s)=\frac{\frac{R_1}{R_3}}{1+\frac{2^n \cdot R_7}{W \cdot R_2} \cdot R_4 \cdot C_s \left(\frac{2^n}{W}\right)+R_4^2 \cdot C^2 \cdot s^2}$$

wobei wieder vereinfacht wurde mit $C_1 = C_2 = C$, $R_4 = R_5$ und $R_3 = R_6 = R$. Diesmal wurde die Abhängigkeit vom Wert W gleich mit in die Herleitung aufgenommen. Der Vergleich der beiden Übertragungsfunktionen liefert drei Beziehungen:

$$\omega_p = \frac{W}{2^n} \cdot \frac{1}{R_4} \qquad Q_p = \frac{R_2}{R} \qquad A_0 = -\frac{R_1}{R}$$

Beide MDAC müssen hier mit demselben Wert W geladen sein. Aus der Gleichung für A_0 geht hervor, dass hier das Signal im Gegensatz zu den Filterstufen des vorigen Abschnitts invertiert wird. Die Dimensionierung der Widerstände ist dann extrem einfach:

$$R_1 = -A_0 \cdot R$$

Der Wert f_0 ist die maximale Grenzfrequenz des Filters, und die eingestellte Grenzfrequenz errechnet sich mit:

$$R_2 = Q_p \cdot R = -\frac{\sqrt{\alpha^2+\beta^2}}{2\alpha} \cdot R$$

$$R_4 = R_6 = \frac{1}{2 \cdot \pi \cdot f_0 \cdot C \cdot \sqrt{\alpha^2+\beta^2}}$$

$$f_0(W) = f_0 \cdot \frac{W}{2^n}$$

Man beachte, dass W immer kleiner 2 ist und dass sich deshalb die maximale Grenzfrequenz nie ganz erreichen lässt. In der Regel wird das aber in der Praxis nicht stören, da die höchste einstellbare Frequenz nur knapp 5 Hz tiefer liegt als f_0 = 20 kHz. Es handelt sich um eine vernachlässigbare Abweichung.

Der kleinste Schritt zum Ändern der Grenzfrequenz ist:

$$\Delta f = \frac{f_0}{2^n}$$

D/A-Wandler und nachfolgender Operationsverstärker mit Widerstand R_4 bzw. R_5 bilden einen Ersatzwiderstand, den man bei allen verwendeten Grenzfrequenzen nicht größer als 10 MΩ wählen sollte, da die Schaltung dann in der Praxis ein unstabiles Verhalten aufweisen kann. Eventuell müssen noch zusätzliche Kondensatoren parallel zu C_1 und C_2 geschaltet sein, damit die Werte von R_4 und R_5 klein genug sind.

Hier die Dimensionierung für das Tschebyscheff-Filter mit den Parametern wie vorher:

$C = C_1 = C_2 = 1000$ pF, $R = R_1 = R_3 = R_6 = 50\ \Omega$

Filterstufe 1:	$R_2 = 29\,955\ \Omega$	$R_4 = R_5 = 15475\ \Omega$
Filterstufe 2:	$R_2 = 66\,463\ \Omega$	$R_4 = R_5 = 9527\ \Omega$
Filterstufe 3:	$R_2 = 231\,184\ \Omega$	$R_4 = R_5 = 7483\ \Omega$

Die kleinste Schrittweite, um die Grenzfrequenz zu ändern, ist Δf = 4,88 Hz. Man sollte mindestens Werte größer als vier in die MDAC einschreiben, da sonst R_{ers} zu groß wird.

7.3.4 • Arbeiten mit „FILTER42“

Startet man das Programm „FILTER42“, ruft man zuerst die Filterfunktion für Tiefpass, Hochpass, Bandpass und Bandsperre (Notch) auf. Nach Wahl der Filterfunktion ruft man noch die Filtertypen nach Butterworth, Tschebyscheff, Invers-Tschebyscheff und (ripple) einzugeben.

Abb. 7.24, Abb. 7.25, Abb. 7.26, Abb. 7.27 und Abb. 7.28 zeigen verschiedene Tiefpässe, realisiert mit dem Baustein UAF42.

Bei der Filterordnung (Filter Order) setzt man Parameter zwischen 2 und 10. Betreibt man einen UAF42 2.Ordnung, wird nur ein Baustein benötigt, während bei 10.Ordnung fünf Bausteine erforderlich sind.

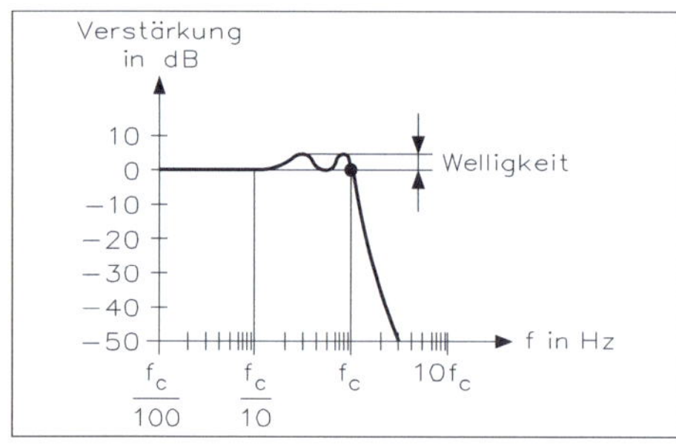

Abb. 7.24 • Filterkurve eines Tiefpasses vierter Ordnung nach Tschebyscheff-Charakteristik mit Welligkeit w = 3 dB; bei Grenzfrequenz f_c (Corner) ist die Welligkeit 0 dB.

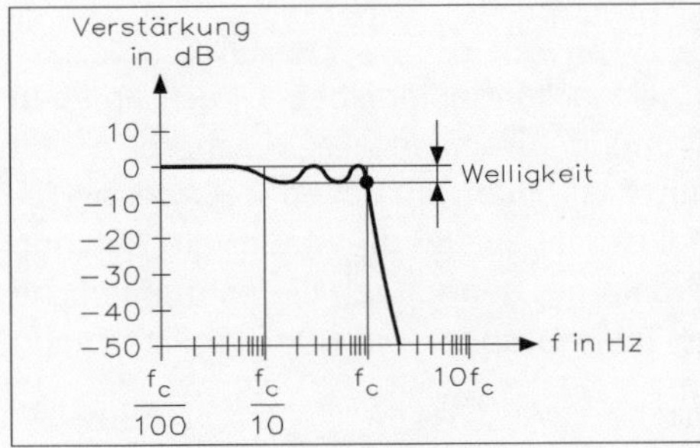

Abb. 7.25 • Filterkurve eines Tiefpasses fünfter Ordnung nach Tschebyscheff-Charakteristik mit Welligkeit w = 3 dB; bei Grenzfrequenz f_c (Corner) ist die Welligkeit -3 dB.

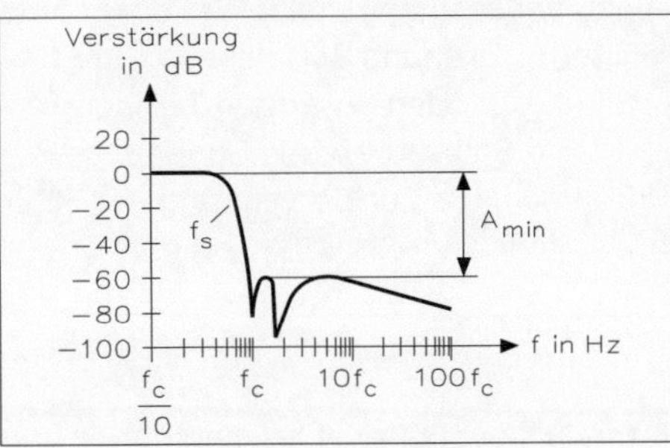

Abb. 7.26 • Filterkurve eines Tiefpasses fünfter Ordnung nach inverser Tschebyscheff-Charakteristik. Die Unterdrückung im Bereich der Stoppfrequenz f_s beträgt −60 dB.

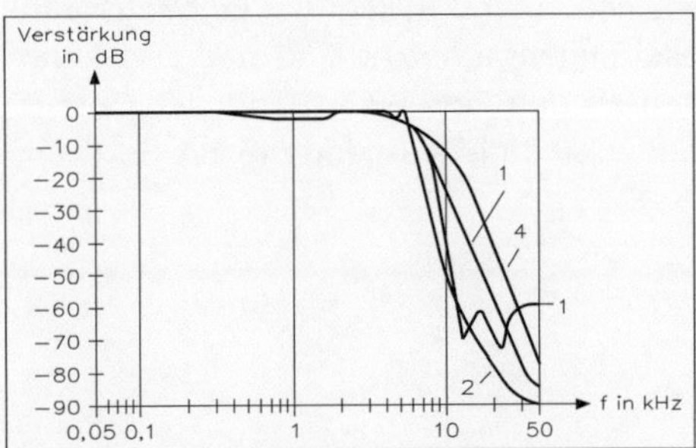

Abb. 7.27 • Vergleich zwischen den einzelnen Frequenzkurven bei der Grenzfrequenz 5 kHz für Tiefpassfilter 5.Ordnung nach Butterworth (1), Tschebyscheff (2) mit Welligkeit 3 dB, inversem Tschebyscheff (3) und Charakteristik nach Bessel (4), wenn Frequenzbereich der grafischen Darstellung von 50 Hz bis 50 kHz gewählt wurde und die Skalisierung der Verstärkung bei −90 dB liegt.

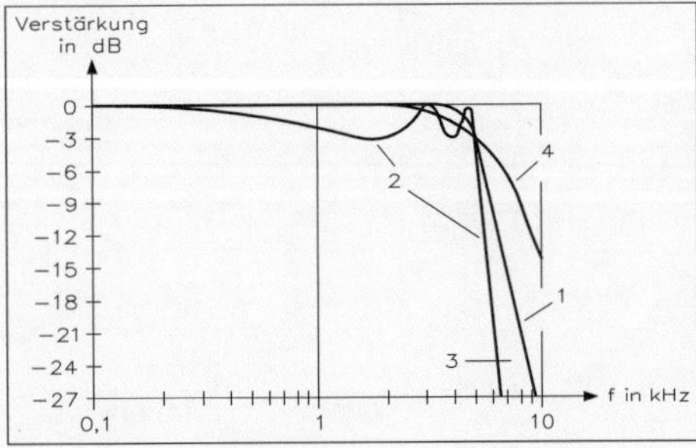

Abb. 7.28 • Vergleich zwischen den einzelnen Frequenzkurven bei der Grenzfrequenz 5 kHz für ein Tiefpassfilter 5.Ordnung nach Butterworth (1), Tschebyscheff (2) mit Welligkeit 3 dB, inversem Tschebyscheff (3) und Charakteristik nach Bessel (4), wenn der Frequenzbereich der grafischen Darstellung von 100 Hz bis 10 kHz gewählt und die Skalisierung der Verstärkung von −90 dB auf −27 dB reduziert wurde.

Für das Tief- und Hochpassfilter ist die Grenzfrequenz anzugeben, für Bandpass und Bandsperre Mittenfrequenz und Bandbreite. Mit der Bandbreite erhält man den Abstand zwischen der Eckfrequenz f_L (Low) und f_H (High) beim Punkt f-3dB. Beim Tschebyscheff-Filter ist dies auch das Ende der Welligkeit.

7.4 • Aktive IC-Filter

Analog Devices bietet zwei Bausteine mit integrierten kontinuierlichen Filtern an, den MAX274 mit vier internen Filterfunktionen 2.Ordnung für einen Frequenzbereich von 100 Hz bis 150 kHz und den MAX275 mit zwei internen Filterfunktionen 2. Ordnung für eine Frequenz von 100 Hz bis 300 kHz. Der Klirrfaktor unter -86 dB erlaubt die Nutzung dieser Bausteine auch in der digitalen Signalverarbeitung, denn durch die kontinuierliche Struktur entfallen die Aliasing-Probleme und das Taktrauschen, wie dies bei Filtertypen mit geschalteten Kapazitäten häufig der Fall ist.

Der MAX274 enthält vier und der MAX275 zwei voneinander unabhängige Sektionen, die beliebig kaskadierbar sind. Jede Sektion stellt ein Filter 2. Ordnung dar, dessen Güte und Eckfrequenz vom Anwender frei zu programmieren sind. Über den gesamten Temperaturbereich weicht die programmierte Frequenz um 1 % vom Sollwert ab. Als Spannungsversorgung sind sowohl 5 V als auch symmetrische ±5 V möglich. Zur Berechnung der Filter findet man im Internet die entsprechende Software.

7.4.1 • Interner Filteraufbau

Jede Filtersektion besteht aus vier Operationsverstärkern, wobei zwei als Verstärker und zwei als Integratoren arbeiten. Über den externen Widerstand R_1 liegt die Eingangsspannung am Eingang 1N. Je nach Filtertyp sind diese Eingänge mit A, B, C und D gekennzeichnet. Die beiden Ausgangsspannungen stehen an den Pins BPO (Bandpass Output) und LPO (Lowpass Output) zur Verfügung. Auch hier sind die Ausgänge mit A, B, C und D gekennzeichnet.

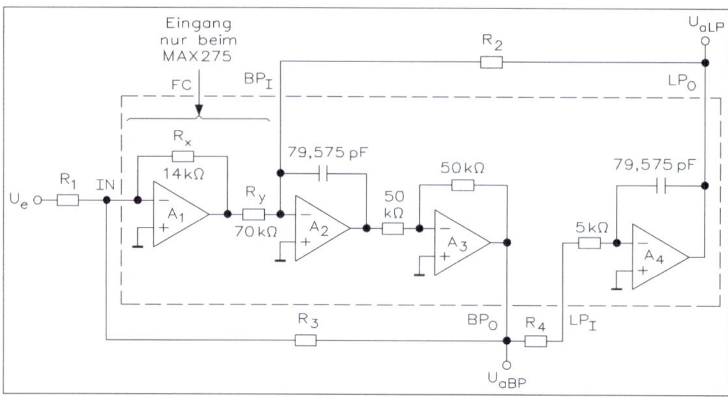

Abb. 7.29 • Aufbau einer kontinuierlichen Filtersektion in den MAX-Bausteinen.

Bei der Schaltung von Abb. 7.29 handelt es sich um ein State-Variable-Filter, bestehend aus einem invertierenden Summierer und zwei in Reihe geschalteten Integratoren mit Gegenkopplung. Zwischen den einzelnen Operationsverstärkern befinden sich zwei Rückkopplungspfade mit den beiden Widerständen R_2 und R_3. Dabei wird mit dem Widerstand R_2 der Ausgang des zweiten Integrators mit dem ersten Integrator verbunden. Über den Widerstand R_3 verbindet man den Ausgang des ersten Integrators mit dem Filtereingang und kann damit das Eingangssignal entsprechend bedämpfen. Diese Filterstruktur verwendet keine interne Kopplung, wenn man von den Widerständen R_x und R_y absieht. Die beiden Widerstände R_x und R_y lassen sich extern beeinflussen. Beim Baustein MAX274 gibt es nur einen FC-Eingang zur Beeinflussung dieser Widerstände, wobei vier Filtersektionen mit jeweils diesen Widerständen vorhanden sind. Beim MAX275 hat man dagegen zwei Filtersektionen und zwei FC-Eingänge, mit der sich jede Filtersektion separat beeinflussen lässt.

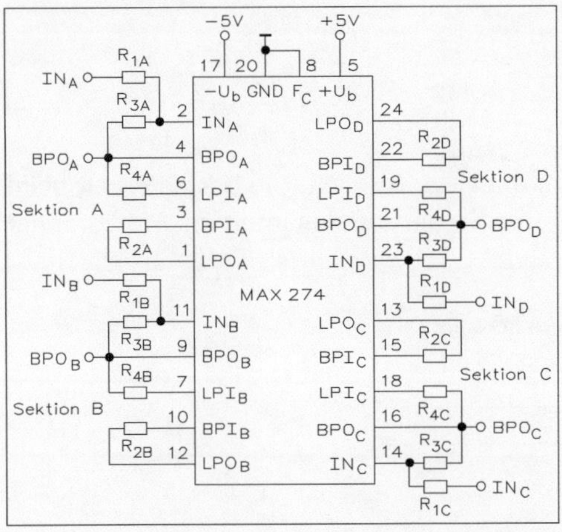

Abb. 7.30 • Externe Beschaltung des MAX274 mit vier unabhängigen Filtern 2. Ordnung.

Die Schaltung von Abb. 7.30 zeigt die externe Beschaltung des MAX274 mit seinen vier unabhängigen Filteranordnungen. Man kann jeweils vier separate Filter 2. Ordnung realisieren. Schaltet man zwei Sektionen hintereinander, erreicht man zwei Filter 4. Ordnung. Wenn man ein Filter 8. Ordnung benötigt, schaltet man die vier einzelnen Anordnungen einfach hintereinander. Für diese Filter sind vier externe Widerstände erforderlich. Die Schaltung von Abb. 7.31 zeigt die externe Beschaltung des MAX275 mit seinen zwei unabhängigen Filtern 2. Ordnung. Die beiden internen Widerstände weisen Werte von R_y = 70 kΩ und R_y = 14 kΩ auf. Während beim MAX274 nur ein FC-Eingang für vier Filtersektionen existiert, hat MAX275 die beiden Eingänge FC_A und FC_B, mit der man jeweils das Widerstandsverhältnis für jede Filtersektion separat beeinflussen kann.

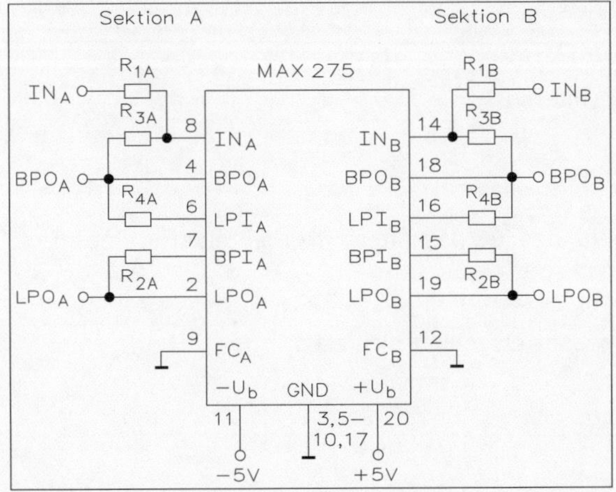

Abb. 7.31 • Externe Beschaltung des MAX275 mit zwei unabhängigen Filtern 2. Ordnung.

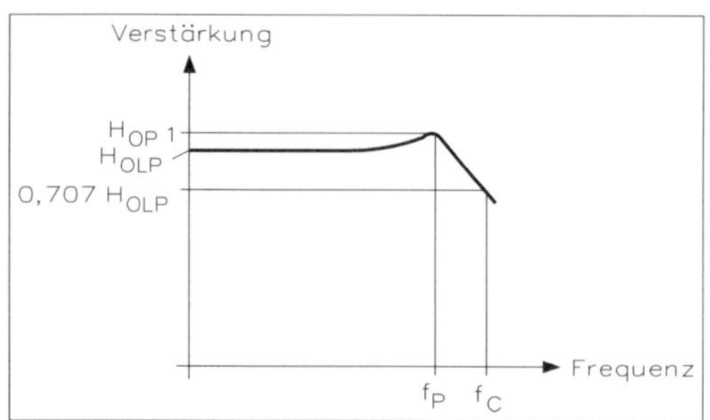

Abb. 7.32 • Frequenzkurve eines Tiefpassfilters mit den Werten eines kontinuierlichen IC-Filterbausteins MAX274/5.

Beim MAX275 sind pro Filtersektion vier Widerstände erforderlich. Die Besonderheit beim MAX275 sind die beiden Eingänge FC_A und FC_B zur Steuerung des internen Widerstandsverhältnisses. Es gilt die Tabelle 7.2.

Tabelle 7.2 • Bestimmung des internen Widerstandsverhältnisses durch Spannung an den Eingängen FC_A und FC_B

Verbindung nach	R_y / R_x	
	in kΩ	im Verhältnis
$+U_b$	13/52	4/1
0 V	65/13	1/5
$-U_b$	325/13	1/25

Die Formeln zur Berechnung von Grenzfrequenz f_0 und Güte Q lauten:

$$f_0 = \sqrt{\frac{1}{R_2(R_4 + 5k\Omega)}} \cdot (2 \cdot 10^9)$$

$$Q = \sqrt{\frac{1}{R_2(R_4 + 5k\Omega)}} \cdot (R_3) \cdot \left(\frac{R_y}{R_x}\right)$$

Der Wert H_{OLP} ist die Tiefpassverstärkung bei der Grenzfrequenz f = 0 (DC). Diese errechnet sich aus:

$$H_{OLP} = \left(\frac{R_2}{R_1}\right) \cdot \left(\frac{R_x}{R_y}\right)$$

Die Übertragungsfunktion eines Tiefpassfilters ist:

$$G(s) = H_{OLP} \frac{\omega_0^2}{s^2 + s(\omega_0 / Q) + \omega_0^2}$$

dabei ist $\omega_0 = 2 \cdot \pi \cdot f_0$ die Grenzfrequenz des Tiefpassfilters. Der Gütefaktor eines Tiefpassfilters ist Q = 6 dB.

Die Übertragungsfunktion dieses Bandpasses errechnet sich aus:

$$G(s) = H_{OLP} \frac{s(\omega_0^2 / Q)}{s^2 + s(\omega_0 / Q) + \omega_0^2}$$

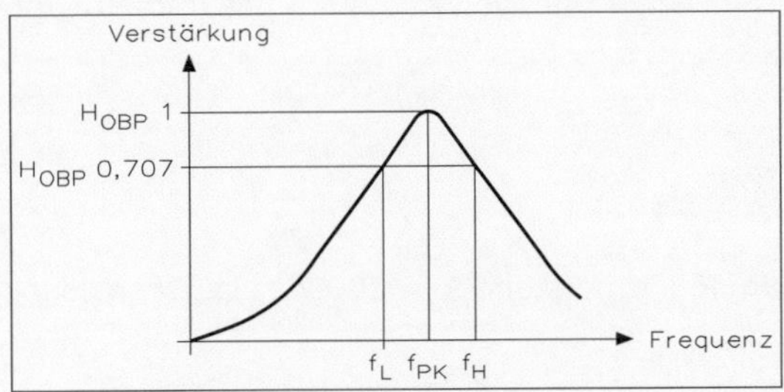

Abb. 7.33 • Frequenzkurve eines Bandpassfilters mit den Werten eines kontinuierlichen IC-Filterbausteins MAX274/5.

Der Wert Q ist der Gütefaktor des komplexen Polpaars. Bei einem Bandpass 2. Ordnung ist Q das Verhältnis der Mittenfrequenz zur Bandbreite von 3 dB.

7.4.2 • Berechnung eines Filterbeispiels

Normalerweise werden die einzelnen Funktionen in das Filterprogramm eingegeben, dann erhält man die Werte der Widerstände. Damit der Anwender mit dem Filterprogramm arbeiten kann, sind einige Besonderheiten zu beachten. Für ein Tiefpassfilter 2. Ordnung der Grenzfrequenz f_0 = 10 kHz sollen die vier Widerstände berechnet werden. Zur Berechnung der Widerstände benötigt man zuerst das Diagramm von Abb. 7.34. Wenn man ein Filter der Güte Q = 40 bei Frequenz f_0 = 10 kHz realisiert, ergeben sich keine Probleme. Erst ab einer Frequenz von 100 kHz beim MAX274 und ab 300 kHz beim MAX275 ist das Diagramm von Abb. 7.34 zu beachten.

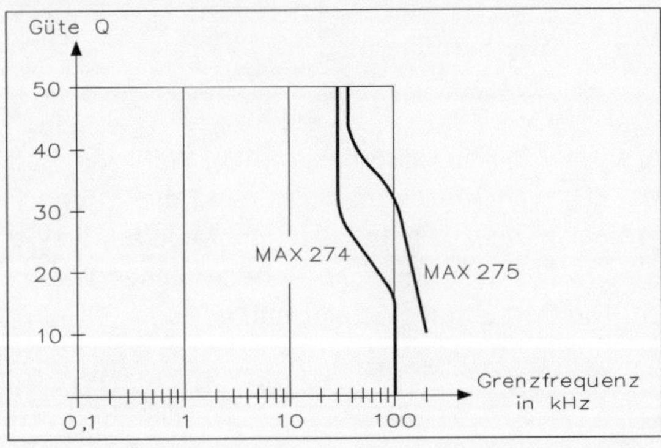

Abb. 7.34 • Diagramm der Abhängigkeit der Güte Q von der Frequenz f_0.

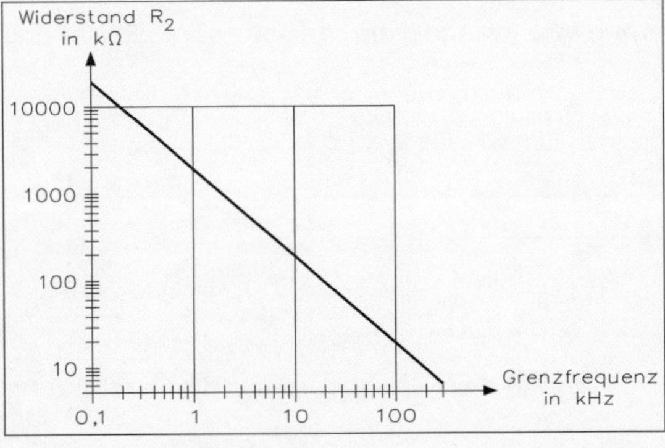

Abb. 7.35: Diagramm des Widerstands R_2 in Abhängigkeit von der Frequenz f_0.

Der Widerstand R_2 lässt sich entweder mit dem Diagramm von Abb. 7.35 bestimmen oder man arbeitet mit:

$$R_2 = \frac{2 \cdot 10^9}{f_0}$$

Bei der Grenzfrequenz f_0 = 10 kHz setzt man den Widerstand R_2 = 200 kΩ ein. Der Widerstand R_4 lässt sich bestimmen aus:

$$R_4 = R_2 - 5\ \text{k}\Omega$$

d. h., der Widerstand hat den Wert R_4 = 195 kΩ, denn vor dem Operationsverstärker A_4 befindet sich der interne Widerstandswert 5 kΩ.

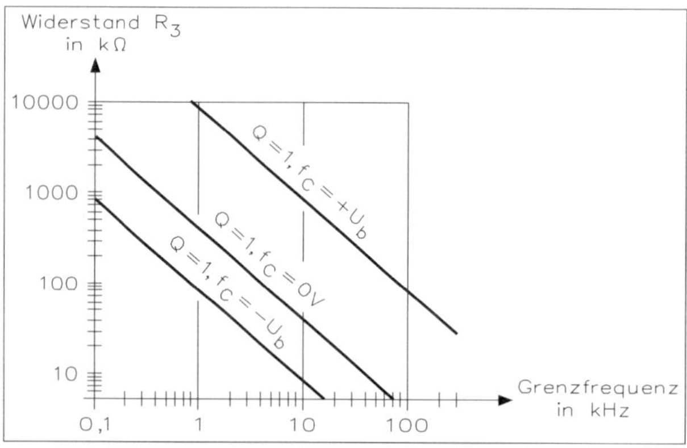

Abb. 7.36 • Diagramm des Widerstands R_3 in Abhängigkeit der Frequenz.

Der Widerstand R_3 lässt sich aus dem Diagramm von Abb. 7.36 bestimmen. Während man beim MAX274 die Anschlüsse von FC_A und FC_B nicht beachten muss, sind diese jedoch beim MAX275 unbedingt einzuhalten. Normalerweise legt man diese Eingänge auf Masse und erhält dann den Widerstandswert R_3 = 45 kΩ. Der ohmsche Bereich dieses Widerstands soll zwischen 5 kΩ und 4 MΩ liegen. Die Berechnung erfolgt nach:

$$R_3 = \frac{Q \cdot 2 \cdot 10^9}{f_0} \cdot \left(\frac{R_X}{R_y} \right)$$

Tabelle 7.3 zeigt die Bestimmung des internen Widerstandsverhältnisses durch Spannung an den Eingängen FC_A und FC_B.

Tabelle 7.3 • Bestimmung des internen Widerstandsverhältnisses durch Spannung an den Eingängen FC_A und FC_B.

FC nach	R_x / R_y
$+U_b$	4/1
0 V	1/5
$-U_b$	1/25

Bei der Bestimmung des Widerstands R_1 am Eingang des Filters ist zuerst die Verstärkung festzulegen, wie Abb. 7.37 zeigt.

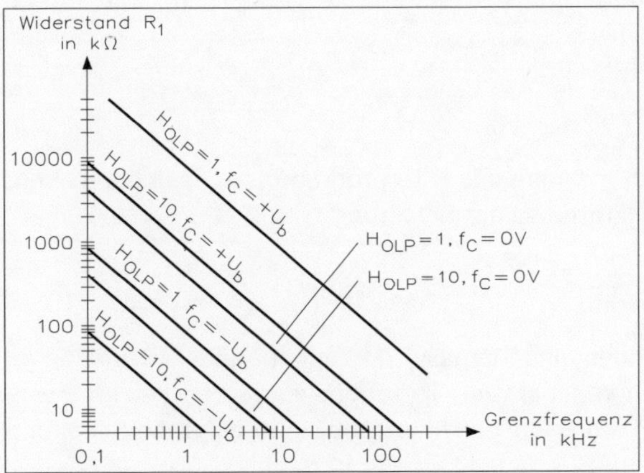

Abb. 7.37 • Diagramm zur Bestimmung des Widerstands R_1 in Abhängigkeit der Frequenz f_0, wobei die Werte von H_{OLP} und der Eingang FC zu beachten sind.

Ist der Eingang FC beim MAX275 mit Masse verbunden oder wie beim MAX274 nicht angeschlossen, erhält man R_1 = 95 kΩ, sofern die Tiefpassverstärkung H_{OLP} = 1 gesetzt wird. Die Berechnung erfolgt nach:

$$R_3 = \frac{2 \cdot 2 \cdot 10^9}{f_0 \cdot H_{OLP}} \cdot \left(\frac{R_X}{R_y} \right)$$

Tabelle 7.4 zeigt die Bestimmung des internen Widerstandsverhältnisses durch Spannung an den Eingängen FC_A und FC_B.

Tabelle 7.4 • Bestimmung des internen Widerstandsverhältnisses durch Spannung an den Eingängen FC_A und FC_B

FC nach	R_x / R_y
$+U_b$	4/1
0 V	1/5
$-U_b$	1/25

Diese Werte gelten für ein Tiefpassfilter 1. Ordnung. Wird der Baustein als Bandpass verwendet, ist noch das Diagramm von Abb. 7.38 zu betrachten.

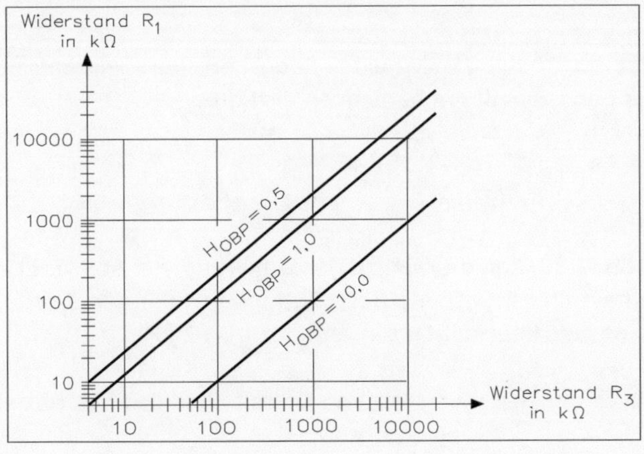

Abb. 7.38 • Verstärkung des Bandpassfilters im Verhältnis vom Widerstand R_1 zum Widerstand R_3.

Das Verhältnis der beiden Widerstände R_1 und R_3 bestimmt die Verstärkung. Die Formel hierzu lautet:

$$R_1 = \frac{R_3}{H_{OBP}}$$

Die Werte der Widerstände lassen sich mit Hilfe des Filterprogramms schnell berechnen, dabei erhält man noch alle anderen Faktoren seiner Schaltung.

7.4.3 • Realisierung eines Bandsperrfilters

Die beiden Bausteine MAX274/5 erzeugen eine Tiefpass- und eine Bandpass-Funktion an ihren Ausgängen. Verwendet man einen separaten Operationsverstärker, der im invertierenden Betrieb arbeitet, ergibt sich ein Bandsperrfilter. Abb. 7.39 zeigt die Schaltung eines Bandsperrfilters.

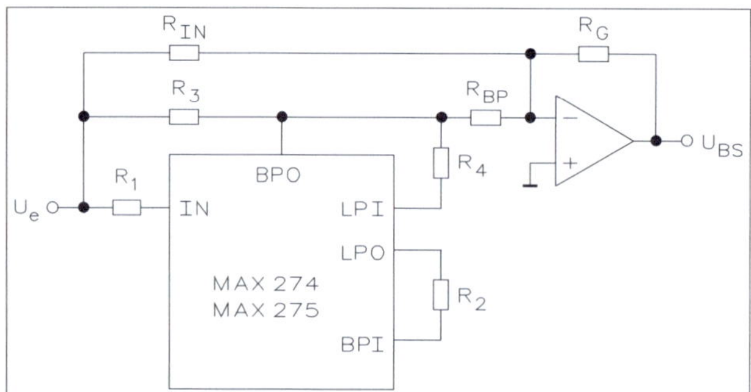

Abb. 7.39 • Schaltung eines Bandsperrfilters.

Die Eingangsspannung liegt über den Widerstand R_1 am Eingang IN und parallel über den Widerstand R_3 am Bandpassausgang BPO bzw. über den Widerstand RIN am Operationsverstärker. Der Operationsverstärker arbeitet als Addierer bzw. Summierer und erzeugt daher eine typische Bandsperr-Charakteristik am Ausgang. Die Übertragungsfunktion des Bandsperrfilters errechnet sich aus:

$$G(s) = H_{ON} \frac{s + \omega_0^2}{s^2 + s(\omega_0 / Q) + \omega_0^2}$$

wobei $\omega_0 = 2 \cdot \pi \cdot f_0$. Abb. 7.40 zeigt die Frequenzkurve eines Bandsperrfilters. Mittenfrequenz, Güte und Verstärkung eines Bandsperrfilters berechnen sich aus:

$$f_M = \sqrt{\frac{1}{R_2(R_4 + 5k\Omega)}} \cdot \left(2 \cdot 10^9\right) \qquad Q = \sqrt{\frac{1}{R_2(R_4 + 5k\Omega)}} \cdot (R_3) \cdot \left(\frac{R_y}{R_x}\right) \qquad V = \frac{R_G}{R_{IN}}$$

Erweitert man die Schaltung von Abb. 7.39, kommt man zu der Schaltung von Abb. 7.41. Hierbei handelt es sich um ein Tiefpassfilter 6.Ordnung nach Butterworth mit der Grenzfrequenz f_0 = 10 kHz und einem Bandsperrfilter mit Mittenfrequenz f_M = 2 kHz.

Widerstandswerte und Frequenzkurve der Schaltung lassen sich mit Hilfe des Filterprogramms berechnen.

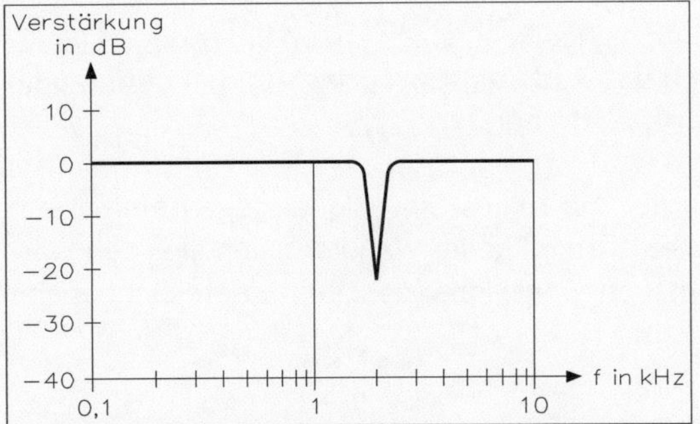

Abb. 7.40 • Frequenzkurve eines Bandsperrfilters mit der Mittenfrequenz f_M = 2 kHz und der Güte Q = 5.

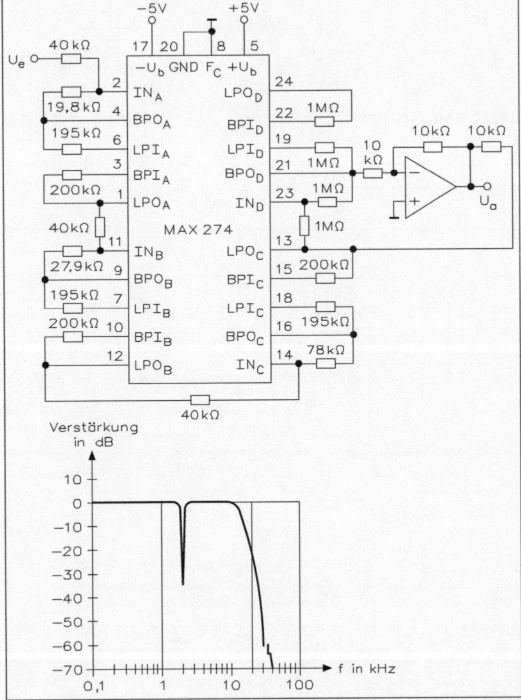

Abb. 7.41 • Schaltung und Frequenzkurve eines Tiefpassfilters 6.Ordnung nach Butterworth mit Grenzfrequenz f_0 = 10 kHz und Bandsperrfilter mit Mittenfrequenz f_M = 2 kHz.

7.5 • Entstehung und Vermeidung von Alias-Signalen

Bei bewegten Bildern in Filmen scheinen sich die Speicherräder von fahrenden Kutschen oftmals eigenartig zu verhalten. Die Räder drehen sich entweder zu langsam, bleiben stehen oder drehen sich rückwärts. Dieser Effekt sind Alias-Frequenzen in mechanischen bzw. optischen Systemen und veranschaulicht dasselbe Phänomen in elektronischen Systemen. Wenn ein Film gedreht wird, nimmt die Videokamera die Szene beispielsweise mit 50 Halbbildern bzw. mit 25 Vollbildern in der Sekunde auf. Während dieser Zeit erzeugt der vorbeifahrende Wagen mit der Drehzahl des Rads in Umdrehungen pro Sekunde multipliziert mit der Anzahl der Speichen eine Eingangsfrequenz. Wenn der Wagen die Geschwindigkeit ändert, variiert die durch die Speichen verursachte Frequenz über oder unter den ganzzahligen Vielfachen der Bildrate. Später, bei der Betrachtung des Films, scheint das Rad daher stillzustehen, sobald die „Speichenfrequenz“ einem ganzzahligen Vielfachen der Bildrate entspricht. Auch bei Speichenfrequenzen knapp unter einem ganzzahligen Vielfachen der Bildrate scheint sich das Rad langsam rückwärts, bei geringfügig höherer Frequenz dagegen langsam vorwärts zu drehen.

Ein Analog-Digital-Wandler beispielsweise, der ein reines Sinussignal genau einmal pro Periode in konstanten Zeitabständen abtastet, wird bei jeder Wandlung den gleichen Wert messen und dadurch ein konstantes Gleichspannungssignal ausgeben, vergleichbar mit dem stillstehenden Rad am fahrenden Wagen.

7.5.1 • Nyquist-Frequenz

Kritisch in allen Abtastsystemen ist die Nyquist-Frequenz f_N, die der halben Abtastrate f_s entspricht. Für Eingangssignale unterhalb der Nyquist-Frequenz liefert der A/D-Wandler unverfälschte und genaue Messwerte. Sobald jedoch f_{in} über der Nyquist-Frequenz und unterhalb f_s liegt, täuschen die Messwerte eine geringere Eingangsfrequenz vor, die der Abtastrate minus f_{in} entspricht.

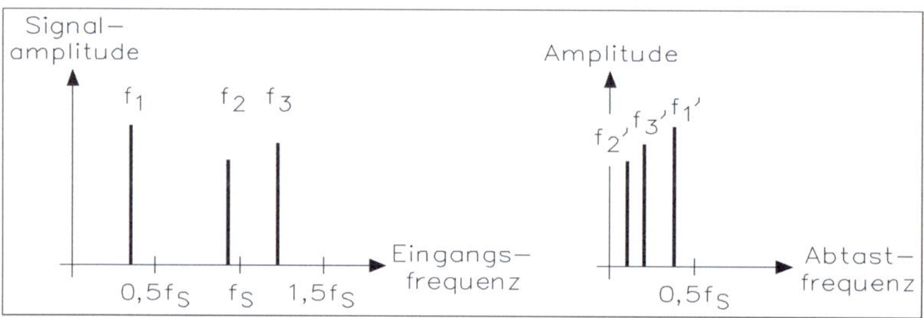

Abb. 7.42 • Der Betrag einer durch Abtastung ermittelten Frequenz ist abhängig vom Verhältnis zwischen Eingangssignal und Abtastrate.

Daher stellt die Nyquist-Frequenz f_N den Einsatzpunkt des „Aliasing“ dar. Im Frequenzbereich der erfassten Messwerte ist das Alias-Signal abhängig vom Verhältnis f_s zu f_{in}. Abb. 7.42 zeigt links die Frequenz f_1, die unter $f_s/2$ liegt. Damit ist die gemessene Frequenz f_1 richtig positioniert, wie das Diagramm rechts zeigt. Die Frequenz f_2 erzeugt ein Fremdsignal (Alias) bei $f_s - f_2$. Für die Frequenz f_3, die zwischen f_s und $1{,}5 \cdot f_s$ liegt, wird beim Abtasten ein Alias hervorgerufen, das um den Betrag f_s niedriger in seiner Frequenz liegt.

Diese Abhängigkeiten lassen sich wie folgt zusammenfassen. Alle Eingangsfrequenzen größer als $f_s/2$ werden unter $f_s/2$ verschoben. Frequenzen in der Eingangsbandbreite, die ein ungeradzahliges Vielfaches von $f_s/2$ darstellen, erzeugen ein Alias bei f_{in} minus dem nächstniedrigeren Vielfachen von f_s. Frequenzen im Band, die geradzahlige Vielfache von $f_s/2$ sind, rufen ein Alias-Signal beim nächsthöheren Vielfachen von f_s minus f_{in} hervor. Somit ist Aliasing ein potentielles Problem bei allen Abtastsystemen wie Filmkameras, Videosystemen, A/D-Wandlern, geschalteten Filterbausteinen, das aber nicht auftreten darf. Ein System mit limitierter Bandbreite könnte die kritischen Signal- und Störfrequenzen über $f_s/2$ ausfiltern, oder diese treten im Eingangs-Frequenzspektrum erst gar nicht auf.

7.5.2 • Shannonsches Abtasttheorem

Das Nyquist-Shannonsche Abtasttheorem besagt: Sofern eine Funktion f(t) keine höheren Frequenzanteile als ω_0 (rad/s) enthält, können diese vollständig determiniert werden, wenn ihre Ordinaten durch eine Serie einzelner Punkte in den Abständen 1/2 ω_0 festgelegt ist. Es sei F(ω) das Frequenzspektrum der Funktion f(t):

$$F(\omega) = \int_{-\infty}^{+\infty} e^{-j\omega t} f(t)dt \tag{7.1}$$

Unter der Voraussetzung, dass F(ω) = 0 für $|\omega| > 2 \cdot \pi \cdot \omega_0$ ist, kann man das Frequenzspektrum als Fourierreihe innerhalb des Intervalls $-2 \cdot \pi \cdot \omega_0$ bis $+2 \cdot \pi \cdot \omega_0$ schreiben. Zur Bestimmung der Fourierkoeffizienten lässt sich folgende Gleichung verwenden:

$$c_n = \frac{1}{4 \cdot \pi \cdot W_0} \int_{-2\pi W_0}^{+2\pi W_0} F(\omega) e^{j\frac{\omega}{2W_0}} d\omega \tag{7.2}$$

Da F(ω) die Fouriertransformierte von f(t) ist, kann als inverse Transformierte für F(ω) geschrieben werden:

$$f(t) = \frac{1}{2 \cdot \pi} \int_{-\infty}^{+\infty} F(\omega) e^{j\omega t} d\omega \tag{7.3}$$

oder auch

$$f(t) = \frac{1}{2 \cdot \pi} \int_{-2\pi W_0}^{+2\pi W_0} F(\omega) e^{j\omega t} d\omega \tag{7.4}$$

da sich diese unter der eingangs erwähnten Voraussetzung F(ω) = 0 außerhalb der Integrationsgrenzen befinden. Für den nächsten Schritt lässt sich f = n/(2 ω_0) setzen:

$$f \cdot \left(\frac{n}{2 \cdot W_0}\right) = \frac{1}{2 \cdot \pi} \int_{-2\pi W_0}^{+2\pi W_0} F(\omega) e^{j\frac{\omega_n}{2W_0}} d\omega \tag{7.5}$$

Durch Vergleichen von Gl. (7.2) und Gl. (7.5) lässt sich folgender Ansatz aufstellen:

$$c_n = \frac{1}{2 \cdot W_0} \cdot f \cdot \left(\frac{-n}{2 \cdot W_0}\right) \tag{7.6}$$

Dies bedeutet, die Funktion f(t) ist an den beiden Abtastpunkten bekannt:

−(2/2 ω_0), −(1/2 ω_0), 0, (1/2 ω_0), (2/2 ω_0) usw.,

und die Koeffizienten C_n sind deterministisch. Da diese das Spektrum F(ω) bestimmen, ist auch die Funktion f(t) für alle Werte von t bekannt. Für F(ω) gilt:

$$F(\omega) = \sum_{n=-\infty}^{\infty} c_n \cdot e^{j\frac{\omega_n}{2W_0}}, \quad für\ |\omega| < 2 \cdot \pi \cdot W_0 \tag{7.7}$$

F (ω) = 0, für $|\omega| > 2 \cdot \pi \cdot \omega_0$

Für Gl. (7.7) lässt sich die inverse Transformierte aufstellen:

$$f(t) = 2 \cdot W_0 \sum_{n=-\infty}^{\infty} c_n \cdot \frac{\sin\pi(2 \cdot W_0 \cdot t + n)}{\pi(2 \cdot W_0 + n)} \tag{7.8}$$

Durch Einsetzen von Gl. 7.6 und Gl. 7.8 ergibt sich

$$f(t) = \sum_{n=-\infty}^{\infty} f \cdot \left(-\frac{n}{2 \cdot W_0} \right) \cdot \frac{\sin\pi(W_0 \cdot t + n)}{\pi(2 \cdot W \cdot t_0 + n)} \tag{7.9}$$

oder

$$f(t) = \sum_{n=-\infty}^{\infty} f \cdot \left(\frac{n}{2 \cdot W_0} \right) \cdot \frac{\sin\pi(W_0 \cdot t - n)}{\pi(W \cdot t_0 - n)} \tag{7.10}$$

In Worten ausgedrückt bedeutet Gl. (7.10): Die Funktion f(t) lässt sich als Summe elementarer Funktionen der Form (sin x)/x zentriert an den Abtastpunkten vorstellen, wobei der Spitzenwert jeder einzelnen Funktion dem Spitzenwert der Funktion f(t) an den korrespondierenden Abtastpunkten entspricht. Um die Funktion f(t) zu rekonstruieren, muss also eine Serie von (sin x)/x-Impulsen proportional der Abtastung generiert und diese Impulsserie gleichzeitig addiert werden.

Aufgrund der symmetrischen Fourierreihe ist das Abtasttheorem auch für zeitbegrenzte Funktionen gültig, d. h., für $F(\omega)$, für das die Fouriertransformierte f(t) = 0 für |t| > T ist, gilt:

$$F(\omega) = \sum_{n=-\infty}^{\infty} f \cdot \left(\frac{n \cdot \pi}{T} \right) \frac{\sin(T \cdot \omega - n \cdot \pi)}{(T \cdot \omega - n \cdot \pi)} \tag{7.11}$$

Zum Gegenbeweis des Abtasttheorems kann man die Gleichung für eine reale Signalabtastung aufstellen. Mathematisch gesehen lässt sich das Ergebnis der Abtastung eines Signals f(t) als eine Multiplikation der Funktion f(t) mit der Abtastimpulsfolge auffassen. Wird s(t) für einen einzelnen Abtastimpuls gesetzt, so lässt sich folgender Ansatz aufstellen:

$$f_s(t) = f(t) \sum_{n=-\infty}^{\infty} s \cdot (t - n \cdot \tau) \tag{7.12}$$

Normalerweise ersetzt man s(t) durch eine Fourierreihe. Durch Einführung der Abtastfrequenz $\omega_s = 2 \cdot \pi/\tau$ erhält man die folgende Gleichung:

$$f_s(t) = \frac{1}{\tau} \sum_{n=-\infty}^{\infty} S \cdot (j \cdot n \cdot \omega_s) \, f_s(t) e^{jn\omega t} \tag{7.13}$$

Mit Hilfe der Laplace-Transformation und der Anwendung des Frequenz-Verschiebungs-Theorems wird aus Gl. (7.13):

$$F_s(p) = \frac{1}{\tau} \sum_{n=-\infty}^{\infty} S(n \cdot \omega_s) \, F(p - jn\omega_s) \tag{7.14}$$

Setzt man als Abtastimpulse Rechteckimpulse der Dauer d ein, gilt für diese:

$$S(p) = \frac{e^{pd/2} - e^{pd/2}}{p}$$

oder:

$$S(j\omega) = d\left[\frac{\sin(\omega d/2)}{\omega d/2}\right] \quad (7.15)$$

und so lässt sich mittels Fouriertransformation für $f_s(t)$ die Gleichung 7.15 aufstellen:

$$F_s(j\omega) = \frac{1}{\tau}\sum_{n=-\infty}^{\infty} \frac{\sin(n\cdot\pi\cdot d/f}{n\cdot\pi\cdot d/t} F\left[j(\omega - n\omega_s)\right] \quad (7.16)$$

Zur Vereinfachung dieser Ableitung wird der fiktive Fall der aperiodischen Abtastung angenommen, so dass s(t) von einer Delta-Funktion ersetzt werden kann. Daher lässt sich Gl. (7.12) auch schreiben:

$$f_s(t) = f(t)\sum_{n=-\infty}^{\infty} \delta(t - n\tau) \quad (7.17)$$

und Gl. (7.12) reduziert sich auf:

$$F_s(p) = \frac{1}{\tau}\sum_{n=-\infty}^{\infty} F(p - jn\omega_s) \quad (7.18)$$

Lässt sich das Eingangssignal durch eine Fourierreihe ausdrücken und wird ihr Frequenzbereich bei $\omega_0/2$ begrenzt, so kann man schreiben:

$$F(j\omega) = \tau \cdot Fs\,(j\omega)\, G(j\omega)$$

mit

$$G(j\omega) = \begin{cases} 1 \text{ für } |\omega| < \omega_s/2 \\ 0 \text{ für } |\omega| > \omega_s/2 \end{cases} \quad (7.19)$$

Die Impulsantwort des Bandbegrenzungsfilters ist:

$$g(t) = \frac{1}{2\cdot\pi}\int_{-\omega_s/2}^{2\omega_s/2} e^{j\omega t} d\cdot\omega \quad (7.20)$$

$$g(t) = \frac{1}{\tau}\left[\frac{\sin(\omega_s t/2)}{\omega_s t/2}\right]$$

Durch mathematische Umformungen lässt sich damit die Ableitung der Funktion f(t) in dem Term die Abtastwerte finden:

$$f(t) = \sum_{n=-\infty}^{\infty} f\cdot(n\cdot\tau)\left[\frac{\sin(\omega_s t/2 - n\cdot\pi)}{\omega_s t/2 - n\cdot\pi}\right] \quad (7.21)$$

Setzt man in diese Gleichung $\omega_2/2 = 2 \cdot \pi \cdot W_0$ ein, so ist zu erkennen, dass Gl. (7.21) mit der zuletzt gefundenen übereinstimmt, da τ wie eingangs definiert $2 \cdot \pi/\omega_s$ ist.

7.5.3 • Aliasing bei A/D-Wandlern

Anstatt ein Eingangssignal über einen schnellen A/D-Wandler abzutasten, d. h. dessen Amplitude innerhalb der kürzest möglichen Zeit umzusetzen, führen integrierende A/D-Wandler die Integration des Signals über einen längeren, definierten Zeitraum durch.

Obwohl diese Methode der Wandlung langsam ist, bietet sie doch einige Vorteile. Sie unterdrückt zunächst bestimmte Interferenz-Frequenzen, die sonst ein Aliasing hervorrufen könnten, z. B. bei 50 Hz oder 60 Hz, vorausgesetzt, man kann die Integrationszeit auf ein ganzzahliges Vielfaches der Periodendauer der unerwünschten Frequenz einstellen. Zum anderen werden höhere Frequenzen durch den Integrator gedämpft und Aliasing somit wirksam vermieden.

Da andere Arten von A/D-Wandlern das Eingangssignal abtasten, anstatt es zu integrieren, erzeugen diese Wandler ein DC-Offset, wenn die Abtastrate ein Vielfaches der Eingangsfrequenz ist. Weil ein integrierender Wandler bei periodischen Signalen immer Null ermittelt, ist hier der DC-Offset bei sinusförmigen Signalen gleich Null. Schnelle A/D-Wandler führen ihre Umsetzungen während eines begrenzten Zeitintervalls durch, und daher sind diese im weitesten Sinne sogenannte Sampling-Systeme, die für Aliasing-Fehler anfällig sind. Bei näherer Betrachtung ist aber ein SAR-Wandler (sukzessiv-approximierendes Register) kein abtastender Wandler, sofern er keine Sample&Hold-Eingangsstufe besitzt. Obwohl eine S&H-Einheit die maximal zulässige Eingangsfrequenz eines SAR-Wandlers aufgrund des Nyquist-Kriteriums erhöht, bleibt seine effektive Eingangsbandbreite deutlich unter jeder der meisten Flash- und Half-Flash-A/D-Wandler. Die geringere Signalbandbreite der SAR-Wandler bedeutet gleichzeitig ein breiteres Aufkommen der unerwünschten Alias-Frequenzen.

Der 8-Bit-Wandler MAX153 z. B. kann bis zu 1000000-mal pro Sekunde seinen analogen Eingangswert in einen 8-Bit-Datenwert umsetzen. Der 12-Bit-Wandler MAX167 dagegen 100000-mal pro Sekunde. Nur Signale oberhalb der Nyquist-Frequenz verursachen Probleme mit Aliasing, daher erfordert der schnelle Wandler keine Maßnahmen für den Frequenzbereich von 50 kHz bis 500 kHz, der langsamere jedoch sehr wohl. Aliasing-Probleme müssen durch Beseitigungen von Signalen oberhalb f_N vermieden werden. Sobald man diese Frequenzen zu digitalen Messwerten umsetzt, erscheinen sie als Alias-Frequenzen unter f_N und keine Filtertechnik oder andere Signalverarbeitung kann sie mehr beseitigen. Um die unerwünschten Signale oberhalb von f_N zu entfernen, schaltet der Entwickler meist ein Anti-Aliasing-Tiefpassfilter vor den A/D-Wandler, wodurch die Eingangsbandbreite auf die halbe Abtastfrequenz begrenzt wird.

Die Liste an wünschenswerten Eigenschaften, die ein Aliasing-Filter aufweisen sollte, ist umfangreich:

- geringer Verstärkungsfehler über den gesamten Durchlassbereich,
- hohe Dämpfung oberhalb und bei Nyquist-Frequenz,
- geringes Rauschen,
- niedriger DC-Fehler,
- geringer Phasenfehler,
- niedrige harmonische Verzerrung.

Aber welches sind die wichtigsten Eigenschaften, und welches sind die am besten erreichbaren? Bevor man ein Filter auswählt, muss definiert werden, was man erreichen will. Versucht man, das Frequenzspektrum eines Signals zu ermitteln, seine Kurvenform zu analysieren oder seine Amplitude zu messen? Im ersten Fall lässt man die Frequenzdaten unverfälscht. Im zweiten Fall benötigt man auch die Phaseninformation, und im dritten Fall interessiert die Amplitude ohne Rücksicht auf die Phasenlage.

Beim Frequenzspektrum möchte man die Amplitude von Frequenzen innerhalb des Signaldurchlassbereichs ermitteln. Das Filter muss Frequenzen nahe f_N steil ausfiltern und im Durchlassbereich eine möglichst flache Verstärkerkurve aufweisen, während eine Verfälschung der Phaseninformation keine Rolle spielt. Elliptische Filter sind in den meisten Fällen recht gut dafür geeignet, ebenso die Tschebyscheff-Charakteristik.

Bei der Analyse der Signalform ist das Phasenverhalten des Filters kritisch, aber die Genauigkeit der Amplitude ist meistens unwichtig. Die Dämpfung hoher Frequenzen kann die Flanken auftretender Rechtecksignale zwar „verschleifen", um jedoch weitere Verzerrungen zu vermeiden, sollte das Filter gleiche Verzögerungen der Frequenzkomponenten jedes Impulses sicherstellen, und die Sprung- bzw. Impulsfunktionen sollten ohne Nachschwingungen ablaufen. Für diese Anwendungen sind Bessel-Filter oder Filter mit konstanter Verzögerungszeit empfehlenswert.

Damit die Analyse der Signalform aussagekräftig ist, sollte die Abtastrate des A/D-Wandlers erheblich höher liegen als die doppelte Pulswiederholrate oder eine hohe Grundfrequenz des Eingangssignals. Bei der Auswahl des A/D-Wandlers sollte man einen Typ mit einer hohen Abtastrate und mit möglichst integriertem Sample&Hold-Verstärker verwenden.

Bei der Amplitudenmessung soll das Filterverhalten im Durchlassbereich sehr flach verlaufen, denn die Phasenfehler sind bei dieser Messung unwichtig. Butterworth-Filter sind hier erste Wahl, gefolgt von den elliptischen Filtern.

In der Praxis verwendet man A/D-Wandler-Bausteine mit mehreren Eingängen, aber nur mit einem Wandlersystem. Aus diesem Grunde spricht man von „gemultiplexten" Messungen. Bei schnellen Messvorgängen ist daher unbedingt ein gutes Sprungverhalten dieser Bausteine wichtig. Signale, die von einem Multiplexer kommen, weisen häufig nur eine niedrige Frequenz auf. Wenn sich aber die Gleichspannungspegel nur geringfügig unterscheiden, muss das Filter eine hohe Flankensteilheit und eine kurze Einschwingzeit aufweisen, um jede Messung während eines raschen Durchlaufs der Kanäle im Multiplexer durchführen zu können.

Das lineare Phasenverhalten eines Bessel-Filters führt zu kurzen Einschwingzeiten, man sollte aber unbedingt die –3-dB-Eckfrequenz des Filters f_0 beachten. Die meisten Filter benötigen mehr als $1/f_0$ Sekunden zum Einschwingen – man darf aber keine Einschwingzeit von 100 µs bei einem 1-kHz-Filter erwarten! Unter den Anti-Aliasing-Tiefpassfiltern 5. Ordnung schwingt ein 1-kHz-Bessel-Filter in 1,5 ms ein, ein 100-Hz-Bessel-Filter in 15 ms und ein 1-kHz-Butterworth-Filter in etwa 5 ms.

7.5.4 • Eigenschaften eines Anti-Aliasing-Tiefpassfilters

Wie bereits erläutert, wird die Notwendigkeit, die Phaseninformation zu bewahren, am besten von einem Bessel-Filter erfüllt. Geringe Amplitudenfehler im Durchlassbereich erzielt man am besten mit Butterworth- oder elliptischen Filtern. Die Filterkurven können dabei behilflich sein, unter den Filtertypen für eine spezielle Anwendung die richtige auszuwählen.

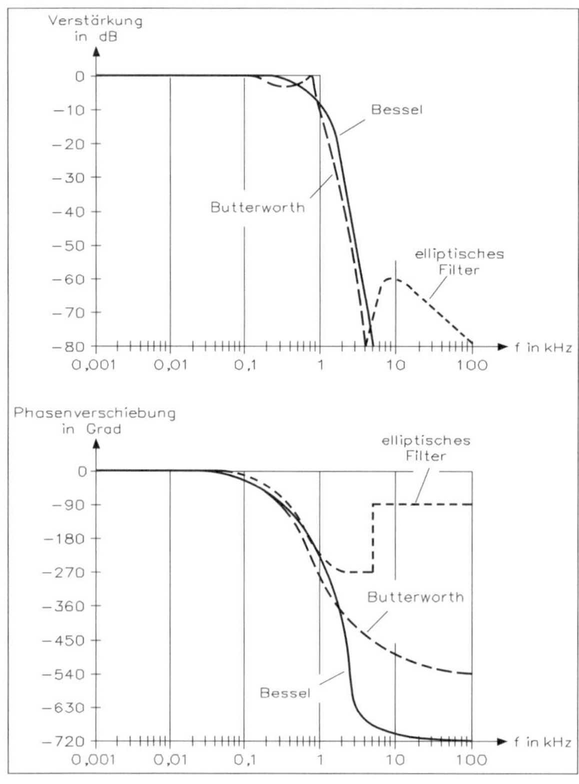

Abb. 7.43 • Gegenüberstellung eines Butterworth-Filters 5. Ordnung, eines Bessel-Filters 8. Ordnung und eines elliptischen Filters 3. Ordnung in Amplitudenverhalten (oben) und Phasengang (unten).

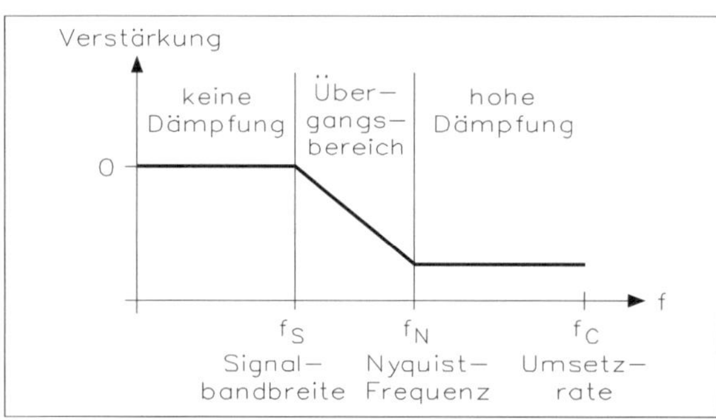

Abb. 7.44 • Anti-Aliasing-Filter weisen drei Übergänge auf. Bis zur Signal-Frequenz f_s passieren die Eingangssignale mit geringstmöglicher Dämpfung das Filter; ab der Nyquist-Frequenz f_N muss ein direkter Übergang zur maximalen Dämpfung möglich sein, damit alle unerwünschten Frequenzen im höheren Bereich wirksam unterdrückt werden.

Das Diagramm von Abb. 7.43 zeigt das Amplituden- und das Phasenverhalten für ein Butterworth-Filter 5. Ordnung, ein Bessel-Filter 8. Ordnung und ein elliptisches Filter 3. Ordnung. Diese speziellen Konfigurationen relativieren diesen Vergleich, da sie dieselbe −3-dB-Eckfrequenz und dieselbe Dämpfung bei 4 kHz (ca. 50 dB) aufweisen.

Da die Abtastrate und die Filterkomplexität unmittelbar zusammenhängen, kann man den A/D-Wandler und das Anti-Aliasing-Filter nicht unabhängig voneinander auswählen. Das

Filter sollte bis zur Eckfrequenz einen möglichst geringen Einfluss auf den Amplitudenverlauf oder auf die Phase – je nach Anwendung – ausüben. Zwischen der Eckfrequenz und der Nyquist-Frequenz muss seine Filterkurve den Übergang bis zur bei f_N spezifizierten Dämpfung aufweisen. Ein relativ einfaches Filter niedriger Ordnung kann die dafür nötige Steilheit einfach erreichen, sobald die Abtastrate des A/D-Wandlers und damit auch f_N wesentlich höher ist als die Signalbandbreite f_s. Abb. 7.44 zeigt das Diagramm für die drei Arbeitsbereiche eines Anti-Aliasing-Filters.

Andererseits bietet ein langsamer Wandler ein wesentlich kleineres Verhältnis f_N zu f_s. In diesem Fall benötigt man eine höhere Filtersteilheit, um gleichzeitig die geringe Dämpfung bei f_s und die hohe Abschwächung bei f_N zu erhalten. Dabei kommt es zum Kompromiss: ein schneller und damit automatisch teurer A/D-Wandler ermöglicht den Einsatz eines einfachen und preiswerten Anti-Aliasing-Filters, ein komplexes und damit automatisch teures Filter erlaubt die Verwendung eines langsameren und damit preiswerteren A/D-Wandlers. Ein großes Verhältnis f_N/f_s erleichtert nicht nur die Anforderungen an das Sperrverhalten des Anti-Aliasing-Filters, es vermindert ebenso die Anforderungen an das Phasenverhalten, da die meisten Phasenverschiebungen eines Filters nahe der Eckfrequenz auftreten.

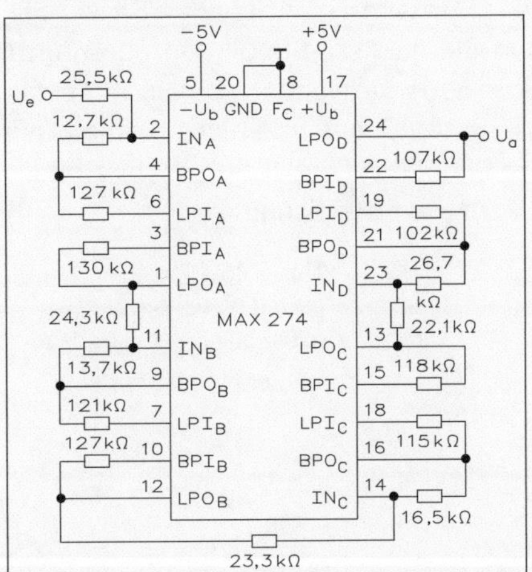

Abb. 7.45 • Der MAX274 bildet zusammen mit seinen externen Widerständen ein Bessel-Filter 8. Ordnung mit –1-dB-Eckfrequenz von 5 kHz.

Die Analyse der Signalform im Zeitbereich ist eine Anwendung, die hohe Anforderungen an ein Anti-Aliasing-Filter stellt. Die Dämpfung –72 dB soll zwischen einer Frequenz von 10 kHz bis 50 kHz wirksam sein und dabei gleichzeitig die sehr hohe Signaltreue des Eingangssignals erfüllen. Der verwendete AID-Wandler MAX167 arbeitet mit einer 12-Bit-Auflösung bei einer Abtastrate von 100 kS/s (Kilo-Sample pro Sekunde), und der interessante Signalbereich erstreckt sich von wenigen Hertz bis zu maximal 10 kHz.

Das Eingangsfrequenz-Spektrum hingegen weist Werte über der Nyquist-Frequenz von 50-kHz-Amplituden bis zum halben Eingangsbereich-Endwert auf. In diesem Fall sind die Kurvenform des Eingangssignals im Zeitbereich sowie die Spektralanteile im Frequenzbereich interessanter als seine Amplitude. Daher sollte das Filter folgende Kriterien erfüllen:

- minimale Verfälschung der Impulsformen,
- > 72-dB-Dämpfung (6 dB multipliziert mit 12 Bit) bei 50 kHz und darüber,
- eine sehr geringe Dämpfung bis 10 kHz.

Bessel-Filter lassen Impulse mit guter Signaltreue passieren, man benötigt jedoch ein Bessel-Filter hoher Ordnung, also mit vielen Polstellen, um eine –72-dB-Dämpfung bei 50 kHz und gleichzeitig minimale Dämpfung bei 10 kHz zu erreichen. Die Bausteine MAX274/5 sind zeitkontinuierliche monolithische Filter, geeignet für Tiefpass- und Bandpass-Anwendungen. Ihre unabhängigen Stufen 2.Ordnung lassen sich kaskadieren, um Filter höherer Ordnung aufzubauen. Die Filtersoftware reduziert die Arbeitszeit auf ein Minimum.

Die Software von Maxim führt alle nötigen Berechnungen durch, ermittelt die Polstellen, die Güte, berechnet die einzelnen Widerstände (Abb. 7.45) und führt bis einschließlich der Analyse-Routinen alles durch. Die Software simuliert zudem noch das zu erwartende Verhalten der Schaltung und kann sogar bei der Ermittlung der Empfindlichkeit und bei der Variation der errechneten Widerstandswerte hilfreich sein.

Mit den Informationen berechnet die Filtersoftware das Verhalten eines idealen Bessel-Filters 8.Ordnung, wie Abb. 7.46 zeigt. Wenn man nun die nächste Simulation durchführt und Widerstände mit einer Toleranz von 1% (Reihe E96) verwendet, erhält man das fast identische Bodediagramm. Die Gleichspannungsverstärkung wurde nicht normalisiert dargestellt. Sie beträgt 425 mdB (1,050 V/V) bei der Simulation mit realen Widerstandswerten und 427 mdB (1,057 V/V) im tatsächlichen Verhalten des Schaltkreises.

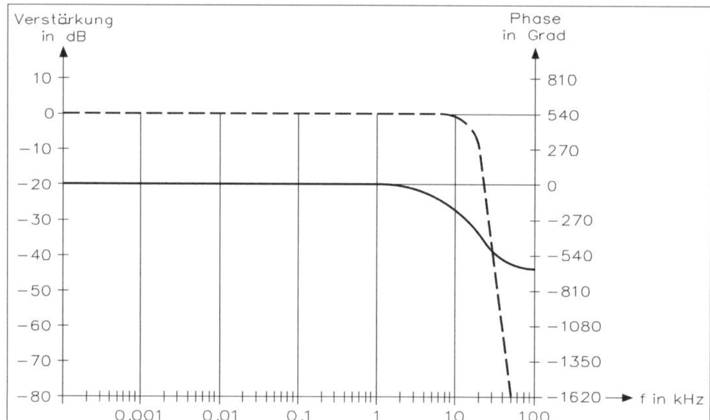

Abb. 7.46 • Bodediagramm für ein theoretisch ideales Bessel-Filter, da keine Verstärkerfehler auftreten.

8 • Geschaltete IC-Filter

Die im analogen Filter (aktiv oder passiv) verarbeiteten Signale sind amplituden- und zeitkontinuierlich. Bei einem analogen Abtastfilter (sampled data filter) werden die zu verarbeitenden Signale amplitudenkontinuierlich und zeitdiskret erfasst. Verwendet man digitale Signalprozessoren, ergibt sich eine amplituden- und zeitdiskrete Verarbeitung. Damit stellt das analoge Abtastfilter oder das geschaltete Kondensatorfilter (SC-Filter bzw. SCF) ein Bindeglied zwischen der analogen und der digitalen Filtertechnik dar.

Kontinuierliche Aktivfilter, die mit Operationsverstärkern, Kondensatoren und Widerständen aufgebaut sind, arbeiten zwar zuverlässig, lassen sich aber hinsichtlich der Filtereigenschaften nicht so einfach ändern. Die zahlreichen Komponenten eines steuerbaren Aktivfilters erfordern sehr viel Platz auf der Leiterplatte, wenn es gilt, die Grenz- bzw. die Mittenfrequenz zu ändern. Außerdem erfordern Anwendungen im Niederfrequenzbereich große Werte für Kondensatoren bzw. Spulen.

8.1 • Grundlagen der „Switched Capacitor Filter"

Bereits seit 1920 kennt man die alternative Methode für das Abtasten eines Analogsignals in diskrete Zeitabschnitte. Erst durch die modernen IC-Technologien ist eine Integration dieses Filtertyps möglich, indem man das Verfahren der geschalteten Kapazitäten verwendet, um die Eingangswerte abzutasten. Auf diese Weise lassen sich die Filter durch verändernde Taktfrequenzen einstellen.

In der Vergangenheit wurden geschaltete Kapazitäten nur selten verwendet, da trotz eines erheblichen externen Schaltungsaufwands, Notwendigkeit eines externen Taktgenerators sowie einer Hilfsschaltung die digitale Schnittstelle oft nur ein unzureichendes Schaltverhalten (hohe Störpegel) erreichte, unerwünschte Schwankungen der Grenz- bzw. Mittenfrequenz und der Güte aufwies, sowie nur einen begrenzten Grenz-Mittenfrequenzbereich (maximal 20 kHz) abdeckte. In der Praxis war es nur für sehr erfahrene Entwickler möglich, zufriedenstellende Schalter-Kondensator-Filter zu realisieren.

In heutigen SC-Bausteinen findet man im Wesentlichen als Filterstruktur zwei Integratoren und einen Summierverstärker. Durch Integration von SC-Filtern befinden sich mit Ausnahme der Glättungskondensatoren für die Stromversorgung alle Filterkomponenten in einem Baustein. Die integrierten Schalter und Kondensatoren befinden sich im Rückkopplungspfad und steuern die Einstellung der Grenz- oder Mittenfrequenz und die Güte. Die Verhältnisse der internen Kondensatorwerte sind für die Genauigkeit dieser Parameter maßgebend.

In der Praxis enthält ein SC-Filter-Baustein zwei oder mehrere unabhängige Filtereinheiten 2. Ordnung, die bei den Universalfiltern als Tiefpass, Hochpass, Bandsperre oder Allpass konfigurierbar sind. Mit einigen SC-Bausteinen sind dagegen nur Tief- und/oder Bandpässe realisierbar. Für Filter höherer Ordnung schaltet man mehrere Filtereinheiten hintereinander, d. h. man kaskadiert. Der Filterbaustein LTC1068 von Analog Devices enthält beispielsweise vier Filtereinheiten zweiter Ordnung, so dass durch Kaskadierung ein Filter achter Ordnung realisiert werden kann. Obwohl diese geschalteten

Kondensator-Netzwerke in der Praxis geschaltete Systeme sind, ist ihr Verhalten dem kontinuierlicher Filter sehr ähnlich, wie beispielsweise einer aktiven RC-Filterschaltung mit Operationsverstärker. Das Verhältnis zwischen Taktfrequenz und charakteristischer Filterfrequenz ist so groß, dass das angenäherte Verhalten eines statusvariablen Filters 2. Ordnung erhalten bleibt.

Ein großer Vorteil geschalteter Kapazitätsfilter ist, dass sie sich durch Verändern der Taktrate problemlos programmieren lassen. Außerdem arbeiten sie mit hoher Genauigkeit und benötigen keine externen Komponenten. Als nachteilig erweisen sich Taktrauschen und Faltungseffekte (Aliasing). Das Taktrauschen lässt sich herausfiltern, zumal es nur bei Frequenzen auftritt, die wesentlich höher als die Polfrequenz sind. Allerdings muss die Frequenz der Eingangssignale auf die Hälfte der Taktfrequenz begrenzt sein (Abtasttheorem!), um unerwünschte Faltungseffekte zu vermeiden.

8.1.1 • SC-Filter 1. Ordnung

Die Funktionsweise eines Schalter-Kondensator-Filters beruht auf der taktgesteuerten Umladung eines Kondensators. Zurzeit t_1 wird der Kondensator C auf die Eingangsspannung U_e aufgeladen. Schaltet der Schalter S zurzeit t_2 die Ladungsmenge $Q_1 = U_e \cdot C_R$ auf den Ausgang U_a um, stellt sich die Ladungsmenge $Q_2 = U_e \cdot C$ ein. Die Ladungsdifferenz $Q_1 - Q_2$ fließt als Strom am Ausgang. Ist die Taktfrequenz f_c der Umschaltung ausreichend hoch, stellt sich ein mittlerer Strom ein von:

$$I_2 = \frac{\Delta Q}{T} = \frac{U_e - U_a}{\dfrac{1}{f_c \cdot C_R}} = \frac{C_R\left(U_e - U_a\right)}{T}$$

Die Schaltung von Abb. 8.1 zeigt das Prinzip des Schalter-Kondensator-Filters.

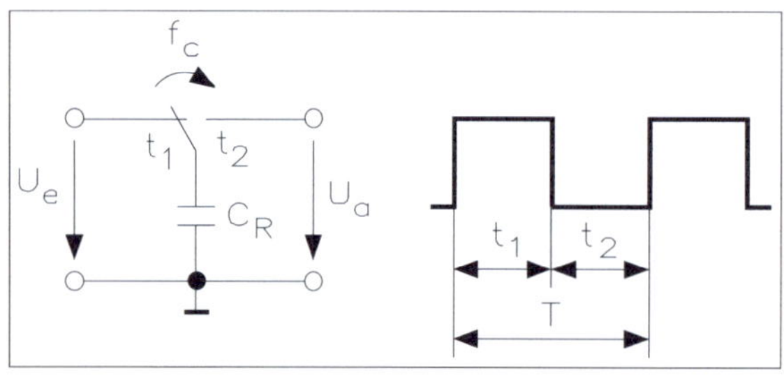

Abb. 8.1 • Grundprinzip des Schalter-Kondensator-Filters mit Impulsdiagramm für die Umschaltphasen.

Beim Impulsdiagramm der Umschaltphasen unterscheidet man zwischen der Zeit t_1 und t_2. Addiert man die beiden Zeiten, ergibt sich die Taktperiode T mit der Taktfrequenz $f_c = 1/T$.

Der geschaltete Kondensator verhält sich wie ein Widerstand mit dem Wert:

$$R = \frac{1}{C_R \cdot f_c} = \frac{T}{C_R}$$

Unter der Bedingung, dass die Abtastrate T (Taktfrequenz f_c) wesentlich größer ist als die maximale Signalfrequenz der Eingangsspannung, wirkt der geschaltete Kondensator wie ein Widerstand.

Ersetzt man in einem passiven RC-Filter den Widerstand R_1 durch einen geschalteten Kondensator C, erhält man einen einfachen SCF-Tiefpass, wie Abb. 8.2 zeigt.

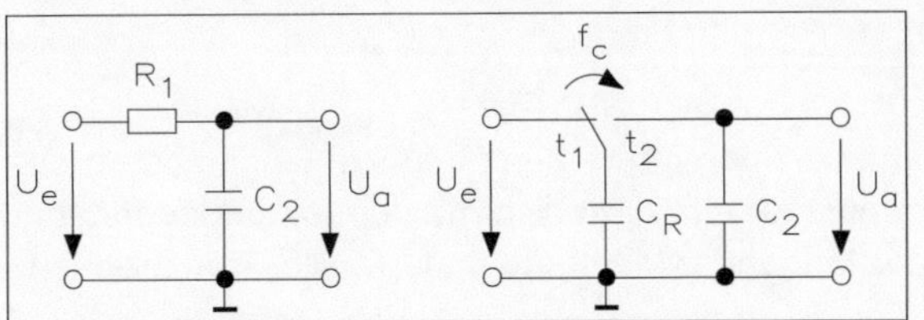

Abb. 8.2 • Schaltung eines passiven Tiefpassfilters 1.Ordnung, bestehend aus Widerstand R_1 und Kondensator C_2.

Die Grenzfrequenz dieses SCF-Tiefpasses errechnet sich aus:

$$\omega_0 = \frac{1}{R \cdot C} \qquad f_c = \frac{C_R}{C_2}$$

und die Übertragungsfunktion ist:

$$\frac{U_a}{U_e} = \frac{1}{s} \cdot \frac{f_c \cdot C_R}{C}$$

Grenzfrequenz und Übertragungsfunktion des SCF-Tiefpassfilters werden bestimmt von der Taktfrequenz des geschalteten Kondensators und vom Kapazitätsverhältnis C_R/C_2. Bei einer stabilen Taktfrequenz ist die Genauigkeit der Übertragungsfunktion nur abhängig vom Kapazitätsverhältnis C_R/C_2.

Die Zeitkonstante τ reines RC-Tiefpassfilters errechnet sich aus $\tau = R \cdot C$. Bei einem SCF-Tiefpass lässt sich die Zeitkonstante bestimmen aus:

$$\tau = \frac{C_2}{C_R} \cdot T$$

sofern die Abtastrate genügend hoch liegt. Aus dieser Tatsache lassen sich die beiden allgemein gültigen Besonderheiten von SCF-Tiefpassfiltern ableiten:

- die Zeitkonstanten sind proportional zu den Kapazitätsverhältnissen,
- die Zeitkonstanten sind umgekehrt proportional zur Taktfrequenz.

8.1.2 • SC-Integrator

In der praktischen Filtertechnik kombiniert man die SCF-Elemente mit Operationsverstärkern. Abb. 8.3 links zeigt die Realisierung eines Integrators mit einem Operationsverstärker. Legt man an diese Schaltung eine Wechselspannung, arbeitet diese als aktives Tiefpassfilter 1. Ordnung.

Über den Kondensator C_2 des RC-Integrators werden vorzugsweise die hohen Frequenzen gegengekoppelt. Dadurch verringert sich die Verstärkung entsprechend, und die tiefen

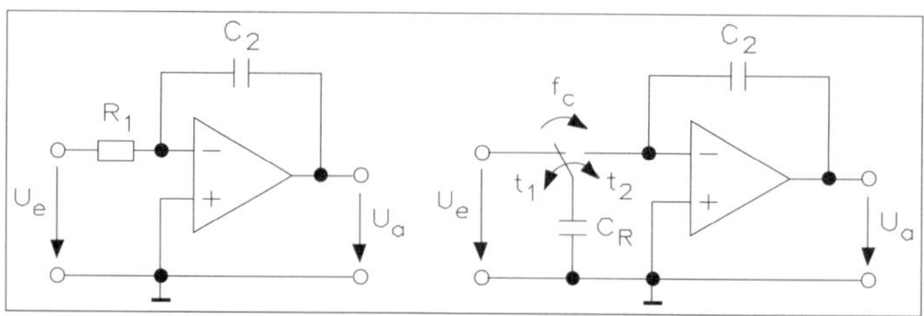

Abb. 8.3 • Gegenüberstellung eines klassischen RC- und eines SC-Integrators.

Frequenzen können das Filter fast ungehindert passieren. Setzt man am Eingang statt des Widerstands R_1 einen geschalteten Kondensator ein, lässt sich mit der Taktperiodendauer T der mittlere Strom und damit auch der Eingangswiderstand ändern. Die Grenzfrequenz f_g und die Zeitkonstante τ ändert sich.

Die Übertragungsfunktion errechnet sich aus:

$$H(p) = \frac{U_a(p)}{U_e(p)} = -\frac{1}{p \cdot R_1 \cdot C_2}$$

Der Frequenzgang ist dann:

$$H(\omega) = -\frac{1}{j\omega \cdot R_1 \cdot C_1}$$

Der Schalter S liegt während der Taktphase t_1 auf der Eingangsspannung, und der Kondensator C_R kann die Ladungsmenge aufnehmen:

$$Q = U_e \cdot C_1$$

In der Taktphase t_2 wird diese Ladungsmenge von C_R von der Ladungsmenge des Integrationskondensators C_2 subtrahiert. Es gilt also der Zusammenhang zwischen den Ladungsmengen zweier aufeinanderfolgender Umschaltzyklen:

$$U_a \cdot C_2\left(n \cdot T + T\right) = U_a \cdot C_2\left(n \cdot T\right) - U_e \cdot C_1\left(n \cdot T\right)$$

Aus dieser Gleichung kann man unter Verwendung der z-Transformation folgende Übertragungsfunktion aufstellen:

$$G(z) = \frac{U_a(z)}{U_e(z)} = -\frac{C_1}{C_2} \cdot \frac{1}{z-1}$$

Der Wert G(z) ist die Übertragungsfunktion eines diskreten Systems und entspricht der Übertragungsfunktion H(p) eines kontinuierlichen Systems. Die Übertragungsfunktion G(z) mit entsprechendem Frequenzgang $G(\omega)$ lässt sich ergänzen, und man erhält:

$$G(z) = \frac{C_1}{C_2} \cdot \frac{1}{e^{j\omega T} - 1}$$

Da in der Filtertechnik im Wesentlichen nur die Eingangsfrequenzen mit $\omega \ll 1/T$ interessant sind, folgt:

$$G(z) \approx \frac{C_1}{C_2} \cdot \frac{1}{j\omega \cdot T}$$

Ein Vergleich zwischen dem Frequenzgang eines aktiven RC-Tiefpassfilters mit dem eines SC-Tiefpassfilters zeigt, dass beide Schaltungsvarianten identisch sind.

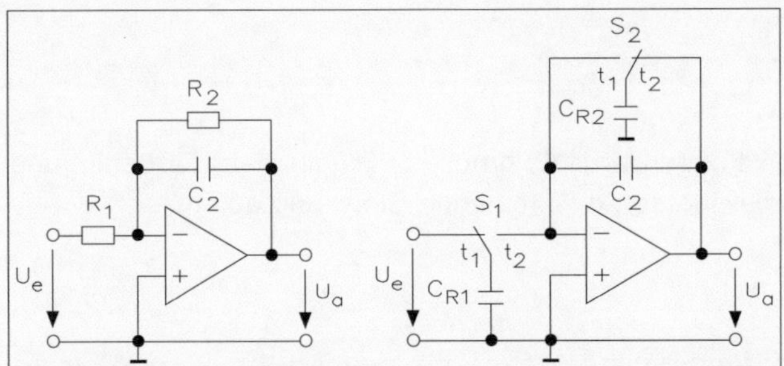

Abb. 8.4 • Gegenüberstellung eines bedämpften RC- und eines ebenfalls bedämpften SC-Tiefpassfilters erster Ordnung.

Der Widerstand R_2 bedämpft das Verhalten eines aktiven Tiefpassfilters. Ersetzt man die beiden Widerstände in der Schaltung von Abb. 8.4 links, erhält man die rechte SC-Filterschaltung. Die beiden Widerstände lassen sich durch die beiden SC-Elemente ersetzen, wobei die beiden Schalter gegenphasig arbeiten. Vertauscht man die Anschlüsse von Schalter S_2, ergeben sich keine Probleme, nur verringert sich die Verstärkung in der Filterfunktion etwas.

8.1.3 • Schalter-Kondensator-Konfigurationen

Zur Realisierung von SC-Filterschaltungen 2.Ordnung benötigt man spezielle Schalter-Kondensator-Anordnungen. Abb. 8.5 zeigt die drei Möglichkeiten für Vorwärtsbetrieb (VB), Rückwärtsbetrieb (RB) und bilinearen Betrieb (BB). Die einzelnen Schalter sind nicht mechanisch, sondern über integrierte Analogschalter verbunden. Die Schaltung für den Vorwärtsbetrieb (Abb. 8.5a) zeigt das Grundelement der Simulation eines Widerstands durch einen Kondensator. Die Bedingungen für den Vorwärtsschalterbetrieb findet man im Integrator von Abb. 8.3 bzw. Abb. 8.4. Der Kondensator C lädt sich in der Taktphase t_1 auf und kann sich in der Taktphase t_2 entladen. Der Grund der Entladung ist die Gegenkopplung, die den invertierenden Eingang des Operationsverstärkers auf virtuelle Masse legt. Die Ladung des Eingangskondensators wird mit umgekehrtem Vorzeichen in den Gegenkopplungskondensator übertragen.

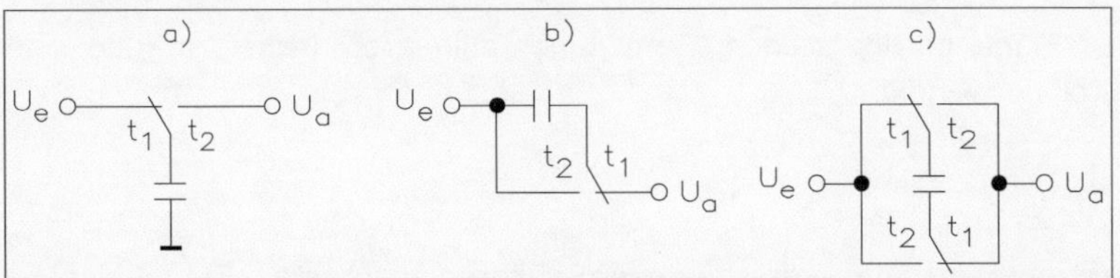

Abb. 8.5 • Schalter-Anordnungen in der SCF-Technik zur Simulation von Widerständen.

Für spezielle SC-Filterschaltungen ist der Rückwärtsbetrieb (Abb. 8.5b) erforderlich. Mit dem Rückwärtsbetrieb lässt sich der Integrator von Abb. 8.6 aufbauen.

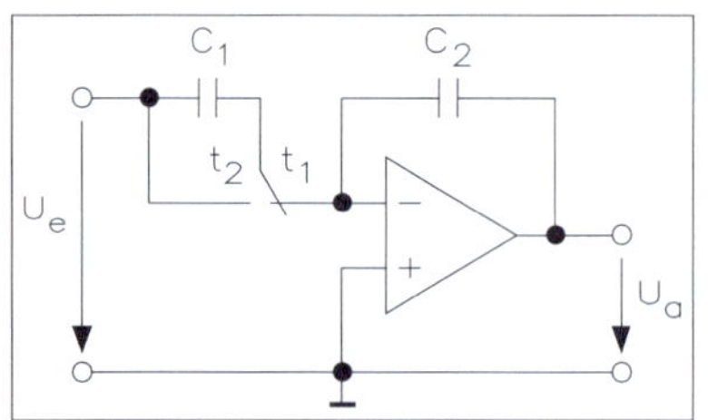

Abb. 8.6 • Integrator mit Schalter-Kondensator-Anordnung, die im Rückwärtsbetrieb arbeitet.

Der Widerstand R_1 wird durch den Kondensator C_1 simuliert. Wählt man die Bedingung $C_1 = C_2$, kann man für den Eingangswiderstand R_1 folgende Gleichung aufstellen:

$$R_1 = \frac{f}{C_1} = \frac{1}{f \cdot C_1}$$

Der Wert f ist die Abtastfrequenz, die mit der Taktfrequenz identisch ist. Wichtig für ein SC-Filter ist, dass sich die Zeitkonstante τ mit dem Kapazitätsverhältnis bestimmen lässt.

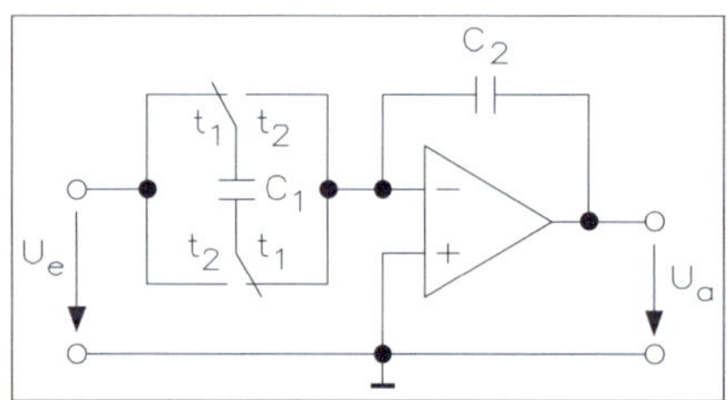

Abb. 8.7 • Integrator mit bilinearer Schalter-Kondensator-Anordnung.

Durch die bilineare Schalter-Kondensator-Anordnung ergibt sich für die Schaltung von Abb. 8.7 das Verhalten eines kontinuierlichen Integrators. Dieser wird wie folgt dimensioniert:

$$\frac{C_1}{C_2} = \frac{T}{2\tau}$$

d. h., der Kondensator C_1 wird pro Taktperiode T nicht nur einmal entladen, sondern zweimal umgeladen. Dadurch entstehen pro Taktperiode zwei Abtastwerte mit einer

- Abtastfrequenz = 2 · Taktfrequenz,
- Abtastintervall = 0,5 · Taktperiode.

Zur Nachbildung des Eingangswiderstands R_1 mit einer bilinearen Transformation sind daher zwei Umschalter notwendig.

8.1.4 • Analogschalter

Ob es nun darum geht, Analogsignale verschiedener Sensoren abzutasten, Signalpegel zu transformieren, Filterstufen umzuschalten oder Videosignale im HF-Bereich zu schalten, immer werden Analogschalter benötigt, d. h., statt Kontakten hat man nun Transistoren in MOS- oder CMOS-Technik. Außer dem breiten Spektrum an zu verarbeitenden Signalfrequenzen und Signalamplituden sind einige weitere Parameter bei der Nutzung dieser Halbleiterschalter zu berücksichtigen. Vergleicht man die Schaltgeschwindigkeit von Analogschaltern mit der von mechanischen Kontakten, ergeben sich erhebliche Unterschiede, aber trotzdem sind Relais den Analogschaltern überlegen, wenn hohe Spannungen und große Ströme zu schalten sind. Analogschalter können bis zu 10^7 Schaltungen pro Sekunde ausführen, bei mechanischen Schaltern hat man eine Obergrenze von 500.

Die offensichtliche und gleichzeitig schwierigste Forderung an einen Analogschalter ist die, dass er das zu verarbeitende Signal in möglichst geringer Weise beeinflusst, weder in der Amplitude noch in der Phase. Ganz lässt sich diese Forderung jedoch nicht verwirklichen: Einschaltwiderstände (Übergangswiderstand zwischen Ein- und Ausgang), Kapazitäten, Leckströme und Übersprechen lassen sich bei keinem Schalter ganz vermeiden, denn bei einigen sehr anspruchsvollen Anwendungen kommt man immer noch nicht um die Verwendung mechanischer Schalter herum. Die Entwicklung analoger CMOS-Schalter hat jedoch in den letzten Jahren zu einer Palette von Bauelementen geführt, die sich durch niedrige Stromaufnahme, einen weiten Betriebsspannungsbereich sowie durch schnelles, optimiertes Schaltverhalten auszeichnet. Mit diesen Halbleiterschaltern lässt sich ein Großteil der Anwendungen für kontaktlose Schaltungen problemlos realisieren.

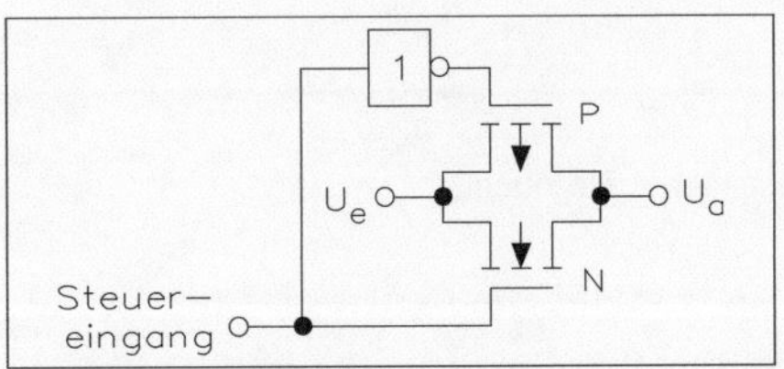

Abb. 8.8 • Aufbau eines CMOS-Standard-Analog-Schalters.

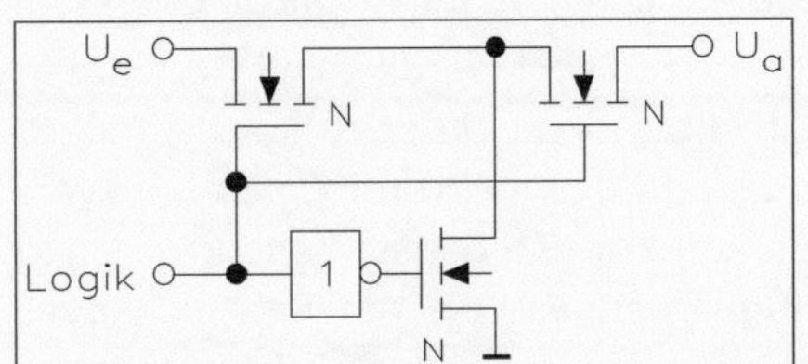

Abb. 8.9 • Aufbau eines Video-Analogschalters mittels einer „T"-Schaltungsvariante.

Es gibt verschiedene Varianten von Analogschaltern: Als Grundbaustein der Standardschalter wird die Parallelschaltung eines N- und eines P-Kanal-FET verwendet, wie Abb. 8.8 zeigt. Diese Analogschalter zeichnen sich durch einen optimierten Verlauf des Einschaltwiderstands über den gesamten Eingangsspannungsbereich aus. Für Analogschalter der Videotechnik verwendet man den internen Aufbau von Abb. 8.9. Dieses T-Glied zeichnet sich durch eine sehr gute Sperrdämpfung aus, da der Ausgang im abgeschalteten Zustand von der Signalquelle getrennt und mit Masse verbunden wird. Dadurch wird sowohl der Einfluss eines abgeschalteten Eingangs auf den Ausgang (Sperrdämpfung) als auch der Eingänge untereinander (Übersprechen) auf ein Minimum reduziert. Die N-Kanal-FET wiederum ermöglichen einen geringen Einschaltwiderstand von typisch 50 Ω bis 175 Ω.

Eine dritte Variante verwendet die Reihenschaltung dreier FET. Diese wird verwendet, wenn Vorsichtsmaßnahmen gegenüber Überspannungen erforderlich sind. Jeder dieser Analogschalter kann wie ein mechanischer Schalter die Signale in zwei Richtungen verarbeiten, da diese keine Arbeitsrichtung aufweisen wie ein digitales Gatter. Abhängig von der Ansteuerlogik sind diese Schalter im Ruhezustand geschlossen (normally closed = NC) oder geöffnet (normally open = NO). Allgemein wird dann noch nach Anzahl der umschaltbaren Kontakte (single pole = SP, double pole = DP) und Kontaktart für einen einfachen Schalter (single throw = ST) und Umschalter (double throw = DT) unterschieden. Ein Umschalter mit einem Kontakt wird demnach als „SPDT" bezeichnet.

8.1.5 • SC-Tiefpassfilter 2. Ordnung

Von einem SC-Tiefpassfilter 2.Ordnung sind in Abb. 8.10 die beiden Schaltungen gegenübergestellt. Die Widerstände R werden durch geschaltete Kondensatoren ersetzt.

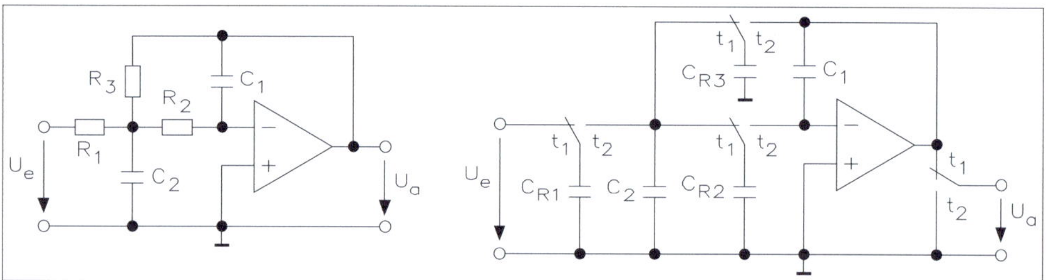

Abb. 8.10 • Vergleich zwischen einem RC- und einem SC-Tiefpassfilter 2. Ordnung.

Wenn man ein Tiefpassfilter 2. Ordnung realisiert, verwendet man entweder die Kaskadentechnik, eine Mehrfachkopplungstechnik oder eine Komponentensimulation. In diesem Fall hat man sich für die Komponentensimulation entschieden, da die Widerstände des analogen Filters gegen geschaltete Kapazitäten ausgetauscht worden sind. Nutzt man die Kaskadentechnik, arbeitet man nicht mit der Struktur eines Tiefpassfilters, sondern verwendet direkt Universalfilter, d. h., dieses Filter besteht aus mehreren Operationsverstärkern und erzeugt die Funktionen von Hochpass, Tiefpass, Bandpass, Bandsperre und Allpass, die dann an separaten Ausgängen zur Verfügung stehen. Bei der Mehrfachkopplungstechnik hat man dagegen zahlreiche Analogschalter, die jeweils nach Programmierung des Anwenders die Filterkurve erzeugen.

8.2 • Geschaltete Kapazitätsfilter mit Mikroprozessorschnittstelle

Filter mit geschalteten Kapazitäten (Switched Capacitor Filter) finden zunehmend Anwendung in der gesamten Filtertechnik. Die Bausteine MAX260, MAX261 und MAX262 sind geschaltete Kapazitätsfilter mit zwei Grundfilterbausteinen 2. Ordnung, deren Filtereigenschaften sich über ein PC-System einstellen lassen.

Zur Realisierung eines Bandpassfilters, Tiefpassfilters, einer Bandsperre oder eines Allpassfilters sind keine externen Bauelemente erforderlich. Jeder MAX-Baustein enthält die entsprechenden Filterelemente 2. Ordnung, bei denen die Eck- bzw. Mittenfrequenz, die Filtergüte und die Betriebsart über digitale Koeffizienten einstellbar sind.

8.2.1 • Filtereigenschaften

Mit dem Eingangstakt und einem Koeffizienten im 6-Bit-Format wird die Eck- oder Mittenfrequenz des Filters eingestellt, ohne andere Parameter zu beeinflussen. Die Güte lässt sich separat über einen Koeffizienten im 7-Bit-Format bestimmen. Jeder Filterteil hat einen eigenen Takteingang, den man mit einem Quarz- oder einem RC-Netzwerk beschalten kann. Auch lässt sich ein externer Takt einsetzen.

Der MAX260 hat bessere Offset- und Gleichspannungseigenschaften als die Typen MAX261 und MAX262 und ist bis zu Frequenzen von 7,5 kHz tauglich. Der MAX261 reicht bis zu Signalfrequenzen von 30 kHz. Durch Verwendung niedrigerer Werte für das Verhältnis von Taktfrequenz zu Eck-/Mittenfrequenz lässt sich der MAX262 bis zu Signalfrequenzen von 75 kHz verwenden.

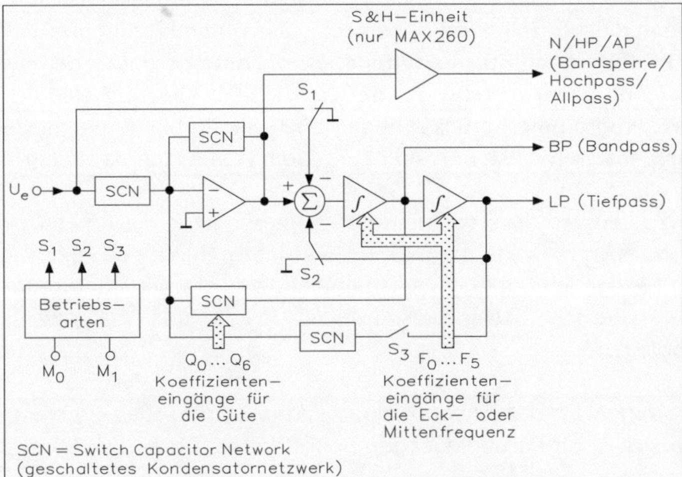

Abb. 8.11 • Blockschaltung des internen Filters.

Jeder MAX-Baustein enthält zwei aktiv geschaltete Kapazitätsfilter 2. Ordnung, und Abb. 8.11 zeigt den Aufbau eines Teilfilters. Die Struktur dieser Filter besteht aus zwei Integratoren und einem Summierverstärker. Die Bausteine MAX261 und MAX262 enthalten darüber hinaus einen separaten Operationsverstärker. Die integrierten Schalter und Kondensatoren in den Rückkopplungspfaden steuern die Einstellung der Eck- bzw. Mittenfrequenz f_0 und die Güte Q.

Die Verhältnisse der internen Kondensatorwerte sind in erster Linie maßgeschneidert auf die Genauigkeit dieser Parameter. Obwohl diese geschalteten Kondensatornetzwerke (SCN) in der Tat geschaltete Systeme sind, ist ihr Verhalten dem kontinuierlichen Filter, z. B. aktiver RC-Filter, sehr ähnlich. Das Verhältnis zwischen Taktfrequenz und charakteristischer Filterfrequenz f_0 ist so groß, dass das annähernd ideale Verhalten eines statusvariablen Filters 2. Ordnung erhalten bleibt.

Der Baustein MAX262 verwendet kleinere Verhältnisse von Taktfrequenzen als die Typen MAX260 und MAX261. Damit sind höhere Werte für f_0 möglich. Ein Nachteil dieser niedrigeren Verhältnisse f_{CLK}/f_0 ist der, dass die Filtercharakteristik eines geschalteten Systems stärker von der des kontinuierlichen Systems abweicht. Jedoch kann man diese Unterschiede weitgehend kompensieren.

Der MAX260 verwendet eine Schaltung zum automatischen Nullabgleich. Damit lassen sich bessere Gleichspannungseigenschaften und günstigere Eigenschaften bei niedrigen Signalfrequenzen erreichen. Andererseits hat diese Schaltung zur Folge, dass die Werte der Eck-/Mittenfrequenz f_0 begrenzt sind. Die Ausgänge N (Notch = Bandsperre), HP (Hochpass) und AP (Allpass) sind als Abtast-Halte-Verstärker realisiert. Damit ist die Signalamplitude des MAX260 gegenüber den anderen Typen etwas eingeschränkt.

8.2.2 • Filterentwurf

Mit den Filterentwurfsprogrammen ist die Entwicklung von Filterschaltungen der Typen MAX260, MAX261 und MAX262 kein großes Problem. Die meisten Entwürfe lassen sich in drei Schritten realisieren, die in diesem Teil beschrieben sind. Zur Unterstützung des Filterentwurfs stehen einzelne PC-Programme zur Verfügung, die die Anforderungen der Filtercharakteristik in entsprechende Koeffizientenwerte der Eck-/Mittenfrequenz f_0 und der Güte Q umrechnen. Diese PC-Programme berücksichtigen auch die Probleme der niedrigen f_{CLK}/f_0-Verhältnisse, kompensieren diese und sind auf jedem PC-Rechner lauffähig.

Es ist wichtig, immer daran zu denken, dass bei allen Filtern dieser Serie die Abtastfrequenz der halben Taktfrequenz entspricht, da der externe Takt intern durch den Faktor 2 geteilt wird. Alle auf den Takt bezogenen Daten, Tabellen und andere Parameter in diesem Kapitel beziehen sich auf den externen Takt an den Anschlüssen CLK_A oder CLK_B, wenn keine gesonderte Angabe vorliegt.

Mit den Filterentwurfsprogrammen ist der Entwurf eines Filters kein großes Problem. Die meisten Entwürfe lassen sich in drei grundlegenden Schritten realisieren, wie dieses Kapitel zeigt.

Schritt 1: Der Filterentwurf
Man beginnt mit dem Programm „PZ“, um festzustellen, welchen Filtertyp man benötigt. Dies ist eine Hilfe zur Festlegung des Filtertyps (Butterworth, Tschebyscheff, Bessel) und der Anzahl der Filterpole. Das Programm plottet auch den Frequenzgang aus, berechnet die Pole/Nullstellen und die Gütewerte Q für jedes zweipolige Teilfilter. Jeder MAX260/261/262 enthält zwei Teilfilter 2.Ordnung, die sich für Filter höherer Ordnung kaskadieren lassen.

Schritt 2: Berechnung der Koeffizienten
Mit den Werten für f_0 und Q, die man aus Schritt 1 erhalten hat, erzeugt das Programm „MPP“ die digitalen Koeffizienten für die Einstellung von f_0 und Q für jedes zweipolige Teilfilter. Es werden die Werte „N“ für f_0 und Q angezeigt. „N“ ist die Dezimalzahl, die dann noch in die entsprechende Binärzahl umgerechnet werden muss. Diese Werte sind in Tabelle 8.1 und Tabelle 8.2 dargestellt.

Tabelle 8.1 • Taktbereiche und Grenz-/Mittenfrequenzbereiche

Baustein	Q	Betriebsart	f_{CLK}	f_0
MAX260	1	1	1 Hz - 400 kHz	0,01 Hz - 4,0kHz
	1	2	I Hz - 425 kHz	0,01 Hz - 6,0 kHz
	1	3	I Hz - 500 kHz	0,01 Hz - 5,0kHz
	1	4	I Hz - 400 kHz	0,01 Hz - 4,0 kHz
	8	1	I Hz - 500 kHz	0,01 Hz - 5,0 kHz
	8	2	I Hz - 700 kHz	0,01 Hz - 10,0 kHz
	8	3	I Hz - 700 kHz	0,01 Hz - 5,0kHz
	8	4	I Hz - 600 kHz	0,01 Hz - 4,0 kHz
	64	1	I Hz - 750 kHz	0,01 Hz - 7,5 kHz
	64	2	I Hz - 500 kHz	0,01 Hz - 7,0 kHz
	64	3	I Hz - 400 kHz	0,01 Hz - 4,0 kHz
	64	4	I Hz - 750 kHz	0,01 Hz - 7,5 kHz
MAX261	1	1	40 Hz - 4,0 MHz	0,4 Hz - 40 kHz
	1	2	40 Hz - 4,0 MHz	0,5 Hz - 57 kHz
	1	3	40 Hz - 4,0 MHz	0,4 Hz - 40 kHz
	1	4	40 Hz - 4,0 MHz	0,4 Hz - 40 kHz
	8	1	40 Hz - 2,7 MHz	0,4 Hz - 27 kHz
	8	2	40 Hz - 2,1 MHz	0,5 Hz - 30 kHz
	8	3	40 Hz - 1,7 MHz	0,4 Hz - 17 kHz
	8	4	40 Hz - 2,7 MHz	0,4 Hz - 27 kHz
	64	1	40 Hz - 2,0 MHz	0,4 Hz - 20 kHz
	64	2	40 Hz - 1,2 MHz	0,4 Hz - 18 kHz
	64	3	40 Hz - 1,2 MHz	0,4 Hz - 12 kHz
	64	4	40 Hz - 2,0 MHz	0,4 Hz - 20 kHz
MAX262	1	1	40 Hz - 4,0 MHz	1,0 Hz – 100 kHz
	1	2	40 Hz - 4,0 MHz	1,4 Hz – 140 kHz
	1	3	40 Hz - 4,0 MHz	1,0 Hz – 100 kHz
	1	4	40 Hz - 4,0 MHz	1,0 Hz – 100 kHz
	8	1	40 Hz - 2,5 MHz	1,0 Hz – 60 kHz
	8	2	40 Hz - 1,4 MHz	1,4 Hz – 50 kHz
	8	3	40 Hz - 1,4 MHz	1,0 Hz – 35 kHz
	8	4	40 Hz - 2,5 MHz	1,0 Hz – 60 kHz
	64	1	40 Hz - 1,5 MHz	1,0 Hz – 37 kHz
	64	2	40 Hz - 0,9 MHz	1,4 Hz – 32 kHz
	64	3	40 Hz - 0,9 MHz	1,0 Hz – 22 kHz
	64	4	40 Hz - 1,5 MHz	1,0 Hz – 37 kHz

Tabelle 8.2 • Auswahl des Verhältnisses f_{CLK}/f_0

Tastverhältnis										
MAX260/61		**MAX262**		**Programmcode**						
Mode 1,3,4	**Mode 2**	**Mode 1,3,4**	**Mode2**	**N**	**F5**	**F4**	**F3**	**F2**	**F1**	**F0**
100,53	71,09	40,84	28,88	0	0	0	0	0	0	0
102,10	72,20	42,41	29,99	1	0	0	0	0	0	1
103,67	73,31	43,98	31,10	2	0	0	0	0	1	1
105,24	74,42	45,55	32,21	3	0	0	0	0	1	1
106,81	75,53	47,12	33,32	4	0	0	0	1	0	1
108,38	76,64	48,69	34,43	5	0	0	0	1	0	1
109,96	77,75	50,27	35,54	6	0	0	0	1	1	0
111,53	78,86	51,84	36,65	7	0	0	0	1	1	1
113,10	79,97	53,41	37,76	8	0	0	1	0	0	0
114,67	81,08	54,98	38,87	9	0	0	1	0	0	1
116,24	82,19	56,55	39,99	10	0	0	1	0	1	0
117,81	83,30	58,12	41,10	11	0	0	1	0	1	1
119,38	84,42	59,69	42,21	12	0	0	1	1	0	0

Tabelle 8.2 • Auswahl des Verhältnisses f_{CLK}/f_0										
Tastverhältnis										
MAX260/61		**MAX262**		**Programmcode**						
Mode 1,3,4	**Mode 2**	**Mode 1,3,4**	**Mode2**	**N**	**F5**	**F4**	**F3**	**F2**	**F1**	**F0**
120,96	85,53	61,26	43,32	13	0	0	1	1	0	1
122,52	86,64	62,83	44,43	14	0	0	1	1	1	0
124,09	87,75	64,40	45,54	15	0	0	1	1	1	1
125,66	88,86	65,97	46,65	16	0	1	0	0	0	0
127,23	89,97	67,54	47,76	17	0	1	0	0	0	1
128,81	91,80	69,12	48,87	18	0	1	0	0	1	0
130,38	92,19	70,69	49,98	19	0	1	0	0	1	1
131,95	93,30	72,26	51,10	20	0	1	0	1	0	0
133,52	94,41	73,83	52,20	21	0	1	0	1	1	0
135,08	95,52	75,40	53,31	22	0	1	0	1	1	1
136,66	96,63	76,97	54,43	23	0	1	1	0	0	1
138,23	97,74	78,53	55,54	24	0	1	1	0	0	0
139,80	98,86	80,11	56,65	25	0	1	1	0	0	1
141,37	99,97	81,68	57,76	26	0	1	1	0	1	0
142,94	101,08	83,25	58,87	27	0	1	1	0	1	1
144,51	102,89	84,82	59,98	28	0	1	1	1	0	0
146,08	103,30	86,39	61,09	29	0	1	1	1	0	1
147,65	104,41	87,96	62,20	30	0	1	1	1	1	0
149,23	105,52	89,54	63,31	31	0	1	1	1	1	1
150,80	106,63	91,11	64,42	32	1	0	0	0	0	0
152,37	107,74	92,68	65,53	33	1	0	0	0	0	1
153,98	108,85	95,25	66,64	34	1	0	0	0	1	0
155,51	109,96	96,82	67,75	35	1	0	0	0	1	1
157,08	111,07	97,39	68,86	36	1	0	0	1	0	0
158,65	112,18	98,96	69,98	37	1	0	0	1	0	1
160,22	113,29	100,53	71,09	38	1	0	0	1	1	0
161,79	114,41	102,10	72,20	39	1	0	0	1	1	1
163,36	115,52	102,87	73,31	40	1	0	1	0	0	0
164,93	116,63	105,24	74,42	41	1	0	1	0	0	1
166,50	117,74	106,81	75,53	42	1	0	1	0	0	0
168,08	118,85	108,38	76,64	43	1	0	1	0	1	1
169,65	119,96	109,96	77,75	44	1	0	1	1	1	0
171,22	121,07	111,53	78,86	45	1	0	1	1	0	1
172,79	122,18	113,10	79,96	46	1	0	1	1	1	0
174,36	123,29	114,66	81,08	47	1	0	1	1	1	1
175,93	124,40	116,24	82,19	48	1	1	0	0	0	1
177,50	125,51	171,81	83,30	49	1	1	0	0	0	1
179,07	126,62	119,38	84,41	50	1	1	0	0	1	0
180,64	127,73	120,96	85,53	51	1	1	0	0	1	1
182,21	128,84	122,52	86,64	52	1	1	0	1	0	0
183,78	129,96	124,09	87,75	53	1	1	0	1	0	1
185,35	131,07	125,66	88,86	54	1	1	0	1	1	0
186,92	132,18	127,23	89,97	55	1	1	0	1	1	1
188,49	133,29	128,81	91,08	56	1	1	1	0	0	0
190,07	134,40	130,38	92,19	57	1	1	1	0	0	1
191,64	135,51	131,95	93,30	58	1	1	1	0	1	0
193,21	136,62	133,52	94,41	59	1	1	1	0	1	1
194,78	137,73	135,09	95,52	60	1	1	1	1	0	0
196,35	138,84	136,66	96,63	61	1	1	1	1	0	1
197,92	139,95	138,23	97,74	62	1	1	1	1	1	0
199,49	141,06	139,80	98,85	63	1	1	1	1	1	1

1 $f_{CLK}/f_0 = (64 + N)\pi/2$ beim MAX 260/61 in Betriebsart 1,3 und 4 mit $0 \leq N \leq 63$
2 $f_{CLK}/f_0 = (26 + N)\pi/2$ beim MAX 262 in Betriebsart 1,3 und 4 mit $0 \leq N \leq 63$
3 in der Betriebsart werden alle Verhältnisse f_{CLK}/f_0 durch $\sqrt{2}$ dividiert; die Funktionen sind dann: MAX260/6: $f_{CLK}/f_0 = 1{,}11072\,(64 + N)$; MAX262: $f_{CLK}/f_0 = 1{,}11072\,(26 + N)$

In diesem Schritt muss man eine Eingangstaktfrequenz und die Betriebsart des Filters auswählen. Wird keine spezielle Taktfrequenz angegeben, wählt das Programm „GEN" einen entsprechenden Wert aus. Die Betriebsart 1 ist die, die sich für die meisten Bandpass- und Tiefpassfilter eignet. Ausnahmen sind elliptische Bandpassfilter und aktive Hochpassfilter, für die man die Betriebsart 3 auswählen muss. Bei den Hochpassfiltern verwendet man auch die Betriebsart 3, während man bei den Allpassfiltern die Betriebsart 4 einsetzt.

Schritt 3: Laden des Filters
Wenn die N-Werte für f_0 und Q der einzelnen zweipoligen Filter bestimmt sind, kann man das Filter programmieren und in Betrieb nehmen. Im Folgenden wird ein einfacher und bequemer Weg der Programmierung und der Untersuchung des Filters mit Hilfe eines PC-Systems beschrieben.

Ein kurzes Basic-Programm lädt die Daten über eine parallele Druckerschnittstelle des PC in den MAX260/1/2. Das Programm fragt sowohl nach der Betriebsart als auch nach den N-Werten für die Eck-/Mittenfrequenz f_0 und der Güte Q für jedes Teilfilter. Diese Koeffizienten werden dann über die Druckerschnittstelle in das angeschlossene Filter geladen. Abb. 8.12 zeigt die Schaltung.

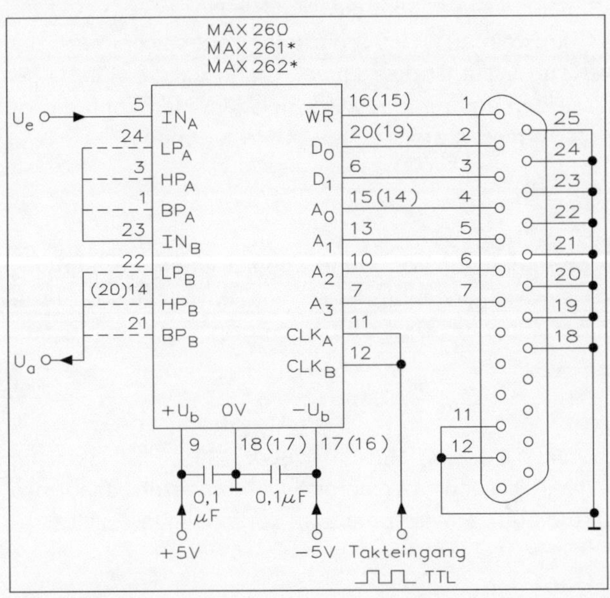

Abb. 8.12 • Verdrahtung des geschalteten Kapazitätsfilters mit einer Mikroprozessorschnittstelle, in diesem Fall erfolgt die Programmierung über die parallele Schnittstelle des Druckeranschlusses bei einem PC-System. Die Pinbelegung gilt für den MAX260 und die Werte in den Klammern für den MAX261/2.

Für die Ansteuerung verwendet man das Basic-Programm von Tabelle 8.3.

Tabelle 8.3: Basic-Programm für die Ansteuerung eines geschalteten Kapazitätsfilters mit Mikroprozessorschnittstelle über die parallele Druckerschnittstelle eines PC-Systems mit dem Programm „PR.BAS".

```
100 AB$ = "FILTER A" : GOSUB 150: REM GET DATA FOR SECTION A
110 ADD = 0: GOSUB 220 : REM WRITE DATA TO THE PRINTER PORT
120 AB$ = "FILTER B" : GOSUB 150: REM GET DATA FOR B
130 ADD = 32: GOSUB 220: REM WRITE DATATO PRINTER PORT
140 GOTO 100
150 PRINT "MODE (1 to 4, siehe Tabelle 5.5) "; AB$; INPUT M
160 IF M < 1 OR M>4THENGOTO 150
170 PRINT "CLOCK RATIO (0 to 63, N aus der Tabelle 8.2) ";AB$; : INPUT F
180 IF F < 0 OR F > 63 THEN GOTO 170
190 PRINT "Q (0 to 127, N aus der Tabelle 8.4)"; AB$; : INPUT Q
200 IF Q < 0 OR Q > 127 THEN GOTO 190 ELSE: PRINT
210 RETURN
220 LPRINT CHR$(ADD + M - 1); : ADD = ADD + 4
230 FOR I = 1 TO 3
240 X = (ADD + (F - 4*INT(F/4))) : LPRINT CHR$(X);
250 F = INT(F/4) : ADD = ADD + 4
260 NEXT I
270 FOR I = 1 TO 4
280 X = (ADD + (Q - 4*INT(Q/4))) : LPRINT CHR$(X);
290 Q = INT(Q/4); : ADD = ADD + 4
300 NEXT 1
310 RETURN
```

Das Basic-Programm von Tabelle 8.3 gibt die Daten über die parallele Druckerschnittstelle des PCs in den entsprechenden MAX-Baustein aus. Das Programm fragt sowohl nach der Betriebsart als auch nach den N-Werten für die Grenzfrequenz f_0 und für die Güte Q bei jedem Teilfilter. Diese Koeffizienten werden dann in das Filter geladen. Man kann dieses Programm mit oder ohne das Filterentwurfsprogramm von MAXIM verwenden.

8.2.3 • Programme zum Filterentwurf

Es stehen eine ganze Reihe von Programmen zur Verfügung, die auf einem PC lauffähig sind. Mit diesen Programmen wird die Entwicklung eines Filters vom Entwurf bis zur Prüfschaltung erheblich vereinfacht und beschleunigt. Dies sind zum Beispiel die nachfolgenden Programmteile:

Programm „PZ"
Mit den Anforderungen der Filtercharakteristik wie Mittenfrequenz, Güte, Welligkeit im Durchlassbereich, Welligkeit im Sperrbereich und Sperrbereichsdämpfung errechnet das Programm PZ die Pole, Nullstellen und die Anzahl der benötigten zweipoligen Teilfilter.

Programm „M7PP"
Dieses Programm berechnet die Koeffizienten der Einzelfilter und den zu erwartenden Frequenzgang des Filters.

Programm „FR"
Wenn der Entwurf einer oder mehrerer Stufen fertig ist, prüft FR die gesamte Übertragungscharakteristik der kaskadierten Einzelstufen. Dies kann man dann mit den Anforderungen vergleichen, die mit dem Programm PZ berechnet wurden.

Es gibt auch noch weitere Entwurfsprogramme für andere Filterschaltkreise von MAXIM.

8.2.4 • Innenschaltung des MAX260/1/2

Die Filterbausteine MAX260/1/2 sind geschaltete Kapazitätsfilter mit zwei Grundfilterbausteinen 2. Ordnung, deren Filtereigenschaften über ein Mikroprozessorsystem einstellbar sind. Für die Realisierung der einzelnen Filtercharakteristiken benötigt man keine externen Bauelemente.

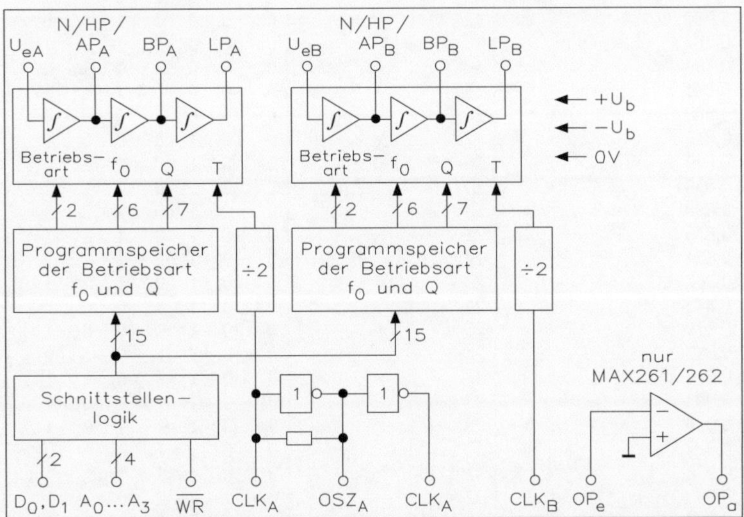

Abb. 8.13 • Blockschaltbild des MAX 260/1/2 zur Realisierung eines geschalteten Kapazitätsfilters.

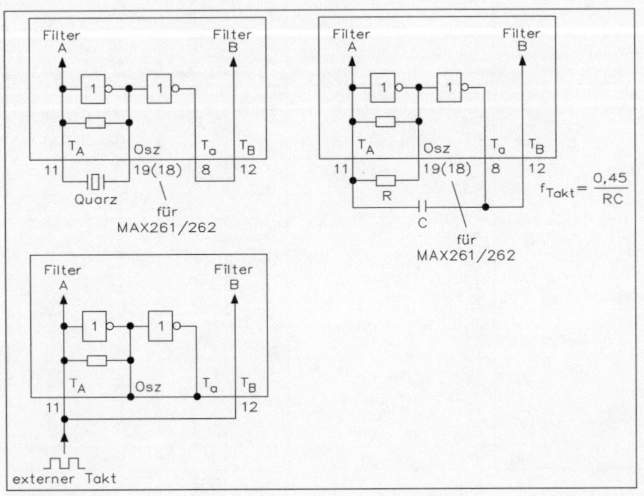

Abb. 8.14 • Beschaltung des Takteingangs für die Filterbausteine von MAXIM.

Tabelle 8.4 • Auswahl der Güte Q zur Programmierung der einzelnen Teilfilterstufen										
Programmierbar Güte		**Programmcode**								
Mode 1,2,4	**Mode 2**	**N**	**Q6**	**Q6**	**Q4**	**Q3**	**Q2**	**Q1**	**Q0**	
0,500	0,707	0	0	0	0	0	0	0	0	
0,504	0,713	1	0	0	0	0	0	0	1	
0,508	0,718	2	0	0	0	0	0	1	0	
0,512	0,724	3	0	0	0	0	0	1	1	
0,516	0,730	4	0	0	0	0	1	0	0	
0,520	0,736	5	0	0	0	0	1	0	1	
0,525	0,742	6	0	0	0	0	1	1	0	
0,529	0,748	7	0	0	0	0	1	1	1	
0,533	0,754	8	0	0	0	1	0	0	0	
0,538	0,761	9	0	0	0	1	0	0	1	
0,542	0,767	10	0	0	0	1	0	1	0	
0,547	0,774	11	0	0	0	1	0	1	1	
0,552	0,780	12	0	0	0	1	1	0	0	
0,556	0,787	13	0	0	0	1	1	0	1	
0,561	0,794	14	0	0	0	1	1	1	0	
0,566	0,801	15	0	0	0	1	1	1	1	
0,571	0,808	16	0	0	0	1	0	0	0	
0,577	0,815	17	0	0	1	0	0	0	1	
0,582	0,823	18	0	0	1	0	0	1	0	
0,587	0,830	19	0	0	1	0	0	1	1	
0,593	0,838	20	0	0	1	0	1	0	0	
0,598	0,846	21	0	0	1	0	1	0	1	
0,604	0,854	22	0	0	1	0	1	1	0	
0,609	0,862	23	0	0	1	0	1	1	1	
0,615	0,870	24	0	0	1	1	0	0	0	
0,621	0,879	25	0	0	1	1	0	0	1	
0,627	0,887	26	0	0	1	1	0	1	0	
0,634	0,896	27	0	0	1	1	0	1	1	
0,640	0,905	28	0	0	1	1	1	0	0	
0,646	0,914	29	0	0	1	1	1	0	1	
0,653	0,924	30	0	0	1	1	1	1	0	
0,660	0,933	31	0	0	1	1	1	1	1	
0,667	0,943	32	0	1	0	0	0	0	0	
0,674	0,953	33	0	1	0	0	0	0	1	
0,681	0,963	34	0	1	0	0	0	1	0	
0,688	0,973	35	0	1	0	0	0	1	1	
0,696	0,984	36	0	1	0	0	1	0	0	
0,703	0,995	37	0	1	0	0	1	0	1	
0,711	1,01	38	0	1	0	0	1	1	0	
0,719	1,02	39	0	1	0	0	1	1	1	
0,727	1,03	40	0	1	0	1	0	0	1	
0,736	1,04	41	0	1	0	1	0	0	0	
0,744	1,05	42	0	1	0	1	0	1	1	
0,753	1,06	43	0	1	0	1	0	1	0	
0,762	1,08	44	0	1	0	0	1	1	1	
0,771		45	0	1	0	1	1	0	1	
0.780	1,68	46	0	1	0	1	1	0	0	
0,790	1,73	47	0	1	0	1	1	1	1	
0,800	1,78	48	0	1	1	0	0	0	0	
0,810	1,83	49	0	1	1	0	0	0	1	
0,821	1,88	50	0	1	0	1	0	0	0	
0,831	1,94	51	0	1	1	0	1	0	1	
0,842	2,00	52	0	1	1	0	1	1	0	
0,853	2,06	53	0	1	1	1	0	0	1	
0,865	2,13	54	0	1	1	1	0	1	0	

Tabelle 8.4 • Auswahl der Güte Q zur Programmierung der einzelnen Teilfilterstufen

Programmierbar Güte		Programmcode							
Mode 1,2,4	**Mode 2**	**N**	**Q6**	**Q6**	**Q4**	**Q3**	**Q2**	**Q1**	**Q0**
0,877	2,21	55	0	1	1	1	0	1	1
0,889	2,29	56	0	1	1	1	1	1	0
0,901	2,37	57	0	1	1	0	0	0	1
0,914	2,46	58	0	1	1	0	0	0	0
0,929	2,56	59	0	1	1	0	0	1	1
0,941	2,67	60	0	1	1	0	1	0	0
0,955	2,78	61	0	1	1	1	1	0	1
0,969	2,91	62	0	1	1	1	1	1	0
0,985	3,05	63	0	1	1	1	1	1	1
1,00	3,20	64	1	0	0	0	0	0	0
1,02	3,37	65	1	0	0	0	0	0	1
1,03	3,56	66	1	0	0	0	0	1	0
1,05	3,76	67	1	0	0	0	0	1	1
1,07	4,00	68	1	0	0	0	1	0	0
1,08	4,27	69	1	0	0	0	1	0	1
1,10	4,57	70	1	0	0	0	1	1	0
1,12	4,92	71	1	0	0	0	1	1	1
1,14	5,33	72	1	0	0	1	0	0	0
1,16	5,82	73	1	0	0	1	0	0	1
1,19	6,40	74	1	0	0	1	0	1	0
1,21	7,11	75	1	0	0	1	0	1	1
1,23	8,00	76	1	0	0	1	1	0	0
1,25	9,14	77	1	0	0	1	1	0	1
1,28	10,7	78	1	0	0	1	1	1	0
1,31	12,8	79	1	0	0	1	1	1	1
1,33	16,0	80	1	0	1	0	0	0	0
1,36	21,3	81	1	0	1	0	0	0	1
1,39	32	82	1	0	1	0	0	1	0
1,42	64	83	1	0	1	0	0	1	1
1,45		84	1	0	1	0	1	0	0
1,49	1,09	85	1	0	1	0	1	0	1
1,52	1,10	86	1	0	1	0	1	1	0
1,56	1,12	87	1	0	1	0	1	1	1
1,60	1,13	88	1	0	1	1	0	0	0
1,64	1,15	89	1	0	1	1	0	0	1
4,00	1,16	90	1	0	1	1	0	1	0
4,27	1,18	91	1	0	1	1	0	1	1
4,57	1,19	92	1	0	1	1	1	0	0
4,92	1,21	93	1	0	1	1	1	0	1
5,33	1,22	94	1	0	1	1	1	1	0
5,82	1,24	95	1	0	1	1	1	1	1
6,40	1,26	96	1	1	0	0	0	0	0
7,11	1,27	97	1	1	0	0	0	0	1
8,00	1,29	98	1	1	0	0	0	1	0
9,14	1,31	99	1	1	0	0	0	1	1
10,7	1,33	100	1	1	0	0	1	0	0
12,8	1,35	101	1	1	0	0	1	0	1
16,0	1,37	102	1	1	0	0	1	1	0
21,3	1,39	103	1	1	0	0	1	1	1
32,0	1,41	104	1	1	0	1	0	0	0
64,0	1,44	105	1	1	0	1	0	0	1
		106	1	1	0	1	0	0	0
		107	1	1	0	1	0	1	1
		108	1	1	0	1	0	1	0
		109	1	1	0	1	1	0	1

Tabelle 8.4 • Auswahl der Güte Q zur Programmierung der einzelnen Teilfilterstufen.			
Programmierbar Güte		**Programmcode**	
Mode 1,2,4	**Mode 2**	**N**	**Q6 Q6 Q4 Q3 Q2 Q1 Q0**
1,46	2,40	110	1 1 0 1 1 0 0
1,48	2,45	111	1 1 0 1 1 1 1
1,51	2,51	112	1 1 1 0 0 0 0
1,53	2,59	113	1 1 1 0 0 0 1
1,56	2,66	114	1 1 1 0 0 1 0
1,59	2,74	115	1 1 1 0 1 0 1
1,62	2,83	116	1 1 1 0 1 1 0
1,65	2,92	117	1 1 1 1 0 0 1
1,68	3,02	118	1 1 0 1 0 1 0
1,71	3,12	119	1 1 0 1 0 1 1
1,74	3,23	120	1 1 0 1 1 1 0
1,77	3,35	121	1 1 1 0 0 0 1
1,81	3,48	122	1 1 1 0 0 0 0
1,85	3,62	123	1 1 1 0 0 1 1
1,89	3,77	124	1 1 1 0 1 0 0
1,93	3,96	125	1 1 1 1 1 0 1
1,97	4,11	126	1 1 1 1 1 1 0
2,01	4,31	127	1 1 1 1 1 1 1
2,06	4,53		
2,10	4,76		
2,16	5,03		
	5,32		
	5,66		
	6,03		
	6,46		
	6,96		
	7,54		
	8,23		
	9,05		
	10,1		
	11,3		
	12,9		
	15,1		
	18,1		
	22,6		
	30,2		
	45,3		
	90,5		

*) Einschreiben von Nullwerten in $Q0_A$ bis $Q6_A$ beim Filter A aktiviert einen Ruhezustand mit niedriger Verlustleistung; beide Teilfilter werden deaktiviert, deshalb ist dieser Wert nur für das Teilfilter B anwendbar
in der Betriebsart 1,3 und 4: $Q = 64/(128 - N)$
in der Betriebsart 2 werden die Werte der Betriebsart 1 mit $\sqrt{2}$ multipliziert:
$Q = \sqrt{2} \cdot 64/(128 - N)$

In Abb. 8.13 ist das Blockschaltbild des MAX260 gezeigt. Jedes Filter 2. Ordnung hat einen eigenen Takteingang und eine unabhängige Einstellung für die Eck-bzw. Mittenfrequenz f_0 und die Güte Q. Die aktuelle Grenz-/Mittenfrequenz ist eine Funktion der Taktfrequenz, des Steuerworts für f_0 und der Betriebsart. Die Güte jedes Teilfilters wird durch eine separate Einstellung vorgenommen. Auf diese Weise wird jedes Teilfilter eines MAX260/1/2 unabhängig eingestellt, so dass sich komplexe Filterpolynome realisieren lassen. Die Formeln zur Umrechnung der Programmierkoeffizienten in das Verhältnis f_{CLK}/f_0 und die Güte Q sind in der Tabelle 5.2 und in Tabelle 5.4 angegeben.

Der Taktgenerator des MAX260/1/2 kann mit einem Quarz oder einem RC-Netzwerk beschaltet werden, oder es lässt sich ein externer Takt verwenden, wie Abb. 8.14 zeigt. Mit einer RC-Beschaltung hat die Taktfrequenz f_{CLK} einen Nominalwert von 0,45/RC.

Das Tastverhältnis des Taktsignals ist unerheblich, da der Takt intern noch durch zwei geteilt und zur Ansteuerung der beiden Teilfilter verwendet wird. Es ist zu beachten, dass durch diese interne Teilung auch die Abtastrate des Gesamtsystems halbiert wird!

8.2.5 • Schnittstelle zum Mikroprozessor

Die Werte f_0, Q und die Betriebsart lassen sich in den internen Speichereinheiten ablegen. Der Inhalt dieser Speicher wird bei jedem Schreiben auf die durch A_0 bis A_3 eingestellten Adressen aufdatiert. Die Zuordnung der Adressen ist in Tabelle 8.5 dargestellt.

Tabelle 8.5 • Adresszuordnung für die beiden Teilfiltereinheiten und Schreiben von Nullwerten in $Q0_A$ bis $Q6_A$ (Adressen 4 bis 7 zum Teilfilter A aktiviert den Ruhezustand und beide Teilfilter sind dann deaktiviert).

Datenbit		Adresse				Bereich
D_0	D_1	A_3	A_2	A_1	A_0	
Filter A						
$M0_A$	$M1_A$	0	0	0	0	0
$F0_A$	$F1_A$	0	0	0	1	1
$F2_A$	$F3_A$	0	0	1	0	2
$F2_A$	$F5_A$	0	0	1	1	3
$Q0_A$	$Q1_A$	0	1	0	0	4
$Q2_A$	$Q3_A$	0	1	0	1	5
$Q4_A$	$Q5_A$	0	1	1	0	6
$Q6_A$		0	1	1	1	7
Filter B						
$M0_B$	$M1_B$	1	0	0	0	8
$F0_B$	$F1_B$	1	0	0	1	9
$F2_B$	$F3_B$	1	0	1	0	10
F4	$F5_B$	1	0	1	1	11
$Q0_B$	$Q1_B$	1	1	0	0	12
$Q2_B$	$Q3_B$	1	1	0	1	13
$Q4_B$	$Q5_B$	1	1	1	0	14
$Q6_B$		1	1	1	1	15

Der MAX260/1/2 geht in den Zustand niedriger Verlustleistung (Shutdown/Standby), wenn in das Q-Register des Filters A ein Wert von 0000000 eingeschrieben wird. In diesem Zustand ist die Verlustleistung bei Betriebsspannungen von ±5 V nur noch 10 mW. Nach Wiedereinschalten des Filters wird eine Zeit von 2 ms benötigt, um den vollen Betrieb wieder aufzunehmen.

Die Speicherung der Daten erfolgt mit der positiven Flanke am WR-Eingang (Write = Schreiben). Die Adress- und Dateneingänge sind TTL/CMOS-kompatibel, wenn das Filter mit einer Betriebsspannung von ±5 V betrieben wird. Bei Verwendung anderer

Betriebsspannungen sollte man CMOS-Pegel verwenden (wichtig!). Die beiden Takteingänge CLKA und CLKB stehen in keiner Beziehung zur digitalen Schnittstelle. Sie steuern nur die Abtastrate des geschalteten Kapazitätsfilters.

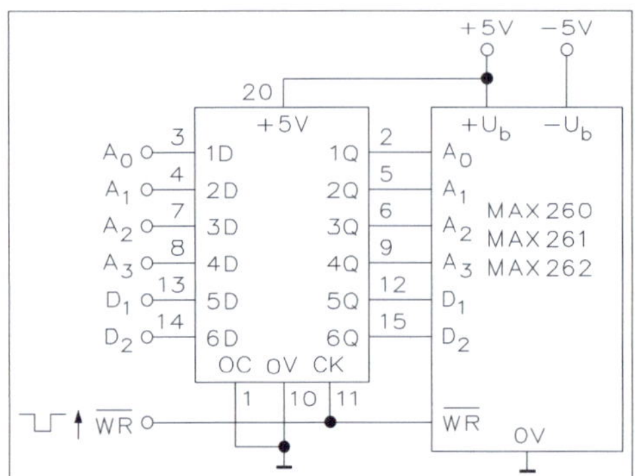

Abb. 8.15 • Pufferung der Logikeingänge.

Durch Schaltflanken an den Logikeingängen kann es zu Störungen am Filterausgang kommen. Wenn dies vermieden werden soll, kann man die digitalen Eingänge, wie in Abb. 8.15 gezeigt, durch eine zusätzliche Beschaltung puffern. Der Baustein 74HC374 enthält acht D-Flipflops, und diese übernehmen die Eingangsinformationen (Adressen und Daten) zur Zwischenspeicherung. Damit lassen sich die sechs Leitungen extern jederzeit durch den Mikroprozessor oder Mikrocontroller ändern, ohne dass eine direkte Einflussnahme auf den Filterbaustein möglich ist. Mit einer Schreibfunktion am WR-Eingang übernimmt der 74HC374 die Eingangsinformationen und speichert diese so lange zwischen, bis neue Informationen übernommen werden.

8.2.6 • Betriebsarten des Filters

Es gibt mehrere Möglichkeiten der Zusammenschaltung des Summierverstärkers und der Integratoren jedes Teilfilters. Die vier zweckmäßigsten Kombinationen (Betriebsarten, Mode) werden durch Schreiben in die Eingänge M_0 und M_1 eingestellt. Für die Betriebsarten sind keine externen Bauelemente nötig. Eine fünfte Betriebsart, die mit „3A" bezeichnet wird, verwendet einen zusätzlichen Operationsverstärker (im MAX 261/62 enthalten) und externe Widerstände; intern ist die Konfiguration aber identisch, wie bei Betriebsart 3.

Abb 8.16, Abb 8.17, Abb 8.18, Abb 8.19 und Abb 8.20 zeigen die symbolische Darstellung der verschiedenen Betriebsarten des MAX260. Dargestellt ist jeweils nur ein Teilfilter 2.Ordnung. Die beiden Teilfilter A und B lassen sich auf verschiedene Betriebsarten einstellen. Die Werte für f_0, f_N (Bandsperre), Q und die verschiedenen Verstärkungsfaktoren für jede Betriebsart zeigt Tabelle 8.6.

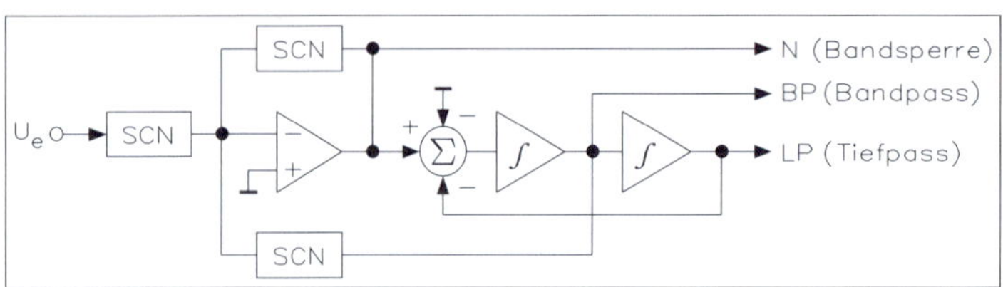

Abb 8.16 • Filterschaltung Betriebsart 1 mit Bandpass-, Tiefpass- und Bandsperrfunktion 2. Ordnung.

Tabelle 8.6.

Mode	M_1	M_0	Filter	f_0	Q	f_N	H_{OLP}	H_{OBP}	H_{ON1} ($f \to 0$)	H_{ON2} ($f \to f_{CLK}/4$)	Funktion
1	0	0	LP, BP, N	1)	2)	f_0	-1	-Q	-1	-1	
2	0	1	LP, BP, N			$f_0 \sqrt{2}$	-0,5	$-Q\sqrt{2}$	-0,5	-1	
3	1	0	LP, BP, NP				-1	-Q			$H_{OLP} = -1$
3A	1	0	LP, BP, NP, N			$f_0\sqrt{R_H / R_L}$	-1	-Q	R_G/R_L	R_G/R_H	$H_{OLP} = -1$
4	1	1	LP, BP, AP				-2	-2 Q			$H_{OAP} = -1$ $f_Z = f_0$ $Q_Z = Q$

f_0	Grenzfrequenz
H_{ON2}	Bandsperrverstärkung bei $f \to f_{CLK}/4$
f_N	Mittenfrequenz der Bandsperre
H_{OAP}	Allpassverstärkung
H_{OLP}	Tiefpassverstäkung bei Gleichspannung
f_Z, Q_Z F	F und Q des komplkexen Polpaars
H_{OBP}	Bandpassverstärkung bei f_0
H_{OHP}	Hochpassverstärkung bei $f \to f_{CLK}/4$
H_{ON1}	Bandsperrverstärkung bei f = 0 Hz
1)	siehe Tabelle 8.1
2)	siehe Tabelle 8.2

Die Betriebsart 1 von Abb 8.16 ist dann sinnvoll, wenn man ein Allpol-Tiefpassfilter und ein Bandpassfilter nach Butterworth, Tschebyscheff, Bessel usw. realisieren will. Dieser Modus lässt sich auch für Bandsperren verwenden, allerdings gilt dies nur für Bandsperren 2.Ordnung, da die relativen Positionen von Polen und Nullstellen fest definiert sind. Die Bandsperren höherer Ordnung benötigen nämlich einen größeren Variationsbereich für f_0 und f_N. Deshalb lassen sich diese besser mit der Betriebsart 3A aufbauen. Die Betriebsart 1 und 4 unterstützen die höchsten Taktfrequenzen, da der Eingangssummierverstärker nicht in der Rückkopplungsschleife des Filters liegt. Die Verstärkung für den Tiefpassausgang und den Bandsperrausgang ist 1, die des Bandpassfilters bei der Resonanzfrequenz ist f_0 = Q. Wenn andere Verstärkungsfaktoren eingestellt werden sollen, muss man die Eingangsspannung oder die Ausgangsspannung entsprechend abschwächen oder verstärken.

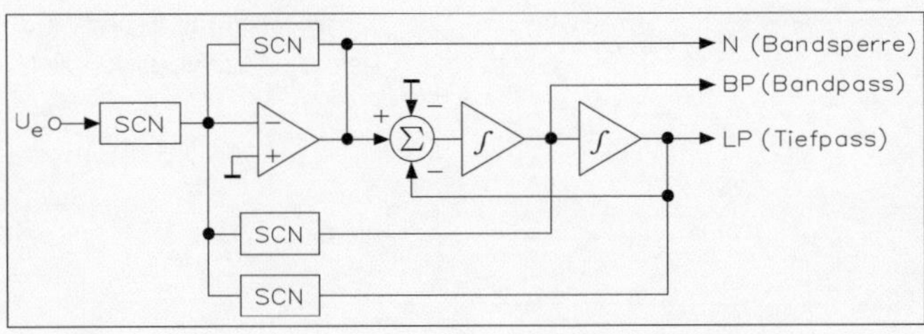

Abb 8.17 • Filterschaltung Betriebsart 2 mit Bandpass-, Tiefpass- und Bandsperrfunktion 2. Ordnung.

Die Betriebsart 2, wie Abb 8.17 zeigt, wird für die meisten Tiefpass- und Bandpassfilter verwendet. Die wesentlichen Vorteile gegenüber der Betriebsart 1 sind höhere Werte für die Güte Q und kleinere Ausgangsstörspannungen. Die in dieser Betriebsart nutzbaren Verhältnisse von f_{CLK}/f_0 sind um den Faktor 2 niedriger als in der Betriebsart 1. Damit lässt sich bei einer festen Taktfrequenz ein größerer Bereich von f_0 abdecken, wenn man beide Betriebsarten zusammen einsetzt.

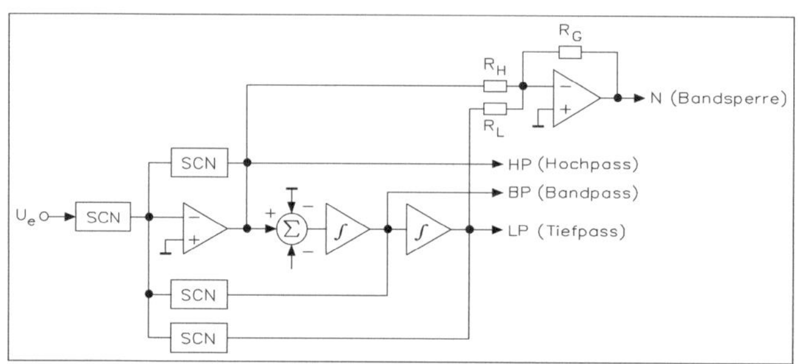

Abb 8.18 • Filterschaltung Betriebsart 3 mit Bandpass-, Tiefpass- und Hochpassfunktion 2. Ordnung.

Nur in Betriebsart 3 von Abb. 8.18 ist die Realisierung eines Hochpassfilters möglich. Die maximale Taktfrequenz ist etwas niedriger als bei Betriebsart 1. Die Betriebsart 3A von Abb. 8.19 benutzt einen separaten Operationsverstärker zur Summierung der Ausgangssignale am Hochpass- und Tiefpassausgang der Betriebsart 3. Damit erhält man einen separaten Bandsperrausgang. Die Sperrfrequenz lässt sich unabhängig von f_0 durch die Widerstandsverhältnisse am Operationsverstärker einstellen. Die Bauelemente R_H, R_L und R_G sind externe Widerstände. Durch die unabhängige Einstellmöglichkeit der Sperrfrequenz ist diese Betriebsart auch für die Realisierung von Pol-Nullstellenfiltern, wie z. B. elliptische Filter, gut nutzbar. Die Betriebsart 4 von Abb 8.20 ist die einzige Betriebsart, bei der ein Allpassausgang zur Verfügung steht, und diese Funktion wird für die Änderung von Gruppenlauf-Zeiten benötigt. Außerdem lassen sich in dieser Betriebsart die Tiefpass- und Bandpassfunktionen aufbauen.

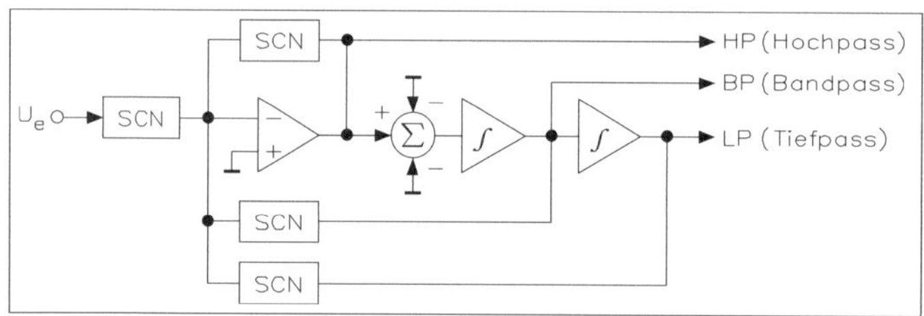

Abb. 8.19 • Filterschaltung Betriebsart 3A mit Bandpass-, Tiefpass- und Bandsperrfunktion 2.Ordnung; für elliptische Filter wird Ausgang N verwendet (wie Abb. 8.18).

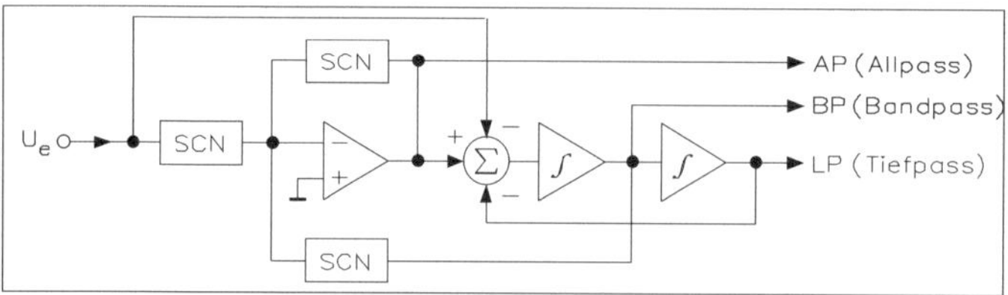

Abb. 8.20 • Filterschaltung Betriebsart 4 mit Bandpass-, Tiefpass- und Allpassfunktion 2. Ordnung.

Zusammen mit der Betriebsart 1 ist dies die schnellste Filterbetriebsart, wobei die Verstärkung allerdings unterschiedlich ist. Wenn die Allpassfunktion benutzt wird, ist zu beachten, dass die Amplituden-Übertragungsfunktion bei der Frequenz f_0 eine Spitze zeigt (ca. 0,3 dB bei einem Q = 8). Es ist außerdem zu beachten, dass die einzelnen Quantisierungsfehler für f_0 und Q in dieser Betriebsart am größten sind.

8.2.7 • Beschreibung der Filterfunktionen

Bei Bandpass- und Tiefpassfiltern mit Charakteristiken nach Butterworth, Bessel oder Tschebyscheff sollte man, wenn möglich, die Betriebsart 1 verwenden. Abb. 8.21 zeigt die Übertragungsfunktion eines Bandpassfilters 2.Ordnung.

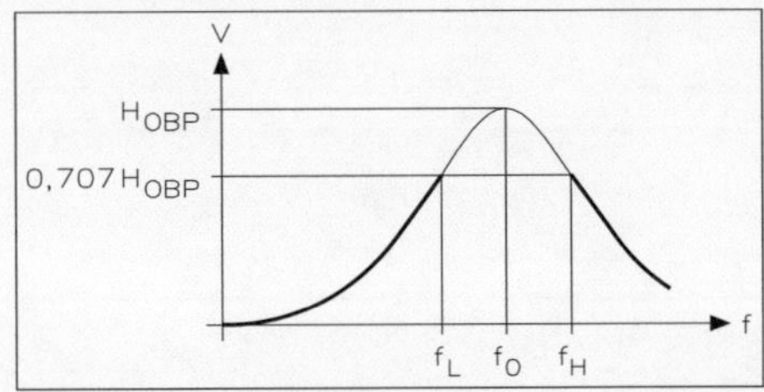

Abb. 8.21 • Übertragungsfunktion eines Bandpassfilters 2. Ordnung.

Falls in dieser Betriebsart keine geeigneten Werte für f_{CLK}/f_0 und Q vorhanden sind, bietet unter Umständen die Betriebsart 2 besser geeignete Werte. Die Betriebsart 1 hat jedoch die größtmögliche Bandbreite. Für Pol-Nullstellen-Filter wie elliptische Filter wird auf die Betriebsart 3A verwiesen. Die Übertragungsfunktion eines Bandpassfilters kann berechnet werden mit

$$Q = \frac{f_0}{f_H - f_L} \qquad f_0 = \sqrt{f_L \cdot f_H}$$

$$f_L = f_0 \left[\frac{-1}{2Q} + \sqrt{\left(\frac{1}{2Q}\right)^2 + 1} \right]$$

$$f_H = f_0 \left[\frac{1}{2Q} + \sqrt{\left(\frac{1}{2Q}\right)^2 + 1} \right]$$

$$G(s) = H_{OBP} \cdot \frac{s(\omega_0 / Q)}{s^2 + s(\omega_0 / Q) + \omega_0^2}$$

mit:

H_{OBP}	Bandpassverstärkung bei f = 0
$\omega_0 = 2 \cdot \pi \cdot f_0$	Mittenfrequenz des Bandpassfilters
Q	Gütefaktor des komplexen Polpaars. Bei einem Bandpass 2. Ordnung ist Q auch das Verhältnis der Mittenfrequenz für eine Bandbreite von 3 dB.

Die Übertragungsfunktion eines Tiefpassfilters 2. Ordnung zeigt Abb. 8.22.

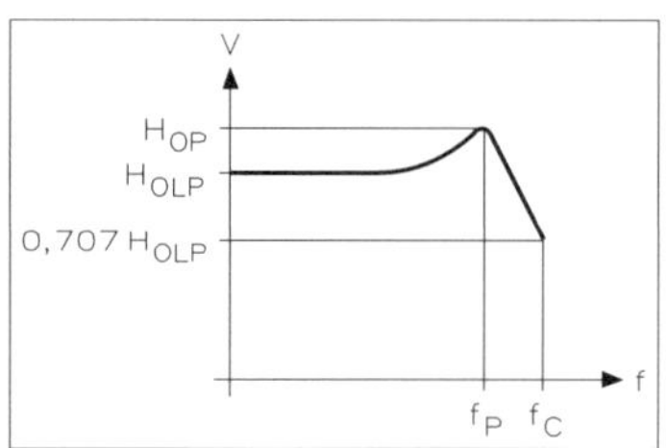

Abb. 8.22 • Übertragungsfunktion eines Tiefpassfilters 2. Ordnung.

$$f_C = f_0 \sqrt{\left(1-\frac{1}{2\cdot Q^2}\right)+\sqrt{\left(1-\frac{1}{2\cdot Q^2}\right)^2+1}}$$

$$f_P = f_0 \sqrt{1-\frac{1}{2\cdot Q^2}}$$

$$H_{OP} = H_{OLP} \cdot \frac{1}{\frac{1}{Q}\cdot\sqrt{1-\frac{1}{4\cdot Q^2}}}$$

$$G(s) = H_{OLP} \cdot \frac{\omega_0^2}{s^2+s(\omega_0/Q)+\omega_0^2}$$

mit: H_{OLP} Tiefpassverstärkung bei f = 0
$\omega_0 = 2\,\pi\,f_0$ Grenzfrequenz des Tiefpasspassfilters

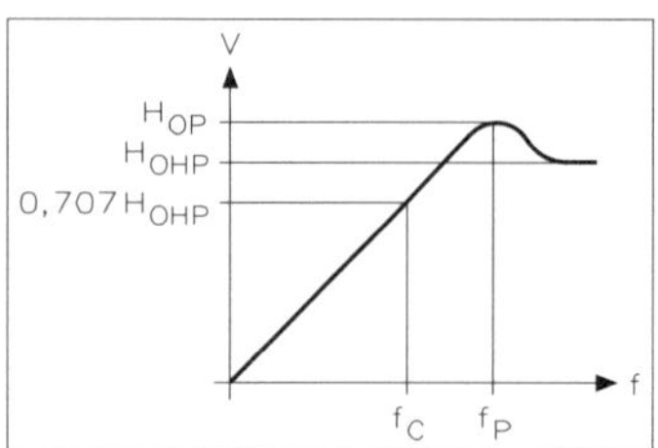

Abb. 8.23 • Übertragungsfunktion eines Hochpassfilters 2. Ordnung.

Die Realisierung eines Hochpassfilters ist in Abb. 8.23 gezeigt und lässt sich nur in Betriebsart 3 ausführen. Sie ist nutzbar für reine Polfilter nach Butterworth, Bessel oder Tschebyscheff. Für elliptische Filter mit Polen und Nullstellen sollte man Betriebsart 3 verwenden:

$$f_C = f_0 \cdot \left[\sqrt{\left(1-\frac{1}{2Q}\right)+\sqrt{1-\left(\frac{1}{2Q^2}\right)^2+1}}\right]^{-1}$$

$$f_P = f_0 \left[\sqrt{1-\frac{1}{2Q^2}}\right]$$

$$H_{OP} = H_{OHP} \frac{1}{\frac{1}{Q}\sqrt{1-\frac{1}{4\cdot Q^2}}}$$

$$G(s)=H_{OBP}\cdot\frac{s^2}{s^2+s(\omega_0/Q)+\omega_0^2}$$

mit: H_{OHP} Hochpassverstärkung bei $f \to f_{Takt}/4$

$$f_L=f_0\left[\frac{-1}{2Q}+\sqrt{\left(\frac{1}{2Q}\right)^2+1}\right]$$

$$f_H=f_0\left[\frac{1}{2Q}+\sqrt{\left(\frac{1}{2Q}\right)^2+1}\right]$$

$$G(s)=H_{OBP}\cdot\frac{s(\omega_0/Q)}{s^2+s(\omega_0/Q)+\omega_0^2}$$

mit: H_{OBP} Bandpassverstärkung bei f = 0
$\omega_0 = 2\cdot\pi\cdot f_0$, Mittenfrequenz des Bandpassfilters
Q Gütefaktor des komplexen Polpaars.
Bei einem Bandpass 2. Ordnung ist Q auch das Verhältnis der Mittenfrequenz für eine Bandbreite von 3 dB.

Bandpassverstärkung bei f_{CLK}/f_0, Mittenfrequenz des Bandpassfilters, Gütefaktor des komplexen Polpaars. Bei einem Bandpass 2. Ordnung ist Q auch das Verhältnis der Mittenfrequenz für eine Bandbreite von 3 dB.

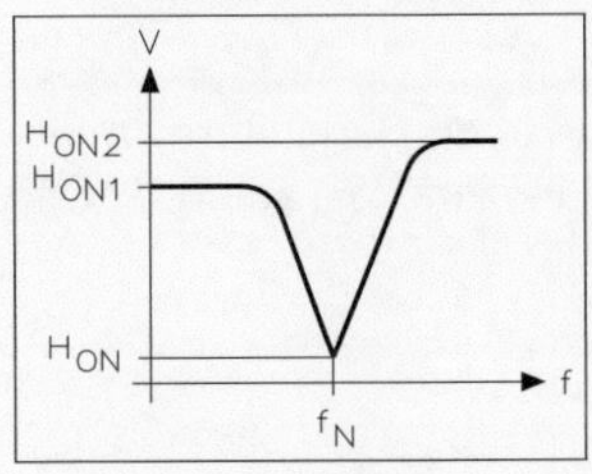

Abb. 8.24 • Übertragungsfunktion einer Bandsperre 2. Ordnung.

Die Betriebsart 3A wird für mehrpolige Bandsperren empfohlen, wie Abb. 8.24 zeigt. Für Bandsperren 2. Ordnung lässt sich auch die Betriebsart 1 verwenden. Die Vorteile von Betriebsart 1 im Vergleich zur Betriebsart 3 sind die höhere Bandbreite und keine zusätzlichen externen Bauelemente, wie sie für die Betriebsart 3A erforderlich sind:

$$G(s)=H_{OBP}\cdot\frac{s^2+\omega_n^2}{s^2+s(\omega_0/Q)+\omega_0^2}$$

mit: H_{OBS2} Bandsperrenverstärkung bei $f \to f_{Takt}/4$
H_{OBS1} ω_n/ω_0, Bandsperrenverstärkung bei f = 0 Hz
$\omega_n = 2\,\pi\,f_M$ Mittenfrequenz der Bandsperre

Ein Allpass lässt sich nur mit der Betriebsart 4 realisieren. Die Übertragungsfunktion ist:

$$G(s) = H_{OBP} \cdot \frac{s^2 - s(\omega_0 / Q) + \omega_0^2}{s^2 + s(\omega_0 / Q) + \omega_0^2}$$

mit: H_{OBP} Allpassverstärkung für $0 < f < f_{Takt}/4$

$\omega = f_{CLK}/f_0$ Polfrequenz des Allpassfilters

8.2.8 • Praktischer Filterentwurf

Beim Entwurf eines Filters geht man normalerweise von den Anforderungen an den Frequenzgang aus und berechnet daraus die Anzahl der benötigten Teilfilter für die zweite Ordnung sowie deren Pole, Nullstellen und Gütefaktoren. Diese Berechnung kann manuell erfolgen (sehr aufwendig) oder mittels firmenspezifischer Tabellen. Der einfachste Weg ist jedoch der, Filterentwurfsprogramme von in diesem Buch beschriebenen Firmen zu verwenden, die im Internet erhältlich sind. Wenn die Werte für f_0 und Q feststehen, muss man diese in die digitalen Koeffizienten zur Programmierung des MAX260/1/2 umrechnen. Auch müssen eine Betriebsart und eine Taktfrequenz (oder das Verhältnis von Taktfrequenz zu Mitten/Grenzfrequenz) bestimmt werden.

Wenn die Abtastfrequenz ($f_{CLK}/2$) so niedrig ist, dass signifikante Fehler auftreten, sollten die ausgewählten Werte fürf$_0$ und Q zur Berücksichtigung der Abtasteffekte korrigiert werden. In den meisten Fällen sind die Fehler durch Abtasteffekte so gering, dass keine Korrekturen notwendig sind. In beiden Fällen, mit oder ohne Korrektur, kann man die Werte für f_0 und Q den Tabellen 8.2 und 8.3 entnehmen.

8.2.9 • Kaskadierung von Filtern

In einigen Anwendungen, wie zum Beispiel bei sehr schmalbandigen Bandfiltern, muss man mehrere Teilfilter 2.Ordnung mit identischen Mittenfrequenzen kaskadieren. Der Gütefaktor Q des resultierenden Filters ist:

$$Q_T = \frac{Q_E}{\sqrt{2^{1/N} - 1}}$$

Tabelle 8.7 • Kaskadierung identischer Bandpass-Teilfilter
Δf Bandbreite des Teilfilters
Q Gütefaktor des Teilfilters

Sektion	Bandbreite Δf	Güte Q
1	1,000	1,00
2	0,644	1,55
3	0,510	1,96
4	0,435	2,30
5	0,386	2,60

Dabei ist der Faktor Q_E die Güte jedes einzelnen Teilfilters und N die Anzahl der kaskadierten Teilfilter. In Tabelle 8.7 sind die resultierenden Q-Werte und die Bandbreiten für die Kaskadierung bis zu fünf Teilfiltern 2. Ordnung aufgeführt. Der Wert B ist die Bandbreite jedes Teilfilters.

In Bandpassfiltern höherer Ordnung werden häufig mehrere Stufen mit verschiedenen Werten für f_0 und Q hintereinander geschaltet. In diesem Fall ist die Gesamtverstärkung des Filters bei der Mittenfrequenz nicht einfach das Produkt der Einzelverstärkungen, weil die Frequenz, bei der die Einzelverstärkung des Teilfilters spezifiziert ist (f_{01}), bei jedem Teilfilter unterschiedlich ist. Es muss vielmehr die Verstärkung jedes Teilfilters bei der Mittenfrequenz des Gesamtfilters bestimmt werden, um die Gesamtverstärkung zu erhalten.

Für Allpol-Filter wird die Verstärkung $H(f_0)$ bei jeder Teilfiltermittenfrequenz f_{01} durch einen Korrekturfaktor G geteilt, um den Betrag des einzelnen Teilfilters bei der Mittenfrequenz des Gesamtfilters $H_1\,(f_{0BP})$ zu erhalten.

Verstärkung des Teilfilters 1 bei f_{0BP}: $H_1\,(f_{0BP}) = H_1\,(f_{01})/G_1$

$$G_1 = \frac{Q_1\left[\left(F_1^2-1\right)^2+\left(F_1/Q_1\right)^2\right]^{\frac{1}{2}}}{F_1^2\left(F_{Z1}^2-1\right)}$$

mit: $F_1 = f_{01}/f_{0BP}$

Damit ist die Gesamtverstärkung des kaskadierten Bandfilters:

$$H(f_{0BP}) = H_1(f_{0BP}) \cdot H_2(f_{0BP}) \cdot \ldots \cdot H_N(f_{0BP})$$

Für kaskadierte Filter mit Nullstellen wie elliptische Filter ist der Korrekturfaktor für jede Stufe:

$$G_1 = \frac{Q_1\left[\left(F_{Z1}^2-F_1^2\right)\left(F_1^2-1\right)^2+\left(F_1/Q_1\right)^2\right]^{\frac{1}{2}}}{F_1^2\left(F_{Z1}^2-1\right)}$$

mit: $F_{Z1} = f_{Z1}/f_{0BP}$ und $F_1 = f_{01}/f_{0BP}$

Der MAX260/1/2 kann mit einer Betriebsspannung von +5 V bis +12 V oder mit zwei Betriebsspannungen von ±2,5 V bis ±5 V betrieben werden. Bei Verwendung einer Betriebsspannung verbindet man der Anschluss $-U_B$ mit dem Bezugspotential der Schaltung. Den Anschluss GND (Ground, Masse bzw. 0 V) legt man auf $+U_B/2$. Die Eingangssignalspannung des Filters wird dann entweder kapazitiv eingekoppelt oder mit einer Pegelumsetzung auf $+U_B/2$ bezogen. Abb. 8.25 zeigt einige Möglichkeiten für den Anschluss der Filterbausteine an nur eine Betriebsspannung.

Werden andere Betriebsspannungen als ±5 V verwendet, ist es notwendig, die digitalen Eingänge WR, D_0/D_1, A_0 bis A_3, CLK_A und CLK_B mit CMOS-Pegeln anzusteuern (logisches 1-Signal : $+U_B$, logisches 0-Signal, 0 V oder $-U_B$). Bei ± 5 V lassen sich entweder TTL- oder CMOS-Pegel verwenden. Es ist aber zu beachten, dass sich die Verlustleistung bei ±5 V verringert, wenn man die Takteingänge CLK_A Ansteuerung D0, D1 durch Mikroprozessor oder Mikrocontroller und CLKB auch mit ± 5 V ansteuert. Im Betrieb mit + 5V oder ±2,5 V verringert sich auch die Verlustleistung, aber die nutzbare Bandbreite reduziert sich gegenüber dem Betrieb mit +12 V oder mit ±5 V um etwa 25 %.

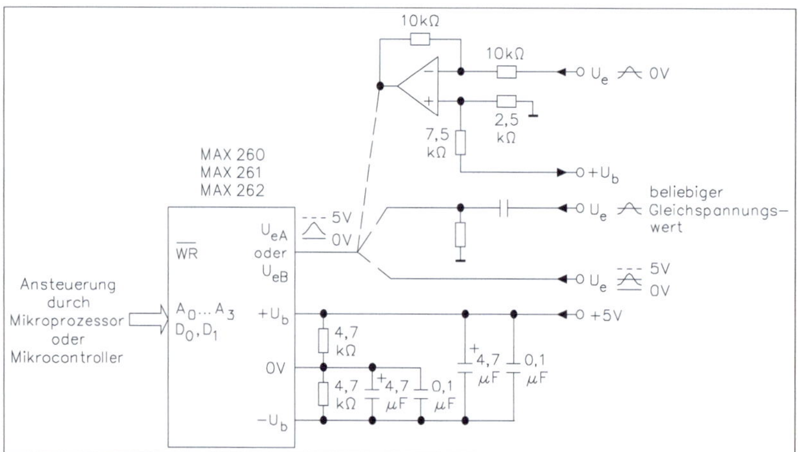

Abb. 8.25 • Aschlussmöglichkeiten der Eingangsspannungen bei Filterbetrieb.

Die besten Schaltungseigenschaften erhält man, wenn die Betriebsspannungen jeweils mit einem Tantalkondensator von 4,7 µF und einem parallelen Keramikkondensator von 0,1 µF mit möglichst kurzen Anschlüssen abgeblockt sind.

8.2.10 • Ausgangsamplitude und Amplitudenbegrenzung

Der MAX260/1/2 ist für Ausgangslasten von 10 kΩ ausgelegt. Bei den Typen MAX261/2 reicht die Ausgangsamplitude aller Ausgänge bei einer Ausgangslast von 10 kΩ bis auf 0,15 V an die Betriebsspannung heran. Wegen der internen Abtast-Halte-Schaltung des MAX260 ist die Ausgangsamplitude am Ausgang N/HP/ AP geringer als an den Ausgängen LP und BP und reicht bis auf 1,0 V an die Betriebsspannung heran (für R_L = 10 kΩ).

Um sicherzustellen, dass die Ausgänge nicht übersteuert und begrenzt werden, muss man die maximale Verstärkung und die Verstärkungsfaktoren der einzelnen Teilfilter genau untersuchen. Es ist besonders wichtig, auch die unbenutzten Ausgänge auf Übersteuerungen zu prüfen, z. B. den Tiefpassausgang eines Bandpassfilters, da eine Übersteuerung auch nur in einem Teilbereich des Filterbausteins die Übertragungsfunktion drastisch ändern kann. Die maximale Ausgangsamplitude bei Betriebsspannungen von ±5 V und einem Offset von 1,0 V ist annähernd ± 3,5 V.

Als Beispiel sei ein Tiefpassfilter 4. Ordnung mit einem Gütefaktor Q = 2 in der Betriebsart 1 betrachtet. Mit einer Betriebsspannung von +5 V (± 2,5 V relativ zum Anschluss GND bzw. 0 V) ist die maximale Ausgangsamplitude ±2 V (relativ zu GND). Da der maximale Verstärkungsfaktor in der Betriebsart 1 der Güte Q entspricht, darf das Eingangssignal in diesem Fall den Wert ±2 V/Q = ±1 V nicht überschreiten.

Der typische Wert des Breitbandrauschens im Frequenzbereich zwischen 0 kHz und 100 kHz ist der Spitze-Spitze-Wert 0,5 mV. Dieses Rauschen ist nahezu unabhängig von der Taktfrequenz. Bei mehrstufigen Filtern sollte man das Teilfilter mit dem größten Gütefaktor Q am Eingang platzieren, um das Ausgangsrauschen möglichst gering zu halten.

Die Kurvenform am Ausgang eines geschalteten Kapazitätsfilters MAX260/1/2 ist die eines mit interner Abtastfrequenz $f_{CLK}/2$ abgetasteten kontinuierlichen Signals. Wenn die „Treppenform" dieses abgetasteten Signals stört, lässt sich dieser Effekt durch ein einfaches RC-Filter am Ausgang weitgehend eliminieren. Ohne Eingangssignal ist die Überkopplung vom Takt auf den Ausgang ungefähr 8 mV Spitze-Spitze. Auch dies kann man durch ein RC-Filter verringern, wie Abb. 8.26 zeigt.

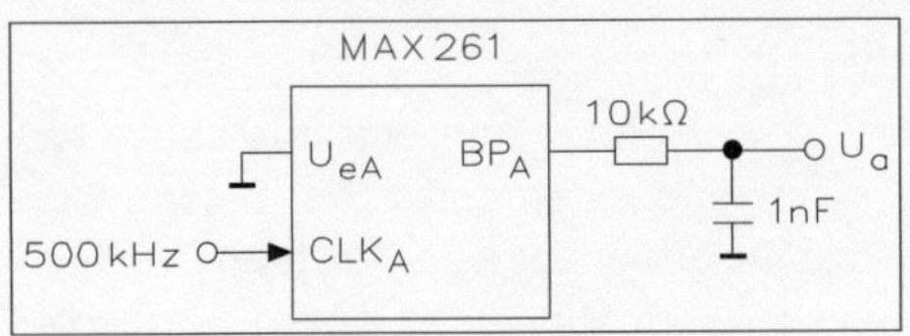

Abb. 8.26 • Begrenzung der Störungen am Ausgang eines Bandpassfilters durch Tiefpass.

Darüber hinaus kann es durch Schaltvorgänge an den Logikeingängen zu Störspannungen am Ausgang kommen. Zur Unterdrückung derartiger Störungen wird auf die Beschaltung von Abb. 8.15 hingewiesen.

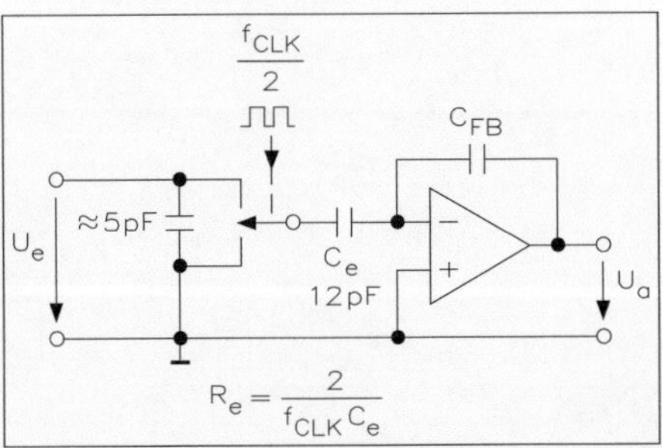

Abb.8.27 • Eingangsschaltung MAX260.

Der Eingang jedes Filters ist die geschaltete Kondensatorschaltung von Abb. 8.27. Beim MAX260 wird der Eingangskondensator während der ersten Hälfte des Taktzyklus auf die Eingangsspannung von U_e aufgeladen. Während der zweiten Hälfte des Taktzyklus wird die Ladung auf den Rückkopplungskondensator C_{FB} übertragen. Die resultierende Eingangsimpedanz kann angenähert werden durch:

$$R_e = \frac{1}{C_{IN} \cdot f_{CLK} / 2} = \frac{2}{C_{IN} \cdot f_{CLK}}$$

Da die Eingangskapazität einen Wert von $C_{IN} \approx 12$ pF bei einer Taktfrequenz von $f_{CLK} = 500$ kHz hat, ergibt sich eine Eingangsimpedanz von $Z_e \approx 333$ kΩ. Parallel zum

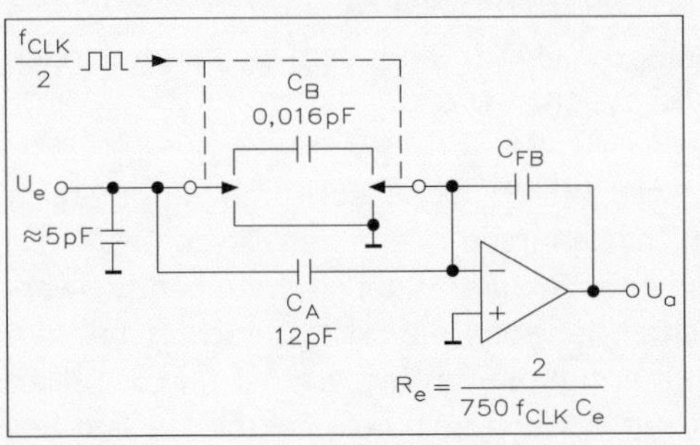

Abb. 8.28 • Eingangsschaltung des MAX261/2.

Eingang liegt eine feste Kapazität von 5 pF, die im Baustein implementiert ist. Die prinzipielle Eingangsschaltung des MAX261/2 ist in Abb. 8.28 gezeigt. Der Kondensator C_A hat einen Wert von 12 pF und C_B von 0,016 pF. Nur der Kondensator C_B wird geschaltet, so dass die Eingangsimpedanz im Vergleich zum MAX260 etwa 750mal größer ist ($Z_e \approx 250$ MΩ). Auch der MAX261/2 hat eine feste Eingangskapazität von 5 pF.

8.2.11 • Grenzfrequenz und Güte bei niedrigen Abtastraten

Bei niedrigen Verhältnissen f_{CLK}/f_0 und niedrigen Gütewerten Q kann eine merkbare Abweichung von der idealen Filterfunktion in einigen Anwendungen auftreten. Diese resultiert aus der bei niedriger Güte Q und der Eck-/Mittenfrequenz f_{CLK}/f_0 auftretenden Wechselwirkungen zwischen Q und f_0. In den Diagrammen von Abb. 8.29 sind diese Fehler quantifiziert. Da die Fehler vorhersehbar sind, kann man diese Diagramme benutzen, um die ausgewählten Werte vonf_0 und Q zu korrigieren, so dass man dann mit den korrigierten Werten die gewünschte Filterfunktion realisiert.

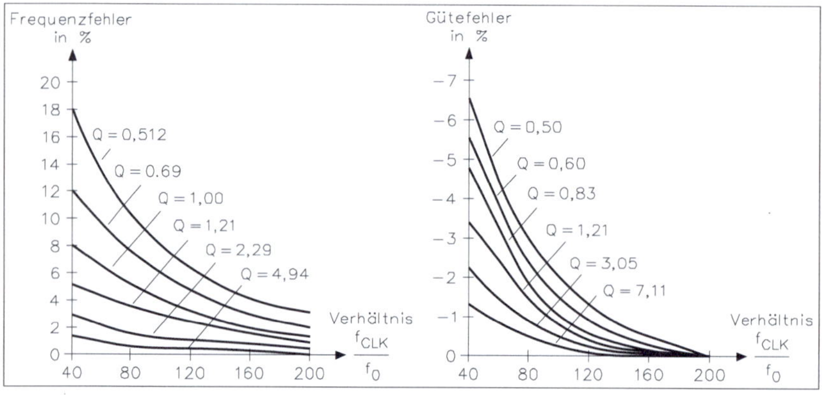

Abb. 8.29 • Abtastfehler bei niedrigen Werten von f_{CLK}/f_0 und Q.

Frequenzfehler und Gütefehler in beiden Diagrammen gelten für Betriebsart 1 und 3. Bei Betriebsart 2 müssen f_{CLK}/f_0 mit √2 multipliziert und Q durch √2 dividiert werden, bevor man das Diagramm verwendet. Bei Betriebsart 4 sollte man den f_0-Fehler mit dem Faktor 1,5 und den Q-Fehler mit dem Faktor 3 multiplizieren.

Derartige Schaltungsentwürfe sind bei geschalteten Filtern keine Besonderheit, da diese bei allen Abtastfiltern auftreten. In der Vielzahl der Anwendungen sind diese Abweichungen aber nicht sehr signifikant und liegen unter 1 %, so dass keine Korrektur notwendig ist. Wie aus den Diagrammen hervorgeht, ist aber der MAX262 mit dem kleineren Bereich an f_{CLK}/f_0-Werten fehlerintensiver als die anderen Typen.

Die Filterentwurfsprogramme von Analog Devices führen diese Korrektur automatisch durch. Deshalb sollte man diese Diagramme nicht benutzen, wenn der Filterentwurf mit den Programmen durchgeführt wird, da sonst die Korrekturen doppelt durchgeführt werden und sich wieder Fehler ergeben. Zu beachten ist auch die Bildunterschrift bei den Diagrammen. Die Diagramme beziehen sich immer auf die Betriebsarten 1 und 3. Sollen diese für Betriebsart 4 verwendet werden, ist der Fehler f_0 mit dem Faktor 1,5 und der

Fehler Q mit dem Faktor 3 zu multiplizieren. In Betriebsart 2 ist der Wert für f_{CLK}/f_0 mit 2 zu multiplizieren und Q durch 2 zu dividieren, bevor die Diagramme benutzt werden.

Wie bei allen abgetasteten Systemen werden auch bei den geschalteten Kapazitätsfiltern bestimmte Frequenzen, die oberhalb der halben Abtastfrequenz liegen, „zurückgefaltet". Wenn zum Beispiel die Frequenz eines Eingangssignals in der Nähe der Abtastfrequenz liegt, werden Signale gebildet, deren Frequenz der Differenz zwischen Signalfrequenz und Abtastfrequenz entspricht. Derartige Signale können dann durchaus in den Durchlassbereich des Filters fallen und sind von echten Eingangssignalen nicht zu unterscheiden.

Wird ein Filter, das eine Abtastfrequenz von 100 kHz besitzt (f_{CLK} = 200 kHz), mit einem Eingangssignal der Frequenz f = 99 kHz angesteuert, kommt es zu einem Ausgangssignal mit der Frequenz f = 1 kHz. Die Ausgangsspannung sieht dann genauso aus, wie die abgeschwächte Version eines Signals mit der Frequenz von 1 kHz am Eingang. Zu beachten ist, dass bei den geschalteten Filtern die Nyquist-Rate (die halbe Abtastfrequenz) dem Wert f_{CLK}/f_0 entspricht, da die Frequenz des externen Taktsignals intern noch durch zwei geteilt wird.

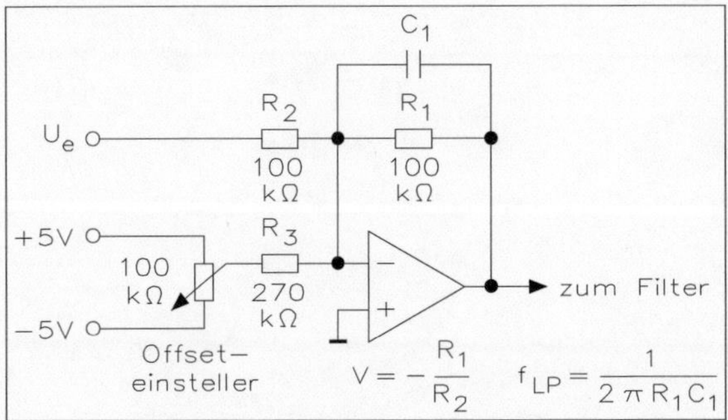

Abb. 8.30 • Schaltung zum Abgleich der Offsetspannung.

in einfaches passives RC-Filter ist normalerweise ausreichend zur Unterdrückung der Signalfrequenzen, die Faltungsprobleme hervorrufen können. In den meisten Fällen ist das Eingangssignal ohnehin bandbegrenzt, so dass keine speziellen Vorkehrungen notwendig sind. Bei der breitbandigen Version MAX262 mit kleineren Verhältnissen f_{CLK}/f_0 kann jedoch ein Eingangsfilter hin und wieder notwendig sein. Die Offsetspannung am Tiefpassausgang LP oder am Bandsperrausgang N (Notch) lässt sich durch die Schaltung von Abb. 8.30 abgleichen. Diese Schaltung benutzt den Eingangsoperationsverstärker gleichzeitig zur Implementierung eines aktiven Tiefpassfilters 1.Ordnung. In mehrstufigen Filtern ist der Offset in der Praxis geringer als bei nur einer Stufe. Dies liegt daran, dass der Offset normalerweise einen negativen Spannungswert hat und jede Stufe das Signal invertiert. Bei Verwendung der Ausgänge für den Hochpass HP oder Bandpass BP lässt sich der Offset dadurch eliminieren, dass eine kapazitive Auskopplung des Signals erfolgt.

8.2.12 • Entwurfsbeispiele

In der Schaltung von Abb. 8.31 sind beide Teilfilter eines MAX260 kaskadiert und bilden einen Tschebyscheff-Bandpassfilter 4. Ordnung.

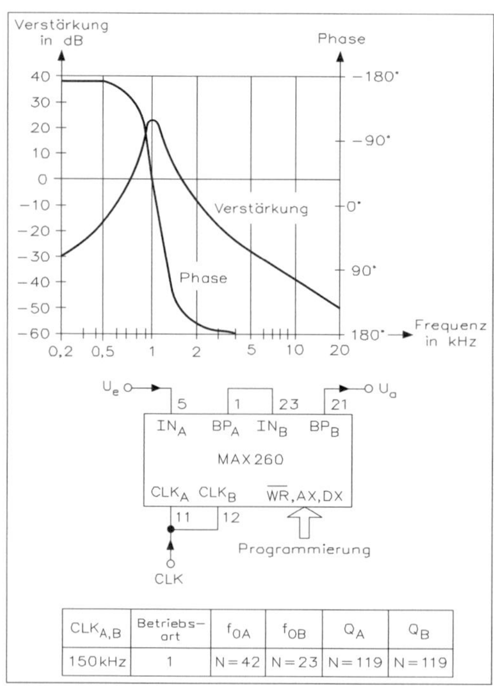

$CLK_{A,B}$	Betriebs-art	f_{0A}	f_{0B}	Q_A	Q_B
150 kHz	1	N=42	N=23	N=119	N=119

Abb. 8.31 • Schaltung und Programmierung eines Tschebyscheff-Bandpassfilters 4. Ordnung.

Die gewünschten Parameter sind:

Mittenfrequenz f_0	1 kHz,
Bandbreite	200 Hz
Sperrbandbreite	600 Hz
Welligkeit im Durchlassbereich	0,5 dB
minimale Sperrdämpfung	15 dB

Aus diesen Parametern können die Ordnung (Anzahl der Pole) sowie die Werte für f_0 und Q jedes Teilfilters abgeleitet werden. Eine solche Ableitung geht über den Rahmen dieses Buchs hinaus. Die Parameter der beiden Teilfilter A und B sind:

f_{0A} = 904 Hz f_{0B} = 1106 Hz
Q_A = 7,05 Q_B = 7,05

Zur Implementierung dieses Filters arbeiten beide Teilfilter in der Betriebsart 1 und verwenden denselben Takt. Es wird dazu auf die beiden Tabellen 8.2 und 8.3 verwiesen. Die programmierten Parameter sind:

CLK_A = CLK_A = 150 kHz
f_{CLK}/f_{0A} = 166,5 (Betriebsart 1, N = 42), effektives f_{0A} = 902,4 Hz
f_{CLK}/f_{0B} = 136,66 (Betriebsart 1, N = 23), effektives f_{0B} = 1099,7 Hz
Q_A = Q_B = 7,11 (Betriebsart 1, N = 119)

Die Abtastfehler sind bei diesen großen Verhältnissen f_{CLK}/f_0 sehr gering, so dass die effektive Güte Q sehr nahe am idealen Wert von 7,05 liegt (Diagramme von Abb. 8.29 oder das Filterprogramm „MPP"). In vielen Fällen wird die effektive Güte Q nicht dem idealen Wert entsprechen, da die größtmögliche Auflösung mit steigendem Q sinkt. Dies hat allerdings auf die meisten praktischen Fälle keinen großen Einfluss, da eine dreistellige Genauigkeit von Q in der Praxis nie benötigt wird. Die Gesamtverstärkung des Filters bei der Mittenfrequenz f_0 ist 16,4 V/V oder 24,3 dB. Wenn man andere Verstärkungsfaktoren benötigt, müssen diverse Verstärker- oder Abschwächerstufen an den Eingang, an den Ausgang oder zwischen die Teilfilter geschaltet werden.

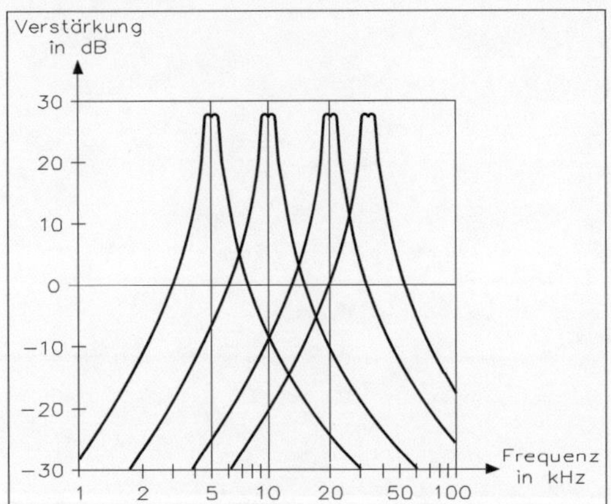

Abb. 8.32 • Frequenzkurven für den Tschebyscheff-Bandpass 4.Ordnung mit dem MAX261 und den Koeffizienten von Abb. 8.31.

In Abb. 8.32 ist eine Reihe von Filterkurven für die Schaltung von Abb. 8.31 gezeigt, wobei nicht der MAX260, sondern der MAX261 verwendet wird. In diesem Fall lässt sich die Taktfrequenz von 750 kHz bis 4 MHz variieren. Die daraus resultierende Mittenfrequenz ändert sich daher von 500 Hz bis 30 kHz. Zu beachten ist, dass die ganz rechte Charakteristik eine Verstärkungsspitze von etwa 2 dB gegenüber den anderen Kurven aufweist. Dies deutet auf die Grenze der nutzbaren Filtergenauigkeit bei diesen Q-Werten hin.

Für den Tschebyscheff-Bandpass mit Breitbandcharakteristik von Abb. 8.33 sollen folgende Parameter gelten:

Mittenfrequenz f_0	1 kHz
Bandbreite	1 kHz
Sperrbandbreite	3 kHz
Welligkeit im Durchlassbereich	1 dB
minimale Sperrdämpfung	20 dB

Aus diesen Parametern kann man die Ordnung (Anzahl der Pole) sowie die Werte für f_0 und Q jedes Teilfilters ableiten.

Die Parameter für die beiden Teilfilter A und B sind:

f_{0A} = 639 Hz $\quad$ f_{0B} = 1564 Hz,
Q_A = 2,01 $\quad$ Q_B = 2,01

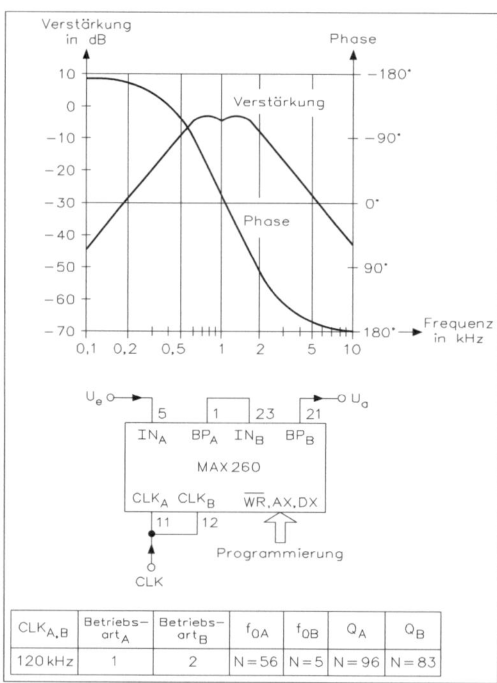

$CLK_{A,B}$	Betriebs-art$_A$	Betriebs-art$_B$	f_{0A}	f_{0B}	Q_A	Q_B
120 kHz	1	2	N=56	N=5	N=96	N=83

Abb. 8.33 • Tschebyscheff-Bandpassfilter 4. Ordnung mit Breitbandcharakteristik.

Zur Implementierung dieses Filters arbeiten das Teilfilter A in Betriebsart 1 und das Teilfilter B in Betriebsart 2, um einen größeren Bereich des Verhältnisses von f_{CLK}/f_0 zu nutzen. Auf diese Weise lassen sich beide Teilfilter mit einem Takt betreiben. Es wird dazu auf die beiden Tabellen 5.1 und 5.2 verwiesen. Die programmierten Parameter sind:

$CLK_A = CLK_B = 120$ kHz
$f_{CLK}/f_{0A} = 188{,}49$ (Betriebsart 1, N = 56), effektives $f_{0A} = 636{,}6$ Hz
$f_{CLK}/f_{0B} = 76{,}64$ (Betriebsart 2, N = 5), effektives $f_{0B} = 156{,}5$ Hz
$Q_A = 2{,}00$ (Betriebsart 1, N = 96), $Q_B = 2{,}01$ (Betriebsart 2, N = 83)

Die Gesamtverstärkung bei der Mittenfrequenz f_0 ist 0,64 VW oder -3,9 dB.

Dieselbe Tschebyscheff-Charakteristik wie in den Diagrammen von Abb. 8.32 wird für höhere Frequenzen mit dem MAX262 in der Schaltung von Abb. 8.34 realisiert.

Dargestellt sind Filterkurven für die Mittenfrequenz von 15,6 kHz, 31,3 kHz und 47 kHz. Diese Schaltung ist nicht nur schneller als die Realisierung mit dem MAX260, sondern es können auch beide Teilfilter in der Betriebsart 1 genutzt werden, da beim MAX262 der Bereich der verfügbaren Werte für f_{CLK}/f_0 größer ist als beim MAX260.

Die Schaltung von Abb. 8.35 zeigt einen Butterworth-Tiefpass 4. Ordnung mit einer Grenzfrequenz von 3 kHz. Die beiden Teilfilter des MAX260 sind kaskadiert. Die Werte für f_0 und Q beider Teilfilter sind:

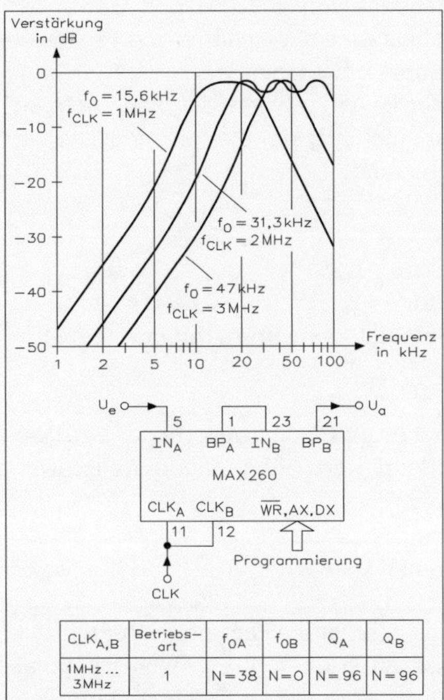

$CLK_{A,B}$	Betriebs-art	f_{0A}	f_{0B}	Q_A	Q_B
1 MHz … 3 MHz	1	N = 38	N = 0	N = 96	N = 96

Abb. 8.34 • Tschebyscheff-Bandpass für höhere Frequenzen.

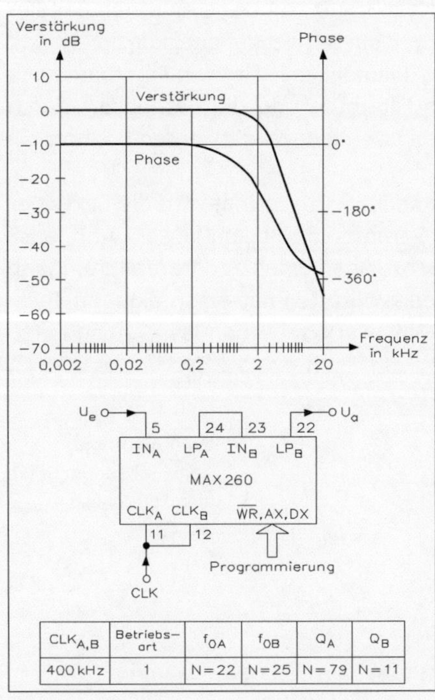

$CLK_{A,B}$	Betriebs-art	f_{0A}	f_{0B}	Q_A	Q_B
400 kHz	1	N = 22	N = 25	N = 79	N = 11

Abb. 8.35 • Butterworth-Tiefpassfilter 4. Ordnung.

f_{0A} = 3 kHz f_{0B} = 3 kHz

Q_A = 1,307 Q_B = 0,541

Verwendet wird die Betriebsart 1 mit einer Taktfrequenz von 400 kHz und wegen der niedrigen Q-Werte sind die Abtastfehler signifikant. Mit einem Verhältnis von f_{CLK}/f_0 von etwa 133 liegt f_{0A} um etwa 4% 1,5% zu hoch. Die Güte Q_A hat einen Wert von 1,2%, und Q_B ist um 0,5 % zu niedrig. Treten durch diese Fehler keine Probleme auf, kann man auf eine Korrektur verzichten. Diese wird aber hier durchgeführt, um die bestmögliche Genauigkeit zu erhalten. Die programmierten Parameter sind:

CLK_A = CLK_A = 400 kHz
f_{CLK}/f_{0A} = 135,08 (N = 56), f_{0A} = 2961 Hz (Korrektur −1,3%)
f_{CLK}/f_{0B} = 139,8 (N = 25), f_{0B} = 2861 Hz (Korrektur −4,6%)
Q_A = 1,306 (N = 96, die mögliche Q-Auflösung erlaubt keine Korrektur von 0,5%)
Q_B = 0,547 (N = 11) (Korrektur +1,1%)

Das gemessene Breitbandrauschen dieses Filters ist 123 µV Effektivwert. In der Betriebsart 2 ergibt sich dagegen ein Rauschen von 87 µV Effektivwert. Für geringere Rauschwerte sollte das erste Teilfilter die höchste Güte aufweisen.

8.3 • Anschlussprogrammierbare geschaltete Kapazitätsfilter

Die Typen MAX263/MAX264 und MAX267/MAX268 sind geschaltete Kapazitätsfilter mit zwei Grundfilterbausteinen 2.Ordnung, deren Filtereigenschaften über eine Anschlussbeschaltung einstellbar sind. Zur Realisierung eines Bandpassfilters, eines Tiefpassfilters, einer Bandsperre oder eines Allpassfilters werden beim MAX263/MAX264 keine externen Bauelemente benötigt. Der MAX267/268 ist speziell für Bandpassanwendungen konzipiert und enthält einen separaten Operationsverstärker. Jedes Element enthält zwei Filterbausteine 2.Ordnung, bei denen die Eck-/Mittenfrequenz, die Filtergüte und die Betriebsart durch Anlegen von Spannungspegeln an bestimmten Anschlüssen eingestellt werden können.

Mit dem Eingangstakt und einem Programmiereingang im 5-Bit-Format wird die Eck- oder Mittenfrequenz des Filters eingestellt, ohne andere Parameter zu beeinflussen. Abb. 8.36 zeigt das Blockdiagramm. Die Güte lässt sich separat über einen Programmiereingang im 7-Bit-Format zwischen 0,5 und 64 einstellen. Jedes Filterteil hat einen eigenen Takteingang, der sich mit einem Quarz oder einem RC-Netzwerk betreiben lässt. Auch einen externen Takt kann man verwenden.

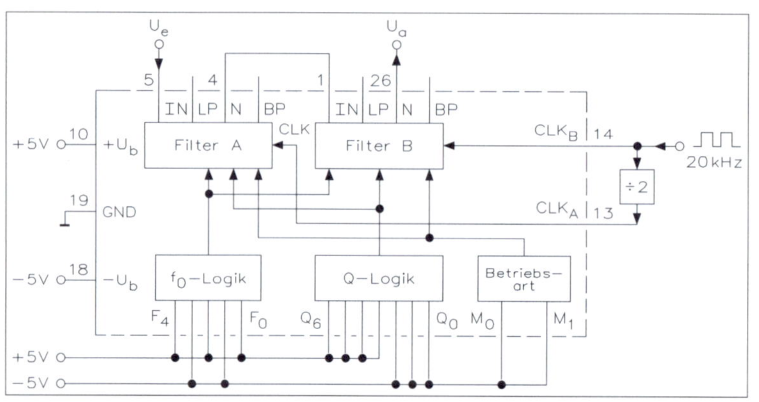

Abb. 8.36 • Blockdiagramm und Innenschaltung für den Filterbaustein MAX263.

Die Typen MAX263 und MAX267 sind für Mittenfrequenzen bis zu 30 kHz ausgelegt. Der Mittenfrequenzbereich der Typen MAX264 und MAX268 wird durch Verwendung kleinerer Verhältnisse von f_{CLK}/f_0 bis auf 75 kHz ausgedehnt.

8.3.1 • Innenschaltung

Jeder MAX263/4/7/8 enthält zwei aktive und geschaltete Kapazitätsfilter 2. Ordnung. Abb. 8.37 zeigt die Struktur dieser Filter mit zwei Integratoren und einem Summierverstärker. Die integrierten Schalter und die Kondensatoren in den Rückkopplungspfaden steuern die Einstellung der Eck-/Mittenfrequenz f_0 und der Güte Q.

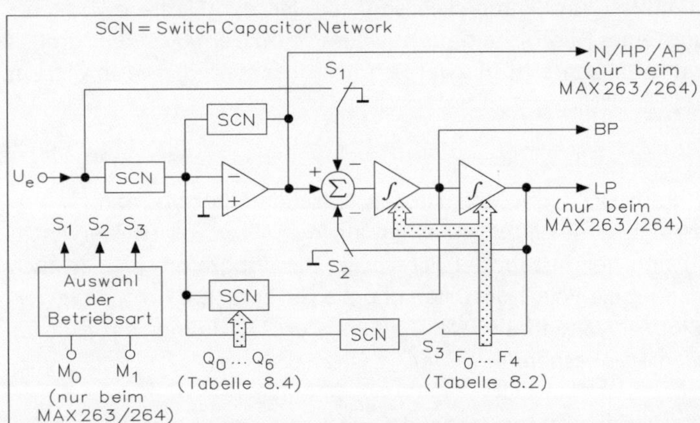

Abb. 8.37 • Blockdiagramm eines geschalteten Filters, wobei nur ein Teilfilter der Bausteine MAX263/4/7/8 gezeigt wird.

Die Verhältnisse der internen Kondensatorwerte sind in erster Linie maßgebend für die Genauigkeit der einzelnen Parameter. Obwohl diese geschalteten Kondensator-Netzwerke (SCN) in der Tat geschaltete Systeme sind, ist ihr Verhalten denen der kontinuierlichen Filter sehr ähnlich. Das Verhältnis zwischen Taktfrequenz und charakteristischer Filterfrequenz f_0 ist so groß, dass das annähernd ideale Verhalten eines statusvariablen Filters 2. Ordnung erhalten bleibt. Da die Programmiereingänge für beide Teilfilter verwendet werden, muss man bei beiden Filtern dasselbe Verhältnis f_{CLK}/f_0 einstellen.

Bei universellen Filtern MAX263 und MAX264 werden die Schalter S_1 bis S_3 durch die Eingänge M_0 und M_1 gesteuert, um die Betriebsart des Filters einzustellen. Die Bandpassfilter MAX267/268 arbeiten dagegen nur in der Betriebsart 1.

Der MAX264 und MAX268 verwenden kleinere Verhältnisse Taktfrequenz zu f_0 als der MAX263 und MAX267. Damit sind höhere Werte für f_0 möglich. Ein Nachteil dieser niedrigen Verhältnisse f_{CLK}/f_0 ist der, dass die Filtercharakteristik des geschalteten Systems stärker von der des kontinuierlichen Systems abweicht. Jedoch kann man diese Unterschiede durch die Software für den Filterentwurf weitgehend kompensieren.

Die beiden Teilfilter 2. Ordnung sind in diesen Filtern identisch. Sie können als ein aufeinander abgestimmtes Paar genutzt oder zur Realisierung von Filterfunktionen höherer Ordnung kaskadiert werden. Sie lassen sich auch mit externen Widerständen und Operationsverstärkern kombinieren, um Allpol-Bandpassfilter mit mehrfacher Rückkopplung zu realisieren.

In den vier Filtertypen dieser Serie ist die interne Abtastfrequenz halb so groß wie die Eingangstaktfrequenz (CLK_A oder CLK_B). Alle in diesem Kapitel dargestellten Daten und Tabellen beziehen sich, wenn nicht gesondert angegeben, auf den externen Takt an den Eingängen CLK_A oder CLK_B.

8.3.2 • Filterentwurf mittels Software

Analog Devices bietet zur Unterstützung des Schaltungsentwurfs verschiedene Programme an, die die Anforderungen der Filtercharakteristik in die entsprechenden Koeffizientenwerte für f_0 und Q umrechnen. Diese Programme berücksichtigen auch die Probleme kleiner f_{CLK}/f_0-Verhältnisse und kompensieren diese. Mit den Filterentwurfsprogrammen ist die Realisierung einer Filterschaltung mit dem MAX263/4/7/8 kein großes Problem. Die meisten Entwürfe lassen sich in zwei Schritten realisieren, wie in diesem Teil beschrieben.

Schritt 1: Filterentwurf
Man beginnt mit dem Programm „PZ", um festzustellen, welchen Filtertyp man für seine Schaltung benötigt. Dies sind eine Hilfe zur Festlegung des Filtertyps (Butterworth, Bessel, Tschebyscheff usw.) und der Anzahl der Filterpole. Das Programm plottet auch den Frequenzgang und berechnet die Pole/Nullstellen und die Gütewerte Q für jedes zweipolige Teilfilter. Jeder MAX263/4/7/8 enthält zwei Teilfilter der 2.Ordnung, die sich für Filter höherer Ordnung kaskadieren lassen.

Als alternatives Verfahren für Bandpassfilter verwendet man eine Schaltung mit mehrfacher Rückkopplung. Wenn dieses Verfahren genutzt wird, verwendet man das Programm „BP" anstelle von „PZ", und Schritt 2 wird durchgeführt.

Schritt 2: Berechnung der Koeffizienten
Mit den Werten für f_0 und Q, die man aus Schritt 1 erhalten hat, erzeugt das Programm „MPP" digitale Codierungen zur Einstellung von f_0 und Q für jedes Teilfilter 2. Ordnung. Das Programm zeigt die Werte „N" für f_0 und Q an. „N" ist die Dezimalzahl, die man dann noch in die entsprechende Binärzahl umrechnen muss. In diesem Schritt sind Eingangstaktfrequenz und Betriebsart des Filters auszuwählen. Wird keine spezielle Taktfrequenz angegeben, wählt das Programm „MPP" einen entsprechenden Wert. Betriebsart 1 ist für die meisten Bandpass- und Tiefpassfilter geeignet. Ausnahmen sind elliptische Bandpass- und Hochpassfilter, für die man die Betriebsart 3 wählen muss. Hochpassfilter verwenden auch die Betriebsart 3, während Allpässe nur die Betriebsart 4 benötigen.

Mit diesen Programmen von Analog Devices wird die Entwicklung eines Filters vom Entwurf bis zur Prüfschaltung erheblich vereinfacht und beschleunigt. Es gibt eine ganze Reihe von Programmen, beispielsweise:

Programm „PZ": Mit den Anforderungen der eingestellten Filtercharakteristik wie Mittenfrequenz, Güte und Welligkeit im Durchlass- bzw. Sperrbereich erhält man die einzelnen Werte. Hierzu gehört auch die Sperrbereichsdämpfung, die auch dieses Programm PZ berechnet, ebenso die Pole, Nullstellen und die Anzahl der benötigten Teilfilter 2. Ordnung.

Programm „MPP“: Dieses Programm berechnet die Koeffizienten der Einzelfilter und den zu erwartenden Frequenzgang des ausgewählten Filters.

.

Programm „BP“: Im speziellen Fall der Bandpassfilter lässt sich als alternative Betriebsart die Schaltung mit mehrfacher Rückkopplung verwenden. Das Programm BP berechnet die Widerstandswerte und den Frequenzgang in dieser Betriebsart. Ein Vorteil der mehrfachen Rückkopplung ist, dass für alle Stufen eine identische Programmierung und eine gemeinsame Taktfrequenz verwendet werden kann.

Programm „FR“: Wenn der Entwurf für eine oder mehrere Filterstufen fertig ist, prüft FR die gesamte Übertragungscharakteristik der kaskadierten Einzelstufen. Dies kann man dann mit den Werten vergleichen, die mit dem Programm PZ berechnet wurden.

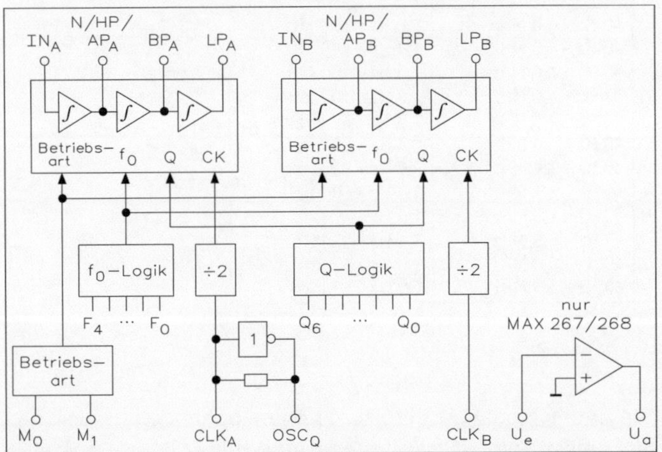

Abb. 8.38 • Blockschaltbild des MAX26314/7/8.

Die Schaltung von Abb. 8.38 zeigt das komplette Filter. Jedes Filter 2.Ordnung hat einen eigenen Takteingang, jedoch ist es wegen der begrenzten Anzahl der Anschlüsse notwendig, dass man beide Teilfilter über die gemeinsamen Anschlüsse vonf_0, Q und Betriebsart einstellen muss. Die aktuelle Eck-/Mittenfrequenz ist eine Funktion der Taktfrequenz, des 5-Bit-Steuerworts für f_0 und der Betriebsart.

8.3.3 • Programmierung des Filters

Bei der Programmierung des Filters müssen die Taktfrequenzbereiche und die Eck-/Mittenfrequenzbereiche von Tabelle 8.8 beachtet werden.

Bei einigen Filteranwendungen kann es notwendig sein, für jedes Teilfilter 2. Ordnung verschiedene Taktfrequenzen zu verwenden, da nur gemeinsame Programmiereingänge vorhanden sind. Im Fall von Bandpassfiltern kann man auch das Verfahren der mehrfachen Rückkopplung bei Verwendung eines Takts einsetzen. Zur Auswahl der Güte Q verwendet man Tabelle 8.9.

In der Tabelle 8.9 ist die Auswahl des Verhältnisses f_{CLK}/f_0 gezeigt.

Tabelle 8.8 • Taktbereiche und Eck-/Mittenfrequenzbereiche; für den MAX267/MAX268 gilt die Tabelle nur für Betriebsart 1.

Bausteine	Q	Betriebsart	f_{CLK}	f_0
MAX263	1	1	40 Hz - 4,0 MHz	0,4 Hz - 40 kHz
MAX267	1	2	40 Hz - 4,0 MHz	0,4 Hz - 57 kHz
	1	3	40 Hz - 4,0 MHz	0,4 Hz - 40 kHz
	1	4	40 Hz - 4,0 MHz	0,4 Hz - 40 kHz
	8	1	40 Hz - 2,7 MHz	0,4 Hz - 27 kHz
	8	2	40 Hz - 4,0 MHz	0,4 Hz 30 kHz
	8	3	40 Hz - 1,7 MHz	0,4 Hz - 17 kHz
	8	4	40 Hz - 2,7 MHz	0,4 Hz - 27 kHz
	64	1	40 Hz - 2,0 MHz	0,4 Hz - 20 kHz
	64	2	40 Hz - 1,2 MHz	0,4 Hz - 18 kHz
	64	3	40 Hz - 1,2 MHz	0,4 Hz - 12 kHz
	64	4	40 Hz - 2,0 MHz	0,4 Hz - 20 kHz
MAX264	1	1	40 Hz - 4,0 MHz	1,0 Hz - 100 kHz
MAX268	1	2	40 Hz - 4,0 MHz	1,4 Hz - 140 kHz
	1	3	40 Hz - 4,0 MHz	1,0 Hz - 100 kHz
	1	4	40 Hz - 4,0 MHz	1,0 Hz - 100 kHz
	8	1	40 Hz - 2,5 MHz	1,0 Hz - 60 kHz
	8	2	40 Hz - 1,4 MHz	1,4 Hz - 50 kHz
	8	3	40 Hz - 1,4 MHz	1,0 Hz - 35 kHz
	8	4	40 Hz - 2,5 MHz	1,0 Hz - 60 kHz
	64	1	40 Hz - 1,6 MHz	1,0 Hz - 37 kHz
	64	2	40 Hz - 0,9 MHz	1,4 Hz - 32 kHz
	64	3	40 Hz - 0,9 MHz	1,0 Hz - 32 kHz
	64	4	40 Hz - 1,5 MHz	1,0 Hz - 37 kHz

8.3.4 • Betriebsarten der Filterfunktionen

Bevor man die Betriebsarten der verschiedenen Filterfunktionen behandelt, muss das Problem mit den Takteingängen gelöst sein. Der Taktgenerator dieser MAX-Bausteine kann mit einem Quarz beschaltet werden, oder man schließt einen externen Takt an. Abb. 8.39 zeigt die Beschaltung des Takteingangs.

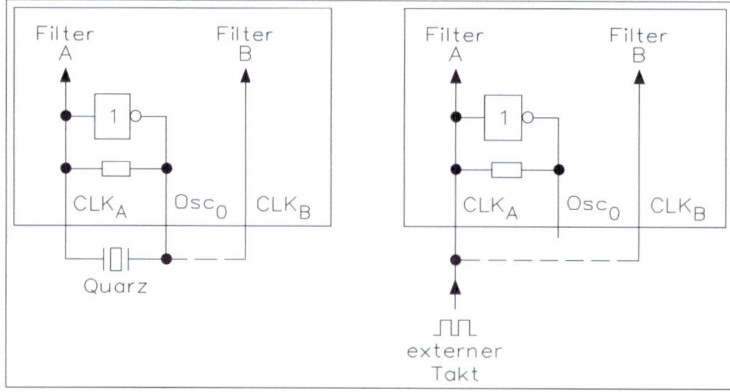

Abb. 8.39 • Beschaltung des Takteingangs.

Das Tastverhältnis des Taktsignals ist unerheblich, da der Takt intern nochmals durch zwei geteilt und zur Ansteuerung der beiden Teilfilter verwendet wird. Es ist zu beachten, dass durch diese interne Teilung auch die Abtastrate des Gesamtsystems halbiert wird!

Tabelle 8.9. Auswahl des Verhältnisses von f_{CLK}/f_0.

f_{CLK}/f_0 - Verhältnis				Programmierungscode					
MAX263/MAX267		MAX264/MAX268							
Mode 1,3, 4	Mode 2	Mode 1,3, 4	Mode 2	N	F4	F3	F2	F1	F0
100,53	71,09	40,86	28,88	0	0	0	0	0	0
103,67	73,31	43,98	31,10	1	0	0	0	0	1
106,81	75,53	47,12	33,32	2	0	0	0	1	0
109,96	77,75	50,27	35,54	3	0	0	0	1	1
113,10	79,97	53,41	37,76	4	0	0	1	0	0
116,24	82,19	56,55	39,99	5	0	0	1	0	1
119,38	84,42	59,69	42,21	6	0	0	1	1	0
122,52	86,64	62,83	44,43	7	0	0	1	1	1
125,66	88,86	65,97	46,65	8	0	1	0	0	0
128,81	91,80	69,12	48,87	9	0	1	0	0	1
131,95	93,30	72,26	51,10	10	0	1	0	1	0
135,08	95,52	75,40	53,31	11	0	1	0	1	1
138,23	97,74	78,53	55,54	12	0	1	1	0	0
141,37	99,97	81,68	57,76	13	0	1	1	0	1
144,51	102,89	84,82	59,98	14	0	1	1	1	0
147,65	104,41	87,96	62,20	15	0	1	1	1	1
150,80	106,63	91,11	64,42	16	1	0	0	0	0
153,98	108,85	94,25	66,64	17	1	0	0	0	1
157,08	111,07	97,39	68,86	18	1	0	0	1	0
160,22	113,29	100,53	71,09	19	1	0	0	1	1
163,36	115,52	102,67	73,31	20	1	0	1	0	0
166,50	117,74	106,81	75,53	21	1	0	1	0	1
169,65	119,96	109,96	77,75	22	1	0	1	1	0
172,79	122,18	113,10	79,97	23	1	0	1	1	1
175,93	124,40	116,24	82,19	24	1	1	0	0	0
179,07	126,62	119,38	84,81	25	1	1	0	0	1
182,21	128,84	122,52	86,64	26	1	1	0	1	0
185,35	131,07	125,66	88,86	27	1	1	0	1	1
188,49	133,29	128,81	91,08	28	1	1	1	0	0
191,64	135,51	13 1.95	93,30	29	1	1	1	0	1
194,78	137,73	135,09	95,52	30	1	1	1	1	0
197,92	139,95	138,23	97,74	31	1	1	1	1	1

1) $f_{CLK}/f_0 = (32 + N)\,\pi/2$ beim MAX263/7 in Betriebsart 1, 3 und 4 mit $0 \leq N \leq 31$
2) $f_{CLK}/f_0 = (13 + N)\,\pi/2$ beim MAX264/8 in Betriebsart 1, 3 und 4 mit $0 \leq N \leq 31$
3) in Betriebsart 2 werden alle Verhältnisse f_{CLK}/f_0 durch $\sqrt{2}$ dividiert

Die Filterbausteine gehen in den Zustand geringe Verlustleistung (Shutdown/Standby) über, wenn an alle Q-Eingänge Q_0 bis Q_6 ein 0-Signal gelegt wird. In diesem Zustand ist die Verlustleistung bei Betriebsspannungen von ±5 V nur noch 25 mW.

Nach Wiedereinschalten des Filters werden 2 ms benötigt, um den vollen Betrieb wieder aufzunehmen. Es gibt mehrere Möglichkeiten der Zusammenschaltung eines Summierverstärkers mit den Integratoren jedes Teilfilters. Die vier zweckmäßigsten Kombinationen (Betriebsarten) lassen sich durch die Beschaltung der Eingänge M_0 und M_1 einstellen. Dabei ist die Tabelle 8.5 gültig, und dazu werden keine externen Bauelemente benötigt. Die fünfte Betriebsart 3A verwendet einen zusätzlichen Operationsverstärker und externe Widerstände; intern ist die Konfiguration aber mit Betriebsart 3 identisch. Die Typen MAX267/268 arbeiten nur in Betriebsart 1.

Die Schaltungen der Bilder 8.16 bis 8.20 zeigen die symbolische Darstellung der verschiedenen Betriebsarten des MAX263/4, die auch mit den Betriebsarten des MAX260/1/2 identisch sind. Es ist jeweils nur ein Teilfilter 2. Ordnung gezeigt. Die beiden Teilfilter A und B lassen sich bei diesen Typen nicht auf verschiedene Betriebsarten einstellen. Die Werte für f_0, f_N (Bandsperre), Q und die verschiedenen Verstärkungsfaktoren für jede Betriebsart sind Tabelle 8.5 zu entnehmen. Zur Beschreibung der Filterfunktionen gelten die Bedingungen, die bereits in den Bildern 8.21 bis 8.24 beschrieben worden sind.

Beim Entwurf eines Filters geht man normalerweise von den Anforderungen an den Frequenzgang aus und berechnet daraus die Anzahl der benötigten Teilfilter 2. Ordnung sowie deren Pole, Nullstellen und Gütefaktoren. Diese Berechnung erfolgt mit den Filterentwurfsprogrammen, die von Analog Devices bereitgestellt werden. Wenn die Werte für f_0 und Q feststehen, muss man diese in die digitalen Koeffizienten zur Programmierung des MAX263/4/7/8 umrechnen. Auch müssen eine Betriebsart und eine Taktfrequenz oder das Verhältnis von Taktfrequenz zur Mitten/Grenzfrequenz bestimmt werden.

Bei kleinen Verhältnissen f_{CLK}/f_0 und niedrigen Gütewerten Q kann eine merkbare Abweichung von der idealen Filterfunktion in einigen Anwendungen auftreten. Diese resultiert aus der bei niedriger Güte Q und dem Tastverhältnis f_{CLK}/f_0 auftretenden Wechselwirkung zwischen Q und f_0. In den Diagrammen von Abb. 8.29 sind diese Fehler quantifiziert. Da die Fehler wieder vorhersehbar sind, kann man diese Diagramme benutzen, um die ausgewählten Werte von f_0 und Q zu korrigieren, so dass sich mit den korrigierten Werten die gewünschte Filterfunktion realisieren lässt.

8.3.5 • Bandpassfilter mit mehrfacher Rückkopplung

Eine Möglichkeit zur Implementierung von Bandpassfiltern ist die Verwendung einer Schaltung mit mehrfacher Rückkopplung. In dieser Schaltung wird nur ein Takt verwendet, und alle zweipoligen Teilfilter werden gemeinsam programmiert. Dies kann beim Anschlussprogrammierbaren Filter MAX263/4/7/8 nützlich sein, da die beiden Teilfilter 2.Ordnung auf dasselbe Verhältnis f_{CLK}/f_0 und dieselbe Güte Q eingestellt werden müssen, wobei man aber auch verschiedene Takte verwenden kann.

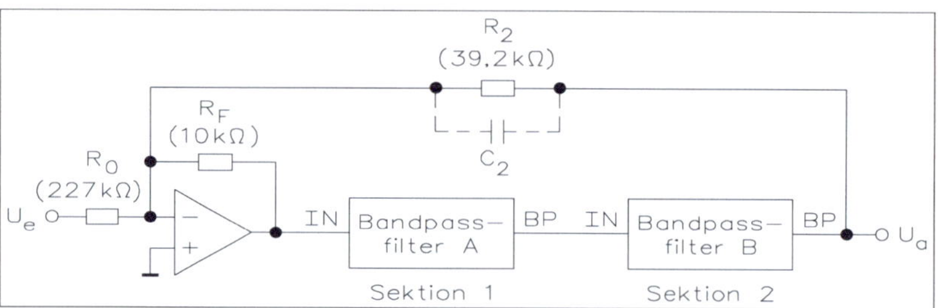

Abb. 8.40 • Bandpassfilter 4. Ordnung mit Rückkopplung; der Kondensator C_2 kann einen Wert von 2,5 pF bis 10 pF aufweisen.

Wie die Schaltung von Abb. 8.40 zeigt, werden die Ausgänge der hintereinander geschalteten Teilfilter über einen externen Addierer am Eingang geschaltet. Da jedes zweipolige Teilfilter das Signal invertiert, muss das Ausgangssignal der Stufen mit ungerader Bezifferung, außer der ersten Stufe, vor der Rückkopplung invertiert werden, wie dies beim Filter achter Ordnung in Abb. 8.41 der Fall ist.

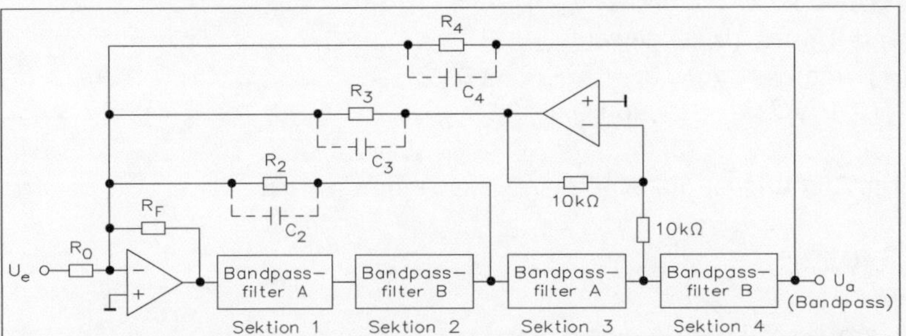

Abb. 8.41 • Bandpassfilter achter Ordnung mit mehrfacher Rückkopplung; die Kondensatoren C_2, C_3 und C_4 können Werte zwischen 2,5 pF bis 10 pF aufweisen.

In einem Filter mit mehrfacher Rückkopplung ist die Bandpassübertragungsfunktion abhängig von der Taktfrequenz, vom Verhältnis, von der Güte Q und von den Verhältnissen der Rückkopplungswiderstände. In Tabelle 8.10 sind die Konstanten zur Berechnung der Widerstandsverhältnisse für die üblichen Bandpasskonfigurationen dargestellt.

Tabelle 8.10 • Filterkonstanten für Bandpässe mit mehrfacher Rückkopplung

Filtertyp	Ordnung	K_0	K_1	K_2	K_3	K_4
Butterworth (3 dB)	4	2,0000	4,0000			1,4142
	6	2,3704	2,6667	9,1429		1,5000
	8	2,9142	2,0000	5,8284	14,315	1,5307
Tschebyscheff (0,1 dB)	4	1,6983	2,9512			0,8430
	6	1,3183	1,2137	4,5125		1,5473
	8	0,7986	0,5782	1,8809	2,0343	2,0343
Tschebyscheff (0,2 dB)	4	1,5757	2,5998			1,0378
	6	1,1128	0,9894	3,7271		1,8413
	8	0,5891	0,4551	1,4954	1,3309	2,6057
Tschebyscheff (0,5 dB)	4	1,3405	2,0161			1,4029
	6	0,8143	0,6897	2,6447		2,3944
	8	0,3389	0,3040	1,0114	0,6365	3,3406
Tschebyscheff (1,0 dB)	4	1,0939	1,5039			1,8219
	6	0,5822	0,4756	1,8475		3,0354
	8	0,1869	0,2038	0,6840	0,3002	4,1981
Tschebyscheff (1,5 dB)	4	0,9191	1,1934			2,1688
	6	0,4515	0,3616	1,4145		3,5705
Tschebyscheff (2,0 dB)	4	0,7850	0,9767			2,4881
	6	0,3641	0,2878	1,1308		4,0660
Tschebyscheff (2,5 dB)	4	0,6769	0,8148			2,7962
	6	0,3005	0,2353	0,9275		4,5462
Tschebyscheff (3 dB)	4	0,5875	0,6886			3,1013
	6	0,2519	0,1959	0,7739		5,0231

Beispiel: Für das Bandpassfilter von Abb. 8.40 nach Tschebyscheff vierter Ordnung mit einem Überschwingen von 1 dB im Durchlassbereich, einer Mittenfrequenz f_0 = 10 kHz und einer Bandbreite Δf = 2 kHz sollen die Bauteile berechnet werden.

- die Gesamtgüte des Filters ist $Q = f_M/\Delta f = 5$
- aus Tabelle 8.10 ergibt sich der Faktor $K_Q = 1{,}8219$
- die Güte jedes Teilfilters 2.Ordnung ist: $Q_R = Q_F \cdot K_Q = 5 \cdot 1{,}8219 = 9{,}109$
- für den Widerstand R_F wird 10 kΩ gewählt
- es ergibt sich für R_2 ein Wert von: $R_2 = K_2 \cdot R_F \cdot (Q_R/2)^2 =$ $1{,}5039 \cdot 10\,k\Omega \cdot (9{,}109/2)^2 = 311{,}96\,k\Omega$

  Bei Filtern höherer Ordnung ist die allgemeine Gleichung:

  $$R_N = K_N \cdot RF \cdot (Q_R/2)^N$$

- mit R_0 wird die Gesamtverstärkung A eingestellt:

  $$R_0 = K_0 \cdot R_F \cdot (Q_R/2)^2/A$$

  Für A = 1 ergibt sich $R_0 = 1{,}0930 \cdot 10\,k\Omega \cdot (9{,}102/2)^2/1 = 226{,}8\,k\Omega$

  Bei Filtern höherer Ordnung ist die allgemeine Formel:

  $$R_0 = K_0 \cdot R_F \cdot (Q_R/2)^M \text{ mit } M = \text{Filterordnung}/2$$

- die Mittenfrequenz eines Bandfilters kann man über einen großen Bereich von Taktfrequenzen und der Tastverhältnisse f_{CLK}/f_0 einstellen; bei einer Taktfrequenz von 1 MHz ist das Verhältnis $f_{CLK}/f_0 = 100$. Der nächste mit Codierung ist 100,53, wodurch sich eine Mittenfrequenz von 10 kHz ergibt,

- es kann notwendig sein, parallel zum Widerstand R_2 einen Kondensator von 2,5 pF bis 10 pF zu schalten, um eine Spitze der Übertragungsfunktion zu kompensieren.

8.3.6 • Kaskadierung von Filtern

In einigen Anwendungen, wie beispielsweise bei sehr schmalbandigen Bandfiltern, müssen mehrere Teilfilter 2. Ordnung mit identischen Mittenfrequenzen kaskadiert werden. Der Gütefaktor Q_T (Total) des resultierenden Filters ist:

$$Q_T = \frac{Q_E}{\sqrt{\left(2^{1/N} - 1\right)}}$$

Dabei sind Q_E die Güte jedes einzelnen Teilfilters und N die Anzahl der kaskadierten Teilfilter. In Tabelle 8.11 sind die resultierenden Q-Werte und die Bandbreiten für die Kaskadierung von bis zu fünf Teilfiltern 2.Ordnung aufgelistet. Der Faktor B ist die Bandbreite jedes Teilfilters.

In Bandfiltern höherer Ordnung, die nicht mit dieser Technik der mehrfachen Rückkopplung realisiert worden sind, werden häufig Stufen mit verschiedenen Werten für f_0 und Q hintereinander geschaltet. In diesem Fall ist die Gesamtverstärkung des Filters bei der

Tabelle 8.11 • Kaskadierung identischer Bandpass-Teilfilter
Δf Bandbreite des Teilfilters
Q Gütefaktor des Teilfilters

Sektion	B_T	Q_T
1	1,000 B	1,00 Q
2	0,644 B	1,55 Q
3	0,510 B	1,96 Q
4	0,435 B	2,30 Q
5	0,386 B	2,60 Q

Mittenfrequenz nicht einfach das Produkt der Einzelverstärkungen, weil die Frequenz, bei der die Einzelverstärkung des Teilfilters spezifiziert ist (f_{0i}), für jedes Teilfilter unterschiedlich ist. Man muss vielmehr die Verstärkung jedes Teilfilters bei der Mittenfrequenz des Gesamtfilters bestimmen, um die Gesamtverstärkung zu erhalten.

Für Allpol-Filter wird die Verstärkung $H(f_0)$ bei jeder Teilfiltermittenfrequenz f_{0i} durch einen Korrekturfaktor G geteilt, um den Beitrag des einzelnen Teilfilters bei der Mittenfrequenz des Gesamtfilters $H_i\,(f_{OBP})$ zu erhalten. Die Verstärkung ist:

$$H_i\,(f_{OBP}) = H_i\,(f_{Oi})/G_i$$

und die Verstärkung des Teilfilters bei f_{OBP} ist damit:

$$G_i = \frac{Q_i\left[(F_i^2-1)^2+(F_i/Q_i)^2\right]^{\frac{1}{2}}}{F_i}$$

mit: $F_i = f_{01}/f_{OBP}$

Die Gesamtverstärkung des kaskadierten Bandpassfilters errechnet sich aus:

$$H(f_{OBP}) = H_1(f_{OBP}) \cdot H_2(f_{OBP}) \cdot \ldots \cdot H_N(f_{OBP}).$$

Für kaskadierte Filter mit Nullstellen wie elliptische Filter ist der Korrekturfaktor für jede Stufe:

$$G_i = \frac{Q_i\left[(F_{Zi}^2-F_i^2)\cdot(F_i^2-1)^2+(F_i/Q_i)^2\right]^{\frac{1}{2}}}{F_i^2(F_{Zi}^2-1)}$$

mit: $F_{Zi} = f_{Zi}/f_{OBP}$ und $F_i = f(Q_i/f_{OBP})$

8.3.7 • Anschluss eines geschalteten Kapazitätsfilters

Die geschalteten Kapazitätsfilter lassen sich mit einer Betriebsspannung von +5 V bis +12 V oder mit zwei Betriebsspannungen von ±2,5 V bis ±5 V betreiben. Bei Verwendung einer Betriebsspannung wird der Anschluss $-U_B$ mit dem Bezugspotential der Schaltung verbunden. Der Anschluss GND (Masse) liegt dabei zwischen einem Spannungsteiler auf $+U_B/2$.

Werden andere Betriebsspannungen als ±5 V verwendet, ist es notwendig, die digitalen Eingangssignale WR, D_0, D_1, A_0 – A_3, CLK_A und CLK_B mit CMOS-Pegeln anzusteuern, d.h. H-Pegel = $+U_B$ und L-Pegel = GND oder $-U_B$. Bei ±5 V kann man direkt die TTL- oder CMOS-Spannungspegel verwenden. Es ist aber auch zu beachten, dass sich die Verlustleistung bei ±5 V verringert, wenn man die Takteingänge CLK_A und CLK_B mit ±5 V ansteuert. Im Betrieb mit +5 V oder +2,5 V wird die Verlustleistung ebenfalls geringer, aber die nutzbare Bandbreite reduziert sich gegenüber dem Betrieb mit +12 V oder mit ±5 V um etwa 25 %. Die günstigen Betriebsbedingungen erhält man, wenn die Betriebsspannungen jeweils mit einem Tantalkondensator von 4,7 µF und einem parallelen Keramikkondensator von 0,1 pF mit möglichst kurzen Anschlüssen abgeblockt werden.

Die geschalteten Filter sind für Ausgangslasten von 10 kΩ ausgelegt. Hält man diese Bedingungen ein, erreicht man Ausgangsspannungen, die bis auf 1 V die Betriebsspannungen erreichen. Um sicherzustellen, dass die Ausgänge nicht übersteuert und begrenzt werden, muss man die maximale Verstärkung und die Verstärkungsfaktoren der einzelnen Teilfilter genau untersuchen. Es ist besonders wichtig, auch die unbenutzten Ausgänge auf Übersteuerung zu prüfen, z. B. den Tiefpassausgang eines Bandpassfilters, da auch eine Übersteuerung in nur einem Teil des gesamten Filters die Übertragungsfunktion drastisch verändern kann. Die maximale Ausgangsamplitude beträgt bei der Betriebsspannung ±5 V und dem Offset 1,0 V annähernd ±3,5 V.

Als Beispiel sei ein Tiefpassfilter 4. Ordnung mit Gütefaktor Q = 2 in Betriebsart 1 betrachtet. Mit Betriebsspannung +5 V (±2,5 V relativ zum Anschluss GND) ist die maximale Ausgangsamplitude ±2 V (relativ zu GND). Da der maximale Verstärkungsfaktor in Betriebsart 1 der Güte Q entspricht, darf das Eingangssignal in diesem Fall den Wert ±2 V/Q = ±1 V nicht überschreiten.

Der typische Wert des Breitbandrauschens im Frequenzbereich zwischen 0 kHz und 100 kHz ist der Spitze-Spitze-Wert 0,5 mV. Dieses Rauschen ist nahezu unabhängig von der Taktfrequenz. Bei mehrstufigen Filtern sollte man das Teilfilter mit dem größten Gütefaktor Q am Eingang platzieren, um das Ausgangsrauschen möglichst gering zu halten.

Die Kurvenform am Ausgang eines geschalteten Kapazitätsfilters ist die eines mit der internen Abtastfrequenz abgetasteten kontinuierlichen Signals. Wenn die „Treppenform" dieses abgetasteten Signals stört, kann dieser Effekt durch ein einfaches RC-Filter am Ausgang weitgehend eliminiert werden. Ohne Eingangssignal ist die Überkopplung vom Takt auf den Ausgang ungefähr 8 mV_{SS}. Auch dies kann man durch ein RC-Filter verringern.

Alle Werte für f_0, Q und Betriebsart erhält das geschaltete Kapazitätsfilter über eine Schnittstelle. Am D-Flipflop 74374 liegen vier Adress- und zwei Datenleitungen an. Über die Adressen steuert man die internen Speichereinheiten, und auf den adressierten Plätzen werden die Informationen beider Datenleitungen eingeschrieben.

Bei kleinen Verhältnissen f_{CLK}/f_0 und niedrigen Gütewerten Q kann eine merkbare Abweichung von der idealen Filterfunktion in einigen Anwendungen auftreten. Die resultiert aus der bei niedrigem Q und f_{CLK}/f_0 auftretenden Wechselwirkungen zwischen Q und f_0. Derartiges ist bei geschalteten Filtern keine Besonderheit, sondern solche Wechselwirkungen treten bei allen Abtastfiltern auf. Bei den meisten Anwendungen sind diese Abweichungen aber nicht sehr signifikant und liegen unter 1 %, so dass keine Korrektur notwendig ist.

Wie bei allen abgetasteten Systemen werden auch bei geschalteten Kapazitätsfiltern bestimmte Frequenzen, die oberhalb der halben Abtastfrequenz liegen, „zurückgefaltet". Wenn zum Beispiel die Frequenz eines Eingangssignals in der Nähe der Abtastfrequenz liegt, werden Signale gebildet, deren Frequenz der Differenz zwischen Signalfrequenz und Abtastfrequenz entspricht. Derartige Signale können dann durchaus in den Durchlassbereich des Filters fallen und sind dann von echten Eingangssignalen nicht mehr zu unterscheiden.

Wird ein Filter, das eine Abtastfrequenz von 100 kHz besitzt (f_{CLK} = 200 kHz), mit einem Eingangssignal der Frequenz f = 99 kHz angesteuert, kommt es zu einem Ausgangssignal der Frequenz f= 1 kHz. Die Ausgangsspannung sieht dann genauso aus wie die abgeschwächte Version eines Signals mit der Frequenz 1 kHz am Eingang. Zu beachten ist, dass bei geschalteten Filtern die Nyquist-Rate (die halbe Abtastfrequenz) dem Wert $f_{CLK}/4$ entspricht, da die Frequenz des externen Taktsignals intern durch zwei geteilt wird.

8.3.8 • Geschalteter Tschebyscheff-Bandpass 4.Ordnung

In der Schaltung von Abb. 8.40 sind die beiden Teilfilter eines geschalteten Filters kaskadiert und können einen Tschebyscheff-Bandpass vierter Ordnung bilden. Die gewünschten Parameter sind:

- Mittenfrequenz f_0 1 kHz
- Bandbreite 200 Hz
- Sperrbandbreite 600 Hz
- Welligkeit im Durchlassbereich 0,5 dB
- Minimale Sperrdämpfung 15 dB

Aus diesen Parametern lassen sich die Ordnung (Anzahl der Pole) sowie die Werte für f_0 jedes Teilfilters ableiten. Die Parameter für die beiden Teilfilter A und B sind in diesem Fall:

F_{0A} = 904Hz f_{0B} = 1106 Hz
Q_A = 7,05 Q_B = 7,05

Zur Implementierung dieses Filters arbeiten beide Teilfilter in Betriebsart 1 und verwenden denselben Takt. Hierzu wird auf die speziellen Analog Devices-Tabellen hingewiesen. Die programmierten Parameter sind:

$CLK_A = CLK_B$ = 150 kHz
f_{CLK}/f_{0A} =1,665 (Betriebsart 1, N = 42), effektives f_{0A} = 902,4 Hz
f_{CLK}/f_{0B} =136,66 (Betriebsart 1, N = 23), effektives f_{0B} = 1099,7 Hz
$Q_A = Q_B$ = 7,11 (Betriebsart 1, N = 119)

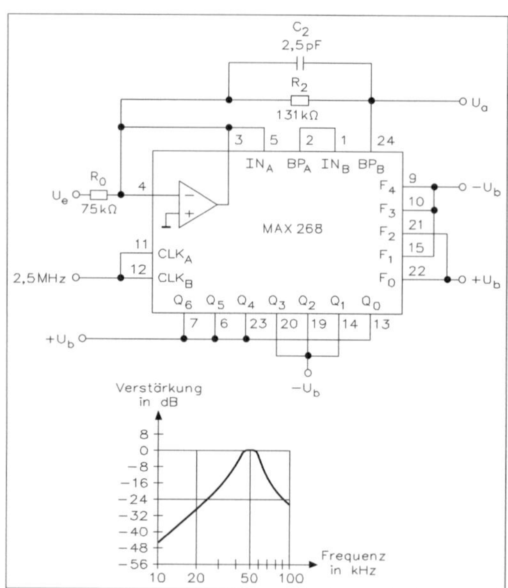

Abb. 8.42 • Schaltung und Frequenzdiagramm eines Tschebyscheff-Bandpasses 4. Ordnung mit mehrfacher Rückkopplung.

Die Abtastfehler sind bei diesen großen Verhältnissen f_{CLK}/f_0 sehr gering, so dass das effektive Q sehr nahe am idealen Wert 7,07 liegt. In den meisten Fällen wird das effektive Q nicht dem idealen Wert entsprechen, da die mögliche Auflösung mit steigendem Q sinkt. Dies hat allerdings auf die meisten praktischen Anwendungen keinen großen Einfluss, da eine dreistellige Genauigkeit von Q in der Praxis nie benötigt wird. Die Gesamtverstärkung des Filters bei der Mittenfrequenz f_0 ist 16,4 V/V oder 24 dB. Benötigt man andere Verstärkungsfaktoren, sind entsprechende Verstärker- oder Abschwächerstufen an Eingang, Ausgang oder zwischen die einzelnen Teilfilter einzuschalten. In der Schaltung von Abb. 8.42 arbeitet ein MAX268 als Tschebyscheff-Bandpass 4. Ordnung mit einer Mittenfrequenz von 50 kHz. Die Spezifikationen sind:

Mittenfrequenz f_0	50 kHz
Bandbreite	10 kHz
Welligkeit im Durchlassbereich	0,1 dB
Verstärkung bei der Mittenfrequenz	1

In dieser Schaltung werden zwei identische Teilfilter 2. Ordnung mit dem internen Operationsverstärker und mehrfacher Rückkopplung verwendet. Mit dem Filterprogramm „BP“ werden die Programmcodierungen und die Widerstandsverhältnisse berechnet. Bei einem Quarztakt von 2,5 MHz sind die Parameter:

Mittenfrequenz	50,305 kHz
Durchlassbandbreite	10,07V kHz
Verhältnis fc_{LK}/fo	50,27(N= 3)
programmierte Güte	4,27(N=113) (gewünschteGüte ist 4,215)
aktuelles Q (mit Korrektur)	4,21
Widerstände:	R_2 = 131 kΩ, R_0 = 75kΩ, R_F = 10 kΩ

Man kann auch andere Taktfrequenzen und andere Verhältnisse f_{CLK}/f_0 für dasselbe Filter wählen. Hohe Verhältnisse von f_{CLK}/f_0 ergeben aber eine bessere Annäherung an das ideale Filter.

Der Kondensator C_2 kann notwendig sein, um eine Spitze der Übertragungsfunktion an der Ecke des Durchlassbereichs zu kompensieren. In diesem Beispiel wählt man C_2 = 2,5 pF.

Die Technik der mehrfachen Rückkopplung kann bis zu Filtern 8.Ordnung und Verwendung desselben Takts durch Hinzufügen eines weiteren MAX268 und zwei zusätzlichen externen Rückkopplungswiderständen angewendet werden. Auch eine solche Konfiguration lässt sich mit dem Filterprogramm „BP" berechnen. Dabei ist darauf zu achten, dass die Ausgangssignale der Stufen mit ungerader Bezifferung vor der Rückkopplung zu invertieren sind.

8.3.9 • Bandpass 4. Ordnung ohne Rückkopplung

Das vorhergehende Beispiel lässt sich ohne Verwendung mehrfacher Rückkopplung ohne externe Komponenten implementieren. In diesem Fall ist es jedoch notwendig, mit verschiedenen Taktfrequenzen für CLK_A und CLK_B zu arbeiten, wie die Schaltung von Abb. 8.43 zeigt.

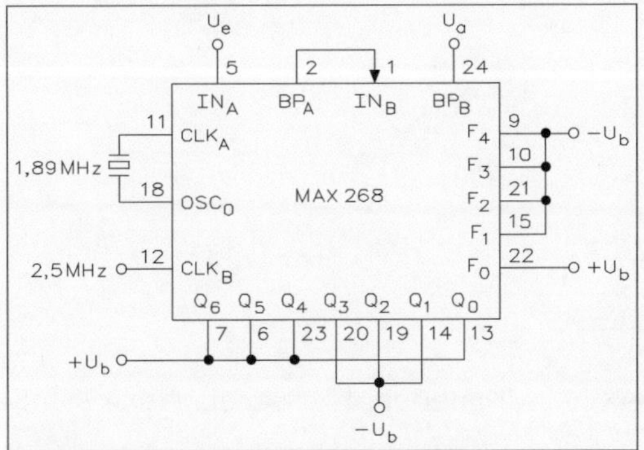

Abb. 8.43 • Tschebyscheff-Bandpass vierter Ordnung ohne Rückkopplung.

Die Spezifikationen des Filters sind dieselben wie in dem vorhergehenden Beispiel. Die realisierten Parameter sind nun:

CLK_A	1,89 MHz
CLK_B	2,5 MHz
Mittenfrequenz	50 kHz
Durchlassbandbreite	10 kHz
programmiertes	43,91 (N =1)
Verhältnis f_{CLK}/f_0	50,27 (N = 3),
programmierte Güte	(gewünschte Güte ist 4,215)
aktuelles Q (mit Korrektur)	4,2

Bei gewähltem Verhältnis f_{CLK}/f_0 kann man an CLK_A einen Quarz verwenden, während CLK_B von einem geteilten Systemtakt mit 2,5 MHz gespeist wird. Dies ist zweckmäßig, da der Eingang CLK_A interne Bauelemente zur Quarzbeschaltung besitzt, während dies bei CLK_B nicht der Fall ist. Es können auch andere Taktsignale mit unterschiedlichem f_{CLK}/f_0 verwendet werden, solange das Verhältnis von CLK_A und CLK_B gleich bleibt. Ein weiterer Vorteil dieser Schaltung ist der, dass sich höhere Mittenfrequenzen als in der Realisierung mit mehrfacher Rückkopplung erreichen lassen, da in diesem Fall Teilfilter niedriger Güte Q verwendet werden. Die Schaltung von Abb. 8.44 zeigt zwei Teilfilter mit Butterworth-Charakteristik, die aufeinander abgeglichen sind.

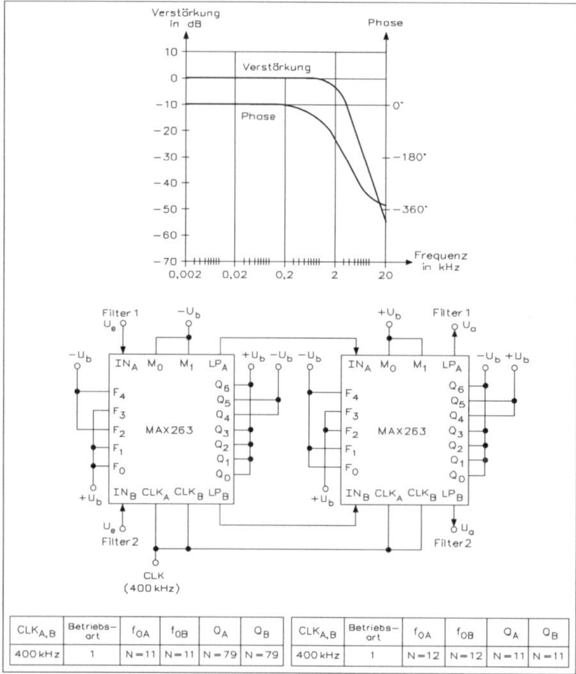

$CLK_{A,B}$	Betriebs-art	f_{0A}	f_{0B}	Q_A	Q_B
400 kHz	1	N=11	N=11	N=79	N=79

$CLK_{A,B}$	Betriebs-art	f_{0A}	f_{0B}	Q_A	Q_B
400 kHz	1	N=12	N=12	N=11	N=11

Abb. 8.44 • Angepasstes Tiefpassfilter vierter Ordnung mit der Grenzfrequenz f_0 = 3 kHz.

Durch die Aufteilung von zwei Bausteinen MAX263 wird nur ein Takt benötigt. Die Spezifikationen lauten:

Grenzfrequenz	3kHz
Q_A	1,307
Q_B	0,541

Diese Werte lassen sich direkt zur Programmierung der Filter benutzen. Da jedoch die beiden Werte für die Güte relativ niedrig sind, können die Abtastfehler so signifikant sein, dass diese zu beachten sind.

Aus den Diagrammen von Abb. 8.29 ist zu entnehmen, dass bei einem Verhältnis von f_{CLK} zu f_0 von etwa 130 (f_{CLK} ist 400 kHz) die Grenzfrequenzen f_0 um 4% und f_{oB} um 1,5% zu hoch bzw. die Güte QA um 1,2% und QB um 0,5% zu niedrig sind. In einigen Anwendungen mögen diese Fehler nicht relevant sein, aber in diesem Fall werden sie durch die Filterprogramme „PZ“ und „MPP“ korrigiert. Die Werte für f_{0A} und f_{0B} werden aus diesem Grund verschieden eingestellt mit N_A = 11 und N_B = 12.

Betriebsart 1, $CLK_A = CLK_B = 400$ kHz
$f_{CLK}/f_0 = 135{,}08$ (N = 11)
(gewünschtes $f_{0A} = 2961$ Hz, aktuelles $f_{0A} = 3008$ Hz)
$f_{CLK}/f_{0B} = 138{,}23$ (N= 12)
(gewünschtes $f_{0B} = 2894$ Hz, aktuelles $f_{0B} = 3015$ Hz)
$Q_A = 1{,}31$ (N = 79), aktuelles $Q_A = 1{,}30$
$Q_B = 0{,}547$ (N = 11), aktuelles $Q_B = 0{,}542$

8.4 • IC-Tiefpassfilter 5. Ordnung

Die Bausteine MAX280/LTC1062 sind Tiefpassfilter 5. Ordnung ohne Offset-Spannungsfehler. Die Filter benutzen einen externen Widerstand und einen externen Kondensator, um die integrierte Schaltung vom Gleichspannungspfad zu isolieren, wodurch sich eine ausgezeichnete Gleichspannungsgenauigkeit ergibt.

Zusammen mit diesem Widerstand R und dem Kondensator C bildet das geschaltete Kapazitätsfilter 4. Ordnung auf dem Baustein ein Tiefpassfilter 5.Ordnung, wie die Schaltung von Abb. 8.45 zeigt. Der MAX280 von Analog Devices ist die verbesserte Version des LTC1062. Wesentliche Verbesserungen sind engere Spezifikationen der Taktfrequenz des internen Oszillators und der Offsetspannung des Pufferverstärkers. Die Grenzfrequenz des Filters wird durch den internen Takt bestimmt, der sich mit einem externen Takt übersteuern lässt. Das Verhältnis zwischen Taktfrequenz und Grenzfrequenz ist 100:1, so dass man die Taktspitzen einfach herausfiltern kann.

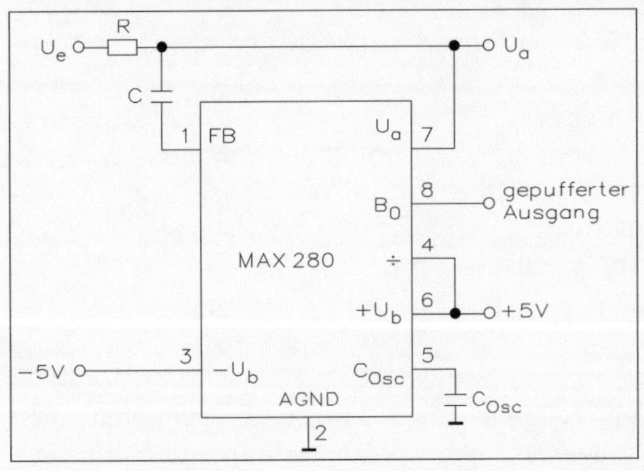

Abb. 8.45 • Schaltung eines IC-Tiefpassfilters 5. Ordnung.

8.4.1 • Funktionsweise und Innenschaltung des MAX280/LTC1062

Die Schaltung von Abb. 8.46 zeigt das Blockdiagramm für den MAX280/ LTC1062. Die Ausgangsspannung wird über einen internen Pufferverstärker auf ein geschaltetes Kapazitäts-Netzwerk gegeben, das seinerseits einen Anschluss des externen Kondensators treibt.

Mit der Schaltung von Abb. 8.46 wird ein Tiefpass 5. Ordnung gebildet. Ein- und Ausgang sind über den externen Widerstand R verbunden, und das eigentliche Filterelement liegt nur im Wechselspannungspfad des Signals. Die Offsetspannungen des Pufferverstärkers

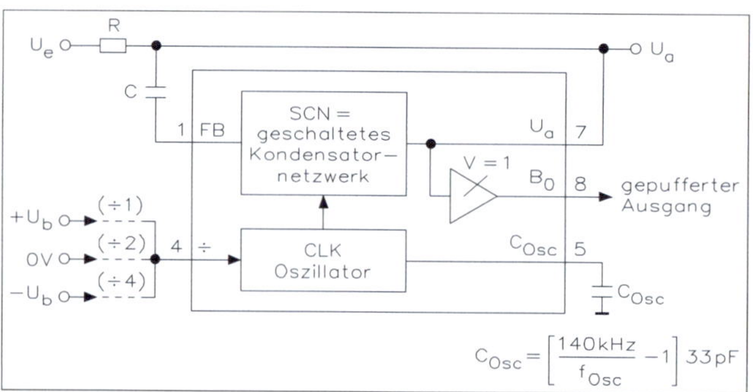

Abb. 8.46 • Blockdiagramm für das Tiefpassfilter fünfter Ordnung mit dem MAX280/LTC1062.

und des geschalteten Kapazitätsfilters werden durch den Kondensator abgeblockt und haben keinen Einfluss auf den Ausgang U_a.

Durch die Verwendung des externen Widerstands und Kondensators wird automatisch ein lineares Bandbegrenzungsfilter für das abgetastete aktive Filter realisiert. Darüber hinaus lässt sich das niederfrequente Rauschen des Filterelements durch den externen Kondensator abschwächen, da jedes Rauschen am Anschluss FB auch über den Hochpasspfad auf den Ausgang gekoppelt ist. Der Ausgang U_a des Filters ist jedoch ungepuffert, aber das Signal lässt sich durch den integrierten Verstärker über den Ausgang B_0 puffern. Alternativ kann man einen externen hochgenauen Operationsverstärker verwenden, z.B. einen chopperstabilisierten Operationsverstärker, um möglichst geringe Offset-Gleichspannungen am Ausgang sicherzustellen. Der integrierte Pufferverstärker hat die Offsetspannung 2 mV beim MAX280 und 20 mV beim LTC1062. Der Temperaturkoeffizient der Offsetspannung liegt bei beiden Elementen um 1 µV/°C.

Der Anschluss „Divider Ration" oder „Teiler-Verhältnis" bestimmt das Verhältnis zwischen dem internen Takt f_{CLK} und der eigentlichen Taktfrequenz f_{OSC}. Wird dieser Anschluss auf $+U_B$ gelegt, ergibt sich ein Teilerverhältnis von 1:1, bei Anschluss an 0 V ist es 1: 2, und bei Anschluss an $-U_B$ stellt sich das Verhältnis von 1: 4 für f_{CLK}/f_{OSC} ein.

8.4.2 • Interne und externe Taktsteuerung

Der interne Oszillator mit einer nominellen Frequenz von 140 kHz lässt sich durch einen externen Kondensator ändern. Dieser Kondensator wird dem internen Kondensator von 33 pF am Anschluss C_{OSC} parallel geschaltet. Die sich dabei ergebende Taktfrequenz berechnet sich aus:

$$f_{osc} = 140Hz\left(\frac{33pF}{33pF + C_{osc}}\right) \tag{8.1}$$

Aufgrund von Herstellungstoleranzen kann f_{OSC} beim LTC1062 um ± 62,5% schwanken. Beim MAX280 wird dieser Toleranzbereich durch Abgleich auf dem Chip auf ±19,5% eingegrenzt. Die Oszillatorfrequenz kann man durch Verwendung eines in Serie geschalteten Einstellers zwischen dem Kondensator und dem Anschluss C_{OSC}, wie Abb. 8.47 zeigt, abgleichen.

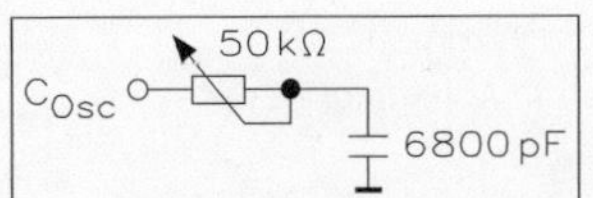

Abb. 8.47 • Einstellung des externen Oszillators.

Die neue Frequenz lässt sich berechnen aus:

$$f_{osc} = \frac{f_{osc}}{1 - 4 \cdot R \cdot C_{osc} \cdot f_{osc}} \quad (8.2)$$

wobei f_{OSC} die Oszillatorfrequenz bei R = 0 Ω ist. Bei Verwendung eines externen Einstellers ist der neue Wert der Frequenz immer höher als der, der nach Gl. (8.2) berechnet wurde. Um einen möglichst großen Abgleichbereich zu erhalten, berechnet man zuerst mit Gl. (8.1) die ideale Kombination f_{OSC} und C_{OSC}. Dann verdoppelt man den Wert von C_{OSC} und verwendet einen Einsteller mit 50 kΩ zum genauen Abgleich von f_{OSC}.

Beispiel: Für eine Oszillatorfrequenz von 1 kHz ist der ideale Wert für C_{OSC} = 3,9 nF. Durch Zusammenschaltung eines Kondensators von 6,8 nF mit einem Einsteller von 50 kΩ erhält man einen Abgleichbereich zwischen 500 Hz und 1,56 kHz. Das intern geschaltete Kapazitätsfilter benötigt einen Takt, der um den Faktor 100 höher als die gewünschte Grenzfrequenz ist. Bei Verwendung eines externen Takts muss die Amplitude am Anschluss C_{OSC} bis an die Betriebsspannung von $\pm U_B$ heranreichen. Obwohl bei digitalen CMOS-Bausteinen nicht garantiert ist, dass dies unter den Lastbedingungen des Anschlusses C_{OSC} der Fall ist, zeigt die Praxis, dass solche Bausteine dafür einzusetzen sind. Mit den gepufferten CMOS-Gattern der B-Serie sind die geeigneten Pegel garantiert, sogar dann, wenn mehrere Elemente gleichzeitig angesteuert werden.

Die externen Elemente werden als Teil der Rückkopplungsschleife des Filters verwendet und bilden darüber hinaus einen weiteren Filterpol. Das interne Filter 4.Ordnung wird mit einem Takt betrieben, der die Grenzfrequenz des Filters bestimmt. Für einen optimal flachen Verlauf der Übertragungscharakteristik im Durchlassbereich des Filters sollte die Taktfrequenz dem Zehnfachen der gewünschten Grenzfrequenz entsprechen. Die Werte für den externen Widerstand und den externen Kondensator sollte man nach der folgenden Beziehung bestimmen:

$$\frac{f_C}{1{,}62} = \frac{1}{2 \cdot \pi \cdot R \cdot C}$$

mit f_C als Grenzfrequenz.

Soll zum Beispiel ein Filter mit einer Grenzfrequenz von 10 Hz realisiert werden, wird ein Takt von 1 kHz benötigt. Die Größe $1/(2 \cdot \pi \cdot R \cdot C)$ hat dann den Wert von 10 Hz/1,62 = 6,17 Hz.

Der typische Wert des Widerstands R liegt um 20 kΩ. Der Minimalwert dieses Widerstands hängt von der maximalen Amplitude des Eingangssignals und von der Stromaufnahmefähigkeit des Anschlusses FB (typisch 1 mA) ab. Bei einem Eingangssignal mit 1 V Spitze-Spitze beträgt der Minimalwert des Widerstands 1 kΩ. Die Werte lassen sich aus dem Diagramm von Abb. 8.48 entnehmen.

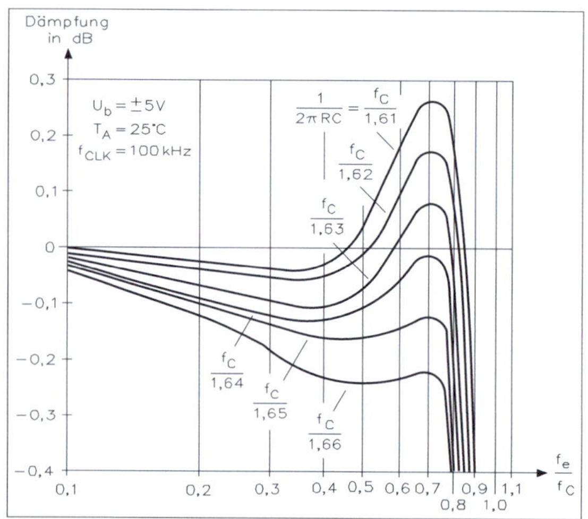

Abb. 8.48 • Diagramm für das Bandpass-Verhalten in Abhängigkeit der Eingangsfrequenz f_e.

Wird ein möglichst flacher Verlauf der Durchgangscharakteristik benötigt, wie dies beim Butterworth-Filter der Fall ist, sollte man den Wert möglichst genau einstellen. Wenn die Zeitkonstante der externen Bauelemente $1/(2 \cdot \pi \cdot R \cdot C)$ sich der Grenzfrequenz des vierpoligen geschalteten Filters auf dem Chip nähert, bekommt die Übertragungsfunktion eine Spitze, wie dies das Diagramm für den Frequenzgang zeigt. Die Dämpfungseigenschaften werden dadurch jedoch nicht wesentlich beeinflusst. Bei Filteranwendungen über größere Arbeitstemperaturbereiche setzt man Keramik-Kondensatoren mit möglichst geringer Temperaturdrift ein. Die Temperaturkoeffizienten derartiger Typen liegen bei ±20 ppm, und es sind Kapazitätswerte bis 0,1 μF verfügbar.

8.4.3 • Anwendungshinweise

Jeder Knoten des Filters schwingt im typischen Fall bis etwa 1 V an die Betriebsspannung heran. Mit den entsprechenden Werten für den externen Widerstand und Kondensator sollte die Amplitudencharakteristik - mit Ausnahme des Anschlusses FB - die Verstärkung von 0 dB nicht überschreiten. Die Amplitudencharakteristik des Anschlusses FB zeigt eine gewisse Überhöhung, was Abb. 8.49 zeigt.

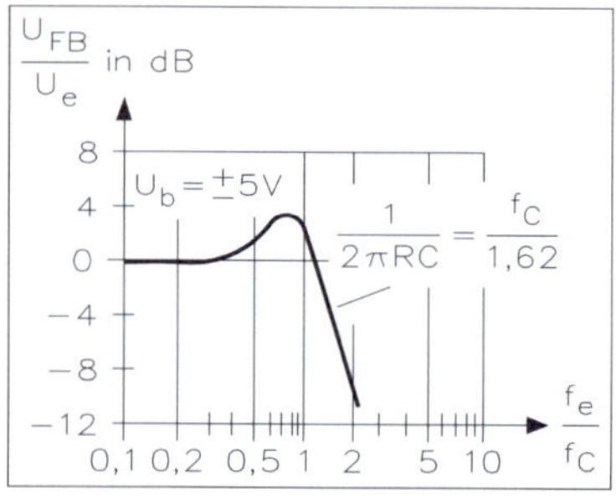

Abb. 8.49 • Übertragungsfunktion am Anschluss FB.

Bei einer Eingangsfrequenz von 0,8 f_c ist die Verstärkung 1,7 V/V. Daraus folgt, dass bei Betriebsspannungen von ±5 V die Eingangsspannung den Wert von ±2,35 V nicht überschreiten sollte. Wird die Eingangsspannung größer, treten Amplitudenbegrenzungen und damit verbundene Verzerrungen auf. Es sollte in jedem Fall sichergestellt sein, dass an keinem Anschluss jeweils die Betriebsspannung überschritten wird, da sonst ein „Latch-up"-Effekt auftreten kann, der zur Zerstörung des Filterbausteins führt.

Der Anschluss des internen Pufferverstärkers FB und der Anschluss U_a sind ein Teil des Wechselspannungspfads. Eine kapazitive Belastung von mehr als 30 pF führt zu Fehlern im Durchlassbereich in der Umgebung der Grenzfrequenz. Auch der Ausgang des internen Pufferverstärkers lässt sich als Filterausgang verwenden, wobei jedoch zu bedenken ist, dass in diesem Fall einige Millivolt an Offsetspannung zu berücksichtigen sind.

Im Sperrbereich des Filters nimmt die Dämpfung mit 30 dB/Oktave zu. Wenn die Taktfrequenz und damit die Grenzfrequenz erhöht werden, verringert sich die maximale Dämpfung. Dies liegt daran, dass die internen aktiven Elemente des Filters auch einen Frequenzgang aufweisen, der sich entsprechend bemerkbar macht. Die geringere Dämpfung ist nicht auf ein Ansteigen des Rauschpegels zurückzuführen.

Bei Verwendung von Betriebsspannungen von ±5 V liegt der Rauschpegel bei einem typischen Effektivwert von 90 µV und verringert sich nur unwesentlich, wenn man Spannungen von ±2,5 V verwendet. Dieser Wert ist ziemlich unabhängig von der Grenzfrequenz. Die spektrale Rauschdichte ist im Gegensatz zu konventionellen aktiven Filtern unterhalb $0{,}1 \cdot f_c$ vernachlässigbar klein. Etwa zwei Drittel des gesamten Breitbandrauschens liegen im Bereich zwischen der Gleichspannung und der Grenzfrequenz.

Die Sprungantwort des MAX280 entspricht ungefähr der eines idealen Butterworth-Filters 5.Ordnung. Das Überschwingen in der Sprungantwort lässt sich durch Verwendung einer Bessel-Charakteristik verkleinern. Diese Charakteristik kann sich durch Annahme von $f_c/2$ anstelle von $f_c/1{,}62$ für $1/(2 \cdot \pi \cdot R \cdot C)$ annähern. Das interne geschaltete Kapazitätsfilter vierter Ordnung ist ein Abtastsystem. Es wird deshalb „Faltungsprodukte" erzeugen, wenn es nicht durch ein bandbegrenztes Signal angesteuert wird oder wenn man das Eingangssignal nicht durch ein kontinuierliches Filter bandbegrenzt. Die externen Bauelemente, Widerstand und Kondensatoren, die zur Erzeugung des fünften Pols benutzt werden, sind ein kontinuierliches Filter und führen automatisch zur Bandbegrenzung. Die Dämpfung bei der Nyquist-Frequenz (der halben Systemfrequenz) ist damit größer als 43 dB.

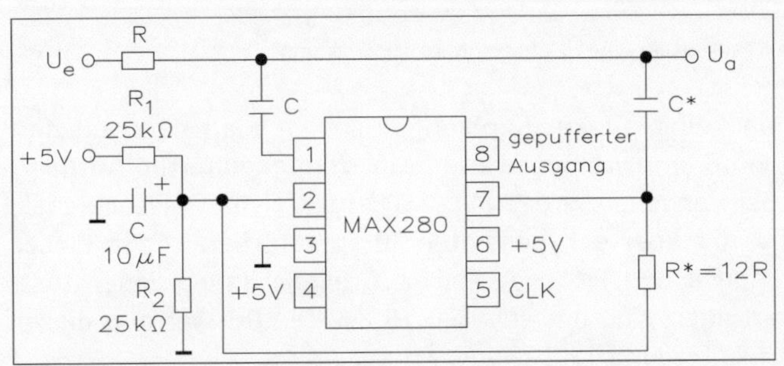

Abb. 8.50 • Schaltung eines Tiefpassfilters 5. Ordnung.

Die Schaltung von Abb. 8.50 wird mit nur einer Betriebsspannung betrieben. Die Anschlüsse AGND (Pin 2) für die analoge Masse und Ua (Pin 7) liegen daher auf der halben

Betriebsspannung. Die Werte der Widerstände R_1 und R_2 sollte man so wählen, dass durch sie ein Strom von etwa 100 µA oder mehr fließen kann. Der Widerstand R* stellt den Arbeitspunkt des Pufferverstärkers ein, und der Kondensator C* isoliert den Pufferverstärker vom Ausgang. Unter diesen Bedingungen sollte man $1/(2 \cdot \pi \cdot R \cdot C)$ auf $f_c/1,84$ einstellen. Damit wird die zusätzliche Belastung durch R* und C* berücksichtigt. Wenn ein externer Kondensator zur Einstellung des internen Oszillators verwendet wird, kann man seinen Minusanschluss an das Bezugspotential des Systems legen. Auch der Anschluss AGND sollte mit einem Kondensator entkoppelt werden.

Beim Betrieb dieser Tiefpassfilter können Taktüberkopplungen auftreten. Derartige Störsignale lassen sich durch Verwendung einer RC-Kombination am Ausgang des Pufferverstärkers reduzieren, wenn dieser als Ausgang benutzt wird. Wenn man einen externen Operationsverstärker am offsetfreien Ausgang verwendet, lässt sich bei diesem zur Reduzierung der Taktsignalüberkopplungen ein Eingangsfilter verwenden.

8.4.4 • Kaskadierung von Filterbausteinen

Zwei Filterbausteine können ohne Verwendung zusätzlicher Pufferschaltungen direkt kaskadiert werden. Der ungepufferte Ausgang der ersten Stufe wird direkt auf den Eingang der zweiten Stufe geschaltet. Um die Belastung der ersten Stufe möglichst gering zu halten, sollte das Verhältnis R*/R möglichst groß sein. Ein empfohlener Wert für R*/R ist 117:1. Die gewählten Werte für $1/(2 \cdot \pi \cdot R \cdot C)$ können $f_c/1,57$ und $f_c/1,6$ sein. Mit einem f_c von 4,16 kHz und einem f_{CLK} = 416 kHz werden z. B. eingestellt: R = 909 Ω, R* = 107 kΩ., C = 66 nF und C* = 574 pF. In diesem Baustein tritt der maximale Fehler bei der halben Grenzfrequenz auf, und er beträgt etwa 0,6 dB, wie Abb. 8.51 zeigt.

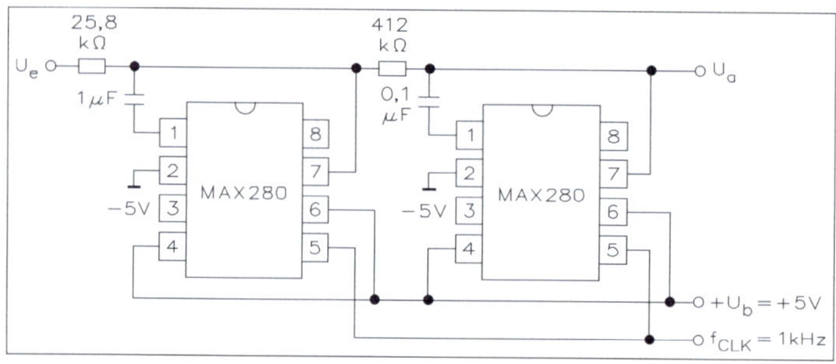

Abb. 8.51 • Einfache Kaskadierung zur Realisierung eines Tiefpassfilters 10. Ordnung.

Bei dieser Kaskadierung hat man eine direkte Kopplung. Schließt man dagegen den Widerstand mit 412 kΩ an den Pin 8 an, wird die zweite Stufe vom gepufferten Ausgang der ersten Stufe angesteuert. Bei Verwendung des MAX280 ergibt sich in dieser Schaltung eine Offsetspannung von 2 mV über den gesamten Temperaturbereich. In dieser Schaltung können die Widerstände R und R* in derselben Größenordnung liegen, und der Fehler im Durchlassband verringert sich um etwa –0,15 dB. Die RC-Werte in dieser Schaltung sind $1/(2 \cdot \pi \cdot R \cdot C) = f_c/l,59$ und $1/(2 \cdot \pi \cdot R \cdot C) = f_c/l,64$.

Literatur

Bernstein H.: *Analoge und digitale Filterschaltungen*,
VDE-Verlag Berlin, 1. Auflage 1995

Föllinger O.: *Laplace- und Fourier-Transformation*,
Hüthig Heidelberg Verlag, 9. Auflage 2010

Marko H.: *Methoden der Systemtheorie*,
Springer-Verlag, Berlin-Heidelberg, 2. Auflage 2012

Saal, R., Entenmann, W.: *Handbuch zum Filterentwurf*,
Alfred Hüthig Verlag, Heidelberg, 4. Auflage 2002

Herpy, M., Berka, J.: *Aktive RC-Filter*,
Franzis, München 1984

Christian, E., Eisenmann, E.: *Filter Design Tables and Graphs*,
John Wiley, New York 1966

Feistel, K.H., Unbehauen, R.: *„Tiefpässe mit Tschebyscheff- Charakter der Betriebsdämpfung im Sperrbereich und maximal geebneter Laufzeit"*,
Frequenz 1965

Ulbrich, E, Piloty, H.: *„Über den Entwurf von All-, Tief- und Bandpässen mit einer im Tschebyscheffschen Sinne approximierten konstanten Gruppenlaufzeit"*,
AEU Bd. 1960

Rienecker, W.: *Elektrische Filtertechnik*.
Obdenbourg Verlag, München 1981

Tow, J.: *Design and evaluation of shifted companion form active filters*,
Bell Syst. Tech. Journal, Nr. 3, März 1975

Seifart. M.: *Analoge Schaltungen*,
Dr. Alfred Hüthig Verlag Heidelberg, 3. Auflage 2006

Sallen, R.P., Key, E.L.: *A practical method of designing RC active filters*,
IRE Trans. Circuit Theory März 1955

Wupper, H.: *Einführung in die digitale Signalverarbeitung*,
Hüthig Verlag Heidelberg, 1989

Höfflinger, B., Zimmer, G. (Hrsg.): *Hochintegrierte analoge Schaltungen*,
Oldenbourg Verlag, München 1987

MAXIM: *Integrated Circuits Data Book*

National Semiconductor Corporation: *MF8 4-Order Switched Capacitor Bandpass Filter*

Intersil: *Integrated Circuits Data Book*

Stichwortverzeichnis

Symbole

6 dB/Oktave *163*
20 dB/Dekade *163*
(-Glied *118*
(-Schaltung *128*

A

Abtastfehler *391*
Abtastfrequenz *25*
Abtasttheorem *352*
Abtastvorschrift *21*
AC-Frequenzanalyse *183*
AC-Sweep *182*, *188*
akustischer Kurzschluss *241*
Alias Frequency *26*
Allpassfilter *47*, *313*
Allpol-Filter *385*
„Amplituden-Frequenzgang *109*
Amplitudengang *276*
Amplitudenübertragungsmaß *283*
Analogschalter *365*
Anpassung *117*
Anstiegsgeschwindigkeit *267*
Arbeitspunktanalyse *180*
Argument *77*

B

Bandbreite *17*
Bandpassfilter *47*, *302*
Bandsperre *272*
Bandsperrfilter *47*, *302*, *348*
Basslautsprecher *236*
Bassreflexbox *254*
BBD *20*
Bessel-Filter *18*, *172*
Betragsfrequenzgang *320*
Betriebspunktanalyse *189*
Bezugspegel *15*
Blindkomponente *85*
Blindleistung *52*
Bode-Diagramm *106*
Bode-Plotter *105*
Boltzmann-Konstante *211*
Breitbandrauschen *413*
Butterworth-Filter *18*, *172*

C

CCD *20*
CID *20*

D

Dämpfungsfaktor *160*
„Dämpfungsmaß *109*
Dämpfungsmaß *160*
Dämpfungsverlauf *248*
Datentransfer *38*
D/A-Wandler *317*
Dezibel *15*, *271*
Dezibelmessung *157*, *158*
„Dezibelwert *108*
Differenzierer *267*
DMA *35*
Doppel-T-Filter *142*
Doppel-T-Sperrfilter *306*
Dreieckverteilung *200*
Druckerschnittstelle *372*
DSP-Systeme *12*

E

Effektivwert *50*
E/I-Kern *54*
Einfachmitkopplung *287*
Einheitskreis *80*
Einschwingverhalten *198*
Ein-Verstärker-Filter *319*
Elektroakustik *227*
Elektrometerverstärker *269*
elliptisches Filter *356*
Entnormierung *103*
Exponent *40*

F

Faltungseffekt *360*
Fehlersuche *12*
Festkommazahl *41*
FFT *29*
Filtergrad *301*
Filterkennwert *135*
Filterklassen *12*
Filterkoeffizient *267*
Filtersektion *343*

Finite-Element-Methode *45*
FIR-Filter *13*
Flankensteilheit *161*
Fließkomma-Einheit *40*
Formfaktor *18*
Fourierreihe *352*
Fourier-Transformation *29*
Frequenzfehler *388*
Frequenzweiche *257*
Fußpunktkopplung *177*

G

Gauß-Filter *18*, *172*
Gauß-Funktion *296*
Gegenkopplung *285*
Generatorimpedanz *121*
geschaltete Kapazität *316*
Grenzfrequenz *17*, *270*, *283*
Grundton *132*
Gütefehler *388*

H

Haaseffekt *149*
harmonische Verzerrung *354*
HF-Spule *54*
Hochpass *15*
Hochpassfilter *47*
Hochtonkonus *228*
Hochtonlautsprecher *237*
Höhenanhebung *145*
Hörempfindung *149*

I

IC-Filterbaustein *22*
IEEE-754-Standard *40*
IIR-Filter *13*
Imaginärteil *75*
Impedanz *269*
induktive Kopplung *176*
Integrationskonstante *316*
Integrator *265*
Inversionskreis *80*
Isolationswiderstand *53*

J

Johnson noise *211*

K

kapazitiver Spannungsteiler *157*
Keramikfilter *45*
Klangeinsteller *132*
Klangzerstreuer *228*
Klirrfaktor *204*, *342*
Koaxiallautsprecher *239*
Kompaktbox *252*
komplexe Größen *75*
Konduktanz *77*
Konvergenz *216*
Kopplungsfaktor *176*

L

Laplace-Transformation *352*
Lastimpedanz *121*
Laufzeit *161*
Lautsprecher *227*
LC-Bandpass *137*
LC-Bandsperre *139*
LC-Filter *13*
LC-Glied *115*
LC-Tiefpassfilter *170*
Leistungspegel *16*
Leitwertdiagramm *63*
Leitwert-Diagramm *85*
Lissajours-Figur *222*
Lissajous-Figur *60*
LR-Hochpass *112*
LR-Tiefpass *111*

M

Mantisse *40*
Maßstabskorrektur *92*
mechanisches Filter *44*
Membran *228*
Messwertdarstellung *32*
MF-10-Struktur *317*
Mikroprozessorschnittstelle *371*
Mitkopplung *285*
Mitteltonlautsprecher *237*
Mittenfrequenz *17*, *322*, *402*
Monte-Carlo *199*
MOPS *35*
M-Schnitt *54*
MTBF *207*
multiplizierender D/A-Wandler *332*

Musikverstärker *246*

N

Nennkapazität *51*
Neper *15*
Netzwerk *132*
Normierung *309*
Notch *389*
numerische Coprozessor *39*
Nutzfrequenzbereich *247*
Nutzsignal *214*
Nyquist-Bandbreite *315*
Nyquist-Frequenz *350*

O

ohmschen Widerstand *15*
ohmsche Spannungsteiler *156*
Operationsverstärker *342*
optimierte Frequenzgänge *292*
Ortskurve *78*
Oszillatorfrequenz *411*

P

Partialschwingung *234*
Permeabilität *55*
Phasenfehler *354*
Phasenlaufzeit *277*, *282*
„Phasenmaß *109*
Phasenverschiebung *50*, *60*, *70*
Piezoeffekt *44*
Pivotverhältnis *219*
Polardiagramm *256*
Polfrequenz *315*
Post-Triggerung *37*
Präsenz *147*
Pre-Triggerung *37*

Q

quadratische Mittelwert *32*
Quarzfilter *45*
Querinduktivität *136*
Q-Wert *315*

R

Rauschen *210*, *354*
Rauschersatzquelle *213*
Rauschfilter *148*
RC-Filter *13*
Reflexionsfaktor *99*
Resonanzfrequenz *68*, *322*
Risikoanalyse *200*
RLC-Tiefpassfilter *166*
RL-Glied *90*
Rückkopplungsschleife *379*
Rückwärtsbetrieb *363*
Rückwirkung *317*
Rumpelfilter *148*

S

Sallen-Key *319*
SCF-Element *361*
SC-Filter *20*, *318*, *359*
Scheinfrequenz *26*
Scheinleitwertnetz *86*
Scheinwiderstand *49*, *69*
Serieninduktivität *53*
Shannonsche Abtasttheorem *351*
Signalamplitude *161*, *263*
Signalbandbreite *357*
Signalform *161*, *263*
Signallaufzeit *47*, *263*
Signalprozessor *27*
Signal-Rausch-Abstand *41*
Skin-Effekt *15*
Smith-Diagramm *81*
Spannungsverstärkung *108*
Sperrkreisfrequenz *133*
SPICE *179*
Spike *268*
Sprungantwort *283*
SRAM *38*
State-Variable-Filter *321*
Summierverstärker *367*
symmetrische Bandleitung *131*

T

Taktrauschen *360*
Temperatur-Sweep *205*
Temperatur-Sweep-Analyse *206*
T-Filter *307*
thermisches Rauschen *211*
Tiefenanhebung *145*
Tiefpass *15*
Tiefpass-Doppelglied *133*

Tiefpassfilter *16*, *47*
Tiefpassverstärkung *344*
Tieftonlautsprecher *229*
Tow-Thomas *320*
Transformationsvorschrift *14*
Transientenanalyse *186*, *203*
Trennfrequenz *257*
Tschebyscheff-Filter *172*
T-Tiefpasses *118*

U
überkritischer Kopplung *175*
Überschwingen *267*
Übertragungsfunktion *319*, *361*
Übertragungskennlinie *231*
Übertragungsweg *210*
Übertragungswinkel *264*
Universalfilter *334*

V
Verlustfaktor *51*, *70*
Verstärkungsmaß *160*
Verzögerungszeit *47*
virtueller Nullpunkt *265*
Vorwärtsbetrieb *363*

W
Wahrscheinlichkeitsverteilung *200*
weißen Rauschen *210*
Wienbrücke *310*
Wien-Robinson-Brücke *311*
Wirkleitwert *77*
Wirkwiderstand *50*
Worst-Case *206*

Z
Zeigerdiagramm *49*, *69*
zeitinvarianter System *202*
Zuverlässigkeitsvorhersage *207*
Zweifachgegenkopplung *285*